高等学校教材

工业自动化仪表与过程控制

（第4版）

主编 张根宝

编者 黄 敏 马汇海 李 艳

赵 艳 姜丽波

西北工业大学出版社

【内容简介】 本书全面系统地介绍了工业自动化仪表与过程控制的基础知识和最新内容。主要包括：检测的基本知识、工业生产过程中常规参数（温度、压力、流量、物位等）的检测方法及测量仪表、调节仪表、显示仪表、执行器、自动控制系统的基本概念、简单过程控制系统、复杂过程控制系统以及一些典型的工业生产过程控制系统等内容。

本书既可作为高等学校自动控制、仪表、化工、工艺等专业学生的教材，亦可供从事生产过程控制的科研人员和工程技术人员参考。

图书在版编目（CIP）数据

工业自动化仪表与过程控制/张根宝主编．—4版．—西安：西北工业大学出版社，2008.8（2020.7重印）

ISBN 978-7-5612-1686-6

Ⅰ．工… Ⅱ．①张… Ⅲ．①工业仪表：自动化仪表②工业—过程控制 Ⅳ．①TH86②TP273

中国版本图书馆CIP数据核字（2003）第070515号

出版发行：西北工业大学出版社
通信地址：西安市友谊西路127号 **邮编**：710072 **电话**：(029)8493844
网 址：www.nwpup.com
印 刷 者：兴平市博闻印务有限公司
开 本：787 mm×1 092 mm 1/16
印 张：23.75
字 数：590千字
版 次：2008年8月第4版 2020年7月第6次印刷
定 价：48.00元

前 言

随着现代科学技术的迅猛发展，自动化仪表、计算机及控制技术的不断完善和发展，新工艺、新技术、新设备不断出现；各类生产工艺技术不断改进、提高，生产过程向连续化、大型化转变；对生产过程内在规律的深入研究，制造出了大量先进的自动化成套设备及装置。例如集散控制系统(DCS)、可编程控制器(PLC)、现场总线(FB)等。同时，生产过程控制由常规仪表控制向计算机全过程控制发展；控制规律由常规PID控制向先进控制(APC)、优化控制发展；生产过程自动化水平由局部自动化向综合自动化发展。为了适应这些发展要求，各类生产过程工艺专业技术人员必须具有过程自动化及仪表的基本知识；在工艺设计与技术改造中，熟悉生产过程自动控制的主要内容及具体方案，并与自动化技术人员密切合作。自动化工程技术人员不仅要完全掌握自动化仪表、计算机及自动控制技术等方面的基本知识，而且要熟悉生产工艺过程的特点和解决其控制难题，这样才能合理设计和维护生产过程自动化工程。本书正是为适应这种需要而编写的。

本书全面系统地介绍了工业自动化仪表与过程控制的基础知识和最新内容。首先，在工业自动化仪表方面介绍了测量的基本知识，深入地叙述了工业自动化仪表的基本内容(如测量和变送仪表、调节仪表、显示仪表、执行器等内容)；其次，在过程控制方面介绍了自动控制系统的基本概念和简单的过程控制系统，深入地叙述了复杂过程控制系统的主要内容；最后介绍了一些典型的工业生产过程控制系统。

本书编写过程中力求涵盖工业自动化仪表与过程控制工程的精华内容，尽量增加现代检测技术和控制技术中较为实用的内容，做到概念清楚、深入浅出、详略得当。每章后附有思考题与习题，便于读者检查学习效果。

本书共分9章，由陕西科技大学测控教研室张根宝老师主编，黄敏、马汇海、李艳、赵艳、姜丽波参编。

由于作者水平有限，书中的不足之处在所难免，恳请读者批评指正。

编 者

2006年5月

目 录

第 1 章　检测技术的基本知识

§1.1　概　　述

1.1.1　检测的概念

所谓过程检测是指在生产过程中，为及时掌握生产情况和监视、控制生产过程，而对其中一些变量进行的定性检查和定量测量。

检测的目的是为了获取各过程变量值的信息。根据检测结果可对影响过程状况的变量进行自动调节或操纵，以达到提高质量、降低成本、节约能源、减少污染和安全生产等目的。

通过测量可以得到被测量的测量值，然而测量目的还未全部达到，为了准确地获取表征对象特征的定量信息，还要对实验结果进行数据处理与误差分析、估计结果的可靠性等，以便为保证安全生产、提高经济效益，保证产品的质量，实现生产过程的自动化，以及科学研究等提供可靠的数据。至于检测技术，其意义更加广泛。它是指下面的全过程：按照被测对象的特点，选用合适的测量仪器与实验方法，通过测量及数据的处理和误差分析，准确得到被测量的数值，并为提高测量精度、改进测量方法及测量仪器，为生产过程的自动化等提供可靠的依据。

检测技术涉及的内容非常广泛，包括被检测信息的获取、转换、显示以及测量数据的处理等技术。随着科学技术的不断进步，特别是随着微电子技术、计算机技术等高新科技的发展以及新材料、新工艺的不断涌现，检测技术也在不断发展，已经成为一门实用性和综合性很强的新兴学科。

检测仪表作为人类认识客观世界的重要手段和工具，应用领域十分广泛，工业过程是其最重要的应用领域之一。工业过程检测具有如下特点：

(1) 被测对象形态多样　有气态、液态、固态介质及其混合体，也有的被测对象具有特殊性质（如强腐蚀、强辐射、高温、高压、深冷、真空、高粘度、高速运动等）。

(2) 被测参数性质多样　有温度、压力、流量、物位等热工量，也有各种机械量、电工量、化学量、生物量，还有某些工业过程要求检测的特殊参数（如纸浆的打浆度、浓度、白度、硬度、得率、黑液波美度等）。

(3) 被测变量的变化范围宽　如被测温度可以是 1 000℃ 以上的高温，也可以是 0℃ 以下的低温甚至超低温。

(4) 检测方式多种多样　既有离线检测，又有在线检测；既有单参数检测，又有多参数同时检测；还有每隔一段时间对不同参数的巡回检测；等等。

(5) 检测环境比较恶劣　在工业生产过程中，存在着许多不利于检测的影响因素，如电源电压波动，温度、压力变化，以及在工作现场存在水汽、烟雾、粉尘、辐射、振动等。因此要求检测仪表具有较强的抗干扰能力和相应的防护措施。

针对工业过程检测的上述特点，要求检测仪表不但具有良好的静态特性和动态特性，而且要对不同的被测对象和测量要求采用不同的测量原理和测量手段。因此，检测仪表的种类繁多，而且为了适应工业过程对检测技术提出的新要求，还将有各式各样的新型仪表不断涌现（如带有微处理器的智能仪表）。

1.1.2　测量的单位

数值为 1 的某量，称之为该量的测量单位或计量单位。由于测量单位是人为定义的，它带有任意性、地区性与习惯性等。例如，质量的单位就有公斤、市斤、磅、克、盎司、克拉等；长度的单位就有米、市尺、英尺、海里、码等。这些单位还是不够科学和严格的。单位制的混乱和不统一，不仅在世界各国，而且在一个国家内部都是存在的，它给人们的生活、生产及科学技术的发展等带来了极大的不便和困难，因此测量单位必须予以统一。同时，随着生产和科学技术的发展，对测量精确度的要求越来越高，因此，也必须提高测量单位的准确性与科学性。1993 年由国家技术监督局颁布的《国际单位制及其应用》的国家强制性标准采用国际标准 ISO 1000《国际单位制(SI)》(1991 年第 6 版) 见表 1-1-1。计量单位种类庞杂，数量繁多，本书不作赘述。读者使用时，可参阅有关书刊。

表 1-1-1　SI 基本单位

量的名称	单位名称	单位符号
长度	米	m
质量	千克(公斤)	kg
时间	秒	s
电流	安[培]	A
热力学温度	开[尔文]	K
物质的量	摩[尔]	mol
发光强度	坎[德拉]	cd

§1.2　检测仪表的分类与组成

检测仪表是能确定所感受的被测变量大小的仪表。它可以是传感器、变送器和自身兼有检出元件和显示装置的仪表。

传感器件是能接受被测信息，并按一定规律将其转换成同种或别种性质的输出变量的仪表。输出为标准信号的传感器称为变送器。所谓标准信号，是指变化范围的上下限已经标准化的信号(例如,4 ～ 20 mA DC,20 ～ 100 kPa 等)。

检测仪表可按下述方法进行分类:

(1) 按被测量分类　可分为温度检测仪表、压力检测仪表、流量检测仪表、物位检测仪表、机械量检测仪表以及过程分析仪表等。

(2) 按测量原理分类　如电容式、电磁式、压电式、光电式、超声波式、核辐射式检测仪表等。

(3) 按输出信号分类　可分为输出模拟信号的模拟式仪表、输出数字信号的数字式仪表,以及输出开关信号的检测开关(如振动式物位开关、接近开关)等。

(4) 按结构和功能特点分类　按照测量结果是否就地显示,分为测量与显示功能集于一身的一体化仪表和将测量结果转换为标准输出信号并远传至控制室集中显示的单元组合仪表;按照仪表是否含有微处理器,分为不带有微处理器的常规仪表和以微处理器为核心的微机化仪表。后者的集成度越来越高,功能越来越强,有的已具有一定的人工智能,常被称为智能化仪表。目前,有的仪表供应商又推出了"虚拟仪器"的概念。所谓"虚拟仪器"是在标准计算机的基础上加一组软件或(和)硬件,使用者操作这台计算机,即可充分利用最新的计算机技术来实现和扩展传统仪表的功能。这套以软件为主体的系统能够享用普通计算机的各种计算、显示和通信功能。在基本硬件确定之后,就可以通过改变软件的方法来适应不同的需求,实现不同的功能。虚拟仪器彻底打破了传统仪表只能由生产厂家定义,用户无法改变的局面。用户可以自己设计、自己定义,通过软件的改变来更新自己的仪表或检测系统,改变传统仪表功能单一或有些功能用不上的缺陷,从而节省开发、维护费用,减少开发专用检测系统的时间。

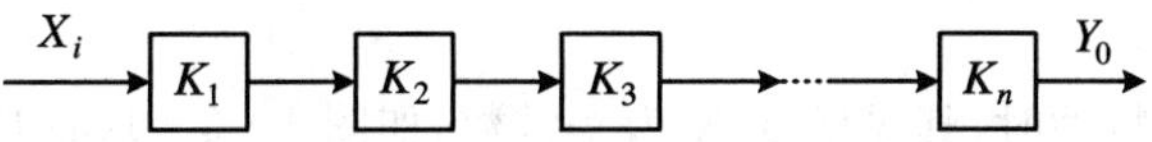

图 1-2-1　开环测量系统的构成方式

不同类型检测仪表的构成方式不尽相同,其组成环节也不完全一样。通常,检测仪表由原始敏感环节(传感器或检出元件)、变量转换与控制环节、数据传输环节、显示环节、数据处理环节等诸环节组成。检测仪表内各组成环节,可以构成一个开环测量系统,也可以构成闭环测量系统。开环测量系统是由一系列环节串联而成,其特点是信号只沿着从输入到输出的一个方向(正向)流动,如图1-2-1 所示。一般较常见的检测仪表大多为开环测量系统。例如,如图1-2-2 所示的温度检测仪表,以被测温度为输入信号,以毫伏计指针的偏移作为输出信号的响应,信号在该系统内仅沿着正向流动。闭环测量系统的构成方式如图 1-2-3 所示,其特点是除了信号传输的正向通路外,还有一个反馈回路。在采用零值法进行测量的自动平衡式显示仪表中,各组成环节即构成一个闭环测量系统。

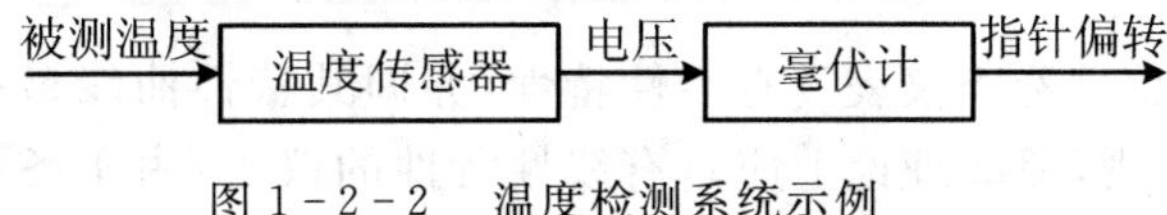

图 1-2-2　温度检测系统示例

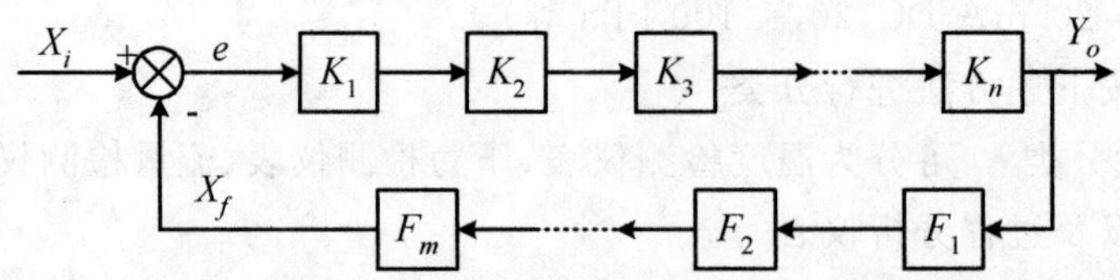

图 1-2-3　闭环测量系统的构成方式

§1.3　检测仪表的品质指标

根据工业过程检测的特点和需要，对检测仪表的品质有多种要求，现将较常用的品质指标做以介绍。

1. 灵敏度

灵敏度是指检测仪表在到达稳态后，输出增量与输入增量之比，即

$$K=\frac{\Delta Y}{\Delta X} \tag{1-3-1}$$

式中　K—— 灵敏度；

ΔY—— 输出变量 Y 的增量；

ΔX—— 输入变量 X 的增量。

对于带有指针和刻度盘的仪表，灵敏度亦可直观地理解为单位输入变量所引起的指针偏转角度或位移量。

当仪表具有线性特性时，其灵敏度 K 为一常数，如图 1-3-1(a) 所示。反之，当仪表具有非线性特性时，其灵敏度将随着输入变量的变化而改变，如图 1-3-1(b) 所示。

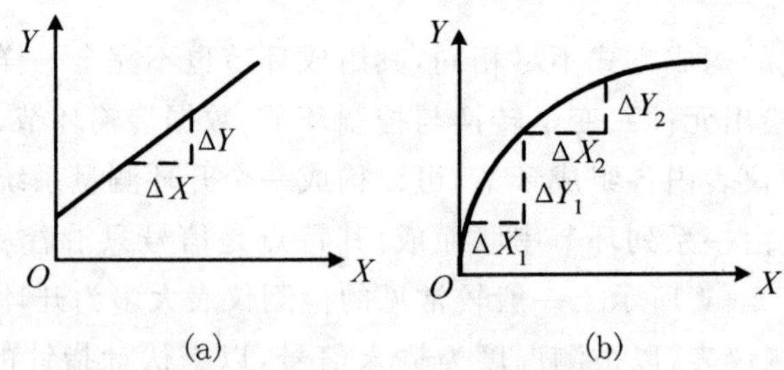

图 1-3-1　仪表的灵敏度

(a) 线性仪表；(b) 非线性仪表

2. 线性度

在通常情况下，总是希望仪表具有线性特性，亦即其特性曲线最好为直线。但是，在对仪表进行校准时常常发现，那些理论上应具有线性特性的仪表，由于各种因素的影响，其实际特性曲线往往偏离了理论上的规定特性曲线(直线)。在检测技术中，采用线性度这一概念来描述仪表的校准曲线与规定直线之间的吻合程度，如图 1-3-2 所示。校准曲线与规定直线之间最大

偏差的绝对值称为线性度误差，其线性度可表示为

$$L=\frac{|Y_{01}-Y_{02}|}{Y_{max}}$$

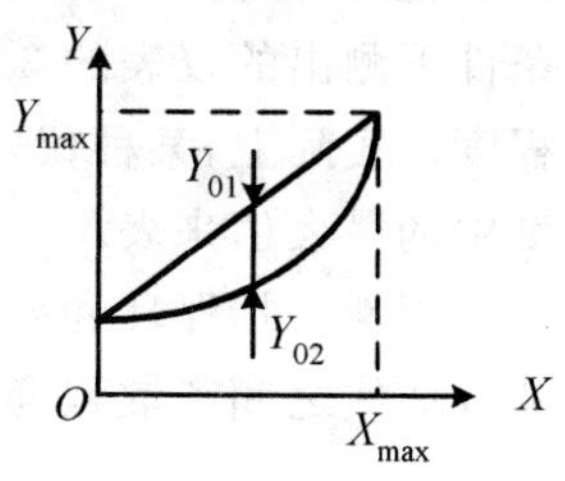

图 1-3-2　仪表的线性度

3. 分辨率

分辨率反映仪表能检测出被测量的最小变化的能力，又称分辨能力。当输入变量从某个任意值（非零值）开始缓慢增加，直至可以观测到输出变量的变化时为止的输入变量的增量即为仪表的分辨率。分辨率可以用绝对值来表示，也可以用满刻度的百分比来表示。例如，某位移传感器的分辨率为 0.001 mm，某指针式仪表的分辨率为 0.01%F.S（F.S 表示满量程）等。

对于数字式仪表，分辨率是指数字显示器的最末一位数字间隔所代表的被测量值。例如，某光栅式位移传感器与100细分的光栅数显表相配时的分辨率为0.000 1 mm，与20细分的光栅数显表相配时的分辨率为 0.000 5 mm 等。

4. 滞环、死区和回差

仪表内部的某些元件具有储能效应，例如弹性变形、磁滞现象等，其作用使得仪表检验所得的实际上升曲线和实际下降曲线常出现不重合的情况，从而使得仪表的特性曲线形成环状，如图 1-3-3 所示。该种现象即称为滞环。显然在出现滞环现象时，仪表的同一输入值常对应多个输出值，并出现误差。

仪表内部的某些元件具有死区效应，例如传动机构的摩擦和间隙等，其作用亦可使得仪表检验所得的实际上升曲线和实际下降曲线常出现不重合的情况。这种死区效应使得仪表输入在小到一定范围后不足以引起输出的任何变化，而这一范围则称为死区。考虑仪表特性曲线呈线性关系的情况，其特性曲线如图 1-3-4 所示。因此，存在死区的仪表要求输入值大于某一限度才能引起输出的变化，死区也称为不灵敏区。

也可能某个仪表既具有储能效应，也具有死区效应，其综合效应将是以上两者的综合。典型的特性曲线如图 1-3-5 所示。

在以上各种情况下，实际上升曲线和实际下降曲线间都存在差值，其最大的差值称为回差，亦称变差，或来回变差。

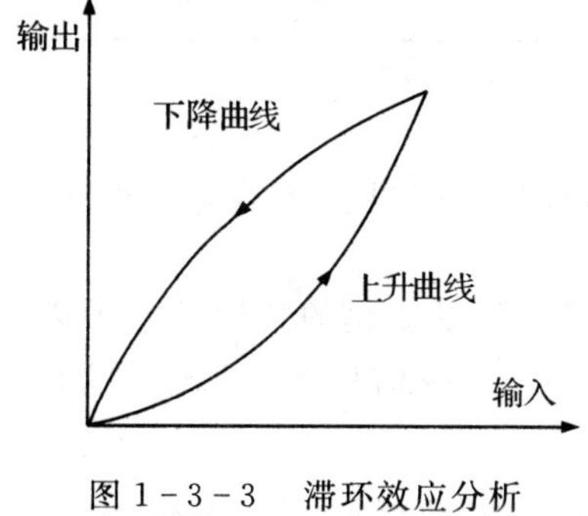

图 1-3-3　滞环效应分析

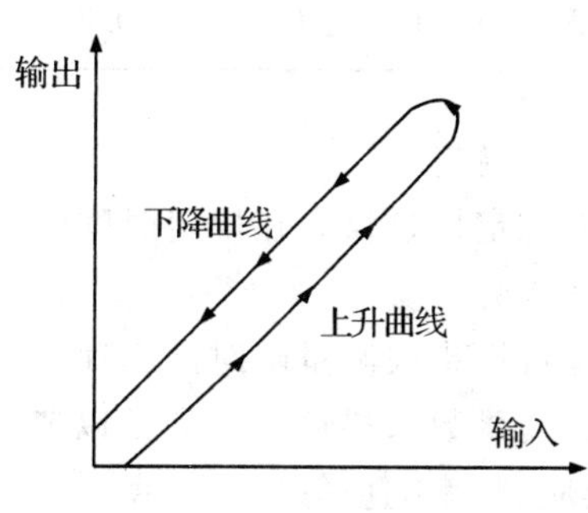

图 1-3-4　死区效应分析

5. 重复性和再现性

在同一工作条件下，同方向连续多次对同一输入值进行测量所得的多个输出值之间相互

一致的程度称为仪表的重复性，它不包括滞环和死区。例如，在图 1-3-6 中列出了在同一工作条件下测出的仪表的 3 条实际上升曲线，其重复性就是指这 3 条曲线在同一输入值处的离散程度。实际上，某种仪表的重复性常选用上升曲线的最大离散程度和下降曲线的最大离散程度中的最大值来表示。

再现性包括滞环和死区，它是仪表实际上升曲线和实际下降曲线之间离散程度的表示，常取两种曲线之间离散程度最大点的值来表示，如图 1-3-6 中所示。

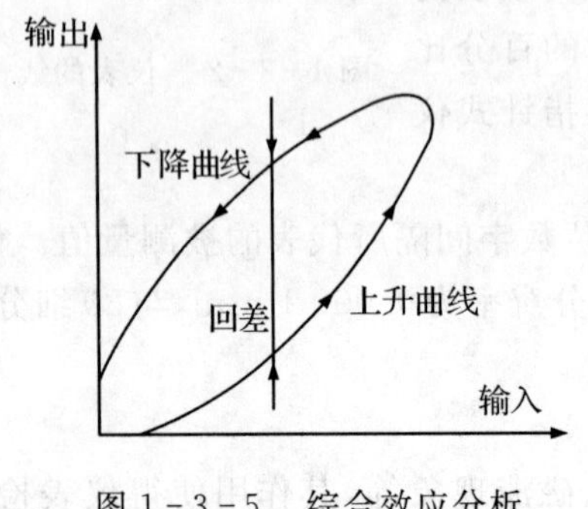

图 1-3-5 综合效应分析

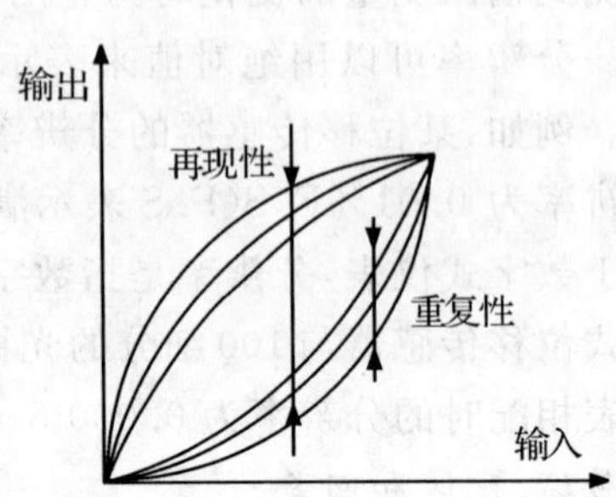

图 1-3-6 重复性和再现性分析

重复性是衡量仪表不受随机因素影响的能力，再现性是仪表性能稳定的一种标志，因而在评价某种仪表的性能时常同时要求其重复性和再现性。重复性和再现性优良的仪表并不一定精度高，但高精度的优质仪表一定有很好的重复性和再现性。

6. 精确度

被测量的测量结果与（约定）真值间的一致程度称为精确度。仪表按精确度高低划分成若干精确度等级，见表 1-3-1。根据测量要求，选择适当的精确度等级，是检测仪表选用的重要环节。

表 1-3-1 工业常见仪表精度等级

精度等级	0.1	0.2	0.5	1.0	1.5	2.0	2.5	5.0
允许误差 /(%)	0.1	0.2	0.5	1.0	1.5	2.0	2.5	5.0
引用误差 /(%)	≤0.1	≤0.2	≤0.5	≤1.0	≤1.5	≤2.0	≤2.5	≤5.0

7. 长期稳定性

长期稳定性是仪表在规定时间（一般为较长时间）内保持不超过允许误差范围的能力。

8. 动态特性

动态特性指被测量随时间迅速变化时，仪表输出追随被测量变化的特性。它可以用微分方程和传递函数来描述。但通常以典型输入信号（阶跃信号、正弦信号等）所产生的相应输出（阶跃响应、频率响应等）来表示。

§1.4 测量误差及误差分析

1.4.1 研究误差的意义

人类为了认识自然与改造自然，就需要不断地对自然界的现象进行测量和研究，在工程上就需要对各种工程参数进行测量和研究。由于测量方法和检测设备的不完善，周围环境的影响以及人们认识能力所限等，测量值和真值之间存在一定的差异，在数值上即表现为误差。随着科学技术的日益发展、人们认识能力的增长和知识水平的提高，虽可将误差控制得愈来愈小，但始终不能完全消除它。误差存在的必然性和普遍性，已为实践所证实。为了充分认识并进而减小或消除误差，必须对测量过程中始终存在的误差进行充分地研究。其意义归纳起来有：① 正确认识误差的性质，分析误差产生的原因，以便消除或减小它；② 正确处理数据，合理计算所得结果，以便在一定条件下，得到更接近于真值的数据；③ 正确组成检测系统，合理设计检测系统或选用测量仪表、选择正确的检测方法，以便在最经济的条件下，得到最理想的测量结果。

1.4.2 误差的定义

所谓测量误差是测量值与真值之差，它反映了测量质量的好坏。

自然界中的一切物体都是处于永恒的运动中，而被测量的真值的确定是假定在一定的时间内，实际上不变的被测量的真正大小，所以真值具有时间和空间的含义。真值可定义为在某一时刻和某一位置或状态下，某量的效应体现的客观值或实际值。

一般说来，真值是未知的，因此其误差也是未知的。有些情况真值是可以知道的。可知的情况有以下几种：

(1) 理论真值，如平面三角形三个内角之和恒为 180°。

(2) 计量学约定值，如国际计量大会决定：长度单位是光在真空中(1/299 792 458) 秒时间间隔内所经路径的长度为 1 米(m)；质量单位是铂铱合金的国际千克原器为 1 千克(kg)；时间单位秒(s) 是铯 133 原子基态的两个超精细能级之间跃迁所对应的辐射的 9 192 631 770 个周期的持续时间；电流强度单位安培(A) 是一个恒定电流强度，若保持在真空内相距 1 m 的两无限长的圆截面可忽略的平行圆直导线内，该电流在这两导体之间每米长度上产生的作用力等于2×10^{-7} N；热力学单位开[尔文](K) 是水三相点热力学温度的 1/273.16；发光强度单位坎[德拉](cd) 是一光源在给定方向上的发光强度，该光源发出频率为540×10^{12} Hz的单色辐射，且在此方向上的辐射强度为(1/683)W/sr。物质的量单位摩[尔](mol) 是一物系的物质的量，该物质中所包含的结构粒子粒数与 0.012 kg 碳 12 的原子数目相等。

凡满足以上条件呈现出的量值都是真值。

(3) 标准器相对真值，高一级标准仪器的误差与低一级标准仪器或普通仪器的误差相比，当为其 1/3 ～ 1/10 时，即可认为前者的示值是后者的真值。在实际测量中，以无系统误差情况下足够多次测量所获一列测量结果的算术平均值作为真值。

测量值是所用检测系统或仪表检测被测量的显示值。

1.4.3 误差分类

在测量过程中,测量误差按其产生的原因不同,可以分为三类。

1. 系统误差

在同一条件下,多次测量同一被测参数时,测量结果的误差大小与符号均保持不变或在条件变化时按某一确定规律变化的误差。它是由于测量过程中仪表使用不当或测量时外界条件变化等原因所引起的。

必须指出,单纯地增加测量次数是无法减少系统误差对测量结果的影响,但在找出产生误差的原因之后,便可通过对测量结果引入适当的修正值而加以消除。系统误差决定测量结果的准确性。

2. 随机误差

在相同条件下,对某一参数进行重复测量时,测量结果的误差大小与符号均不固定,且无一定规律的误差。产生随机误差的原因很复杂,是由许多微小变化的复杂因素共同作用的结果所致。

对单次测量来说,随机误差是没有任何规律的,既不可预测,也无法控制,但对于一系列重复测量结果来说,它的分布服从统计规律。因此,可以取多次测量结果的算术平均值作为最终的测量结果,以算术平均值均方根误差的 2 ~ 3 倍作为随机误差的置信区间,相应的概率作为置信概率,可减小误差对测量结果的影响。随机误差决定测量结果的精密度。

3. 疏忽误差

测量结果显著偏离被测量的实际值所对应的误差。产生的主要原因是由于工作人员在读取或记录测量数据时的疏忽大意所造成的,带有这类误差的测量结果毫无意义,因此应加强责任心,细心工作,避免发生这类误差。

1.4.4 误差的表示方法

测量误差的表示方法有多种,其含义、用途各异,分别叙述如下:

1. 绝对误差

被测量的测量值 x 与其真值 L 之间的代数差 Δ,称为绝对误差。即

$$\pm\Delta = x - L \tag{1-4-1}$$

绝对误差一般只适用于标准量具或标准仪表的校准。在标准量具或标准仪表的校准工作中实际使用的是"修正值"。修正值与绝对误差大小相等,符号相反。其实际含义是真值等于测量值加上修正值,即

$$真值 = 测量值 + 修正值$$

采用绝对误差表示测量误差,不能确切地说明测量质量的好坏。例如,温度测量的绝对误差 $\Delta = \pm 1℃$,测量 1 400℃ 的钢水,是不易达到的测量结果;若测量人的体温,这种测量结果则达到了荒谬的程度。

2. 相对误差

绝对误差与被测量的真值之比,称为相对误差。因测量值与真值很接近,工程上常用测量值代替真值来计算相对误差,其定义为

$$\delta = \frac{\Delta}{L} \approx \frac{\Delta}{x} \tag{1-4-2}$$

式中　δ—— 相对误差；

x, L—— 含义同绝对误差中的定义。

实际应用中常用百分数表示，即

$$\delta = \frac{\Delta}{L} \times 100\% \approx \frac{\Delta}{x} \times 100\% \tag{1-4-3}$$

例如，测量温度的绝对误差为 ± 1℃，水的沸点温度真值为 100℃，测量的相对误差为

$$\delta = \frac{1}{100} \times 100\% = 1\% \tag{1-4-4}$$

3. 引用误差

仪表指示值的绝对误差 Δ 与仪表量程 B 之比值，称为仪表示值的引用误差。引用误差常以百分数表示，亦称相对百分误差，记为

$$\delta_{\mathrm{m}} = \frac{\Delta}{B} \times 100\% \tag{1-4-5}$$

1.4.5　准确度、精密度和精确度

测量的准确度又称正确度，表示测量结果中的系统误差大小程度。系统误差愈小，则测量的准确度愈高，测量结果偏离真值的程度愈小。测量的精密度表示测量结果中的随机误差大小程度。随机误差愈小，精密度愈高，说明各次测量结果的重复性愈好。

准确度和精密度是两个不同的概念，使用时不得混淆。如图 1-4-1 所示形象地说明了准确度与精密度的区别。图中，圆心代表被测量的真值，符号 × 表示各次测量结果。由图可见，精密度高的测量不一定具有高准确度。因此，只有消除了系统误差之后，才可能获得正确的测量结果。一个既“精密”又“准确”的测量称为“精确”测量，并用精确度来描述之。

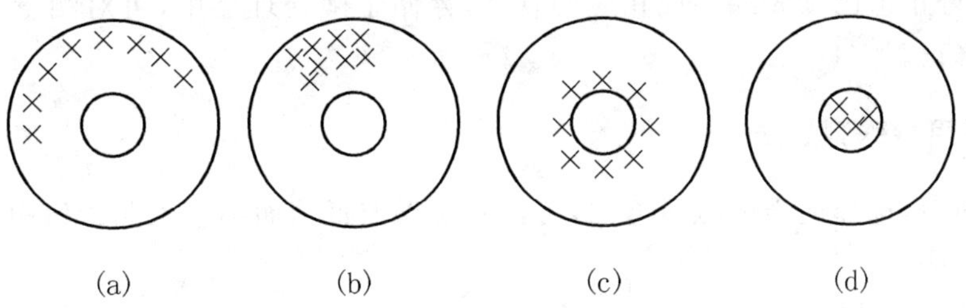

图 1-4-1　准确度与精密度的区别

(a) 低准确度，低精密度；(b) 低准确度，高精密度；

(c) 高准确度，低精密度；(d) 高准确度，高精密度

精确度所反映的是被测量的测量结果与(约定)真值间的一致程度。精确度高，说明系统误差与随机误差都小。

§1.5 系统误差的消除方法

系统误差直接影响测量的精确度，现介绍其基本的消除方法。

1.5.1 消除误差产生的根源

首先从测量装置的设计入手，选用最合适的测量方法和工作原理，以避免方法误差；选择最佳的结构设计与合理的加工、装配、调校工艺，以避免和减小工具误差。此外，应做到正确地安装、使用，测量应在外界条件比较稳定时进行，对周围环境的干扰应采取必要的屏蔽防护措施，等等。

1.5.2 对测量结果进行修正

在测量之前，应对仪器仪表进行校准或定期进行检定。通过检定，可以由上一级标准（或基准）给出受检仪表的修正值。将修正值加入测量值中，即可消除系统误差。

所谓修正值，是指与测量误差的绝对值相等而符号相反的值。例如，用标准温度计检定某温度传感器时，在温度为 50℃ 的测温点处，受检温度传感器的示值为 50.5℃，则测量误差为

$$\Delta x = x - L = 50.5 - 50 = 0.5℃$$

于是，修正值 $C = -\Delta x = -0.5℃$。将此修正值加入测量值 x 中，即可求出该测温点的实际温度

$$L = x + C = 50.5 - 0.5 = 50℃$$

从而消除了系统误差 Δx。

修正值给出的方式不一定是具体的数值，也可以是一条曲线、一个公式或图表。在某些自动检测仪表中，修正值已预先编制成相应的软件，存储于微处理器中，可对测量结果中的某些系统误差自动修正。

1.5.3 采用特殊测量法

在测量过程中，选择适当的测量方法，可使系统误差抵消而不带入测量值中去。下面介绍几种常用测量方法。

1. 恒定系差消除法

(1) 零示法　零示法属于比较法中的一种，它是将被测量与已知的标准量进行比较，当两者的差值为零时，被测量就等于已知的标准量。电位差计就是采用零示法的典型示例。

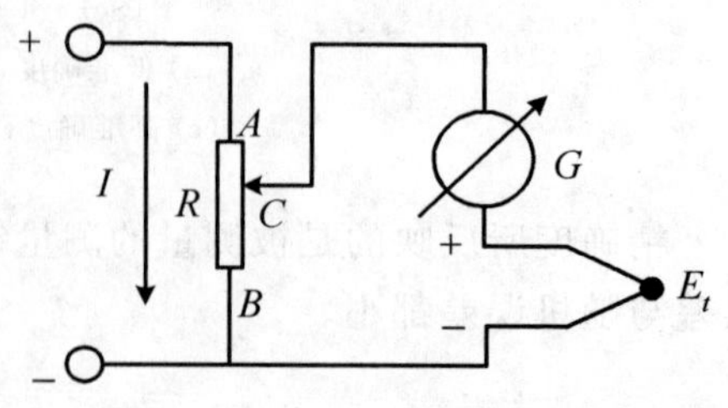

图 1-5-1　电压平衡原理图

电位差计测量热电偶热电势的工作原理如图 1-5-1 所示。图中，R 为高线性度的线绕电阻，I 为恒定的工作电流，G 为高灵敏度的检流计，E_t 为被测的未知热电势。测量时调节滑动触点 C 的位置，可改变 R_{CB} 上的压

降 U_{CB}。当检流计中无电流流过时，$U_{CB}=E_t$，读出此时的 U_{CB}，即可知热电势 E_t，这里采用的是电压平衡原理。

在零示法中，被测量与标准已知量之间的平衡状态判断得是否准确，取决于零指示器的灵敏度。指示器的灵敏度足够高时，测量的准确度主要取决于已知的标准量。

(2) 替代法　替代法又称为置换法，是指先将被测量接入测量装置使之处于一定状态，然后以已知量代替被测量，并通过改变已知量的值使仪表的示值恢复到替代前的状态。替代法的特点是被测量与已知量通过测量装置进行比较，当两者的效应相同时，其数值也必然相等。测量装置的系统误差不会带给测量结果，它只起辨别两者有无差异的作用，因此测量装置要有一定的灵敏度和稳定度。

(3) 交换法　交换法又称为对照法。在测量过程中将某些测量条件相互交换，使产生系差的原因对交换前后的测量结果起相反作用。对两次测量结果进行数学处理，即可消除系统误差或求出系差的数值。如图 1-5-2 所示为交换法在电阻电桥中的应用。设 $R_1=R_2$，第一次按图 1-5-2(a) 进行测量，调节标准电阻 R_s 使电桥平衡，此时有 $R_x=R_s(R_1/R_2)$。第二次按图 1-5-2(b) 交换测量位置，重新调节 $R_s=R_s'$ 使电桥平衡，于是有 $R_x=R_s'(R_2/R_1)$。将两次测量结果加以处理后得

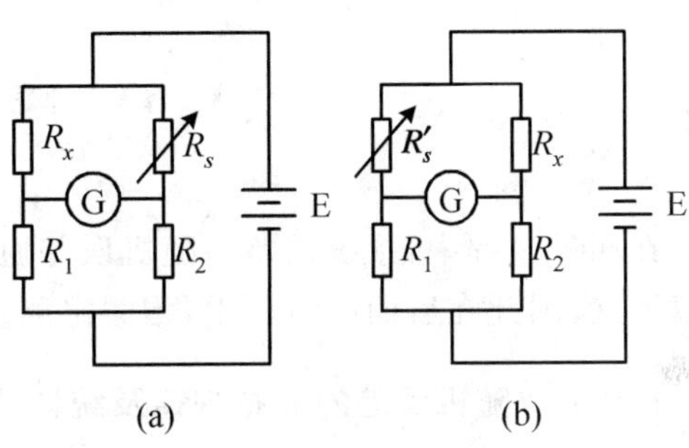

图 1-5-2　用交换法测量电阻

$$R_x=\sqrt{R_sR_s'}\approx\frac{1}{2}(R_s+R_s')$$

当 R_1，R_2 分别存在恒定系统误差 ΔR_1，ΔR_2 时，在单次测量结果中会出现由 ΔR_1，ΔR_2 引起的系差。但从交换法的测量结果表达式中可以看出，被测电阻值 R_x 与 R_1，R_2 及 ΔR_1，ΔR_2 无关，从而消除了恒定系差的影响。

2. 变值系差消除法

(1) 等时距对称观测法　等时距对称观测法可以有效地消除随时间成比例变化的线性系统误差。假设系统误差 ε_i 按图 1-5-3 所示的线性规律变化，若以某一时刻 t_3 为中点，则对称于此点的各对系统误差的算术平均值彼此相等，即

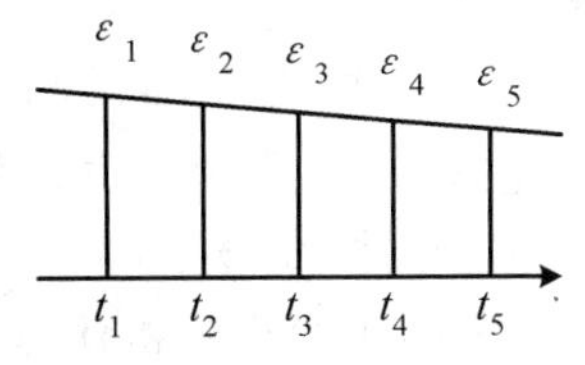

图 1-5-3　等时距对称观测

$$\frac{\varepsilon_1+\varepsilon_5}{2}=\frac{\varepsilon_2+\varepsilon_4}{2}=\varepsilon_3$$

利用上述关系安排适当的测量步骤，对测量结果进行一定的处理后，即可消除这种随时间按线性规律变化的系统误差。

(2) 半周期偶数观测法　某些周期性系统误差的特点是，每隔半个周期产生的误差大小相等、符号相反。针对这一特点，采用半周期偶数观测法可以消除周期性系统误差。

设周期性系统误差的变化规律为

$$\varepsilon=A\sin\varphi$$

当 $\varphi=\varphi_1$ 时，有

$$\varepsilon_1 = A\sin\varphi_1$$

该周期性系统误差 ε 的变化周期为 2π。当 $\varphi = \varphi_1 + \pi$ 时，有

$$\varepsilon_2 = A\sin(\varphi_1 + \pi) = -A\sin\varphi_1$$

取 ε_1 和 ε_2 的算术平均值，可得

$$\bar{\varepsilon} = \frac{\varepsilon_1 + \varepsilon_2}{2} = 0$$

由上式可知，对于周期性变化的系统误差，如果在测得一个数据后，相隔半个周期再测量一个数据，然后取这两个数据的算术平均值作为测量结果，即可从测量结果中消除周期性系统误差。

§1.6　随机误差及其估算

在测量过程中，系统误差与随机误差通常是同时发生的。由于系统误差可以用各种方法加以消除，因此在后面的讨论中，均假定测量值中只含有随机误差。

1.6.1　随机误差的分布规律及统计特性

随机误差的数值事先是无法预料的，它受各种复杂的随机因素的影响，通常把这类依随机因素而变、以一定概率取值的变量称为随机变量。根据概率论的中心极限定理：如果一个随机变量是由大量微小的随机变量共同作用的结果，那么只要这些微小随机变量是相互独立或弱相关的，且均匀地小（即对总和的影响彼此差不多），则无论它们各自服从于什么分布，其总和必然近似于正态分布。显然，随机误差不过是随机变量的一种具体形式，当随机误差是由大量的、相互独立的微小作用因素所引起时，通常都遵从正态分布规律。

随机误差的正态分布概率密度函数的数学表达式为

$$p(\varepsilon) = \frac{1}{\sigma\sqrt{2\pi}}\exp\left(\frac{-\varepsilon^2}{2\sigma^2}\right) \qquad (1-6-1)$$

称为高斯公式。

式中　ε—— 随机误差，是测量值 x 与被测量真值 L 之差；

$p(\varepsilon)$—— 随机误差的概率密度函数；

σ—— 标准偏差。

图 1-6-1 给出随机误差的正态分布曲线。

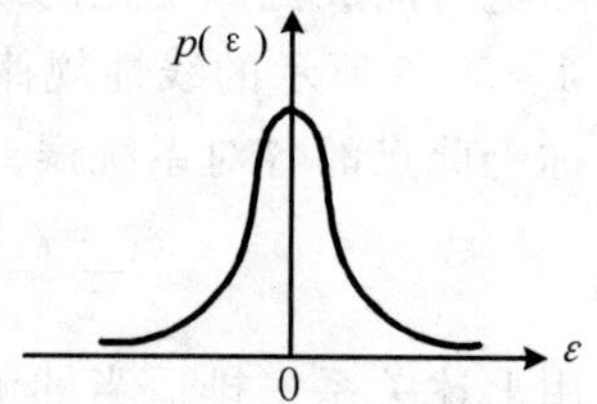

图 1-6-1　随机误差的正态分布曲线

分析图1-6-1可以看出，随机误差的统计特性表现在以下4个方面：

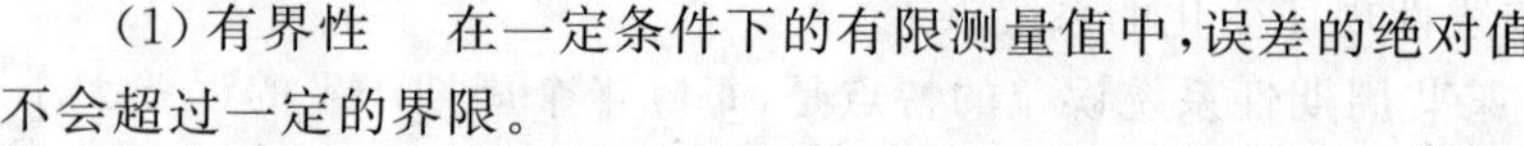

(1) 有界性　在一定条件下的有限测量值中，误差的绝对值不会超过一定的界限。

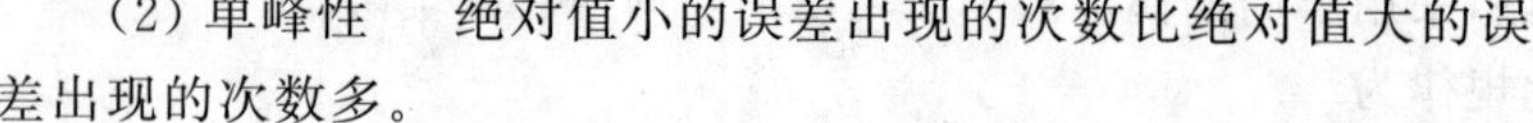

(2) 单峰性　绝对值小的误差出现的次数比绝对值大的误差出现的次数多。

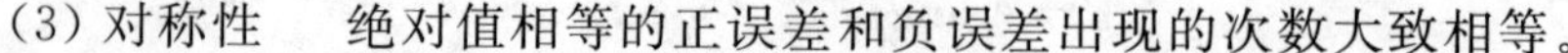

(3) 对称性　绝对值相等的正误差和负误差出现的次数大致相等。

(4) 抵偿性　相同条件下对同一量进行多次测量，随机误差的算术平均值随着测量次数

n 的无限增加而趋于零，即误差平均值的极限为零。其表达式为

$$\lim_{n\to\infty}(\frac{1}{n}\sum_{i=1}^{n}\varepsilon_i)=0 \tag{1-6-2}$$

应当指出，有些误差并不完全满足上述特性，但根据其具体情况，仍可按随机误差处理。

1.6.2 测量值的算术平均值与标准偏差

如上所述，随机误差 ε 作为随机变量，其分布规律遵从正态分布。将 $\varepsilon=x-L$ 代入式(1-6-1)，可得

$$p(x)=\frac{1}{\sigma\sqrt{2\pi}}\exp[\frac{-(x-L)^2}{2\sigma^2}] \tag{1-6-3}$$

由式(1-6-3)可知，被测量 x 也是服从正态分布规律的随机变量。当测量真值 L 和标准偏差 σ 确定后，正态分布的概率密度曲线即可完全确定。然而，当我们只有一组数量有限数据时，如何对 L 和 σ 进行估算，下面就来讨论这个问题。

1. 算术平均值与被测量真值的估计值

当被测量的真值未知时，只能通过多次重复测量获得的观测值，来求取被测量真值的估计值，并估算其误差的大小。

在无系差和粗差的条件下，对某一被测量 x 进行 n 次等精度测量(即在相同条件下，用相同的仪表和测量方法，由同一测量者以同样的细心程度进行多次测量)，得到 n 个观测值。通常以这些观测值的算术平均值作为被测量真值的最佳估计值，下面分析算术平均值与被测量真值的关系。

由概率论知，随机变量的数学期望 M_x 表征了随机变量的位置特征，定义为

$$M_x=\int_{-\infty}^{\infty}xp(x)\mathrm{d}x \tag{1-6-4}$$

可以证明，对于等精度无系差测量，当测量次数 $n\to\infty$ 时，观测值的算术平均值 $\bar{x}$ 依概率收敛于数学期望 M_x，即

$$\lim_{n\to\infty}\bar{x}=\int_{-\infty}^{\infty}xp(x)\mathrm{d}x=M_x \tag{1-6-5}$$

可以认为，数学期望的含义就是对某一被测量进行无限次测量时所得到的统计平均值。数学期望的几何意义是概率密度曲线与横轴所包围面积重心的横坐标。对于单峰对称的概率密度曲线，曲线峰值的横坐标就是数学期望值。

实际上，测量值一般都是离散型随机变量，而且测量次数也不可能无限地多。如果对于某个具有未知真值 L 的物理量，重复进行 n 次等精度、独立、无系统误差的测量，得到 n 个观测值 $x_1,x_2,\cdots,x_{n-1},x_n$。由于观测值不含有系统误差，每个观测值的误差为

$$\varepsilon_i=x_i-L,\qquad i=1,2,\cdots,n$$

将上式两边分别对 i 求和并除以 n，则得

$$\frac{1}{n}\sum_{i=1}^{n}\varepsilon_i=\frac{1}{n}\sum_{i=1}^{n}x_i-L=\bar{x}-L$$

根据随机误差的抵偿性表达式(1-6-2)可知

$$\lim_{n\to\infty}(\frac{1}{n}\sum_{i=1}^{n}\varepsilon_i)=0$$

于是

$$\lim_{n\to\infty}\left(\frac{1}{n}\sum_{i=1}^{n}x_i\right)=\lim_{n\to\infty}\bar{x}=L \tag{1-6-6}$$

由式(1-6-5)和式(1-6-6)可知，在消除了系统误差之后，无限次测量的统计平均值就是被测量的真值。由于无限次测量在实际上是做不到的，通常把多次等精度测量结果的算术平均值 $\bar{x}$ 作为被测量真值 L 的最佳估计值。

在实际测量工作中，在未知被测量真值的情况下，通常以算术平均值代替真值作为测量结果。用残差(又称剩余误差)

$$v_i=x_i-\bar{x} \tag{1-6-7}$$

代替测量误差

$$\varepsilon_i=x_i-L$$

根据最小二乘法原理，残差的平方和为最小值。即

$$\sum_{i=1}^{n}v_i^2=\min \tag{1-6-8}$$

上式表明，以算术平均值代替真值作为测量结果具有最小残差平方和，因此算术平均值是被测量真值的最佳估计值。

应当指出，上述讨论是以等精度测量为前提的。在等精度测量列中，各测量值都具有同等的可信程度。而在不等精度测量列中，各测量值不具有同等可信程度，其中精确度越高的测量数据越接近被测量的真值，因此在算术平均值中应占有更大的权重，于是引出了“加权平均值”的概念。加权平均值又称广义算术平均值，是不等精度测量条件下被测量真值的最佳估计值。有关加权平均值及不等精度测量数据处理的详细介绍请参阅有关参考文献。

2.标准偏差

在实际测量中，只知道测量值的算术平均值是不够的，还需要对测量数据相对于算术平均值的离散程度加以说明，这可以用标准偏差来表示。

由概率论知，方差表征了随机变量相对于数学期望的离散程度。方差愈大，随机变量的值在数学期望左右分布得愈宽。被测量 x 的方差记作 D_x，并定义为

$$D_x=\lim_{n\to\infty}\frac{1}{n}\sum_{i=1}^{n}(x_i-M_x)^2 \tag{1-6-9}$$

对于连续型随机变量 x，上式可写成

$$D_x=\int_{-\infty}^{\infty}(x-M_x)^2p(x)\mathrm{d}x \tag{1-6-10}$$

标准偏差 σ 是方差 D_x 的均方根值，又称为均方根偏差。连续型随机变量的标准偏差定义为

$$\sigma=\sqrt{D_x}=\sqrt{\int_{-\infty}^{\infty}(x-M_x)^2p(x)\mathrm{d}x} \tag{1-6-11}$$

对于等精度的无限测量列，其标准偏差可表示为

$$\sigma=\sqrt{D_x}=\lim_{n\to\infty}\sqrt{\frac{1}{n}\sum_{i=1}^{n}(x_i-L)^2}=\lim_{n\to\infty}\sqrt{\frac{1}{n}\sum_{i=1}^{n}\varepsilon_i^2} \tag{1-6-12}$$

在实际测量中，被测量真值无法知道，而测量次数也是有限的，因而式(1-6-12)无法利用。此时，可借助贝塞尔公式用算术平均值和残差来表示标准偏差的估计值 $\hat{\sigma}$，即

$$\hat{\sigma}=\sqrt{\frac{1}{n-1}\sum_{i=1}^{n}(x_i-\bar{x})^2}=\sqrt{\frac{1}{n-1}\sum_{i=1}^{n}v_i^2} \tag{1-6-13}$$

式中 $(n-1)$—— 自由度。

根据贝塞尔公式求出的标准偏差，可用来表征在给定的等精度条件下任一次测量结果的离散程度，因此又称 $\hat{\sigma}$ 为单次测量的标准偏差。

除贝塞尔公式外，计算标准偏差的方法还有其他几种。但在一般情况下较多采用贝塞尔公式。

3. 算术平均值的标准偏差

如前所述，对于有限次等精度测量，可以用有限个观测数据的算术平均值作为测量结果。尽管算术平均值是被测量真值的最佳估计值，但由于实际的测量次数有限，算术平均值毕竟还不是真值，其本身也含有随机误差。假若各观测值服从正态分布，则算术平均值也是服从正态分布的随机变量。可以证明，算术平均值的标准偏差为

$$\sigma_{\bar{x}}=\frac{\sigma}{\sqrt{n}} \tag{1-6-14}$$

式中 $\sigma_{\bar{x}}$—— 算术平均值的标准偏差；

σ—— 单次测量的标准偏差；

n—— 测量次数。

以估计值 $\hat{\sigma}$ 代替 σ，即可得到算术平均值的标准偏差的估计值为

$$\hat{\sigma}_{\bar{x}}=\frac{\hat{\sigma}}{\sqrt{n}} \tag{1-6-15}$$

由上式可以看出，算术平均值 $\bar{x}$ 的标准偏差比单次测量的标准偏差小$\sqrt{n}$ 倍。因此，用 $\bar{x}$ 作为测量结果将比单次测量值 x_i 具有更高的精密度。测量次数 n 越多，$\hat{\sigma}_{\bar{x}}$ 值越小，测量结果的精密度也越高。但是，由于 $\hat{\sigma}_{\bar{x}}$ 与测量次数 n 的平方根成反比，精密度的提高将随着 n 的增加而越来越慢。因此，在实际测量中，一般取 $n=10\sim20$ 次左右即可。

1.6.3 置信区间与置信概率

当测量次数 n 为有限时，只能求出 $\bar{x}$ 及 $\hat{\sigma}$ 来分别作为被测量的真值及标准偏差的估计值。因此，必须了解它们的正确性和可靠性，评价其可以信赖的程度。由此，引出置信区间和置信概率的概念。

如前所述，有限次测量结果的算术平均值 $\bar{x}$ 本身也是一个随机变量。用算术平均值 $\bar{x}$ 来代替被测量的数学期望 M_x（对于无系差测量，M_x 即为被测量真值 L），必然会存在一个随机误差 ε_m，即

$$\varepsilon_m=\bar{x}-M_x \tag{1-6-16}$$

该误差 ε_m 的绝对值小于给定的任一微小量 δ 的概率 P_c 为

$$P_c=P\{\left|\bar{x}-M_x\right|<\delta\}=P\{(M_x-\delta)<\bar{x}<(M_x+\delta)\} \tag{1-6-17}$$

式中，区间 $(M_x-\delta, M_x+\delta)$ 表示算术平均值 $\bar{x}$ 在规定概率下可能的变化范围，称为置信区间。置信区间表明了测量结果的离散程度，可作为测量精密度的标志。

算术平均值 $\bar{x}$ 落入某一置信区间的概率 P_c 表明测量结果的可靠性，亦即值得信赖的程

度，称为置信概率。

式(1-6-17)中的δ实际上给出了在一定概率下随机误差ε_m的极限值，故称为极限误差(或称误差限)。在无系统误差的情况下，δ也称为随机不确定度，通常表示为

$$\delta = K_t \hat{\sigma}_{\bar{x}} \tag{1-6-18}$$

式中　K_t—— 置信系数；

$\hat{\sigma}_{\bar{x}}$—— 算术平均值的标准偏差估计值。

置信系数K_t又称为t分布因子，K_t的数值可根据所要求的置信概率P_c及测量次数n而定，且可由t分布表查得。

所谓t分布又称学生分布，是一种适用于小样本(如有限次测量)的理论分布。例如，当测量次数有限，以估计值$\bar{x}$和$\hat{\sigma}_{\bar{x}}$分别代表被测量的真值及标准偏差时，统计量$t=(\bar{x}-M_x)/\hat{\sigma}_{\bar{x}}$即服从于$t$分布。一般来说，当测量次数$n$较小时，$t$分布与正态分布的差别较大，但当$n\to\infty$时，$t$分布趋于正态分布。实际上，当$n>30$后，$t$分布与正态分布已无明显差异。有关$t$分布的详细介绍及$t$分布表请参阅有关文献。

§1.7　误差的综合

在测量工作中，有些未知量是不能直接测出的，必须先测出一些其他的有关量，然后按一定的函数关系求未知量的数值。这样的测量称为间接测量。由于直接测量时存在误差，所以根据直接测量值去计算的结果也必然带来误差。在已知各局部误差的基础上求函数的误差，称为误差的综合，也称为误差的传递。

1.7.1　函数误差的基本关系式

在一般测量中，间接测量值Y是各个直接测量值$X_1,X_2,\cdots,X_j,\cdots,X_m$的多元函数，亦即

$$Y=f(X_1,X_2,\cdots,X_j,\cdots,X_m) \tag{1-7-1}$$

多元函数的增量可用函数的全微分表示为

$$\mathrm{d}Y=\frac{\partial f}{\partial X_1}\mathrm{d}X_1+\frac{\partial f}{\partial X_2}\mathrm{d}X_2+\cdots+\frac{\partial f}{\partial X_j}\mathrm{d}X_j+\cdots+\frac{\partial f}{\partial X_m}\mathrm{d}X_m \tag{1-7-2}$$

式(1-7-2)称为函数误差的基本关系式。以$\mathrm{d}X_j$表示各个直接测量值的误差，以$\frac{\partial f}{\partial X_j}$表示各个误差的传递系数，则$\mathrm{d}Y$即为函数$Y$的误差。

例如，设函数关系为

$$\sin\varphi=f(x_1,x_2,\cdots,x_n)$$

按式(1-7-2)可得

$$\mathrm{d}(\sin\varphi)=\frac{\partial f}{\partial x_1}\mathrm{d}x_1+\frac{\partial f}{\partial x_2}\mathrm{d}x_2+\cdots+\frac{\partial f}{\partial x_n}\mathrm{d}x_n$$

角度φ的误差可由上式进一步解出。因为

$$\mathrm{d}(\sin\varphi)=\cos\varphi\mathrm{d}\varphi$$

$$\mathrm{d}\varphi=\frac{\mathrm{d}(\sin\varphi)}{\cos\varphi}$$

所以，正弦函数的角度误差公式为

$$\mathrm{d}\varphi=\frac{1}{\cos\varphi}(\frac{\partial f}{\partial x_1}\mathrm{d}x_1+\frac{\partial f}{\partial x_2}\mathrm{d}x_2+\cdots+\frac{\partial f}{\partial x_n}\mathrm{d}x_n)$$

应当指出，只有当确知各局部误差的符号和绝对值时（如已定系差），才能按上述函数误差公式以代数和来综合。否则，一般要用概率估计的方法。

1.7.2 系统误差的综合公式

在研究系统误差的综合时，假定没有随机误差存在。下面分为两种情况来讨论。

1. 已定系统误差的综合

假设式(1-7-1)中各 X_j 之间彼此独立无关，且只含有大小及符号均已知的已定系统误差 θ_j，则函数 Y 将产生一个已定系统误差 θ_Y，它们之间的关系可由式(1-7-2)得出

$$\theta_Y=\sum_{j=1}^{m}(\frac{\partial f}{\partial X_j})\theta_j \tag{1-7-3}$$

也可表示为相对误差的形式，即

$$v_{\theta_Y}=\frac{\theta_Y}{Y}=\sum_{j=1}^{m}\frac{\partial f}{\partial X_j}\frac{\theta_j}{Y} \tag{1-7-4}$$

式(1-7-3)和式(1-7-4)即为系统误差的综合公式。在应用这些公式时，应当注意各 θ_j 的符号。

2. 函数的系统不确定度

在实际工作中往往并不知道各直接测量值 X_j 的系统误差的大小和符号，而只能估计其变化范围，系统不确定度反映了系统误差变化范围的大小。求函数 Y 的系统不确定度，可采用以下两种方法：

(1) 算术综合法（亦称绝对值综合法）

$$\Phi_Y=\pm\sum_{j=1}^{m}\left|\frac{\partial f}{\partial X_j}\Phi_{x_j}\right| \tag{1-7-5}$$

式中 Φ_Y—— 函数 Y（间接测量值）的系统不确定度；

Φ_{X_j}—— 自变量 X_j（直接测量值）的系统不确定度。

当局部误差的个数 m 较少时，采用上述方法比较保险。但是，当局部误差的个数较多时，各局部误差由于符号相反而互相抵消一部分的可能性极大，此时再采用绝对值综合法就过于保守了。

(2) 方和根法

$$\Phi_Y=\pm\sqrt{\sum_{j=1}^{m}(\frac{\partial f}{\partial X_j}\Phi_{X_j})^2} \tag{1-7-6}$$

式中，各量的含义同式(1-7-5)。方和根法借用了正态随机误差的合成方法来处理系统不确定度的综合问题。局部误差的个数越多，式(1-7-6)越接近实际情况。

例 设有某平衡电桥检测线路，若以被测电阻 R_x 作为电桥的第一臂，则 R_x 可表示为另外三个桥臂已知电阻的函数，其函数关系如下

$$R_x=\frac{R_2}{R_3}R_4$$

式中，R_2，R_3，R_4 的名义阻值均已知，但由于制作电阻元件时不可避免地存在误差，故它们分别

存在已定系统误差 $\Delta R_2, \Delta R_3, \Delta R_4$，因此由上式计算而得的 R_x 也必然带有误差 ΔR_x。将上式两边同时取对数并微分，即可写成相对误差的形式，即

$$v_{R_x}=\frac{\Delta R_x}{R_x}=\frac{\Delta R_2}{R_2}-\frac{\Delta R_3}{R_3}+\frac{\Delta R_4}{R_4}=v_{R_2}-v_{R_3}+v_{R_4}$$

由此可见，如果两个比例臂电阻 R_2 和 R_3 选用具有相同的正(或负)相对误差的元件，由于 v_{R_2} 与 v_{R_3} 相互抵消，可减小测量结果的相对误差 v_{R_x}，从而提高测量的准确度。

在测量精度要求不高的电桥测量中，通常把各臂电阻的制造误差规定在一定的范围之内。设其误差限分别为 $\Delta R_{2m}, \Delta R_{3m}, \Delta R_{4m}$，这时被测电阻 R_x 的误差限(系统不确定度 Φ_{R_x})可采用绝对值综合法求得，若表示成相对误差形式即为

$$\frac{\Phi_{R_x}}{R_x}=\pm\sum_{j=2}^{4}\left|\frac{\partial R_x}{\partial R_j}\frac{\Phi_{R_j}}{R_x}\right|=\pm\left(\left|\frac{\Delta R_{2m}}{R_2}\right|+\left|\frac{\Delta R_{3m}}{R_3}\right|+\left|\frac{\Delta R_{4m}}{R_4}\right|\right)$$

1.7.3 随机误差的综合公式

在分析随机误差的综合时，假定系统误差已被消除，在测量结果中只含有随机误差。此时，反映测量精度高低的是函数的标准偏差而不是某一个随机误差。

为便于讨论，首先假设间接测量值 Y 为直接测量值 X_1 和 X_2 的函数，即

$$Y=f(X_1,X_2)$$

假设对 X_1 进行了 n 次测量，对 X_2 进行了 k 次测量，在无系差的情况下，以 δ_j 代替式(1-7-2)中的 $\mathrm{d}X_j$，则可写出函数 Y 的随机误差为

$$\delta_{Y_{il}}=\frac{\partial f}{\partial X_1}\delta_{1_i}+\frac{\partial f}{\partial X_2}\delta_{2_l}\qquad(i=1,2,\cdots,n;\ l=1,2,\cdots,k)$$

式中 $\delta_{1_i},\delta_{2_l}$——分别为 X_1 和 X_2 的随机误差。

将上式两端同时平方得

$$\delta_{Y_{il}}^2=\left(\frac{\partial f}{\partial X_1}\delta_{1_i}\right)^2+\left(\frac{\partial f}{\partial X_2}\delta_{2_l}\right)^2+2\left(\frac{\partial f}{\partial X_1}\delta_{1_i}\right)\left(\frac{\partial f}{\partial X_2}\delta_{2_l}\right)$$

将上式先后对 i 和 l 求和得

$$\sum_{i=1}^{n}\sum_{l=1}^{k}\delta_{Y_{il}}^2=k\sum_{i=1}^{n}\left(\frac{\partial f}{\partial X_1}\delta_{1_i}\right)^2+n\sum_{l=1}^{k}\left(\frac{\partial f}{\partial X_2}\delta_{2_l}\right)^2+2\sum_{i=1}^{n}\left(\frac{\partial f}{\partial X_1}\delta_{1_i}\right)\sum_{j=1}^{k}\left(\frac{\partial f}{\partial X_2}\delta_{2_l}\right)$$

将上式两边同时除以 nk，并考虑到当测量次数 $n\to\infty$ 及 $k\to\infty$ 时，根据随机误差的抵偿特性，有

$$\lim_{n\to\infty}\frac{\sum_{i=1}^{n}\delta_{1_i}}{n}=0\quad 和\quad \lim_{k\to\infty}\frac{\sum_{l=1}^{k}\delta_{2_l}}{k}=0$$

于是可得

$$\frac{\sum_{i=1}^{n}\sum_{j=1}^{k}\delta_{Y_{il}}^2}{nk}=\left(\frac{\partial f}{\partial X_1}\right)^2\frac{\sum_{i=1}^{n}\delta_{1_i}^2}{n}+\left(\frac{\partial f}{\partial X_2}\right)^2\frac{\sum_{l=1}^{k}\delta_{2_l}^2}{k}$$

根据标准偏差的定义，当 $n\to\infty$ 及 $k\to\infty$ 时，上式可改写为

$$\sigma_Y^2=\left(\frac{\partial f}{\partial X_1}\right)^2\sigma_{X_1}^2+\left(\frac{\partial f}{\partial X_2}\right)^2\sigma_{X_2}^2$$

上式给出了间接测量结果的标准偏差与各直接被测量的标准偏差的关系。推广到一般情况，设有来自 m 方面的、彼此独立的随机误差因素，其标准偏差分别为 $\sigma_1,\sigma_2,\cdots,\sigma_m$，则函数的标准偏差 σ_Y 可由下式进行综合

$$\sigma_Y^2=\left(\frac{\partial f}{\partial X_1}\right)^2\sigma_{X_1}^2+\left(\frac{\partial f}{\partial X_2}\right)^2\sigma_{X_2}^2+\cdots+\left(\frac{\partial f}{\partial X_m}\right)^2\sigma_{X_m}^2=$$

$$\sum_{j=1}^{m}\left(\frac{\partial f}{\partial X_j}\right)^2\sigma_{X_j}^2 \tag{1-7-7}$$

在实际应用中，式(1-7-7)中的各标准偏差可用相应的估计值代入，此时函数Y的标准偏差估计值为

$$\hat{\sigma}_Y=\pm\sqrt{\sum_{j=1}^{m}\left(\frac{\partial f}{\partial X_j}\hat{\sigma}_{X_j}\right)^2} \tag{1-7-8}$$

式(1-7-7)和式(1-7-8)即为一般函数的随机误差传递(综合)公式。这些公式仅适用于各直接观测值 X_j 彼此无关的情况。

将式(1-7-8)两端同乘以相同的置信系数 C，可得函数 Y 的随机不确定度

$$\lambda_Y=\pm\sqrt{\sum_{j=1}^{m}\left(\frac{\partial f}{\partial X_j}\lambda_{X_j}\right)^2} \tag{1-7-9}$$

式中　λ_Y—— 函数 Y 的随机不确定度，$\lambda_Y=C\hat{\sigma}_Y$；

λ_{X_j}——X_j 的随机不确定度，$\lambda_{X_j}=C\hat{\sigma}_{X_j}$。

例　设某平衡电桥的三个桥臂电阻的阻值 R_2,R_3,R_4 是分别通过多次重复测量得出的，其测量误差是服从正态分布的随机误差，如果各电阻值的标准偏差分别为 $\sigma_{R_2},\sigma_{R_3},\sigma_{R_4}$，根据随机误差的综合公式(1-7-8)可以求得被测电阻 $R_X(=R_2R_4/R_3)$ 的标准偏差 σ_{R_X} 为

$$\sigma_{R_X}=\pm\sqrt{\left(\frac{\partial R_X}{\partial R_2}\sigma_{R_2}\right)^2+\left(\frac{\partial R_X}{\partial R_3}\sigma_{R_3}\right)^2+\left(\frac{\partial R_X}{\partial R_4}\sigma_{R_4}\right)^2}=$$

$$\pm\sqrt{\left(\frac{R_4}{R_3}\sigma_{R_2}\right)^2+\left(-\frac{R_2R_4}{R_3^2}\sigma_{R_3}\right)^2+\left(\frac{R_2}{R_3}\sigma_{R_4}\right)^2}$$

1.7.4　系统不确定度与随机不确定度的综合

以上讨论的误差综合方法适用于仅存在某一种性质的误差的情况。但是，在实际测量过程中，往往会遇到系统不确定度和随机不确定度同时存在的情况，这时必须考虑这两种不确定度的综合问题，综合的结果称为总的不确定度。

系统不确定度和随机不确定度的综合方法有：

(1) 绝对值综合法

$$u=\pm(|\Phi_Y|+|\lambda_Y|) \tag{1-7-10}$$

(2) 方和根综合法

$$u=\pm\sqrt{\Phi_Y^2+\lambda_Y^2} \tag{1-7-11}$$

式中　u—— 总的不确定度；

Φ_Y—— 系统不确定度；

λ_Y—— 随机不确定度。

§1.8 测量结果的数据处理

1.8.1 测量结果的表示方法与有效数字的处理原则

1. 测量结果的数字表示方法

常见的测量结果表示方法是在观测值或多次观测结果的算术平均值后加上相应的误差限。同一测量如果采用不同的置信概率 P_c，测量结果的误差限也不同。因此，应该在相同的置信水平 α 下，来比较测量的精确程度。为此，测量结果的表达式通常都具有确定的概率意义。下面介绍几种常用的表示方法，它们都是以系统误差已被消除为前提条件的。

(1) 单次测量结果的表示方法　如果已知测量仪表的标准偏差 σ，作一次测量，测得值为 X，则通常将被测量 X_0 的大小表示为

$$X_0 = X \pm \sigma \tag{1-8-1}$$

上式表明被测量 X_0 的估计值为 X，当取置信概率 $P_c = 68.3\ \%$ 时，测量误差不超出 $\pm\sigma$。为更明确地表达测量结果的概率意义，上式应写成下面更完整的形式

$$X_0 = X \pm \sigma \quad (\text{置信概率 } P_c = 68.3\ \%)$$

(2) n 次测量结果的表示方法　当用 n 次等精度测量的算术平均值 $\overline{X}$ 作为测量结果时，其表达式为

$$X_0 = \overline{X} + C\sigma_{\overline{X}} \tag{1-8-2}$$

式中，$\sigma_{\overline{X}}$ 为算术平均值的标准偏差，其值为 $\sigma/\sqrt{n}$，置信系数 C 可根据所要求的置信概率 P_c 及测量次数 n 而定。一般情况下，当极限误差取为 $3\sigma_{\overline{X}}$（即置信系数 $C=3$）时，为了使置信概率 $P_c > 0.99$，应有 $n > 14$，故一般测量次数 n 最好不低于14。测量次数少于14次，若仍用 $3\sigma_{\overline{X}}$ 作为极限误差，则对应的置信概率 P_c 将下降到 $0.98 \sim 0.8$。

2. 有效数字的处理原则

当以数字表示测量结果时，在进行数据处理的过程中，应注意有效数字的正确取舍。处理原则如下：

(1) 有效数字的基本概念　一个数据，从左边第一个非零数字起至右边含有误差的一位为止，中间的所有数字均为有效数字。测量结果一般为被测真值的近似值，有效数字位数的多少决定了这个近似值的准确度。

在有些数据中会出现前面或后面为零的情况。如 25 μm 也可写成 0.025 mm，后一种写法前面的两个零显然是由于单位改变而出现的，不是有效数字。又如 25.0 μm，小数点后面的一个零应认为是有效数字。为避免混淆，通常将后面带零的数据中不作为有效数字的零，表示为10的乘幂的形式；而作为有效数字的零，则不可表示为10的乘幂形式。例如 2.5×10^2 mm 为两位有效数字，而 250 mm 为三位有效数字。

(2) 数据舍入规则　对测量结果中多余的有效数字，在进行数据处理时不能简单地采取四舍五入的方法，这时的数据舍入规则为4舍6入5看右。若保留 n 位有效数字，当第 $n+1$ 位数字大于5时则入，小于5时则舍；其值恰好等于5时，如5之后还有数字则入，5之后无数字或

为零时，若第 n 位为奇数时则入，为偶数时则舍。

例 若要求把有效数字保留到小数点后第二位，则下列数据舍入前后的关系如下：

原始数据	舍入后的数据
14.326	14.33
67.8412	67.84
48.4853	48.49
6.735	6.74
3.2450	3.24

(3) 有效数字运算规则

1) 参加运算的常数如 π，e，… 等数值，有效数字的位数可以不受限制，需要几位就取几位。

2) 加减运算　在不超过 10 个测量数据相加减时，要把小数位数多的进行舍入处理，使其比小数位数最少的数据只多一位小数，计算结果应保留的小数位数要与原数据中有效数字位数最少者相同。

3) 乘除运算　在两个数据相乘或相除时，要把有效数字多的数据作舍入处理，使其比有效数字最少的数据只多一位有效数字，计算结果应保留的有效数字位数要与原数据中有效数字位数最少者相同。

4) 乘方及开方运算　运算结果应比原数据多保留一位有效数字。

5) 对数运算　取对数前后的有效数字位数应相等。

6) 多个数据取算术平均值　由于误差相互抵消的结果，所得算术平均值的有效数字位数可增加一位。

1.8.2 异常测量值的判别与舍弃

在测量过程中，有时会在一系列测量值中混有残差绝对值特别大的异常测量值。这种异常测量值如果是由于测量过程中出现粗差而造成的“坏值”，则应剔除不用，否则将会明显歪曲测量结果。然而，有时异常测量值的出现，却可能客观地反映了测量过程中的某种随机波动特性。因此，对异常测量值不应为了追求数据的一致性而轻易舍去。为了科学地判别粗差，正确地舍弃坏值，需要建立异常测量值的判别标准。

通常采用统计判别法加以判别，统计判别法有许多种，下面介绍常用的两种。

1. 拉依达准则

拉依达准则是以 3σ 为极限误差（此处 σ 是测量列的标准偏差），凡超过此值的测量误差均作粗差处理，相应的测量值即为含有粗差的坏值，应予以剔除。

如果对某个被测参数重复进行 n 次测量，得到的 n 个观测值组成一个测量列 $X_1, X_2, \cdots, X_n$，相应的残差为 $v_1, v_2, \cdots, v_n$。若其中某个观测值 X_d 的残差 $v_d(1 \leqslant d \leqslant n)$ 为

$$|v_d| > 3\sigma \tag{1-8-3}$$

则认为 X_d 是含有粗差的坏值，应从测量列中剔除。

显然，拉依达准则是以正态分布和置信概率 $P_c > 0.99$ 为前提的。当测量次数 n 有限时，用估计值 $\hat{\sigma}$ 代替式(1-8-3)中的标准偏差 σ。若测量次数 n 较少，则因 $\hat{\sigma}$ 的可靠性较差而直接影响到拉依达准则的可靠性。

例 对某温度测量 15 次，测量数据如下：

20.42	20.43	20.40	20.43	20.42
20.43	20.39	20.30	20.40	20.43
20.42	20.41	20.39	20.39	20.40

试用拉依达准则判别有无坏值。

解　首先求出测量列的算术平均值为

$$\overline{X}=20.404\ ℃$$

计算出残差 v_i 与 X_i 一起列入表 1-8-1 中。

根据贝塞尔公式计算出标准偏差

$$\hat{\sigma}=\sqrt{\frac{\sum v_i^2}{15-1}}=0.033$$

$$3\hat{\sigma}=0.099$$

测量列中 $|v_8|=0.104>3\hat{\sigma}$，故认为 $X_8=20.30$℃是坏值，应从测量列中剔除。

余下 14 个测量值，重新计算后得到新的算术平均值 $\overline{X'}=20.411$℃，计算出新的残差 v_c，仍见表 1-8-1。按新残差 v_c 算得

$$\hat{\sigma}_c=\sqrt{\frac{\sum v_c^2}{14-1}}=0.016$$

由于 $|v_c|$ 皆小于 $3\hat{\sigma}_c$，故余下的 14 个测量值中已无坏值。

表 1-8-1　拉依达准则应用举例

序号	X_i	残差 $v_i=X_i-\overline{X}$	新残差 $v_c=X_i-\overline{X'}$
1	20.42	+0.016	+0.009
2	20.43	+0.026	+0.019
3	20.40	-0.004	-0.011
4	20.43	+0.026	+0.019
5	20.42	+0.016	+0.009
6	20.43	+0.026	+0.019
7	20.39	-0.014	-0.021
8	20.30	-0.104	—
9	20.40	-0.004	-0.011
10	20.43	+0.026	+0.019
11	20.42	+0.016	+0.009
12	20.41	+0.006	-0.001
13	20.39	-0.014	-0.021
14	20.39	-0.014	-0.021
15	20.40	-0.004	-0.011

2. t 检验准则

设对某一被测量进行 n 次测量后，得到一个测量列 $X_1, X_2, \cdots, X_j, \cdots, X_n$，首先观察各测量值中是否有偏离较大者，如有某测量值 X_d 比其他测量值偏离较大，则先假定它为可疑测量值，然后计算不包含 X_d 的算术平均值

$$\overline{X'} = \sum_{i \neq d} X_i / (n-1) \tag{1-8-4}$$

以及相应的标准偏差

$$\hat{\sigma}' = \sqrt{\sum_{i \neq d} (X_i - \overline{X'})^2 / (n-2)} \tag{1-8-5}$$

这时如果

$$| X_d - \overline{X'} | > K(\alpha, n)\hat{\sigma}' \tag{1-8-6}$$

成立，则可判定 X_d 确实是坏值，应予以剔除。上式中，$K(\alpha, n)$ 为 t 检验时用的系数，其值列于表 1-8-2 中备查，$\alpha = 1 - P_c$ 称为超差概率或置信水平，n 为测量次数。

表 1-8-2　t 检验 $K(\alpha, n)$ 数值表

n \ α	0.01	0.05	n \ α	0.01	0.05	n \ α	0.01	0.05
4	11.46	4.97	13	3.23	2.29	22	2.91	2.14
5	6.53	3.56	14	3.17	2.26	23	2.90	2.13
6	5.04	3.04	15	3.12	2.24	24	2.88	2.12
7	4.36	2.78	16	3.08	2.22	25	2.86	2.11
8	3.96	2.62	17	3.04	2.20	26	2.85	2.10
9	3.71	2.51	18	3.01	2.18	27	2.84	2.10
10	3.54	2.43	19	3.00	2.17	28	2.83	2.09
11	3.41	2.37	20	2.95	2.16	29	2.82	2.09
12	3.31	2.33	21	2.93	2.15	30	2.81	2.08

例　用某流量测量装置在相同条件下，对同一流量 q_v 进行 7 次独立测量，得到下列数值（单位：m^3/h）

3.300 5，3.309 6，3.321 7，3.307 3，3.319 5，3.309 3，3.308 5

试根据 t 检验准则判断 3.300 5 是否为坏值。

解　先假定 $q_{v,d} = 3.300\ 5$ 为可疑值，并暂时除去 $q_{v,d}$，由其余 6 个 $q_{v,i}$ 值算得

$$\bar{q}'_v = \sum_{i \neq d} q_{v,i} / (7-1) = 3.312\ 6\ m^3/h$$

$$\bar{\sigma}' = \sqrt{\sum_{i \neq d} (q_{v,i} - \bar{q}'_v)^2 / (7-2)} = 0.006\ 2$$

取置信水平 $\alpha = 0.01$，由测量次数 $n = 7$ 查表得

$$K(\alpha, n) = 4.36$$

则

$$K(\alpha, n)\hat{\sigma}' = 0.027\,0$$

$$|q_{v,d} - \bar{q}'_v| = 0.012\,1 < 0.027\,0$$

故 $q_{v,d} = 3.300\,5$ 不是坏值，不应剔除。

以上介绍了两种坏值剔除的准则，其中拉依达准则无需查表，运用简便。除此之外，还有其他准则，此处不再赘述。

1.8.3　等精度测量结果的数据处理步骤

如前所述，在无系差或已消除了系差的情况下测量同一参数，凡具有相同的标准偏差的测量，都可称为等精度测量。下面通过一个例子具体说明等精度测量结果的数据处理步骤。

例　假设用温度传感器对某温度进行了 12 次等精度测量，获得测量数据如下（假设本例给出的测量数据中不含系统误差）：

20.46	20.52	20.50	20.52	20.48	20.47
20.50	20.49	20.47	20.49	20.51	20.51

要求对该数据进行加工整理，并写出最后结果。

解　数据处理步骤如下：

(1) 将测量数据 X_i 列成表格，如表 1-8-3 所示。

表 1-8-3　测量结果的数据处理举例

i	X_i/℃	v_i	v_i^2
1	20.46	-0.033	10.89×10^{-4}
2	20.52	$+0.027$	7.29×10^{-4}
3	20.50	$+0.007$	0.49×10^{-4}
4	20.52	$+0.027$	7.29×10^{-4}
5	20.48	-0.013	1.69×10^{-4}
6	20.47	-0.023	5.29×10^{-4}
7	20.50	$+0.007$	0.49×10^{-4}
8	20.49	-0.003	0.09×10^{-4}
9	20.47	-0.023	5.29×10^{-4}
10	20.49	-0.003	0.09×10^{-4}
11	20.51	$+0.017$	2.89×10^{-4}
12	20.51	$+0.017$	2.89×10^{-4}
$\sum$	$\sum_{i=1}^{12} X_i = 245.92$ $\bar{X} \approx 20.493$	$\sum_{i=1}^{12} v_i = 0.004 \approx 0$	$\sum_{i=1}^{12} v_i^2 = 44.68 \times 10^{-4}$ $\hat{\sigma} \approx 0.02$

(2) 求出算术平均值 $\overline{X}$

$$\overline{X}=\frac{1}{n}\sum_{i=1}^{n}X_i=\frac{1}{12}\sum_{i=1}^{12}X_i=\frac{1}{12}\times 245.92\approx 20.493$$

(3) 在每个 X_i 旁边列出相应的剩余误差 $v_i=X_i-\overline{X}$。当计算无误时，理论上应有 $\sum_{i=1}^{n}v_i=0$，但实际上，由于计算过程中四舍五入所引入的误差，此关系式往往不能满足。本例 $\sum_{i=1}^{12}v_i=0.004\approx 0$。

(4) 在每个 v_i 旁列出相应的 v_i^2 值，并按贝塞尔公式计算出标准偏差 $\hat{\sigma}$。本例求得 $\sum_{i=1}^{12}v_i^2=44.68\times 10^{-4}$，于是

$$\hat{\sigma}=\sqrt{\frac{1}{n-1}\sum_{i=1}^{n}v_i^2}=\sqrt{\frac{44.68\times 10^{-4}}{11}}\approx 0.02$$

(5) 利用前面介绍的拉依达准则或其他检验准则来检查测量数据中有无坏值，如果发现有坏值，应剔除后从第(2)步重新开始计算。本例采用拉依达准则进行检查，因 $3\sigma=0.06$，与表中各 v_i 相比较，由于 $|v_i|$ 皆小于 3σ，显然无坏值存在。

(6) 求出算术平均值的标准偏差

$$\hat{\sigma}_{\overline{X}}=\frac{\hat{\sigma}}{\sqrt{n}}=\frac{0.02}{\sqrt{12}}\approx 0.006$$

(7) 写出最后结果　令置信概率 $P_c=0.95$，查 t 分布表得 $K_t\approx 2.2$，故算术平均值的置信限为

$$K_t\hat{\sigma}_{\overline{X}}=2.2\times 0.006=0.0132\approx 0.013\approx 0.01$$

考虑到算术平均值可多取一位数字，故最后结果可写成

$$t=(20.493\pm 0.013)℃$$

思考题与习题

1-1　什么是绝对误差？什么是相对误差？什么是剩余误差？

1-2　若要比较两个不同量程的检测仪表的测量精确度，应当采用哪种误差形式？为什么？

1-3　设某测量范围为 0～100℃ 的温度计具有恒值误差 +0.2℃，试分别计算在读数为 10℃，50℃ 和 100℃ 时的相对误差。通过分析上述计算结果可得出什么结论？

1-4　检定一块精度为 1.0 级 100 mA 的电流表，发现最大误差在 50 mA 处为 1.4 mA，试问这块表是否合格？

1-5　给出在等精度、无系差、无粗差、独立条件下 16 次测量值如下，试计算 $\overline{X}$，σ，$\sigma_{\overline{X}}$。

68.161	68.161	68.160	68.160	68.162	68.164	68.164	68.161
68.161	68.161	68.160	68.163	68.160	68.163	68.162	68.161

1-6　对加热金属温度测量15次得测量数据如下：

30.42	30.43	30.40	30.43	30.42	30.43	30.39	30.30
30.40	30.43	30.42	30.41	30.39	30.39	30.40	

试对测量数据进行处理，并写出测量结果的表达式。

1-7　两个100 Ω的电阻，误差分别为±0.01%和±0.02%，计算串联为200 Ω及并联为50 Ω时的误差。如果两个电阻的误差均为±0.01%时，则串联及并联时的误差是多少？

第2章 检测仪表与传感器

在工业生产过程中，为了正确地指导生产操作、保证生产安全、保证产品质量和实现生产过程自动化，一项必不可少的工作是准确而及时地检测出生产过程中的各个有关参数，例如温度、压力、流量及物位等。用来检测这些参数的技术工具称为检测仪表。用来将这些参数转换为一定的便于传送的信号(例电信号或气压信号）的仪表通常称为传感器。当传感器的输出为单元组合仪表中规定的标准信号(4 ～ 20 mA DC，20 ～ 100 kPa）时，通常称为变送器。本章将主要介绍有关温度、压力、流量、物位等参数的检测方法、检测仪表及相应的传感器或变送器。

§2.1 温度检测及仪表

温度是表征物体冷热程度的物理量。是各种工业生产和科学实验中最普遍而重要的操作参数。除此之外，在现代化的农业和医学中也是不可缺少的。

尤其在化工生产中，温度的测量与控制有着重要的作用。众所周知，任何一种化工生产过程都伴随着物质的物理和化学性质的改变，都必然有能量的交换和转化，其中最普遍的交换形式是热交换形式。因此，化工生产的各种工艺过程都是在一定的温度下进行的。例如精馏塔的精馏过程中，对精馏塔的进料温度、塔顶温度和塔釜温度都必须按照工艺要求分别控制在一定数值上。又如用 N_2 和 H_2 生产合成 NH_3 的反应过程，在触媒存在的条件下，反应温度是500℃，否则产品不合格，严重时还会发生事故。因此说，温度的测量与控制是保证化学反应过程正常进行与安全运行的重要环节。

2.1.1 温度检测方法及仪表

温度不能直接测量，只能借助于冷热不同物体之间的热交换，以及物体的某些物理性质随冷热程度不同而变化的特性来加以间接测量。

任意两个冷热程度不同的物体相接触，必然要发生热交换现象，热量将由受热程度高的物体传到受热程度低的物体，直到两物体的冷热程度完全一致，即达到热平衡状态为止。利用这一原理，可以选择某一物体同被测物体相接触，并进行热交换，当两者达到热平衡状态时，选择物体与被测物体温度相等。于是，可以通过测量选择物体的某一物理量(如液体的体积、导体的电量等)，便可以定量地给出被测物体的温度数值。以上就是接触测温法。也可以利用热辐射原理，来进行非接触测温。

温度测量范围甚广，有的处于接近绝对零度的低温，有的要在摄氏几千度的高温下进行，这样宽的测量范围，需用各种不同的测温方法和测温仪表。按使用的测量范围分，常把测量600℃以上的测温仪表叫高温计，把测量600℃以下的测温仪表叫温度计。按用途分，可分为标准仪表、实用仪表。按工作原理分，则分为膨胀式温度计、压力式温度计、热电偶温度计、热电阻温度计和辐射高温计五类。按测量方式分，则可分为接触式与非接触式两大类。前者测温元件直接与被测介质接触，这样可以使被测介质与测温元件进行充分地热交换，而达到测温目的；后者测温元件与被测介质不相接触，通过辐射或对流实现热交换来达到测温的目的。按测量方式分类见表2-1-1。

表2-1-1 温度检测方法及仪表分类

测量方式	温度计种类			测温范围/℃
接触式	膨胀式温度计	液体膨胀式	有机液体	-100～+100
			水 银	-50～+600
		固体膨胀式	双金属片	-80～+600
	压力式温度计	液体型	水 银	0～650
			甲 醛	150
			二甲苯	400
		气体型		500
		蒸汽型		150
	热电阻温度计	铂热电阻		-200～+500
		铜热电阻		-50～+100
		特殊热电阻		-200～+700
		半导体热敏电阻		
	热电偶温度计	铂铑-铂		1 600以下
		镍铬-镍硅		1 000以下
		镍铬-考铜		600以下
非接触式	光电高温计			800～6 000
	辐射高温计			100～800 100～2 000
	比色高温计			800～2 000

下面简单介绍几种常用温度计：

1. 膨胀式温度计

膨胀式温度计是基于某些物体受热时体积膨胀的特性而制成的。玻璃管温度计属于液体膨胀式温度计，双金属温度计属于固体膨胀式温度计。

双金属温度计中的感温元件是用两片线膨胀系数不同的金属片叠焊在一起而制成的。双金属片受热后，由于两金属片的膨胀长度不同而产生弯曲，如图2-1-1所示。温度越高产生的线膨胀长度差就越大，因而引起弯曲的角度就越大，双金属温度计就是基于这一原理而制成的，它是用双金属片制成螺旋形感温元件，外加金属保护套管，当温度变化时，螺旋形感温元件的自由端便围绕着中心轴旋转，同时带动指针在刻度盘上指示出相应的温度数值。

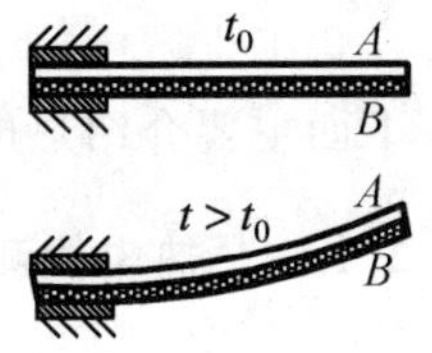

图 2-1-1　双金属片

图 2-1-2 是一种双金属温度信号器的示意图。当温度变化时，双金属片 1 产生弯曲，且触点与调节螺钉相接触，使电路接通，信号灯 4 便发亮。如以继电器代替信号灯便可以用来控制热源(如电热丝)而成为两位式温度控制器。温度的控制范围可通过改变调节螺钉 2 与双金属片 1 之间的距离来调整。若以电铃代替信号灯便可以作为一种双金属温度信号报警器。

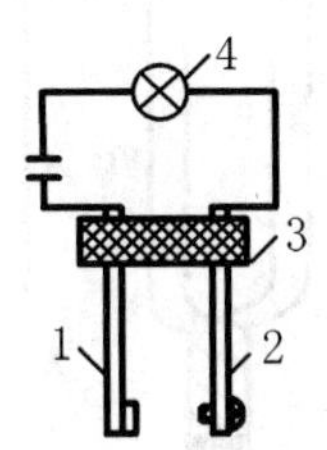

图 2-1-2　双金属温度信号器

1— 双金属片；2— 调节螺钉；3— 绝缘子；4— 信号灯

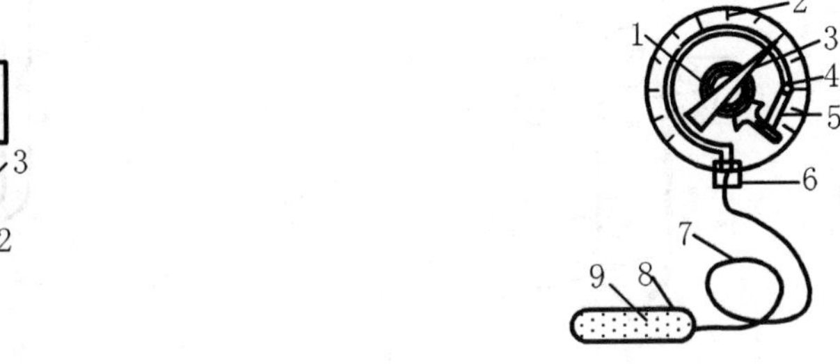

图 2-1-3　压力式温度计结构原理图

1— 传动机构；2— 刻度盘；3— 指针；4— 弹簧管；5— 连杆；6— 接头；7— 毛细管；8— 温包；9— 工作物质

2. 压力式温度计

应用压力随温度的变化来测温的仪表叫压力式温度计。它是根据在封闭系统中的液体、气体或低沸点液体的饱和蒸汽受热后体积膨胀或压力变化这一原理而制成的，并用压力表来测量这种变化，从而测得温度。

压力式温度计的构造如图 2-1-3 所示。它主要由以下 3 部分组成。

(1) 温包　它是直接与被测介质相接触来感受温度变化的元件，因此要求它具有高的强度，小的膨胀系数，高的热导率以及抗腐蚀等性能。根据所充工作物质和被测介质的不同，温包可用铜合金、钢或不锈钢来制造。

(2) 毛细管　它是用铜或钢等材料冷拉成的无缝圆管，用来传递压力的变化。其外径为 1.2～5 mm，内径为 0.15～0.5 mm。毛细管的直径越小，长度越长，则传递压力的滞后现象就愈严重。也就是说，温度计对被测温度的反应越迟钝。然而，在同样的长度下毛细管越细，仪表的精度就越高。毛细管容易被破坏，折断，因此，必须加以保护。对不经常弯曲的毛细管可用金属软管做保护套管。

(3) 弹簧管(或盘簧管)　它是一种简单耐用的测压敏感元件，常用的还有膜盒，波纹管等。

3. 辐射式高温计

辐射式高温计是基于物体热辐射作用来测量温度的仪表。目前，它已被广泛地用来测量高于 800℃ 的温度。

在化工生产中，使用最多的是利用热电偶和热电阻这两种感温元件来测量温度。下面主要介绍热电偶温度计和热电阻温度计。

2.1.2 热电偶测温

热电偶温度计是以热电效应为基础的测温仪表。它的结构简单、测量范围宽、使用方便、测温准确可靠，信号便于远传、自动记录和集中控制，因而在工业生产中应用极为普遍。

热电偶温度计由三部分组成：热电偶（感温元件）；测量仪表（动圈仪表或电位差计）；连接热电偶和测量仪表的导线（补偿导线）。图 2-1-4 是最简单的热电偶温度计测温系统示意图。

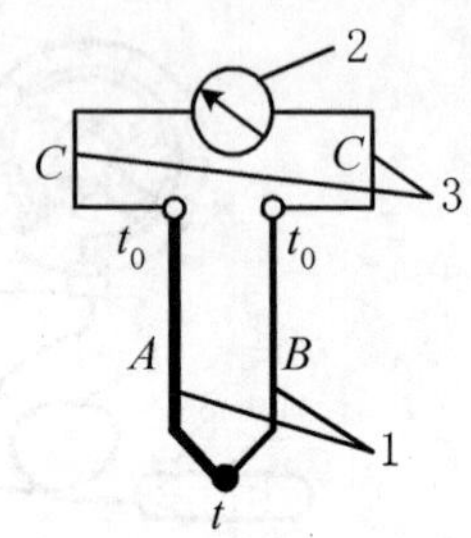
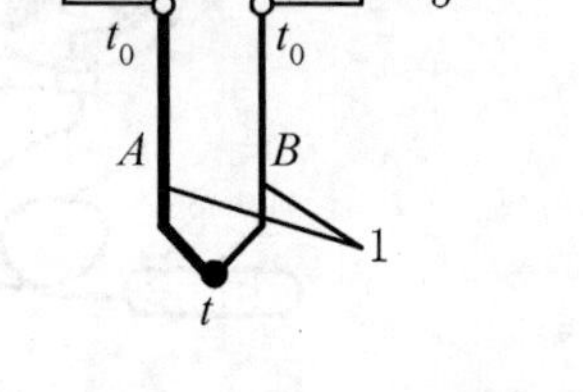

图 2-1-4 热电偶温度计测温系统示意图

1— 热电偶；2— 测量仪表；3— 导线

图 2-1-5 热电偶示意图

1. 热电偶

热电偶是工业上最常用的一种测温元件。它是由两种不同材料的导体 A 和 B 焊接而成，如图 2-1-5 所示。焊接的一端插入被测介质中，感受到被测温度，称为热电偶的工作端或热端，另一端与导线连接，称为冷端或自由端（参比端）。导体 A，B 称为热电极。

(1) 热电现象及测温原理　先用一个简单的实验，来建立对热电偶热电现象的感性认识。取两根不同材料的金属导线 A 和 B，将其两端焊在一起，这样就组成了一个闭合回路。如将其一端加热，就是使其接点 1 处的温度 t 高于接点 2 处的温度 t_0，那么在此闭合回路中就有热电势产生，如图 2-1-6(a) 所示。如果在此回路中串接一只直流毫伏计（将金属 B 断开接入毫伏计，或者在两金属线的 t_0 接头处断开接入毫伏计均可），如图 2-1-6(b)，(c) 所示，就可见到毫伏计中有电势指示，这种现象就称为热电现象。

下面分析产生热电势的原因。从物理学中知道，两种不同的金属，它们的自由电子密度是不同的。也就是说，两金属中每单位体积内的自由电子数是不同的。假设金属 A 中的自由电子密度大于金属 B 中的自由电子密度，按古典电子理论，金属 A 的电子密度大，其压强也大。正因为这样，当两种金属相接触时，在两种金属的交界处，电子从 A 扩散到 B 多于从 B 扩散到 A。而原来自由电子处于金属 A 这个统一体时，统一体是呈中性不带电的，当自由电子越过接触面迁移后，金属 A 就因失去电子而带正电，金属 B 则因得到电子而带负电。但这种扩散迁移是不会无限制地进行的。因为迁移的结果就在两金属的接触面两侧形成了一个偶电层，这一偶电层的电场方向由 A 指向 B，它的作用是阻碍自由电子的进一步扩散。这就是说，由于电子密度的不平衡而引起扩散运动，扩散的结果产生了静电场，这个静电场的存在又成为扩散运动的阻力，这两者是互相对立的。开始的时候，扩散运动占优势，随着扩散的进行，静电场的作用就加强，反而使电子沿反方向运动。结果当扩散进行到一定程度时，压强差的作用与静电场的作用相互抵消，扩散与反扩散建立了暂时的平衡。

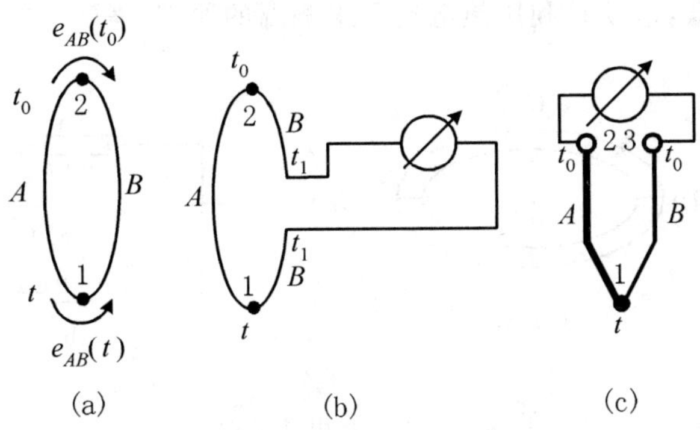

图 2-1-6　热电现象

图 2-1-7(a) 表示两金属接触面上将发生方向相反，大小不等的电子流，使金属 B 中逐渐地积聚过剩电子，并引起逐渐增大的由 A 指向 B 的静电场及电势差 e_{AB}，图 2-1-7(b) 表示电子流达到动态平衡时的情况。这时的接触电势差，仅和两金属的材料及接触点的温度有关，温度越高，金属中的自由电子就越活跃，由 A 迁移到 B 的自由电子就越多，致使接触面处所产生的电场强度也增加，因而接触电动势也增高。由于这个电势的大小，在热电偶材料确定后只与温度有关，故称为热电势，记作 $e_{AB}(t)$，注脚 A 表示正极金属，注脚 B 表示负极金属，如果下标次序改为 BA，则 e 前面的符号亦应相应的改变，即 $e_{AB}(t)=-e_{BA}(t)$。

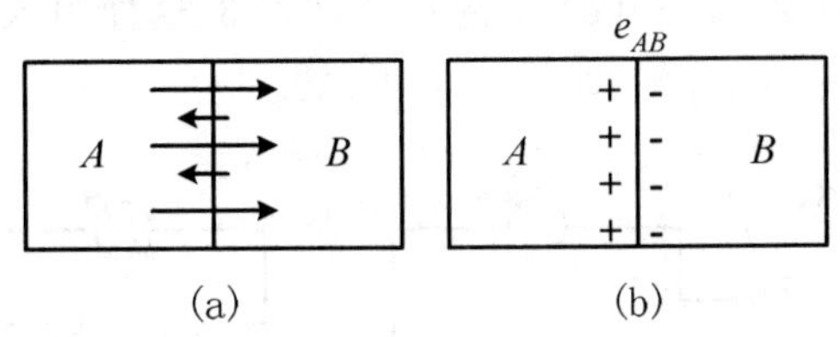

图 2-1-7　接触电势的形成过程

若把导体的另一端也闭合，形成闭合回路，则在两接点处就形成了两个方向相反的热电势，如图 2-1-8 所示。

图 2-1-8(a) 表示两金属的接点温度不同，设 $t>t_0$，由于两金属的接点温度不同，就产生了两个大小不等、方向相反的热电势 $e_{AB}(t)$ 和 $e_{AB}(t_0)$。值得注意的是，对于同一金属 A(或 B)，由于其两端温度不同，自由电子具有的动能不同，也会产生一个相应的电动势 $e_A(t,t_0)$ 和 $e_B(t,t_0)$，这个电动势称为温差电势。但由于温差电势远小于接触热电势，因此常常把它忽略不计。这样，就可以用图 2-1-8(b) 作为图 2-1-8(a) 的等效电路，R_1，R_2 为热偶丝的等效电阻，在此闭合回路中总的热电势 $E(t,t_0)$ 应为

$$E(t,t_0)=e_{AB}(t)-e_{AB}(t_0)$$

或

$$E(t,t_0)=e_{AB}(t)+e_{BA}(t_0) \tag{2-1-1}$$

也就是说，热电势 $E(t,t_0)$ 等于热电偶两接点热电势的代数和。在 A，B 材料固定后，热电势是接点温度 t 和 t_0 的函数之差。如果一端温度 t_0 保持不变，即 $e_{AB}(t_0)$ 为常数，则热电势 $E(t,t_0)$ 就成了温度 t 的单值函数，而和热电偶的长短及直径无关。这样，只要测出热电势的大小，就能判断测温点温度的高低，这就是利用热电现象来测温的原理。

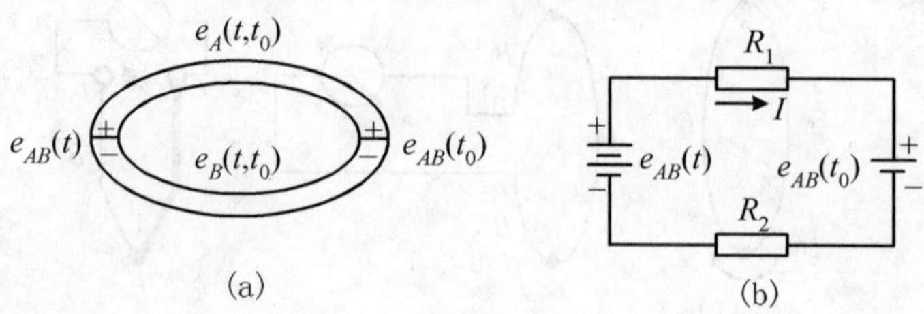

图 2-1-8 热电偶原理

由以上分析可见，如果组成热电偶回路的两种导体材料相同，则无论两接点温度如何，闭合回路的总热电势为零；如果热电偶两接点温度相同，即使两导体材料不同，闭合回路的总热电势也为零；热电偶产生的热电势除了与两接点处的温度有关外，还与热电极的材料有关。也就是说不同热电极材料制成的热电偶在相同温度下产生的热电势是不同的。可以从附表 1 至附表 3 中查到。

(2) 接入第三种导线的问题　利用热电偶测量温度时，必须要用某些仪表来测量热电势的数值，如图 2-1-9 所示。而测量仪表往往要远离测温点，这就要接入连接导线 C，这样就在 AB 所组成的热电偶回路中加入了第三种导线，而第三种导线的接入又构成了新的接点，如图 2-1-9(a) 中点 3 和点 4，图 2-1-9(b) 中的点 2 和点 3，这样引入第三种导线会不会影响热电偶的热电势，下面就来做一分析。

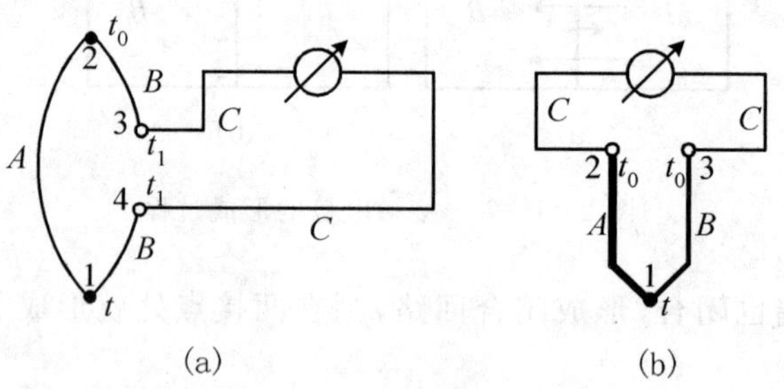

图 2-1-9 热电偶测温系统连接图

首先，对图 2-1-9(a) 所示的电路，因为 3，4 接点温度相同为 t_1，故总的热电势 E_t 等于

$$E_t=e_{AB}(t)+e_{BC}(t_1)+e_{CB}(t_1)+e_{BA}(t_0) \tag{2-1-2}$$

因为

$$e_{BC}(t_1)=-e_{CB}(t_1) \tag{2-1-3}$$

$$e_{BA}(t_0)=-e_{AB}(t_0) \tag{2-1-4}$$

将式(2-1-3)，(2-1-4) 代入式(2-1-2) 得

$$E_t = e_{AB}(t) - e_{AB}(t_0) \tag{2-1-5}$$

比较式(2－1－5)与式(2－1－1),可见总的热电势与没有接入第三种导线一样。

再来分析如图2－1－9(b)电路,在电路中的2,3接点温度相同且等于t_0,那么电路的总热电势E_t等于

$$E_t = e_{AB}(t) + e_{BC}(t_0) + e_{CA}(t_0) \tag{2-1-6}$$

根据能量守恒原理可知,多种金属组成的闭合回路内,尽管它们材料不同,只要各接点温度相等,则此闭合回路内的总电势等于零。若将A,B,C三种金属丝组成一个闭合回路,各接点温度相同(都为t_0),则回路内的总热电势等于零。即

$$e_{AB}(t_0) + e_{BC}(t_0) + e_{CA}(t_0) = 0$$

则

$$-e_{AB}(t_0) = e_{BC}(t_0) + e_{CA}(t_0) \tag{2-1-7}$$

将(2－1－7)式代入式(2－1－6)得

$$E_t = e_{AB}(t) - e_{AB}(t_0) \tag{2-1-8}$$

结果也和式(2－1－1)相同,可见也与没有接入第三种导线的热电势一样。

就说明在热电偶回路中接入第三种金属导线对原热电偶所产生的热电势数值并无影响。不过必须保证引入导线两端的温度相同。同理,如果回路中串入更多种导线,只要引入线两端温度相同,也不影响热电偶所产生的热电势数值。

(3)常用热电偶的种类　理论上任意两种金属材料都可以组成热电偶。但实际情况并非如此,对它们还必须进行严格的选择。工业上对热电极材料应满足以下要求:① 温度每增加1℃时所能产生的热电势要大,而且热电势与温度应尽可能成线性关系;② 物理稳定性要高,即在测温范围内其热电性质不随时间而变化,以保证与其配套使用的温度计测量的准确性;③ 化学稳定性要高,即在高温下不被氧化和腐蚀;④ 材料组织要均匀,要有韧性,便于加工成丝;⑤ 复现性好(用同种成分材料制成的热电偶,其热电特性均相同的性质称复现性),这样便于成批生产,而且在应用上也可保证良好的互换性。但是,要全面满足以上要求是有困难的。目前在国际上被公认的比较好的热电极材料只有几种,这些材料是经过精选而且标准化了的,它们分别被应用在各温度范围内,测量效果良好。

现把工业上最常用的(已标准化)几种热电偶介绍如下:

1)铂铑$_{30}$－铂铑$_6$热电偶(也称双铂铑热电偶)　此种热电偶(分度号为B)以铂铑$_{30}$丝为正极,铂铑$_6$丝为负极;其测量范围为300～1 600℃,短期可测1 800℃。其热电特性在高温下更为稳定,适于在氧化性和中性介质中使用。但它产生的热电势小、价格贵。在低温时热电势极小,因此当冷端温度在40℃以下范围使用时,一般可不需要进行冷端温度修正。

2)铂铑$_{10}$－铂热电偶　在此种热热电偶(分度号为S)中,以铂铑$_{10}$丝为正极,纯铂丝为负极;测量范围为－20～1 300℃,在良好的使用环境下可短期测量1 600℃;适于在氧化性或中性介质中使用。其优点是耐高温,不易氧化;有较好的化学稳定性;具有较高测量精度,可用于精密温度测量和作基准热电偶。

3)镍铬-镍硅(镍铬-镍铝)热电偶　该热电偶(分度号为K)中镍铬为正极,镍硅(镍铝)为负极;测量范围为－50～1 000℃,短期可测量1 200℃;在氧化性和中性介质中使用,500℃以下低温范围内,也可用于还原性介质中测量。此种热电偶其热电势大,线性好,测温范围较宽,造价低,因而应用很广。

镍铬-镍铝热电偶与镍铬-镍硅热电偶的热电特性几乎完全一致。但是,镍铝合金在高温下易氧化变质,引起热电特性变化。镍硅合金在抗氧化及热电势稳定性方面都比镍铝合金好。目前,我国基本上已用镍铬-镍硅热电偶取代了镍铬-镍铝热电偶。

4) 镍铬-考铜热电偶　该热电偶(分度号为 XK) 中镍铬为正极,考铜为负极;适宜于还原性或中性介质中使用;测量范围为-50～600℃,短期可测 800℃;这种热电偶的热电势较大,比镍铬-镍硅热电偶高一倍左右;价格便宜。其缺点是测温上限不高。在不少情况下不能适应。另外,考铜合金易氧化变质,由于材料的质地坚硬而不易得到均匀的线径。此种热电偶将被国际所淘汰。国内用镍铬-铜镍(康铜)(分度号为 E) 热电偶取代此热电偶。

各种热电偶热电势与温度的一一对应关系均可从标准数据表中查到,这种表称为热电偶的分度表。附表 1 至附表 3 就是几种常用热电偶的分度表,而与某分度表所对应的该热电偶,用它的分度号表示。

此外,用于各种特殊用途的热电偶还很多。如红外线接收热电偶;用于 2 000℃ 高温测量的钨铼热电偶;用于超低温测量的镍铬-金铁热电偶;非金属热电偶等。

现将我国已定型生产的几种热电偶列表比较见表 2-1-2。

表 2-1-2　工业热电偶分类及性能

<table>
<tr><th rowspan="2">名　称</th><th rowspan="2">分度号</th><th colspan="2">电极材料</th><th rowspan="2">测量范围 /℃</th><th rowspan="2">适用气氛①</th><th rowspan="2">稳定性</th></tr>
<tr><th>正极</th><th>负极</th></tr>
<tr><td>铂铑$_{30}$-铂铑$_{6}$</td><td>B</td><td>铂铑$_{30}$</td><td>铂铑$_{6}$</td><td>200～1 800</td><td>O,N</td><td>＜1 500℃,优;＞1 500℃,良</td></tr>
<tr><td>铂铑$_{13}$-铂</td><td>R</td><td>铂铑$_{13}$</td><td>铂</td><td rowspan="2">-40～1 600</td><td rowspan="2">O,N</td><td rowspan="2">＜1 400℃,优;＞1 400℃,良</td></tr>
<tr><td>铂铑$_{10}$-铂</td><td>S</td><td>铂铑$_{10}$</td><td>铂</td></tr>
<tr><td>镍铬-镍硅(铝)</td><td>K</td><td>镍铬</td><td>镍硅(铝)</td><td>-270～1 300</td><td>O,N</td><td>中等</td></tr>
<tr><td>镍铬硅-镍硅</td><td>N</td><td>镍铬硅</td><td>镍硅</td><td>-270～1 260</td><td>O,N,R</td><td>良</td></tr>
<tr><td>镍铬-康铜</td><td>E</td><td>镍铬</td><td>康铜</td><td>-270～1 000</td><td>O,N</td><td>中等</td></tr>
<tr><td>铁-康铜</td><td>J</td><td>铁</td><td>康铜</td><td>-40～760</td><td>O,N,R,V</td><td>＜500℃,良;＞1 400℃,差</td></tr>
<tr><td>铜-康铜</td><td>T</td><td>铜</td><td>康铜</td><td>-270～350</td><td>O,N,R,V</td><td>-170～200℃,优</td></tr>
<tr><td>钨铼$_{3}$-钨铼$_{25}$</td><td>WRe3-WRe25</td><td>钨铼$_{3}$</td><td>钨铼$_{25}$</td><td rowspan="2">0～2 300</td><td rowspan="2">N,R,V</td><td rowspan="2">中等</td></tr>
<tr><td>钨铼$_{5}$-钨铼$_{26}$</td><td>WRe5-WRe26</td><td>钨铼$_{5}$</td><td>钨铼$_{26}$</td></tr>
</table>

(4) 热电偶的结构　热电偶广泛地应用在各种条件下的温度测量。根据它的用途和安装

① 表中 O 为氧化气氛,N 为中性气氛,R 为还原气氛,V 为真空。

位置不同，各种热电偶的外形是极不相同的。按结构型式分有普通型、铠装型、表面型和快速型 4 种。

1）普通型热电偶　主要由热电极、绝缘管、保护套管和接线盒等主要部分组成。如图 2－1－10 所示。

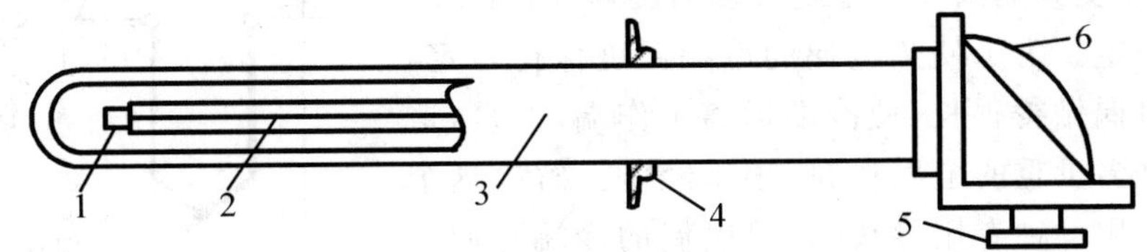

图 2－1－10　普通热电偶的结构

1— 热电极；2— 瓷绝缘套管；3— 不锈钢套管；4— 安装固定件；5— 引线口；6— 接线盒

热电极是组成热电偶的两根热偶丝。正负热电极的材料见表 2－1－2，热电极的直径由材料的价格、机械强度、电导率以及热电偶的用途和测量范围等决定。贵金属的热电极大多采用直径为 0.3 ～ 0.65 mm 的细丝，普通金属电极丝的直径一般为 0.5 ～ 3.2 mm。其长度由安装条件及插入深度而定，一般为 350 ～ 2 000 mm。

瓷绝缘套管（又称绝缘子）用于防止两根热电极短路。材料的选用由使用温度范围而定。它的结构型式通常有单孔管、双孔管及四孔管等。

保护套管是套在热电极、绝缘子的外边，其作用是保护热电极不受化学腐蚀和机械损伤。保护套管材料的选择一般根据测温范围、插入深度以及测温的时间常数等因素来决定。对保护套管材料的要求是：耐高温、耐腐蚀、能承受温度的剧变、有良好的气密性和具有高的热导系数。其结构一般有螺纹式和法兰式两种。

接线盒是供热电极和补偿导线连接之用的。它通常用铝合金制成，一般分为普通式和密封式两种。为了防止灰尘和有害气体进入热电偶保护套管内，接线盒的出线孔和盖子均用垫片和垫圈加以密封。接线盒内用于连接热电极和补偿导线的螺丝必须固紧。以免产生较大的接触电阻而影响测量的准确度。

2）铠装热电偶　由金属套管、绝缘材料（氧化镁粉）、热电偶丝一起经过复合拉伸成型，然后将端部偶丝焊接成光滑球状结构。工作端有露头型、接壳型、绝缘型三种。其外径为 1 ～ 8 mm，还可小到 0.2 mm，长度可为 50 m。

铠装热电偶具有反应速度快、使用方便、可弯曲、气密性好、耐震、耐高压等优点，是目前使用较多并正在推广的一种结构。

3）表面型热电偶　常用的结构型式是利用真空镀膜法将两电极材料蒸镀在绝缘基底上的薄膜热电偶，专门用来测量物体表面温度的一种特殊热电偶，其特点是反应速度极快、热惯性极小。

4）快速热电偶　它是测量高温熔融物体的一种专用热电偶，整个热偶元件的尺寸很小，称为消耗式热电偶。

热电偶的结构型式可根据它的用途和安装位置来确定。在选择热电偶时，要注意三个方面的问题：热电极的材料，保护套管的结构、材料及耐压强度，保护套管的插入深度。

2. 补偿导线的选用

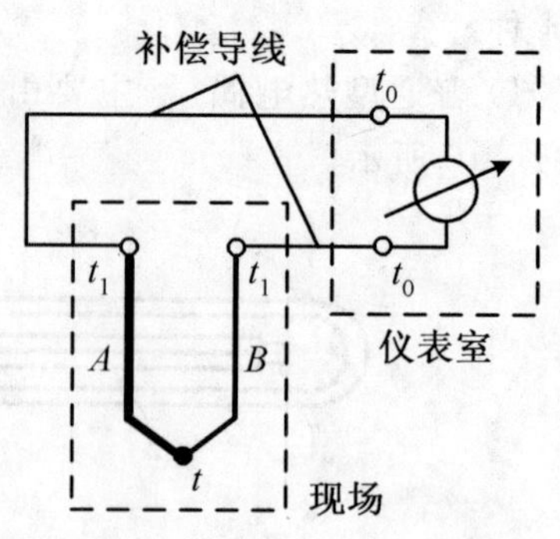

图 2-1-11　补偿导线接线图

由热电偶测温原理知道，只有当热电偶冷端温度保持不变时，热电势才是被测温度的单值函数。在实际应用时，由于热电偶的工作端（热端）与冷端离得很近，而且冷端又暴露在空间，容易受到周围环境温度波动的影响，因而冷端温度难以保持恒定。为了使热电偶的冷端温度保持恒定，当然可以把热电偶做得很长，使冷端远离工作端，但是，这样做要多消耗许多贵重的金属材料，很不经济。解决这个问题的方法是采用一种专用导线，将热电偶的冷端延伸出来，如图 2-1-11 所示。这种专用导线称为“补偿导线”。它也是由两种不同性质的金属材料制成，在一定温度范围内（0～100℃）与所连接的热电偶具有相同的热电特性，其材料又是廉价金属。不同热电偶所用的补偿导线也不同，对于镍铬-考铜等一类用廉价金属制成的热电偶，则可用其本身材料作补偿导线。

在使用热电偶补偿导线时，要注意型号相配，极性不能接错，热电偶与补偿导线连接端所处的温度不应超过 100℃。各种型号热电偶所配用的补偿导线的材料见表 2-1-3。

表 2-1-3　常用热电偶的补偿导线

配用热电偶类型	代号[①]	色标		允许误差 /(%)			
		正极	负极	100℃		200℃	
				A 级	B 级	A 级	B 级
S,R	SC	红	绿	3	5	5	
K	KC	红	蓝	1.5	2.5		—
	KX	红	黑	1.5	2.5	1.5	2.5
N	NC	红	浅灰	1.5	2.5	—	
	NX	红	深灰	1.5	2.5	1.5	2.5
E	EX	红	棕	1.5	2.5	1.5	2.5
J	JX	红	紫	1.5	2.5	1.5	2.5
T	TX	红	白	0.5	1.0	0.5	1.0

说明：代号第二个字母的含义是：*C* 表示补偿型，*X* 表示延长型。

3. 冷端温度的补偿

采用补偿导线后，把热电偶的冷端从温度较高和不稳定的地方，延伸到温度较低和比较稳定的操作室内，但冷端温度还不是 0℃。而工业上常用的各种热电偶的温度-热电势关系曲线是在冷端温度保持为 0℃ 的情况下得到的，与它配套使用的仪表也是根据这一关系曲线进行刻度的。由于操作室的温度往往高于 0℃，而且是不恒定的，这时，热电偶所产生的热电势必然偏小。且测量值也随着冷端温度变化而变化，这样测量结果就会产生误差。因此，在应用热电偶测温时，只有将冷端温度保持为0℃，或者是进行一定的修正才能得出准确的测量结果。这样做，就称为热电偶的冷端温度补偿。一般采用下述几种方法：

(1) 冷端温度保持为0℃的方法　保持冷端温度为0℃的方法如图2-1-12所示。把热电偶的两个冷端分别插入盛有绝缘油的试管中，然后放入装有冰水混合物的容器中，这种方法多数用在实验室中。

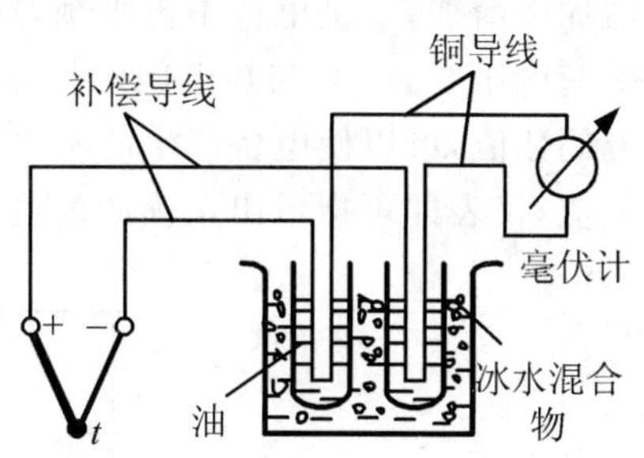

图2-1-12　热电偶冷端温度保持0℃的方法

(2) 冷端温度修正方法　在实际生产中，冷端温度往往不是0℃，而是某一温度 t_1，这就引起测量误差。因此，必须对冷端温度进行修正。

例如，某一设备的实际温度为 t，其冷端温度为 t_1，这时测得的热电势为 $E(t,t_1)$。为求得实际 t 的温度，可利用下式进行修正，即

$$E(t,0)=E(t,t_1)+E(t_1,0)$$

因为

$$E(t,t_1)=E(t,0)-E(t_1,0)$$

由此可知，冷端温度的修正方法是把测得的热电势 $E(t,t_1)$，加上热端为室温 t_1，冷端为0℃时的热电偶的热电势 $E(t_1,0)$，才能得到实际温度下的热电势 $E(t,0)$。

例　用镍铬-铜镍热电偶测量某加热炉的温度。测得的热电势 $E(t,t_1)=66\ 982\ \mu V$，而冷端的温度 $t_1=30℃$，求被测的实际温度。

解　由附表2可以查得

$$E(30,0)=1\ 801\ \mu V$$

则

$$E(t,0)=E(t,30)+E(30,0)=66\ 982+1\ 801=68\ 783\ \mu V$$

再查附表2可以查得68 783 μV对应的温度为900℃。

值得注意的是，由于热电偶所产生的热电势与温度之间的关系都是非线性的(当然各种热电偶的非线性程度不同)，因此在自由端的温度不为零时，将所测得热电势对应的温度值加上自由端的温度，并不等于实际的被测温度。譬如在上例中，测得的热电势为66 982 μV，由附表2可查得对应温度为876.6℃，如果再加上自由端温度30℃，则为906.6℃，这与实际被测温度有一定误差。其实际热电势与温度之间的非线性程度越严重，则误差就越大。

应当指出，用计算的方法来修正冷端温度，是指冷端温度为恒定值时对测温的影响。该方法只适用于实验室或临时测温，在连续测量中显然是不实用的。

(3) 校正仪表零点法　一般仪表未工作时指针应指在零位上(机械零点)。若采用测温元件为热电偶时，要使测温时指示值不偏低，可预先将仪表指针调整到相当于室温的数值上(这是因为将补偿导线一直引入到显示仪表的输入端，这时仪表的输入接线端子所处的室温就是该热电偶的冷端温度)。此法比较简单，故在工业上也经常应用。但必须明确指出，这种方法由于室温也在经常变化，所以只能在要求不太高的测温场合下应用。

(4) 补偿电桥法　补偿电桥法是利用不平衡电桥产生的电势，来补偿热电偶因冷端温度变化而引起的热电势变化值，如图2-1-13所示。不平衡电桥(又称补偿电桥或冷端温度补偿器)由 R_1，R_2，R_3(锰铜丝绕制)和 R_{Cu}(铜丝绕制)四个桥臂和电源所组成，串联在热电偶测量回路中，为了使热电偶的冷端与电阻 R_{Cu} 感受相同的温度，所以必须把 R_{Cu} 与热电偶的冷端放

在一起。电桥通常在20℃时处于平衡，即$R_1=R_2=R_3=R_{Cu}^{20}$，此时，对角线a，b两点电位相等，即$U_{ab}=0$，电桥对仪表的读数无影响。当周围环境高于20℃时，热电偶因自由端温度升高而使热电势减弱。而与此同时，电桥中R_1，R_2，R_3的电阻值不随温度而变化，铜电阻R_{Cu}却随温度增加而增加，于是电桥不再平衡，这时，使a点电位高于b点电位，在对角线a，b间输出一个不平衡电压U_{ab}。并与热电偶的热电势相叠加，一起送入测量仪表。如适当选择桥臂电阻和电流的数值，可以使电桥产生的不平衡电压U_{ab}正好补偿由于冷端温度变化而引起的热电势变化值，仪表即可指示出正确的温度值。

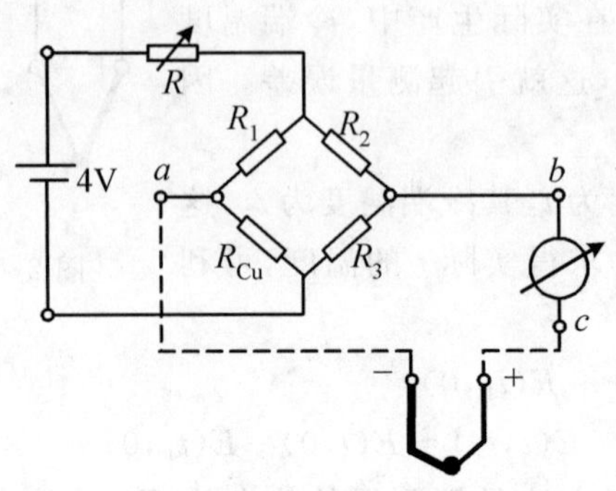

图 2-1-13　具有补偿电桥的热电偶测温线路

应当指出，由于电桥是在20℃时平衡的，所以采用这种补偿电桥时须把仪表的机械零位预先调到20℃处。如果补偿电桥是在0℃时平衡设计的，则仪表零位应调在0℃处。

(5) 热电偶补偿法　在实际生产中，为了节省补偿导线和投资费用，常用多支热电偶而配用一台测温仪表，其接线如图2-1-14所示。转换开关用来实现多点间歇测量；C，D是补偿热电偶，它的热电极材料可以与测量热电偶相同，也可以是测量热电偶的补偿导线，设置补偿热电偶是为了使多支热电偶的冷端温度保持恒定。为达到此目的，将一支补偿热电偶的工作端插入2～3 m的地下或放在其他恒温器中，使其温度恒定为t_0。而它的冷端与多支热电偶冷端都接在温度为t_1的同一个接线盒中。这时测温仪表的指示值则为$E(t,t_0)$所对应的温度，而不受接线盒处温度t_1变化的影响。

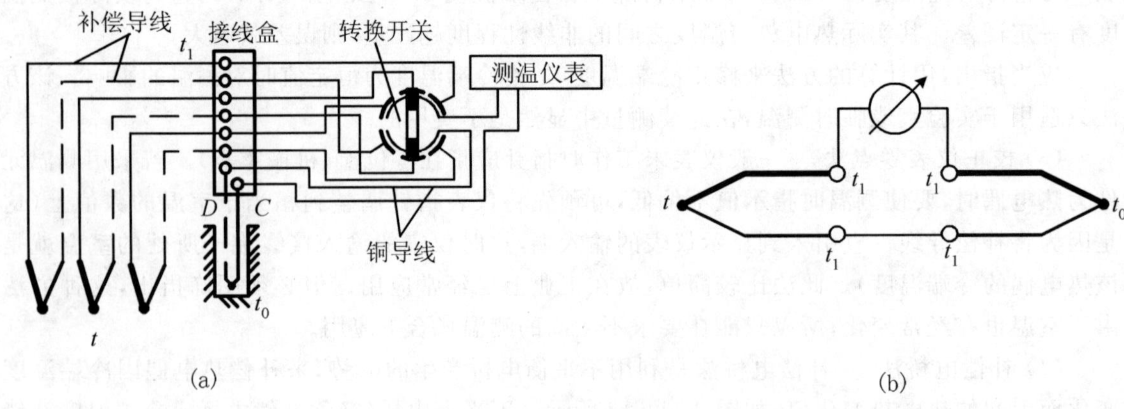

图 2-1-14　补偿热电偶连接线路

(a) 接线图；(b) 等效原理图

4. 热电偶的串并联

特殊情况下，热电偶可以串联或并联，但只限同一对材质构成的多个热电偶，并且其冷端应在同一温度下。主要用途如下：

(1) 同极性串联，目的是增强信号。例如：辐射高温计里，用多个热电偶串联，其热端皆为同一温度 t，冷热皆为 t_0，总热电动势为单个热电偶时的很多倍。

(2) 同极性串联，目的是测多个测点的平均温度。例如喷气发动机燃烧室的温度，多个测点的信号串联之后信号加强了，但各个热电偶的电动势不一定相等，总热电动势反映的是平均温度。

(3) 反极性串联，目的是测温差。例如空调系统以某个测点的温度为标准，其他测点靠温差反映空调效果。又如热水的供热量由流量及温差相乘而求得。

(4) 时间常数不等的两热电偶反极性串联，目的是测温度变化速度。当温度恒定不变时总热电动势为零，变化越快输出的信号越大，在精密金属零件热处理工艺中很有用处。

(5) 同极性并联，目的也是测平均温度。但是要求各热电偶的电阻及时间常数也应相等。

要注意的是，串联或并联都不允许有短路或断路的热电偶，否则会引起严重的误差。在单支热电偶使用中，短路或断路都会使信号完全消失，比较容易被发现。在串联或并联多个热电偶的情况下，局部短路或断路不一定会使总输出电势消失，就难以引起注意了。

5. 使用要点

(1) 热电偶导体及套管的传热可能引起测温误差。为了减少此种影响，应注意热电偶在被测介质中插入深度。

(2) 与热电偶相配的仪表必须是高输入阻抗的，保证不从热电偶取电流，否则测出的是端电压而不是电动势。最好用直流电位差计，或由场效应管、运算放大器等元器件构成的电路与热电偶相配合。

(3) 应注意寄生电动势引起的误差。因为热电势很小，如果导线、接线端子、切换开关等处金属材料不同而有接触电动势，或由于温度分布不平均而有温差电势，都会对测量结果有影响。其中特别要注意的是多个温度巡回检测用的切换开关。若用有触点的开关，当触点表面有酸性或碱性污垢时，其寄生电动势决不能忽视。目前含有微处理器的多路温度巡检仪表常用舌簧管开关，虽然舌簧管里有触点，但不会被污染，所以寄生电动势较小。此外，为了进一步减小寄生电动势，往往在热电偶的两根引线上都装舌簧管开关，同时通断，使寄生电动势彼此抵消。

2.1.3 热电阻测温

由于热电偶一般适用于测量 500℃ 以上的较高温度。对于在 500℃ 以下的中、低温，利用热电偶进行测量就不一定合适。首先，在中、低温区热电偶输出的热电势很小（几十至几百微伏），这样小的热电势，对电位差计的放大器和抗干扰措施要求很高，否则就测量不准，仪表维修也困难；其次，在较低的温度区域，冷端温度的变化和环境温度的变化所引起的相对误差就显得非常突出。而不易得到完全补偿。所以在中、低温区，一般是使用热电阻来进行温度的测量较为适宜。

热电阻温度计是由热电阻（感温元件），显示仪表（不平衡电桥或平衡电桥）以及连接导线所组成。值得注意的是，工业热电阻安装在测量现场，其引线电阻对测量结果有较大影响。热电阻的接线方式有二线制、三线制和四线制 3 种，如图 2-1-15 所示。二线制方式是在热电阻两端各连一根导线，这种接线方式简单、费用低，但是引线电阻随环境温度的变化会带来附加误差。只有当引线电阻 r 与元件电阻值 R 满足 $2r/R \leqslant 10^{-3}$ 时，引线电阻的影响才可以忽略。三线制方式是在热电阻的一端连接两根导线，另一端连接一根导线。当热电阻与测量电桥配用时，分别将引线接入两个桥臂，可以较好地消除引线电阻的影响，提高测量精度，工业热电阻测温多用此种接法。四线制方式是在热电阻两端各连两根导线，其中两根引线为热电阻提供恒流源，在热电阻上产生的压降通过另外两根引线接入电势测量仪表进行测量，当电势测量端的电流很小时，可以完全消除引线电阻的影响，这种接线方式主要用于高精度的温度测量。

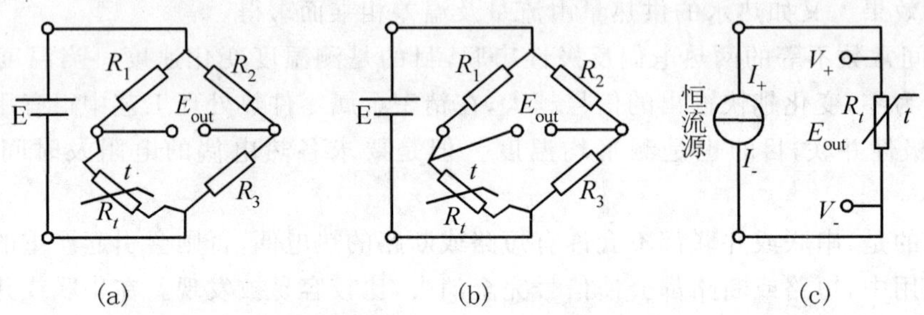

图 2-1-15　热电阻接线方式

(a) 二线制；(b) 三线制；(c) 四线制

热电阻是热电阻温度计的感温(敏感) 元件。是这种温度计的最主要部分，是金属体。

1. 热电阻测温原理

热电阻温度计是利用金属导体的电阻值随温度变化而变化的特性来进行温度测量的。其电阻值与温度的关系为

$$R_t = R_{t_0}[1 + \alpha(t - t_0)] \tag{2-1-9}$$

$$\Delta R_t = \alpha R_{t_0} \Delta t \tag{2-1-10}$$

式中　R_t—— 温度为 t℃ 时的电阻值；

R_{t_0}—— 温度为 t_0(通常为 0℃) 时的电阻值；

α—— 电阻温度系数；

Δt—— 温度的变化值；

ΔR_t—— 电阻值的变化量。

可见，由于温度的变化，导致了金属导体电阻的变化。这样只要设法测出电阻值的变化，就可达到温度测量的目的。

由以上可知，热电阻温度计与热电偶温度计的测量原理是不相同的。热电阻温度计是把温度的变化通过测温元件(热电阻) 转换为电阻值的变化来测量温度的；而热电偶温度计则把温度的变化通过测温元件(热电偶) 转化为热电势的变化来测量温度的。

热电阻温度计适用于测量 $-200 \sim +500$℃ 范围内液体、气体、蒸汽及固体表面的温度。它与热电偶温度计一样，也是有远传、自动记录和实现多点测量等优点。另外热电阻的输出信号大，测量准确。

2. 工业常用热电阻

虽然大多数金属导体的电阻值随温度的变化而变化，但是它们并不都能作为热电阻来使用。作为热电阻的材料一般要求是：电阻温度系数、电阻率要大；热容量要小；在整个测温范围内，应具有稳定的物理、化学性质和良好的复现性；电阻值随温度的变化关系，最好呈线性。

但是，要完全符合上述要求的热电阻材料实际上是有困难的、根据具体情况，目前应用最广泛的热电阻材料是铂和铜。

(1) 铂电阻(WZP 型)　金属铂易于提纯，在氧化性介质中，甚至在高温下其物理、化学性质都非常稳定。但在还原性介质中，特别是在高温下很容易被沾污，使铂丝变脆，并改变了其电阻与温度间的关系。因此，要特别注意保护。

在 $-200 \sim 850$℃ 的温度范围内，铂热电阻与温度的关系为

在 $t \geqslant 0$℃ 时，
$$R_t = R_0(1 + At + Bt^2) \tag{2-1-11}$$
在 $t < 0$℃ 时，
$$R_t = R_0[1 + At + Bt^2 + Ct^3(t - 100)] \tag{2-1-12}$$
式中　R_t—— 温度为 t℃ 时的电阻值；

R_0—— 温度为 0℃ 时的电阻值；

$A = 3.908\,3 \times 10^{-3}$ ℃$^{-1}$；

$B = -5.775 \times 10^{-7}$ ℃$^{-2}$；

$C = -4.183 \times 10^{-12}$ ℃$^{-4}$。

A, B, C 均由实验求得。

在使用中，为消除环境温度的影响，铂热电阻至测量仪表(电桥)的连接导线往往采用三线制。要确定 $R_t - t$ 的关系时，首先要确定 R_0 的大小，不同的 R_0，则 $R_t - t$ 的关系也不同。这种 $R_t - t$ 的关系称为分度表，用分度号表示。

铂的纯度常以 R_{100}/R_0(R_{100}，R_0 称为名义电阻)来表示，R_0 表示 0℃ 时的电阻值，R_{100} 代表 100℃ 时的电阻值，纯度越高，此比值也越大。作为基准仪器的铂电阻，其 R_{100}/R_0 的比值不得小于 1.392 5。一般工业上用铂电阻温度计对铂丝纯度的要求是 R_{100}/R_0 不得小于1.385。

工业上用的铂电阻有两种，一种是 $R_0 = 10\ \Omega$，对应的分度号为 Pt10。另一种是 $R_0 = 100\ \Omega$，对应的分度号为 Pt100(见附表 4)

(2) 铜电阻(WZC 型)　金属铜易加工提纯，价格便宜；它的电阻温度系数很大，且电阻与温度呈线性关系；在测温范围为 $-40 \sim 150$℃ 内，具有很好的稳定性。缺点是温度超过150℃后易被氧化，氧化后失去良好的线性特性；另外，由于铜的电阻率小(一般为 $1.7 \times 10^{-8}\ \Omega \cdot \mathrm{m}$)，为了要绕得一定的电阻值，铜电阻丝必须较细，长度也要较长，这样就使得铜电阻体较大，机械强度也降低。

在 $-40 \sim 150$℃ 的范围内，铜电阻与温度的关系是线性的，即
$$R_t = R_0[1 + \alpha(t - t_0)] \tag{2-1-13}$$
式中　α 为铜的电阻温度系数(4.25×10^{-3}/℃)。其他符号同式(2-1-12)。

工业上用的铜电阻有两种，一种是 $R_0 = 50\ \Omega$，对应的分度号为 Cu50(见附表 5)。另一种是 $R_0 = 100\ \Omega$，对应的分度号为 Cu100(见附表 6)。它的电阻比 $R_{100}/R_0 = 1.428$。

3. 热电阻的结构

热电阻的结构型式有普通型热电阻、铠装热电阻和薄膜热电阻 3 种。

(1) 普通型热电阻　主要由电阻体、保护套管和接线盒等主要部件所组成,如图 2-1-16 所示。其中保护套管和接线盒与热电偶的基本相同。下面就介绍一下电阻体的结构。

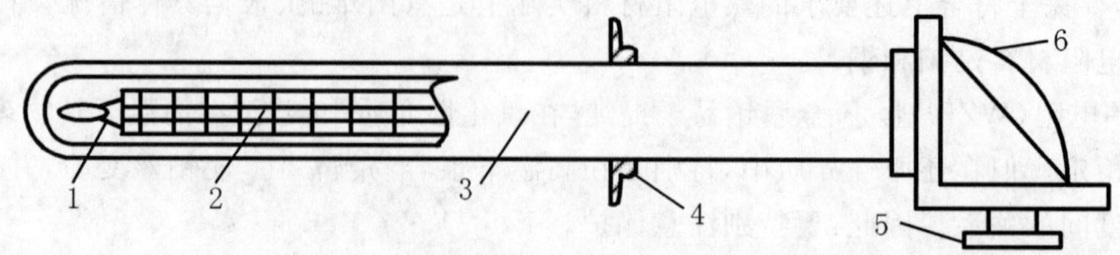

图 2-1-16　热电阻的结构

1— 电阻体；2— 瓷绝缘套管；3— 不锈钢套管；4— 安装固定件；5— 引线口；6— 接线盒

将电阻丝绕制(采用双线无感绕法)在具有一定形状的支架上,这个整体便称为电阻体。电阻体要求做得体积小,而且受热膨胀时,电阻丝应该不产生附加应力。目前,用来绕制电阻丝的支架一般有3种构造形式:平板形(见图2-1-17)、圆柱形和螺旋形。一般地说,平板支架作为铂电阻体的支架,圆柱形支架作为铜电阻体的支架,而螺旋形支架是作为标准或实验室用的铂电阻体的支架。

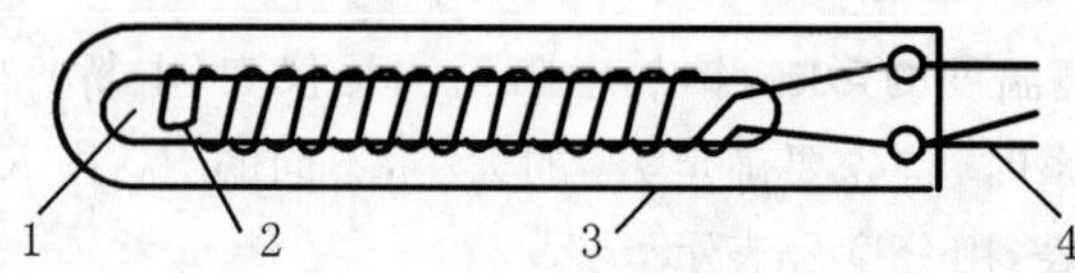

图 2-1-17　热电阻的绕线

1— 芯柱；2— 电阻丝；3— 保护膜；4— 引线端

(2) 铠装热电阻　将电阻体预先拉制成型并与绝缘材料和保护套管连成一体。这种热电阻体积小、抗震性强、可弯曲、热惯性小、使用寿命长。

(3) 薄膜热电阻　它是将热电阻材料通过真空镀膜法,直接蒸镀到绝缘基底上。这种热电阻的体积很小、热惯性也小、灵敏度高。

4. 电动温度变送器

DBW 型温度(温差)变送器是 DDZ-Ⅲ 系列电动单元组合式检测调节仪表中的一个主要单元。它与各种类型的热电偶、热电阻配套使用,将温度或两点间的温差转换成 4 ～ 20 mA 或1 ～ 5 V 的统一标准信号;又可与具有毫伏输出的各种变送器配合,使其转换成 4 ～ 20 mA 或 1 ～ 5 V 的统一输出信号。然后,它和显示单元、控制单元配合,实现对温度或温差及其他各种参数进行显示、控制。

标准信号是指物理量的形式和数值范围都符合国际标准的信号。例如直流电流 4 ～ 20 mA,空气压力 0.02 ～ 0.1 MPa 都是当前通用的标准信号。我国还有一些变送器以直流电流 0 ～ 10 mA 为输出信号。

DDZ－Ⅲ型的温度变送器与DDZ－Ⅱ型的温度变送器进行比较，其主要特点有：线路上采用了安全火花型防爆措施，因而可以实现对危险场合中的温度或毫伏信号测量；在热电偶和热电阻的温度变送器中采用了线性化机构，从而使变送器的输出信号和被测温度间呈线性关系。在线路中，由于使用了集成电路，这样使该变送器具有良好的可靠性、稳定性等各种技术性能。

温度变送器是安装在控制室内的一种架装式仪表，它有3种类型，即热电偶温度变送器、热电阻温度变送器和直流毫伏变送器。在化工生产中，使用最多的是热电偶温度变送器和热电阻温度变送器。温度变送器的结构大体上可分为三大部分：输入桥路、放大电路及反馈电路。如图2－1－18所示。

集成温度变送器可以直接装在热电偶、热电阻的接线盒内。

(1) 热电偶温度变送器　热电偶温度变送器与热电偶配套使用，将温度转换成4～20 mA或1～5 V的统一标准信号。然后与显示仪表或控制仪表配合，实现对温度的显示或控制。

1) 输入电桥　热电偶温度变送器的输入回路如图2－1－19所示，在形式上很像电桥，故常称为输入电桥，它的作用是冷端温度补偿、调整零点。

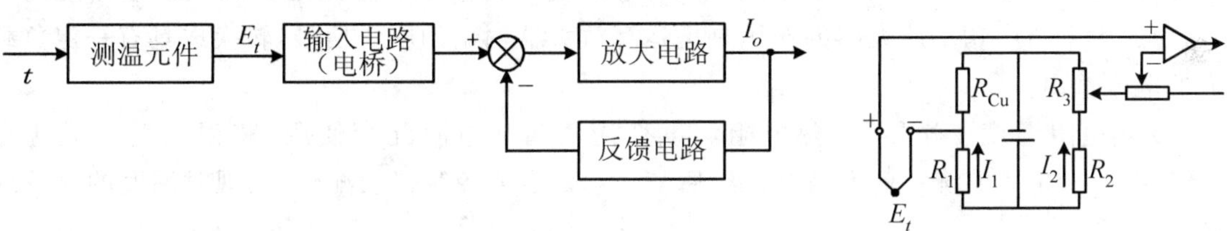

图2－1－18　温度变送器的结构方框图

图2－1－19　输入电桥

电桥中的R_{Cu}电阻是用铜线绕制的，它与热电偶的冷端安装在一起。当冷端温度变化时，R_{Cu}的电阻随温度的变化而变化，由于恒值电流I_1流过，故在R_{Cu}上产生一个附加电压。此电压与热电势E_t串联相加，只要R_{Cu}值选择适当，便可补偿冷端温度变化引起热电势E_t减少的值。应当注意的是，由于热电偶的温度特性是非线性的，而铜电阻的特性却接近线性，这样就不可能取得完全补偿。但在实际应用中，由于冷端温度变化不大，这样的补偿效果还是可以的。

供桥电源是稳压电源，R_1和R_2都是高值电阻，这样就可以使电桥的电流I_1和I_2为恒定值、电阻R_3是可调电阻，电流I_2流过可调电阻R_3产生电压，它与热电势E_t及R_{Cu}产生的电势串联，这样不仅可以抵消R_{Cu}电阻上的起始电压，还可自由地改变电桥输出的零点。在DDZ－Ⅲ型温度变送器中，输出标准信号范围是4～20 mA。因此，在热电势为0时，应由输入桥路提供满幅输入电压的20%，建立输出的起点。

综上所述，输入电桥主要起两个作用：热电偶冷端温度补偿、零点调整。

2) 反馈电路　在DDZ－Ⅲ型温度变送器中，为了使变送器的输出信号直接与被测温度成线性关系，以便显示及控制，特别是便于与计算机配合，所以在温度变送器中的反馈回路加入线性化电路，对热电偶的非线性给予修正。因为热电偶产生的热电势太小，这样就不宜于在输入电路中修正，而采取非线性反馈电路进行修正。如图2－1－20所示。当温度较高时，热电偶灵敏度偏高的区域，使负反馈作用强一些，这样以反馈电路的非线性补偿热电偶的非线性，故可获得输出电流I_0与温度t成线性关系。值得注意的是，这种具有线性化机构的温度变送器在进行量程变换时，其反馈电路的非线性特性必须作相应的调整。

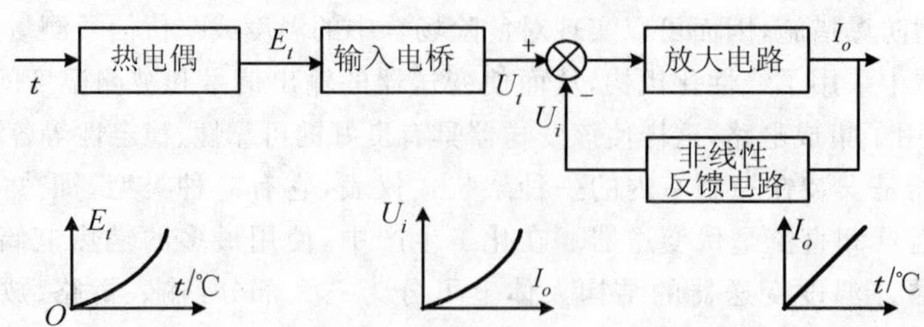

图 2-1-20　热电偶温度变送器的线性化方法方框图

3) 放大电路　由于热电偶产生的热电势数值很小，一般只有几毫伏或十几毫伏，因此将它经过多级放大后才能变换为高电平输出。近年来由于集成运算放大器的出现，温度变送器采用了特殊的低漂移、高增益集成运算放大器。又因为测量元件和传输线上经常会受到各种干扰，故温度变送器中的放大器还必须采取较强的抗干扰措施。集成运算放大器输出是电压信号，而放大电路中功率放大器的作用是把运算放大器输出的电压信号，转换成具有一定负载能力的电流输出信号。

(2) 热电阻温度变送器　热电阻温度变送器与热电阻配套使用，将温度转换成 4～20 mA 或 1～5 V 的统一标准信号。然后与显示仪表或控制仪表配合，实现对温度的显示或控制。

热电阻温度变送器的结构大体上也可分为 3 大部分：输入电桥、放大电路及反馈电路。如图 2-1-20 所示。和热电偶温度变送器比较，放大电路是通用的，只是输入电桥和反馈电路不同。下面主要介绍输入电桥和线性化电路。

1) 输入电桥　图 2-1-21 是热电阻温度变送器的测量电桥和线性化作用的实现。图中 E 为集成稳压电源的输出电压，热电阻 R_t 作为电桥的一个桥臂，并以三线制的连接方式接入电桥中。当被测温度变化时，在 R_t 上的电压就改变，此电压作为集成运算放大器的输入信号。反馈电压 V_f 处同时引出两路反馈：一路为负反馈，另一路是正反馈，正反馈起的就是线性化的作用。电位器 W 是实现零点调整作用的。

2) 线性化回路　为了使温度变送器的输出信号与输入信号保持线性关系，现采用两种方法。一种方法是在变送器的放大环节之前加一个线性化电路；另一种方法是在反馈回路中另引一路正反馈的方法。前一种方法需要增加一个线性集成电路和一些元件，线路较为复杂。后一种方法线路简单，在调节线性方面也易于调整。

从图 2-1-21 中可知，集成运算放大器同相输入端（正端）的输入信号：由稳压电源 E 和电阻 R_2 及电阻体 R_t 组成的分压器提供的电压信号；另一个是由反馈电压 V_f，经电阻 R_F，电阻体 R_t 组成的分压器提供的电压信号。而集成运算放大器的反相输入端（负端）的输入信号：由稳压电源 E 和电阻 R_3，W，r_0 组成的调零回路；另一个是由反馈电压 V_f 和电阻 R_f，W_s，r_f，W'，r_0 组成分压器提供的电压信号。下面对线性化电路的输入、输出关系作进一步分析。

为了分析方便，在推算输入输出过程中忽略了电阻体三根引线电阻。而把集成运算放大器看成是理想的放大器。

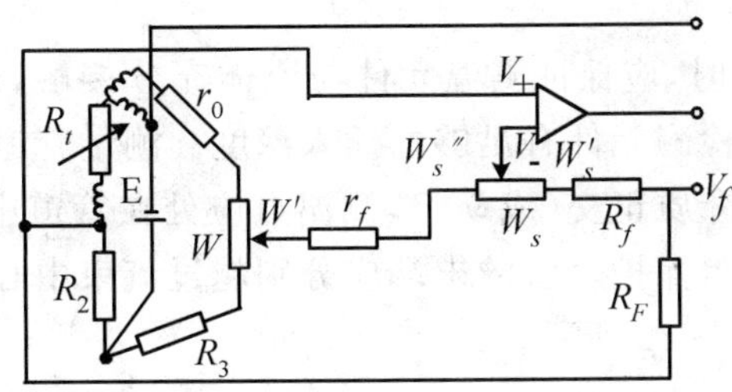

图 2-1-21　热电阻温度变送器的测量桥路和线性化回路

$$V_+=\frac{R_t}{R_2+R_t}E+\frac{R_t}{R_F+R_t}V_f$$

在线路设计中取 $R_2>>R_t$,$R_F>>R_t$ 则得

$$V_+=\frac{R_t}{R_2}E+\frac{R_t}{R_F}V_f \tag{2-1-14}$$

$$V_-=\frac{r_0+W'}{R_3+W+r_0}\frac{R_f+W_s'}{R_f+W_s+r_f+W'+r_0}E+\frac{W''_s+r_f+W'+r_0}{R_f+W_s+r_f+W'+r_0}V_f \tag{2-1-15}$$

令

$$\left.\begin{aligned}\alpha&=\frac{r_0+W'}{R_3+W+r_0}\frac{R_f+W_s'}{R_f+W_s+r_f+W'+r_0}\\ \beta&=\frac{W''_s+r_f+W'+r_0}{R_f+W_s+r_f+W'+r_0}\end{aligned}\right\} \tag{2-1-16}$$

因是理想运算放大器,故

$$V_+=V_-$$

从式(2-1-14)、式(2-1-15)和式(2-1-16)可得

$$V_f=\frac{\dfrac{R_t}{R_2}-\alpha}{\beta-\dfrac{R_t}{R_F}}E \tag{2-1-17}$$

上式是反馈电压 V_f 和电阻体 R_t 之间的关系。如果 $\frac{R_t}{R_2}>\alpha$,$\beta>\frac{R_t}{R_F}$,就可以得知,R_t 随被测温度的增加而增加,则 V_f 增加的数值越来越大,这就说明 V_f 和 R_t 之间为下凹形的函数关系。已知热电阻 R_t 和被测温度 t 之间为上凸形的函数关系。因此,只要恰当地调整元件的参数,就可以得到 V_f 和 t 之间的渐近的直线函数关系。而变送器的输出信号和反馈信号 V_f 之间的关系又是 5 倍的关系,这样就可以得到热电阻温度变送器的输出信号和输入信号之间的直线函数关系。

2.1.4　测温元件的安装

接触式测温仪表所测得的温度都是由测温(感温)元件来决定的。在正确选择测温元件和二次仪表之后,如不注意测温元件的正确安装,那么,测量精度仍得不到保证。工业上,一般是按下列要求进行安装的。

1. 测温元件的安装要求

(1) 在测量管道温度时，应保证测温元件与流体充分接触，以减少测量误差。因此，选择有代表性的测温点位置，检测元件有足够的插入深度。测量管道流体介质温度时，应迎着流动方向插入，至少须与被测介质正交(成 90°)，测温点应处在管道中心位置，且流速最大，一般来说，热电偶、铂电阻、铜电阻保护套管的末端应分别越过流束中心线 5 ～ 10 mm，50 ～ 70 mm，25 ～ 30 mm。如图 2-1-22 所示。

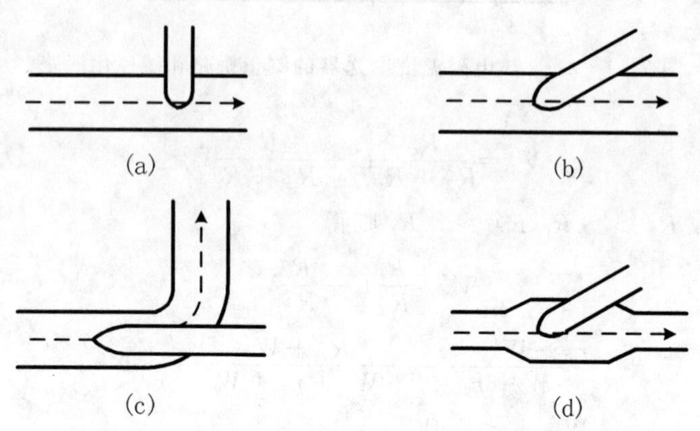

图 2-1-22　测温元件安装示意图

(a) 垂直安装；(b) 倾斜安装；(c) 弯头安装；(d) 扩大管安装

(2) 热电偶或热电阻的接线盒的出线孔应朝下，以免积水及灰尘等造成接触不良，防止引入干扰信号。

(3) 检测元件应避开热辐射强烈影响处。要密封安装孔，避免被测介质逸出或冷空气吸入而引入误差。

(4) 若工艺管道过小(直径小于 80 mm)，安装测温元件处应接装扩大管，如图 2-1-22(d) 所示。

(5) 为了防止热量散失，测温元件应插在有保温层的管道或设备处。

(6) 测温元件安装在负压管道中时，必须保证其密封性，以防外界冷空气进入，使读数降低。

2. 布线要求

(1) 按照规定的型号配用热电偶的补偿导线，注意热电偶的正、负极与补偿导线的正、负极相连接，不要接错。

(2) 热电阻的线路电阻一定要符合所配二次仪表的要求。

(3) 为了保护连接导线与补偿导线不受外来的机械损伤，应把连接导线或补偿导线穿入钢管内或走槽板。

(4) 导线应尽量避免有接头。应有良好的绝缘。禁止与交流输电线合用一根穿线管，以免引起感应。

(5) 导线应尽量避开交流动力电线。

(6) 补偿导线不应有中间接头，否则应加装接线盒。另外，最好与其他导线分开敷设。

§2.2　压力检测及仪表

工业生产中，所谓“压力”实质上就是物理学里的“压强”，是指流体（气体或液体）均匀垂直地作用于单位面积上的力。在工业生产过程中，压力是重要的操作参数之一。特别是在化工、炼油等生产过程中，经常会遇到压力和真空度的测量，其中包括比大气压力高很多的高压、超高压和比大气压力低很多的真空度的测量。如高压聚乙烯，要在150 MPa或更高压力下进行聚合；氢气和氮气合成氨气时，要在15 MPa或32 MPa的压力下进行反应；而炼油厂减压蒸馏，则要在比大气压低很多的真空下进行。如果压力不符合要求，不仅会影响生产效率，降低产品质量，有时还会造成严重的生产事故。此外，压力测量的意义还不仅局限于它自身，有些其他参数的测量，如物位、流量等往往是通过测量压力或差压来进行的，即测出了压力或差压，便可确定物位或流量。

2.2.1　压力的有关概念

1. 压力单位

由于压力是指均匀垂直地作用在单位面积上的力，故可表示为

$$p=\frac{F}{S} \tag{2-2-1}$$

式中　p——压力；

F——垂直作用力；

S——受力面积。

根据国际单位制（SI）规定，压力的单位为帕[斯卡]（Pa），1帕为1牛顿每平方米，即

$$1\ \mathrm{Pa}=1\ \mathrm{N/m^2} \tag{2-2-2}$$

帕所表示的压力较小，工程上经常使用兆帕（MPa）。帕与兆帕之间的关系为

$$1\ \mathrm{MPa}=1\times10^6\ \mathrm{Pa} \tag{2-2-3}$$

过去使用的压力单位比较多，根据1984年2月27日国务院“关于在我国统一实行法定计量单位的命令”的规定，这些单位将不再使用。但为了使大家了解国际单位制中的压力单位（Pa或MPa）与过去的单位之间的关系，几种单位之间的换算关系见表2-2-1。

2. 压力的几种表示方法

在压力检测中，通常有绝对压力、表压力、负压或真空度等几种表示方法。并且有相应的测量仪表。其关系如图2-2-1所示。

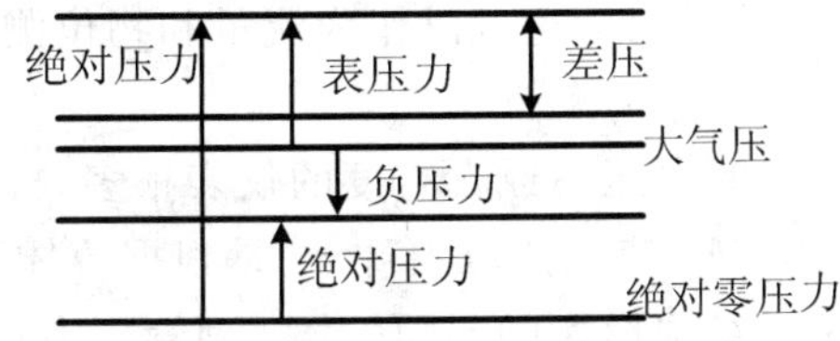

图2-2-1　各种压力表示法之间的关系

（1）绝对压力　绝对压力是指介质作用在容器表面上的实际压力，用符号 p_i 表示。

（2）大气压力　大气压力是由表面空气柱重量形成的压力，它随地理纬度、海拔高度及气象条件而变化，用符号 p_d 表示。

（3）表压力　表压力是指高于大气压的绝对压力与大气压力之差，用符号 p_b 表示。即

$$p_b=p_i-p_d \tag{2-2-4}$$

工程技术上一般所说的压力都是指表压力。

(4) 真空度　真空度是指大气压与低于大气压的绝对压力之差的绝对值,其表压力为负值(负压力),用符号 p_z 表示。即

$$p_z = p_d - p_i \tag{2-2-5}$$

表 2-2-1　压力单位换算表

单位	Pa	bar	kgf/cm²	atm	mm H_2O	mm Hg	1 bf/in²
Pa	1	1×10^{-5}	1.019 716 $\times10^{-5}$	0.986 923 6 $\times10^{-5}$	1.019 716 $\times10^{-1}$	0.750 06 $\times10^{-2}$	1.450 442 $\times10^{-4}$
bar	1×10^{5}	1	1.019 716	0.986 923 6	1.019 716 $\times10^{4}$	0.750 06 $\times10^{3}$	1.450 442 $\times10$
kgf/cm²	0.980 665 $\times10^{5}$	0.980 665	1	0.967 84	1×10^{4}	0.735 56 $\times10^{3}$	1.422 4 $\times10$
atm	1.013 25 $\times10^{5}$	1.013 25	1.033 23	1	1.033 23 $\times10^{4}$	0.76 $\times10^{3}$	1.469 6 $\times10$
mm H_2O	0.980 665 $\times10$	0.980 665 $\times10^{-4}$	1×10^{-4}	0.967 84 $\times10^{-4}$	1	0.735 56 $\times10^{-1}$	1.422 4 $\times10^{-3}$
mm Hg	1.333 224 $\times10^{2}$	1.333 224 $\times10^{-3}$	1.359 51 $\times10^{-3}$	1.315 8 $\times10^{-3}$	1.359 51 $\times10$	1	1.933 8 $\times10^{-2}$
1bf/in²	0.689 49 $\times10^{4}$	0.689 49 $\times10^{-1}$	0.703 07 $\times10^{-1}$	0.680 5 $\times10^{-1}$	0.703 07 $\times10^{3}$	0.517 15 $\times10^{2}$	1

(5) 差压　差压是指设备中两处的压力之差。生产过程中有时直接以差压作为工艺参数,差压测量还可以作为流量和物位测量的间接手段。

3. 常用测压仪表

测量压力或真空度的仪表很多,按照其转换原理的不同,大致可分为四大类:

(1) 液柱式压力计　是根据流体静力学原理,将被测压力转换成液柱高度进行测量的。按其结构形式的不同,有 U 型管压力计、单管压力计和斜管压力计等。这类压力计结构简单、使用方便,但其精度受工作液的毛细管作用、密度及视差等因素的影响,测量范围较窄,一般用来测量较低压力、真空度或压力差。

(2) 弹性式压力计　是将被测压力转换成弹性元件变形的位移进行测量的。例如弹簧管压力计、波纹管压力计及膜式压力计等。

(3) 电气式压力计　是通过机械和电气元件将被测压力转换成电量(如电压、电流、频率

等）来进行测量的仪表，例如各种压力传感器和压力变送器。

(4) 活塞式压力计　是根据水压机液体传送压力的原理，将被测压力转换成活塞上所加平衡砝码的质量来进行测量的。它的测量精度很高，允许误差可小到0.05%～0.02%。但结构较复杂，价格较贵。一般作为标准型压力测量仪器，来检验其他类型的压力计。

2.2.2 弹性式压力计

弹性式压力计是利用各种形式的弹性元件，在被测介质的作用下，使弹性元件受压后产生弹性形变的原理而制成的测压仪表。这种仪表具有结构简单、使用可靠、读数清晰、牢固可靠、价格低廉、测量范围宽以及有足够的精度等优点。若增加附加装置，如记录机构、电气变换装置、控制元件等，则可以实现压力的记录、远传、信号报警、自动控制等。弹性式压力计可以用来测量几百帕到数千兆帕范围内的压力，因此在工业上是应用最为广泛的一种压力测量仪表。

1. 弹性元件

弹性元件是一种简易可靠的测压敏感元性。它不仅是弹性式压力计的测压元件，也经常用来作为气动单元组合仪表的基本组成元件。当测压范围不同时，所用的弹性元件也不一样，常用的几种弹性元件的结构如图 2-2-2 所示。

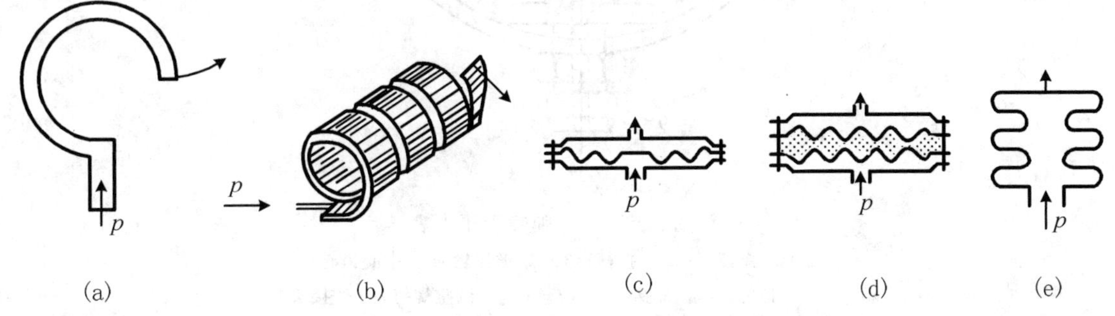

图 2-2-2　弹性元件示意图

(1) 弹簧管式弹性元件　弹簧管式弹性元件的测压范围较宽，可测量高达 1 000 MPa 的压力。单圈弹簧管是弯成圆弧形的金属管子，它的截面做成扁圆形或椭圆形，如图 2-2-2(a) 所示。当通入压力 p 后，它的自由端就会产生位移。这种单圈弹簧管自由端位移较小，因此能测量较高的压力。为了增加自由端的位移，可以制成多圈弹簧管，如图 2-2-2(b) 所示。

(2) 薄膜式弹性元件　薄膜式弹性元件根据其结构不同还可以分为膜片和膜盒等。它的测压范围较弹簧管式要小。图 2-2-2(c) 为膜片式弹性元件，它是由金属或非金属材料做成的具有弹性的一张膜片（有平膜片与波纹膜片两种形式），在压力作用下能产生变形。有时也可以由两张金属膜片沿周口对焊起来，成一薄壁盒子，内充液体（例如硅油），称为膜盒，如图 2-2-2(d) 所示。

(3) 波纹管式弹性元件　波纹管式弹性元件是一个周围为波纹状的薄壁金属筒体，如图 2-2-2(e) 所示。这种弹性元件易于变形，而且位移很大。常用于微压与低压的测量（一般不超过 1 MPa）。

2. 弹簧管压力表

弹簧管压力表的测量范围极广。品种规格繁多。按其所使用的测压元件不同,可有单圈弹簧管压力表与多圈弹簧管压力表。按其用途不同,除普通弹簧管压力表外,还有耐腐蚀的氨用压力表、禁油的氧气压力表等。它们的外形与结构基本上是相同的,只是所用的材料有所不同。

弹簧管压力表的结构原理如图 2-2-3 所示。

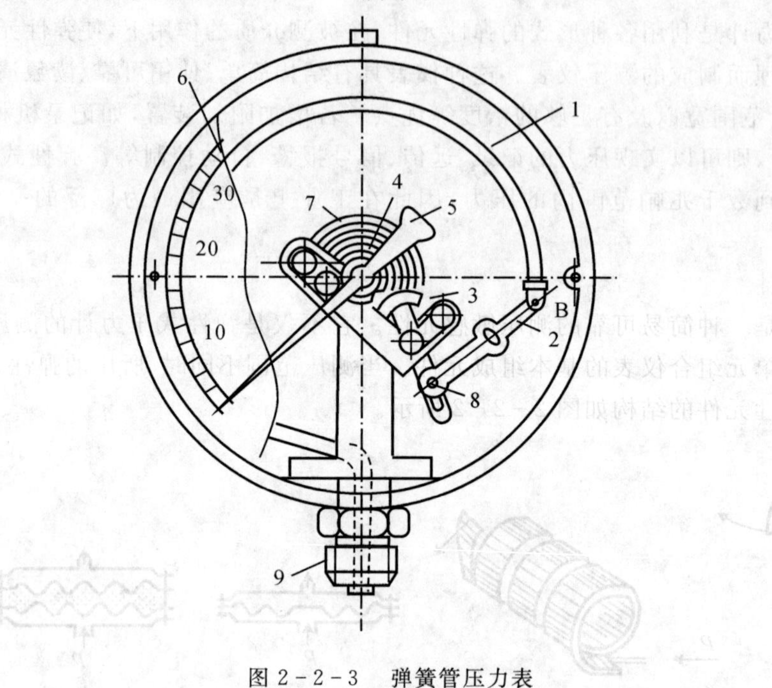

图 2-2-3　弹簧管压力表

1— 弹簧管；2— 拉杆；3— 扇形齿轮；4— 中心齿轮；
5— 指针；6— 面板；7— 游丝；8— 调整螺钉；9— 接头

弹簧管 1 是压力表的测量元件。图中所示为单圈弹簧管,它是一根弯成 270° 圆弧的椭圆截面的空心金属管子。管子的自由端 B 封闭,管子的另一端固定在接头 9 上。当通入被测的压力 p 后,由于椭圆形截面在压力 p 的作用下,将趋于圆形,而弯成圆弧形的弹簧管也随之产生向外挺直的扩张变形。由于变形,使弹簧管的自由端 B 产生位移。输入压力 p 越大,产生的变形也越大。由于输入压力与弹簧管自由端 B 的位移成正比,所以只要测得 B 点的位移量,就能反映压力 p 的大小,这就是弹簧管压力表的基本测量原理。

弹簧管自由端 B 的位移量一般很小,直接显示有困难,所以必须通过放大机构才能指示出来。具体的放大过程如下:弹簧管自由端 B 的位移通过拉杆 2 使扇形齿轮 3 作逆时针偏转,于是指针 5 通过同轴的中心齿轮 4 的带动而作顺时针偏转,在面板 6 的刻度标尺上显示出被测压力 p 的数值。由于弹簧管自由端的位移与被测压力之间具有正比关系,因此弹簧管压力表的刻度标尺是线性的。

游丝 7 用来克服因扇形齿轮和中心齿轮间的传动间隙而产生的仪表变差。改变调整螺钉 8 的位置(即改变机械传动的放大系数),可以实现压力表量程的调整。

在化工生产过程中,常常需要把压力控制在某一范围内,即当压力低于或高于给定范围时，就会破坏正常工艺条件，甚至可能发生事故。这时就应采用带有报警或控制触点的压力表。将普通弹簧管压力表稍加变化，便可成为电接点信号压力表，它能在压力偏离给定范围时，及时发出信号，以提醒操作人员注意或通过中间继电器实现压力的自动控制。

图 2-2-4 是电接点信号压力表的结构和工作原理示意图。压力表指针上有动触点 2，表盘上另有两根可调节的指针，上面分别有静触点 1 和 4。当压力超过上限给定数值(此数值由静触点 4 的指针位置确定)时，动触点 2 和静触点 4 接触，红色信号灯 5 的电路被接通，使红灯发亮。若压力低到下限给定数值时，动触点 2 与静触点 1 接触，接通了绿色信号灯 3 的电路。静触点 1,4 的位置可根据需要灵活调节。

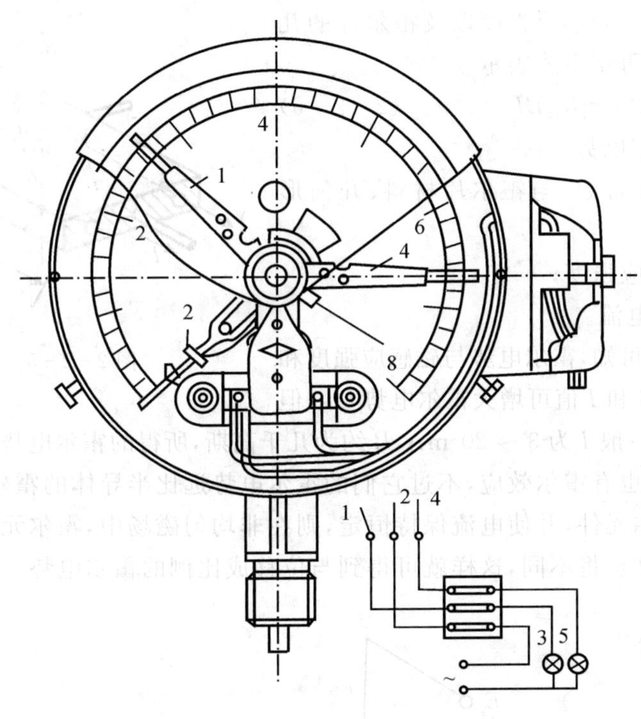

图 2-2-4　电接点信号压力表

1,4— 静触点；2— 动触点；　3— 绿灯；5— 红灯

2.2.3　电气式压力计

电气式压力计是一种能将压力转换成电信号进行传输及显示的仪表。这种仪表的测量范围较广，分别可测 7×10^{-5} Pa 至 5×10^{2} MPa 的压力，允许误差可至 0.2%。由于可以远距离传送信号，所以在工业生产过程中可以实现压力自动控制和报警，并可与工业控制机联用。

电气式压力计一般由压力传感器、测量电路和信号处理装置所组成。常用的信号处理装置有指示仪、记录仪以及控制器、微处理机等。

压力传感器的作用是把压力信号检测出来，并转换成电信号进行输出，当输出的电信号能够被进一步变换为标准信号时，压力传感器又称为压力变送器。

下面简单介绍霍尔片式、应变片式、压阻式压力传感器和力平衡式，电容式压力变送器。

1. 霍尔片式压力传感器

霍尔片式压力传感器是根据霍尔效应制成的，即利用霍尔元件将由压力所引起的弹性元件的位移转换成霍尔电势，从而实现压力的测量。

霍尔片为一半导体（如锗）材料制成的薄片。如图2-2-5所示，在霍尔片的Z轴方向加一磁感应强度为B的恒定磁场，在Y轴方向加一外电场（接入直流稳压电源），便有恒定电流沿Y轴方向通过。电子在霍尔片中运动（电子逆Y轴方向运动）时，由于受电磁力的作用，而使电子的运动轨道发生偏移，造成霍尔片的一个端面上有电子积累，另一个端面上正电荷过剩，于是在霍尔片的X轴方向上出现电位差，这一电位差称为霍尔电势，这种物理现象就称为"霍尔效应"。

霍尔电势的大小与半导体材料、所通过的电流（一般称为控制电流）、磁感应强度以及霍尔片的几何尺寸等因素有关，可用下式表示

$$U_H = R_H BI \qquad (2-2-6)$$

式中 U_H—— 霍尔电势；

R_H—— 霍尔常数，与霍尔片材料、几何形状有关；

B—— 磁感应强度；

I—— 通过电流。

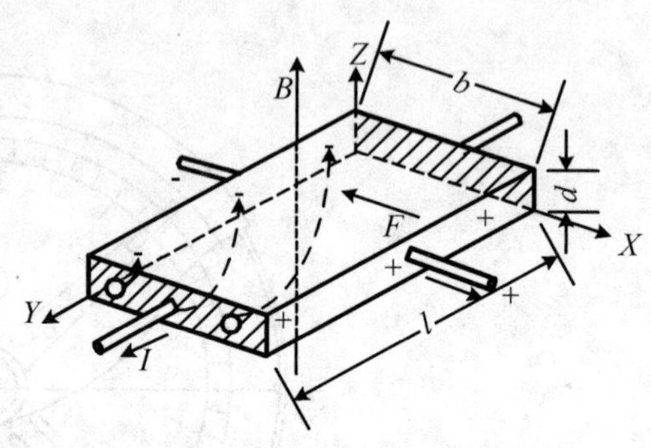

图 2-2-5 霍尔效应

由式(2-2-6)可知，霍尔电势与磁感应强度和电流成正比。提高B和I值可增大霍尔电势U_H，但两者都有一定限度，一般I为3～20 mA，B约为几千高斯，所得的霍尔电势U_H约为几十毫伏。

必须指出，导体也有霍尔效应，不过它们的霍尔电势远比半导体的霍尔电势小得多。

如果选定了霍尔元件，并使电流保持恒定，则在非均匀磁场中，霍尔元件所处的位置不同，所受到的磁感应强度也将不同，这样就可得到与位移成比例的霍尔电势。实现位移-电势的线性转换。

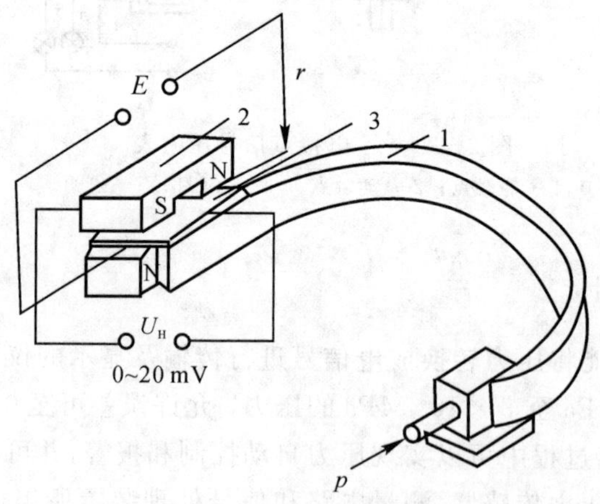

图 2-2-6 霍尔片式压力传感器

1—弹簧管；2— 磁钢；3— 霍尔片

将霍尔元件与弹簧管配合，就组成了霍尔片式弹簧管压力传感器，如图 2-2-6 所示。被测

压力由弹簧管 1 的固定端引入，弹簧管的自由端与霍尔片 3 相连接，在霍尔片的上、下方垂直安放两对磁极，使霍尔片处于两对磁极形成的非均匀磁场中。霍尔片的四个端面引出四根导线，其中与磁钢 2 相平行的两根导线和直流稳压电源相连接，另两根导线用来输出信号。

磁极极靴间的磁感应强度 B，由于极靴的特殊几何形状而形成线性不均匀的分布情况，如图 2－2－7 所示。

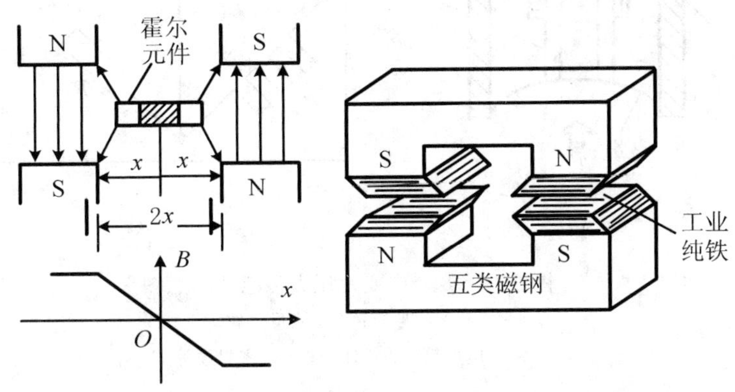

图 2－2－7　极靴间磁感应强度的分布

当被测压力引入后，在被测压力作用下，弹簧管自由端产生位移，因而改变了霍尔片在非均匀磁场中的位置，使所产生的霍尔电势与被测压力成比例。利用这一电势即可实现远距离显示和自动控制。

2. 应变片式压力传感器

应变片式压力传感器是基于电阻应变效应原理工作的。电阻应变片有金属应变片（金属丝或金属箔）和半导体应变片两类。被测压力使应变片产生应变。当应变片产生压缩应变时，其阻值减小；当应变片产生拉伸应变时，其阻值增加。应变片阻值的变化，再通过桥式电路获得相应的毫伏级电势输出，并用毫伏计或其他记录仪表显示出被测压力，从而组成应变片式压力计。

图 2－2－8 是一种应变片式压力传感器的原理图。应变筒 1 的上端与外壳 2 固定在一起，下端与不锈钢密封膜片 3 紧密接触，两片康铜丝应变片 r_1 和 r_2 用特殊胶合剂贴紧在应变筒的外壁。r_1 沿应变筒轴向贴放，作为测量片；r_2 沿径向贴放，作为温度补偿片。应变片与筒体之间不发生相对滑动，并且保持电气绝缘。当被测压力 p 作用于膜片而使应变筒作轴向受压变形时，沿轴向贴放的应变片 r_1 也将产生轴向压缩应变 ε_1，于是 r_1 的阻值变小；而沿径向贴放的应变片 r_2，由于本身受到横向压缩将引起纵向拉伸应变 ε_2，于是 r_2 阻值变大。但是由于 ε_2 比 ε_1 要小，故实际上 r_1 的减少量将比 r_2 的增大量为大。

应变片 r_1 和 r_2 与两个固定电阻 R_3 和 R_4 组成桥式电路，如图 2－2－8(b) 所示。由于 r_1 和 r_2 的阻值变化而使桥路失去平衡，从而获得不平衡电压 ΔU 作为传感器的输出信号，在桥路供给直流稳压电源最大为 10 V 时，可得最大 ΔU 为 5 mV 的输出。传感器的被测压力可达 25 MPa。由于传感器的固有频率在 25 000 Hz 以上，故有较好的动态性能，适用于快速变化的压力测量。传感器的非线性及滞后误差小于额定压力的 1%。

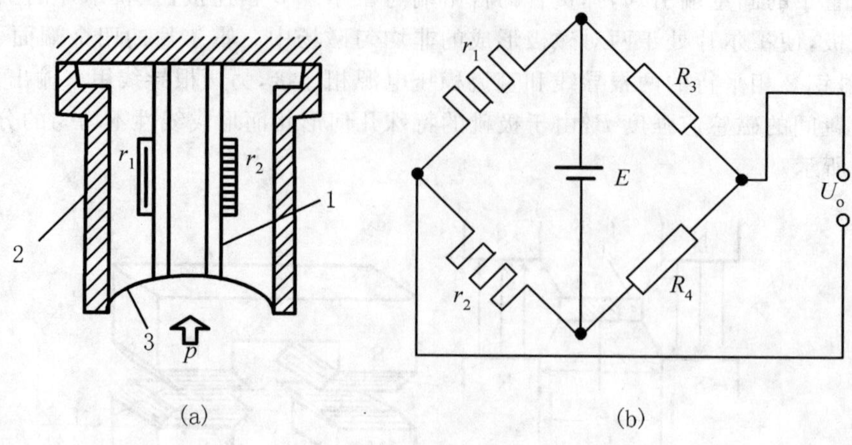

图 2-2-8　应变片压力传感器示意图

(a) 测量筒；(b) 测量电路

1— 应变筒；2— 外壳；3— 密封膜片

3. 压阻式压力传感器

压阻式压力传感器是利用单晶硅的压阻效应而构成，其工作原理如图 2-2-9 所示。采用单晶硅片为弹性元件，在单晶硅膜片上利用集成电路的工艺，在单晶硅的特定方向扩散一组等值电阻，并将电阻接成桥路，单晶硅片置于传感器腔内。当压力发生变化时，单晶硅产生应变，使直接扩散在上面的应变电阻产生与被测压力成比例的变化，再由桥式电路获相应的电压输出信号。

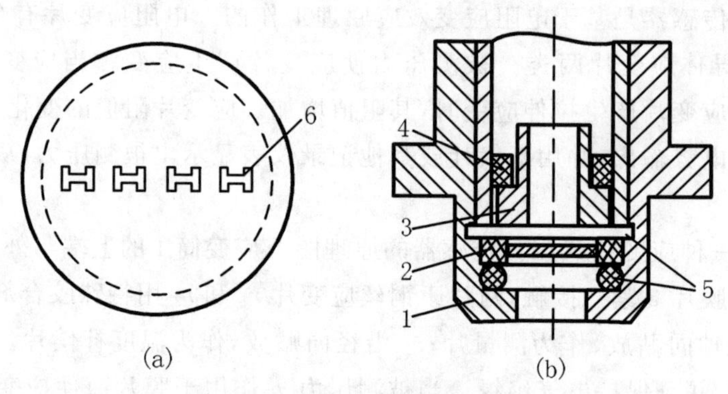

图 2-2-9　压阻式压力传感器

(a) 单晶硅片；(b) 结构

1— 基座；2— 单晶硅片；3— 导环；4— 螺母；5— 密封垫圈；6— 等效电阻

压阻式压力传感器具有精度高、工作可靠、频率响应高、迟滞小、尺寸小、重量轻、结构简单等特点，可以适应恶劣的环境条件下工作，便于实现显示数字化。压阻式压力传感器不仅可以用来测量压力，若稍加改变，还可以用来测量差压、高度、速度、加速度等参数。

4. 力矩平衡式压力变送器

力矩平衡式压力变送器是一种典型的自平衡检测仪表，它利用负反馈的工作原理克服元件材料、加工工艺等不利因素的影响，使仪表具有较高的测量精度(一般为 0.5 级)、工作稳定可靠、线性好、不灵敏区小等优点。下面以 DDZ－Ⅲ 型电动力矩平衡压力变送器为例加以介绍。

DDZ－Ⅲ 型系列为直流 24 V 供电，输出 4 ～ 20 mA DC，两线制，属本安型。图 2－2－10 是 DDZ－Ⅲ 型电动力矩平衡压力变送器的结构示意图。

被测压力 p 作用在测量膜片 1 上，通过膜片的有效面积转变成集中力 F_i

$$F_i = fp \quad (2-2-7)$$

式中　f—— 膜片的有效面积。

集中力 F_i 作用在主杠杆 3 的下端，使主杠杆以轴封膜片 2 为支点偏转，并将集中力 F_i 转换成对矢量机构 4 的作用力 F_1，矢量机构以量程调整螺钉 5 为轴，将水平向右的力 F_1 分解成连杆 6 向上的力 F_2 和矢量角方向的力 F_3(消耗在支点上)。分力 F_2 使副杠杆 7 以 O_2 为支点逆时针转动，使与副杠杆刚性连接的检测片(衔铁)8 靠近差动变压器 9，从而改变差动变压器原、副边绕组的磁耦合，使差动变压器副边绕组输出电压改变，经检测放大器 11 放大后转变成直流电流 I_o。此电流流过反馈动圈 10 时，产生电磁反馈力 F_f 施加于副杠杆的下端，使副杠杆以 O_2 为支点顺时针转动。当反馈力矩与在 F_2 作用下副杠杆的驱动力矩互相平衡时，检测放大器有一个确定的对应输出电流 I_o，它与被测压力 p 成正比。

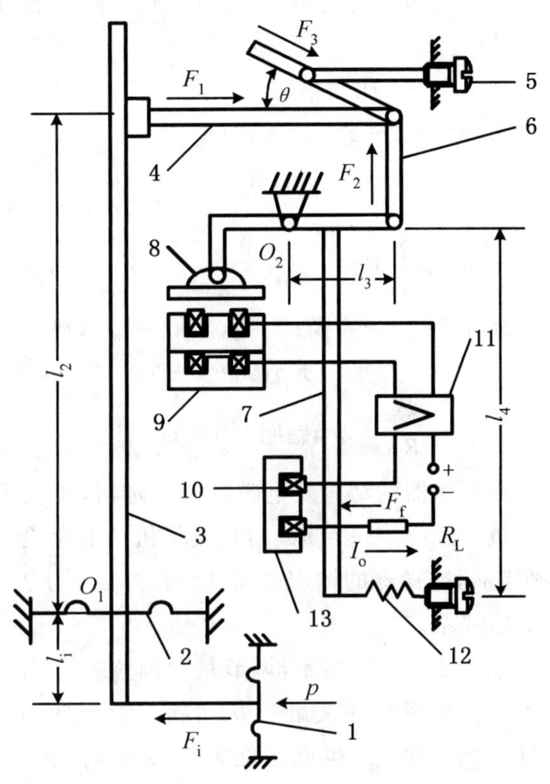

图 2－2－10　电动力矩平衡压力变送器示意图

1— 测量膜片；2— 轴封膜片；3— 主杠杆；4— 矢量机构；5— 量程调整螺钉；6— 连杆；7— 副杠杆；8— 检测片(衔铁)；9— 差动变压器；10— 反馈动圈；11— 放大器；12— 调零弹簧；13— 永久磁钢

该变送器是按力矩平衡原理工作的。根据主、副杠杆的平衡条件可以推导出被测压力 p 与输出信号 I_o 的关系。

当主杠杆平衡时有

$$F_i l_i = F_1 l_2 \quad (2-2-8)$$

式中　l_i, l_2—— 分别为 F_i, F_1 离支点 O_1 的距离。

将式(2－2－7) 代入式(2－2－8) 得

$$F_1 = \frac{l_i}{l_2} fp = K_1 p \quad (2-2-9)$$

式中　$K_1 = \frac{l_i}{l_2} f$—— 比例系数。

矢量机构将 F_1 分解为 F_2 与 F_3，有

$$F_2 = F_1 \tan\theta = K_1 p \tan\theta \qquad (2-2-10)$$

再来考虑副杠杆的平衡条件。若不考虑调零弹簧 12 在副杠杆上形成的恒定力矩时，电磁反馈力矩应与 F_2 对副杠杆的驱动力矩相平衡，即

$$F_2 l_3 = F_f l_4 \qquad (2-2-11)$$

式中 l_3, l_4—— 分别为 F_2 及电磁反馈力 F_f 离支点 O_2 的距离。

电磁反馈力的大小与通过反馈动圈 10 的电流 I_o 成正比，即

$$F_f = K_2 I_o \qquad (2-2-12)$$

式中 K_2—— 比例系数。

将式(2-2-12) 代入式(2-2-11)，得

$$F_2 = \frac{l_4}{l_3} K_2 I_o = K_3 I_o \qquad (2-2-13)$$

式中 $K_3 = \frac{l_4}{l_3} K_2$。

联立式(2-2-10) 与式(2-2-13)，得

$$I_o = K p \tan\theta \qquad (2-2-14)$$

式中 $K = \frac{K_1}{K_3}$—— 转换比例系数。

当变送器的结构及电磁特性确定后，K 为一常数。式(2-2-14)说明当矢量机构的角度 θ 确定后，变送器的输出电流 I_o 与输入压力 p 成对应关系。

如图 2-2-10 所示，调节量程调整螺钉 5，可改变矢量机构的夹角 θ，从而能连续改变两杠杆间的传动比，也就是能调整变送器的量程。通常，矢量角 θ 可以在 $4° \sim 15°$ 之间调整，$\tan\theta$ 变化约 4 倍，因而相应的量程也可以改变 4 倍。调节弹簧 12 的张力，可起到调整零点的作用。

如果将以上压力变送器的测压弹性元件稍加改变，就可以用来连续测量差压或绝对压力，图 2-2-11 是 DDZ-Ⅲ 型电动力矩平衡差压变送器的结构示意图，其工作原理与 DDZ-Ⅲ 型电动力矩平衡压力变送器基本上是一样的。这里不在复述。

5. 电容式差压(压力)变送器

20 世纪 70 年代初由美国最先投放市场的电容变送器，是一种开环检测仪表，具有结构简单、过载能力强、可靠性好，测量精度高、体

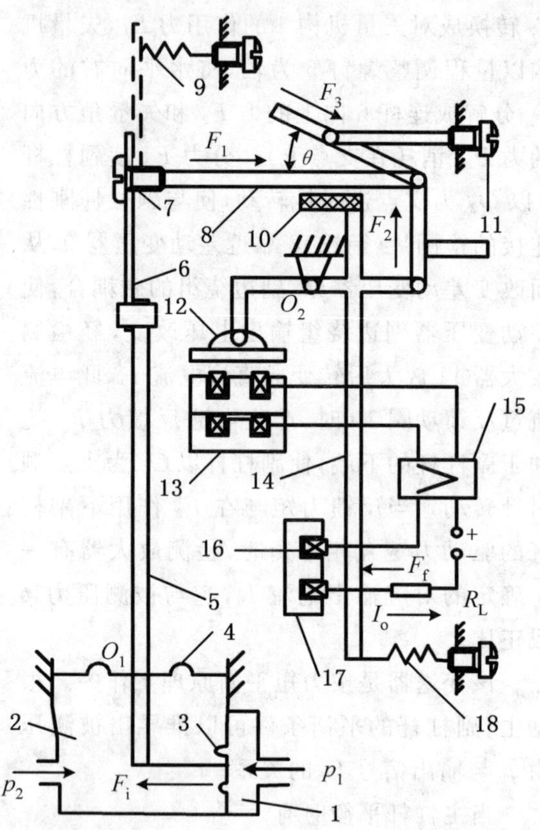

图 2-2-11 电动力矩平衡差压变送器示意图

1— 高压室；2— 低压室；3— 测量膜片；4— 轴封膜片；5— 主杠杆；6— 过载保护簧片；7— 静压调整螺钉；8— 矢量机构；9— 零点迁移弹簧；10— 平衡锤；11— 量程调整螺钉；12— 检测片(衔铁)；13— 差动变压器；14— 副杠杆；15— 放大器；16— 反馈动圈；17— 永久磁钢；18— 调零弹簧

积小、重量轻、使用方便等一系列优点，目前已成为最受欢迎的压力、差压变送器。其输出信号也是标准的 4 ～ 20 mADC 电流信号。电容式差压（压力）变送器是先将压力的变化转换为电容量的变化，然后进行测量的。

在工业生产过程中，差压变送器的应用数量多于压力变送器，因此，以下按差压变送器介绍，其实两者的原理和结构基本上相同。

图 2－2－12 是电容式差压变送器的测量元件结构图，将左右对称的不锈钢底座的外侧加工成环状波纹沟槽，并焊上波纹隔离膜片 5。基座内侧有玻璃层 3，基座和玻璃层中央有孔道相通。玻璃层内表面磨成凹球面，球面上镶有金属膜，此金属膜层有导线通往外部，构成电容的左右固定极板 1。在两个固定极板之间是弹性材料制成的测量膜片 2，作为电容的中央动极板。在测量膜片两侧的空腔中充满硅油 4。

当被测压力 p_1，p_2 分别加于左右两侧的隔离膜片时，通过硅油将差压传递到测量膜片上，使其向压力小的一侧弯曲变形，引起中央动极板与两边固定极板间的距离发生变化，因而两电极的电容量不再相等，而是一个增大、另一个减小，电容的变化量通过引线传至测量电路，通过测量电路的检测和放大，输出一个4 ～ 20 mA 的直流电信号。

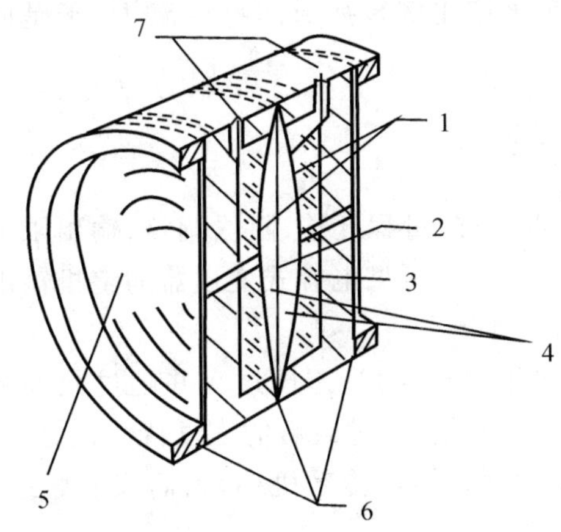

图 2－2－12　电容差压变送器测量元件结构图

1— 固定极板；2— 测量膜片；3— 玻璃层；4— 硅油；
5— 隔离膜片；6— 焊接密封；7— 引出线

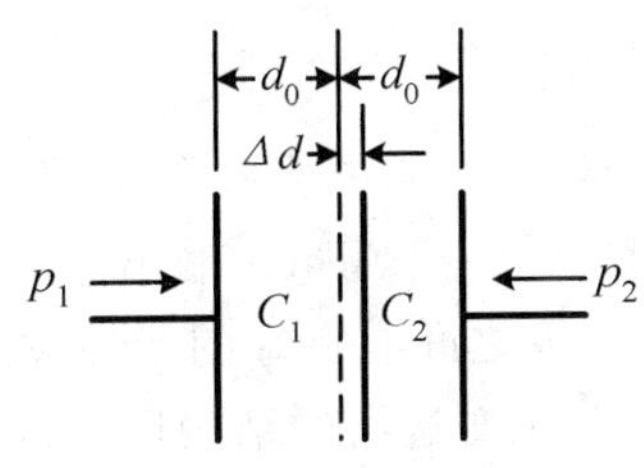

图 2－2－13　电容变送器测量原理图

下面以1151系列电容式变送器为例简单介绍其转换原理。图2－2－13是电容式变送器的原理图。

假设测量膜片在差压 Δp 的作用下移动距离为 Δd，由于位移量很小，可近似认为 Δp 与 Δd 成比例变化，即

$$\Delta d = K_1 \Delta p = K_1 (p_1 - p_2) \qquad (2-2-15)$$

式中　K_1—— 比例系数。

这样可动电极（测量膜片）与左、右固定极板间距离由原来的 d_0 变为 $d_0 + \Delta d$ 和 $d_0 - \Delta d$，根据平板电容原理有

$$C_{10} = C_{20} = \frac{\varepsilon A}{d_0} \qquad (2-2-16)$$

式中　ε—— 介电常数；

A—— 极板面积。

当 $p_1 > p_2$ 时，中间极板向右移动 Δd，此时左边电容 C_1 的极板间距增加 Δd，而右边电容 C_2 的极板间距则减少 Δd，各自的电容容量分别为

$$C_1 = \frac{\varepsilon A}{d_0 + \Delta d} \tag{2-2-17}$$

$$C_2 = \frac{\varepsilon A}{d_0 - \Delta d} \tag{2-2-18}$$

解式(2-2-17)、(2-2-18)可得出差压 Δp 与差动电容 C_1，C_2 的关系如下

$$\frac{C_2 - C_1}{C_2 + C_1} = \frac{\Delta d}{d_0} = \frac{K_1}{d_0}\Delta p = K_2 \Delta p \tag{2-2-19}$$

式中 $K_2 = \dfrac{K_1}{d_0}$—— 常数。

由上式可知，电容 C_1，C_2 与 Δp 是成正比关系。因此利用转换电路就可将（$C_2 - C_1$）与（$C_2 + C_1$）的比值转换为电压或电流。

1511 系列电容式变送器转换电路的功能模块结构如图 2-2-14 所示。其中解调器、振荡器和控制放大器的作用是将电容比 $\dfrac{C_2 - C_1}{C_2 + C_1}$ 的变化按比例转换成测量电流 I_s，于是此线性关系可表示为

$$I_s = K_3 \frac{C_2 - C_1}{C_2 + C_1} \tag{2-2-20}$$

随后测量电流 I_s 送入电流放大器，经过调零、零点迁移、量程迁移、阻尼调整、输出限流等处理后，最终转换成 4 ~ 20 mA 输出电流 I_o，即 $I_o = K_4 I_s$。可见电容式变送器的整机输出电流 I_o 与输入压差 Δp 之间有良好的线性关系。

电容式差压变送器的结构还可以有效地保护测量膜片，当差压过大并超过允许测量范围时，测量膜片将平滑地贴靠在玻璃凹球面上，因此不易损坏，过载后的恢复特性很好，这样大大提高了过载承受能力。与力矩平衡式相比，电容式没有杠杆传动机构，因而尺寸紧凑，密封性与抗振性好，测量精度相应提高，可达 0.2 级。

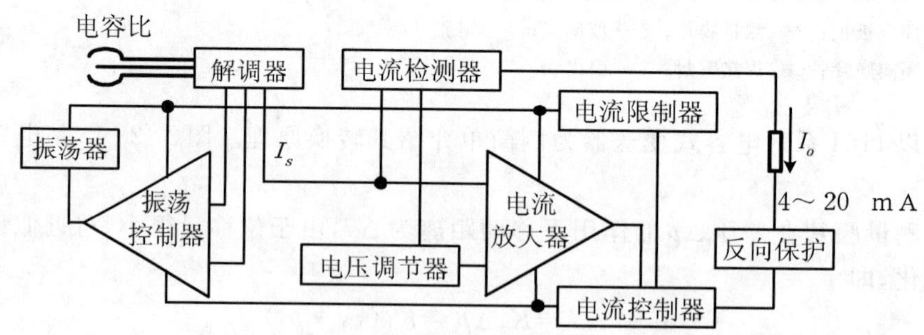

图 2-2-14 1151 电容变送器功能模块结构图

2.2.4 智能型压力变送器

随着集成电路的广泛应用，其性能不断提高，成本大幅度降低，使得微处理器在各个领域中的应用十分普遍。智能型压力或差压变送器就是在普通压力或差压变送器的基础上增加微

处理器电路而形成的智能检测仪表。例如，用带有温度补偿的电容变送器与微处理器相结合，构成精度为0.1级的压力或差压变送器，其量程范围为100：1，时间常数在0～36 s间可调，通过手持终端(通信器)，可对1 500 m之内的现场变送器进行工作参数的设定、量程调整、零点调整以及向变送器写入信息数据。图2-2-15为罗斯蒙特电容式变送器与手操器。

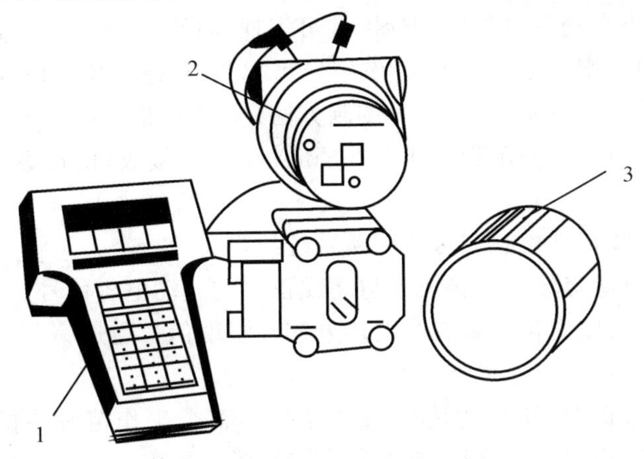

图2-2-15　电容式变送器与手操器

1—HART手操器；2—变送器；3—盖

智能型变送器的特点是可进行远程通信。利用手持终端，可对现场变送器进行各种运行参数的选择和标定；其精确度高，使用与维护方便。通过编制各种程序，使变送器具有自修正、自补偿、自诊断及错误方式报警等多种功能，因而提高了变送器的精确度。简化了调整、校准与维护过程，促使变送器与计算机、控制系统直接对话。

下面以美国费希尔-罗斯蒙特公司(Fisher-Rosemount)的3051C型差压变送器为例对其工作原理作简单介绍。

3051C型智能差压变送器包括变送器和275型手操器。

变送器由传感膜头和电子线路板组成，图2-2-16为其原理方框图。

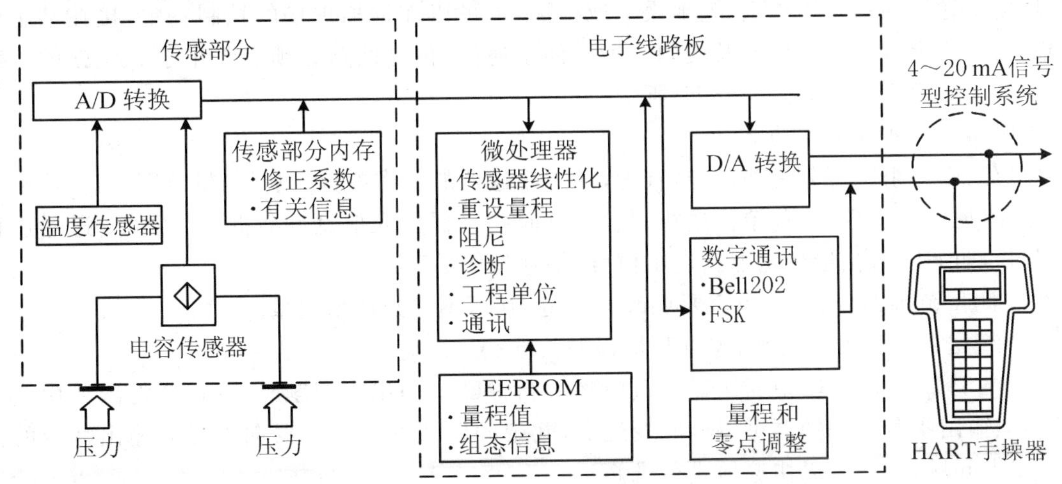

图2-2-16　3051C型差压变送器方框图

除具有普通压力变送器的功能之外，智能式压力变送器还具有如下特点。

组态功能使得使用更加灵活方便。可以组态线性化、更换工程单位、增加阻尼（滤波）、程序调零调量程等功能。

设有自动调零、自动调量程按钮。加入起始压力后将自动调零钮按下 5 s，就可实现调零，加入满量程压力后按下自动调量程钮 5 秒钟就可实现调量程。

为了调校组态方便，配有遥控接口。该接口可以挂在变送器（两线制）的两根信号线上（不分极性），利用键控相移技术（一种信号调制方法）将高频信号叠加到 4 ～ 20 mA 信号上，从而实现与变送器的通信，同时不影响 4 ～ 20 mA 信号的接收（由计算机高速采样时可能会有影响）。

具备自诊断功能，能自动检查变送器回路系统故障。

被测介质压力通过电容传感器转换为与之成正比的差动电容信号。传感膜头还同时进行温度的测量，用于补偿温度变化的影响。上述电容和温度信号通过 A/D 转换器转换为数字信号，输入到电子线路板模块。

在工厂的特性化过程中，所有的传感器都经受了整个工作范围内的压力与温度循环测试。根据测试数据所得到的修正系数，都贮存在传感膜头的内存中，从而可保证变送器在运行过程中能精确地进行信号修正。

电子线路板模块接收来自传感部分的数字输入信号和修正系数，然后对信号加以修正与线性化。电子线路板模块的输出部分将数字信号转换成 4 ～ 20 mA DC 电流信号，并与手操器进行通信。

变送器内装有非易失性存储器（EEPROM），不需另装电池就可长期保存组态数据。当遇到意外停电，其中数据仍然保存，所以恢复供电之后，变送器能立即工作。

数字通信格式符合 HART 协议，该协议使用了工业标准 Bell202 频移调制（FSK）技术。即通过在 4 ～ 20 mA DC 输出信号上叠加高频信号来完成远程通信。罗斯蒙特公司采用这一技术，能在不影响回路完整性的情况下实现同时通信和输出。

3051C 型差压变送器所用的手持通信器为 275 型，其上带有键盘及液晶显示器。它可以接在现场变送器的信号端子上，就地设定或检测，也可以在远离现场的控制室中，接在某个变送器的信号线上进行远程设定及检测。为了便于通信，信号回路必须有不小于 250 Ω 的负载电阻。其连接示意图见图 2 - 2 - 17 所示。

手操器能够实现下列功能：

(1) 组态　组态可分为两部分，首先，设定变送器的工作参数，包括测量范围、线性或平方根输出、阻尼时间常数、工程单位选择；其次，可向变送器输入信息性数据，以便对变送器进行识别与物理描述，包括给变送器指定工位号、描述符等。

(2) 测量范围的变更　当需要更改测量范围时，不需到现场调整。

(3) 变送器的校准　包括零点和量程的校准。

(4) 自诊断　3051C 型变送器可进行连续自诊断。当出现问题时，变送器将激活用户选定的模拟输出报警。手操器可以询问变送器，确定问题所在。变送器向手操器输出特定的信息，以识别问题，从而可以快速地进行维修。

由于智能型差压变送器有好的总体性能及长期稳定工作能力，所以每五年才需校验一次。智能型差压变送器与手操器结合使用，可远离生产现场，尤其是危险或不易到达的地方，给变送器的运行和维护带来了极大的方便。

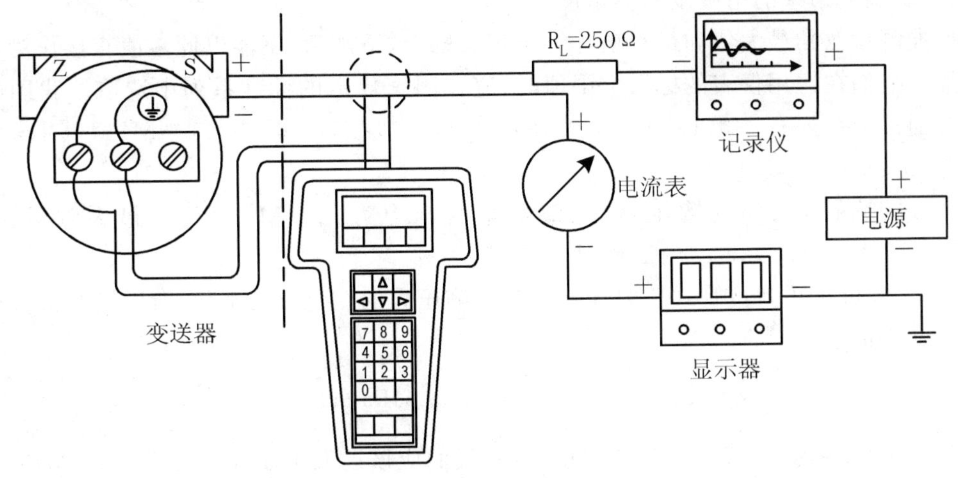

图 2-2-17　手操器的连接示意图

2.2.5　压力计的选用、安装与校验

压力计的选用与安装正确与否关系到测量结果的精确性和仪表的使用寿命，是十分重要的环节，下面作一介绍。

1. 压力表的选用

压力表的选用应根据使用要求，针对具体情况做具体分析。在满足工艺要求的前提下，应本着节约的原则全面综合地考虑，一般应考虑以下几个方面的问题：

(1) 仪表类型的选用　仪表类型的选用必须满足工艺生产的要求。例如是否需要远传、自动记录或报警；被测介质的性质(如被测介质的温度高低、粘度大小、腐蚀性、脏污程度、是否易燃易爆等) 是否对仪表提出特殊要求，现场环境条件(如湿度、温度、磁场强度、振动等) 对仪表类型的要求等。因此根据工艺要求正确地选用仪表类型是保证仪表正常工作及安全生产的重要前提。

例如普通压力计的弹簧管多采用铜合金(高压的采用合金钢)，而氨用压力计弹簧管的材料却都采用碳钢，不允许采用铜合金。因为氨对铜的腐油性极强，所以普通压力计用于氨压力测量时很快就会损坏。

氧气压力计与普通压力计在结构和材质方面可以完全一样，只是氧用压力计禁油。因为油进入氧气系统易引起爆炸。所用氧气压力计在校验时，不能像普通压力计那样采用变压器油作为工作介质，并且氧气压力计在存放中要严格避免接触油污。如果必须采用现有的带油污的压力计测量氧气压力时，使用前必须用四氯化碳反复清洗，认真检查直到无油污时为止。

(2) 仪表测量范围的确定　为了保证弹性元件能在弹性变形的安全范围内可靠地工作，在选择压力表量程时，必须根据被测压力的大小和压力变化的快慢，留有足够的余地，因此，压力表的上限值应该高于工艺生产中可能的最大压力值。根据“化工自控设计技术规定”，在测量稳定压力时，最大工作压力不应超过测量上限值的 2/3；测量脉动压力时，最大工作压力不应超过测量上限值的 1/2；测量高压时，最大工作压力不应超过测量上限值的 3/5。一般被测压力的最小值应不低于仪表测量上限值的 1/3。从而保证仪表的输出量与输入量之间的线性关系，提高仪表测量结果的精确度和灵敏度。

根据被测参数的最大值和最小值计算出仪表的上、下限后，不能以此数值直接作为仪表的测量范围。我们在选用仪表的标尺上限值时，应在国家规定的标准系列中选取。我国的压力计测量范围标准系列有：$-0.1 \sim 0.06, 0.15; 0 \sim 1, 1.6, 2.5, 4, 6, 10 \times 10^n$ MPa（其中 n 为自然整数，可为正、负值）。

例 就地测量某储气罐压力，气罐的最大压力为 0.5 MPa，要求最大测量误差 $\leqslant$ 0.02 MPa，请选择一压力表的测量范围。

解 一般可选用弹簧管式压力计。因为所测压力的变化较为平稳，所以被测最大压力不应超过仪表测量上限值的 2/3。

即
$$p = \frac{0.5}{2/3} = 0.75 \text{ MPa}$$

但在标准系列中无 0.75 MPa 的测量范围，我们应该选大于而且接近于 0.75 MPa 的值。因此所选测量范围为 $0 \sim 1$ MPa。

(3) 仪表精度级的选取　根据工艺生产允许的最大绝对误差和选定的仪表量程，计算出仪表允许的最大引用误差 $\delta_{\max}$ 在国家规定的精度等级中确定仪表的精度。一般来说，所选用的仪表越精密，则测量结果越精确、可靠。但不能认为选用的仪表精度越高越好，因为越精密的仪表，一般价格越贵，操作和维护越费事。因此，在满足工艺要求的前提下，应尽可能选用精度较低、价廉耐用的仪表。

下面通过一个例子来说明压力表的选用。

例 某台往复式压缩机的出口压力范围为 $25 \sim 28$ MPa，测量误差不得大于 1 MPa。工艺上要求就地观察，并能实现高低限报警，试正确选用一台压力表，指出型号、精度与测量范围。

解 由于往复式压缩机的出口压力脉动较大，所以选择仪表的上限值为

$$p_1 = p_{\max} \times 2 = 28 \times 2 = 56 \text{ MPa}$$

根据就地显示及能进行高低限报警的要求，由附表 7，可查得选用 YX-150 型电接点压力表，测量范围为 $0 \sim 60$ MPa。

由于 $(25/60) > (1/3)$，故被测压力的最小值不低于满量程的 1/3，这是允许的。

另外，根据测量误差的要求，可算得允许误差为

$$\pm \frac{1}{60} \times 100\% = 1.67\%$$

所以，精度等级为 1.5 级的仪表完全可以满足误差要求。

至此，可以确定，选择的压力表为 YX-150 型电接点压力表，测量范围为 $0 \sim 60$ MPa，精度等级为 1.5 级。（Y— 压力；X— 电接点；型号后面的数字表示表面直径尺寸 mm；Z— 表示仪表结构、轴向无边）。

2. 压力计的安装

压力计的安装正确与否，直接影响到测量结果的准确性和压力计的使用寿命。

(1) 测压点的选择　所选择的测压点应能反映被测压力的真实大小。为此必须注意以下几点：

1) 要选在被测介质直线流动的管段部分，不要选在管路拐弯、分叉、死角或其他易形成漩

涡的地方。

2）测量流动介质的压力时，应使取压点与流动方向垂直，取压管内端面与生产设备连接处的内壁应保持平齐，不应有凸出物或毛刺。

3）测量液体压力时，取压点应在管道下方，使导压管内不积存气体；测量气体压力时，取压点应在管道上方，使导压管内不积存液体。

（2）导压管敷设：

1）导压管粗细要合适，一般内径为 6 ～ 10 mm，长度应尽可能短，最长不得超过 50 m，以减少压力指示的迟缓。如超过 50 m，应选用能远距离传送的压力计。

2）导压管水平安装时应保证有 1：10 ～ 1：20 的倾斜度，以利于积存于其中之液体（或气体）的排出。

3）当被测介质易冷凝或冻结时，必须加设保温伴热管线。

4）取压口到压力计之间应装有切断阀，以备检修压力计时使用。切断阀应装设在靠近取压口的地方。

（3）压力计的安装：

1）压力计应安装在易观察和检修的地方。

2）安装地点应力求避免振动和高温影响。

3）测量蒸汽压力时，应加装凝液管，以防止高温蒸汽直接与测压元件接触，如图 2-2-18(a)；对于有腐蚀性介质的压力测量，应加装有中性介质的隔离罐，如图 2-2-18(b) 表示了被测介质密度 ρ_2 大于和小于隔离液密度 ρ_1 的两种情况。

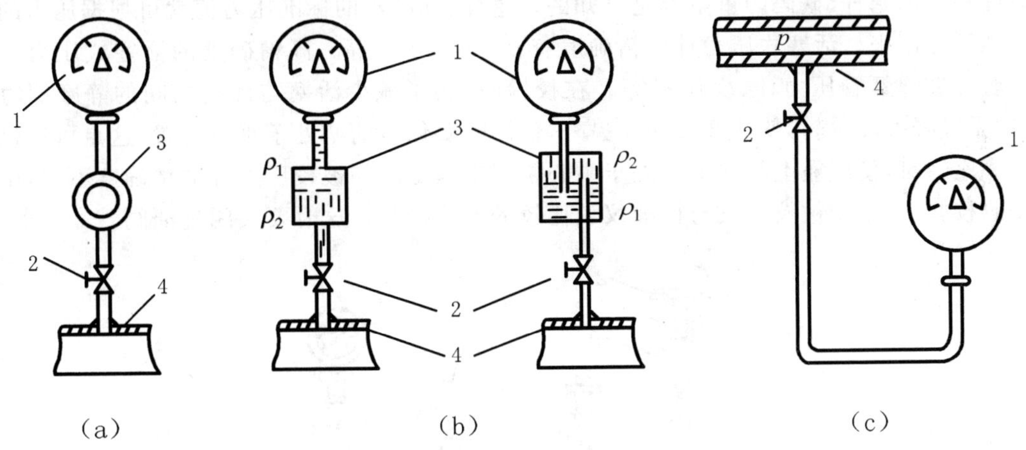

图 2-2-18　压力计安装示意图

(a) 测量蒸汽时；(b) 测量有腐蚀介质时；(c) 压力计位于设备之下

1— 压力计；2— 切断阀门；3— 凝液管；4— 取压容器

总之，针对被测介质的不同性质（高温、低温、腐蚀、脏污、结晶、沉淀、粘稠等），要采取相应的防热、防腐、防冻、防堵等措施。

4）当被测压力较小，而压力计与取压口又不在同一高度时，如图 2-2-18(c) 所示，对由此高度而引起的测量误差应按 $\Delta p = \pm H\rho g$ 进行修正。式中 H 为高度差，ρ 为导压管中介质的密度，g 为重力加速度。

5) 压力计的连接处,应根据被测压力的高低和介质性质,选择适当的材料,作为密封垫片,以防泄漏。一般低于80℃及2 MPa时,用牛皮或橡胶垫片;在450℃及5 MPa以下用石棉或铝垫片,温度及压力更高时用退火紫铜或铝垫片。但测量氧气时,不能使用浸油垫片和有机化合物垫片,测量乙炔、氨介质压力时,不得使用铜垫片。

6) 为安全起见,测量高压的压力计除选用有通气孔的外,安装时表壳应向墙壁或无人通过之处,以防发生意外。

3. 压力计的校验

压力计在长期的使用中,因弹性元件疲劳、传动机构磨损及化学腐蚀等造成测量误差。所以有必要对仪表定期进行校验,新仪表在安装使用前也应校验,以更恰当的估计仪表指示值的可靠程度。

(1) 校验原理　校验工作是将被校仪表与标准仪表处在相同条件下的比较过程。标准仪表的选择原则是,当被校仪表的允许绝对误差为 $\alpha_{允}$ 时,标准仪表的允许绝对误差不得超过 $\alpha_{允}$ 1/3(最好不超过 $\alpha_{允}$ 1/5)。这样可以认为标准仪表的读数就是真实值。另外为防止标准仪表超程损坏,标准仪表的测量范围应比被校仪表大一档次。比较结果若被校仪表的精确度等级高于仪表标明的等级,仪表合格,否则应检修、更换或降级使用。

(2) 校验仪器-活塞式压力计　在一个密闭的容器内充满变压器油(6 MPa以下)或蓖麻油(6 MPa以上),如图2-2-19所示。转动手轮使活塞向前推进,对油产生一个压力,这个压力在密闭的系统内向各个方向传递,所以进入标准仪表、被校仪表和标准器的压力都是相等的。因此利用比较的方法便可得出被校仪表的绝对误差。标准器由活塞和砝码构成。活塞的有效面积和活塞杆、砝码的重量都是已知的。这样,标准器的标准压力值就可根据压力的定义准确地计算出来。活塞式压力计的精确度有0.05,0.2级等。高精确度的活塞式压力计可用来校验标准弹簧管压力计、变送器等。在校验时,为了减少活塞与活塞之间的静摩擦力的影响,用手轻轻拨转手轮,使活塞旋转。另外,使用时要保持活塞处于垂直位置,这点可通过调整仪器底座螺钉,使底座上的水准泡处于中心位置来满足。如被校压力计的精确度不高,则可不用砝码校验,而采用被校仪表与标准仪表比较的方法校验。这时要关闭进油阀。

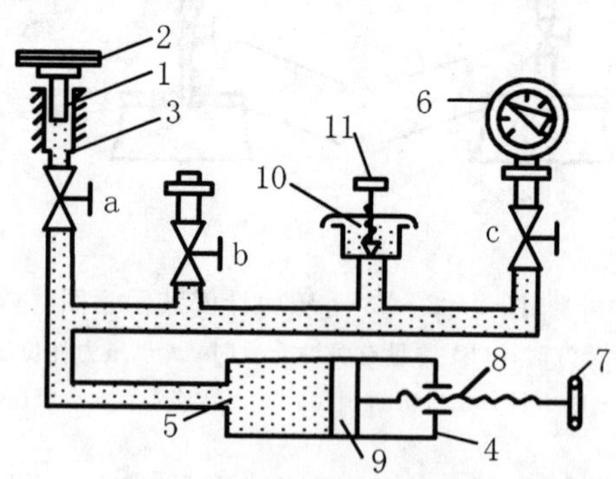

图2-2-19　活塞式压力计

1—测量活塞;2—砝码;3—活塞筒;4—螺旋压力发生器;5—工作液;6—被校压力表;7—手轮;8—丝杆;9—工作活塞;10—油杯;11—进油阀;a,b,c—切断阀

(3) 校验内容　校验分为现场校验和实验室校验。校验内容包括指示值误差、变差和线性

调整。具体步骤是:首先在被校表量程范围内均匀地确定几个被校点(一般为5～6个,一定有测量的下限和上限值),然后由小到大(上行程)逐点比较标准表的指示值,直到最大值。再推进一点点,使指针稍超过最大值,再进行由大到小(下行程)的校验。这样反复2～3次,最后依各项技术指标的定义进行计算、确定仪表是否合格。

§2.3 流量检测及仪表

在石油、化工等生产过程中,为了正确、有效地进行生产操作和控制,经常需要测量生产过程中各种介质(液体、气体和蒸汽等)的流量,以便为生产操作和控制提供依据。同时,为了进行经济核算,经常需要知道在一段时间(一班、一天等)内流过的介质总量。所以,介质流量是控制生产过程达到优质高产和安全生产以及进行经济核算所必需的一个重要参数。随着自动化水平的不断提高,流量测量和控制已由原来的保证稳定运行朝着最优化控制过渡。这样流量仪表更是成为不可缺少的检测仪表之一。

2.3.1 流量的定义与单位

一般所讲的流量是指流经管道(或设备)某一截面的流体数量。随着工艺要求不同,它的测量又可分为瞬时流量和累积流量。

1. 瞬时流量

瞬时流量是指单位时间内流经某一有效截面的流体数量。它可以分别用体积流量和质量流量来表示。

(1) 体积流量　单位时间内流过某一有效截面的流体体积,可用 Q 表示为

$$Q = vA \tag{2-3-1}$$

式中　v—— 某一有效截面处的平均流速;

A—— 流体通过的有效截面积。

常用的单位为立方米每时 $\mathrm{m^3/h}$、升每时 L/h、升每分 L/min 等。

(2) 质量流量　单位时间内流经某一有效截面的流体质量,常用 M 表示。若流体的密度是 ρ,则体积流量与质量流量之间的关系为

$$M = Q\rho = vA\rho \tag{2-3-2}$$

常用的单位为吨每时 t/h、千克每时 kg/h、千克每秒 kg/s 等。

2. 累积流量(总量)

累积流量(总量)是指在某段时间内流经某一有效截面的流体数量的总和。其总和可以用体积总量 $Q_{\sum}$ 和质量总量 $M_{\sum}$ 来表示。

$$Q_{\sum} = \int_0^t Q\mathrm{d}t;\qquad M_{\sum} = \int_0^t M\mathrm{d}t \tag{2-3-3}$$

式中　t—— 时间。

常用的单位分别为立方米 $\mathrm{m^3}$、升 L、吨 t、千克 kg 等。

测量流体流量的仪表一般叫流量计;测量流体总量的仪表常称为计量表。然而两者并不是截然划分的,在流量计上配以累积机构,也可以读出总量。

3. 流量测量仪表的分类

测量流量的方法很多，其测量原理和所应用的仪表结构形式各不相同。目前有许多流量测量的分类方法，本书仅举一种大致的分类法，简介如下：

(1) 速度式流量计　这是一种以测量流体在管道内的流速作为测量依据来计算流量的仪表。因为如果已知被测流体的流通截面积 A，那么只要测出该流体的流速 v，即可求得流体的体积流量 $Q=vA$。基于这种原理的速度式流量测量仪表可分为两种工作方式：一种是直接测量流体流速的流量测量仪表，例如电磁流量计、超声波流量计、相关流量计等。这种工作方式的特点是不必在管道内设置检测元件，因而不会改变流体的流动状态，也不会产生压力损失，更不存在管道堵塞等问题。另一种工作方式，是通过设置在管道内的检测变换元件(如孔板、浮子、涡轮等)，将被测流体的流速按一定的函数关系变换成压差、位移、转速、频率等信号，由此来间接地测量流量。按此方式工作的流量测量仪表主要有差压式流量计、浮子流量计、涡轮流量计、涡街流量计、靶式流量计等。

(2) 容积式流量计　这是一种以单位时间内所排出的流体的固定容积的数目作为测量依据来计算流量的仪表。例如椭圆齿轮流量计、活塞式流量计、腰轮流量计、圆盘流量计等。

(3) 质量流量计 这是一种以测量流体流过的质量 M 为依据的流量计。根据质量流量与体积流量之间的关系(式(2-3-2))，采用速度式(或容积式)流量测量仪表先测出体积流量(或体积总量)，再乘以被测流体的密度，即可求得质量流量(或质量总量)。基于这种原理来间接测量质量流量的仪表称为推导式(间接式)质量流量计。由于介质密度会随压力、温度的变化而有所变化，因此工业上普遍应用的推导式质量流量计通常采取了温度、压力的自动补偿措施。

为了使被测质量流量的数值不受流体的压力、温度、粘度等变化的影响，一种直接测量流体质量流量的直接式质量流量计正在发展之中。例如，热式质量、角动量式、陀螺式和科里奥利力式等。其中，热式质量流量计已在工业中得到了应用。

2.3.2　差压式流量计

差压式(也称节流式)流量计是基于流体流动的节流原理，利用流体流经节流装置时产生的压力差而实现流量测量的。它是目前生产中测量流量最成熟，最常用的方法之一。通常是由能将被测流量转换成压差信号的节流装置和能将此压差转换成对应的流量值显示出来的差压计以及显示仪表所组成。在单元组合仪表中，由节流装置产生的压差信号，经常通过差压变送器转换成相应的标准信号(电的或气的)，以供显示、记录或控制用。

1. 节流现象与流量基本方程式

(1) 节流现象　流体在有节流装置的管道中流动时，在节流装置前后的管壁处，流体的静压力产生差异的现象称为节流现象。

节流装置包括节流件和取压装置，节流件是能使管道中的流体产生局部收缩的元件，应用最广泛的是孔板，其次是喷嘴、文丘里管等。下面以孔板为例说明节流现象。

具有一定能量的流体，才可能在管道中形成流动状态。流动流体的能量有两种形式，即动能和静压能。由于流体有流动速度而具有动能，又由于流体有压力而具有静压能。这两种形式的能量在一定的条件下可以互相转化。但是，根据能量守恒定律，流体所具有的静压能和动能，再加上克服流动阻力的能量损失，在没有外加能量的情况下，其总和是不变的。图2-3-1表示在孔板前后流体的速度与压力的分布情况。流体在管道截面Ⅰ前，以一定的流速 v_1 流动，此时静压力为 p_1'。在接近节流装置时，由于遇到节流装置的阻挡，使靠近管壁处的流体受到节流装置的阻挡作用最大，因而使一部分动能转换为静压能，出现了节流装置入口端面靠近管壁处的流体静压力升高，并且比管道中心处的压力要大，即在节流装置入口端面处产生一径向压差。这一径向压差使流体产生径向附加速度，从而使靠近管壁处的流体质点的流向就与管道中心轴线相倾斜，形成了流束的收缩运动。由于惯性作用，流束的最小截面并不在孔板的孔处，而是经过孔板后仍继续收缩，到截面 Ⅱ 处达到最小，这时流速最大，达到 v_2，随后流束又逐渐扩大，至截面 Ⅲ 后完全复原，流速便降低到原来的数值，即 $v_3=v_1$。

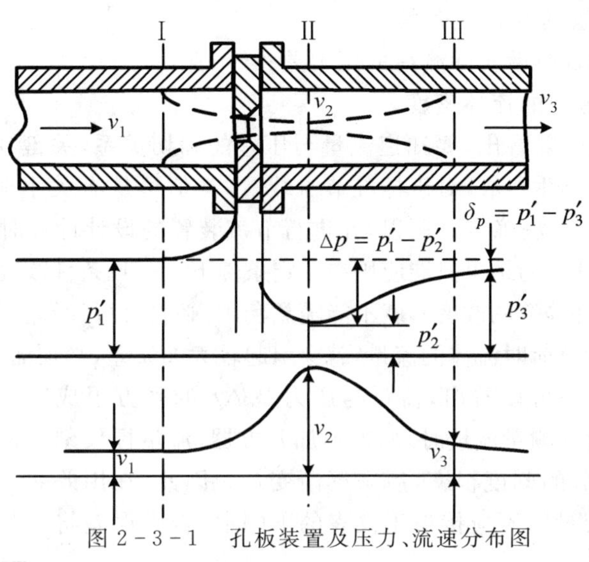

图 2-3-1　孔板装置及压力、流速分布图

由于节流装置造成流束的局部收缩，使流体的流速发生变化，即动能发生变化。与此同时，表征流体静压能的静压力也要变化。在 Ⅰ 截面，流体具有静压力 p_1'。到达截面处 Ⅱ，流速增加到最大值，静压力就降低到最小值 p_2'，而后又随着流束的恢复而逐渐恢复。由于在孔板端面处，流通截面突然缩小与扩大，使流体形成局部涡流，要消耗一部分能量，同时流体流经孔板时，要克服摩擦力，所以流体的静压力不能恢复到原来的数值 p_1'，而产生了压力损失 $\delta_p=p'_1-p'_3$。

节流装置前流体压力较高，称为正压，常以"+"标志；节流装置后流体压力较低，称为负压（注意不要与真空混淆），常以"−"标志。节流装置前后压差的大小与流量有关。管道中流动的流体流量越大，在节流装置前后产生的压差也越大，我们只要测出孔板前后两侧压差的大小，即可表示流量的大小，这就是节流装置测量流量的基本原理。

值得注意的是：要准确地测量出截面 Ⅰ 与截面 Ⅱ 处的压力 p_1'，p_2'是有困难的，这是因为产生最低静压力 p_2'的截面 Ⅱ 的位置随着流速的不同会改变的，事先根本无法确定。因此实际上是在孔板前后的管壁上选择两个固定的取压点，来测量流体在节流装置前后的压力变化的。因而所测得的压差与流量之间的关系，与测压点及测压方式的选择是紧密相关的。

（2）流量基本方程式　流量基本方程式是阐明流量与压差之间定量关系的基本流量公式。它是根据流体力学中的伯努利方程和流体连续性方程式推导而得的，即

$$Q = \alpha \varepsilon F_0 \sqrt{\frac{2}{\rho_1} \Delta p} \qquad (2-3-4)$$

$$M = \alpha \varepsilon F_0 \sqrt{2 \rho_1 \Delta p} \qquad (2-3-5)$$

式中 α—— 流量系数，它与节流装置的结构形式、取压方式、孔口截面积与管道截面积之比m、雷诺数 Re、孔口边缘锐度、管壁粗糙度等因素有关；

ε—— 膨胀校正系数，它与孔板前后压力的相对变化量、介质的等熵指数、孔口截面积与管道截面积之比等因素有关。应用时可查阅有关手册而得。但对不可压缩的液体来说，常取 $\varepsilon = 1$；

F_0—— 节流装置的开孔截面积；

Δp—— 节流装置前后实际测得的压力差；

ρ_1—— 节流装置前的流体密度。

由流量基本方程式可以看出，要知道流量与压差的确切关系，关键在于 α 的取值。α 是一个受许多因素影响的综合性参数，对于标准节流装置，其值可从有关手册中查出；对于非标准节流装置，其值要由实验方法确定。所以，在进行节流装置的设计计算时，是针对特定条件，选择一个 α 值来计算的。计算的结果只能应用在一定条件下。一旦条件改变（例如节流装置形式、尺寸、取压方式、工艺条件等等的改变），就不能随意套用，必须另行计算。例如，按小负荷情况下计算的孔板，用来测量大负荷时流体的流量，就会引起较大的误差，必须加以必要的修正。

由流量基本方程式还可以看出，流量与压力差 Δp 的平方根成正比。所以，用这种流量计测量流量时，如果不加开方器，流量标尺刻度是不均匀的。起始部分的刻度很密，后来逐渐变疏。因此，在用差压法测量流量时，被测流量值不应接近于仪表的下限值，否则误差将会很大。

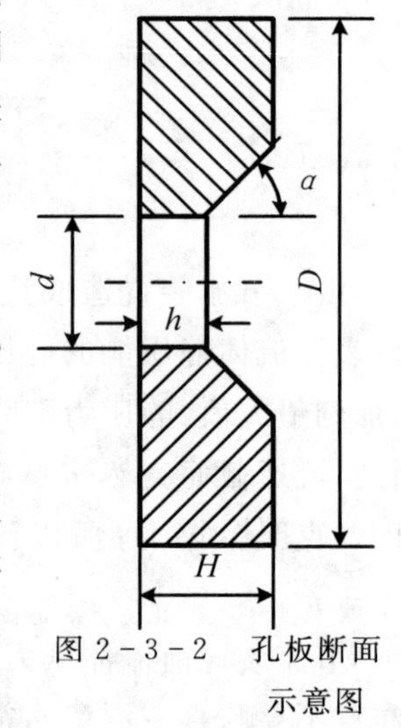

图 2-3-2　孔板断面示意图

2. 标准节流装置

(1) 标准节流元件　差压式流量计，由于使用历史长久，已经积累了丰富的实践经验和完整的实验资料。因此，国内外已把最常用的节流装置孔板、喷嘴、文丘里管等标准化，并称为“标准节流装置”。标准化的具体内容包括节流装置的结构、尺寸、加工要求、取压方法、使用条件等。例如，标准孔板对尺寸和公差、光洁度等都有详细规定。如图 2-3-2 所示，其中 d/D 应在 0.2～0.8 之间；最小孔应不小于12.5 mm；直孔部分的厚度 $h = (0.005 \sim 0.02)D$；总厚度 $H < 0.05D$；锥面的斜角 $\alpha = 30° \sim 45°$ 等，需要时可参阅设计手册。

(2) 取压方式　由流量基本方程式可知，节流元件前后的压差 $(p_1 - p_2)$ 是计算流量的关键数据，因此取压方法相当重要。我国规定的标准节流装置取压方法有两种，即角接取压法和法兰取压法。标准孔板可以采用角接取压法和法兰取压法，而标准喷嘴只规定有角接取压方式。

所谓角接取压法，就是在孔板（或喷嘴）前后两端面与管壁的夹角处取压。角接取压方法可以通过环室或单独钻孔结构来实现。环室取压结构如图 2-3-3(a) 所示，它是在管道1的直线段处，利用左右对称的环室2将孔板3夹在中间，环室与孔板端面间留有狭窄的缝隙，再由导压管将环室内的压力 p_1 和 p_2 引出。单独钻孔结构则是在前后夹紧环 4 上直接钻孔将压力引出，如图2-3-3(b)所示。对于孔板，环室取压用于工作压力即管道中流体的压力在6.4 MPa以下，管道直径D在50～520 mm之间；而单独钻孔取压用于工作压力在2.5 MPa以下，D在50～1 000 mm之间。

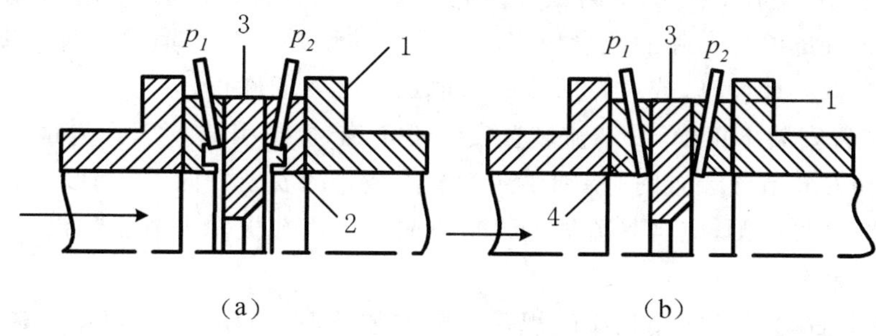

图2-3-3　角接取压方式

(a)环室结构；(b)单独钻孔结构

1—管道法兰；2—环室；3—孔板；4—夹紧环

采用环室取压法能得到较好的测量精度，但是加工制造和安装要求严格，如果由于加工和现场安装条件的限制，而达不到预定的要求时，其测量精度仍难保证。所以，在现场使用时，为了加工和安装方便，有时不用环室而用单独钻孔取压，特别是对大口径管道。

标准孔板应用广泛，它具有结构简单、安装方便的特点，适用于大流量的测量。

孔板最大的缺点是流体经过孔板后压力损失大，当工艺管道上不允许有较大的压力损失时，便不宜采用。标准喷嘴和标准文丘里管的压力损失较孔板为小，但结构比较复杂，不易加工。实际上，在一般场合下，仍多采用孔板。

标准节流装置仅适用于测量管道直径大于50 mm，雷诺数在10^4～10^5以上的流体，而且流体应当清洁，完全充满管道，不发生相变。此外，为保证流体在节流装置前后为稳定的流动状态，在节流装置的上、下游必须配置一定长度的直管段。

节流装置将管道中流体流量的大小转换为相应的差压大小，但这个差压信号还必须由导压管引出，并传递到相应的差压计，以便显示出流量的数值。差压计有很多种型式，例如U型管差压计、双波纹管差压计、膜盒式差压计等，但这些仪表均为就地指示型仪表。事实上，工业生产过程中的流量测量及控制多半是采用差压变送器，将差压信号转换为统一的标准信号，以利于远传，并与单元组合仪表中的其他单元相连接，这样便于集中显示及控制。差压变送器的结构和工作原理与压力变送器基本上是一样的，在前边介绍的力矩平衡式、电容式差压变送器都能使用。

3.差压式流量计的测量误差

差压式流量计的应用非常广泛。但是，在实际应用现场，往往具有比较大的测量误差，有的甚至高达10%～20%(应当指出，造成这么大的误差实际上完全是由于使用不当引起的，而不是仪表本身的测量误差)。特别是在采用差压式流量计作为工艺生产过程中物料的计量，进行经济核算和测取物料核算数据时，这一矛盾显得更为突出。然而在只要求流量相对值的场合下，对流量指示值与真实值之间的偏差往往不注意，但是事实上误差却是客观存在的。因此，必须引起注意的是：不仅需要合理的选型、准确的设计计算和加工制造，更要注意正确的安装、维护和符合使用条件等，才能保证差压式流量计有足够的测量精度。

下面列举一些造成测量误差的原因，以便在应用中注意，并予以适当解决。

(1) 被测流体工作状态的变动　如果实际使用时被测流体的工作状态（温度、压力、湿度等）以及相应的流体重度、粘度、雷诺数等参数数值，与设计计算时有所变动，则会造成原来由差压计算得到的流量值与实际的流量值之间有较大的误差。为了消除这种误差，必须按新的工艺条件重新进行设计计算，或者将所测的数值加以必要的修正。

(2) 节流装置安装不正确　节流装置安装不正确，也是引起差压式流量计测量误差的重要原因之一。在安装节流装置时，特别要注意节流装置的安装方向。一般地说，节流装置露出部分所标注的“+”号一侧，应当是流体的入口方向。当用孔板作为节流装置时，应使流体从孔板 90° 锐口的一侧流入。

另外，节流装置除了必须按相应的规程正确安装外，在使用中，要保持节流装置的清洁。如在节流装置处有沉淀、结焦、堵塞等现象，也会引起较大的测量误差，必须及时清洗。

(3) 孔板入口边缘的磨损　节流装置使用日久，特别是在被测介质夹杂有固体颗粒等机械物情况下，或者由于化学腐蚀，都会造成节流装置的几何形状和尺寸的变化。对于使用广泛的孔板来说，它的入口边缘的尖锐度会由于冲击、磨损和腐蚀而变钝。这样，在相等数量的流体经过时所产生的压差 Δp 将变小，从而引起仪表指示值偏低。故应注意检查、维修，必要时应换用新的孔板。

(4) 导压管安装不正确，或有堵塞、渗漏现象　导压管要正确地安装，防止堵塞与渗漏，否则会引起较大的测量误差。对于不同的被测介质，导压管的安装亦有不同的要求，下面结合几类具体情况来讨论。

1) 测量液体的流量时，应该使两根导压管内都充满同样的液体而无气泡，以使两根导压管内的液体密度相等。这样，由两根导压管内液柱所附加在差压计正、负压室的压力可以互相抵消。为了使导压管内没有气泡，必须做到以下几点：

① 取压点应该位于节流装置的下半部，与水平线夹角 α 应为 0° ～ 45°，如图 2-3-4 所示（如果从底部引出，液体中夹带的固体杂质会沉积在引压管内，引起堵塞，亦属不宜）。

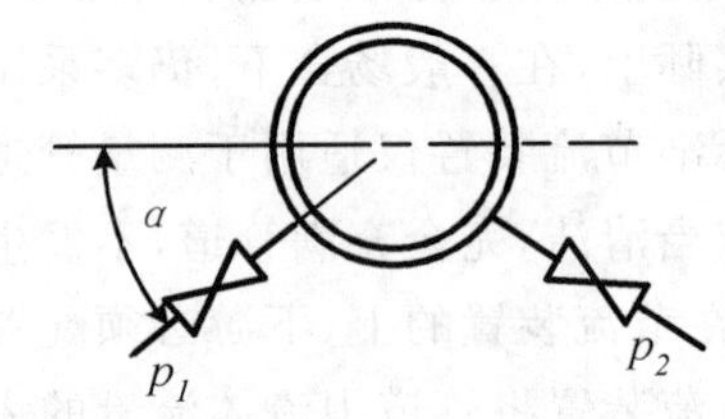

图 2-3-4　测量液体流量时的取压点位置

② 引压导管最好垂直向下，如条件不许可，导压管亦应下倾一定的坡度（至少 1∶20 ～ 1∶10），使气泡易于排出。

③ 在引压导管的管路中，应有排气的装置。如果差压计只能装在节流装置之上时，则须加装储气罐，如图 2-3-5 中的储气罐 6 与放空阀 3。这样，即使有少量气泡，对差压 Δp 的测量仍无影响。

2) 测量气体流量时，上述的这些基本原则仍然适用。尽管在引压导管的连接方式上有些不同，其目的仍是要保持两根导管内流体的密度相等。为此，必须使管内不积聚气体中可能夹带的液体，具体措施如下：

① 取压点应在节流装置的上半部。

② 引压导管最好垂直向上，至少亦应向上倾斜一定的坡度，以使引压导管中不滞留液体。

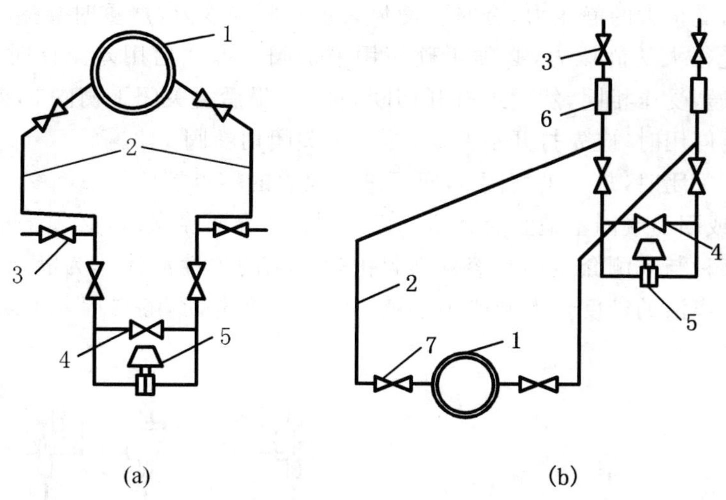

图 2-3-5　测量液体流量时的连接图

1— 节流装置；2— 引压导管；3— 放空阀；4— 平衡阀；
5— 差压变送器；6— 储气罐；7— 切断阀

③ 如果差压计必须装在节流装置之下，则须加装贮液罐和排放阀，如图 2-3-6 所示。

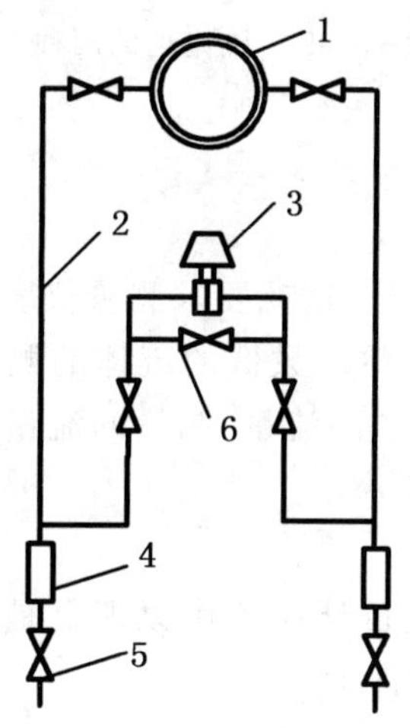

图 2-3-6　测量气体流量时的连接图

1— 节流装置；2— 引压导管；3— 变送器；
4— 贮液罐；5— 排放阀；6— 平衡阀

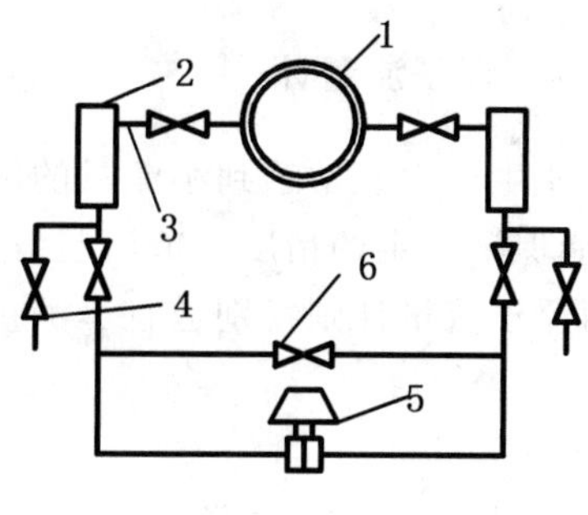

图 2-3-7　测量蒸汽流量时的连接图

1— 节流装置；2— 凝液罐；3— 引压导管；
4— 排放阀；5— 变送器；6— 平衡阀

3）测量蒸汽的流量时，要实现上述的基本原则，必须解决蒸汽冷凝液的等液位问题，以消除冷凝液液位的高低对测量精度的影响。最常用的接法见图 2-3-7 所示。取压点从节流装置的水平位置接出，并分别安装凝液罐 2。这样，两根导压管内都充满了冷凝液，而且液位一样高，从而实现了差压 Δp 的准确测量。自凝液罐至差压计的接法与测量液体流量时相同。

（5）差压计安装或使用不正确　差压计或差压变送器安装或使用不正确也会引起测量误差。由引压导管接至差压计或差压变送器前，必须安装切断阀 1，2 和平衡阀 3，构成三阀组，如图 2-3-8 所示。我们知道，差压计是用来测量差压 Δp 的，但如果两切断阀不能同时开闭时，就会造成差压计单向受很大的静压力,有时会使仪表产生附加误差,严重时会损坏仪表。为了防止差压计单向承受很大的静压力,必须正确使用平衡阀。即在启用差压计时,应先开平衡阀3,使正、负压室连通,受压相同,然后再打开切断阀1,2,最后再关闭平衡阀3,差压计即可投入运行。差压计需要停用时,应先打开平衡阀,然后再关闭切断阀1,2。

当切断阀1,2关闭时,打开平衡阀3,便可进行仪表的零点校验。

测量腐蚀性(或因易凝固不适宜直接进入差压计)的介质流量时,必须采取隔离措施。最常用的方法是用某种与被测介质不互溶且不起化学变化的中性液体作为隔离液,同时起传递压力的作用。当隔离液的密度ρ_1'大于或小于被测介质密度ρ_1时,隔离罐分别采用图2-3-9所示的两种形式。

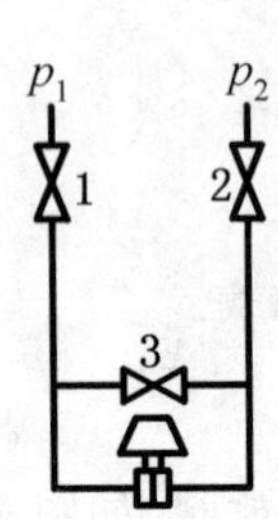

图2-3-8　差压计阀组安装示意图

1,2— 切断阀;3— 平衡阀

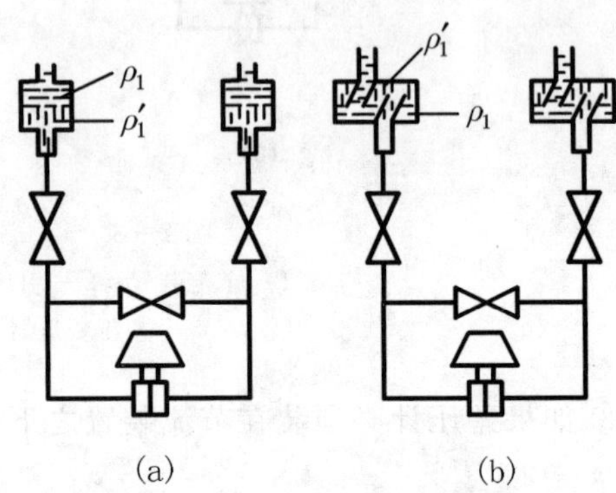

图2-3-9　隔离罐的两种形式

(a)$\rho_1 < \rho_1'$;(b)$\rho_1 > \rho_1'$

2.3.3　浮子流量计

在工业生产中经常遇到小流量的测量,因其流体的流速低,这就要求测量仪表有较高的灵敏度,才能保证一定的精度。节流装置对管径小于50 mm、雷诺数低的流体的测量精度是不高的。而浮子流量计则特别适宜于测量管径50 mm以下管道的流量,测量的流量可小到每小时几升。

1. 工作原理

浮子流量计(也称转子流量计)与前面所讲的差压式流量计在工作原理上是不相同的。差压式流量计,是在节流面积(如孔板流通面积)不变的条件下,以差压变化来反映流量的大小。而浮子流量计,却是以压降不变,利用节流面积的变化来测量流量的大小,即浮子流量计采用的是恒压降、变节流面积的流量测量方法。

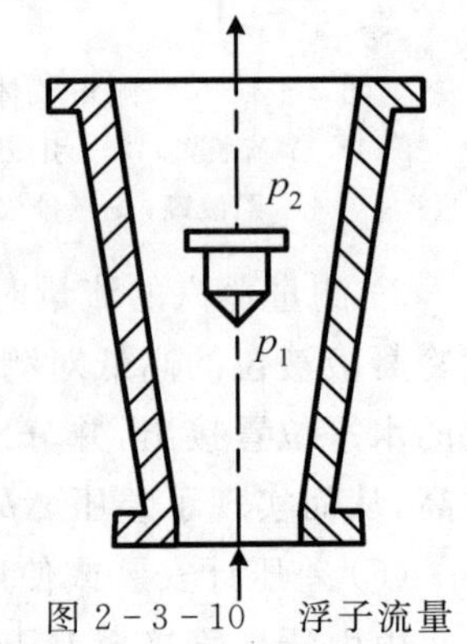

图2-3-10　浮子流量计的工作原理图

指示式浮子流量计的原理如图2-3-10所示,它基本上由两个部分组成,一个是由下往上逐渐扩大的锥形管(通常用玻璃制成,锥度为40′～3°);另一个是放在锥形管内可自由运动的浮子。工作时,被测流体(气体或液体)由锥形管下端进入,沿着锥形管向上运动,流过浮子与锥形管之间的环隙,再从锥形管上端流出。当流体流过锥形管时,位于锥形管中的浮子受到向上的一个力,使浮子浮起。当这个力正好等于浸没在流体里的浮子重力(即等于浮子重量减去流体对浮子的浮力）时，则作用在浮子上的上下两个力达到平衡，此时浮子就停浮在一定的高度上。假如被测流体的流量突然由小变大，作用在浮子上的向上的力就加大。因为浮子在流体中受的重力是不变的，即作用在浮子上的向下的力是不变的，所以浮子就上升。由于浮子在锥形管中位置的升高，造成浮子与锥形管间的环隙增大，即流通面积增大。随着环隙的增大，流过此环隙的流体流速变慢。因而，流体作用在浮子上的向上的力也就变小。当流体作用在浮子上的力再次等于浮子在流体中的重力时，浮子又稳定在一个新的高度上。这样，浮子在锥形管中的平衡位置的高低与被测介质的流量大小相对应。如果在锥形管外沿其高度刻上对应的流量值，那么根据浮子平衡位置的高低就可以直接读出流量的大小。这就是浮子流量计测量流量的基本原理。

浮子流量计中浮子的平衡条件为

$$V(\rho_t-\rho_f)g=(p_1-p_2)A \tag{2-3-6}$$

式中　V—— 浮子的体积；

ρ_t—— 浮子材料的密度；

ρ_f—— 被测流体的密度；

p_1，p_2—— 分别为浮子前后流体的压力；

A—— 浮子的最大横截面积；

g—— 重力加速度。

由于在测量过程中，V，ρ_t，ρ_f，A，g 均为常数，所以由式(2-3-6)可知，(p_1-p_2) 也应为常数。这就是说，在浮子流量计中，流体的压降是固定不变的。所以，浮子流量计是以定压降、变节流面积法测量流量的。这正好与差压法测量流量的情况相反，差压法测量流量时，差压是变化的，而节流面积却是不变的。

由式(2-3-6)可得

$$\Delta p=p_1-p_2=\frac{V(\rho_t-\rho_f)g}{A} \tag{2-3-7}$$

在差压 Δp 一定的情况下，流过浮子流量计的流量和浮子与锥形管间环隙面积 F_0 有关。由于锥形管由下往上逐渐扩大，所以 F_0 是与浮子浮起的高度 h 有关的。这样，根据浮子浮起的高度就可以判断被测介质的流量大小，可用下式表示

$$M=\Phi h\sqrt{2\rho_f\Delta p} \tag{2-3-8}$$

或

$$Q=\Phi h\sqrt{\frac{2}{\rho_f}\Delta p} \tag{2-3-9}$$

式中　Φ—— 仪表常数；

h—— 浮子浮起的高度。

将式(2-3-7)代入以上两式，分别得到

$$M=\Phi h\sqrt{\frac{2gV(\rho_t-\rho_f)\rho_f}{A}} \tag{2-3-10}$$

$$Q=\Phi h\sqrt{\frac{2gV(\rho_t-\rho_f)}{\rho_f A}} \tag{2-3-11}$$

其他符号的意义同前所述。

2. 电远传式浮子流量计

以上所讲的指示式浮子流量计，只适用于就地指示。电远传式浮子流量计可以将反映流量大小的浮子高度 h 转换为电信号，适合于远传，进行显示或记录。

LZD 系列电远传式浮子流量计主要由流量变送及电动显示两部分组成。

(1) 流量变送部分　LZD 系列电远传式浮子流量计是用差动变压器进行流量变送的。

差动变压器的结构与原理如图 2-3-11 所示。它由铁心、线圈以及骨架组成。线圈骨架分成长度相等的两段，初级线圈均匀地密绕在骨架的内层，并使两个线圈同相串联相接；次级线圈分别均匀地密绕在两段骨架的外层，并将两个线圈反相串联相接。

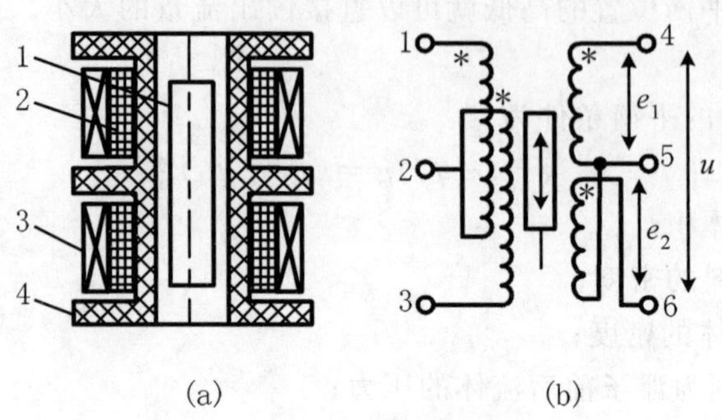

图 2-3-11　差动变压器结构

(a) 结构图；(b) 原理图

1— 铁心；2— 初级线圈；3— 次级线圈；4— 骨架

当铁心处在差动变压器两段线圈的中间位置时，初级激磁线圈激励的磁力线穿过上、下两个次级线圈的数目相同，因而两个匝数相等的次级线圈中产生的感应电势 e_1，e_2 相等。由于两个次级线圈系反相串接，所以 e_1，e_2 相互抵消，从而输出端 4，6 之间总电势为零，即

$$u = e_1 - e_2 = 0$$

当铁心向上移动时，由于铁心改变了两段线圈中初、次级的耦合情况，使磁力线通过上段线圈的数目增加，通过下段线圈的数目减少，因而上段次级线圈产生的感应电势比下段次级线圈产生的感应电势大，即 $e_1 > e_2$，于是 4，6 两端输出的总电势 $u = e_1 - e_2 > 0$。当铁心向下移动时，情况与上移正好相反，即输出的总电势 $u = e_1 - e_2 < 0$。无论哪种情况，都把这个输出的总电势称为不平衡电势，它的大小和相位由铁心相对于线圈中心移动的距离和方向来决定。

若将浮子流量计的浮子与差动变压器的铁心连结起来，使浮子随流量变化的运动带动铁心一起运动，那么，就可以将流量的大小转换成输出感应电势的大小，这就是电远传浮子流量计的转换原理。

(2) 电动显示部分　LZD 系列电远传浮子流量计的原理图如图 2-3-12 所示。当被测介质流量变化时，引起浮子停浮的高度发生变化，浮子通过连杆带动发送的差动变压器 T_1 中的铁心上下移动。当流量增加时，铁心向上移动，变压器 T_1 的

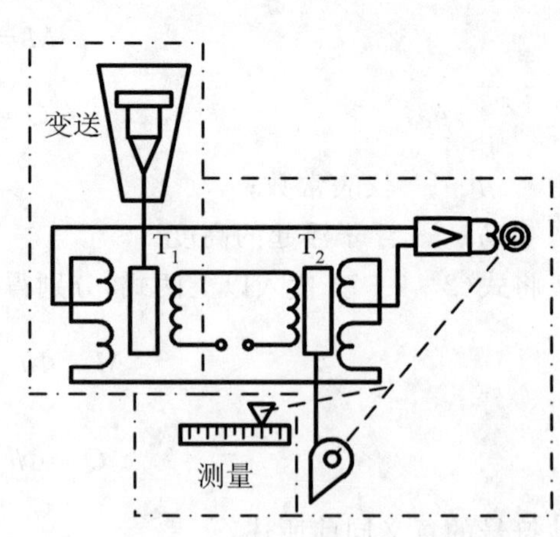

图 2-3-12　LZD 系列电远传浮子流量计

次级绕组输出一不平衡电势，进入电子放大器。放大后的信号一方面通过可逆电机带动显示机构动作；另一方面通过凸轮带动接收的差动变压器 T_2 中的铁心也向上移动。使 T_2 的次级绕组也产生一个不平衡电势。由于 T_1，T_2 的次级绕组是反向串接的，因此由 T_2 产生的不平衡电势去抵消 T_1 产生的不平衡电势，一直到进入放大器的电压为零后，T_2 中的铁心便停留在相应的位置上，这时显示机构的指示值便可以表示被测流量的大小了。

3. 浮子流量计的指示值修正

浮子流量计是一种非标准化仪表，在大多数情况下，可按照实际被测介质进行刻度。但仪表厂为了便于成批生产，是在工业基准状态(20℃，0.101 33 MPa) 下用水或空气进行刻度的，即浮子流量计的流量标尺上的刻度值，对用于测量液体来讲是代表 20℃ 时水的流量值，对用于测量气体来讲则是代表20℃，0.101 33 MPa压力下空气的流量值。所以，在实际使用时，如果被测介质的密度和工作状态不同，必须对流量指示值按照实际被测介质的密度、温度、压力等参数的具体情况进行修正。

(1) 液体流量测量时的修正　测量液体的浮子流量计，由于制造厂是在常温(20℃) 下用水标定的，根据式(2－3－11) 可写为

$$Q_0 = \Phi h \sqrt{\frac{2gV(\rho_t - \rho_w)}{\rho_w A}} \tag{2-3-12}$$

式中　Q_0—— 用水标定时的刻度流量；

ρ_w—— 水的密度。

其他符号同式(2－3－11)。

如果使用时被测介质不是水，则由于密度的不同必须对流量刻度进行修正或重新标定。对一般液体介质来说，当温度和压力改变时，对密度影响不大。如果被测介质的粘度与水的粘度相差不大(不超过 0.03 Pa・s)，可近似认为 Φ 是常数，则有

$$Q_f = \Phi h \sqrt{\frac{2gV(\rho_t - \rho_f)}{\rho_f A}} \tag{2-3-13}$$

式中　Q_f—— 密度为 ρ_f 的被测介质实际流量。

式(2－3－12) 与式(2－3－13) 相除，整理后得

$$Q_0 = \sqrt{\frac{(\rho_t - \rho_w)\rho_f}{(\rho_t - \rho_f)\rho_w}} Q_f = K_Q Q_f \tag{2-3-14}$$

$$K_Q = \sqrt{\frac{(\rho_t - \rho_w)\rho_f}{(\rho_t - \rho_f)\rho_w}} \tag{2-3-15}$$

式中　K_Q—— 体积流量密度修正系数。

同理可导得质量流量的修正公式为

$$M_0 = \sqrt{\frac{\rho_t - \rho_w}{(\rho_t - \rho_f)\rho_f \rho_w}} M_f = K_M M_f \tag{2-3-16}$$

$$K_M = \sqrt{\frac{\rho_t - \rho_w}{(\rho_t - \rho_f)\rho_f \rho_w}} \tag{2-3-17}$$

式中　K_M—— 质量流量密度修正系数；

M_f—— 流过仪表的被测介质的实际质量流量。

当采用耐酸不锈钢作为浮子材料时，$\rho_t = 7.9\ \mathrm{g/cm^3}$，水的密度 $\rho_w = 1\ \mathrm{g/cm^3}$，代入式(2－

3-15）与式（2-3-17）得

$$K_Q=\sqrt{\frac{6.9\rho_f}{7.9-\rho_f}} \tag{2-3-18}$$

$$K_M=\sqrt{\frac{6.9}{(7.9-\rho_f)\rho_f}} \tag{2-3-19}$$

当介质密度 ρ_f 变化时，密度修正系数 K_Q，K_M 的数值见表 2-3-1。

表 2-3-1　密度修正系数表

ρ_f	K_Q	K_M	ρ_f	K_Q	K_M	ρ_f	K_Q	K_M
0.40	0.670	1.516	0.95	0.971	1.022	1.50	1.272	0.847
0.45	0.646	1.435	1.00	1.000	1.000	1.55	1.297	0.837
0.50	0.683	1.365	1.05	1.028	0.979	1.60	1.323	0.827
0.55	0.719	1.307	1.10	1.056	0.960	1.65	1.351	0.818
0.60	0.754	1.256	1.15	1.084	0.943	1.70	1.376	0.809
0.65	0.787	1.211	1.20	1.111	0.927	1.75	1.401	0.800
0.70	0.819	1.170	1.25	1.139	0.911	1.80	1.427	0.792
0.75	0.851	1.134	1.30	1.165	0.897	1.85	1.453	0.785
0.80	0.882	1.102	1.35	1.193	0.884	1.90	1.477	0.778
0.85	0.912	1.073	1.40	1.220	0.872	1.95	1.504	0.771
0.90	0.944	1.046	1.45	1.245	0.859	2.00	1.529	0.764

下面举例说明上述修正公式的应用。

例　现用一只以水标定的浮子流量计来测量苯的流量，已知浮子材料为不锈钢，其密度为 $\rho_t=7.9\ \mathrm{g/cm^3}$，苯的密度为 $\rho_f=0.83\ \mathrm{g/cm^3}$。试问流量计读数为 3.6 L/s 时，苯的实际流量是多少？

解　由式（2-3-18）计算或由表 2-3-1 可查得

$$K_Q=0.9$$

将此值代入式（2-3-14），得

$$Q_f=\frac{1}{K_Q}Q_0=\frac{1}{0.9}\times 3.6=4\ \mathrm{L/s}$$

即苯的实际流量为 4 L/s。

（2）气体流量测量时的修正　对于气体介质流量值的修正，除了被测介质的密度不同以外，被测介质的工作压力和温度的影响也较显著，因此对密度、工作压力和温度均需进行修正。

浮子流量计用来测量气体流量时，制造厂是在工业基准状态（293 K，0.101 33 MPa 绝对压力）下用空气进行标定的。对于非空气介质，在不同于上述工业基准状态下测量时，要进行修正。

当已知仪表显示刻度 Q_0，要计算实际的工作介质流量时，可按下式修正。

$$Q_1=\sqrt{\frac{\rho_0}{\rho_1}}\sqrt{\frac{p_1}{p_0}}\sqrt{\frac{T_0}{T_1}}\ Q_0=\frac{1}{K_\rho}\frac{1}{K_p}\frac{1}{K_T}Q_0 \tag{2-3-20}$$

式中　Q_1—— 被测介质的流量，Nm^3/h；

ρ_1—— 被测介质在标准状态下的密度，kg/Nm^3；

ρ_0—— 标定用介质空气在标准状态下的密度，1.293 kg/Nm^3；

p_1—— 被测介质的绝对压力，MPa；

p_0—— 工业基准状态时的绝对压力，0.101 33 MPa；

T_0—— 工业基准状态时的绝对温度，293 K；

T_1—— 被测介质的绝对温度，K；

Q_0—— 按标准状态刻度的显示流量值，Nm^3/h；

K_ρ—— 密度修正系数；

K_p—— 压力修正系数；

K_T—— 温度修正系数。

值得注意的是，由式(2-3-20)计算得到的 Q_1 是被测介质在单位时间（小时）内流过浮子流量计的标准状态下的容积数(标准立方米)，而不是被测介质在实际工作状态下的容积流量。这是因为气体计量时，一般用标准立方米计，而不用实际工作状态下的容积数来计。

下面也用具体例子来说明式(2-3-20)的应用。

例　某厂用浮子流量计来测量温度为27℃，表压为0.16 MPa的空气流量，问浮子流量计读数为38 Nm^3/h 时，空气的实际流量是多少?

解　已知 $Q_0=38\ Nm^3/h$，$p_1=0.16+0.101\ 33=0.261\ 33$ MPa，$T_1=27+273=300$ K，$T_0=293$ K，$p_0=0.101\ 33$ MPa，$\rho_1=\rho_0=1.293\ kg/Nm^3$。

将上列数据代入式(2-3-20)，便可得

$$Q_1=\sqrt{\frac{1.293}{1.293}}\times\sqrt{\frac{0.261\ 33}{0.101\ 33}}\times\sqrt{\frac{293}{300}}\times 38\approx 60.3\ Nm^3/h$$

即这时空气的流量为60.3 Nm^3/h。

(3) 蒸汽流量测量时的换算　浮子流量计用来测量水蒸气流量时，若将蒸汽流量换算为水流量，可按式(2-3-16)计算。若浮子材料为不锈钢，$\rho_t=7.9\ g/cm^3$，则有

$$Q_0=\sqrt{\frac{\rho_t-\rho_w}{(\rho_t-\rho_f)\rho_f\rho_w}}M_f=\sqrt{\frac{7.9-1}{7.9-\rho_f}}\sqrt{\frac{1\ 000}{\rho_f}}M_f \tag{2-3-21}$$

当 $\rho_f << \rho_t$ 时，可算得

$$Q_0=29.56\sqrt{\frac{1}{\rho_f}}M_f \tag{2-3-22}$$

式中　Q_0—— 水流量，L/h；

ρ_f—— 蒸汽密度，kg/m^3；

M_f—— 蒸汽流量，kg/h。

由上式可以看出，若已知某饱和蒸汽(温度不超过200℃)流量值时，可从上式换算成相应的水流量值，然后按浮子流量计规格选择合适口径的仪表。

4. 浮子流量计安装注意事项

正确地安装与使用流量计是保证测量精度、防止出现故障和避免损坏仪表的重要环节，在

安装浮子流量计时应注意以下几点：

(1) 浮子流量计必须垂直安装，流体必须自下而上地通过锥形管。

(2) 仪表应安装在没有振动并便于维修的地方。在生产管线上安装时，应加装与仪表并联的旁路管道，以便在检修仪表时不影响生产的正常进行。在仪表启动时，应先由旁路运行，待仪表前后管道内均充满液体时再将仪表投入使用并关断旁路，以避免仪表因受冲击而损坏。安装前应冲洗管道，以防管道内残存的杂质进入仪表而影响正常工作。

(3) 安装玻璃管式浮子流量计时，应将其上、下管道固定牢靠，切不可让仪表来承受管道重量。当被测流体温度高于 70℃ 时，应加装保护罩，以防止仪表的玻璃管遇冷炸裂。

(4) 在拆装金属管式浮子流量计时，须注意保护浮子连杆的露出部分。对于电远传式金属管浮子流量计，在仪表安装连线完成之后，须仔细检查无误后方可接通电源投入运行。

2.3.4 椭圆齿轮流量计

椭圆齿轮流量计属于容积式流量计的一种。它对被测流体的粘度变化不敏感，特别适合于测量高粘度的流体(例如重油、聚乙烯醇、树脂等)，甚至糊状物的流量。

1. 工作原理

椭圆齿轮流量计的工作原理如图 2-3-13 所示。它的测量部分是由两个相互啮合的椭圆形齿轮 A 和 B，轴及壳体组成。椭圆齿轮与壳体之间形成测量室。

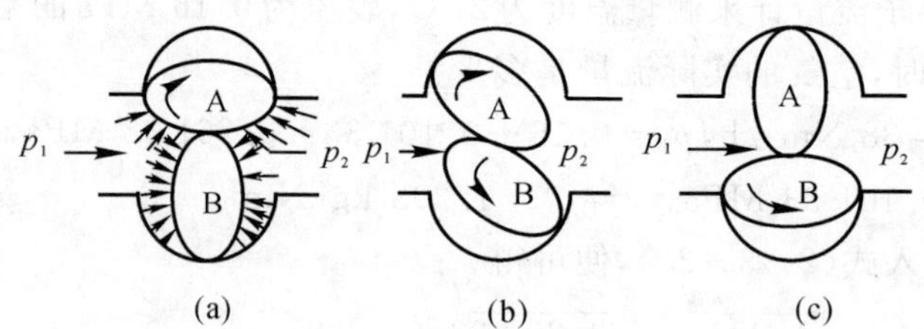

图 2-3-13　椭圆齿轮流量计原理图

当流体流过椭圆齿轮流量计时，由于要克服阻力将会引起压力损失，从而使进口侧压力 p_1 大于出口侧压力 p_2，在此压差的作用下，产生作用力矩使椭圆齿轮连续转动。在图 2-3-13(a) 所示的位置时，由于 $p_1 > p_2$，在 p_1 和 p_2 的作用下所产生的合力矩使轮 A 顺时针方向转动。这时 A 为主动轮，B 为从动轮。在图 2-3-13(b) 所示的中间位置时，根据力的分析可知，此时 A 轮与 B 轮均为主动轮。当继续转至 2-3-13(c) 所示位置时，p_1 和 p_2 作用在 A 轮上的合力矩为零，作用在 B 轮上的合力矩使 B 轮作逆时针方向转动，并把已吸入的半月形容积内的介质排出出口，这时 B 轮为主动轮，A 轮为从动轮，与图 2-3-13(a) 所示情况刚好相反。如此循环往复，轮 A 和轮 B 互相交替地由一个带动另一个转动，并把被测介质以半月形容积为单位一次一次地由进口排至出口。显然，图 2-3-13(a)，(b)，(c) 所示，仅仅表示椭圆齿轮转动了 1/4 周的情况，而其所排出的被测介质为一个半月形容积。所以，椭圆齿轮每转一周所排出的被测介质的体积量为一个半月形容积的 4 倍。故通过椭圆齿轮流量计的体积流量 Q 为

$$Q = 4nV_0 \tag{2-3-23}$$

式中　n—— 椭圆齿轮在单位内旋转的转数；

V_0—— 半月形测量室容积，容积的计算可参考相关手册。

由式(2-3-23)可知,在椭圆齿轮流量计的半月形容积V_0已定的条件下,只要测出椭圆齿轮在单位时间内旋转的转数 n,便可知道被测介质的流量。

椭圆齿轮流量计的流量信号(即转数 n)的显示,有就地显示和远传显示两种。配以一定的传动机构及积算机构,就可记录或指示被测介质的总量。就地显示是将椭圆齿轮流量计某个齿轮的转动通过磁耦合方式,经一套减速齿轮传动,传递给仪表指针及积算机构,指示被测流体的体积流量和累积流量;而远传式可采用脉冲信号形式传送。

椭圆齿轮流量计适合于中、小流量测量,测量范围为 3 L/h ~ 540 m^3/h,口径为 10 ~ 250 mm。

2. 使用特点

由于椭圆齿轮流量计是基于容积式测量原理的,与流体的粘度等性质无关。因此,特别适用于高粘度介质的流量测量。测量精度较高,压力损失较小,安装使用也较方便。但是,在使用时要特别注意被测介质中不能含有固体颗粒,更不能夹杂机械物,否则会引起齿轮磨损以至损坏。为此,椭圆齿轮流量计的入口端必须加装过滤器。另外,椭圆齿轮流量计的使用温度有一定范围,温度过高,就有使齿轮发生卡死的可能。

椭圆齿轮流量计的结构复杂,加工制造较为困难,因而成本较高。如果因使用不当或使用时间过久,发生泄漏现象,就会引起较大的测量误差。

2.3.5 涡轮流量计

在流体流动的管道内,安装一个可以自由转动的叶轮,当流体通过叶轮时,流体的动能使叶轮旋转。流体的流速越高,动能就越大,叶轮转速也就越高。在规定的流量范围和一定的流体粘度下,转速与流速成线性关系。因此,测出叶轮的转速或转数,就可确定流过管道的流体流量或总量。日常生活中使用的某些自来水表、油量计等,都是利用这种原理制成的,这种仪表称为速度式仪表。涡轮流量计正是利用相同的原理,在结构上加以改进后制成的。

图 2-3-14 是涡轮流量计的结构示意图,它主要由下列几部分组成。

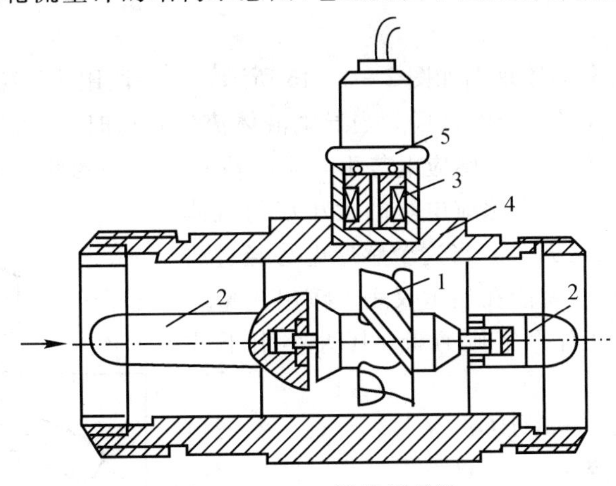

图 2-3-14 涡轮流量计

1— 涡轮; 2— 导流器; 3— 磁电感应转换器;
4— 外壳; 5— 前置放大器

涡轮 1 是用高导磁系数的不锈钢材料制成,叶轮芯上装有螺旋形叶片,流体作用于叶片上使之转动。

导流器 2 是用以稳定流体的流向和支承叶轮的。

磁电感应转换器 3 是由线圈和磁钢组成，用以将叶轮的转速转换成相应的电信号，以供给前置放大器 5 进行放大。

整个涡轮流量计安装在外壳 4 上，外壳 4 是由非导磁的不锈钢制成，两端与流体管道相连接。

涡轮流量计的工作过程如下。当流体通过涡轮叶片与管道之间的间隙时，由于叶片前后的压差产生的力推动叶片，使涡轮旋转。在涡轮旋转的同时，高导磁性的涡轮就周期性地扫过磁钢，使磁路的磁阻发生周期性的变化，线圈中的磁通量也跟着发生周期性的变化，线圈中便感应出交流电信号。交流电信号的频率与涡轮的转速成正比，也即与流量成正比。这个电信号经前置放大器放大后，送往电子计数器或电子频率计，以累积或指示流量。

涡轮流量计安装方便，磁电感应转换器与叶片间不需密封和齿轮传动机构，因而测量精度高，可耐高压，静压可达 50 MPa。由于基于磁电感应转换原理，故反应快，可测脉动流量。输出信号为电频率信号，便于远传，不受干扰。

涡轮流量计的涡轮容易磨损，被测介质中不应带机械杂质，否则会影响测量精度和损坏机件。因此，一般应加过滤器。安装时，必须保证前后有一定的直管段，以使流向比较稳定。一般入口直管段的长度取管道内径的 10 倍以上，出口取 5 倍以上。

2.3.6 电磁流量计

当被测介质是具有导电性的液体介质时，可以应用电磁感应的方法来测量流量。电磁流量计的特点是能够测量酸、碱、盐溶液以及含有固体颗粒（例如泥浆）或纤维液体的流量。

电磁流量计通常由变送器和转换器两部分组成。被测介质的流量经变送器变换成感应电势后，再经转换器把电势信号转换成统一标准信号（4 ～ 20 mA）输出，以便进行指示、记录或与电动单元组合仪表配套使用。

1. 工作原理

电磁流量计变送部分的原理图如图 2-3-15 所示。在一段用非导磁材料制成的管道外面，安装有一对磁极 N 和 S，用以产生磁场。当导电液体流过管道时，因流体切割磁力线而产生了感应电势（根据发电机原理）。此感应电势由与磁极成垂直方向的两个电极引出。当磁感应强度不变，管道直径一定时，这个感应电势的大小仅与流体的流速有关，而与其他因素无关。将这个感应电势经过放大、转换、传送给显示仪表，就能在显示仪表上读出流量。

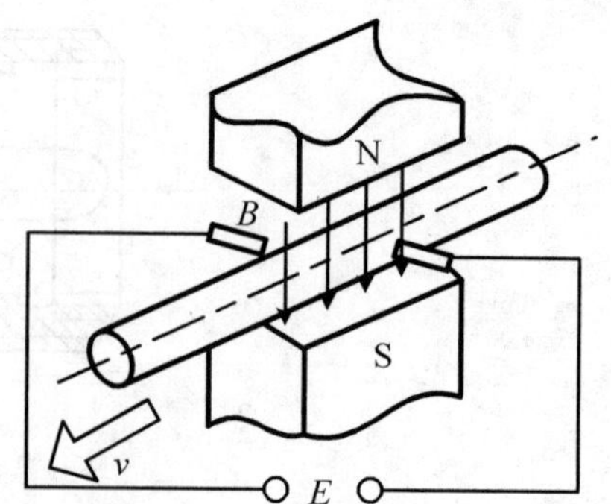

图 2-3-15　电磁流量计原理图

感应电势的方向由右手定则判断，其大小由下式决定

$$E_x = K'BDv \qquad (2-3-24)$$

式中　E_x—— 感应电势；

K'—— 比例系数；

B—— 磁感应强度；

D—— 管道直径，即垂直切割磁力线的导体长度；

v—— 垂直于磁力线方向的液体流速。

体积流量 Q 与流速 v 的关系为

$$Q=\frac{1}{4}\pi D^2 v \tag{2-3-25}$$

将式(2－3－25)代入式(2－3－24),便得

$$E_x=\frac{4K'BQ}{\pi D}=KQ \tag{2-3-26}$$

式中

$$K=\frac{4K'B}{\pi D} \tag{2-3-27}$$

K 称为仪表常数,在磁感应强度 B,管道直径 D 确定不变后,K 就是一个常数,这时感应电势的大小与体积流量之间具有线性关系,因而仪表具有均匀刻度。

为了避免磁力线被测量导管的管壁短路,并使测量导管在磁场中尽可能地降低涡流损耗,测量导管应由非导磁的高阻材料制成。

2. 电磁流量计的特点和注意事项

(1) 电磁流量计的特点:

1) 测量导管内无可动部件或突出于管道内部的部件,几乎没有压力损失,也不会发生堵塞现象,并可以测量含有颗粒、悬浮物等流体的流量,例如纸浆、矿浆和煤粉浆的流量,这是电磁流量计的突出特点。由于电磁流量计的衬里和电极是防腐的,可以用来测量腐蚀性介质的流量。

2) 电磁流量计输出电流与流量间具有线性关系,并且不受液体的物理性质(温度、压力、粘度等)的影响。特别是不受粘度的影响,这是一般流量计所达不到的。

3) 电磁流量计的测量范围很宽,对于同一台电磁流量计,可达 1∶100,精度为 1%～1.5%。

4) 电磁流量计无机械惯性,反应灵敏,可以测量脉动流量。

(2) 电磁流量计的局限性和不足之处:

1) 工作温度和工作压力　电磁流量计的最高工作温度,取决于管道及衬里的材料发生膨胀、形变和质变的温度,因具体仪表而有所不同,一般低于 120℃。最高工作压力取决于管道强度、电极部分的密封情况及法兰的规格,一般为 1.6×10^5～2.5×10^5 Pa,由于管壁太厚会增加涡流损失,所以测量导管做得较薄。

2) 被测流体的导电率　被测介质必须具有一定的导电性能。一般要求导电率为 10^{-4}～10^{-1} S/cm,最低不小于 50 μS/cm,因此,电磁流量计不能测量气体、蒸汽和石油制品等非导电流体的流量。对于导电介质,从理论上讲,凡是相对于磁场流动时,都会产生感应电势,实际上,电极间内阻的增加,要受到传输线的分布电容、放大器的输入阻抗以及测量精度的限制。

3) 流速和流速分布　电磁流量计也是速度式仪表,感应电势是与平均流速成比例的。而这个平均流速是以各点流速对称于管道中心的条件下求出的。因此,流体在管道中流动时,截面上各点流速分布情况对仪表示值有很大的影响。对一般工业上常用的圆形管道点电极的变送器来说,如果破坏了流速相对于导管中心轴线的对称分布,电磁流量计就不能正常工作。因此在电磁流量计前后,必须有足够的直管段,以消除各种局部阻力对流速分布对称性的影响。

流速的下限一般为 50 cm/s,由于存在零点漂移,在流速为零时,并不一定没有输出电流,因此在低流速工作时应注意检查仪表的零点。由于电磁流量计的总增益是有一定限度的,因而

为了得到一定的输出信号,流速下限是有一定限度的。

(3) 电磁流量计使用应注意的问题:

1) 变送器的安装位置,要选择在任何时候测量导管内都能充满液体,以防止由于测量导管内没有液体而指针不在零点所引起的错觉。最好是垂直安装,以便减小由于液体流过在电极上出现气泡造成的误差,如图 2-3-16 所示。

2) 电磁流量计的信号比较微弱,在满量程时只有 2.5 ~ 8 mV,流量很小时,输出仅有几微伏,外界略有干扰就能影响测量的精度。因此,变送器的外壳、屏蔽线、测量导管以及变送器两端的管道都要接地,并且要求单独设置接地点,绝对不要连接在电机、电器等公用的地线或上下水道上。转换部分已通过电缆线接地,切勿再行接地,以免因地电位的不同而引入干扰。

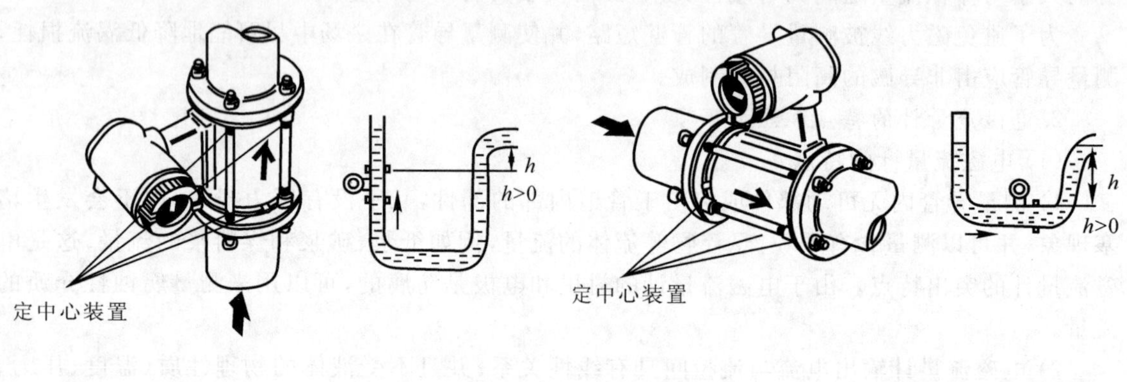

图 2-3-16　电磁流量计的安装图

(a) 垂直安装; (b) 水平安装

3) 变送器的安装地点要远离一切磁源(例如大功率电机、变压器等),不能有振动。

4) 变送器和二次仪表必须使用电源的同一相线,否则由于检测信号和反馈信号相位差 120°,使仪表不能正常工作。

使用经验证明,即使变送器接地良好,当变送器附近的电力设备有较强的漏地电流,或在安装变送器的管道上存在较大的杂散电流,或进行电焊,都将引起干扰电势的增加,进而影响仪表正常运行。

此外,如果变送器使用日久而在导管内壁沉积垢层时,也会影响测量精度。尤其是垢层电阻过小将导致电极短路,表现为流量信号愈来愈小,甚至骤然下降,测量线路中电极短路。除上述导管内壁附着垢层造成以外,还可能是导管内绝缘衬里被破坏,或是由于变送器长期在酸、碱、盐雾较浓的场所工作,使用一段时期后,讯号插座被腐蚀,绝缘被破坏而造成的。所以,使用中必须注意维护。

2.3.7　涡街流量计

涡街流量计又称漩涡流量计。它可以用来测量各种管道中的液体、气体和蒸汽的流量,是目前工业控制、能源计量及节能管理中常用的新型流量仪表。

1.工作原理

涡街流量计是利用有规则的漩涡剥离现象来测量流体流量的仪表。在流体中垂直插入一个非流线形的柱状物(圆柱或三角柱)作为漩涡发生体,如图 2-3-17 所示。当雷诺数达到一定的数值时,会在柱状物的下游处产生两列平行状,并且上下交替出现的漩涡,因为这些漩涡有如街道旁的路灯,故有“涡街”之称,又因为此现象首先被卡曼(Karman)发现,也称作“卡曼涡街”。当两列漩涡之间的距离 h 和同列的两漩涡之间的距离 l 之比等于 0.281 时,则所产生的涡街是稳定的。

由圆柱体形成的卡曼漩涡,其单侧漩涡产生的频率为

$$f = St\frac{v}{d} \tag{2-3-28}$$

式中 f—— 单侧漩涡产生的频率, Hz;

v—— 流体平均流速,m/s;

d—— 圆柱体直径,m;

St—— 斯特劳哈尔(Strouhal)系数(当雷诺数 $Re=5\times10^2\sim15\times10^4$ 时,$St=0.2$)。

由上式可知,当 St 近似为常数时,漩涡产生的频率 f 与流体的平均流速 v 成正比,测得 f 即可求得体积流量 Q。

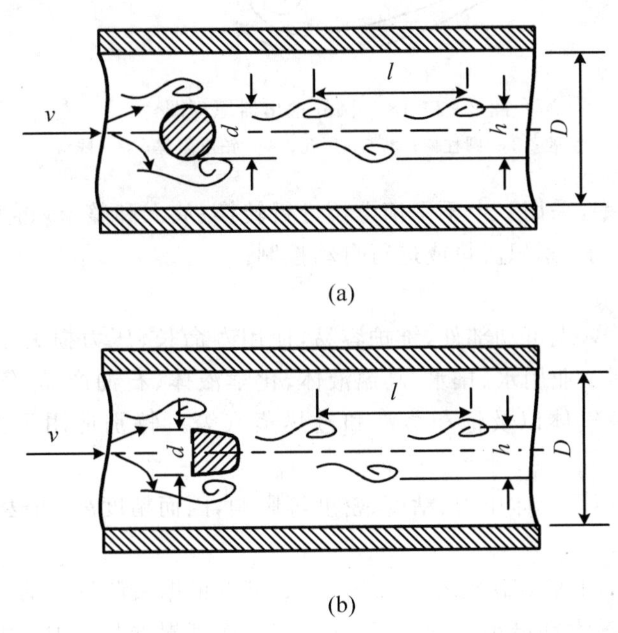

图 2-3-17 卡曼涡街

(a) 圆柱形;(b) 三角柱形

检测漩涡频率有许多种方法,例如热敏检测法、电容检测法、应力检测法、超声检测法等,这些方法无非是利用漩涡的局部压力、密度、流速等的变化作用于敏感元件,以产生周期性电信号,再经放大整形,得到方波脉冲。图 2-3-18 所示的是一种热敏检测法。它采用铂电阻丝作为漩涡频率的转换元件。在圆柱形发生体上有一段空腔(检测器),被隔墙分成两部分。在隔墙

中央有一小孔，小孔上装有一根被加热了的细铂丝。在产生漩涡的一侧，流速降低，静压升高，于是在有漩涡的一侧和无漩涡的一侧之间产生静压差。流体从空腔上的导压孔进入，从未产生漩涡的一侧流出。流体在空腔内流动时将铂丝上的热量带走，铂丝温度下降，导致其电阻值减小。由于漩涡是交替地出现在柱状物的两侧，所以铂热电阻丝阻值的变化也是交替的，且阻值变化的频率与漩涡产生的频率相对应，故可通过测量铂丝阻值变化的频率来推算流量。

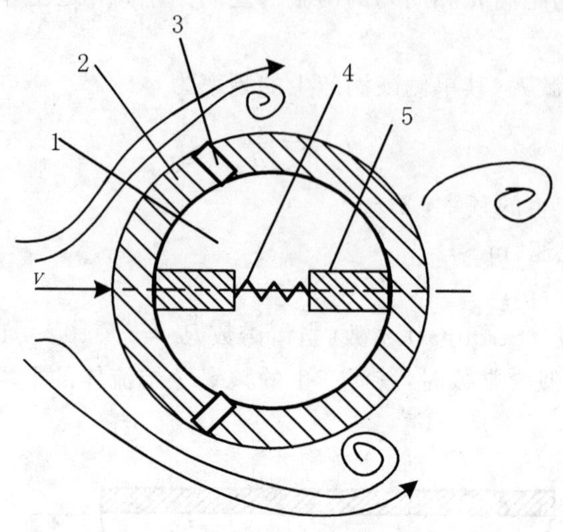

图 2-3-18　圆柱检出器原理图

1—空腔；2—圆柱棒；3—导压孔；4—铂电阻丝；5—隔墙

铂丝阻值的变化频率，采用一个不平衡电桥进行转换、放大和整形，再变换成 4～20 mA 直流电流信号输出，供显示，累积流量或进行自动控制。

2. 涡街流量计的选用

涡街流量计结构简单，无可动部件，维护容易，使用寿命长，压力损失小，适用多种流体进行容积计量，如液体包括工业用水、排水、高温液体、化学液体、石油产品；气体包括天然气、城市煤气、压缩空气等各种气体以及饱和蒸汽和过热蒸汽等。特别适用于大口径管道流量的检测。

由于它的计量精度不受流体压力、粘度、密度等影响，因而精度高，可达±(0.5%～1%)，测量范围宽广。

涡街流量计的口径，如 VA 型为 25～300 mm，可以根据被测液体的密度和粘度，查表确定各种口径仪表对应的最大和最小流量，对于气体和蒸汽则根据其压力和温度来查表确定。

涡街流量计有水平和垂直两种安装方式。

由于速度式流量测量仪表的测量精度受管道内流体速度分布规律变化的影响较大，因此要求在流量计进出口都安装直管段，一般在进口端有 $15D$(管道口径) 长度，在出口端为 $5D$。如果进口端前，弯管头是圆弧形的，则直管段长度应增加到 $23D$ 以上；如果弯头是直角形的，则进口端前直管段长度甚至要求增长到 $40D$ 以上。

2.3.8 超声波流量计

超声波在流体中的传播速度与流体的流动速度有关。若向管道内的被测流体发射超声波(顺流发射和逆流发射)时,超声波在固定距离内的传播时间以及所接收到的信号相位、频率等均与流体的流速有关。因此,只要测量出超声波顺流与逆流传播的时间差、相位差或频率差,即可求得被测流体的流速,进而得到流体的流量。超声波测量流量的方法可以是传播速度差法(时间差法、相位差法或频率差法),也可以采用多普勒效应的原理或利用声束偏移法。

如图 2-3-19 所示,在与管道轴线成θ角的方向上对称放置了两个完全相同的超声波换能器 K_1 和 K_2,通过电子切换开关的控制,它们交替地作为超声脉冲发生器与接收器。设静止流体中的超声波传播速度为C,被测流体的流速为v,则由 K_1 顺流发射的超声脉冲在距离 L 内的传播时间为

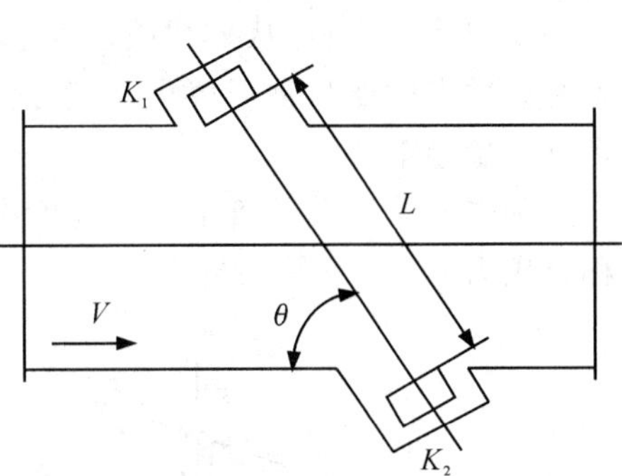

图 2-13-19 时间差法测量原理图

$$t_1=\frac{L}{C+v\cos\theta} \qquad (2-3-29)$$

而由 K_2 逆流发射的超声脉冲通过距离 L 的传播时间为

$$t_2=\frac{L}{C-v\cos\theta} \qquad (2-3-30)$$

在一般情况下,被测流体的流速远小于液体中的声速,即 $v \ll c$,故可近似认为

$$\Delta t=t_2-t_1\approx\frac{2Lv\cos\theta}{C^2} \qquad (2-3-31)$$

$$v=\frac{C^2}{2L\cos\theta}\Delta t \qquad (2-3-32)$$

由此可知,只要测出时间差 Δt,即可求得流体的流速和流量。应当指出的是,流体中的声速 C 与被测介质的性质及温度有关。所以,在必要时应采取适当的补偿措施,才能保证测量精度。

超声波流量计是一种非接触式的流量测量仪表,在被测流体中不插入任何元件,因而不会影响流体的流动状态,也不会造成压力损失。由于超声波能够穿透金属管壁,故可将超声波换能器安装在管壁外面进行测量,这对于被测介质有毒或有腐蚀性的场合以及要求卫生标准较高的饮料等生产过程具有特殊意义。

2.3.9 质量流量计

前面介绍的各种流量计均为测量体积流量的仪表,一般来说可以满足流量测量的要求。但是,有时人们更关心的是流过流体的质量是多少。这是因为物料平衡、热平衡以及储存、经济核算等都需要知道介质的质量。所以,在测量工作中,常常要将已测出的体积流量乘以介质的密度,换算成质量流量。由于介质密度受温度、压力、粘度等许多因素的影响,气体尤为突出,这些因素往往会给测量结果带来较大的误差。质量流量计能够直接得到质量流量,这就能从根本上提高测量精度,省去了繁琐的换算和修正。

质量流量计大致可分为两大类:一类是直接式质量流量计,即直接检测流体的质量流量;另一类是间接式或推导式质量流量计,这类流量计是通过体积流量计和密度计的组合来测量

质量流量。

1. 直接式质量流量计

直接式质量流量计的形式很多，有量热式、角动量式、差压式以及科氏力式等。下面介绍其中的科氏力流量变送器。

如图 2-3-20(a) 所示，当一根管子绕着原点旋转时，让一个质点从原点通过管子向外端流动，即质点的线速度由零逐渐加大，也就是说质点被赋予能量，随之产生的反作用力 F_c（即惯性力）将使管子的旋转速度减缓，即管子运动发生滞后。

相反，让一个质点从外端通过管子向原点流动，即质点的线速度由大逐渐减小趋向于零，也就是说质点的能量被释放出来，随之而产生的反作用力 F_c 将使管子的旋转速度加快，即管子运动发生超前。

这种能使旋转着的管子运动速度发生超前或滞后的力 F_c 就称为科里奥利(Coriolis) 力，简称科氏力。

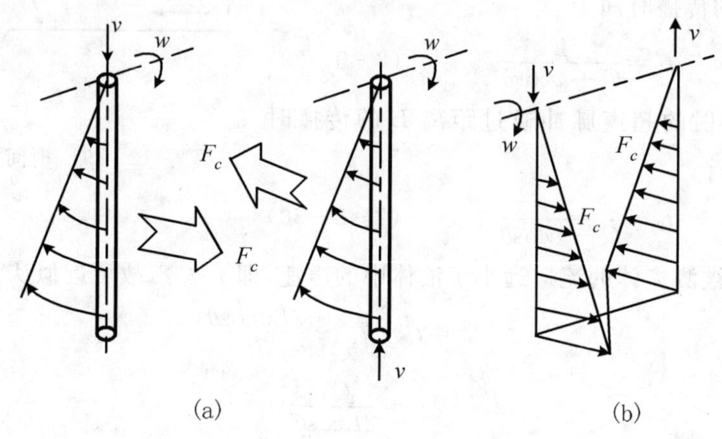

图 2-3-20　科氏力作用原理图

通过实验演示可以证明科氏力的作用。将绕着同一根轴线以同相位旋转的两根相同的管子外端用同样的管子连接起来，如图 2-3-20(b) 所示。当管子内没有流体流过时，连接管与轴线是平行的，而当管子内有流体流过时，由于科氏力的作用，两根旋转管发生相位差（质点流出侧相位领先于流入侧），连接管就不再与轴线平行。总之，管子的相位差大小取决于管子变形的大小，而管子变形的大小仅仅取决于流经管子的流体质量的大小。这就是科氏力质量流量计的原理，它正是利用相位差来反映质量流量的。

不断旋转着的管子只能在实验室里做模型，而不能用于实际生产现场。在实际应用中是将管子的圆周运动轨迹切割下一段圆弧，使管子在圆弧里反复摆动，即将单向旋转运动变成双向振动，则连接管在没有流量时为平行振动，而在有流量时就变成反复扭动。要实现管子振动是非常方便的，即用激磁电流进行激励。而在管子两端利用电磁感应分别取得正弦信号 1 和 2，两个正弦信号相位差的大小就直接反映出质量流量的大小，如图 2-3-21 所示。

利用科氏力构成的质量流量计，其形式有直管、弯管、单管、双管之分。图 2-3-22 是双管弯管型结构示意图。两根金属 U 型管与被测管路由连通器相接，流体按箭头方向分为两路通过。在 A，B，C 三处各有一组压电换能器，其中 A 利用逆压电效应，B 和 C 处利用正压电效应。A

处在外加交流电压下产生交变力，使两个U型管彼此一开一合地振动，B和C处分别检测两管的振动幅度。B位于进口侧，C位于出口侧。根据出口侧相位领先于进口侧相位的规律，C输出的交变电信号领先于B某个相位差，此相位差的大小与质量流量成正比。若将这两个交流信号相位差经过电路进一步转换成直流4～20 mA的标准信号，就成为质量流量变送器。

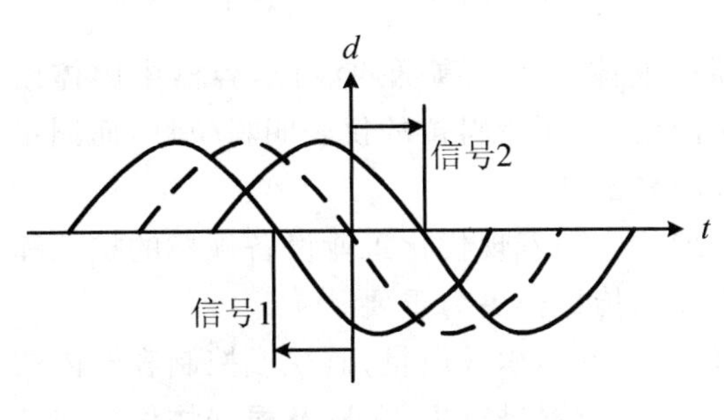

图2-3-21　管子两端的信号示意图

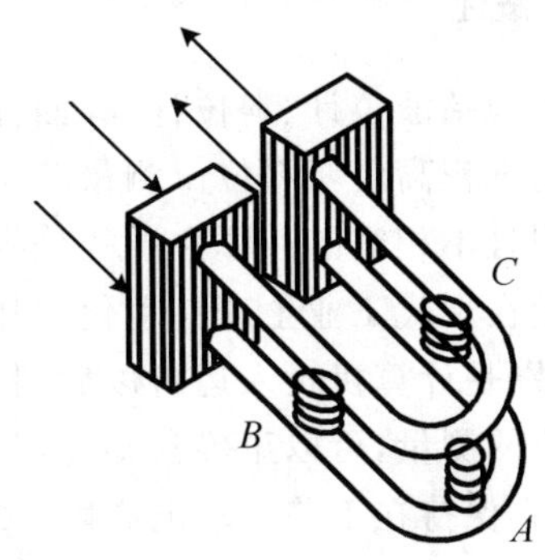

图2-3-22　双管弯管型科氏力流量计

2. 间接式质量流量计

这类仪表是由测量体积流量的仪表与测量密度的仪表配合，再用运算器将两表的测量结果加以适当的运算，间接得出质量流量。

如测量体积流量Q的仪表与密度计配合，这种测量方法如图2-3-23所示。测量体积流量的仪表可采用涡轮流量计、电磁流量计、容积式流量计和旋涡流量计等。涡轮流量计的输出信号y正比于Q，密度计的输出信号x正比于ρ，通过运算器进行乘法运算，即得质量流量

$$xy = K\rho Q \tag{2-3-33}$$

式中　K—— 系数。

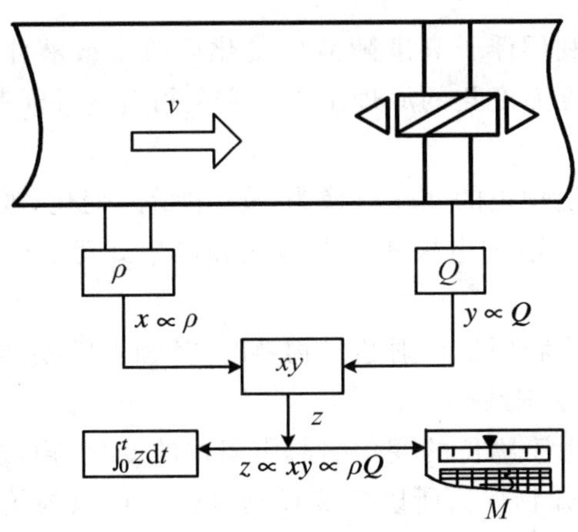

图2-3-23　涡轮流量计与密度计配合

§2.4 物位检测及仪表

2.4.1 概述

物位仪表包括液位计、料位计、界面计。在容器中液体介质的高低叫液位，容器中固体或颗粒状物质的堆积高度叫料位。测量液位的仪表叫液位计，测量料位的仪表叫料位计，而测量两种密度不同且不相容的液体介质的分界面的仪表叫界面计。

物位测量在现代工业生产自动化中具有重要的地位。随着现代化工业设备规模的扩大和集中管理，特别是计算机投入运行以后，物位的测量和远传显得更为重要。

通过物位的测量，可以正确获知容器设备中所储物质的体积或质量；监视或控制容器内的介质物位，使它保持在工艺要求的高度，或对它的上、下限位置进行报警，以及根据物位来连续监视或控制容器中流入与流出物料的平衡。所以，一般测量物位有两个目的，一是对物位测量的绝对值要求非常准确，借以确定容器或储存库中的原料、辅料、半成品或成品的数量；二是对物位测量的相对值要求非常准确，要能迅速正确反映某一特定水准面上的物料相对变化，用以连续控制生产工艺过程，即利用物位仪表进行监视和控制。

物位测量与生产安全的关系十分密切。如合成氨生产中铜洗塔塔底的液位控制，塔底液位过高，精炼气就会带液，导致合成塔触媒中毒；反之，如果液位过低，就会失去液封作用，发生高压气冲入再生系统，造成严重事故。

工业生产中对物位仪表的要求多种多样，主要有精度、量程、经济和安全可靠等方面。其中首要的是安全可靠。测量物位仪表的种类很多，按其工作原理主要有以下几种类型：

(1) 直读式物位仪表　这类仪表中主要有玻璃管液位计、玻璃板液位计等。

(2) 差压式物位仪表　它又可分为压力式和差压式，利用液柱或物料堆积对某固定点产生静压力的原理而工作。

(3) 浮力式物位仪表　利用浮子高度随液位变化而改变或液体对浸沉于液体中的浮子(或称沉筒)的浮力随液位高度而变化的原理工作。它又可分为浮子带钢丝绳(或钢带)的、浮球带杠杆的和沉筒式的几种。

(4) 电磁式物位仪表　使物位的变化转换为一些电量的变化，通过测出这些电量的变化来测知物位。它可以分为电阻式(即电极式)、电容式和电感式等。还有利用压磁效应工作的物位仪表。

(5) 核辐射式物位仪表　利用核辐射透过物料时，其强度随物质层的厚度而变化的原理而工作的，目前应用较多的是 γ 射线。

(6) 声波式物位仪表　由于物位的变化引起声阻抗的变化、声波的遮断和声波反射距离的不同，测出这些变化就可测知物位。所以声波式物位仪表可以根据它的工作原理分为声波遮断式、反射式和阻尼式。

(7) 光学式物位仪表　利用物位对光波的遮断和反射原理工作，它利用的光源可以是普通白炽灯光或激光等。

此外，还有一些其他型式的物位仪表，下面重点介绍差压式液位计，并简单介绍几种其他类型的物位测量仪表。

2.4.2 差压液位变送器

利用差压或压力变送器可以很方便地测量液位，且能输出标准的电流或气压信号，有关变送器的原理及结构已在 §2.2 中做了介绍，此处只着重讨论其应用。

1. 工作原理

差压式液位变送器，是利用容器内的液位改变时，由液柱产生的静压也相应变化的原理而工作的，如图 2-4-1 所示。

将差压变送器的一端接液相，另一端接气相。设容器上部空间为干燥气体，其压力为 p，则

$$p_1 = p + H\rho g \tag{2-4-1}$$

$$p_2 = p \tag{2-4-2}$$

因此可得

$$\Delta p = p_1 - p_2 = H\rho g$$

式中 H—— 液位高度；

ρ—— 介质密度；

g—— 重力加速度；

p_1，p_2—— 分别为差压变送器正、负压室的压力。

通常，被测介质的密度是已知的。差压变送器测得的差压与液位高度成正比。这样就把测量液位高度转换为测量差压的问题了。

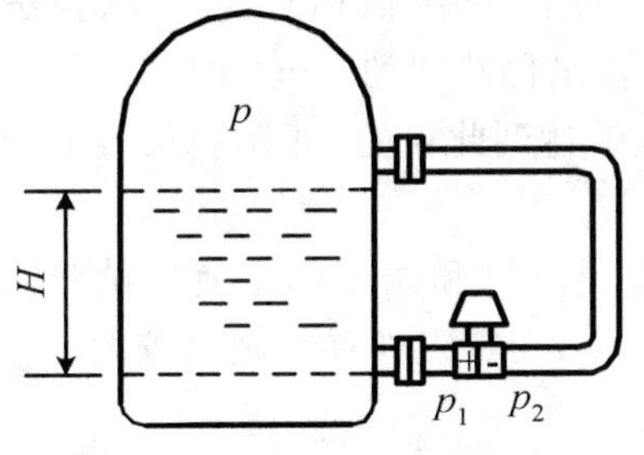

图 2-4-1 压力表式液位计

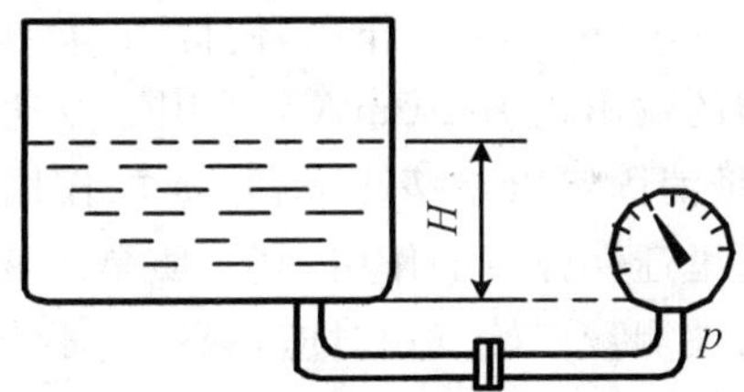

图 2-4-2 差压液位变送器原理图

当被测容器是敞口时，即气相压力为大气压，只需将差压变送器的负压室通大气即可。若不需要远传信号，也可以在容器底部安装压力表，如图 2-4-2 所示，根据压力 p 与液位 H 成正比的关系，可直接在压力表上按液位进行刻度。

2. 零点迁移问题

在使用差压变送器测量液位时，一般来说，其压差 Δp 与液位高度 H 之间有如下关系：

$$\Delta p = H\rho g \tag{2-4-3}$$

这就属于一般的"无迁移"情况。当 $H=0$ 时，作用在正、负压室的压力是相等的。

但是在实际应用中，往往 H 与 Δp 之间的对应关系不那么简单。例如图 2-4-3 所示，为防止容器内液体和气体进入变送器而造成管线堵塞或腐蚀，并保持负压室

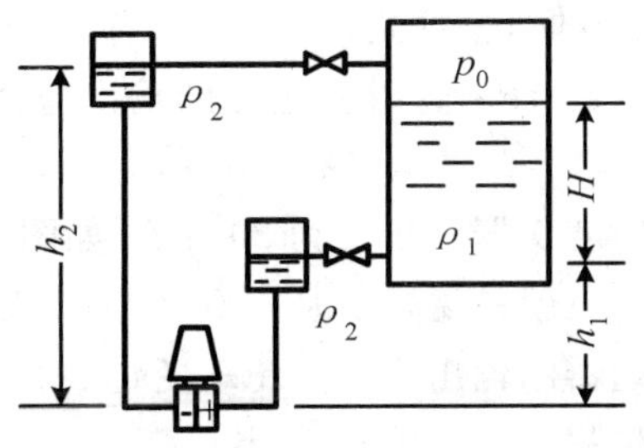

图 2-4-3 负迁移示意图

的液柱高度恒定，在变送器正、负压室与取压点之间分别装有隔离罐，并充以隔离液。若被测介质密度为ρ_1，隔离液密度为ρ_2（通常$\rho_2 > \rho_1$），这时正、负压室的压力分别为

$$p_1 = h_1\rho_2 g + H\rho_1 g + p_0 \tag{2-4-4}$$

$$p_2 = h_2\rho_2 g + p_0 \tag{2-4-5}$$

正、负压室间的压差为

$$p_1 - p_2 = H\rho_1 g + h_1\rho_2 g - h_2\rho_2 g$$

即

$$\Delta p = H\rho_1 g - (h_2 - h_1)\rho_2 g \tag{2-4-6}$$

式中　Δp—— 变送器正、负压室的压差；

H—— 被测液位的高度；

h_1—— 正压室隔离罐液位到变送器的高度；

h_2—— 负压室隔离罐液位到变送器的高度。

将式(2-4-6)与式(2-4-3)相比较，可知道这时压差减少了$(h_2 - h_1)\rho_2 g$一项，也就是说，当$H=0$时，$\Delta p = -(h_2 - h_1)\rho_2 g$，对比无迁移情况，相当于在负压室多了一项压力，其固定数值为$(h_2 - h_1)\rho_2 g$。假定采用的是DDZ-Ⅲ型差压变送器，其输出范围为4～20 mA的直流电流信号。在无迁移时，$H=0$，$\Delta p=0$，这时变送器的输出$I_o = 4$ mA；$H = H_{max}$，$\Delta p = \Delta p_{max}$，这时变送器的输出$I_o = 20$ mA。但是有迁移时，根据式(2-4-6)可知，由于有固定差压的存在，从理论上讲，当$H=0$时，变送器的输入小于0，其输出必定小于4 mA；当$H=H_{max}$时，变送器的输入小于Δp_{max}，其输出必定小于20 mA。为了使仪表的输出能正确反映出液位的数值，也就是使液位的零值与满量程能与变送器输出的上、下限值相对应，必须设法抵消固定压差$(h_2 - h_1)\rho_2 g$的作用，使得当$H=0$时，变送器的输出仍然回到4 mA；而当$H=H_{max}$时，变送器的输出仍为20 mA。采用零点迁移的办法就能够达到此目的，即调整仪表上的迁移弹簧，以抵消固定压差$(h_2 - h_1)\rho_2 g$的作用。

这里迁移弹簧的作用，其实质是改变变送器的零点。迁移和调零都是使变送器输出的起始值与被测量起始点相对应，只不过零点调整量通常较小，而零点迁移量则比较大。

迁移同时改变了测量范围的上、下限，相当于测量范围的平移，它不改变量程的大小。例如，某差压变送器的测量范围为0～0.5 MPa，当压差由0变化到0.5 MPa时，变送器的输出将由4 mA变化到20 mA，这是无迁移的情况，如图2-4-4中曲线a所示。当有迁移时，假定固定压差为$(h_2 - h_1)\rho_2 g = 0.2$ MPa，那么$H=0$时，根据式(2-4-6)有$\Delta p = -(h_2 - h_1)\rho_2 g = -0.2$ MPa，这时变送器的输出应为4 mA；H为最大时，$\Delta p = H\rho_1 g - (h_2 - h_1)\rho_2 g = 0.5 - 0.2 = 0.3$ MPa，这时变送器输出应为20 mA，如图2-4-4中曲线b所示。也就是说，Δp从-0.2 MPa变化到0.3 MPa时，变送器的输出应从4 mA变化到20 mA。它维持原来的量程(0.5 MPa)大小不变，只是向负方向迁移了一个固定压差值($(h_2 - h_1)\rho_2 g = 0.2$ MPa)。这种情况称之为负迁移。

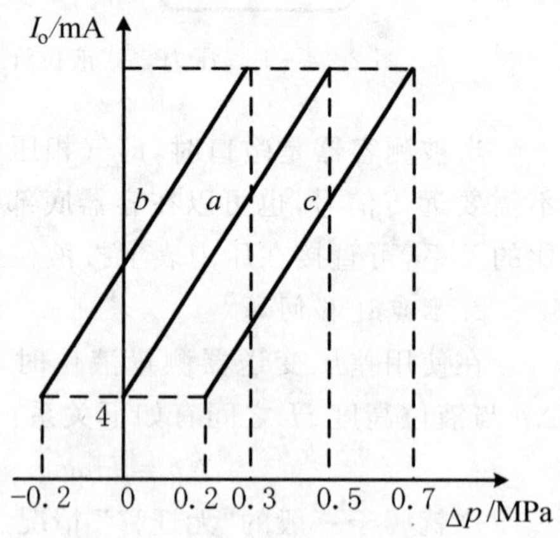

图2-4-4　零点迁移示意图

由于工作条件的不同，有时会出现正迁移的情况，如图2-4-5所示，经过分析可以知道，

当 $H=0$ 时，正压室多了一项附加压力 $h\rho g$，或者说 $H=0$ 时，$\Delta p=h\rho g$，这时变送器输出应为 4 mA，画出此时变送器输出和输入压差之间的关系，就如同图 2－4－4 中曲线 c 所示。

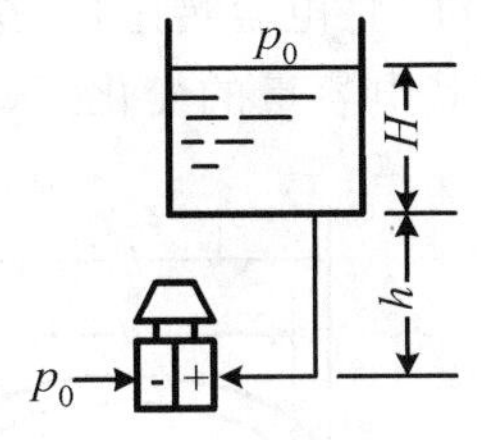

图 2－4－5　正迁移示意图

3. 用法兰式差压变送器测量液位

为了解决测量具有腐蚀性或含有结晶颗粒以及粘度大、易凝固等液体液位时引压管线被腐蚀、被堵塞的问题，应使用在导压管入口处加隔离膜盒的法兰式差压变送器，法兰式差压变送器如图 2-4-6 所示。作为敏感元件的测量头 1（金属膜盒），经毛细管 2 与变送器 3 的测量室相通。在膜盒、毛细管和测量室所组成的封闭系统内充有硅油，作为传压介质，并使被测介质不进入毛细管与变送器，以免堵塞。

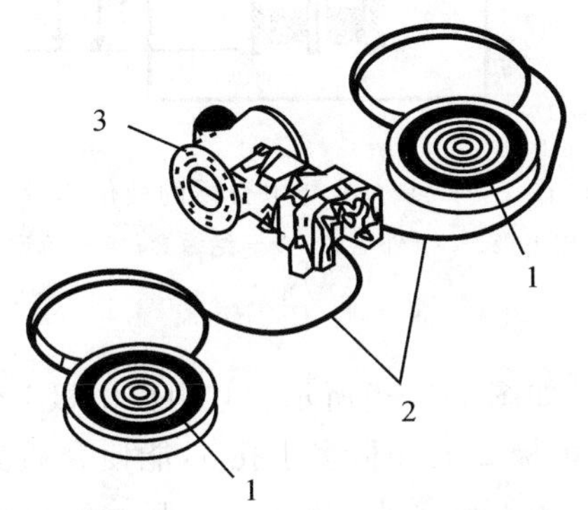

图 2－4－6　双法兰式差压变送器

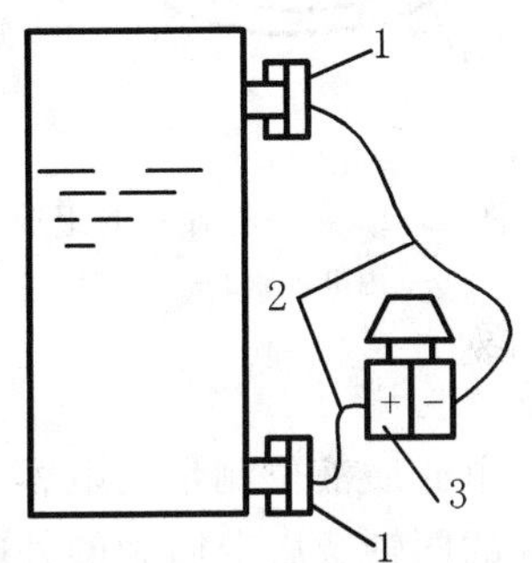

图 2－4－7　双法兰式差压变送器测量液位示意图

1— 法兰式测量头；2— 毛细管；3— 变送器

法兰式差压变送器按其结构形式又分为单法兰式及双法兰式两种。容器与变送器间只需一个法兰将管路接通的称为单法兰差压变送器，而对于上端和大气隔绝的闭口容器，因上部空间压力与大气压力多半不等，必须采用两个法兰分别将液相和气相压力导至差压变送器，如图 2－4－7 所示，这就是双法兰差压变送器。

2.4.3　电容式物位传感器

1. 测量原理

在电容器的极板之间，充以不同介质时，电容量的大小也有所不同。因此，可通过测量电容量的变化来检测液位、料位和两种不同液体的分界面。

图 2－4－8 是由两个同轴圆柱极板 1，2 组成的电容器，在两圆筒间充以介电系数为 ε 的介质时，则两圆筒间的电容量表达式为

$$C=\frac{2\pi\varepsilon L}{\ln\frac{D}{d}} \tag{2-4-7}$$

式中　L—— 两极板相互遮盖部分的长度；

d,D—— 分别为圆筒形电容器内电极的外径和外电极的内径；

ε—— 中间介质的介电常数。

所以，当 D 和 d 一定时，电容量 C 的大小与极板的长度 L 和介质的介电常数 ε 的乘积成比

例。这样，将电容传感器(探头)插入被测物料中，电极浸入物料中的深度随物位高低变化，必然引起其电容量的变化，从而可检测出物位。

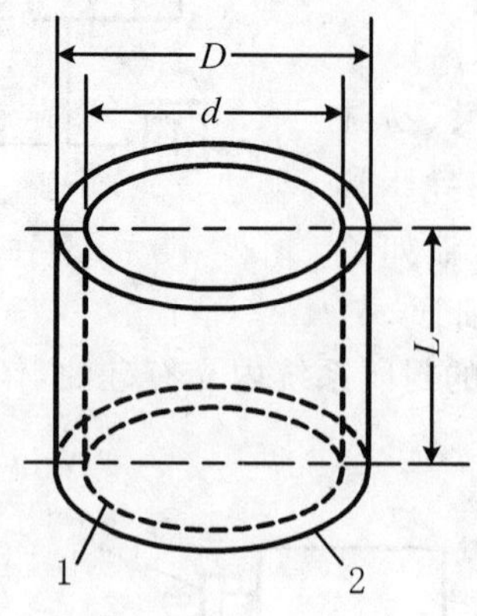

图 2-4-8　电容器的组成

1— 内电极；2— 外电极

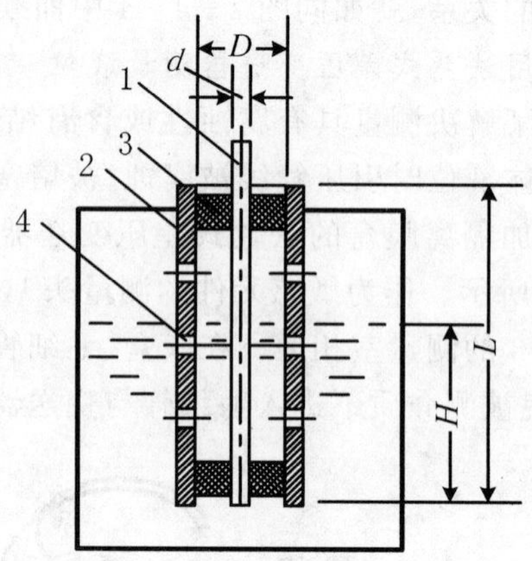

图 2-4-9　非导电介质的液位测量

1— 内电极；2— 外电极；3— 绝缘套；4— 流通小孔

2. 液位的检测

对非导电介质液位测量的电容式液位传感器原理如图 2-4-9 所示。它由内电极 1 和一个与它相绝缘的同轴金属套筒做的外电极 2 所组成，外电极 2 上开很多小孔 4，能使介质流进电极之间，内外电极用绝缘套 3 绝缘。当液位为零时，仪表调整零点(或在某一起始液位调零也可以)，其零点的电容为

$$C_0=\frac{2\pi\varepsilon_0 L}{\ln\frac{D}{d}} \tag{2-4-8}$$

式中　ε_0—— 空气介电常数；

d,D—— 分别为内电极外径及外电极内径。

当液位上升为 H 时，电容量变为

$$C=\frac{2\pi\varepsilon H}{\ln\frac{D}{d}}+\frac{2\pi\varepsilon_0(L-H)}{\ln\frac{D}{d}} \tag{2-4-9}$$

电容量的变化为

$$C_X=C-C_0=\frac{2\pi(\varepsilon-\varepsilon_0)H}{\ln\frac{D}{d}}=K_iH \tag{2-4-10}$$

因此，电容量的变化与液位高度 H 成正比。式(2-4-10)中的 K_i 为比例系数。K_i 中包含$(\varepsilon-\varepsilon_0)$，也就是说，这个方法是利用被测介质的介电系数 ε 与空气介电系数 ε_0 不等的原理工作的。$(\varepsilon-\varepsilon_0)$值越大，仪表越灵敏。$D/d$ 实际上与电容器两极间的距离有关，D 与 d 越接近，即两极间距离越小，仪表灵敏度越高。

电容式液位计在结构上稍加改变以后，也可以用来测量导电介质的液位。

3. 料位的检测

用电容法可以测量固体块状、颗粒状及粉状的料位。

由于固体间磨损较大，容易“滞留”，所以一般不用双电极式电极。可用电极棒及容器壁组成电容器的两极来测量非导电固体料位。

图 2-4-10 所示为用金属电极棒插入容器来测量料位的示意图。它的电容量变化与料位升降的关系为

$$C_X = \frac{2\pi(\varepsilon - \varepsilon_0)H}{\ln \dfrac{D}{d}} \qquad (2-4-11)$$

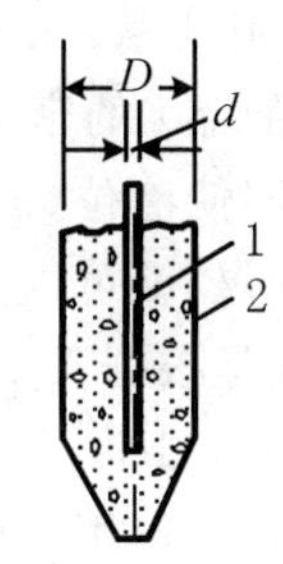

图 2-4-10　料位检测

1— 金属棒内电极；2— 容器壁

式中　D, d—— 分别为容器的内径和电极的外径；

$\varepsilon, \varepsilon_0$—— 分别为物料和空气的介电系数。

电容物位计的传感部分结构简单、使用方便。但由于电容变化量不大，要精确测量，就需借助于较复杂的电子线路才能实现。此外，还应注意介质浓度、温度变化时，其介电系数要发生变化这一情况，以便及时调整仪表，达到预想的测量目的。

2.4.4　核辐射物位计

放射性同位素的辐射线射入一定厚度的介质时，部分粒子因克服阻力与碰撞动能消耗被吸收，另一部分粒子则透过介质。射线的透射强度随着通过介质层厚度的增加而减弱。入射强度为 I_0 的放射源，随介质厚度增加其强度呈指数规律衰减，其关系为

$$I = I_0 e^{-\mu H} \qquad (2-4-12)$$

式中　μ—— 介质对放射线的吸收系数；

H—— 介质层的厚度；

I—— 穿过介质后的射线强度。

不同介质吸收射线的能力是不一样的。一般说来，固体吸收能力最强，液体次之，气体则最弱。当放射源已经选定，被测的介质不变时，则 I_0 与 μ 都是常数，根据式(2-4-12)，只要测定通过介质后的射线强度 I，介质的厚度 H 就知道了。介质层的厚度，在这里指的是液位或料位的高度，这就是放射线检测物位法。

核辐射物位计的原理示意图如图 2-4-11 所示。辐射源 1 射出强度为 I_0 的射线，接受器 2 用来检测透过介质后的射线强度 I，再配以显示仪表就可以指示物位的高低了。

这种物位仪表由于核辐射线的突出特点，能够透过钢板等各种物质，因而可以完全不接触被测物质，适用于高温、高压容器、强腐蚀、剧毒、有爆炸性、粘滞性、易结晶或沸腾状态的介质的物位测量，还可以测量高温融熔金属的液位。由于核辐射线特性不受温度、湿度、压力、电磁场等影响，所以可在高温、烟雾、尘埃、强光及强电磁场等环境下工作。但由于放射线对人体有害，它的剂量要加以严格控制，所以使用范围受到一定限制。

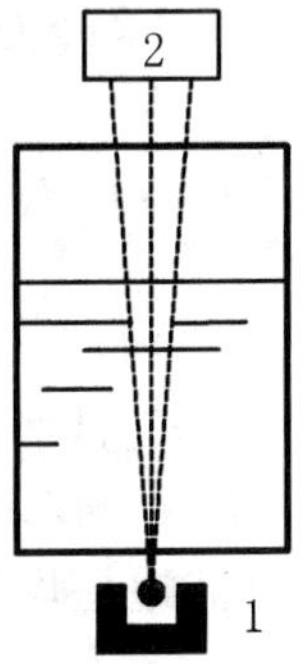

图 2-4-11　核辐射物位计原理示意图

1— 辐射源；2— 接受器

2.4.5　称重式液罐计量仪

在石油、化工生产中，有许多大型贮罐，由于高度与直径都很大，

即使液位变化1～2 mm,就会有几百公斤到几吨的差别,所以要求液位的测量很精确。同时,液体(例如油品)的密度会随温度发生较大的变化,而大型容器由于体积很大,各处温度很不均匀,因此即使液位(即体积)测得很准,也反映不了罐中真实的质量储量有多少。利用称重式液罐计量仪,就可以基本上解决上述问题。

称重仪是根据天平平衡原理设计的。它的原理如图2-4-12所示。罐顶压力 p_1 与罐底压力 p_2 分别引至下波纹管1和上波纹管2。两波纹管的有效面积 A 相等,差压引入两波纹管,产生总的作用力,作用于杠杆系统,使杠杆失去平衡,于是通过发讯器、控制器、接通电机线路,使可逆电机旋转,并通过丝杠6带动砝码5移动,直至由砝码作用于杠杆的力矩与测量力(由压差引起)作用于杠杆的力矩平衡时,电机才停止转动。下面推导在杠杆系统平衡时,砝码离支点的距离 L_2 与液罐中总的质量储量之间的关系。

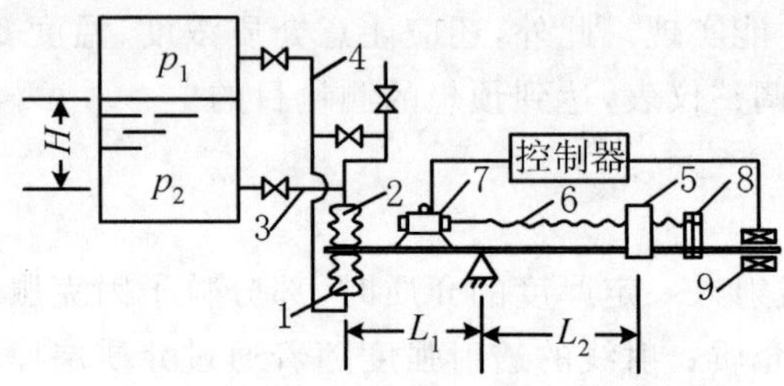

图2-4-12　称重式液罐计量仪

1—下波纹管；2—上波纹管；3—液相引压管；
4—气相引压管；5—砝码；6—丝杠；
7—可逆电机；8—编码盘；9—发讯器

杠杆平衡时,有

$$(p_2 - p_1)AL_1 = MgL_2 \tag{2-4-13}$$

式中　M——砝码质量；

g——重力加速度；

L_1, L_2——杠杆臂长；

A——纹波管有效面积。

由于

$$p_2 - p_1 = H\rho g \tag{2-4-14}$$

将式(2-4-14)代入式(2-4-13),得

$$L_2 = \frac{AL_1}{M}\rho H = K\rho H \tag{2-4-15}$$

式中　ρ——被测介质密度；

K——仪表常数。

如果液罐是均匀截面,其截面积为 A_1,于是液罐内总的液体储量 M_0 为

$$M_0 = \rho HA_1 \tag{2-4-16}$$

即

$$\rho H = \frac{M_0}{A_1} \tag{2-4-17}$$

将式(2-4-17)代入式(2-4-15),得

$$L_2 = K\frac{M_0}{A_1} \tag{2-4-18}$$

因此，砝码离支点的距离 L_2 与液罐单位面积储量成正比。如果液罐的横截面积 A_1 为常数，则可得

$$L_2 = K_i M_0 \tag{2-4-19}$$

式中

$$K_i = \frac{K}{A_1} = \frac{AL_1}{A_1 M} \tag{2-4-20}$$

由此可见，L_2 与液罐内介质的总质量储量 M_0 成比例，而与介质密度 ρ 无关。

如果贮储罐横截面积随高度而变化，一般是预先制好表格，根据砝码位移量 L_2 就可以查得储存液体的质量。

由于砝码移动距离与丝杠转动圈数成比例，丝杠转动时，经减速带动编码盘 8 转动，因此编码盘的位置与砝码位置是对应的，编码盘发出编码信号到显示仪表，经译码和逻辑运算后用数字显示出来。

由于称重仪是按天平平衡原理工作的，因此具有很高的精度和灵敏度。当罐内液体受组分、温度等影响，密度变化时，并不影响仪表的测量精度。该仪表可以用数字直接显示，并便于与计算机联用，进行数据处理或进行控制。

思考题与习题

2-1　试述温度测量仪表的种类有哪些？各使用在什么场合？

2-2　热电偶的热电特性与哪些因素有关？

2-3　常用的热电偶有哪几种？所配用的补偿导线是什么？为什么要使用补偿导线？并说明使用补偿导线时要注意哪几点？

2-4　用热电偶测温时，为什么要进行冷端温度补偿？其冷端温度补偿的方法有哪几种？

2-5　试述热电偶温度计、热电阻温度计各包括哪些元件和仪表？输入、输出信号各是什么？

2-6　用K热电偶测某设备的温度，测得的热电势为 20 mV，冷端（室温）为 25℃，求设备的温度为多少？如果改用E热电偶来测温，在相同的条件下，E热电偶测得的热电势为多少？

2-7　现用一支镍铬-铜镍热电偶测某换热器内的温度，其冷端温度为 30℃，显示仪表的机械零位在 0℃，这时指示值为 400℃，则认为换热器内的温度为 430℃，对不对？为什么？正确值为多少度？

2-8　测温系统如题图 2-1 所示。请说出这是工业上用的哪种温度计？已知热电偶为K，但错用与E配套的显示仪表，当仪表指示为 160℃ 时，请计算实际温度 t_x 为多少度（室温为 25℃）？

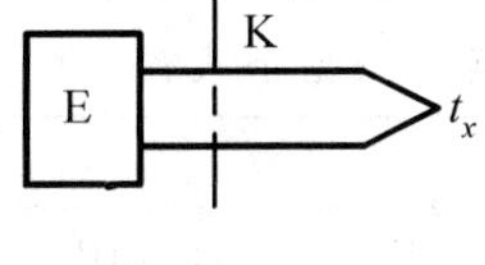

题图　2-1

2-9　试述热电阻测温原理。常用热电阻的种类有哪些？R_0 各为多少？

2-10　热电偶的结构与热电阻的结构有什么不同之处？

2-11　用铂电阻 Pt100 测温，在计算时错用了 Cu100 的分度表，查得的温度为 140℃，问实际温度为多少？

2-12　试述 DDZ-Ⅲ 型温度变送器的用途。DDZ-Ⅱ 与 DDZ-Ⅲ 型温度变送器比较有哪些特点？

2-13　说明热电偶温度变送器、热电阻温度变送器的组成及线性化的方法。

2-14　试述测温元件的安装和布线的要求。

2-15　什么叫压力？表压力、绝对压力、负压力(真空度)之间有何关系？

2-16　为什么一般工业上的压力计做成测表压或真空度，而不做成测绝对压力的形式？

2-17　测压仪表有哪几类？各基于什么原理？

2-18　作为感受压力的弹性元件有哪几种？各有何特点？

2-19　弹簧管压力计的测压原理是什么？试述弹簧管压力计的主要组成及测压过程。

2-20　现有一压缩机气柜压力需要用电接点压力表控制在一定范围内，试画出控制的原理线路图。

2-21　霍尔片式压力传感器是如何利用霍尔效应实现压力测量的？

2-22　应变片式与压阻式压力计各采用什么测压元件？

2-23　试简述DDZ-Ⅲ型力矩平衡压力变送器的基本原理，并说明它是如何实现负反馈作用的？

2-24　电容式压力传感器的工作原理是什么？有何特点？

2-25　试简述智能型变送器的组成及特点。

2-26　手持通信器在智能型变送器中起什么作用？

2-27　某压力表的测量范围为0～1 MPa，精度等级为1级，试问此压力表允许的最大绝对误差是多少？若用标准压力计来校验该压力表，在校验点为0.5 MPa时，标准压力计上读数为0.508 MPa，试问被校压力表在这一点是否符合1级精度，为什么？

2-28　为什么测量仪表的测量范围要根据被测量大小来选取？选一台量程很大的仪表来测量很小的参数值有何问题？

2-29　如果某反应器最大压力为0.8 MPa，允许最大绝对误差为0.01 MPa。现用一台测量范围为0～1.6 MPa，精度为1级的压力表来进行测量，问能否符合工艺上的误差要求？若采用一台测量范围为0～1.0 MPa，精度为1级的压力表。问能符合误差要求吗？试说明其理由。

2-30　某台空压机的缓冲器，其工作压力范围为1.1～1.6 MPa，工艺要求就地观察罐内压力，并要求测量结果的误差不得大于罐内压力的±5%，试选择一台合适的压力计(类型、测量范围、精度等级)，并说明其理由。

2-31　某合成氨厂合成塔压力控制指标为14 MPa，要求误差不超过0.4 MPa，试选用一台就地指示的压力表(给出型号、测量范围、精度级)。

2-32　现有一台测量范围为0～1.6 MPa，精度为1.5级的普通弹簧管压力表，校验后，其结果见下表：

	上行程					下行程				
被校表读数 /MPa	0.0	0.4	0.8	1.2	1.6	1.6	1.2	0.8	0.4	0.0
标准表读数 /MPa	0.000	0.385	0.790	1.210	1.595	1.595	1.215	0.810	0.405	0.000

试问这台表合格否？它能否用于某空气贮罐的压力测量(该贮罐工作压力为0.8～1.0 MPa，测量的绝对误差不允许大于0.05 MPa)？

2-33　压力计安装要注意什么问题？

2-34　试述化工生产中测量流量的意义。

2-35　什么叫节流现象？流体经节流装置时为什么会产生静压差？

2-36　试述差压式流量计测量流量的原理。并说明哪些因素对差压式流量计的流量测量有影响？

2-37　原来测量水的差压式流量计，现在用来测量相同测量范围的油的流量，读数是否正确？为什么？

2-38　什么叫标准节流装置？

2-39　为什么说浮子流量计是定压降式流量计？而差压式流量计是变压降式流量计？

2-40　试述差动变压器传送位移量的基本原理。

2-41　试述电远传浮子流量计的工作过程。它是依靠什么来平衡的？

2-42　当被测介质的密度、压力或温度变化时，浮子流量计的指示值应如何修正？

2-43　用浮子流量计来测气压为 0.65 MPa，温度为 40℃ 的 CO_2 气体的流量时，若已知流量计读数为 50 L/s，求 CO_2 的真实流量(已知 CO_2 在标准状态时的密度为 1.977 kg/m^3)。

2-44　用水刻度的流量计，测量范围为 0～10 L/min，浮子用密度为 7 920 kg/m^3 的不锈钢制成，若用来测量密度为 0.831 kg/L 苯的流量，问测量范围为多少？若这时浮子材料改为由密度为 2 750 kg/m^3 的铝制成，问这时用来测量水的流量及苯的流量，其测量范围各为多少？

2-45　椭圆齿轮流量计的工作原理是什么？为什么齿轮旋转一周能排出 4 个半月形容积的液体体积？

2-46　椭圆齿轮流量计的特点是什么？在使用中要注意什么问题？

2-47　涡轮流量计的工作原理及特点是什么？

2-48　电磁流量计的工作原理是什么？它对被测介质有什么要求？

2-49　试简述涡街流量计的工作原理及其特点。

2-50　试简述涡街频率的热敏检测法。

2-51　质量流量计有哪两大类？

2-52　试述物位测量的意义。

2-53　按工作原理不同，物位测量仪表有哪些主要类型？它们的工作原理各是什么？

2-54　差压式液位计的工作原理是什么？当测量有压容器的液位时，差压计的负压室为什么一定要与容器的气相相连接？

2-55　生产中欲连续测量液体的密度，根据已学的测量压力及液位的原理，试考虑一种利用差压原理来连续测量液体密度的方案。

2-56　有两种密度分别为 ρ_1，ρ_2 的液体，在容器中，它们的界面经常变化，试考虑能否利用差压变送器来连续测量其界面？测量界面时要注意什么问题？

2-57　什么是液位测量时的零点迁移问题？怎样进行迁移？其实质是什么？

2-58　正迁移和负迁移有什么不同？如何判断？

2-59　测量高温液体(指它的蒸汽在常温下要冷凝的情况)时，经常在负压管上装有冷凝罐，问这时用差压变送器来测量液位时，要不要迁移？如要迁移，迁移量应如何考虑？

2-60　为什么要用法兰式差压变送器？

2-61　试述电容式物位计的工作原理。

2-62　试述核辐射物位计的特点及应用场合。

2-63　试述称重式液罐计量仪的工作原理及特点。

第3章　显示仪表

在工业过程的测量与控制领域，不但要用传感器把各种过程变量检测出来，往往还要把测量结果准确直观地显示或记录下来，以便人们对被测对象有所了解，并进一步对其进行控制。

早期的检测仪表是把测量与显示功能合为一体的。随着科学技术的进步和工业过程自动化水平的不断提高，逐步将工业自动化仪表的测量与显示功能分开，并把显示与记录仪表集中在控制室的仪表屏上，而将传感器获取的测量信号通过一定的传输方式远传给显示仪表，以实现集中监测与控制。

显示仪表和记录仪表可以按不同的方法分类。按照能源来分，可分为电动显示仪表、气动显示仪表。从显示方式而言，可以分为模拟式、数字式以及图形显示等三种显示方式。若从仪表的结构特点而言，可以分为带微处理器和不带微处理器的两大类型。目前，除模拟式显示仪表和数字式显示仪表早已得到广泛应用外，数字-模拟混合式记录仪和无纸记录仪等微机化显示记录仪表的应用也日益广泛。本篇将介绍几种典型的模拟式显示仪表，并就数字式显示仪表、微机化显示记录仪表的基本构成原理做一简要介绍。

§3.1　模拟式显示仪表

模拟式显示仪表是以模拟量(如指针的转角、记录笔的位移等)来显示或记录被测值的一种自动化仪表。在工业过程测量与控制系统中比较常见的模拟式显示仪表，可按其工作原理分为以下几种类型：

(1) 磁电式显示与记录仪表　如动圈式显示仪表；

(2) 自动平衡式显示与记录仪表　如自动平衡电位差计、自动平衡电桥等；

(3) 光柱式显示仪表　如LED光柱显示仪。

模拟式显示仪表一般具有结构简单可靠、价格低廉的优点，其最突出的特点是可以直观地反映测量值的变化趋势，便于操作人员一目了然地了解被测变量的总体状况。因此，即使在数字式和微机化仪表技术快速发展的今天，模拟式显示仪表仍然在许多场合得到广泛应用。

3.1.1　动圈式显示仪表

在工业自动化领域，动圈式显示仪表发展较早，是工业生产中常用的一种模拟式显示仪表。其特点是体积小、重量轻、结构简单、造价低，既能单独用作显示仪表，又能兼有显示、调节、报警功能。动圈式显示仪表可以和热电偶、热电阻相配合来显示温度，也可以与压力变送器相配合显示压力等参数。温度、压力等被测参数首先由传感器转换成电参数，然后由测量电路转换成流过动圈的电流，该电流的大小由与动圈连在一起的指针的偏转角度指示出来。

1.动圈式显示仪表的工作原理

动圈仪表由测量线路和测量机构(又称表头)两部分组成。测量线路的任务是把被测量(热电势或热电阻值等)转换为测量机构可以直接接受的毫伏信号，转换方法因被测量而异，有关内容将在后面介绍。测量机构是动圈仪表中的核心部分，下面结合图3-1-1介绍其工作原理。

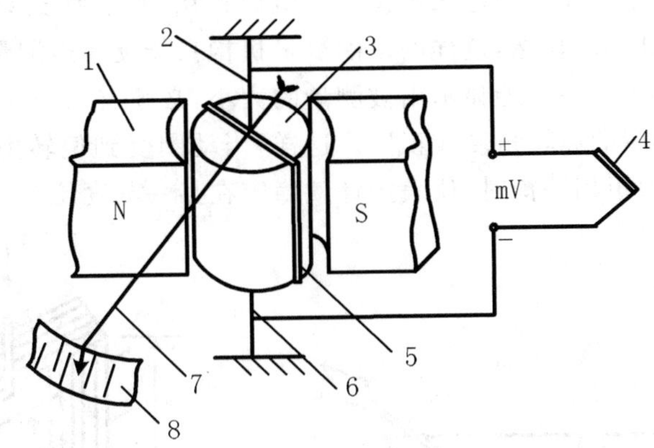

图3-1-1　动圈式显示仪表的工作原理

1—永久磁铁；2,6—张丝；3—软铁心；
4—热电偶；5—动圈；7—指针；8—刻度面板

动圈仪表的测量机构是一个磁电式毫伏计。其中动圈是用具有绝缘层的细铜线绕成的矩形无骨框架。可动线圈处于永久磁钢的空间磁场中，当有直流毫伏信号在动圈上时，便有电流流过动圈。此时，该载流线圈将受到电磁力矩作用而转动。动圈的支撑是张丝，张丝同时还兼作导流丝。动圈的转动使张丝扭转，于是张丝就产生反抗动圈转动的力矩。这个反力矩随着张丝扭转角的增大而增大。当电磁力矩和张丝反作用力矩平衡时，线圈就停留在某一位置上，这时动圈偏转角度的大小与输入毫伏信号相对应。当面板直接刻成温度标尺时，装在动圈上的指针就指示出被测对象的温度值。

2.动圈式显示仪表的测量机构

(1)测量机构的力矩分析：

1)电磁力矩　由动圈仪表测量机构的工作原理可知，流过线圈的电流和磁场相互作用，在动圈的两有效边上产生了电磁力F，如图3-1-2所示，由于动圈两有效边上电流流动的方向相反，因此这一对力的大小相等、方向相反，从而对转动轴产生转矩，使动圈产生偏转。由电磁理论知，该力的大小为

$$F = NLBI \tag{3-1-1}$$

式中　N——动圈的匝数；

L——有效边长度；

B——磁场的磁感应强度；

I—— 动圈中流过的电流。

通常将仪表的磁场设计成使其磁力线在圆形气隙中处处都与动圈平面的夹角为 0°，从而使动圈在磁场中受到的作用力矩 M_z 为

$$M_z = 2rF = 2rNLBI = NABI = kI \tag{3-1-2}$$

式中 $2r$—— 动圈的宽度；

A—— 动圈的有效面积，$A = 2rL$；

k—— 比例系数，$k = NAB$。

2）反作用力矩　式(3-1-2)表明，动圈所受到的电磁作用力矩仅与流过动圈的电流成正比。但是，如果没有一个反作用力矩来平衡这个电磁作用力矩，那么只要线圈中有电流流过，动圈就会一下子偏转到头。显然，这样的动圈测量机构只能反映被测量的有无，而不能反映被测量的大小。因此，为了使指针能显示出被测量的大小，必须有一个反作用力矩来平衡偏转力矩，这个力矩应该与动圈的偏转角度成正比。这样，当动圈受到偏转力矩的同时，也受到一个反作用力矩。当两种力矩相平衡时，仪表指针就稳定在某一刻度位置。

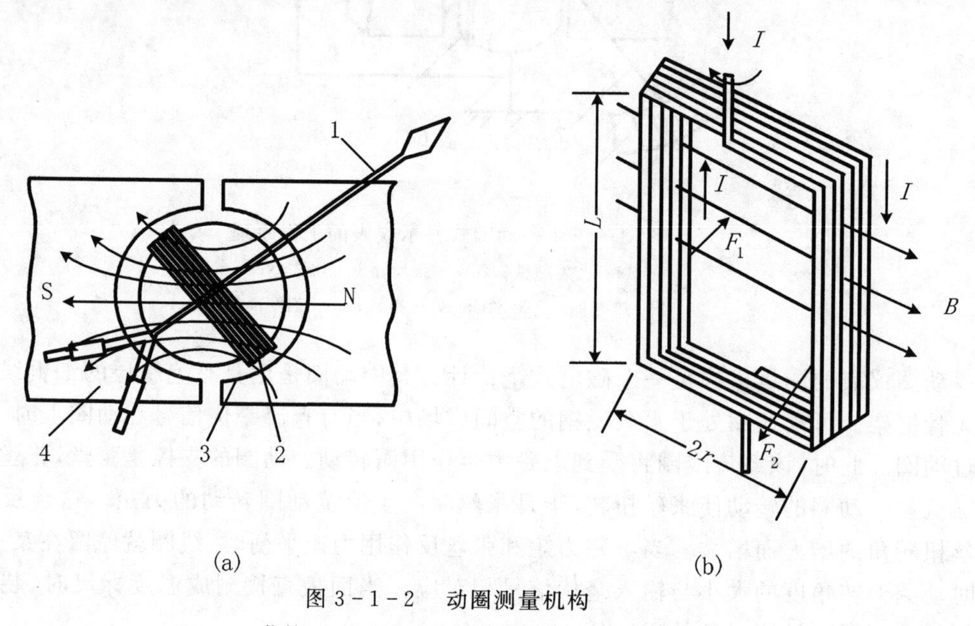

图 3-1-2　动圈测量机构

1— 指针；2— 动圈；3— 空气隙；4— 永久磁铁

产生反作用力矩的方法取决于动圈支撑结构。目前用得较多的是张丝支撑结构，其反作用力矩靠张丝的扭转来产生；另一种是轴尖-轴承支撑，其反作用力矩靠游丝的卷曲产生。反作用力矩 M_f 为

$$M_f = K\theta \tag{3-1-3}$$

式中 θ—— 动圈的偏转角度；

K—— 产生反作用力矩的弹性元件刚度。

动圈在磁场中运动时会感应出阻尼电势，并由此引起阻尼力矩 M_c

$$M_c = C\frac{\mathrm{d}\theta}{\mathrm{d}t} \tag{3-1-4}$$

式中，C 为阻尼系数。阻尼力矩的大小与动圈的角速度成正比，其方向与动圈的转动方向相反。

3）测量机构的特性方程　综上所述，当有信号电流 I 通过动圈时，动圈将受到电磁力矩 M_z，反作用力矩 M_f 和阻尼力矩 M_c 的共同作用，根据力矩平衡关系可以得到动圈测量机构的动态方程为

$$M_z - M_f - M_c = J\frac{\mathrm{d}^2\theta}{\mathrm{d}t^2}$$

或

$$J\frac{\mathrm{d}^2\theta}{\mathrm{d}t^2} + C\frac{\mathrm{d}\theta}{\mathrm{d}t} + K\theta = kI \tag{3-1-5}$$

式中　J—— 动圈测量机构可动部分的转动惯量。

式(3-1-5)描述了动圈式显示仪表的动态特性，若信号电流 I 为直流，达到稳定后，式(3-1-5)中的两个微分项为零，于是得到

$$\theta = \frac{k}{K}I = SI \tag{3-1-6}$$

式(3-1-6)描述了动圈式显示仪表的静态特性。静态时，动圈的转角 θ 与电流强度 I 成正比，式中 $S = k/K$ 称为动圈测量机构的静态灵敏度，当仪表的结构和材料选定后，S 为一常数。

(2) 测量机构的串并联电阻和温度补偿　测量机构的等效线路如图 3-1-3 所示。由图可知，线路中有若干电阻，下面介绍各个电阻的作用：

1）串联电阻 R_{ch}　为便于成批生产，要求能用统一的测量机构适用于不同的量程。为此，测量机构的表头必须根据最小量程所需要的灵敏度进行设计。当测量大量程的电流信号时，只要串联一个电阻 R_{ch}，就可使流过动圈的电流减小。适当地选取 R_{ch} 的值，就可在测量上限时，使指针能正确地指在满刻度上。显然，通过改变 R_{ch} 的大小就可以达到改变量程的目的。

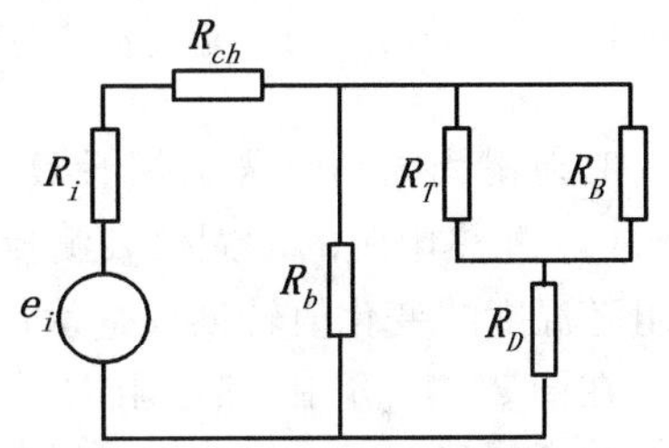

图 3-1-3　测量机构等效线路图

R_{ch} 由锰铜丝绕制，以使其电阻值不随环境温度而变化。R_{ch} 的阻值大小由仪表制造厂在出厂前对仪表进行分度时确定。

2）并联电阻 R_b　在某些动圈式仪表的测量机构中，还有一个 R_b 电阻，它起着改善阻尼特性的作用。对于小量程仪表，由于 R_{ch} 不会取得很大，因此其阻尼特性一般不会太坏。而对于大量程仪表，R_{ch} 必然要取得较大，此时由于整个回路的电阻太大，而使其阻尼特性变为“欠阻尼”。动圈仪表在欠阻尼条件下工作时，其阶跃响应过渡过程为衰减振荡过程。由于欠阻尼衰减过程过于缓慢，从而使得指针易受激励而摆动频繁。在这种情况下，在线路中并接一锰铜电阻 R_b，可以改善阻尼特性。

3）温度补偿电阻 R_T　动圈测量机构的动圈是用铜丝绕制的。铜的电阻温度系数较大，所以环境温度的变化必然引起动圈电阻的变化，给测量造成附加误差。为此，在图 3-1-3 所示线路中接入了 R_T 和 R_B 电阻，以便对动圈电阻进行温度补偿。R_T 是具有负温度系数的热敏电阻，其电阻值随温度变化的趋势恰好与动圈电阻的变化趋势相反。但由于动圈铜电阻 R_D 的温度特性近似为线性，而热敏电阻 R_T 的温度特性是非线性的，故单用一个 R_T 补偿效果不理想。如果在热敏电阻 R_T 分再并联一个适当的锰铜电阻 R_B，就可以使它们并联后的等效电阻 R_K 的温度特性近似于线性并具有符合仪表要求的温度系数。将 R_K 与动圈电阻 R_D 相串联时，可以使得 $R = R_D + R_K$ 基本不随温度变化，从而得到较好的补偿效果如图 3-1-4 所示。

除动圈电阻 R_D 随温度变化外，空气隙中的磁感应强度 B 也将随着温度的升高而减小，导致指针偏转角减小，从而引起附加的测量误差。另一方面，张丝的弹性模量随温度升高而降低，导致反作用力矩减小，使指针指示偏高。由于这两项温度误差的方向相反，因此它们对测量结果的影响可以相互抵消一部分。因此，可以认为测量机构随温度变化而产生的附加误差主要是由动圈电阻随温度变化而引起的。

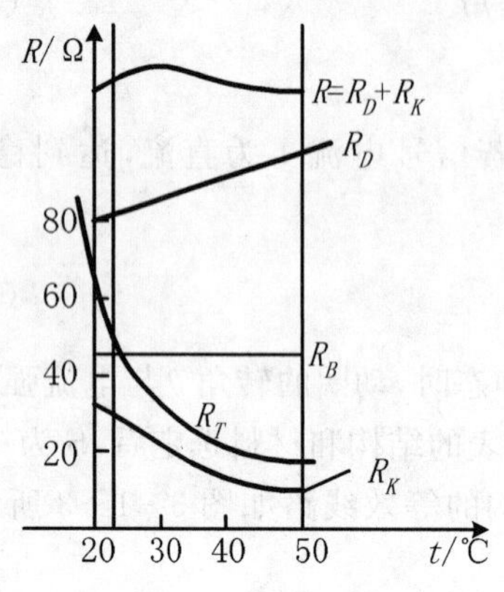

图 3-1-4　温度补偿曲线

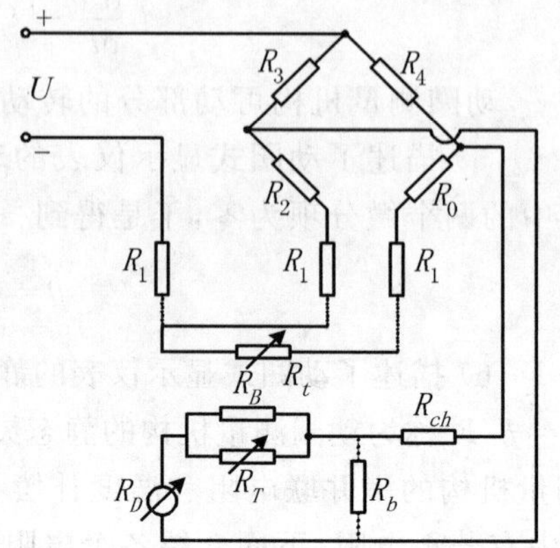

图 3-1-5　配热电阻的动圈仪表测量线路

3. 动圈式显示仪表的测量线路

（1）配热电阻的动圈仪表测量线路　动圈仪表与热电阻配套用于测量温度时，必须首先将电阻随温度的变化值转换成毫伏信号。常用的方法是采用如图 3-1-5 所示的不平衡电桥。

在图 3-1-5 中，热电阻 R_t 与电阻 R_0，R_2，R_3，R_4 组成不平衡电桥。当被测温度为仪表刻度的始点温度 t_0 时，$R_t = R_{t_0}$ 使电桥平衡。取

$$R_3 = R_4, \qquad R_1 + R_2 = R_{t_0} + R_1 + R_0$$

式中　R_1—— 连接导线的电阻，统一规定为 $R_1 = 5\ \Omega$。

当电桥平衡时，流过动圈的电流为零。当被测温度升高时，热电阻阻值增大，$R_t > R_{t_0}$，电桥失去平衡。被测温度越高，电桥输出的不平衡电压愈大，流过动圈的电流也愈大，仪表指针的偏转角也愈大。测量桥路采用稳压电源供电，以避免电源的电压波动对测量精度产生影响。

（2）配热电偶的动圈仪表测量线路　动圈式显示仪表的测量机构是一个磁电式毫伏表头，要求输入信号为直流毫伏信号。因此，当动圈仪表与热电偶配套测量温度时，两者可以直接相连。但动圈式显示仪表是在热电偶冷端温度为 0℃ 的条件下按照其分度表刻度的，因此在测温时必须考虑冷端温度补偿问题。冷端补偿装置在动圈仪表的外部，其等效电阻包含在测量回路的总电阻 R_z（仪表内部电阻与外部电阻之和）之中。由于当热电偶的热电势一定时，流过动圈的电流与测量回路的总电阻 R_z 有关，为了保证测量精度，需保持 R_z 为一定值。配热电偶的动圈显示仪表的外线路电阻规定为 15 Ω，使用时应按此值调整外线路电阻。

需要注意的是，动圈式显示仪表的刻度盘是按所配热电偶的分度号来标定的，使用时必须按表盘给出的热电偶分度号去选用对应的热电偶。

3.1.2　自动平衡电位差计

自动平衡式显示与记录仪表的发展历史悠久，品种很多，应用也很广泛。自动平衡电位差

计与自动平衡电桥均属于采用零值法进行测量的自动平衡式显示与记录仪表。

为说明零位平衡式显示与记录仪表的工作原理，先分析一下手动平衡电位差计是如何工作的。图 3-1-6 给出了手动电位差计的原理图。图中，E 为工作电池，由它产生的工作电流 I 流过电位器 W 形成压降 U_W。测量时，将开关 K 置向 2。用手调整电位器 W 的滑动触点，以获得一个压降 U_s 来平衡被测的输入电压 U_i。当两电压平衡时，串联在该回路中的高灵敏度检流计指零。这时，从电位器 W 的滑动触点（指针）位置，即可读出 U_s 的数值，它代表了被测电压 U_i 的数值。手动平衡电位差计是一种标准毫伏信号测试仪器，它广泛地应用于热电偶的校验及各种毫伏信号显示仪表的校验。

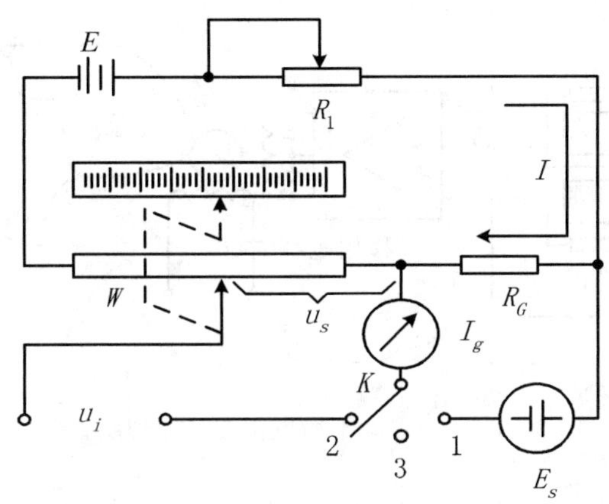

图 3-1-6　手动平衡电位差计原理图

上述电位差计的平衡过程是靠手动来实现的。如果将电位器 W 的滑动触点由伺服电动机（可逆电动机）通过机械传动机构来带动，而伺服电动机则根据测量回路信号 ΔU 的极性不同，可以正转或反转，这样就变成了自动平衡式电位差计。

1. 自动平衡电位差计的工作原理

自动平衡电位差计的基本原理已如前述。图 3-1-7 所示是一种与热电偶配套的自动平衡电位差计，其输入信号是热电偶传感器输出的热电势。如图所示，热电偶的热电势与不平衡电桥的输出电压叠加比较之后，送到放大电路的输入端。不平衡电桥由起始调零电阻 R_G，冷端温度补偿电阻 R_{cu}，限流电阻 R_3 与 R_4 及滑线电阻 R_P 组成。通过滑动电阻 R_P 的滑动触点 A，就可以在电桥的输出瑞 A、B 获得不同的电压 U_s 此类仪表就是利用 U_s 来平衡被测的热电势 U_t 的，其具体工作过程如下：

设原被测温度为 t_1，热电势 U_{t_1} 正好与电桥输出 U_{s_1} 平衡。后来温度从 t_1 升高到 t_2，热电势增大到 U_{t_2}，使得

$$\Delta U(=U_{t_2}-U_{s_1})>0$$

正极性的偏差电压 ΔU 输入到相敏放大器，使放大器输出的交流电流极性正好使可逆电机 M 正转。电机 M 正转时，一方面拖动指针与记录笔右移，指示温度升高；另一方面又拖动滑线电阻 R_P 的滑动触点 A 也右移，使 U_s 升高。当升高到 U_{s_2} 等于 U_{t_2} 时，因 $\Delta U=U_{t_2}-U_{s_2}=0$ 放大器的输入 ΔU 为零，其输出亦为零，电机 M 停止转动。滑动触点 A 便停留在使电桥输出为 U_{s_2}

的位置上，指针与记录笔停在对应温度为 t_2 的位置上，系统又恢复平衡，但它是在 t_2 温度下的平衡。此后，若温度下降到 $t_3 < t_2$，系统重新失去平衡，且 $\Delta U = U_{t_3} - U_{s_2} < 0$，负极性的 ΔU 使电机M反转，并拖动指针与记录笔左移，指示温度下降，与此同时，滑动触点 A 左移，使 U_s 下降到重新平衡时为止。该系统就是这样使指针与记录笔跟随被测温度 t 变化。

记录纸由同步电动机带动，图中所示记录仪的记录纸是长条形的，图中的水平方向位移表示温度的高低，垂直方向表示测定的时间，于是可以得到被测温度随时间的变化曲线。

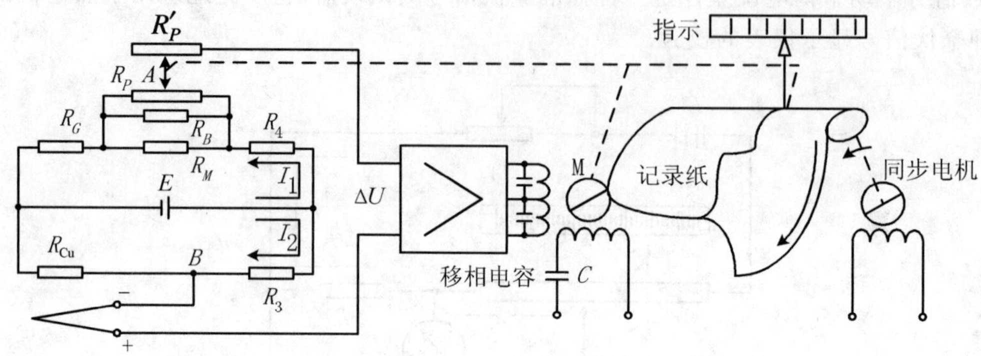

图 3-1-7　自动平衡电位差计原理图

2. 桥路电阻的作用

图3-1-7所示电桥中的各个电阻，除热电偶的冷端温度补偿电阻 R_{Cu} 为铜电阻外，其它都是采用电阻温度系数很小的锰铜电阻，具有较高的温度稳定性。

限流电阻 R_4 与 R_3 的作用是，用 R_4 限定电桥上支路的电流为恒定的 4 mA；用 R_3 限定下支路的电流在标准环境温度 20℃ 时为 2 mA。

调零电阻 R_G 实际上由两个电阻串联而成，即 $R_G = R_G' + r_G$。r_G 用作微调：增大 r_G 时，仪表指针向温度 t 减小的方向偏移；减小 r_G 时，指针 t 向增大的方向偏移。

滑线电阻 R_P 的电阻丝要求绕制均匀，非线性度小于0.2%，满足0.5级仪表的精度要求。由于相邻两匝绕线之间的阻值是一个微小的跳变，所以电阻增量值若小于相邻两匝之间的电阻阶跃变化值，则该增量将不可分辨。

工艺电阻 R_B 与滑线电阻 R_P 并联，且使并联后之阻值正好等于(90 ± 0.1)Ω。若不等于(90 ± 0.1)Ω，则通过调整 R_B 的阻值使之为(90 ± 0.1)Ω。这样就可以适当降低对于 R_P 的绕制精度要求，有利于批量生产。

量程调整电阻 R_M 实际上是由电阻 R_M 与 r_M 串联而成的，用 R_M 来变换量程，用 r_M 来微调量程。因 R_M，R_P，R_B 并联，所以 R_M 愈大则量程愈大，反之亦然。

R_P' 是便于滑动臂滑动的辅助滑线电阻，兼起引出线的作用。

3. 测量电路的设计计算

(1) 下支路的设计计算　通常取电桥供电电压 $E = 1$ V，下支路电流 I_2 在 20℃ 时为 2 mA。因已知 E 与 I_2，则

$$R_{Cu(t_0)} + R_3 = E/I_2$$

设 $\eta R_3 + R_3 = E/I_2$，则

$$R_3 = \frac{E}{I_2(I+\eta)} \tag{3-1-7}$$

式中　$\eta = R_{Cu(t_0)}/R_3$ —— 温度补偿的比例系数；

$R_{Cu(t_0)}$ —— 在标准环境温度 $t_0 = 20℃$ 时的热电偶冷端补偿电阻值。

进一步可计算出 $R_{Cu(t_0)} = \eta R_3$，η 值决定补偿的强弱，与被补偿的热电偶型号有关，也与冷端温度的变化范围有关，可由下式计算

$$\eta = \frac{E(t_{02}, t_{01})}{Ea_{t_0}(t_{02} - t_{01}) - E(t_{02}, t_{01})\{2 + a_{t_0}[(t_{02} - t_{01}) - 2(t_0 - t_{01})]\}} \tag{3-1-8}$$

式中　$E(t_{02}, t_{01})$ —— 补偿冷端温度变化而需要补偿的热电势；

t_{01}, t_{02} —— 冷端温度变化范围的下限和上限温度；

E —— 电桥供电电压，通常取 $E = 1$ V；

a_{t_0} —— $t_0(=20℃)$ 时铜电阻的温度系数(1/℃)。

(2) 上支路的设计计算　上支路的设计主要是计算 R_M，R_4 与 R_G。滑动臂 A 从最右端移到最左端所扫过的电压降(即电位差计的量程) ΔE_M 为

$$\Delta E_M = I_1(R_P//R_B//R_M) - I_1(2\lambda R_P//R_B//R_M) = I_1(90//R_M) - 2\lambda I_1(90//R_M)$$

由于量程 ΔE_M 已知，可求得 R_M 为

$$R_M = \frac{90\Delta E_M}{I_1 \times 90(1-2\lambda) - \Delta E_M}$$

当被测温度为下限最低温度时，输入的热电势等于 $E(t_{01}, t_0)$，此时滑动臂在最左端，电桥的输出电压与输入的热电势相平衡

$$E(t_{01}, t_0) = I_1[R_G + \lambda(90 // R_M)] - I_2 R_{Cu(t_0)}$$

由于 $I_1 = 4$ mA，$I_2 = 2$ mA，由此可求得调零电阻 R_G

$$R_G = \frac{1}{4}[E(t_{01}, t_0) + 2R_{Cu(t_0)}] - \lambda(90 // R_M)$$

式中，$E(t_{01}, t_0)$ 的单位是 mV。

按桥路电源电压 $E = 1$ V，上支路电流为 4 mA，可求限流电阻

$$R_4 = \frac{100 \text{ mV}}{4 \text{ mV}} - (90 // R_M) - R_G$$

3.1.3　自动平衡电桥

自动平衡电桥可与热电阻 R_t 配合用于测量温度。自动平衡电桥的工作原理与自动平衡电位差计相比较，只是输入测量电路不同，因此本节着重讨论输入电路。

1. 自动平衡电桥的工作原理

图 3-1-8 给出自动平衡电桥的工作原理。由图可知，热电阻 R_t 接在测量桥路中，当被测温度为 t_1 时，热电阻 R_t 的阻值为 R_{t_1}，若电桥正好处于平衡，则电桥的输出端 A，B 之间的电位差 $U_{AB} = 0$。如果温度升高到 $t_2 > t_1$，则有 $R_{t_2} > R_{t_1}$，电桥失去平衡，此时电桥的输出电压地 $U_{AB} > 0$。U_{AB} 输入到调制放大器，使伺服电机 M 正转，并带动指针及记录笔右移，指示温度升

高；与此同时，电机 M 又拖动滑线电阻的滑动臂 A 向左移，直到电桥在新的输入 R_{t_2} 下重新平衡为止。此后，若温度又从 t_2 下降到 t_3，则有 $R_{t_3} < R_{t_2}$，电桥失去平衡，其输出电压 $U_{AB} < 0$，电机 M 反转，并使指针左移、滑动臂 A 右移，直到重新达到平衡为止。每次达到平衡后，指针、记录笔和滑动臂 A 的位置都与当时的被测温度相对应。

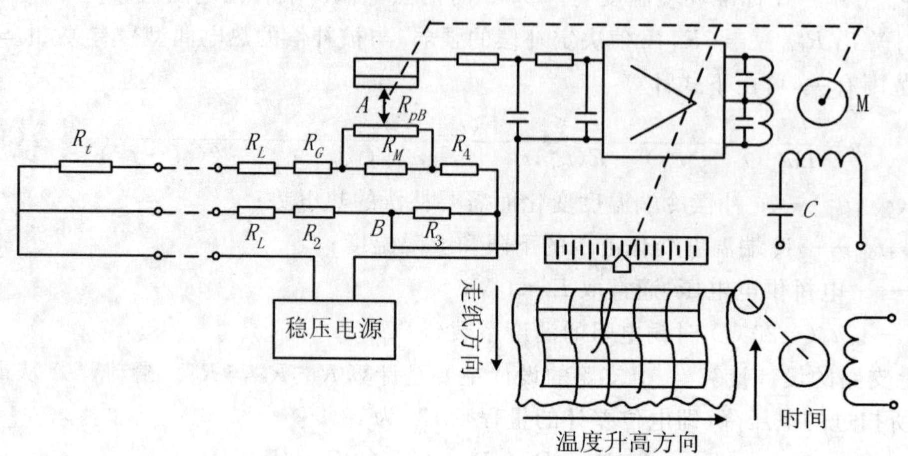

图 3-1-8　自动平衡电桥工作原理

2. 测量电路的设计计算

自动平衡电桥的等效简化电路如图 3-1-9 所示。对于直流电桥，在设计计算时，一般取供电电压 $E=1$ V，流过 R_t 支路的桥臂电流最大值 I_{1M} 要小于 6 mA，以免 R_t 发热造成误差。一般取 $I=3$ mA。

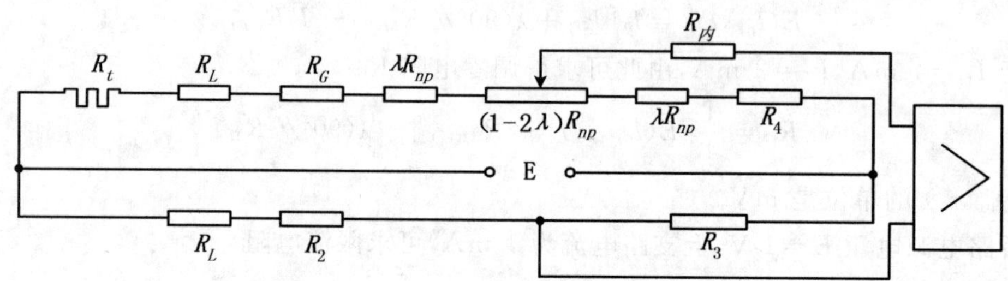

图 3-1-9　自动平衡电桥的等效电路

下面推导各电阻的计算公式。

(1) 量程电阻 R_M。

若被测温度 t 为下限温度 $t=t_0$，则 $R_t=R_{t_0}$。电桥平衡时，滑动臂应在最右端，其平衡方程式为

$$[R_{t_0}+R_L+R_G+(1-\lambda)R_{nP}]R_3=(R_L+R_2)(R_4+\lambda R_{nP}) \qquad (3-1-9)$$

式中　$R_{nP}=R_{PB}//R_M$，取 $R_{PB}=90\ \Omega$；

R_L—— 连接导线的等值电阻，取 $R_L=2.5\ \Omega$；

R_G—— 调零电阻；

λ—— 滑线电阻两端不工作部分所占的份额，取 $\lambda = 0.03 \sim 0.05$。

若被测温度为上限温度 $t = t_M = t_0 + \Delta t_M$，则 $R_t = R_{t_M} = R_{t_0} + \Delta R_{t_M}$，电桥平衡时，滑线电阻的滑动臂应在最左端，平衡方程式为

$$(R_{t_0} + \Delta R_{t_M} + R_L + R_G + \lambda R_{nP})R_3 = \\ (R_L + R_2)[(R_4 + (1-\lambda)R_{nP}] \qquad (3-1-10)$$

由式(3-1-10)减式(3-1-9)得

$$(\Delta R_{t_M} + 2\lambda R_{nP} - R_{nP})R_3 = (R_{nP} - 2\lambda R_{nP})(R_L + R_2)$$

整理后得

$$R_{nP} = \frac{R_3 \cdot \Delta R_{t_M}}{(1-2\lambda)R_3 + (1-2\lambda)(R_L + R_2)} = \\ \frac{R_3}{(1-2\lambda)(R_L + R_2 + R_3)} \cdot \Delta R_{t_M} = \frac{1}{(1-2\lambda)(1+i)} \cdot \Delta R_{t_M}$$

式中 i—— 桥路的电阻比，$i = \dfrac{R_L + R_2}{R_3}$。

算出 R_{nP} 后，就可以计算量程电阻 R_M。因为 $R_{nP} = \dfrac{90R_M}{90 + R_M}$，所以

$$R_M = \frac{90R_{nP}}{90 + R_{nP}} \qquad (3-1-11)$$

(2) 桥臂电阻 R_2，R_3 与 R_4。

其他桥臂电阻 R_2，R_3 与 R_4 的计算方法如下：先选择下支路桥臂电流 I_2，如取 $I_2 = I_1 = 3\ \text{mA}$，则下支路总电阻 R_Σ 为

$$R_\Sigma = \frac{E}{I_2} = \frac{1}{3} \times 10^3$$

由于

$$R_\Sigma = R_L + R_2 + R_3 = \frac{R_L + R_2}{R_3} \cdot R_3 + R_3 = (i+1)R_3$$

所以

$$R_3 = \frac{R_\Sigma}{(1+i)} \qquad (3-1-12)$$

$$R_2 = iR_3 - R_L \qquad (3-1-13)$$

为便于生产，常取 $R_4 = R_3$。

(3) 调零电阻 R_G。

调零电阻 R_G 的计算公式可由 $t = t_0$ 时的电桥平衡方程式求得。由式(3-1-9)可得

$$R_G = (R_4 + \lambda R_{nP})\frac{R_L + R_2}{R_3} - R_{t_0} - R_L - (1-\lambda)R_{nP} = \\ i(R_4 + \lambda R_{nP}) - (1-\lambda)R_{nP} - R_{t_0} - R_L \qquad (3-1-14)$$

(4) 桥路电阻比 i。

桥路电阻比 i 的大小与电桥的电压灵敏度有关，选取的方式是对工业上常用的量程为 $\Delta R_{t_M} = 10 \sim 100\ \Omega$ 的自动平衡电桥，取 $i = 1$，亦即取 $R_2 \approx R_3 = R_4$；对小量程仪表($\Delta R_{t_M} < 10\ \Omega$)，取 $i < 1$；对于大量程仪表(例如 $\Delta R_{t_M} = 100 \sim 140\ \Omega$)，取 $i = 2$。i 值这样选择以后，可大致具备足够的电压灵敏度，确保调制放大器正常工作，同时也使量程电阻 R_M 的绕制及仪表

的调整比较方便。

3.1.4 光柱式显示仪表

光柱式显示仪表具有显示醒目、直观、抗振、防磁、性能稳定等特点，能够非常直观地显示过程控制中液位、流量、温度、压力、速度等各种物理量的变化趋势，而且可以用仪表面板的非线性刻度来方便地解决非线性信号的显示问题，可替代动圈式指针仪表和机械式色带仪等传统的模拟式显示仪表，在许多工业过程及某些恶劣的环境条件下得到了广泛的应用。

1. 工作原理

目前，可制成光柱显示器的有等离子体显示器件(PDP)、液晶显示器件(LCD)和发光二极管器件(LED)等。其中，LED光柱显示器件具有工作电压低、省电、价廉、机械强度高等特点，而且可以制成结构紧凑、精度高的显示屏，因此得到广泛应用。光柱式显示仪表由显示光柱与驱动电路两大部分组成。显示光柱通常是用高亮度的发光二极管器件(LED)按直线根据规定长度(例如101线为100 mm长)等距排列，10个为1组，每10只LED管芯的阳极或阴极连在一起，组成共阳或共阴极的LED矩阵。例如，每组中各LED管芯的阳极共同连接，各组中序号相同的芯片的阴极又共同相连，引出n/10(n为LED芯片数)个公共阳极和10个公共阴极与相应的驱动电路连接，如图3-1-10所示。

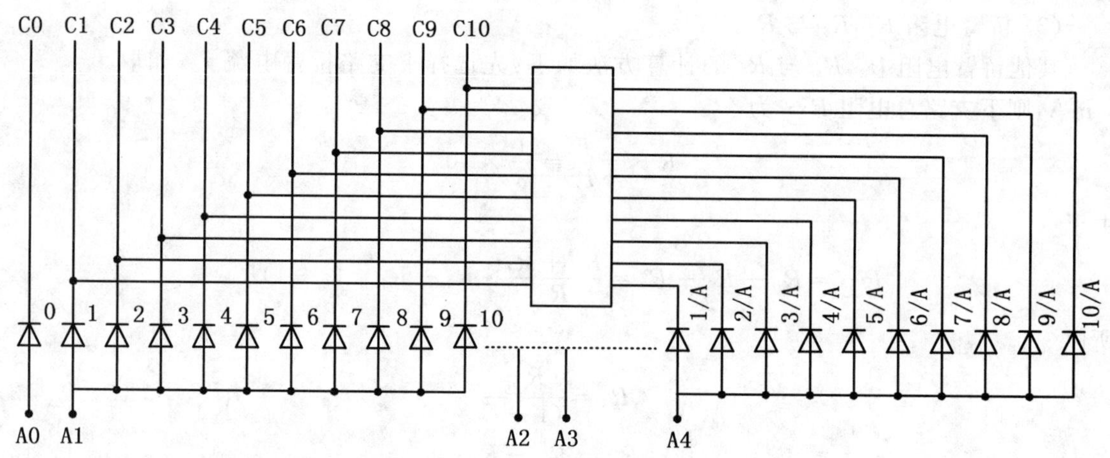

图3-1-10 发光二极管管芯列阵连线图

目前常见的LED光柱分为41线、51线、101线等多种。以101线单光柱为例，将101个LED芯片组成11组，各芯片接点排成10×10矩阵，外加一个指示灯用芯片。按矩阵排列的显示器件，其列线与行线有100个交点，每个交点上接一个LED芯片，它们均代表一个二位十进制数码。当某一行线与某一列线有效时，则位于该行和该列交点处的LED芯片两极带电而发光。

驱动电路的基本原理是把输入的模拟信号(如1～5 V或4～20 mA)转换成串行输出的数字量(一定频幅的脉冲信号)，并以动态扫描方式输出。驱动信号可根据输入量的大小重复地从第一行第一列开始以快速扫描方式逐行逐列地扫描相应的LED矩阵单元，使相应的LED芯片重复快速地瞬时点亮。在适当的振荡频率下，借助于人的视觉暂留特性，便可观察到持续稳定的光柱显示，根据光柱中点亮的LED个数(亦即某种颜色光柱的长短)，即可从面板的刻度线上看出被测量的变化趋势和数值。图3-1-11为某种单光柱显示器的控制原理示意图。

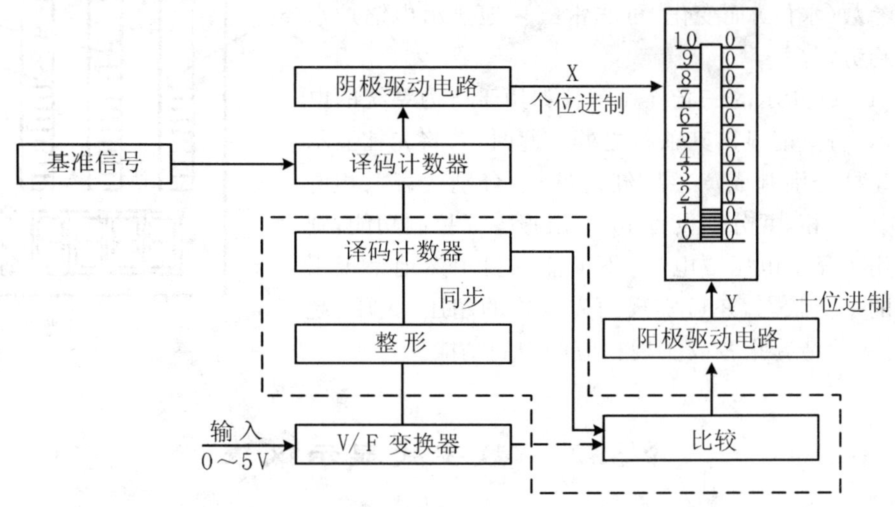

图3-1-11　光柱显示器控制原理图

光柱式显示仪表对形成光柱的LED管芯的发光一致性要求较高。为了防止各芯片之间光带相互串扰，有的产品采用经特殊处理的透明光栅，把点光源变成线显示。

2. 应用举例

光柱式显示仪表的组合方式种类繁多，有单光柱、双光柱、三光柱等多种系列，既可与电动单元组合仪表配套替代指针式显示仪表或色带指示仪，又可制成指示报警仪。目前被大量用作单回路调节器的显示单元，稍加改变还可作为双回路调节器的显示单元。国产LED光柱显示仪对电源供电要求不高，输入信号范围较大，具有良好的保护措施，因此尤适用于工业过程自动化领域。101线、51线和41线光柱显示仪的精度可分别达到1%，2%和2.5%，完全可以取代相应的动圈仪表，具有广泛的应用前景。

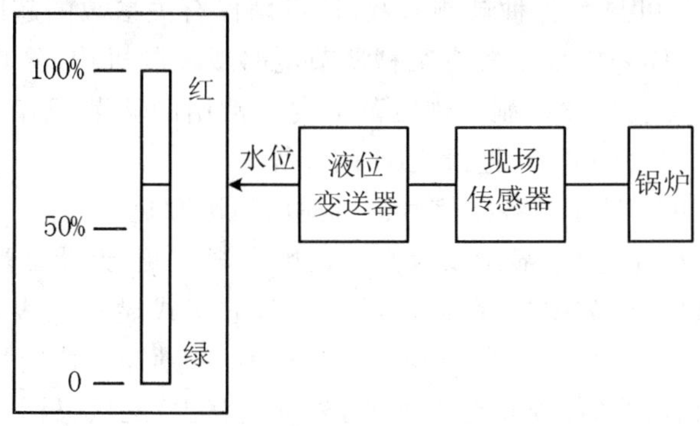

图3-1-12　光柱显示仪用于锅炉水位显示

光柱显示仪的LED发光颜色可以是红、黄、橙、绿，可根据应用场合选用不同颜色。例如，图3-1-12所示的单光柱显示仪用于锅炉水位显示，以绿色代表水位，以红色代表蒸汽。若指示在 65% 处，则 0% ～ 65% 一段光柱显示绿色，66% ～ 100% 一段光柱显示红色，两种颜色在同一光柱上所占比例随被测参数(水位)而变化，可非常醒目地显示出锅炉水位的变化趋势。

图 3-1-13 所示的三光柱显示仪如用于电力系统的电网参数显示，将更能显出其独特之处。此时，若将光柱显示仪的三个光柱分别制成黄、绿、红色，令其分别代表三相电网的 A,B,C 三相，并分别设置上、下限报警或控制功能，则这种仪表用于显示电压或电流，不但能一目了然地呈现出三相电网的平衡状态，还可实现预先设置的超压、欠压、超载、欠载等极限情况报警或实现相应的控制功能。

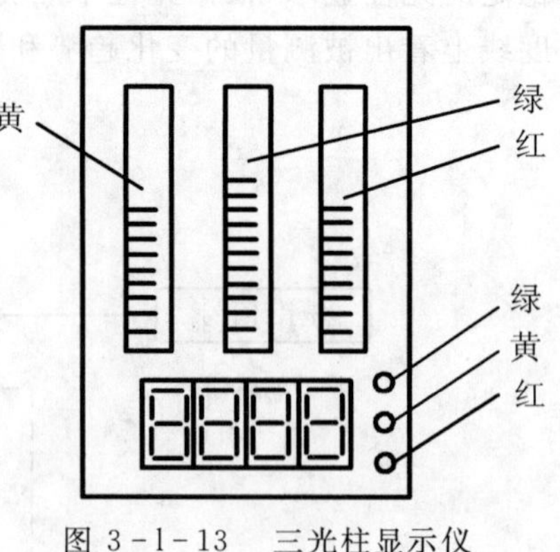

图 3-1-13　三光柱显示仪

§3.2　数字式显示仪表

3.2.1　概述

数字式显示仪表是一种以十进制数码形式显示被测量值的仪表，它可按以下方法分类：

(1) 按仪表结构分类　可分为带微处理器和不带微处理器的两大类型。

(2) 按输入信号形式分类　可分为电压型和频率型两类。电压型数字式显示仪表的输入信号是模拟式传感器输出的电压、电流等连续信号；频率型数字显示仪表的输入信号是数字式传感器输出的频率、脉冲、编码等离散信号。

(3) 按仪表功能分类　可大致分为如下几种：

1) 显示型　与各种传感器或变送器配合使用，可对工业过程中的各种工艺参数进行数字显示。

2) 显示报警型　除可显示各种被测参数，还可用作有关参数的超限报警。

3) 显示调节型　在仪表内部配置有某种调节电路或控制机构，除具有测量、显示功能外，还可按照一定的规律将工艺参数控制在规定范围内。常用的调节规律有：继电器接点输出的两位调节、三位调节、时间比例调节、连续 PID 调节等。

4) 巡回检测型　可定时地对各路信号进行巡回检测和显示。

与模拟式显示仪表相比，数字显示仪表具有读数直观方便、无读数误差、准确度高、响应速度快、易于和计算机联机进行数据处理等优点。目前，数字式显示仪表普遍采用中、大规模集成电路，线路简单，可靠性好，耐振性强，功耗低，体积小，重量轻。特别是采用模块化设计的数字式显示仪表的机芯由各种功能模块组合而成，外围电路少，配接灵活，有利于降低生产成本，便于调试和维修。

3.2.2　数字式显示仪表构成原理

1. 数字式显示仪表的基本构成

数字式显示仪表的基本构成方式如图 3-2-1 所示。图中各基本单元可以根据需要进行组合，以构成不同用途的数字式显示仪表。将其中的一个或几个电路制成专用功能模块电路，若干个模块组装起来，即可制成一台完整的数字式显示仪表。

数字式显示仪表的核心部件是模拟 / 数字(A/D) 转换器，它可以将输入的模拟信号转换成数字信号。以 A/D 转换器为中心，可将显示仪表内部电路分为模拟和数字两大部分。

仪表的模拟部分一般设有信号转换和放大电路、模拟切换开关等环节。信号转换电路和放大电路的作用是将来自各种传感器或变换器的被测信号转换成一定范围内的电压值并放大到一定幅值，以供后续电路处理。有的仪表还设有滤波环节，以提高信噪比。

仪表的数字部分一般由计数器、译码器、时钟脉冲发生器、驱动显示电路以及逻辑控制电路等组成。经放大后的模拟信号由 A/D 转换器转换成相应的数字量后，经译码、驱动，送到显示器件去进行数字显示。常用的数字显示器件如发光二极管(LED)、液晶(LCD) 显示器等。

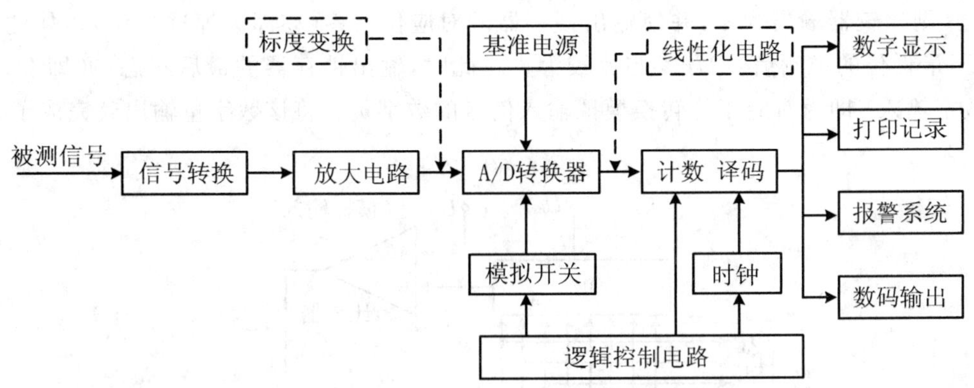

图 3-2-1 数字式显示仪表的基本构成

数字式显示仪表除以数字显示形式输出外，还可以进行报警或打印记录。在必要时，还可以数码形式输出，供计算机进行数据处理。

逻辑控制电路也是数字式显示仪表不可缺少的环节之一，它对仪表各组成部分的工作起着协调指挥作用。目前，在许多数字式显示仪表中已经采用微处理器等集成电路芯片来代替常规数字仪表中的逻辑控制电路，从而由软件来进行程序控制。

对于工业过程检测用数字式显示仪表，往往还设有标度变换和线性化电路。标度变换电路用于对信号进行量纲换算，将仪表显示的数字量和被测物理量统一起来。而线性化电路的作用是为了克服某些传感器(如热电偶、热电阻等) 的非线性特性，使显示仪表输出的数字量与被测参数间保持良好的线性关系。这两个环节的功能既可以在数字仪表的模拟部分实现，也可以在数字部分实现，还可以用软件来实现。除上述诸环节外，高稳定度的基准电源和工作电源也是数字式显示仪表的重要组成部分。

2. A/D 转换器

由于在工业过程检测技术领域，被测信号通过各种传感器或变送器转换后，一般都是随时间连续变化的模拟电信号，因此将模拟电信号转换成数字信号是实现数字显示的前提。

按照转换方式，A/D 转换器可分为反馈比较型(如逐次逼近型)、电压-时间变换型(如双积分型)、电压-频率变换型等多种类型，每种类型的 A/D 转换器又可分别制成不同型号的集成芯片。下面介绍几种典型的 A/D 转换器的基本原理及其集成芯片。

(1) 逐次逼近型 A/D 转换器

逐次逼近型 A/D 转换器是目前应用较广的模 / 数转换器。其基本原理如图 3-2-2 所示。将来自传感器的模拟输入信号 U_{IN} 与一个推测信号 U_i 相比较,根据 U_i 大于还是小于 U_{IN} 来决定增大还是减小该推测信号 U_i,以便向模拟输入信号 U_{IN} 逼近。由于推测信号 U_i 即为 D/A 转换器的输出信号,所以当推测信号 U_i 与模拟输入信号 U_{IN} 相等时,向 D/A 转换器输入的数字量也就是对应于模拟输入量 U_{IN} 的数字量。

其工作过程是:当逻辑控制电路加上启动脉冲时,使二进制计数器(输出锁存器)中的每一位从最高位起依次置 1,按照时钟脉冲的节拍控制 D/A 转换器依次给出数值不同的推测信号 U_i,并逐次与被测模拟信号 U_{IN} 进行比较。若 $U_{IN} > U_i$,则比较器输出为 1,并使该位保持为 1;反之,则比较器输出为零,并使输出锁存器的对应位清零(亦即去掉这一位)。如此进行下去,直至最低位的推测信号 U_i 参与比较为止。此时,输出锁存器的最后状态(亦即 D/A 转换器的数字输入)即为对应于待转换模拟输入信号的数字量。将该数字量输出就完成了 A/D 转换过程。

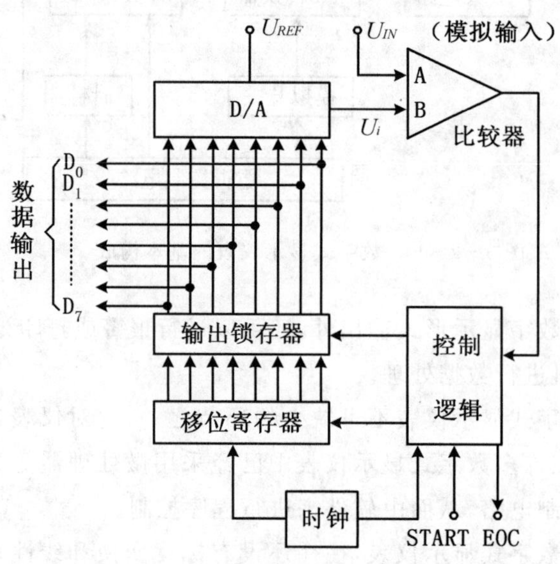

图 3-2-2 逐次逼近型 A/D 转换器工作原理

图 3-2-3 所示的 AD574A 是美国模拟器件(Analog Devices)公司生产的一种 12 位逐次逼近型 A/D 转换器。如图所示,它是由模拟芯片和数字芯片组成的混合集成芯片。其中,模拟芯片就是该公司生产的 AD565A 型快速 12 位单片集成 A/D 转换器芯片,数字芯片则包括高性能比较器、逐次比较逻辑寄存器、时钟电路、逻辑控制电路以及三态输出数据锁存器等。

AD574A 有两个模拟输入端,其输入信号可为单极性模拟信号(0～10 V 或 0～20 V),也可为双极性模拟信号(±5 V 或 ±10 V)。输出为 12 位,转换速度最大为 35 μs。AD574A 片内具有三态输出缓冲电路,因而可直接与各种典型的 8 位或 16 位微处理器相连,且能与 CMOS 及 TTL 电平兼容。AD574A 片内包含高精度的参考电压源和时钟电路,因而可在不需任何外部电路和时钟信号的情况下完成一切 A/D 转换功能，应用非常方便。AD574A 作为一种价格适中的 A/D 转换器，得到了广泛的应用。

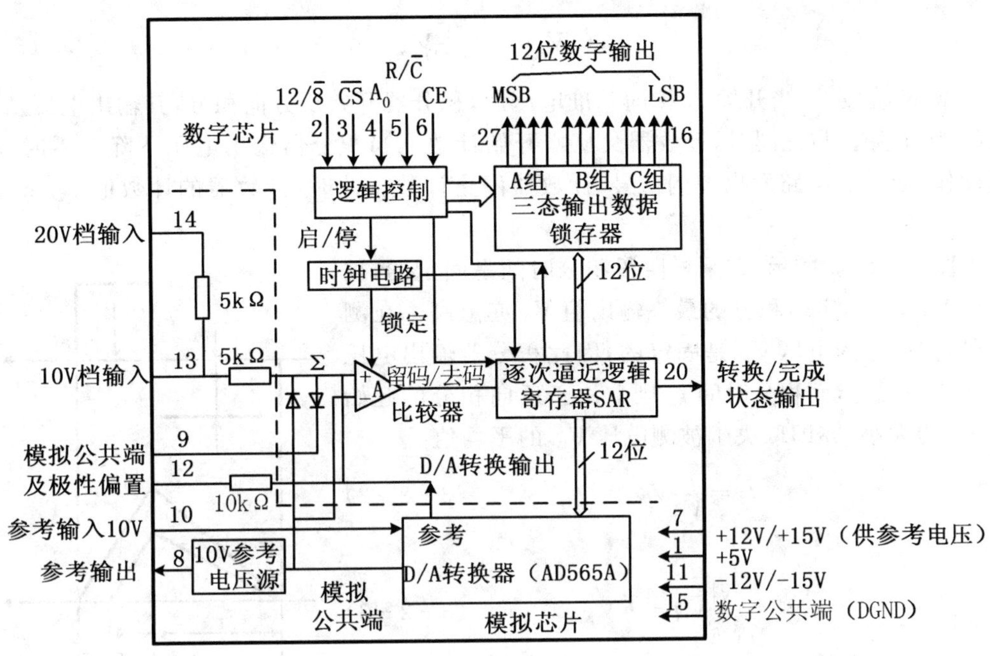

图 3-2-3　AD574A 的内部结构框图

(2) 双积分型 A/D 转换器

1) 基本原理　双积分型 A/D 转换器的原理如图 3-2-4 所示，其工作过程分为采样和测量两个阶段。

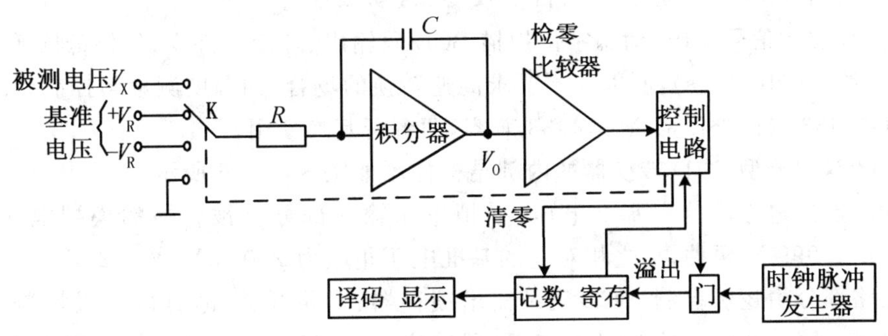

图 3-2-4　双积分型 A/D 转换器原理图

① 采样阶段　开始工作前，图 3-2-4 中的开关 K 接地，积分器的起始输出电压为零。采样阶段开始，控制电路发出的控制脉冲将开关 K 与被测电压 V_X 接通，使积分器对 V_X 进行积

分。与此同时，计数器开始计数。经过一段预先设定的时间 t_1 后，计数器计满 N_1 值，计数器复零并发出一个溢出脉冲，使控制电路发出控制信号将开关 K 接向与被测电压极性相反的基准电压（$+V_R$ 或 $-V_R$），采样阶段至此结束。此时，积分器输出电压 V_0 取决于被测电压 V_X 的平均值 $\bar{V}_X$ 即

$$V_0 = -\frac{t_1}{RC}\bar{V}_X \tag{3-2-1}$$

② 测量阶段　当开关 K 接向基准电压后，积分器开始反方向积分，其输出电压从原来的 V_0 值开始下降。与此同时，计数器又从零开始计数。当积分器输出电压下降至零时，检零比较器动作，使控制电路发出控制信号，计数器停止计数。此时，计数器的计数值 N_2 即为 A/D 转换的结果。

如图 3-2-5 所示，在采样阶段积分时间是固定的，被测电压 V_X 愈高，定时积分的最终输出值 V_0 亦愈高。在测量阶段，被积分的电压 V_R 是固定的，因此积分器输出电压的变化斜率固定，而积分时间 t_2 则取决于反向积分的起始电压 V_0 的大小，亦即取决于被测电压 V_X 的平均值

$$t_2 = \frac{t_1}{V_R}\bar{V}_X \tag{3-2-2}$$

亦即

$$N_2 = \frac{N_1}{V_R}\bar{V}_X = K\bar{V}_X \tag{3-2-3}$$

式中　K—— 常数。

2）典型芯片。

① $3\frac{1}{2}$ 位双积分型 A/D 转换器 5G14433　5G14433 芯片是国产的 $3\frac{1}{2}$ 位 A/D 转换器，是目前市场上广为流行的最典型的双积分 A/D 转换器。该芯片具有抗干扰性能好、转换精度高（相当于 11 位二进制数）、自动校零、自动极性输出、自动量程控制信号输出、动态字位扫描 BCD 码输出、外接元件少、价格低廉等特点，但其转换速度慢（约 1～10 次 /s），所以在不要求高速转换的场合（如温度测量与控制系统中）被广泛采用。5G14433 与国外产品 MC14433 兼容，两者可互换使用。

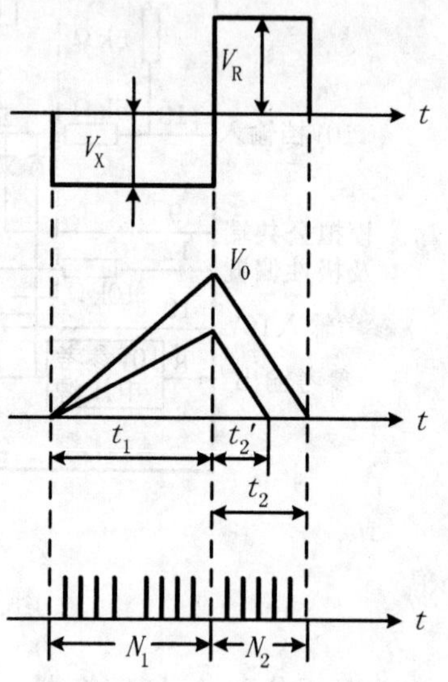

图 3-2-5　双积分型 A/D 转换器波形图

5G14433 双积分型 A/D 转换器的内部结构框图如图 3-2-6 所示。

该芯片的模拟电路部分有基准电压、模拟电压输入部分。被转换的模拟电压输入量为 199.9 mV 或 1.999 V 两种，与之相对应的基准电压相应为 200 mV 或 +2 V 两种。

数字电路部分由逻辑控制、BCD 码及输出锁存器、多路开关、时钟以及极性判别、溢出检测等电路组成。该芯片采用字位动态 BCD 码输出方式，即千、百、十、个位 BCD 码轮流地在 $Q_0 \sim Q_3$ 端输出，同时在 $DS_1 \sim DS_4$ 输出现同步字位选通信号。

图 3-2-7 为 5G14433 与 8031 单片机的接口电路。图中，5G1403 是 +2.5 V 的集成精密参考电压源，其输出经电位器分压后作为 A/D 转换用的参考电压。5G14433 的 DU 端和 EOC 端相连，以选择连续转换方式，每次转换结果都送至输出寄存器。EOC 是 A/D 转换结束的输出

标志信号。8031单片机读取A/D转换结果可以采用中断方式或查询方式。采用中断方式时，EOC端与8031单片机的外部中断输入端$\overline{INT0}$或$\overline{INT1}$相连。采用查询方式时，EOC端可接入8031的任一I/O口或扩展I/O口。图中是采用中断方式(接$\overline{INT1}$)。

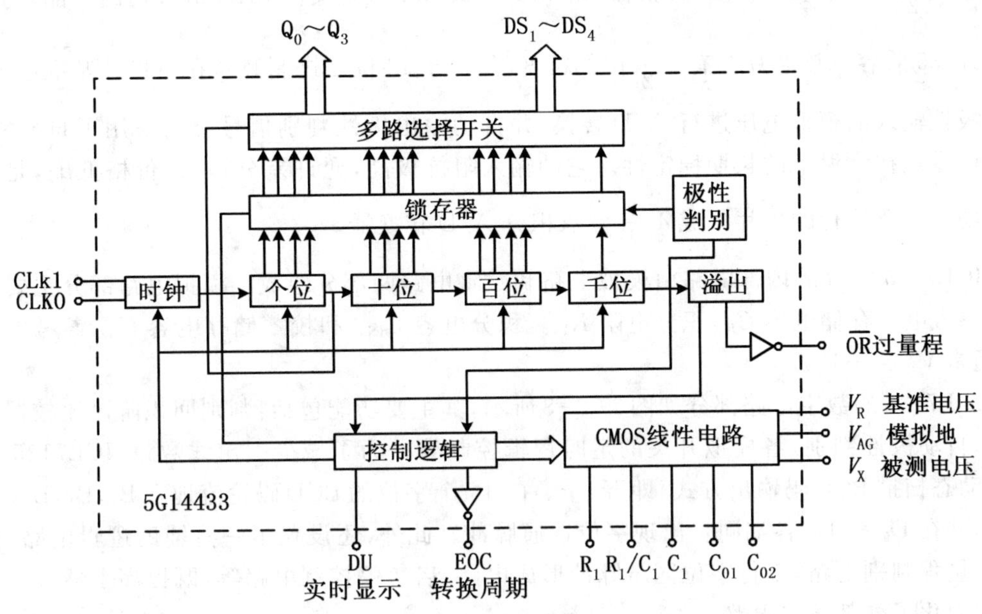

图3-2-6 5G14433内部结构框图

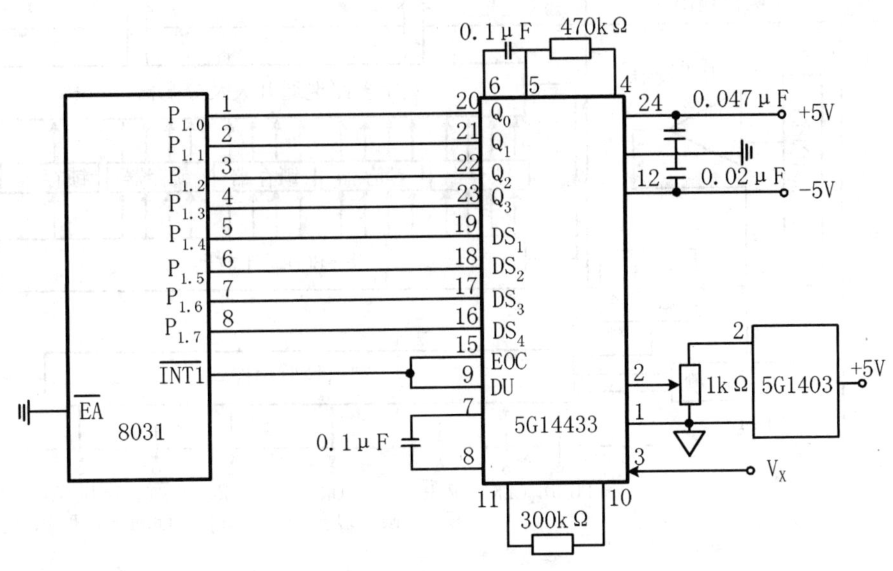

图3-2-7 5G14433与8031单片机接口电路

5G14433上电后，即对外部模拟输入电压信号进行A/D转换，由于EOC与DU端相连，每次转换完毕都有相应的BCD码及相应的选通信号出现在$Q_0 \sim Q_3$和$DS_1 \sim DS_4$上。当8031单片机开放 CPU 中断，允许$\overline{INT1}$中断申请，并置外部中断为边沿触发方式，在执行完中断服务程序、每次 A/D 转换结束时，都将把 A/D 转换结果数据送入片内 RAM 中的 2EH，2FH 单元。这两个单元均可位寻址。关于外部$\overline{INT1}$中断服务程序等内容，请参见有关技术文献。

② $4\frac{1}{2}$位双积分型 A/D 转换器 ICL7135　ICL7135 是美国 Intersil 公司的产品，与国产芯片 5G7135 兼容。该芯片具有$4\frac{1}{2}$位的精度（相当于 14 位二进制数），在单极性基准电压下，能对双极性输入的模拟电压进行 A/D 转换，并自动输出极性判别信号。它采用了自校零技术，可保证零点在常温下的长期稳定性。它的输入阻抗极高，允许差分输入，价格低廉，是目前国内市场上广泛流行的单片集成$4\frac{1}{2}$位双积分 A/D 转换器。

ICL7135 芯片的内部电路由模拟电路和数字电路两部分组成。模拟电路部分主要外接器件是参考电压存储电容 C_R，积分电阻 R_{INT}，积分电容 C_{INT} 和校零储存电容 C_{AZ} 参考电压需外加，通常 $V_R = +1$ V。

ICL7135 的数字电路部分如图 3-2-8 所示，其主要功能包括：判别回积阶段比较器的过零检测，自动极性判别，各模拟开关的定时逻辑控制等。为了减少引出线数量，ICL7135 采用了字位动态扫描 BCD 码输出方式，即万、千、百、十、个字位的 BCD 码轮流地在 B_8，B_4，B_2，B_1 端上出现，并在 $D_5 \sim D_1$ 各端同步出现字位选通脉冲。此外，还设置了一些辅助逻辑电路，如过量程、欠量程判别电路，串行字位同步脉冲形成电路，启/停控制电路等，既提高了器件的应用性能，也简化了外部接口电路。

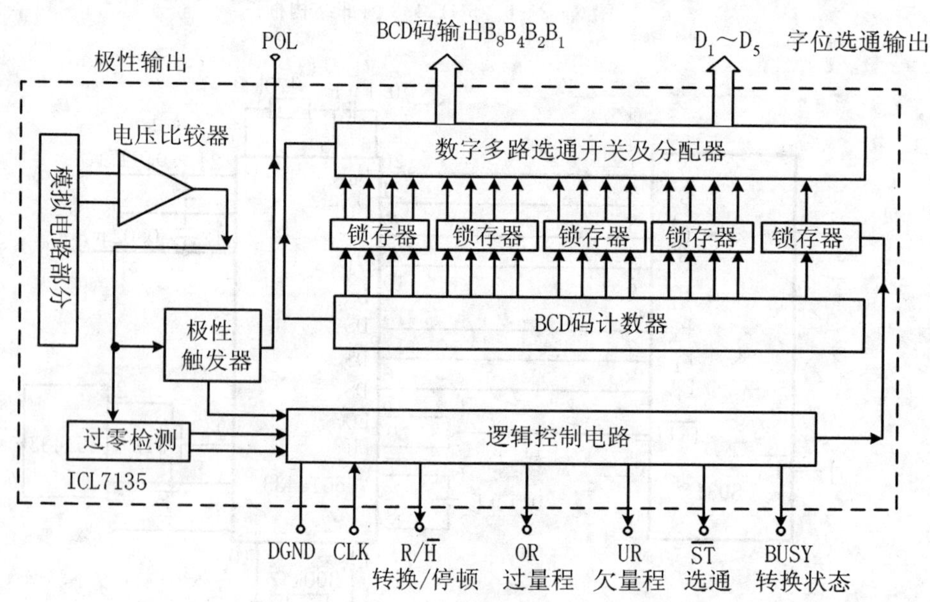

图 3-2-8　ICL7135 数字部分结构原理图

ICL7135 的 A/D 转换结果是动态分时轮流输出的 BCD 码，因此 MCS-51 单片机只能通过并行 I/O 接口或扩展 I/O 接口与其连接。为了节约 I/O 口线，在图 3-2-9 所示 ICL7135 与 8031 单片机的接口电路中使用了 74LSl57 四 2 选 1 数据选择器。使“万”位数据输出及其它的三个标志信号(超量程、欠量程、极性输出)与 BCD 码数据输出的 B_8,B_4,B_2,B_1 共用 8031 的 $P_{1.3} \sim P_{1.0}$ 四条 I/O 口线。其分时传送通过 D_5 控制 74LS157 的选择端 SEL 得以实现。SEL 输入低电平时选择 1A～3A 输出,输入高电平时选择 1B～3B 输出。因为"万"位数只能输出 0 或 1,是半个位。所以正好和 OR(过量程)、UR(欠量程)和 POL(正负极性)三位构成四位数据输出,供 8031 读数,这样就可以使用 7135 的"万"位选通信号 D_5 作为 74LSl57 的选择端 SEL 的控制信号。

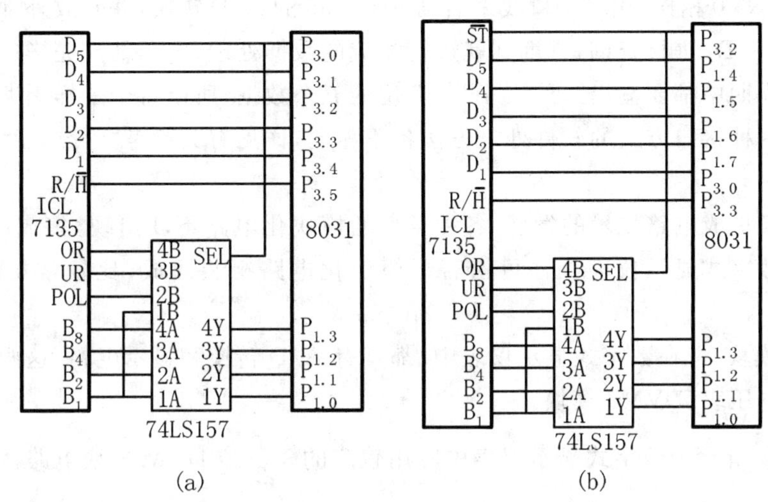

图 3-2-9 ICL7135 与 8031 单片机的硬件接口

(a) 查询方式;(b) 中断查询方式

ICL7135 转换结果控制信号时序如图 3-2-10 所示。当每一个 A/D 转换周期结束后,ICL7135 的 $\overline{ST}$ 端发出 5 个负脉冲信号分别与 D_5(万位)、D_4(千位)、D_3(百位)、D_2(十位)、D_1(个位)的位选通信号相对应。在位选通信号($D_5 \sim D_1$)的控制下,从 B_8,B_4,B_2,B_1 端发送出相应位的 BCD 码。$R/\overline{H}$ 为启动转换/保持控制信号;悬空状态时自动产生高电平,按自动转换方式工作;$R/\overline{H}$ 而输入低电平时,本次转换完的输出值保持不变,ICL7135A/D 转换器暂停转换。

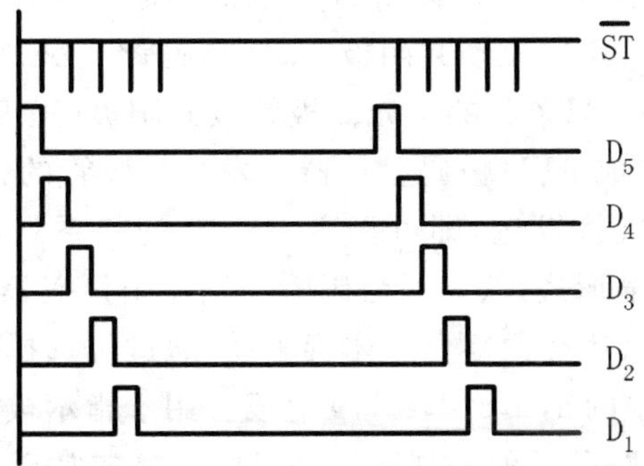

图 3-2-10 ICL7135 转换结果控制信号时序

根据对$\overline{ST}$转换结束控制信号和位选通信号 $D_5 \sim D_1$ 的处理方法不同,在图 3-2-9 中给出了两种硬件接口方式。为了突出 ICL7135 与 8031 单片机的接口连接,图中只画出了数据线(B_8,B_4,B_2,B_1)、位控线($D_5 \sim D_1$)及相应的标志、状态控制线。图 3-2-9(a)所示为查询方式的硬件接口,由 8031 的 10 根 I/O 口线与 ICL7135 的 $D_5 \sim D_1$,$R/\overline{H}$,B_8,B_4,B_2,B_1,OR,UR,POL 相连,其中 B_8,B_4,B_2,B_1 和 OR,UR,POL 两组共用 8031 单片机的 $P_{1.3} \sim P_{1.0}$ 口线。图 3-2-9(b)所示的中断查询方式接口应用较为普遍。在这种方式中,$\overline{ST}$数据输出选通信号与 8031 单片机的$\overline{INT0}$相连,用 $P_{3.3}$ 口线来启动 ICL7135 的 A/D 转换,并开放外部中断。在中断处理中再对 $D_5 \sim D_1$ 进行查询,查询到就进行相应的数据处理,中断处理完毕后返回主程序。由于每个采样周期中都要输出"万"位到"个"位的五个数据,所以每个采样周期要经过五次中断处理。上述两种接口方式的软件处理方法各不相同,详见有关参考文献。

3. 功能模块

随着大规模集成电路技术的发展,各种类型的模块化电路不断出现,集成度越来越高,功能越来越全。数字式显示仪表往往可由若干模块化电路组装而成,比较常见的有如下功能模块。

(1)DVM 模块　在数字式显示仪表中,都具有 A/D 转换和显示电路,这两部分组合在一起即构成数字电压表(DVM) 模块。

图 3-2-11 所示为数字式显示仪表中应用较广的 $3\frac{1}{2}$ 位 DVM 模块电路。该模块的核心是 CAD7107 型 A/D 转换器(与国外型号 ICL7107 兼容,可以互换使用)。这也是一种双积分型 A/D 转换器,它在一单片 CMOS 集成块上实现 7 段译码、显示驱动、参考电压与时钟等功能。由于该芯片是大电流反相输出,所以能直接驱动共阳极半导体数码显示器 LED。由于采用了 LED 显示,亮度大,读数清楚,不存在视角问题。但是 LED 功耗较大,因此用 7107 构成的 DVM 模块功耗大,不宜用于电池供电,适合于组装采用市电供电的要求读数亮度大的仪器仪表。

图 3-2-12 所示的 $4\frac{1}{2}$ 位 DVM 模块电路,以 7135(ICL7135 或 SG7135)A/D 转换器为核心。

由于 7135 内部无译码、驱动器和时钟振荡电路,所以该模块除了配置有 LED 数码显示器、基准电压调整电路、输入信号滤波电路等外,还需外接振荡器和译码、驱动电路。图中,4511 是 BCD 七段译码驱动器,用以驱动共阴极 LED 数码管。LED 数码管的笔划和管脚排列如图 3-2-13 所示,用 7(或 8) 只条状的发光二极管按共阳极(正极)或共阴极(负极)方式连接起来,并组成"8"字形,即构成 LED 数码显示器。发光二极管的另一极作为笔划电极,只要按规定使某些笔划的发光二极管发光,即可显示 0 ～ 9 的一系列数字及某些英文字符。因 7135 的数据输出采用动态扫描形式,故五只数码管公用一个译码器。五位数的阴极由七路达林顿驱动器 MC1413 中的五只达林顿复合晶体管驱动,通过位选择信号 $D_5 \sim D_1$ 逐位选通。译码器输出并行驱动各位数字的 a,b,c,d,e,f,g 七段。用于指示被测电压极性的 LED 能显示"+"或"—"极性。其中,显示"—"号的一划通过一只电阻接成常亮状态,而"+"号的一竖则通过晶体管接+5 V 电源。当被测电压是正值时,7135 芯片的 POL 输出高电平,晶体管导通,显示"+"号。若被测电压为负值,则 POL 输出低电平,晶体管截止,只显示"—"号。

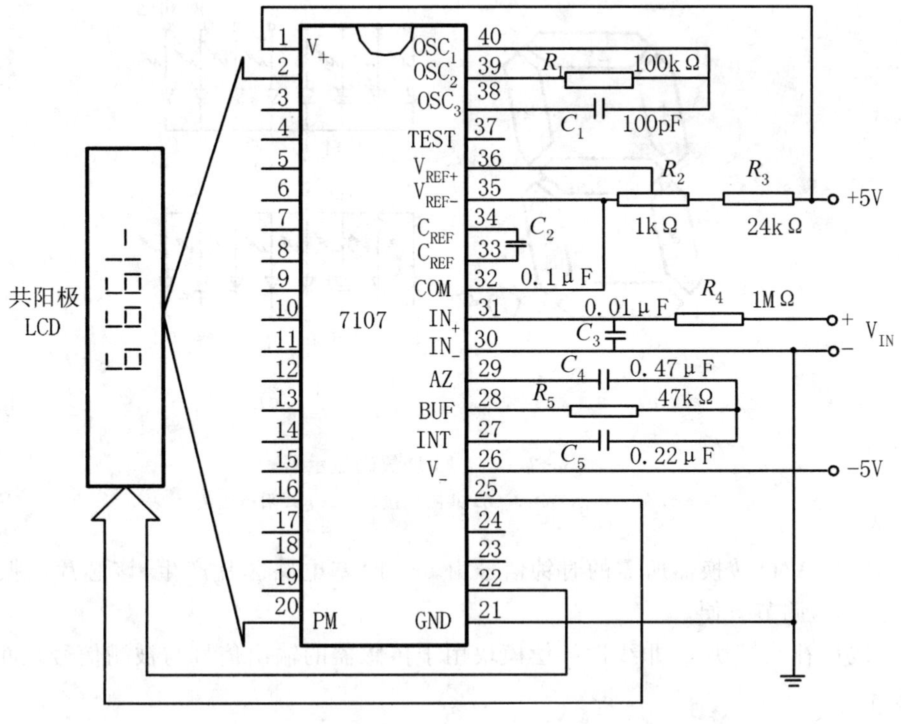

图 3-2-11　$3\frac{1}{2}$ 位 DVM 模块电路

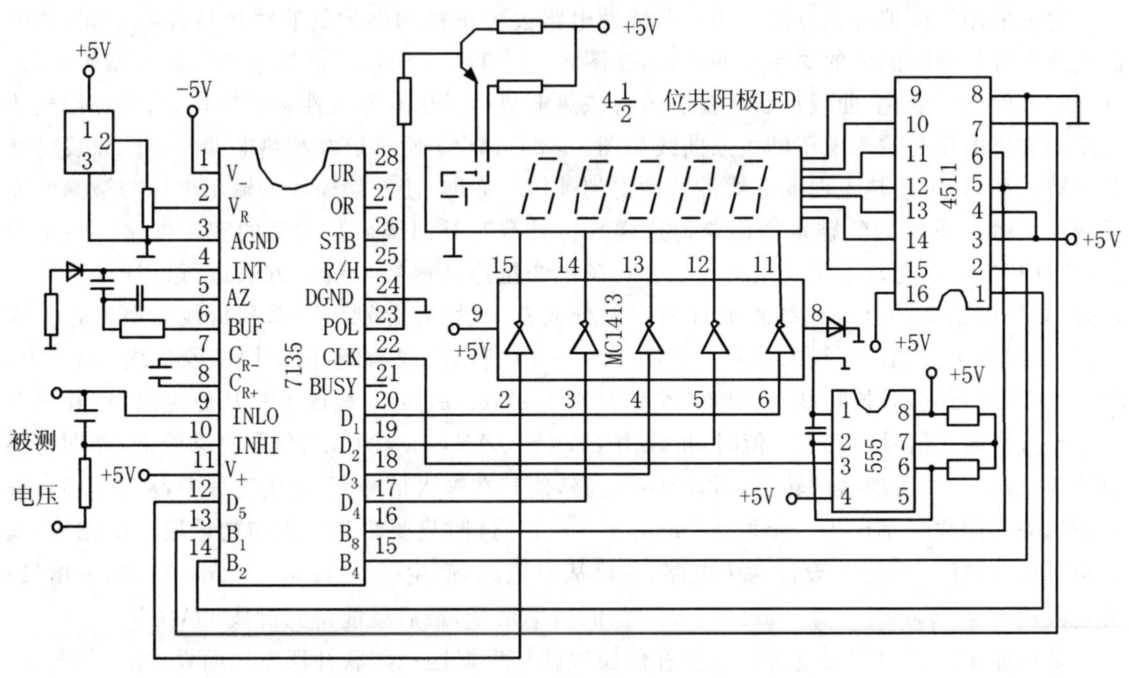

图 3-2-12　$4\frac{1}{2}$ 位 DVM 模块电路

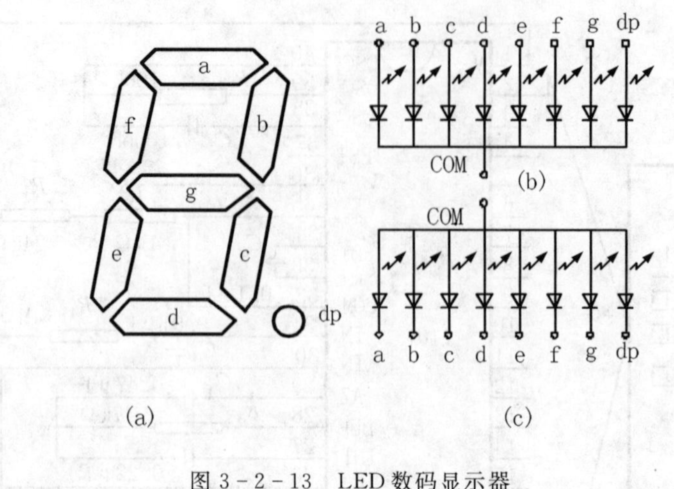

图 3-2-13　LED 数码显示器

(a) 显示器示意图；(b) 共阴极接法；(c) 共阳极接法

图中，7135A/D 转换器所需的时钟信号由 555 时基电路芯片产生，该芯片的振荡频率稳定，电源范围宽，调节方便。

(2) 非线性补偿模块　非线性补偿模块用于传感器的输出信号与被测信号之间呈非线性关系的场合。

非线性补偿可以采用模拟运算方法、数字计算方法或非线性模数转换等方法来完成。其中，数字计算方法用于带微处理机的仪表中，而在一般数字式显示仪表中用得较多的是模拟运算方法。

通常采用的模拟补偿方法是用一非线性电路去校正被测参数的非线性特性。例如，热电偶的热电势与被测温度的关系呈非线性，如图 3-2-14(a) 所示。该热电势经放大器放大后，仅仅是幅值发生变化，曲线形状不变。若将该热电势信号送入非线性补偿模块，只要补偿模块电路的输出电压与输入电压的关系曲线如图 3-2-14(b) 所示恰好和热电偶的特性曲线呈互补函数关系，则可使热电偶的非线性特性得到补偿。亦即，使补偿模块的输出电压与被测温度呈线性关系。重要的问题是如何获得这样一种具有互补曲线函数关系的实用电路。在工程上，此种补偿电路通常采用几段折线拟合一条单变量连续函数曲线的方法进行设计。具体设计时，先将被模拟的互补曲线按允许的误差分成若干段，并分别用一系列折线来逼近它。这样，该曲线就可由几段折线来代替。以图 3-2-15 所示曲线为例，假设用四段折线 OA，AB，BC，CD 来逼近它，各段折线与横轴的交角分别为 α_1，α_2，α_3，α_4。线段 OA 从原点出发，其斜率为 $\tan\alpha_1$；当输入信号达到 V_{iA} 值时，折线由 OA 转入 AB，相应的放大倍数自动降低，亦即将斜率降为 $\tan\alpha_2$。要实现这一转折，可设计一电路，使其在输入信号 V_i 变化过程中，从 A 点起，输入输出关系曲线斜率产生一个增量 $(\tan\alpha_2 - \tan\alpha_1)$，这时只要将其输出与初始段输出相加，就可得到线段 AB。同样再设计两个电路，一段从 B 点起，产生一个 $(\tan\alpha_3 - \tan\alpha_2)$ 的斜率增量；另一段从 C 点起，产生一个 $(\tan\alpha_4 - \tan\alpha_3)$ 的斜率增量，最后就能得到折线 $OABCD$。

数字显示仪表中的热电势非线性补偿模块就是根据这一并联补偿原理而设计的，如图 3-2-16 所示。在具体设计中，组成折线补偿的线性化电路要求折点调整方便，折线斜率正负可变换，斜率可调整的幅度适用，能满足补偿要求。

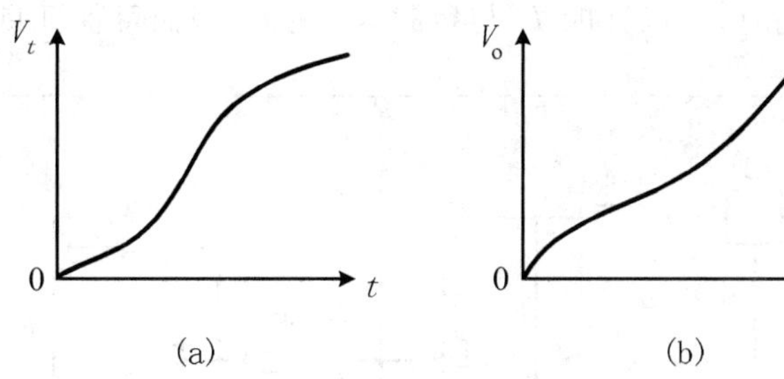

图 3－2－14　非线性补偿的互补曲线

(a) 热电偶的热电势与温度的关系；

(b) 补偿模块的输出电压与输入电压的关系曲线

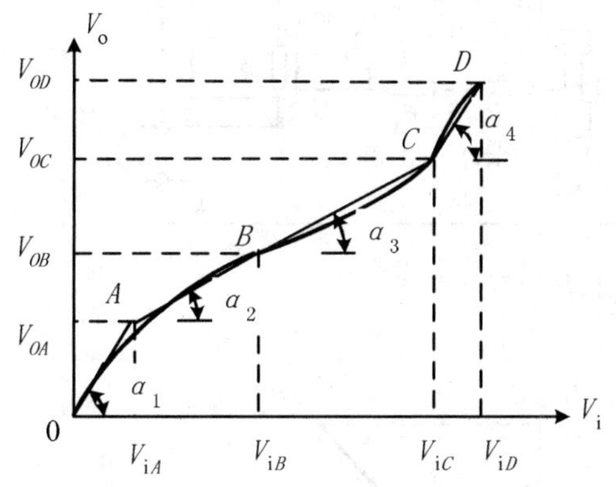

图 3－2－15　用 n 段折线逼近曲线

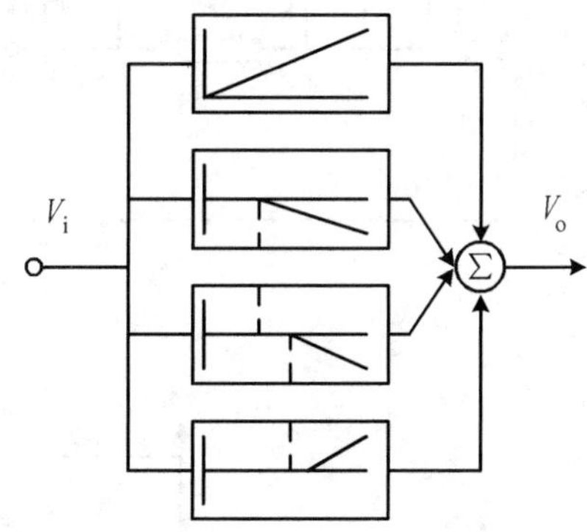

图 3－2－16　并联补偿原理示意图

(3)V/I转换模块　V/I转换模块的任务是将来自其它模块的电压信号线性地转换成4～20 mA DC(或 0～10 mA DC) 统一标准信号，以便送调节器或其它仪表使用。

V/I 转换模块的原理电路如图 3－2－17 所示。该模块包括标度变换部分和输出部分。其中，标度变换部分由 A_1 及一些电阻构成，输出部分由 A_2，BG_1，BG_2 等组成。

为了适应不同的使用要求，标度变换部分应具有不同的传输特性，如图 3－2－18 所示。由图可见，传输特性曲线的起始点应能正向或负向迁移。为此，设置了迁移量调整用的 V_+ 和 V_- 两种电源。迁移量可由变阻器 W_1 进行微调，由 R_3 和 R_4 做粗调。此外，随着输入信号的类型不同以及输出电流的信号制不同，所对应的传输特性斜率也不同(见图 3－2－18)，这就要求标度变换电路的增益具有较大的可调范围，图中 W_2 作增益细调之用，而粗调则通过更换 R_7 来实现。

输出电路中的 BG_1 作反相放大，以提高开环放大倍数，改善该模块的恒流性能。BG_2 为射极跟随器，"因而能获得较大的输出电流。如图 3－2－17 所示，当一个正极性的输入信号 V_i，通过电阻 R_6 加到 A_1 的同相输入端时，A_1 的输出电压相应升高，而 A_2 的输出随之降低，BG_1 的输出相应升高，因而 BG_2 的射极输出电流相应增大。此电流在反馈电阻 R_f 上有一电压降，然后分别经 R_9 和 R_{11} 反馈到 A_2 的差分输入端，组成一个比例运算电路，使负载电阻上的电压降 R_LI_0

与 A_1 的输出电压 V_{01} 有一一对应关系，即 I_0 与 V_{01} 成比例关系，从而使输出 I_0 与输入 V_i 之间具有良好的线性关系。同时，可以证明 I_0 与负载 R_L 无关，因而可保证良好的恒流特性。

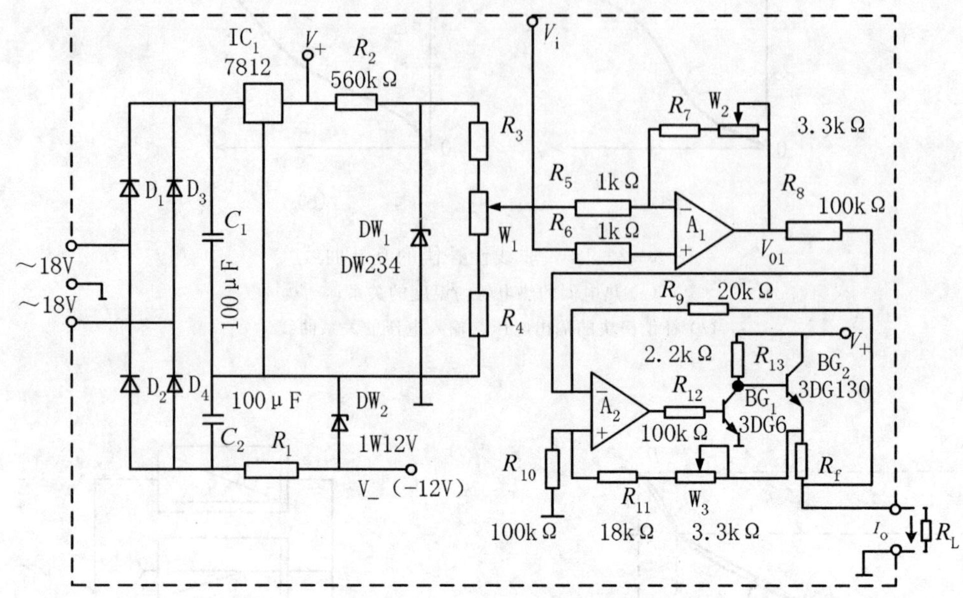

图 3-2-17　V/I 转换模块原理电路图

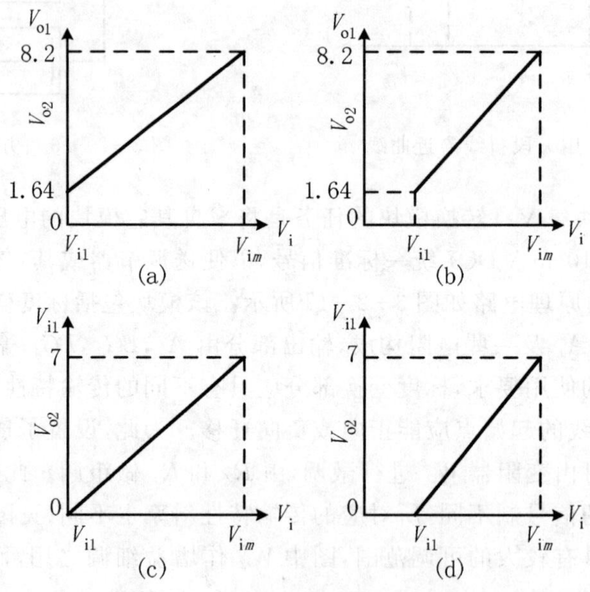

图 3-2-18　几种典型的传输特性

(4) 其他功能模块　除上述各种功能模块外，有时还要用到信号变换模块、调节模块、巡检模块等功能模块，以便组装成显示调节型、巡回检测型等不同类型、多种功能的数字式显示仪表。

1) 信号变换模块　信号变换模块的功能是将来自传感器的输入信号(电压、电流、电阻等）转换成一定范围内的直流电压信号，以便送往 DVM 显示或送其它单元处理。常见的信号变换模块见表 3－2－1。

表 3－2－1　信号变换模块

模块名称	主要功能	特点
热电偶信号变换和放大模块	将热电偶的热电势或其它毫伏信号变换后放大到伏特级直流电压	具有热电偶冷端温度补偿和断偶保护功能
R/V 转换模块	与电阻型传感器配合使用，提供一个恒定的直流电流，将电阻信号转换成电压信号	可对铂热电阻等的非线性进行补偿
六端电桥 R/V 转换模块	利用不平衡电桥，将电阻型传感器的电阻信号转换成电压信号	六端电桥与 A/D 转换器的传输特性结合起来实现非线性补偿
I/V 交流电平转换模块	将电流互感器送来工频交流电流线性地转换成直流电压	主要用于电力测量，利用电流互感器将弱电部分与相电压隔离
V/V 交流电平转换模块	将来自电压互感器的工频交流信号线性地转换成直流电压	主要用于电力测量，利用电压互感器（被测电压 > 100 V）或降压变压器（被测电压 < 100 V）将弱电部分与相电压隔离

2）调节模块　数字显示调节仪表中常用两位式调节、时间比例调节、比例积分微分（PID）调节等功能模块，见表 3－2－2。此外，还有一种三位式调节模块，实际上是由两块二位式调节模块构成的。

3）巡检模块　该模块具有定时、巡回方式选择、多路信号转换、自检控制、点号显示等功能，其任务是实现被测参数的巡回检测。

表 3－2－2　调节模块

模块名称	主要功能	输出信号
位式调节模块	将测量值和给定值之差放大成继电器触点的吸合或释放动作	断续信号
时间比例调节模块	测量值在给定值附近的一定范围内时，继电器自动地周期性吸合、释放，其吸合、释放的时间同测量值与给定值之偏差成比例	断续信号
比例积分微分（PID）调节模块	按测量值与给定值之偏差进行比例积分微分运算，运算结果经功率放大后输出控制信号	连续信号（0 ～ 10 mA 或 4 ～ 20 mA DC）

巡检模块电路由若干片逻辑集成电路和多只微型继电器构成，是一种结构较为复杂的功能模块，其电路原理请参见有关文献，此处不再赘述。

3.2.3 数字式显示仪表的应用

1. 模块化数字显示仪表

将不同的功能模块组合在一起即可构成功能各异的数字式显示仪表。下面介绍几种典型的模块化数字显示仪表及其应用。

(1) 数字显示调节仪。

1) 热电偶型　图 3-2-19 所示的热电偶型数字显示调节仪由热电偶信号变换及放大模块、非线性补偿模块、时间比例调节模块、DVM 模块以及“显示选择”开关、设定电位器等组成。它与各种分度号的热电偶配合，能对工业过程中 $-200 \sim +1\,999$℃ 范围内的各种气体、液体温度进行测量、显示和时间比例调节。

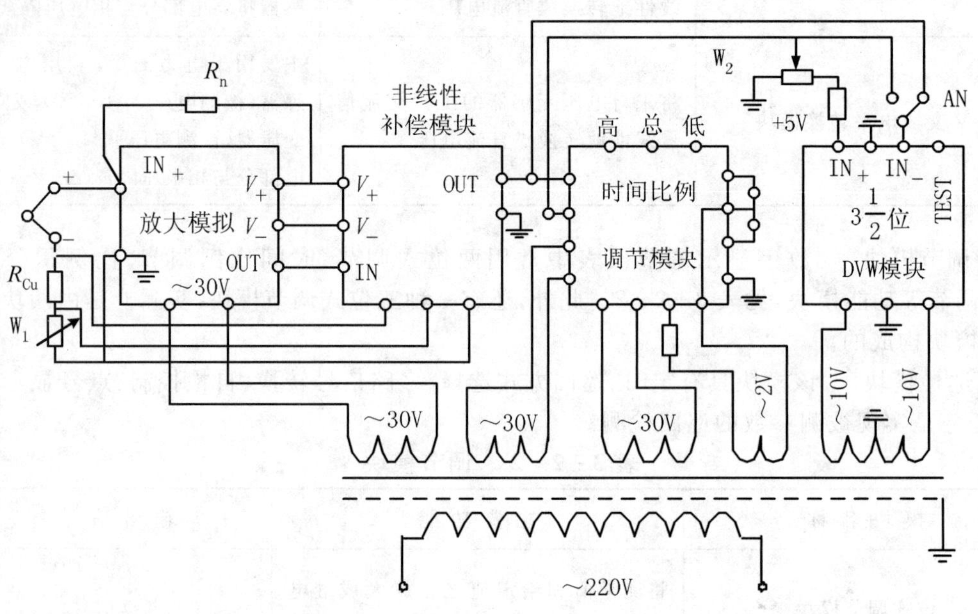

图 3-2-19　热电偶型数字显示调节仪原理图

如图所示，来自热电偶的热电势 $E(t,t_0)$，在信号变换及放大模块的输入电路中与冷端补偿电势 $E(t_0,0)$ 叠加，得到参考点为 0℃ 的热电势 $E(t,0)$。此电势经放大后送非线性补偿模块进行非线性校正。经过校正的电信号与被测温度 t 呈比例关系，然后送 DVM 模块进行显示。同时，该信号作为测量值送时间比例调节模块，设定值则由电阻和电位器分压得到(其电源取自 DVM 模块)。测量值与设定值在时间比例调节模块中进行比较得到偏差，并对此偏差进行时间比例运算，输出开关接点的通-断信号。

测量值和设定值均在 DVM 中显示。“显示选择”开关 AN 按下时显示设定值，放开时显示测量值。

2) 热电阻型　热电阻型数字显示调节仪可分别与分度号为 Pt100,Pt10,Cu100 和 Cu50 等热电阻配合,能对工业过程中 －200 ～＋850℃ 范围内的各种温度进行测量和数字显示,并能进行连续 PID 调节,输出 4 ～ 20 mA(或 0 ～ 10 mA)DC 的统一标准信号。

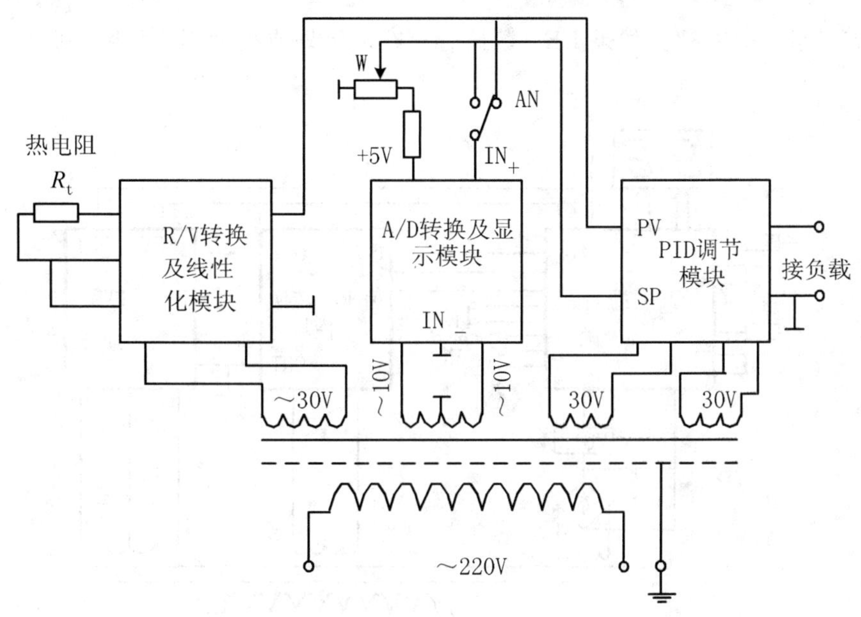

图 3-2-20　热电阻型数字显示调节仪原理图

该仪表整机线路由 R/V 转换模块、DVM 模块、PID 调节模块以及“显示选择”开关 AN、设定值调整电位器 W 等组成,如图 3-2-20 所示。当按下“显示选择”开关按钮 AN 时,仪表显示设定值;当释放时显示测量值。

(2) 数字显示巡检仪　数字显示巡检仪分为热电阻型和热电偶型,可分别与热电阻、热电偶等传感器配合使用,实现多点巡回检测或定点测量。

热电阻型数字显示巡检仪由巡检模块、R/V 转换模块、DVM 模块以及点号显示器、按钮开关等组成,与热电阻配用能对 －200 ～＋850℃ 范围内的温度进行巡回检测或定点检测,其线路原理如图 3-2-21 所示。多路测量信号(最多 12 路)进入巡检模块,由多路转换开关选通其中一路,通过 A,B,C,三根线进入 R/V 转换模块。如果配用热电阻的分度号为 Pt100 或 Pt10,则信号在 R/V 转换模块中同时完成线性化处理,得到的电压信号与被测温度之间呈线性关系。此电压信号送 $3\frac{1}{2}$ 位 DVM 模块显示。该仪表的前面板上有两个显示窗口,其中一个窗口用 $3\frac{1}{2}$ 位红色 LED 数码管显示测量值,另一个窗口用 2 位绿色 LED 数码管显示检测点号。前面板上还有两个按钮,其中按钮 AN_1 为巡检方式选择按钮,按下该按钮,为手动巡检方式;再按一下,该按钮弹出,仪表恢复到自动巡检方式。另一按钮 AN_2 为手动选点按钮,当巡检方式选择按钮处于“手动”位置时,每按一下选点按钮 AN_2,检测点号就从小到大依次步进一步。

如图 3-2-21 所示，在巡检模块和 $3\frac{1}{2}$ 位 DVM 模块之间有两根连接线，当巡检模块完成 1# ～12# 点的顺序采样后，下一步就进入测试(TEST) 状态。此时，巡检模块中的 J_{00} 继电器(图中未示出)受电，其常开触点闭合，从而将来自 $3\frac{1}{2}$ 位 DVM 模块的 +5 V 信号送到“TEST”入口。仪表显示“-1888”。如果 LED 数码管存在缺笔划或亮度不均故障，则可一目了然地检查出来。

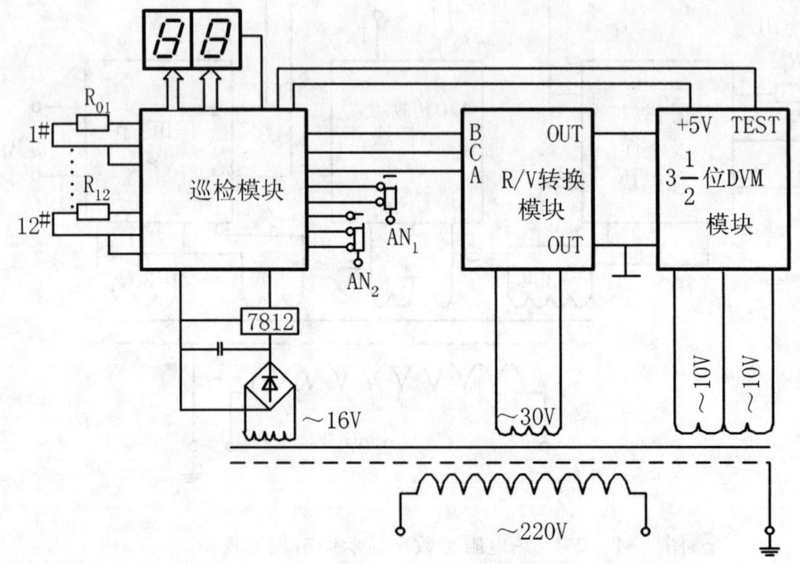

图 3-2-21　热电阻型数字显示巡检仪原理图

热电偶型数字显示巡检仪的整机线路与上述热电阻型巡检仪类似，只不过热电偶巡检模块每路输入信号只有两根线(+线和 - 线均进转换开关)，其测量部分由微伏信号放大模块和折线法非线性补偿模块组成，另有冷端温度补偿电阻和冷端调整电位器装在仪表的尾部(可用螺丝刀方便地对此电位器进行调整)。该仪表与热电偶或辐射感温器配合，能对生产过程中 -200 ～+1 999℃ 范围内的温度进行巡回检测或定点测量。

(3) 数字显示报警仪　数字显示报警仪由输入电路、DVM 模块、位式调节模块以及“显示选择”开关按钮 AN，设定值调整电位器 W 等组成，其线路原理如图 3-2-22 所示。

输入电路信号(4 ～20 mA) 在输入电阻 R_i 上被转换成 0.2 ～1 V 电压，然后送入 $3\frac{1}{2}$ 位 DVM 模块进行 A/D 转换和数字显示，同时送入位式调节模块与设定值比较以进行报警(或进行位式控制)。当仪表用作上限报警时，若被控变量低于设定值，绿色发光二极管 D_g 燃亮；反之，红色发光二极管 D_r 燃亮。

上述电位器、按钮和指示灯均露出面板，以方便操作和观察。

2. 微机化数字显示仪表

随着超大规模集成电路的发展及其芯片价格的下降，微型计算机已成为仪器仪表的重要组成部分，特别是功能强、体积小、价格低廉的单片机在数字式显示仪表中得到了广泛应用，使其从常规仪表发展为微机化仪表。

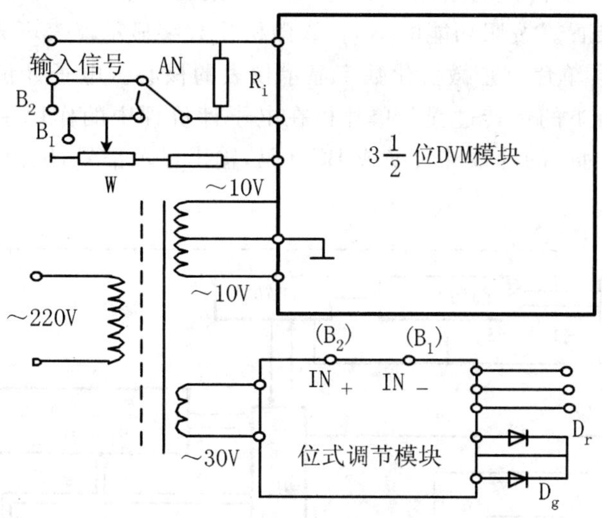

图 3-2-22　数字显示报警仪线路原理

微机化数字显示仪表的典型结构如图 3-2-23 所示，传感器的输出信号经模拟放大器进行放大后，送入 A/D 转换器，由单片机控制实现 A/D 转换。A/D 转换的结果送入显示器进行显示。该结果还可按照规定的格式打印出来，打印操作所需的中文字库、数码和制表等都固化在仪表的 EPROM 中，不必另外配置标准的汉卡。此种微机化数字显示仪表一般还具有 RS-232C，RS-422 等异步串行通讯输出接口，便于和上位机通讯。有的仪表还具有大屏幕串行输出接口，可将数据传送至大屏幕进行显示。仪表的各种功能可通过面板上的键盘予以设置或调用。

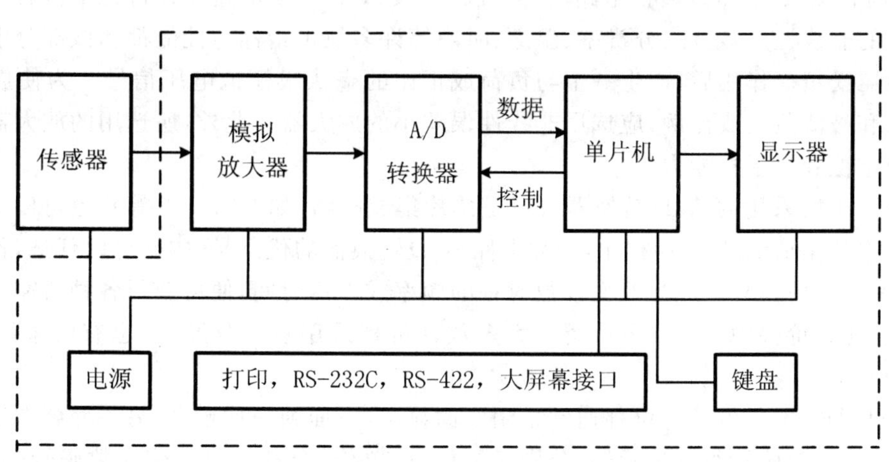

图 3-2-23　微机化数字显示仪表的典型结构框图

目前在市场上广泛使用的电子计价秤是微机化数字显示仪表的一种典型应用，其主要功能包括：开机自检，零位自动调整，零位自动跟踪，置零、去皮、单价设置、金额累计。计价清除，超载报警，量程转换和线性补偿，双面数字显示以及打印等。

图 3-2-24 为电子计价秤的结构框图，它实际上是由称重传感器和一个微机化数字显示仪表组合而成的检测装置。按照功能的不同，该微机化数字显示仪表可分为以下几大部分：

(1) 单片计算机　单片机是微机化数字显示仪表的核心。电子计价秤的工作过程，就是单片机在规定程序指令下的运转过程。单片机在电子计价秤中的作用主要是：输出采样定时信号，处理采样重量所对应的计数并转换成 BCD 码，输出显示信号，输出并接收键盘 / 开关扫描信号等。

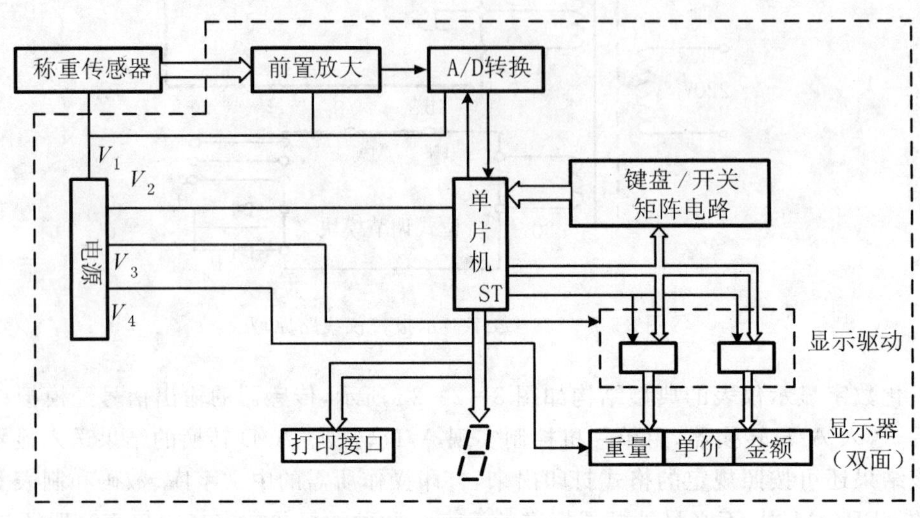

图 3-2-24　电子计价秤的结构框图

(2) 前置放大及 A/D 转换电路　前置放大及 A/D 转换电路在计价秤中占有十分重要的位置。秤的非线性、稳定性、分辨率、温漂、时漂等许多技术指标与性能都和该部分电路有关。称重传感器受负荷作用后，产生一个与负荷成正比的毫伏级模拟电压信号。为使放大后的电压信号仍和被测负荷成比例，应选用非线性误差小的放大器。此外，所选用的放大器还应具有良好的稳定性和抗干扰能力。

计价秤中所采用的 A/D 转换器可以是单片集成电路(如 ICL7135 等)，也可以由分立元件组成。与单片集成 A/D 芯片相比，分立电路 A/D 转换器的优点是：内码可以任选，价格更加低廉，使用维护方便。只要适当改变计数时钟的频率或采样时间，便可获得各种所需要的内分辨率。因此，在计价秤中应用十分广泛。大多数计价秤采用双积分原理，也有的采用其它 A/D 转换原理。

(3) 显示电路　电子计价秤通常采用双面显示(一面朝向称量者，另一面朝向顾客)，每面都由 16 位 8 段数码管组成显示器，分别显示重量、单价、金额。由于荧光数码管具有亮度高、引脚少、装配简单等特点，在计价秤中得到了普遍应用，但因其功耗大、驱动电压高而不宜于直流应用，在某些电力不足的地区则多选用 LED，LCD 显示管。

计价秤采用逐位扫描方式显示，扫描信号(段扫描、位扫描信号) 由单片机提供。由于单片机输出的高电平为 5 V，而荧光数码管所需的驱动电压为 30 V 左右，因此在它们之间要增加一级显示驱动电路。

(4) 键盘／开关矩阵电路　键盘／开关矩阵电路由若干个键、微调开关和跨越线等组成，它们的通断，控制着程序的流向，使计价秤完成各种既定功能(如键功能、线性补偿、量程转换等)以及具有不同的显示形式。

键盘通常为柔性薄膜式触摸键盘。在软件设计上，键与键是相互隔离的。亦即，当按住一个键不动时，再按另一个键则不起作用。

微调开关对于计价秤的调试具有非常重要的作用，其功能主要包括：计价值的调校，量程和分度值的转换，测试模式与称重模式的转换，显示稳定度的控制等。

跨越线同微调开关一样，是通过控制扫描矩阵电路的通断来实现软件程序不同流向的一种方法。在程序中，事先编好各种功能，使用时将这些跨越线接通或断开，便可得到所需要的功能。

(5) 打印接口　通过该接口将秤的数据传送给打印机进行打印。

(6) 电源电路　计价秤内部需要三组直流电源：V_1(15 V)供给传感器和模拟电路；V_2(5 V)供给单片机以及分频器；V_3(32 V)供给显示驱动器；由 V_2 派生出的 V_4(6.3 V)给显示管提供灯丝电压。由 V_1 经过电感滤波后的电压专供 A/D 转换电路，以防止高频噪声的干扰。

不同厂家生产的电子计价秤，基本上都是由上述各主要部分组成的，只不过其内部电路的具体结构不尽相同，所选用的元件也各有差异。

思考题与习题

3-1　动圈式显示仪表的磁电式动圈测量机构的工作原理如何？

3-2　自动平衡式显示与记录仪表在测量方法上有何特点？能否将此类仪表与电阻应变式传感器或压电式传感器配套使用？

3-3　通过查阅资料，试列表说明常见光柱式显示仪表的类型、规格、特点及其主要应用。

3-4　试说明逐次逼近型 A/D 转换器的工作原理，此种 A/D 转换器有何特点？适合应用于哪种场合？

3-5　双积分型 A/D 转换器的两个积分过程有何不同之处？与逐次逼近型 A/D 转换器相比，这种 A/D 转换器有何特点？

3-6　试设计一种以热电偶为测量元件的微机化数字显示仪表的工作原理框图。

第4章 自动调节仪表

§4.1 概 述

自动调节仪表也称为自动控制仪表。在化工、造纸、炼油等工业生产过程中，对于生产装置中的压力、流量、液位、温度等参数常要求维持在一定的数值上或按一定的规律变化，以满足生产要求。在第二章中已经介绍了这些工艺参数的检测方法。如果是人工控制，操作者根据参数测量值和规定的参数值（给定值）相比较的结果，决定开大或关小某个阀门以维持参数在规定的数值上。如果是自动控制，可以在检测的基础上，再应用控制仪表（常称为控制器）和执行器来代替人工操作。所以，自动调节仪表在自动控制系统中的作用是将被控变量的测量值与给定值相比较，产生一定的偏差，控制仪表根据该偏差进行一定的数学运算，并将运算结果以一定的信号形式送往执行器，以实现对于被控变量的自动控制。

从调节仪表的发展来看，大体上经历了以下三个阶段。

（1）基地式调节仪表　这类调节仪表一般是与检测装置、显示装置一起组装在一个整体之内，同时具有检测、控制与显示的功能，所以它的结构简单、价格低廉、使用方便。但由于它的通用性差，信号不易传递，故一般只应用于一些简单控制系统。在一些中、小工厂中的特定生产岗位，这种控制装置仍被采用并具有一定的优越性。例如沉筒式的气动液位控制器（UTQ－101型）可以用来控制某些贮罐或设备内的液位。

（2）单元组合式仪表中的调节单元　单元组合式仪表是将仪表按其功能的不同分成若干单元（例变送单元、给定单元、控制单元、显示单元等），每个单元只完成其中的一种功能。各个单元之间以统一的标准信号相互联系。单元组合式仪表中的调节单元能够接受测量值与给定值信号，然后根据它们的偏差发出与之有一定关系的控制作用信号。单元组合式调节仪表有气动与电动两大类。目前国产的气动调节仪表例如QDZ－Ⅰ型（膜片型），QDZ－Ⅱ型（波纹管型），采用的是20～100 kPa的气动标准信号。电动调节仪表例如DDZ－Ⅱ型，采用的是0～10 mA信号；DDZ－Ⅲ型，采用的是4～20 mA信号。

（3）以微处理器为基元的控制装置　微处理器自从70年代初出现以来，由于它灵敏、可靠、价廉、性能好，很快在自动控制领域得到广泛的应用。以微处理器为基元的控制装置其控制功能丰富、操作方便，很容易构成各种复杂控制系统。目前，在自动控制系统中应用的以微处理器为基元的控制装置主要有总体分散控制装置、单回路数字调节器、可编程数字控制器（PLC）和微计算机系统等。

§4.2　基本控制规律及其对系统过渡过程的影响

所谓控制规律是指控制器的输出信号与输入信号之间的关系。在具体讨论控制器的结构与工作原理之前，需要先对控制器的控制规律及其对系统过渡过程的影响进行研究。控制器的形式虽然很多，有不用外加能源的（自力式的），有需用外加能源的（电动或气动），但是从控制规律来看，基本控制规律只有有限的几种，它们都是长期生产实践经验的总结。

研究控制器的控制规律时是把控制器和系统断开的，即只在开环时单独研究控制器本身的特性。

控制器的输入信号是经比较机构后的偏差信号 e，它是给定值信号 x 与变送器送来的测量值信号 z 之差。在分析自动化系统时，偏差采用 $e=x-z$，但在单独分析控制仪表时，习惯上采用测量值减去给定值作为偏差。控制器的输出信号就是控制器送往执行器（常用气动执行器）的信号 u。

因此，所谓控制器的控制规律就是指 u 与 e 之间的函数关系，即

$$u=f(e)=f(x-z) \tag{4-2-1}$$

在研究控制器的控制规律时，经常是假定控制器的输入信号 e 是一个阶跃信号，然后来研究控制器的输出信号 u 随时间的变化规律。

控制器的基本控制规律有位式控制（其中以双位控制比较常用）、比例控制（P）、积分控制（I）、微分控制（D）及它们的组合形式，如比例积分控制（PI）、比例微分控制（PD）和比例积分微分控制（PID）。

不同的控制规律适应于不同的生产要求，必须根据生产要求来选用适当的控制规律。如选用不当，不但不能起到好的作用，反而会使控制过程恶化，甚至造成事故。要选用合适的控制器，首先必须了解常用的几种控制规律的特点与适用条件，然后，根据过渡过程品质指标要求，结合具体对象特性，才能作出正确的选择。

4.2.1　双位控制

双位控制的动作规律是当测量值大于给定值时，控制器的输出为最大（或最小），而当测量值小于给定值时，则输出为最小（或最大），即控制器只有两个输出值，相应的控制机构只有开和关两个极限位置，因此又称开关控制。

理想的双位控制器其输出 u 与输入偏差 e 之间的关系为

$$u=\begin{cases} u_{\max}, & e>0（或 e<0）时 \\ u_{\min}, & e<0（或 e>0）时 \end{cases} \tag{4-2-2}$$

理想的双位控制特性如图 4-2-1 所示。

图 4-2-2 是一个采用双位控制的液位控制系统，它利用电极式液位计来控制储槽的液位，槽内装有一根电极作为测量液位的装置，电极的一端与继电器 K 的线圈相接，另一端调整在液位给定值的位置，导电的流体由装有电磁阀 V 的管线进入储槽，经下部出料管流出。储槽外壳接地，当液位低于给定值 H_0 时，流体未接触电极，继电器断路，此时电磁阀 V 全开，流体流入储槽使液位上升，当液位上升至稍大于给定值时，流体与电极接触，于是继电器接通，从而使电磁阀全关，流体不再进入储槽。但槽内流体仍在继续往外排出，故液位将要下降。当液位下

降至稍小于给定值时，流体与电极脱离，于是电磁阀又开启，如此反复循环，而液位被维持在给定值上下很小一个范围内波动。可见控制机构的动作非常频繁，这样会使系统中的运动部件（例如继电器、电磁阀等）因动作频繁而损坏，因此实际应用的双位控制器具有一个中间区。

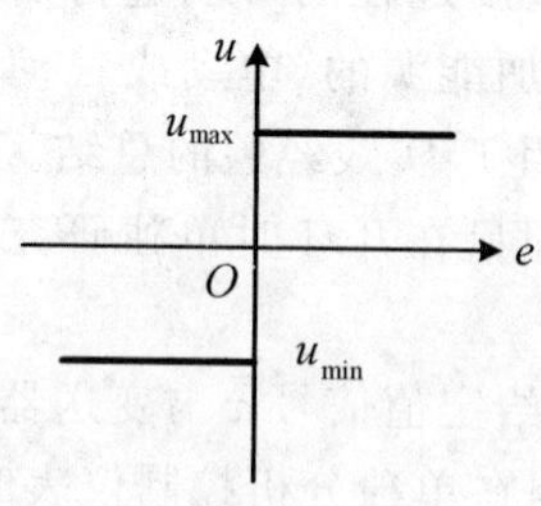

图 4-2-1　理想双位控制特性

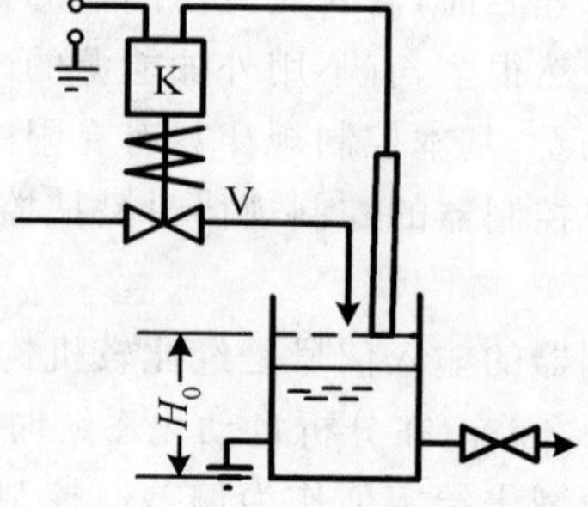

图 4-2-2　双位控制示例

偏差在中间区内时，控制机构不动作。当被控变量的测量值上升到高于给定值某一数值（即偏差大于某一数值）后，控制器的输出变为最大 u_{max}，控制机构处于开（或关）的位置；当被控变量的测量值下降到低于给定值某一数值（即偏差小于某一数值）后，控制器的输出变为最小 u_{min}，控制机构才处于关（或开）的位置。所以实际的双位控制器的控制规律如图 4-2-3 所示。将上例中的测量装置及继电器线路稍加改变，便可成为一个具有中间区的双位控制器。由于设置了中间区，当偏差在中间区内变化时，控制机构不会动作，因此可以使控制机构开关的频繁程度大为降低，延长了控制器中运动部件的使用寿命。

具有中间区的双位控制过程如图 4-2-4 所示。当液位 y 低于下限值 y_L 时，电磁阀是开的，流体流入储槽，由于流入量大于流出量，故液位上升。当升至上限值 y_H 时，阀关闭，流体停止流入，由于此时流体只出不入，故液位下降。直到液位值下降至下限值 y_L 时，电磁阀重新开启，液位又开始上升。图中上面的曲线表示控制机构阀位与时间的关系，下面的曲线是被控变量（液位）在中间区内随时间变化的曲线，是一个等幅振荡过程。

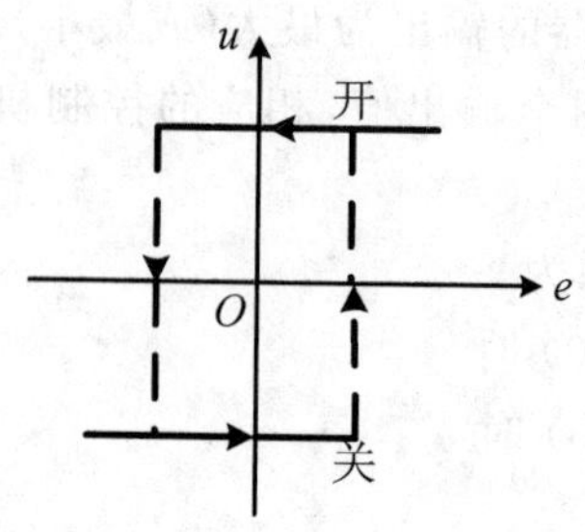

图 4-2-3　实际的双位控制特性

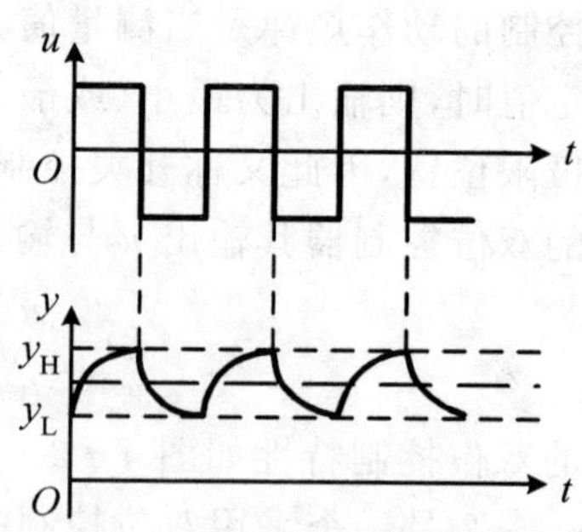

图 4-2-4　具有中间区的双位控制过程

双位控制过程中不采用对连续控制作用下的衰减振荡过程所提的那些品质指标，一般采用振幅与周期作为品质指标，在图 4-2-4 中振幅为 $y_H - y_L$，周期为 T。

如果工艺生产允许被控变量在一个较宽的范围内波动，控制器的中间区就可以宽一些，这样振荡周期较长，可使可动部件动作的次数减少，于是减少了磨损，也就减少了维修工作量，因而只要被控变量波动的上、下限在允许范围内，使周期长些比较有利。

双位控制器结构简单、成本较低、易于实现，因而应用很普遍，例如仪表用压缩空气贮罐的压力控制，恒温炉、管式炉的温度控制等等。除了双位控制外，还有三位(即具有一个中间位置)或更多位的，包括双位在内，这一类统称为位式控制，它们的工作原理基本上一样。

4.2.2 比例控制

在双位控制系统中，被控变量不可避免地会产生持续的等幅振荡过程，这是由于双位控制器只有两个特定的输出值，相应的控制阀也只有两个极限位置，势必在一个极限位置时，流入对象的物料量(能量)大于由对象流出的物料量(能量)，因此被控变量上升；而在另一个极限位置时，情况正好相反，被控变量下降，如此反复，被控变量势必产生等幅振荡。为了避免这种情况，应该使控制阀的开度(即控制器的输出值)与被控变量的偏差成比例，根据偏差的大小，控制阀可以处于不同的位置，这样就有可能获得与对象负荷相适应的操纵变量，从而使被控变量趋于稳定，达到平衡状态。如图 4-2-5 所示的液位控制系统，当液位高于给定值时，控制阀就关小，液位越高，阀关得越小；若液位低于给定值，控制阀就开大，液位越低，阀开得越大。它相当于把位式控制的位数增加到无穷多位，于是变成了连续控制系统。图中浮球是测量元件，杠杆就是一个最简单的控制器。

图 4-2-5 中，若杠杆在液位改变前的位置用实线表示，改变后的位置虚线表示，根据相似三角形原理，有

$$\frac{a}{b}=\frac{u}{e}$$

即

$$u=\frac{a}{b}e \tag{4-2-3}$$

式中 e—— 杠杆左端的位移，即液位的变化量；

u—— 杠杆右端的位移，即阀杠的位移量；

a,b—— 分别为杠杆支点与两端的距离。

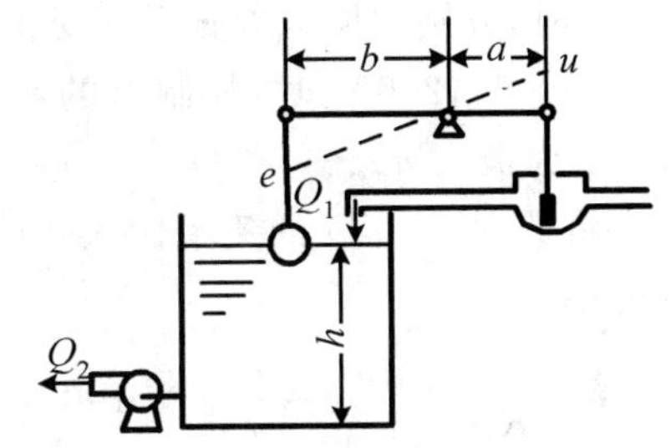

图 4-2-5 简单的比例控制系统示意图

由此可见，在该控制系统中，阀门开度的改变量与被控变量(液位)的偏差值成比例，这就是比例控制规律。

对于具有比例控制规律的控制器(称为比例控制器)，其输出信号(指变化量)u 与输入信号(指偏差，当给定值不变时，偏差就是被控变量测量值的变化量)e 之间成比例关系，即

$$u=K_Pe \tag{4-2-4}$$

式中 K_P 是一个可调的放大倍数(比例增益)。对照式(4-2-3)，可知图 4-2-5 所示的比例控制器，其 $K_P=\frac{a}{b}$，改变杠杆支点的位置，便可改变 K_P 的数值。

由式(4-2-4)可以看出，比例控制的放大倍数 K_P 是一个重要的系数，它决定了比例控制作用的强弱。K_P 越大，比例控制作用越强。在实际的比例控制器中，习惯上使用比例度 δ 而不用放大倍数 K_P 来表示比例控制作用的强弱。

所谓比例度就是指控制器输入的变化相对值与相应的输出变化相对值之比的百分数，用式子表示为

$$\delta=\left(\frac{e}{x_{\max}-x_{\min}}\bigg/\frac{u}{u_{\max}-u_{\min}}\right)\times 100\% \qquad (4-2-5)$$

式中　e—— 输入变化量；

u—— 相应的输出变化量；

$x_{\max}-x_{\min}$—— 输入的最大变化量，即仪表的量程；

$u_{\max}-u_{\min}$—— 输出的最大变化量，即控制器输出的工作范围。

依式(4-2-5)，可以从控制器表面指示看比例度δ的具体意义。比例度就是使控制器的输出变化满刻度时(也就是控制阀从全关到全开或相反)，相应的仪表测量值变化占仪表测量范围的百分数。或者说，使控制器输出变化满刻度时，输入偏差变化对应于指示刻度的百分数。

例如DDZ-Ⅲ型比例作用控制，温度刻度范围为400～800℃，控制器输出工作范围是4～20 mA。当指示指针从600℃移到700℃，此时控制器相应的输出从6 mA变为14 mA，其比例度的值为

$$\delta=\left(\frac{700-600}{800-400}\bigg/\frac{14-6}{20-4}\right)\times 100\%=50\%$$

这说明对于这台控制器，温度变化全量程的50%(相当于200℃)，控制器的输出就能从最小变为最大，在此区间内，e和u是成比例的。图4-2-6是比例度的示意图。当比例度为50%，100%，200%时，分别说明只要偏差e变化占仪表全量程的50%，100%，200%时，控制器的输出就可以由最小$u_{\min}$变为最大$u_{\max}$。

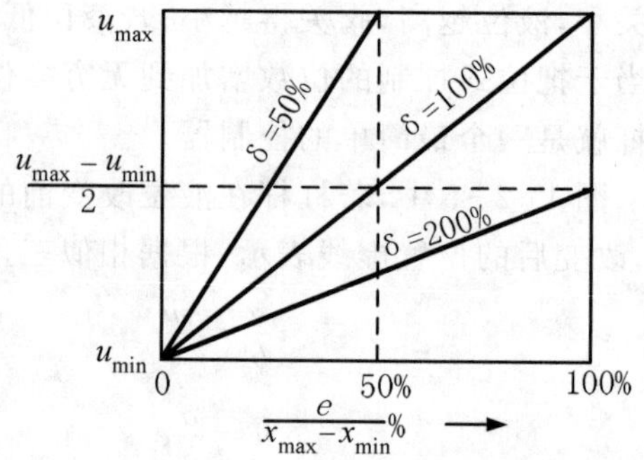

图4-2-6　比例度示意图

将式(4-2-4)的关系代入式(4-2-5)，经整理后可得

$$\delta=\frac{1}{K_P}\times\frac{u_{\max}-u_{\min}}{x_{\max}-x_{\min}}\times 100\% \qquad (4-2-6)$$

对于一个具体的比例作用控制器，指示值的刻度范围$x_{\max}-x_{\min}$及输出的工作范围$u_{\max}-u_{\min}$应是一定的，所以由式(4-2-6)可以看出，比例度δ与放大倍数K_P成反比。这就是说，控制器的比例度δ越小，它的放大倍数K_P就越大，它将偏差(控制器输入)放大的能力越强，反之亦然。因此比例度δ和放大倍数K_P都能表示比例控制器控制作用的强弱。只不过K_P越大，表示控制作用越强，而δ越大，表示控制作用越弱。

图4-2-7表示图4-2-5所示的液位比例控制系统的过渡过程。如果系统原来处于平衡状态，液位恒定在某值上，在$t=t_0$时，系统外加一个干扰作用，即出水量Q_2有一阶跃增加(见图4-2-7(a))，液位开始下降(见图4-2-7(b))，浮球也跟着下降，通过杠杆使进水阀的阀杆上升，这就是作用在控制阀上的信号u(见图4-2-7(c))，于是进水量Q_1增加(见图4-2-7(d))。由于Q_1增加，促使液位下降速度逐渐缓慢下来，经过一段时间后，待进水量的增加量与出水量的增加量相等时，系统又建立起新的平衡，液位稳定在一个新值上。但是控制过程结束时，液位的新稳态值将低于给定值，它们之间的差就叫余差，如果定义偏差e为测量值减去给定值，则e的变化曲线见图4-2-7(e)。

为什么会有余差呢？它是比例控制规律的必然结果。从图4-2-5可见，原来系统处于平衡，进水量与出水量相等，此时控制阀有一固定的开度，比如说对应于杠杆为水平的位置。当

$t=t_0$ 时，出水量有一阶跃增大量，于是液位下降，引起进水量增加，只有当进水量增加到与出水量相等时才能重新建立平衡，而液位也才不再变化。但是要使进水量增加，控制阀必须开大，阀杆必须上移，而阀杆上移时浮球必然下移。因为杠杆是一种刚性的结构，这就是说达到新的平衡时浮球位置必定下移，也就是液位稳定在一个比原来稳态值(即给定值)要低的位置上，其差值就是余差。存在余差是比例控制的缺点。

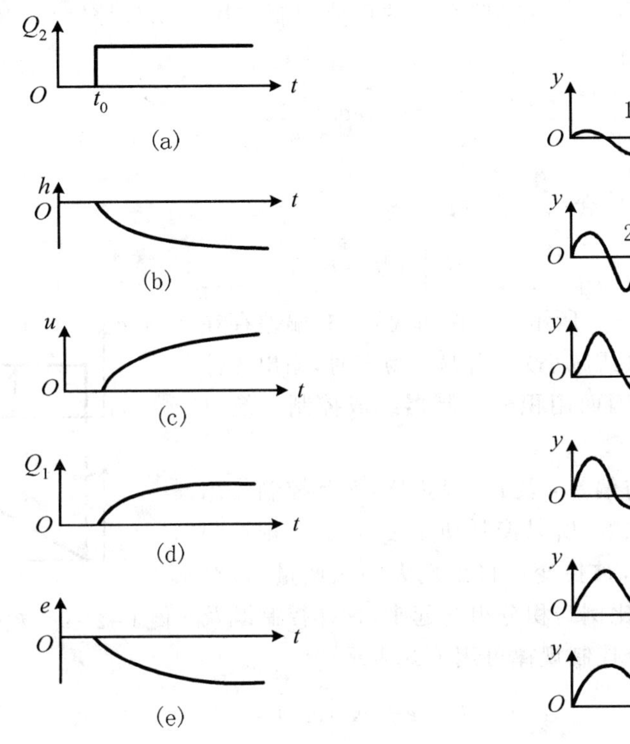

图 4-2-7　比例控制系统过渡过程

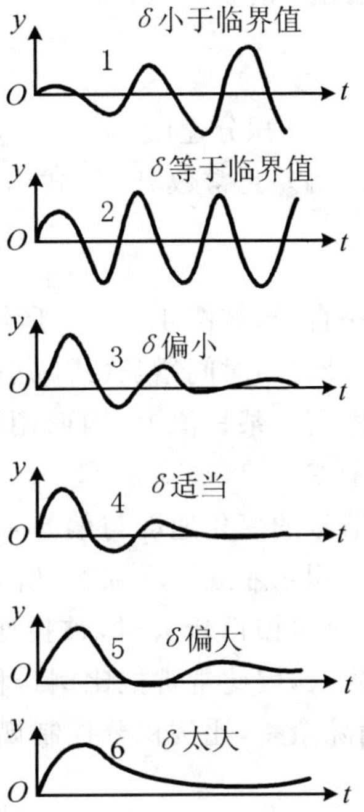

图 4-2-8　比例度对过渡过程的影响

比例控制的优点是反应快，控制及时。有偏差信号输入时，输出立刻与它成比例地变化，偏差越大，输出的控制作用越强。

为了减小余差，就要增大 K_P(即减小比例度 δ)，但这会使系统稳定性变差。比例度对控制过程的影响如图 4-2-8 所示。由图可见，比例度越大(即 K_P 越小)，过渡过程曲线越平稳，但余差也大。比例度越小，则过渡过程曲线越振荡。比例度过小时就可能出现发散振荡。当比例度大时即放大倍数 K_P 小，在干扰产生后，控制器的输出变化较小，控制阀开度改变较小，被控变量的变化就很缓慢(曲线 6)。当比例度减小时，K_P 增大，在同样的偏差下，控制器输出较大，控制阀开度改变较大，被控变量变化也比较灵敏，开始有些振荡，余差不大(曲线 5,4)。比例度再减小，控制阀开度改变更大，大到有点过分时，被控变量也就跟着过分地变化，再拉回来时又拉过头，结果会出现激烈的振荡(曲线 3)。当比例度继续减小到某一数值时系统出现等幅振荡，这时的比例度称为临界比例度 δ_k(曲线 2)。一般除反应很快的流量及管道压力等系统外，这种情况大多出现在 $\delta < 20\%$ 时，当比例度小于 δ_k 时，在干扰产生后将出现发散振荡(曲线 1)，这是很危险的。工艺生产通常要求比较平稳而余差又不太大的控制过程，例如曲线 4，一般地说，若对象的滞后较小、时间常数较大以及放大倍数较小时，控制器的比例度可以选得小些，以提高

系统的灵敏度，使反应快些，从而过渡过程曲线的形状较好。反之，比例度就要选大些以保证稳定。

4.2.3 积分控制

从上面比例控制可知比例控制存在余差，属于有差调节。当对控制质量有更高要求时，就需要在比例控制的基础上，再加上能消除余差的积分控制作用。积分控制作用的输出变化量 u 与输入偏差 e 的积分成正比

$$u=K_I\int e\mathrm{d}t \tag{4-2-7}$$

式中 K_I—— 积分速度。

当输入偏差是常数 A 时，式(4-2-7) 成为

$$u=K_I\int A\mathrm{d}t=K_IAt$$

即输出是一直线，如图 4-2-9 所示。由图可见，当有偏差存在时，输出信号将随时间增长(或减小)。当偏差为零时，输出才停止变化而稳定在某一值上，因而用积分控制器组成控制系统可以达到无余差。

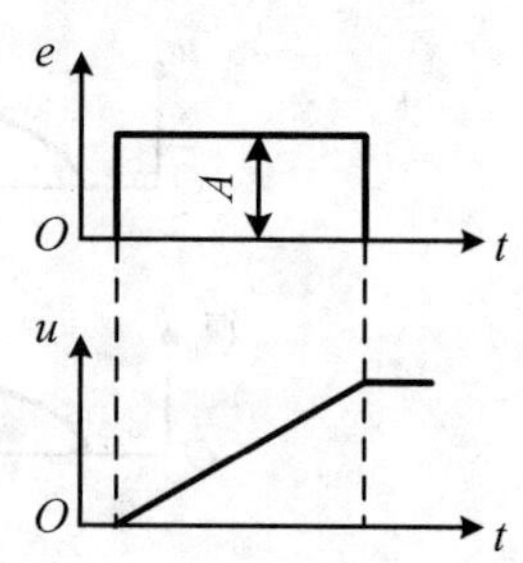

图 4-2-9 积分控制器特性

输出信号的变化速度与偏差 e 及 K_I 成正比，而其控制作用是随着时间积累才逐渐增强的，所以控制动作缓慢，会出现控制不及时，当对象惯性较大时，被控变量将出现大的超调量，过渡时间也将延长，因此常常把比例与积分组合起来，这样控制既及时，又能消除余差，比例积分控制规律可用下式表示

$$u=K_P(e+K_I\int e\mathrm{d}t) \tag{4-2-8}$$

经常采用积分时间 T_I 来代替 K_I，$T_I=\frac{1}{K_I}$，所以式(4-2-8) 常写为

$$u=K_P\left(e+\frac{1}{T_I}\int e\mathrm{d}t\right) \tag{4-2-9}$$

若偏差是幅值为 A 的阶跃干扰，代入可得

$$u=K_PA+\frac{K_P}{T_I}At$$

这一关系示于图 4-2-10 中，输出中垂直上升部分 K_PA 是比例作用造成的，慢慢上升部分 $\frac{K_P}{T_I}At$ 是积分作用造成的。当 $t=T_I$ 时，输出为 $2K_PA$。应用这个关系，可以实测 K_P 及 T_I，对控制器输入一个幅值为 A 的阶跃变化，立即记下输出的跃变值并开动秒表计时，当输出达到跃变值的两倍时，此时间就是 T_I，跃变值 K_PA 除以阶跃输入幅值 A 就是 K_P。

积分时间 T_I 越短，积分速度 K_I 越大，积分作用越强。反之，积分时间越长，积分作用越弱。若积分时间为无穷大，就没有积分作用，而成为纯比例控制器了。

图 4-2-11 表示在同样比例度下积分时间 T_I 对过渡过程的影响。T_I 过大，积分作用不明显，余差消除很慢(曲线 3)；T_I 小，易于消除余差，但系统振荡加剧，曲线 2 适宜，曲线 1 就振荡太剧烈了。

比例积分控制器对于多数系统都可采用，比例度和积分时间两个参数均可调整。当对象滞后很大时，可能控制时间较长、最大偏差也较大；负荷变化过于剧烈时，由于积分动作缓慢，使控制作用不及时，此时可增加微分作用。

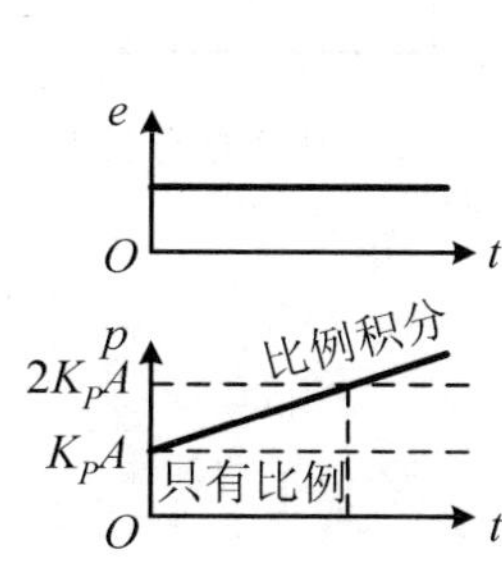

图 4-2-10　比例积分控制器特性

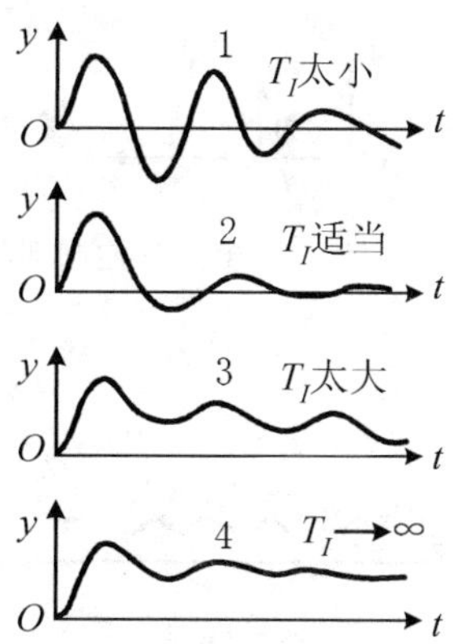

图 4-2-11　积分时间对过渡过程的影响

4.2.4　微分控制

对于惯性较大的对象，常常希望能根据被控变量变化的快慢来控制。在人工控制时，虽然偏差可能还小，但看到参数变化很快，估计到很快就会有更大偏差，此时会过分地改变阀门开度以克服干扰影响，这就是按偏差变化速度进行控制。在自动控制时，这就要求控制器具有微分控制规律，就是控制器的输出信号与偏差信号的变化速度成正比，即

$$u = T_D \frac{\mathrm{d}e}{\mathrm{d}t} \tag{4-2-10}$$

式中　T_D—— 微分时间；

$\frac{\mathrm{d}e}{\mathrm{d}t}$—— 偏差信号变化速度。

此式表示理想微分控制的特性，若在 $t=t_0$ 时输入一个阶跃信号，此时控制器输出将为无穷大，其余时间输出为零，如图 4-2-12 所示。这种控制器用在系统中，即使偏差很小，只要出现变化趋势，马上就进行控制，故有超前控制之称，这是它的优点。但它的输出不能反映偏差的大小，假如偏差固定，即使数值很大，微分作用也没有输出，因而控制结果不能消除偏差，所以不能单独使用这种控制器，它常与比例或比例积分组合构成比例微分或比例积分微分控制器（也称三作用控制器）。

比例微分控制规律如图 4-2-13 所示为

$$u = K_P\left(e + T_D \frac{\mathrm{d}e}{\mathrm{d}t}\right) \tag{4-2-11}$$

微分作用按偏差的变化速度进行控制，其作用比比例作用快，因而对惯性大的对象用比例微分可以改善控制质量，减小最大偏差，节省控制时间。微分作用力图阻止被控变量的变化，有抑制振荡的效果，但如果加得过大，由于控制作用过强，反而会引起被控变量大幅度的振荡如图 4-2-14 所示。微分作用的强弱用微分时间来衡量。

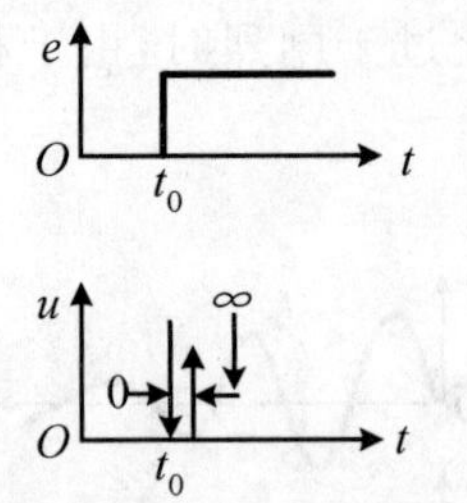

图 4-2-12　理想微分控制器特性

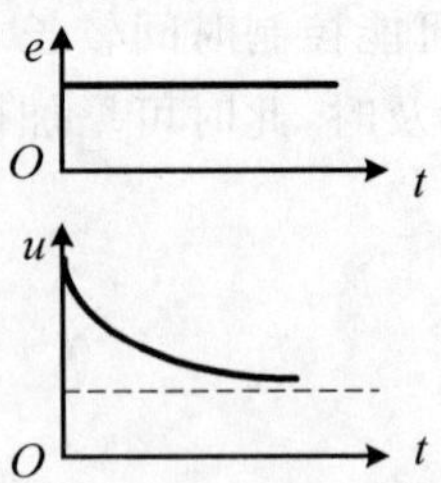

图 4-2-13　比例微分控制器特性

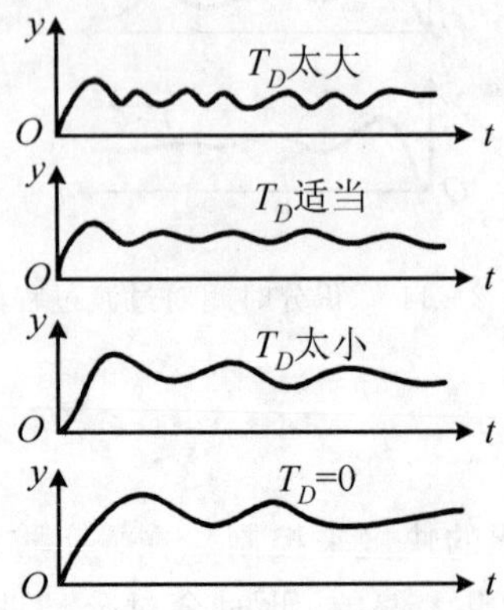

图 4-2-14　微分时间对过渡过程的影响

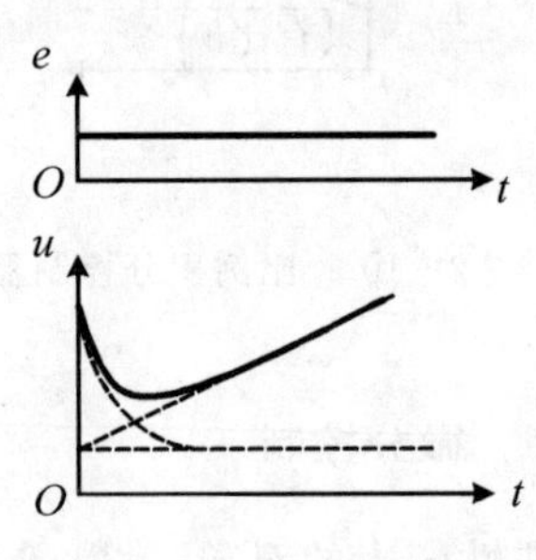

图 4-2-15　三作用控制器特性

比例积分微分控制规律为

$$u = K_P\left(e + \frac{1}{T_I}\int e\mathrm{d}t + T_D\frac{\mathrm{d}e}{\mathrm{d}t}\right) \qquad (4-2-12)$$

当有阶跃信号输入时，输出为比例、积分和微分三部分输出之和。如图 4-2-15 所示。这种控制器既能快速进行控制，又能消除余差，具有较好的控制性能。

§4.3　模拟式控制器

控制器的作用是将被控变量测量值与给定值进行比较，然后对比较后得到的偏差进行比例、积分、微分等运算，并将运算结果以一定的信号形式送往执行器，以实现对被控变量的自动控制。

在模拟式控制器中，所传送的信号形式为连续的模拟信号。根据所加的能源不同，目前应用的模拟式控制器主要有气动控制器与电动控制器两种。

4.3.1　基本构成原理及部件

气动控制器与电动控制器，尽管它们的构成元件与工作方式有很大的差别，但基本上都是由三大部分组成，如图 4-3-1 所示。

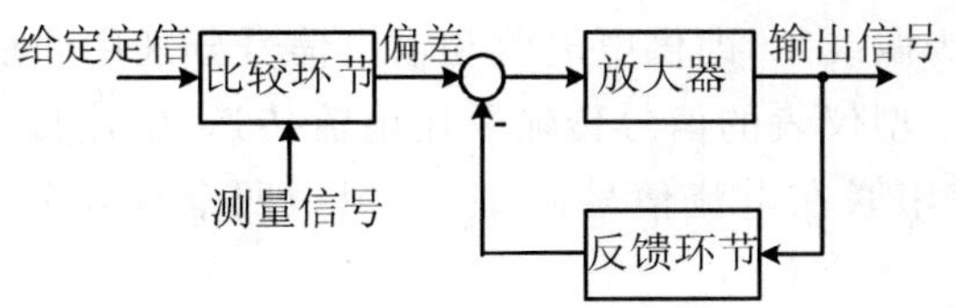

图 4-3-1　模拟式控制器基本构成

1. 比较环节

比较环节的作用是将给定信号与测量信号进行比较，产生一个与它们的偏差成比例的偏差信号。

在气动控制器中，给定信号与测量信号都是与它们成一定比例关系的气压信号，然后通过膜片或波纹管将它们转化为力或力矩。所以，在气动控制器中，比较环节是通过力或力矩比较来实现的。

在电动控制器中，给定信号与测量信号都是以电信号出现的，因此比较环节都是在输入电路中进行电压或电流信号的比较。

2. 放大器

放大器实质上是一个稳态增益很大的比例环节。气动控制器中采用气动放大器，来将气压(或气量)进行放大。电动控制器中可采用高增益的运算放大器。

3. 反馈环节

反馈环节的作用是通过正、负反馈来实现比例、积分、微分等控制规律的。在气动控制器中，输出的气压信号通过膜片或波纹管以力(或力矩)的形式反馈到输入端。在电动控制器中，输出的电信号通过由电阻和电容构成的无源网络反馈到输入端。

4.3.2　气动控制器

气动单元组合仪表 QDZ 中的控制单元便为气动控制器，它的输入输出信号均采用 20～100 kPa 的标准气压信号。目前使用的气动控制器，其工作原理主要有力平衡和力矩平衡两种。例如 QDZ-Ⅰ 型中的膜片式比例积分调节器 QTL-500 型和膜片式微分器 QTW-200 型，其工作原理都是属于力平衡式的。QDZ-Ⅱ 中的波纹管式三作用调节器 QTM-23 型，其工作原理是基于力矩平衡式的。

气动控制器虽然结构简单、价格便宜，但由于它信号传送慢、滞后大，不易与计算机联用，故目前使用较少。

4.3.3　*DDZ*-Ⅱ 型电动控制器

DDZ-Ⅱ 型电动控制器有 DTL-121 型和 DTL-321 型等，其线路大致相同，DTL-121 型是统一设计的产品，下面以它为例简单说明其特点、原理及使用。

1. DDZ-Ⅱ 型仪表的特点

(1) 采用晶体管等分立元件构成，线路较复杂。

(2) 信号制采用 0～10 mA 直流电流作为现场传输信号；0～2 V 直流电压作为控制室内传输信号。

(3) 采用 220 V 交流电压作为供电电源。

(4) 现场变送器为四线制，即供电电源和输出信号分别用两根导线，如图 4-3-2 所示。由图可以看出，DDZ-Ⅱ 型仪表的信号传输采用电流传送-电流接收的串联制方式，控制室内接收同一信号的各仪表串联在电流信号回路中，图中四个仪表分别用负载电阻 R_{L_1}，R_{L_2}，R_{L_3}，R_{L_4} 来表示。

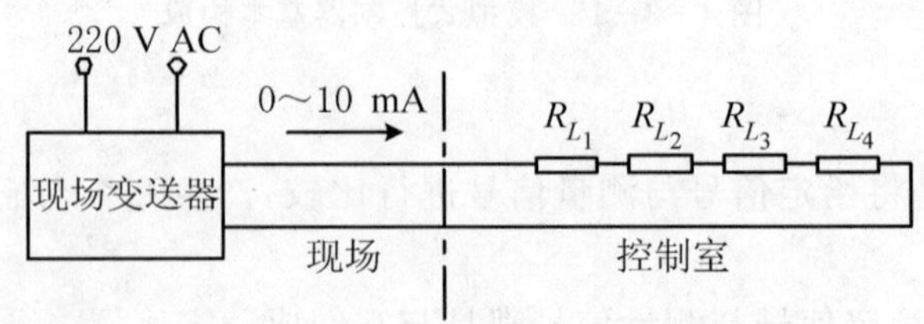

图 4-3-2　DDZ-Ⅱ 型仪表信号传输示意图

2. DTL-121 调节器的基本组成

DTL-121 型调节器能对偏差信号进行 PID 连续运算，其原理框图如图 4-3-3 所示。

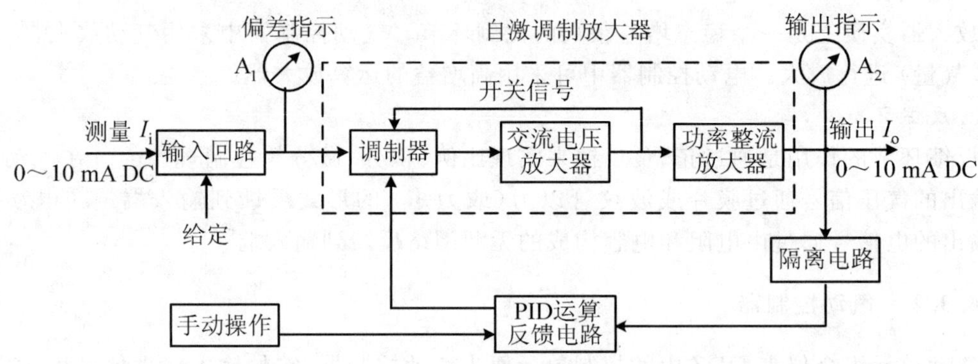

图 4-3-3　DTL-121 型调节器方框图

DTL-121 型调节器由输入回路、自激调制式直流放大器、隔离电路、PID 运算反馈电路及手动操作电路等组成。

输入回路的作用是将测量信号与给定信号相比较，得出偏差信号，其值由偏差指示表显示。测量信号为相应的现场变送器的输出信号；给定信号有内给定、外给定两种，根据系统的要求分别由表内和表外给出。

自激调制式直流放大器由调制器、交流电压放大器和整流功率放大器组成。它的作用是将输入回路送来的偏差信号与反馈回路送来的反馈信号叠加后的综合信号进行放大，最后得到 0～10 mA 的直流输出信号。调制器由场效应管组成，其作用是将输入的直流综合信号调制成具有一定频率(由开关信号给出) 的交流信号，然后由交流电压放大器进行放大，最后经整流、滤波得到 0～10 mA 的直流输出 I_o，这就是整机的输出，I_o 的大小由输出指示表进行显示。

隔离电路，其作用是通过耦合电路将输出电流的变化耦合到反馈电路的输入端。

手动操作电路的作用是当调节器切换到手动时，给出一个手持电流直接送往执行器，进行手动操作。

3. PID 运算反馈电路

为了说明 PID 反馈电路的作用，现将 DTL－121 调节器的原理线路简化为图 4－3－4。图中 I_i 是与偏差信号 e 成比例的输入电流信号，I_o 是调节器的输出信号，R_L 是其负载电阻。由 R_{27}，R_{28}，R_I，C_I，R_D，C_D，R_P，W_P 所组成的 RC 网络就是能够实现 PID 运算的反馈电路。现分别说明其比例、积分、微分作用是如何实现的。

（1）比例运算电路　当将图 4－3－4 的 PID 反馈电路中的 R_I 开路、R_D 短路、C_I 短路、C_D 开路时，就构成一个比例运算电路。其反馈电路实际上是一个由电阻 R_{27}，R_{28}，R_P 和电位器 W_P 所组成的分压电路，如图 4－3－5 所示。

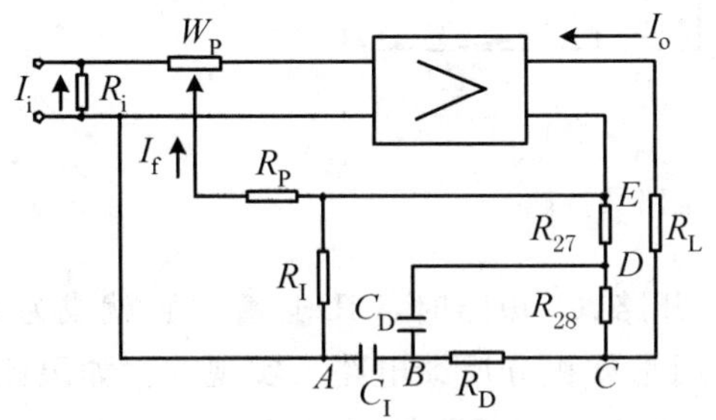

图 4－3－4　PID 反馈电路

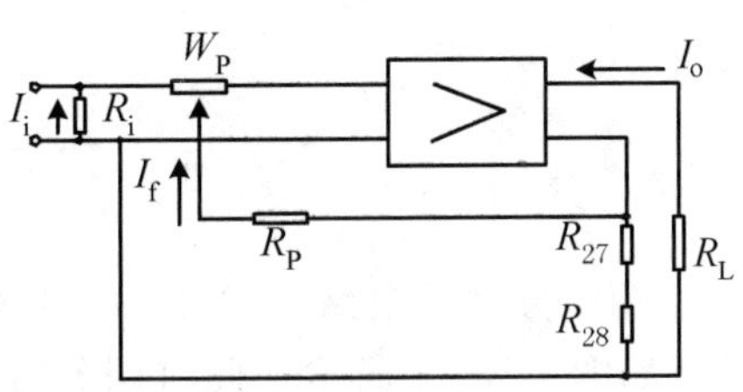

图 4－3－5　比例运算电路

假如输入信号电流 I_i 作阶跃变化，在无反馈的情况下，输出电流 I_o 将与其成正比变化，比例系数即为放大器的开环增益。在有反馈的情况下，反馈电流 I_f 通过电位器 W_P 的压降起着负反馈的作用，使放大器的输出比开环时大为减小，由图 4－3－5 可知，电位器 W_p 的滑动触点愈往右移，负反馈电压愈大，整机增益愈小，输出也就愈小。所以 W_P 可以用来调整比例度的大小。

（2）比例积分运算电路　当图 4－3－4 中的 R_D 短路、C_D 开路时，PID 运算电路就成为 PI 运算电路，如图 4－3－6 所示。此时调节器的积分作用是靠微分反馈电路来实现的。如果将此时 I_o 在 R_{27}，R_{28} 上的压降设为 U_1，而将 R_I 上的压降设为 U_2，其电路如图 4－3－7(a) 所示。

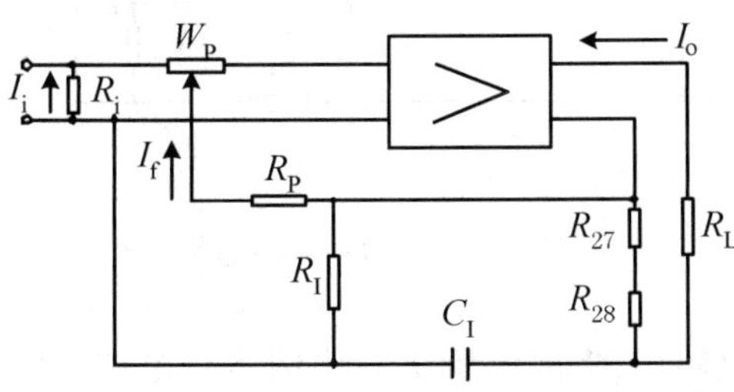

图 4－3－6　PI 运算电路

此时输出 U_2 与输入 U_1 之间呈微分特性，如图 4－3－7(b) 所示。当 U_1 作阶跃变化时，因一开始 C_I 可视为短路，U_1 全部降在 R_I 上，$U_2 = U_1$。随着对 C_I 的充电，其上的电压逐渐增加，U_2 逐渐减小，充电完毕后，U_2 减小至零，U_2 的变化呈微分特性。由于该微分电路是接到反馈电路中，U_2 逐渐减小，其反馈电流 I_f 也逐渐减小，负反馈量随时间逐渐减小，因此调节器的输出 I_o 随时间逐渐增加，呈积分特性。改变 R_I 的数值，可以改变充电的快慢，也就改变负反馈量减小的速度，即改变了调节器输出增加的速度。R_I 越大，U_2 减小得越慢，I_o 增加得越慢，因此积分时间变长，积分作用变弱。

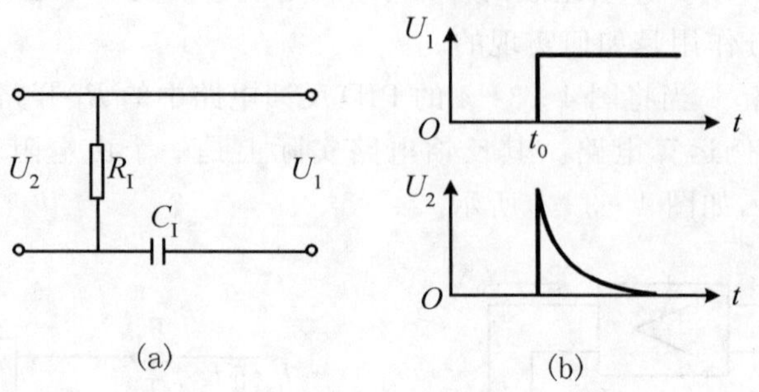

图 4-3-7　微分反馈电路及特性

(3) 比例微分运算电路　当图 4-3-4 中的 R_I 开路，C_I 短路时，PID 运算电路就成为 PD 运算电路，如图 4-3-8 所示。此时调节器的微分作用是靠积分反馈电路来实现的。如果此时将 I_o 在 R_{28} 上的压降设为 U_1，而将 C_D 两端的电压设为 U_2，其电路如图 4-3-9(a) 所示。当 U_1 作阶跃变化时，在变化开始瞬间（$t=t_0$），微分电容 C_D 可视为短路，输出 U_2 为零。以后随着对 C_D 的充电，U_2 逐渐增加，充电结束后，$U_2=U_1$，故输出 U_2 与输入 U_1 之间呈积分特性，如图 4-3-9(b) 所示。由于该积分电路是接到反馈电路中，U_2 逐渐增加，其反馈电流 I_f 逐渐增加，负反馈量随时间逐渐增加，因此控制器的输出 I_o 随时间逐渐减小。由于 I_o 开始较大，后来随时间逐渐减小，故呈微分特性。R_D 的数值可以用来调整微分时间。R_D 越大，C_D 的充电速度越慢，负反馈量增加得也越慢，因而微分作用越强，即微分时间越长。

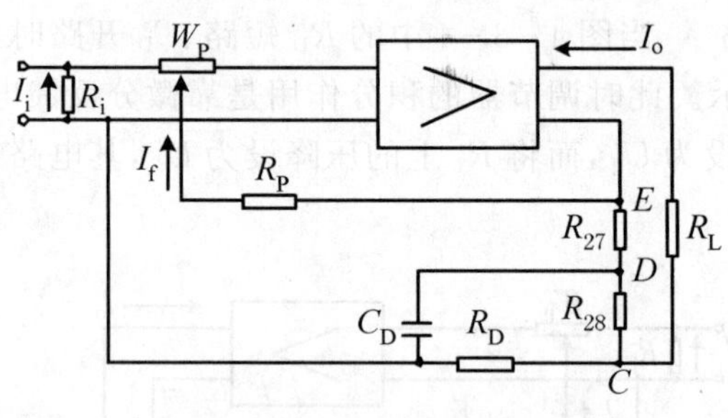

图 4-3-8　PD 运算电路

(4) 比例积分微分运算电路　将前面所讲的比例运算电路、微分反馈电路、积分反馈电路串联起来，就构成 PID 运算电路，如图 4-3-4 所示。

PID 运算电路的工作过程如下：当输入信号 I_i 有一阶跃变化时，一开始 C_D，C_I 相当于短路，输出信号突跳至微分作用最大值。继而随着对 C_D 的充电，负反馈电压逐渐升高，输出电流 I_o 逐渐衰减下来。与此同时，C_I 也被充电，随着 C_I 两端电压逐渐增加，使负反馈作用逐渐减小，输出电流 I_o 又慢慢上升。在 I_i 阶跃作用下，PID 输出特性曲线如图 4-3-10 所示。

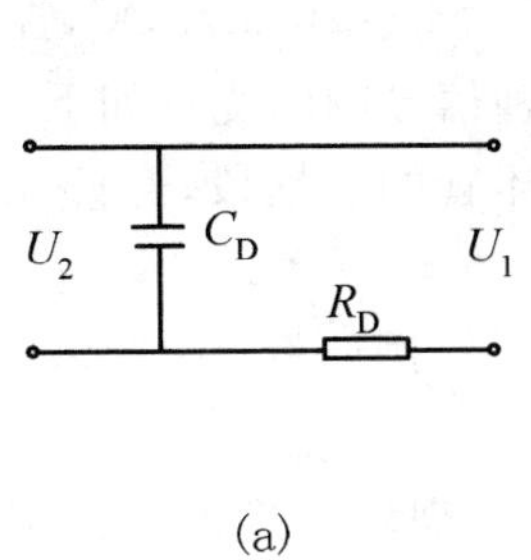

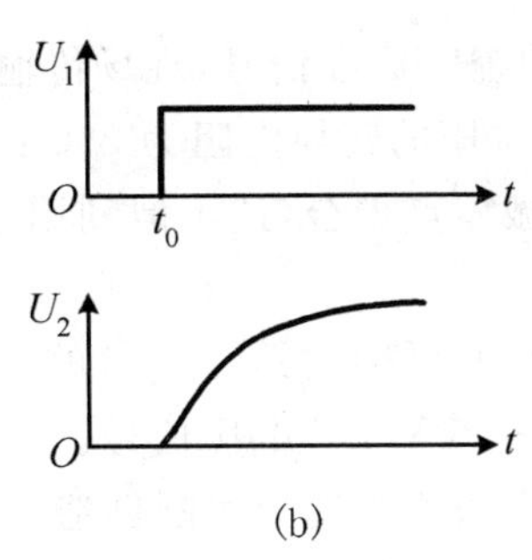

图 4-3-9　积分反馈电路及特性

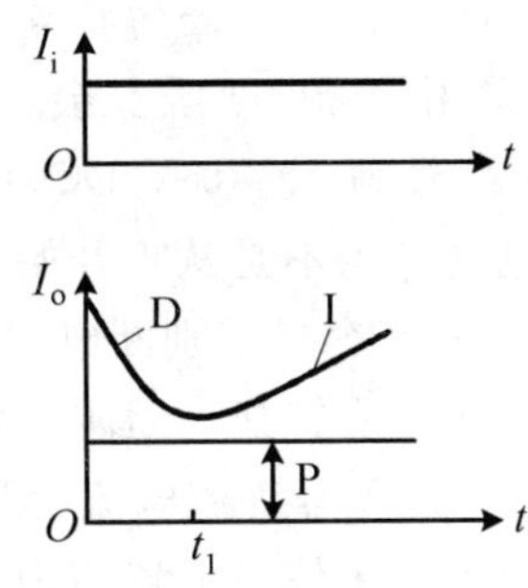

图 4-3-10　PID 调节器输出动态特性

4. DTL-121 型调节器的操作

DTL-121 型调节器面板如图 4-3-11 所示。面板上有偏差指示表 3，其指针 4 能指示出测量值与给定值偏差的大小和正负。输出指示表 7 能指示出输出电流 I_o，它是与阀位相对应的。拨动内给定拨盘 5，能给出不同的内给定信号。

仪表的手动-自动切换过程如下：

仪表投运时，先把手动-自动切换开关 1 置于手动位置，拨动手操拨盘 6，可以直接送出一个手操电流到执行器去。其手操电流的大小可由输出指示表 7 看出、通过手动控制输出电流的大小，使偏差指针 4 指向正中的位置，这时表示控制系统已经正常了，就可以把手动-自动切换开关拨向“自动”。由于有自动跟踪装置的作用，“自动”输出的电流能自动跟踪“手动”输出电流的大小，所以在手动切向自动时能实现无扰动一步切换。

当需要从自动切换到手动时，应首先调整手操拨盘 6，使拨盘上的值与输出表上的值相等，再把切换开关拨向手动，以实现无扰动切换。DDZ-Ⅱ 型控制器的类型很多，面板上布置不甚相同，但操作过程是相似的。

此调节器的比例度为 1% ～ 200%，积分时间为 6 s ～ 10 min，微分时间为 3 s ～ 25 min。当需要调整比例度、积分时间或微分时间时，需要将仪表从表壳内抽出，然后调整相应的旋钮。

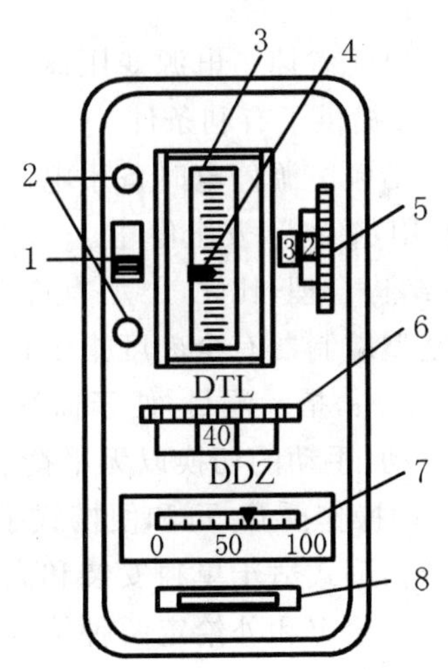

图 4-3-11　DTL-121 型调节器面板图

1— 手动-自动切换开关；2— 指示灯；3— 指示表；4— 偏差指针；5— 内给定拨盘；6— 手操拨盘；7— 输出指示表；8— 拉手

4.3.4　*DDZ-Ⅲ* 型电动控制器

DDZ-Ⅲ 型仪表在品种及系统中的作用上和 DDZ-Ⅱ 型仪表基本相同，但是 Ⅲ 型仪表采用了集成电路和安全火花型防爆结构，提高了防爆等级、稳定性和可靠性，适应了大型化工厂、炼油厂的要求。

1. DDZ－Ⅲ 型仪表的特点

(1) 采用国际电工委员会(IEC) 推荐的统一标准信号，现场传输信号为 4 ～ 20 mA DC，控制室联络信号为 1 ～ 5 V DC，信号电流与电压的转换电阻为 250 Ω，这种信号制的优点如下：

1) 电气零点不是从零开始，且不与机械零点重合，这不但利用了晶体管的线性段，避开元件的死区，而且容易识别断电、断线等故障。

2) 只要改变转换电阻阻值，控制室仪表便可接收其他 1∶5 的电流信号，例如将 1 ～ 5 mA 或 10 ～ 50 mA 等直流电流信号转换为 1 ～ 5 V DC 电压信号。

3) 因为最小信号电流不为零，为现场变送器实现两线制创造了条件。现场变送器与控制室仪表仅用两根导线联系(图 4－3－2)，既节省了电缆线和安装费用，还有利于安全防爆。

(2) 广泛采用集成电路，可靠性提高，维修工作量减少，为仪表带来了如下优点：

1) 由于集成运算放大器均为差分放大器，且输入对称性好，漂移小，仪表的稳定性得到提高。

2) 由于集成运算放大器有高增益，因而开环放大倍数很高，这使仪表的精度得到提高。

3) 由于采用了集成电路，焊点少，强度高，大大提高了仪表的可靠性。

(3) Ⅲ 型仪表统一由电源箱供给 24 V DC 电源，并有蓄电池作为备用电源，这种供电方式的优点如下：

1) 各单元省掉了电源变压器，没有工频电源进入单元仪表，既解决了仪表发热问题，又为仪表的防爆提供了有利条件。

2) 在工频电源停电时备用电源投入，整套仪表在一定时间内仍可照常工作，继续进行监视控制作用，有利于安全停车。

(4) 结构合理，比之 Ⅱ 型有许多先进之处，主要表现在以下这些方面：

1) 基型控制器有全刻度指示控制器和偏差指示控制器两个品种，指示表头为 100 mm 刻度纵形大表头，指示醒目，便于监视操作。

2) 自动、手动的切换以无平衡、无扰动的方式进行，并有硬手动和软手动两种方式。面板上设有手动操作插孔，可和便携式手动操作器配合使用。

3) 结构形式适于单独安装和高密度安装。

4) 有内给定和外给定两种给定方式，并设有外给定指示灯，能与计算机配套使用，可组成 SPC 系统实现计算机监督控制，也可组成 DDC 控制的备用系统。

(5) 整套仪表可构成安全火花型防爆系统。Ⅲ 型仪表在设计上是按国家防爆规程进行的，在工艺上对容易脱落的元件部件都进行了胶封，而且增加了安全单元 —— 安全栅，实现了控制室与危险场所之间的能量限制与隔离，使仪表不会引爆，使电动仪表在石油化工企业中应用的安全可靠性有了显著提高。

2. DDZ－Ⅲ 型电动控制器的组成与操作

Ⅲ 型控制器有全刻度指示和偏差指示两个基型品种。为满足各种复杂控制系统的要求，还有各种特殊控制器，例如断续控制器、自整定控制器、前馈控制器、非线性控制器等。特殊控制器是在基型控制器功能基础上的扩大。它们是在基型控制器中附加各种单元而构成的变型控制器。下面以全刻度指示的基型控制器为例，来说明 Ⅲ 型控制器的组成及操作。

Ⅲ 型控制器主要由输入电路、给定电路、PID 运算电路、自动与手动(包括硬手动和软手动两种) 切换电路、输出电路及指示电路等组成，其方框图如图 4－3－12 所示。

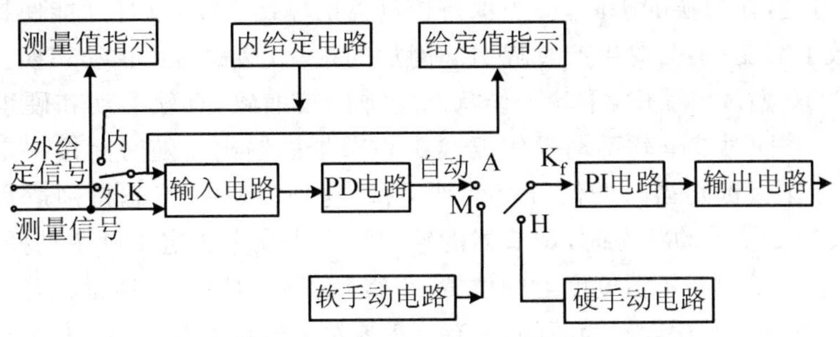

图 4-3-12 DDZ-Ⅲ 型控制器结构方框图

在图 4-3-12 中,控制器接收变送器来的测量信号(4 ～ 20 mA 或 1 ～ 5 V DC),在输入电路中与给定信号进行比较,得出偏差信号。然后在 PD 与 PI 电路中进行 PID 运算,最后由输出电路转换为 4 ～ 20 mA 直流电流输出。

控制器的给定值可由"内给定"或"外给定"两种方式取得,用切换开关 K 进行选择。当控制器工作于"内给定"方式时,给定电压由控制器内部的高精度稳压电源取得。当控制器需要由计算机或另外的控制器供给给定信号时,开关 K 切换到"外给定"位置上,由外来的 4 ～ 20 mA 电流流过 250 Ω 精密电阻产生 1 ～ 5 V 的给定电压。

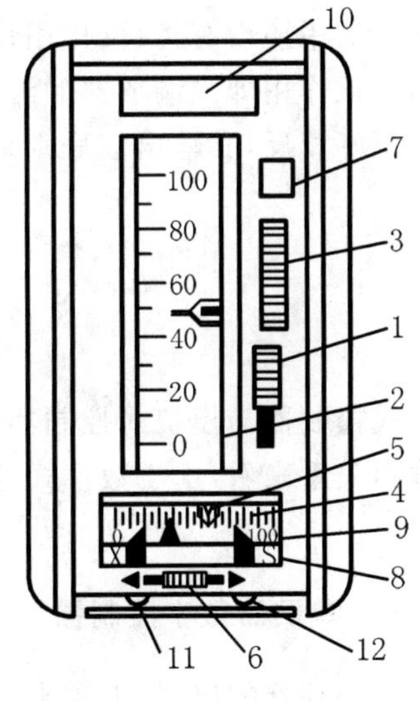

图 4-3-13 DTL-3110 型调节器正面图

1— 自动-软手动-硬手动切换开关;
2— 双针垂直指示器; 3— 内给定设定轮;
4— 输出指示器; 5— 硬手动操作杆;
6— 软手动操作板键; 7— 外给定指示灯;
8— 阀位指示器; 9— 输出记录指示;
10— 位号牌; 11— 输入检测插孔;
12— 手动输出插孔

图 4-3-13 是一种全刻度指示调节器(DTL-3110 型)的面版图。它的正面表盘上装有两个指示表头。其中一个双针指示表头 2 有两个指针。红针为测量信号指针,黑针为给定信号指针,它们可以分别指示测量信号和给定信号。偏差的大小可以根据两个指示值之差读出。由于双针指示器的有效刻度(纵向)为 100 mm,精度为 1%,因此很容易观察控制结果。当仪表处于"内给定"状态时,给定信号是由拨动内给定设定轮 3 给出的,其值由黑针显示出来。

当使用外给定时,仪表右上方的外给定指示灯 7 会亮,提醒操作人员以免误用内给定设定轮。

输出指示器 4 可以显示控制器输出信号的大小。输出指示表下面有表示阀门安全开度的输出记忆指示 9,X 表示关闭,S 表示打开。11 为输入检测插孔,当调节器发生故障需要把调节器从壳体中卸下时,可把便携式操作器的输出插头插入调节器下部的输出插孔 12 内。可以代替调节器进行手动操作。

调节器面版右侧设有自动-软手动-硬手动切换开关 1,以实现无平衡无扰动切换。

在控制系统投运过程中,一般总是先手动遥控,待工况正常后,再切向自动。当系统运行中出现工况异常时，往往又需要从自动切向手动，所以控制器一般都兼有手动和自动两方面的功能，可供切换。但是，在切换的瞬间，应当保持控制器的输出不变，这样才能使执行器的位置在切换过程中不致于突变，不会对生产过程引起附加的扰动，这称为无扰动切换。

在 DTL－3110 型调节器中，手动工作状态安排比较细致，有软手动和硬手动两种情况。若在软手动状态，并同时按下软手动操作板键 6，调节器的输出便随时间按一定的速度增加或减小；若手离开操作板键则当时的信号值就被保持，这种“保持”状态特别适宜于处理紧急事故。当切换开关处于硬手动状态时，调节器的输出量大小完全决定于硬手动操作杆 5 的位置，即对应于此操作杆在输出指示器刻度上的位置，就得到相应的输出。通常都是用软手动操作板键进行手动操作，这样控制比较平稳精细，只有当需要给出恒定不变的操作信号(例如，阀的开度要求长时间不变）或者在紧急时要一下子就控制到安全开度等情况下，才使用硬手动操作。

该调节器在进行手动-自动切换时，自动与软手动之间的切换是双向无平衡无扰动的，由硬手动切换为软手动或由硬手动直接切换为自动也是无平衡无扰动的，但是由自动或软手动切换为硬手动时，必须预先平衡方可达到无扰动切换，也就是说，在切换到硬手动之前，必须先调整硬手动操作杆，使操作杆与输出对齐，然后才能切换到硬手动。

在调节器中还设有正、反作用切换开关，位于调节器的右侧面，把调节器从壳体中拉出时即可看到。正作用即当调节器的测量信号增大(或给定信号减小）时，其输出信号随之增大；反作用时正好相反，其输出信号则是随之减小的。调节器正、反作用的选择是根据工艺要求而定的。

§4.4　数字式控制器

数字式控制器与模拟式控制器的构成原理和工作方式有根本的差别，但从仪表总的功能和输入输出关系来看，由于数字式控制器备有 A/D 和 D/A 转换器件，因此两者并无外在的明显差异。

4.4.1　单回路数字控制器

随着微处理器的出现，近年来出现了一台计算机化仪表对应于一个控制回路(包括复杂的控制回路）的数字控制器。虽然它在实质上是一台过程用的微型计算机，但在外观、体积、信号制上都与 DDZ－Ⅲ 型控制器相似或一致，也装在仪表盘上使用，所以称为单回路数字控制器。

这类控制器的控制规律可根据需要由用户自己编程，而且可以擦去改写，所以实际上是一台可编程序的数字控制器，为了不至于跟下面要叙述的另一种可编程序控制器(PLC) 混淆，这里使用它的一个习惯名称 —— 可编程序调节器。

KMM 型可编程序调节器是一种单回路的数字控制器。它是 DK 系列中的一个重要品种，而 DK 系列仪表又是集散控制系统 TDC－3000 的一部分，是为了把集散系统中的控制回路彻底分散到每一个回路而研制的。KMM 型可编程序调节器可以接收五个模拟输入信号(1 ～ 5 V)，四个数字输入信号，输出三个模拟信号(1 ～ 5 V)，其中一个可为 4 ～ 20 mA，输出三个数字信号。这种调节器的功能强大，它是在比例积分微分运算的功能上再加上好几个辅助运算的功能，并将它们都装到一台仪表中去的小型面板式控制仪表。它能用于单回路的简单控制系统与复杂的串级控制系统，除完成传统的模拟控制器的比例、积分、微分控制功能外，还能进行加、减、乘、除、开方等运算，并可进行高、低值选择和逻辑运算等。这种调节器除了功能丰富的优点外，还具有控制精度高、使用方便灵活等优点，调节器本身具有自诊断的功能，维修方便。当与电子计算机联用时，该调节器能以通讯方式直接接受上位计算机来的设定值信号，可作为分散型数字控制系统中装置级的控制器使用。

可编程序调节器的面板布置如图 4-4-1 所示。

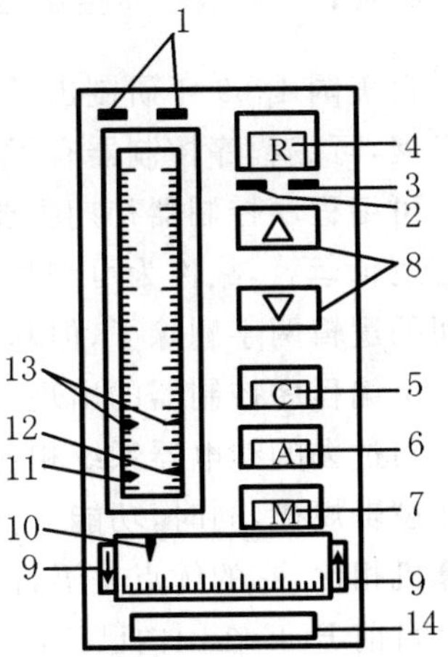

图 4-4-1 KMM 型调节器正面布置图

1～7— 指示灯；8,9— 按钮；10～13— 指针；14— 标牌

指示灯 1 分左右两个，分别作为测量值上、下限报警用。

当调节器依靠内部诊断功能检出异常情况后，指示灯 2 就发亮(红色)，表示调节器处于“后备手操”运行方式。在此状态时，各指针的指示值均为无效。以后的操作可由装在仪表内部的“后备操作单元”进行。只要异常原因不解除，调节器就不会自行切换到其他运行方式。

可编程序调节器通过附加通讯接口，就可和上位计算机通讯。在通讯进行过程中，通讯指示灯 3 亮。

当输入外部的联锁信号后，指示灯 4 闪亮，此时调节器功能与手动方式相同。但每次切换到此方式后，联锁信号中断，如不按复位按钮 *R*，就不能切换到其他运行方式。一按复位按钮 R，就返回到“手动”方式。

仪表上的测量值(PV)指针 10 和给定值(SV)指针 11 分别指示输入到 PID 运算单元的测量值与给定值信号。

仪表上还设有备忘指针 13，用来给正常运行时的测量值、给定值、输出值作记号用。

按钮 M，A，C 及指示灯 7，6，5 分别代表手动、自动与串级运行方式。

当按下按钮 M 时，指示灯亮(红色)。这时调节器为“手动”运行方式，通过输出操作按钮 9 可进行输出的手动操作。按下右边的按钮时，输出增加；按下左边的按钮时，输出减小。输出值由输出指针 12 进行显示。

当按下按钮 A 时，指示灯亮(绿色)。这时调节器为“自动”运行方式，通过给定值(SV)设定按钮 8 可以进行内给定值的增减。上面的按钮为增加给定值，下面的按钮为减小给定值。当进行 PID 定值调节时，PID 参数可以借助表内侧面的数据设定器加以改变。数据设定器除可以进行 PID 参数设定外，还可以对给定值、测量值进行数字式显示。

当按下按钮 C 时，指示灯亮(橙色)。这时调节器为“串级”运行方式，调节器的给定值可以来自另一个运算单元或从调节器外部来的信号。

调节器的启动步骤如下：

(1) 调节器在启动前，要预先将“后备手操单元”的“后备/正常”运行方式切换开关扳到“正常”位置。另外，还要拆下电池表面的两个止动螺钉，除去绝缘片后重新旋紧螺钉。

(2) 使调节器通电，调节器即处于“联锁手动”运行方式，联锁指示灯亮。

(3) 用“数据设定器”来显示、核对运行所必需的控制数据，必要时可改变 PID 参数。

(4) 按下复位按钮(R)，解除“联锁”。这时就可进行手动、自动或串级操作。

这种调节器由于具有自动平衡功能，所以手动、自动、串级运行方式之间的切换都是无扰动的，不需要任何手动调整操作。

4.4.2 可编程序控制器

自美国1969年研制出了第一台可编程序控制器以来,随着微电子技术和计算机技术的迅猛发展,可编程序控制器有了突飞猛进的发展,有人称其为现代工业控制的三大支柱之一。

可编程序控制器初期主要用于顺序控制,虽然也采用了计算机的设计思想,但实际上只能进行逻辑运算,故称为可编程逻辑控制器,简称PLC。随着它的发展和功能的扩大,现在已把中间的逻辑两字删除了,但基于习惯,也为了避免与个人计算机PC混淆,所以仍称为PLC。

可编程序控制器的出现是基于微计算机技术,用来解决工艺生产中大量的开关控制问题。与过去的继电器系统相比,它的最大特点是在于可编程序,可通过改变软件来改变控制方式和逻辑规律,同时,功能丰富、可靠性强,可组成集散控制系统或纳入局部网络。与通常的微计算机相比,它的优点是语言简单、编程简便、面向用户、面向现场、使用方便。

目前PLC在国内已广泛应用于石油、化工、电力、钢铁、机械等各行各业。它除了可用于开关量逻辑控制、机械加工的数字控制、机器人的控制外,目前已广泛应用于连续生产过程的闭环控制,现代大型的PLC都配有PID子程序或PID模块,可实现单回路控制与各种复杂控制,也可组成多级控制系统,实现工厂自动化网络。

1. PLC的主要组成

PLC采用了典型的计算机结构,其基本组成如图4-4-2所示。主要部分包括中央处理器CPU,存储器和输入、输出接口电路等。其内部采用总线结构,进行数据与指令的传输。

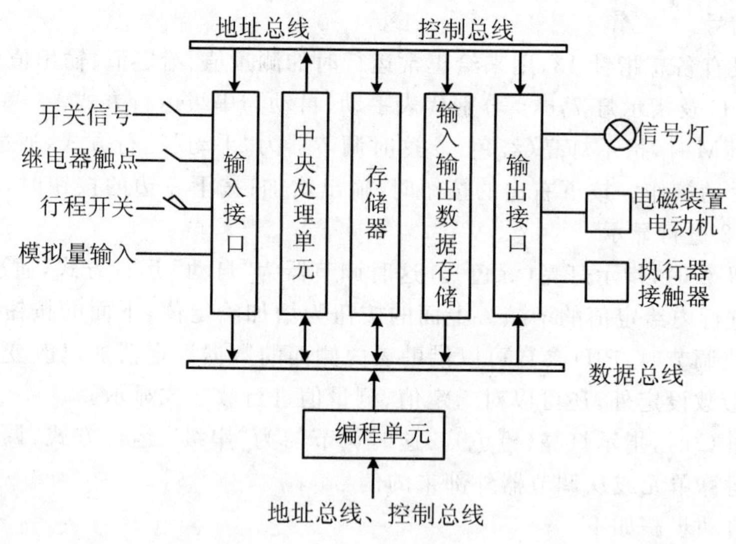

图4-4-2 PLC基本组成

CPU是PLC的运算控制中心,类似于人体的神经中枢。它的作用是按PLC中系统程序赋予的功能,接收并存储从编程器键入的用户程序和数据;用扫描方式接收输入设备的状态或数据;诊断电源、PLC内部电路工作状态和编程工作中的语法错误等;CPU能从存储器逐条读取用户程序,并经过命令解释后按指令规定的任务产生相应的控制信号,去控制有关的电路,从而去执行数据的存取、传送、组合、比较和变换等,完成用户程序中规定的逻辑或数学运算等任务；根据运算结果，实现相应的输出控制、打印制表或数据通信等功能。

PLC 的存储器用来存储系统程序和用户程序。系统程序主要包括监控程序、模块化应用功能子程序、命令解释功能子程序以及各种系统参数等。用户程序主要是指由用户编制的梯形图等程序。PLC 在运行过程中的输入、输出数据（或状态）亦存储到相应的状态表或数据寄存器中。

PLC 中的输入、输出接口是用来连接现场设备或其他外部设备的部件。外部的各种开关信号、模拟信号、传感器检测的各种信号，经过 PLC 外部输入端子（包括逻辑量 I/O 接口、DI/DO 接口和 AI/AO 接口等），并将输入端不同的电压或电流信号转换成微处理器所能接收的低电平信号（输入电平转换）进人 CPU 的内部寄存器中，然后在 PLC 内部进行逻辑运算或其他各种运算。其运算结果要经过输出电平转换，将微处理器的低电平信号转换为控制设备所需的电压或电流信号，输送到输出端子，对外围设备进行各种控制。PLC 的外围设备包括信号灯、各种电磁装置、接触器、执行器等。有的 PLC 还可以配设盒式磁带机、打印机、高分辨率大屏幕彩色图形监控系统。某些 PLC 还可以通过通讯接口与另一台 PLC 或上位机连接。一般的 PLC 输入、输出点数为 8 ～ 64，必要时可以配备 I/O 扩展机用来扩展输入、输出点数。PLC 的输出触点容量一般为 2A，可直接驱动接触器、电磁铁等强电电器元件。

PLC 的编程单元是指编程器，它的作用是编写、编辑、调试和监视用户程序，还可以通过其键盘去调用和显示PLC的一些内部状态和系统参数。它经过通讯端口与CPU联系，实现人机对话。编程器有简易型和智能型两类。简易型只能联机（在线）编程；智能型既可联机又可脱机（离线）编程；既可用电缆直接联接到CPU进行编程，又可远离CPU插到现场I/O控制站的相应接口进行编程。编程器的键盘采用梯形图语言键符或命令语言助记键符，亦可由软件指定的功能键符，通过屏幕对话方式进行编程。

PLC 一般配有开关式稳压电源，用来对内部电路供电。

2. PLC 的内部等效继电器电路

PLC 是一种专用微机，但用它来实现继电接触控制系统的功能时，就勿须从计算机的角度去研究，而是将PLC的内部结构等效为一个继电器电路。在PLC内部的一个触发器等效为一个继电器，通过预先编制好并存入内存的程序来实现控制作用的，因此，对使用者来说，可以不去理会微机及存储器内部的复杂结构，而是将 PLC 看成是由许多继电器组成的控制器，但这些继电器的通断是由软件来控制的，因此称为“软继电器”。

任何一个继电器控制系统，都是由输入部分、逻辑部分和输出部分组成，如图 4-4-3 所示。

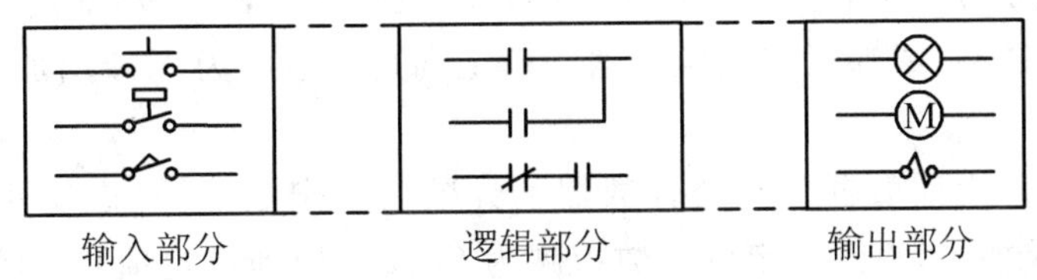

图 4-4-3　继电器控制系统

输入部分是由一些控制按钮、操作开关、限位开关、光电管信号等组成，它接收来自被控对象上的各种开关信息，或操作台上的操作命令。

逻辑部分是根据被控对象的要求而设计的各种继电器控制线路，这些继电器的动作是按一定的逻辑关系进行的。

输出部分是指根据用户需要而选择的各种输出设备，如电磁阀线圈、接通电机的各种接触器、信号灯等。

当将PLC看成是由许多“软继电器”组成的控制器时，可以画出其相应的内部等效电器电路，如图4-4-4所示。

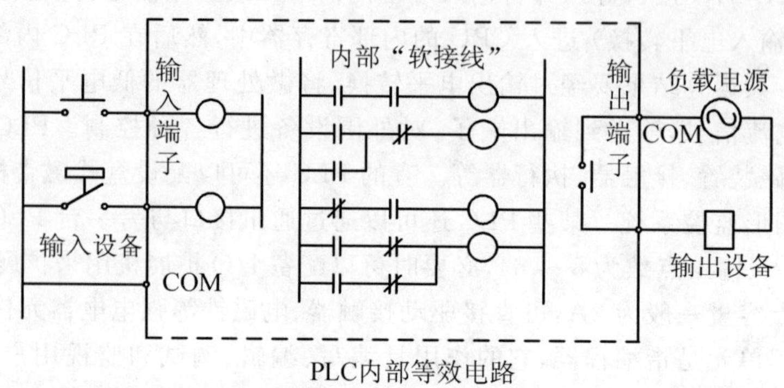

图4-4-4　PLC的等效继电控制电路

由图4-4-4可以看出，PLC的内部等效电路（如图中的大框线内所示）分别与用户输入设备和输出设备相连接。输入设备相当于继电器控制电路中的信号接收环节，如操作按钮、控制开关等；输出设备相当于继电器控制电路中的执行环节，如电磁阀、接触器等。

在PLC内部为用户提供的等效继电器有输入继电器、输出继电器、辅助继电器、时间继电器、计数继电器等。

输入继电器与PLC的输入端子相连接，用来接受外部输入设备发来的信号，它不能用内部的程序指令控制。

输出继电器的触头与PLC的输出端子相连接，用来控制外部输出设备，它的状态由内部的程序指令控制。

辅助继电器相当于继电器控制系统中的中间继电器，其触头不能直接控制外部输出设备。

时间继电器又称为定时器。每个定时器的定时值确定后，一旦启动定时器，便以一定的单位（例10 ms）开始递减（或递增），当定时器中设定的是时值减为0（或增加到设定值）时，定时器的触头就动作。

计数继电器又称为计数器。每个计数器的计数值确定后，一旦启动计数器，每来一个脉冲。计数值便减（或加）1，直到设定的计数值减为0（或增加到设定值）时，计数器的输出触头就动作。

值得注意的是，上述“软继电器”只是等效继电器，PLC中并没有这样的实际继电器，“软继电器”的线圈中也没有相应的电流通过，它们的工作完全由编制的程序来确定。

3. PLC 的编程语言

PLC 采用面向过程、面向问题的“自然语言”编程，其特点是简单、易懂、易学、便于掌握。

不同类型的 PLC，有不同的编程语言，通常有梯形图 LAD，语句表 STL，控制系统流程图、逻辑方程或布尔代数式等，除此之外，还有配 BASIC 语言或其他高级语言的。下面以梯形图和语句表为例作简单的介绍。

梯形图是使用的最多的一种编程语言，在形式上类似于继电器的控制电路，因此是非常形象、易学的一种编程语言。

由于 PLC 是按照指令存入存储器的先后而依次执行程序的，因此要求程序中的指令和指令的顺序要正确，为此，编程时要注意以下几个问题：

(1) 如图 4-4-4 所示，梯形图按自上而下，从左到右的顺序排列。整个图形呈阶梯形，故有梯形图之称。

(2) 在梯形图中，每个继电器线圈为一个逻辑行，即一层阶梯。每个继电器线圈的左边必须有触头，然后与左边的母线相连接，其触头的状态由相应的继电器线圈内有无电流来确定。继电器线圈的右边不能有触头，应直接与右边的母线相连接。

(3) 梯形图中的继电器不是真实的继电器，而是“软继电器”。继电器的线圈在一个程序中不能重复使用，但其触头在编程中可重复使用，相当于每只“软继电器”的触点数可无限，因为在存储器中的触发器状态可反复取任意次。

(4) 由于梯形图中的继电器实质上是存储器中的触发器，故其状态有“1”和“0”两个状态。“1”状态表示继电器线圈通电，其相应的常开触点闭合，常闭触点断开；“0”状态表示继电器线圈无电流通过，其相应的触点不动作。

(5) 继电器线圈中的电流并不是真正的电流，而称为“概念电流”，两端的母线也不需接电源。“概念电流”只是用户程序中用来分析输入、输出条件的形象表示方法。“概念电流”在梯形图中只能从左向右流动，层次改变只能由上而下。

(6) 梯形图中的线圈是广义的，它还可以用来表示计时器、计数器、移位寄存器以及各种运算结果等。

(7) 梯形图中不出现输入继电器的线圈，而只出现输入继电器的触头。其触头的状态由输入继电器的线圈的状态确定，亦即表示所接收的外部输入信号。

(8) 梯形图中的输出继电器供 PLC 作输出控制用，而其内部继电器不能作输出控制用，其接点只能供 PLC 内部使用。

(9) 由梯形图编写指令程序时，应遵循从上到下、从左到右的顺序。梯形图中的每个符号对应于一条指令，一条指令为一个步序，不存在几条并列支路或一条支路上几个符号同时执行的可能性。

4. PLC 的指令系统与编程举例

PLC 的梯形图是一种图形的表示方式，它具有形象易学的特点。除此之外，PLC 还可以用类似于计算机汇编语言的形式，用指令的助记符来编程。但 PLC 的语句表比较通俗易懂，因此也是一种广泛应用的编程语言。

各种类型的 PLC，其使用的助记符不同，下面以上海某公司的产品 ACMY-S80 为例，来说明其语句表的编写方法。

在编写语句表时，要先将 PLC 中的“软继电器”线圈与其触头编号，然后用适当的指令系统连接起来。ACMY－S80 的基本逻辑指令有 21 条，见表 4－4－2。

除上述的 21 条基本逻辑指令外，ACMY－S80 还有 12 条数据操作指令，见表 4－4－3。

为了说明 ACMY－S80 指令系统的应用，下面举几个例子。

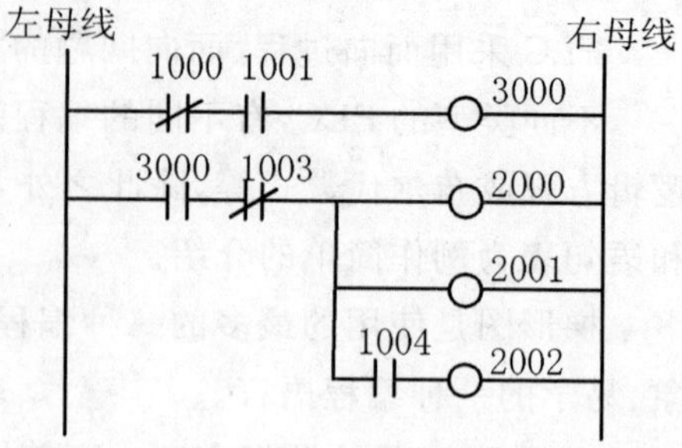

图 4－4－5 是一较为简单的梯形图，表 4－4－1 是相应的语句表，现说明如下。

图 4－4－5　梯形图

该梯形图的第一逻辑行起始于左母线，经过常闭触点 1000，与常开触点 1001 串联，然后终止于继电器线圈 3000。第二逻辑行亦起始于左母线，并由常开触点 3000 与常闭触点 1003 串联，然后一方面将逻辑运算结果输出到继电器线圈 2000 与 2001，另一方面又与常开触点 1004 串联后，再将运算结果输出到继电器线圈 2002。语句表见表 4－4－1。

表 4－4－1　语句表

0	LD NOT	1000
1	AND	1001
2	OUT	3000
3	LD	3000
4	AND NOT	1003
5	OUT	2000
6	OUT	2001
7	AND	1004
8	OUT	2002

继电器线圈中有无电流（以状态 1 代表有电流，状态 0 代表无电流），完全由相应的触点状态来确定。

当驱动触点 1000 的线圈状态为 0，而驱动触点 1001 的线圈的状态为 1 时，输出继器线圈 3000 的状态为 1。各输出继电器线圈状态为 1 时应满足的条件见表 4－4－4。

为了进一步理解如何根据不同的生产过程与工艺条件，来编制 PLC 的梯形图与语句表，下面举一简单例子来说明。

图 4－4－6 为乙烯装置中某一精馏塔，塔的进料为脱甲烷后的石油裂解气，经精馏后，使低组分物质（c_2 成分）汽化上升至塔顶采出，而重组分物质（c_3 以上成分）则由于沸点高不易汽化从塔底排出。

表 4-4-2　ACMY-S80 的基本逻辑指令

指令名称	符号	功　　能
取指令	LD	用于常开接点与母线连接
取反指令	LD NOT	用于常闭接点与母线连接
与指令	AND	用于常开接点的串联
与反指令	AND NOT	用于常闭接点的串联
或指令	OR	用于常开接点的并联
或反指令	OR NOT	用于常闭接点的并联
与块指令	AND LD	用于接点组的串联
或块指令	OR LD	用于接点组的并联
输出指令	OUT	输出逻辑运算的结果
输出非指令	OUT NOT	输出逻辑运算结果的非
保持指令	KEEP	用于继电器线圈的自保
上升微分指令	DIFU	用于对输入信号的上升沿微分,并将微分结果送给设定的继电器线圈
下降微分指令	DIFD	用于对输入信号的下降沿微分,并将微分结果送给设定的继电器线圈
分支指令	IL	表示在逻辑行分支处形成新母线
分支结束指令	ILC	表示分支后的逻辑行返回到原母线
跳步指令	JMP	表示程序的跳转
跳步结束指令	TME	表示程序跳转的结束
计时指令	TIM	表示计时器的延时操作,在紧跟的第二语句用 # 设定计时器(0.1～999.9)
计数指令	CNT	表示计数器计数操作,在紧跟的第二语句用 # 设定计数器(0 ～ 9999)
移位指令	SFT	用于移位寄存器的移位操作。SFT 设定移位寄存器起始地址,紧跟的第二语句用 # 设定终止地址
结束指令	END	表示程序结束

表 4-4-3　数据操作指令

序号	指令名称	符号	功　　能
1	数据传递指令	MOV(Y,M)	表示将内部继电器 M 的内容传送到输出继电器 Y
2	常数设定指令	CONST	用于将 4 位十进制常数送到内部继电器
3	比较指令	CMP	用于将存放在指定继电器中的内容进行比较
4	十/二进制变换指令	BIN	将存放在设定继电器中的十进制数变换成二进制存放到设定继电器
5	二/十进制变换指令	BCD	将存放在设定继电器中的二进制数变换成十进制存放到设定继电器
6	加法指令	ADD	执行加法运算
7	减法指令	SUB	执行减法运算
8	乘法指令	MUL	执行乘法运算
9	除法指令	DIV	执行除法运算
10	数据输出指令	DOUT	将内部继电器的二进制数据输出到某一地址的外设中
11	数据输入指令	DIN	将某外设地址(由 # 指定)送到 DIN 设定的继电器中
12	通信指令	COM	用于 S80 主机与从机间的通信

表 4-4-4　各继电器线圈状态为"1"的条件

继电器线圈	状态为"1"的各触头应满足的条件
3000	常闭触头 1000 不动作；常开触头 1001 闭合
2000	常闭触头 1000 不动作；常开触头 1001 闭合；常开触头 3000 闭合；常闭触头 1003 不动作
2001	条件与上述相同
2002	常闭触头 1000，1003 不动作；常开触头 1001，3000，1004 闭合

为了控制精馏产物的纯度，该塔采取间接指标控制，即采用温度控制器 TRC 来改变进入再沸器的加热蒸汽流量，以使塔底温度保持恒定。但是，为了维持塔的安全操作，塔内压力不能过高。否则易引起液泛事故。为此应采取联锁保护措施，当塔压越限时，压力联锁装置 PIS 使电磁三通阀的线圈 S 断电，从而使三通阀的 A－C 切断，B－C 接通。这样一来，就切断了由 TRC 来改变加热蒸汽量的正常通路，温度控制系统停止工作。由于由 TRC 来的控制信号被切断，气动薄膜控制阀膜头上的气压通过 B－C 迅速降为 0，阀门（气开型）立即关闭，蒸汽不再进入再沸器，从而使塔压下降不至酿成事故。

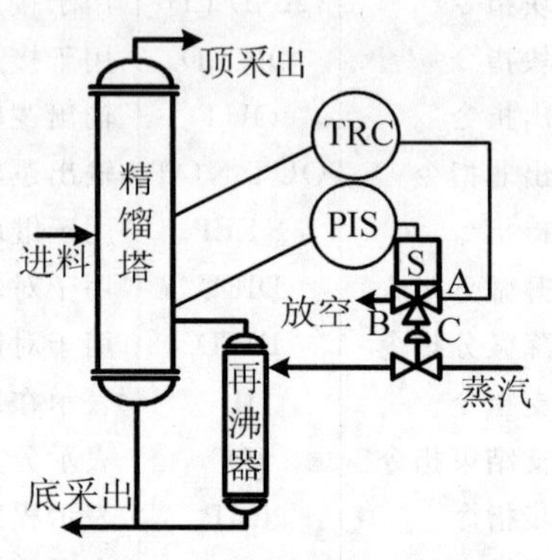

图 4-4-6　精馏塔控制示意图

为了满足上述工艺要求，可以设计相应的继电器控制系统，也可以由 PLC 编制相应的程序来实现。当采用继电器控制系统时，支配控制系统工作的"程序"是由继电器线圈、触头、按钮等元件用导线连接起来实现的，其程序就在接线之中，因此称为接线程序，相应的控制系统称为接线程序控制系统。为了能与 PLC 的控制系统相对照，特画出相应的塔压联锁保护图，如图 4-4-7 所示。图中 X 是工艺触点，由塔压来控制的。当塔压正常时，X 是闭合的（常闭），延时继电器 KT 带电，其常闭触点 KT－1 断开，报警指示灯 BD 不亮，常开触点 KT－2 闭合，使继电器 K 带电，相应的触点 K－1 闭合，使电磁阀线圈 S 带电，三通阀的 A－C 通，B 被切断，温度控制系统正常工作。当塔压越限时，工艺触点 X 断开，继电器 KT 失电，相应的触点 KT－1 闭合，报警指示灯 BD 亮，给出报警信号。与此同时，触点 KT－2 断开，断电器 K 失电，相应的触点K－1 断开，使电磁阀线圈 S 失电，三通阀的 A 被切断，B－C 接通，控制阀膜头上的气压被放空，于是控制阀（气开阀）关闭，切断加热蒸汽进入再沸器的通路，停止加热，以使塔压不至过高而引起液泛事故。

图中联锁开关 SA 是为了摘挂联锁之用，当不需要联锁保护时，只要将 SA 闭合，这时不管工艺触点 X 是否闭合，KT 总是带电的，因此指示灯 BD 不亮，电磁阀的线圈带电，温度控制系统总是投入运行的。

为了防止由于偶然因素引起塔压瞬时越限，从而使联锁保护系统产生误动作，因此该系统中采用了断电延时继电器 KT。

当采用 PLC 来实现上述联锁保护系统时，其编制的梯形图如图 4-4-8 所示，表 4-4-5 是相应的语句表。

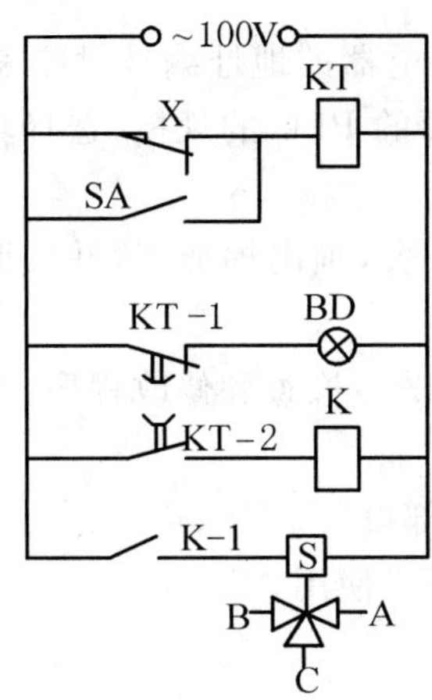

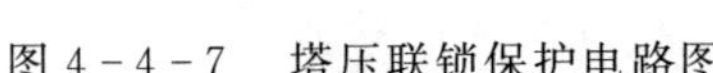

图 4-4-7　塔压联锁保护电路图

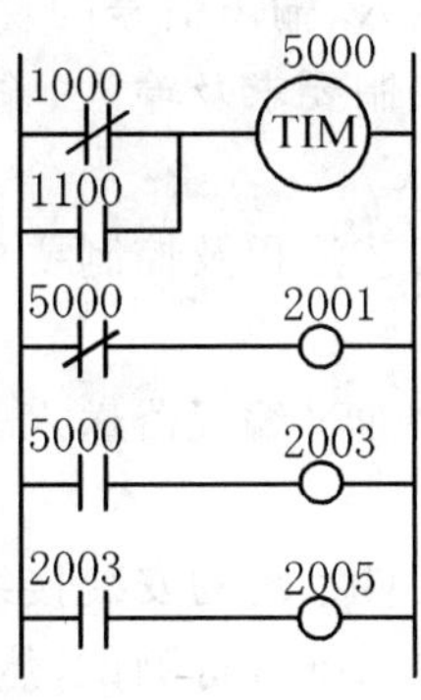

图 4-4-8　梯形图

在图 4-4-8 中，TIM5000 是代表延时继电器的线圈，其有无电流取决于工艺触点 1000 的状态，1100 是摘挂环节的触点。2001 代表由 TIM 控制的常闭触点 5000 确定其状态的继电器线圈，它可以用来输出控制报警指示灯的开断。2005 是输出继电器，可用来控制电磁三通阀线圈的电流。语句表见表 4-4-5。

表 4-4-5　语句表

0	LD NOT	1000
1	OR	1100
2	TIM	5000
3	#	0100
4	LD NOT	5000
5	OUT	2001
6	LD	5000
7	OUT	2003
8	LD	2003
9	OUT	2005
10	END	

在语句表中，TIM 是计时指令，用于计时器的延时操作，紧跟其后语句中的 #0100 是用于设定计时值的，即延时时间为 10 s。

由上可知，对 PLC 进行开发时，一般应按下述步骤进行。

(1) 首先要了解工艺过程及控制要求，确定输入、输出的点数和类型，以及它们的控制逻辑关系。

(2) 编制输入、输出信号的现场代号和 PLC 内部等效继电器的地址编号对照表。

(3) 根据控制要求及输入、输出的点数和类型，确定需要的 PLC 的规模，选择功能和容量都能满足的 PLC。

(4) 根据工艺流程及控制要求，结合输入、输出编号对照表，画出梯形图，并按照梯形图编写相应程序。

(5) 将程序通过编程器送入 PLC，并进行系统的模拟调试。检查和修改程序，直到完全正确为止。

(6) 进行硬件系统的安装接线，按编号要求接入所有外部设备。

(7) 对整个系统进行测试，然后经过试运行，方可投入正式使用。

思考题与习题

4-1　什么是控制器的控制规律？控制器有哪些基本控制规律？

4-2　双位控制规律是怎样的？有何优缺点？

4-3　比例控制规律是怎样的？什么是比例控制的余差？为什么比例控制会产生余差？

4-4　何为比例控制器的比例度？一台 DDZ-Ⅱ 型液位比例控制器，其液位的测量范围为 0～1.2 m，若指示值从 0.4 m 增大到 0.6 m，比例控制器的输出相应从 5 mA 增大到 7 mA，试求控制器的比例度及放大系数。

4-5　一台 DDZ-Ⅲ 型温度比例控制器，测量的全量程为 0～1 000℃，当指示值变化 100℃，控制器比例度为 80%，求相应的控制器输出将变化多少？

4-6　比例控制器的比例度对控制过程有什么影响？选择比例度时要注意什么问题？

4-7　试写出积分控制规律的数学表达式。为什么积分控制能消除余差？

4-8　什么是积分时间 T_I？试述积分时间对控制过程的影响。

4-9　一台具有比例积分控制规律的 DDZ-Ⅱ 型控制器，其比例度 δ 为 200%，稳态时输出为 5 mA。在某瞬间，输入突然变化了 0.5 mA，经过 30 s 后，输出由 5 mA 变为 6 mA，试问该控制器的积分时间 T_I 为多少？

4-10　某台 DDZ-Ⅲ 型比例积分控制器，比例度为 100%，积分时间为 2 min。稳态时，输出为 5 mA。某瞬间，输入突然增加了 0.2 mA，试问经过 5 min 后，输出将由 5 mA 变化到多少？

4-11　理想微分控制规律的数学表达式是什么？为什么微分控制规律不能单独使用？

4-12　试写出比例积分微分(PID)三作用控制规律的数学表达式。

4-13　试分析比例、积分、微分控制规律各自的特点。

4-14　试分别写出 QDZ 型、DDZ-Ⅱ 型、DDZ-Ⅲ 型仪表的信号范围。

4-15　DTL-121 型电动调节器由哪几部分组成？各部分的作用如何？

4-16　DTL-121 型调节器如何实现 PID 作用？

4-17　电动控制器 DDZ-Ⅲ 型有何特点？

4-18　DDZ-Ⅲ 型基型控制器由哪几部分组成？各组成部分的作用如何？

4-19　DDZ-Ⅲ 型控制器的软手动和硬手动有什么区别？各用在什么条件下？

4-20　什么叫控制器的无扰动切换？

4-21　试简述可编程序调节器的功能与特点。

4-22　与继电控制及一般的计算机控制相比较，可编程序控制器(PLC)有什么特点？

第5章　执行器

执行器是自动控制系统中必不可少的一个重要组成部分。它的作用是接收控制器送来的控制信号，改变被控介质的流量，从而将被控变量维持在所要求的数值上或一定的范围内。

执行器按其能源形式可分为气动、液动、电动三大类。气动执行器用压缩空气作为能源，其特点是结构简单、动作可靠、平稳、输出推力较大、维修方便、防火防爆，而且价格较低，因此广泛地应用于化工、造纸、炼油等生产过程中。它可以方便地与电动仪表配套使用。即使是采用电动仪表或计算机控制时，只要经过电-气转换器或电-气阀门定位器将电信号转换为20～100 kPa的标准气压信号，仍然可用气动执行器。电动执行器的能源取用方便，信号传递迅速，但结构复杂、防爆性能差。液动执行器在化工、炼油等生产过程中基本上不使用，它的特点是输出推力很大。

§5.1　气动执行器

执行器由执行机构和控制机构(阀或调节机构）两部分组成、执行机构是执行器的推动装置，它按控制信号压力的大小产生相应的推力，推动控制机构动作，所以它是将信号压力的大小转换为阀杆位移的装置。控制机构是执行器的控制部分，它直接与被控介质接触，控制流体的流量。所以它是将阀杆的位移转换为流过阀的流量的装置。

图5-1-1是一种常用气动执行器的示意图。气压信号由上部引入，作用在薄膜1上，推动阀杆2产生位移，改变了阀芯3与阀座4之间的流通面积，从而达到了控制流量的目的。图中上半部为执行机构，下半部为控制机构。

气动执行器有时还配备一定的辅助装置。常用的有阀门定位器和手轮机构。阀门定位器的作用是利用反馈原理来改善执行器的性能，使执行器能按控制器的控制信号，实现准确的定位。手轮机构的作用是当控制系统因停电、停气、控制器无输出或执行机构失灵时，利用它可以直接操纵控制阀，以维持生产的正常进行。

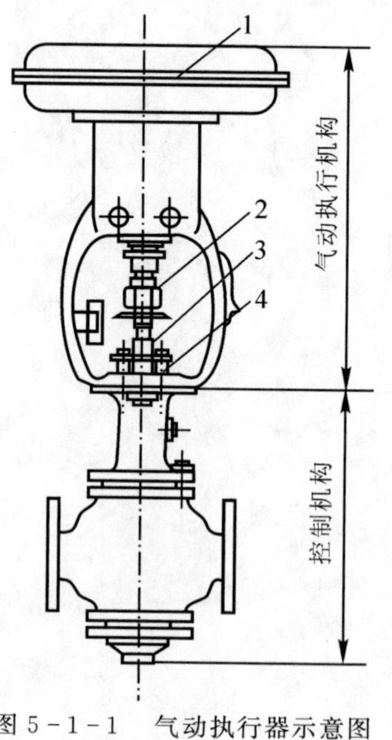

图5-1-1　气动执行器示意图

5.1.1 气动执行器的结构与分类

前面已经提到，气动执行器主要由执行机构与控制机构两大部分组成。根据不同的使用要求，它们又可分为许多不同的型式，下面分别做一介绍。

1. 执行机构

气动执行机构主要分为薄膜式和活塞式两种。其中薄膜式执行机构最为常用，它可以用作一般控制阀的推动装置，组成气动薄膜式执行器，习惯上称为气动薄膜调节阀。它的结构简单、价格便宜、维修方便，应用广泛。

气动活塞式执行机构的推力较大，主要适用于大口径、高压降控制阀或蝶阀的推动装置。

除了薄膜式和活塞式之外。还有长行程执行机构。它的行程长、转矩大，适于输出转角(0° ～ 90°) 和力矩，如用于蝶阀或风门的推动装置。

气动薄膜式执行机构有正作用和反作用两种型式。当来自控制器或阀门定位器的信号压力增大时，阀杆向下移动的叫正作用执行机构(ZMA 型) 当信号压力增大时，阀杆向上移动的叫反作用执行机构(ZMB 型)。正作用执行机构的信号压力是通入波纹膜片上方的薄膜气室，如图 5-1-1 所示；反作用执行机构的信号压力是通入波纹膜片下方的薄膜气室。通过更换个别零件，两者便能互相改装。

根据有无弹簧执行机构可分为有弹簧的及无弹簧的，有弹簧的薄膜式执行机构最为常用，无弹簧的薄膜式执行机构常用于双位式控制(即气开气关型)。

有弹簧的薄膜式执行机构的输出位移与输入气压信号成比例关系。当信号压力(通常为 0.02 ～ 0.1 MPa) 通入薄膜气室时，在薄膜上产生一个推力，使阀杆移动并压缩弹簧，直至弹簧的反作用力与推力相平衡，推杆稳定在一个新的位置。信号压力越大，阀杆的位移量也越大。阀杆的位移即为执行机构的直线输出位移，也称行程。行程规格有 10 mm，16 mm，25 mm，40 mm，60 mm，100 mm 等。

2. 控制机构

控制机构即控制阀，实际上是一个局部阻力可以改变的节流元件。通过阀杆上部与执行机构相连，下部与阀芯相连。由于阀芯在阀体内移动，改变了阀芯与阀座之间的流通面积，即改变了阀的阻力系数。被控介质的流量也就相应地改变，从而达到控制工艺参数的目的。根据不同的使用要求，控制阀的结构型式很多、主要有以下几种：

(1) 直通单座控制阀　这种阀的阀体内只有一个阀芯与阀座，如图 5-1-2(a) 所示。其特点是结构简单、泄漏量小，易于保证关闭，甚至完全切断。但是在压差大的时候，流体对阀芯上下作用的推力不平衡，这种不平衡力会影响阀芯的移动。因此这种阀一般应用在小口径、低压差的场合。

(2) 直通双座控制阀　阀体内有两个阀芯和阀座，如图 5-1-2(b) 所示。这是最常用的一种类型。由于流体流过的时候，作用在上、下两个阀芯上的推力方向相反而大小近于相等，可以互相抵消，所以不平衡力小。但是，由于加工的限制，上下两个阀芯阀座不易保证同时密闭，因此泄漏量较大。

根据阀芯与阀座的相对位置，这种阀可分为正作用式与反作用式(或称正装与反装) 两种型式。当阀体直立，阀杆下移时，阀芯与阀座间的流通面积减小的称为正作用式，图 5-1-2(b) 所示的为正作用式时的情况。如果将阀芯倒装，则当阀杆下移时，阀芯与阀座间流通面积增大，称为反作用式。

(3) 角形控制阀　角形阀的两个接管呈直角形，一般为底进侧出，如图 5-1-2(c) 所示。这种阀的流路简单、阻力较小，适用于现场管道要求直角连接，介质为高黏度、高压差和含有少量悬浮物和固体颗粒状的场合。

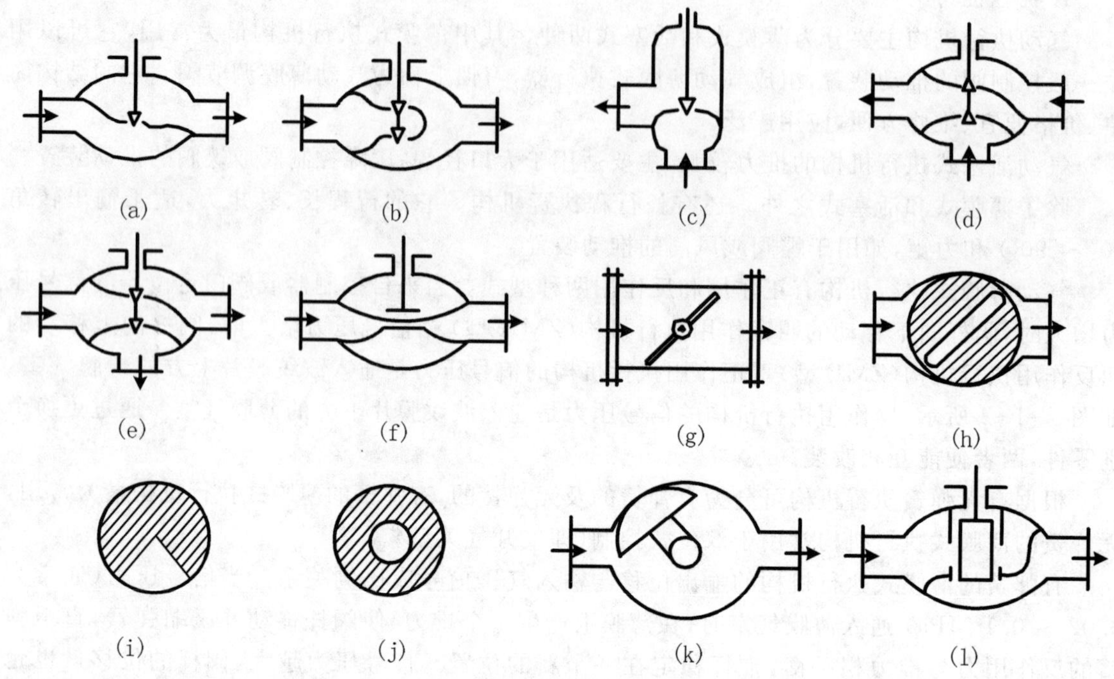

图 5-1-2　控制阀的结构形式

(a) 直通单座阀；(b) 直通双座阀；(c) 角形阀；(d) 三通阀合流型；
(e) 三通阀分流型；(f) 隔膜阀；(g) 蝶阀；(h) 球阀；
(i) V 型球阀阀芯；(j) O 型球阀阀芯；(k) 凸轮挠曲阀；(l) 笼式阀

(4) 三通控制阀　三通阀共有三个出入口与工艺管道连接。其流通方式有合流(两种介质混合成一路)型和分流(一种介质分成两路)型两种，分别如图 5-1-2(d)，(e) 所示。这种阀可以用来代替两个直通阀，适用于配比控制与旁路控制。与直通阀相比，组成同样的系统时，可省掉一个二通阀和一个三通接管。

(5) 隔膜控制阀　它采用耐腐蚀衬里的阀体和隔膜，如图 5-1-2(f) 所示。隔膜阀结构简单、流阻小、流通能力比同口径的其他种类的阀要大。由于介质用隔膜与外界隔离，故无填料，介质也不会泄漏。这种阀耐腐蚀性强，适用于强酸、强碱、强腐蚀性介质的控制，也能用于高粘度及悬浮颗粒状介质的控制。

选用隔膜阀时，应注意执行机构须有足够的推力。一般隔膜阀直径大于 100 mm 时，均采用活塞式执行机构。由于受衬里材料性质的限制，这种阀的使用温度宜在 150℃ 以下，压力在 1 MPa 以下。

(6) 蝶阀　又名翻板阀，如图 5-1-2(g) 所示。蝶阀具有结构简单、重量轻、价格便宜、流阻极小的优点，但泄漏量大，适用于大口径、大流量、低压差的场合，也可以用于含少量纤维或悬浮颗粒状介质的控制。

(7) 球阀　球阀的阀芯与阀体都呈球形体，转动阀芯使之与阀体处于不同的相对位置时，就具有不同的流通面积，以达到流量控制的目的，如图 5-1-2(h) 所示。

球阀阀芯有“V”形和“O”形两种开口形式，分别如图 5-1-2(i)，(j) 所示。O形球阀的节流元件是带圆孔的球形体，转动球体可起控制和切断的作用，常用于双位式控制。V 形球阀的节流元件是 V 形缺口球形体，转动球心使 V 形缺口起节流和剪切的作用，适用于高黏度和污秽介质的控制。

(8) 凸轮挠曲阀　又名偏心旋转阀。它的阀芯呈扇形球面状，与挠曲臂及轴套一起铸成，固定在转动轴上，如图 5-1-2(k) 所示。凸轮挠曲阀的挠曲臂在压力作用下能产生挠曲变形，使阀芯球面与阀座密封圈紧密接触，密封性好。同时，它的重量轻、体积小、安装方便，适用于高粘度或带有悬浮物的介质流量控制。

(9) 笼式阀　又名套筒型控制阀，它的阀体与一般的直通单座阀相似，如图 5-1-2(l) 所示。笼式阀内有一个圆柱形套筒(笼子)。套筒壁上有一个或几个不同形状的孔(窗口)，利用套筒导向，阀芯在套筒内上下移动，由于这种移动改变了笼子的节流孔面积，就形成了各种特性并实现流量控制。笼式阀的可调比大、振动小、不平衡力小、结构简单、套筒互换性好，更换不同的套筒(窗口形状不同) 即可得到不同的流量特性，阀内部件所受的汽蚀小、噪音小，是一种性能优良的阀，特别适用于要求低噪音及压差较大的场合，但不适用高温、高黏度及含有固体颗粒的流体。除以上所介绍的阀以外，还有一些特殊的控制阀。例如小流量阀适用于小流量的精密控制，超高压阀适用于高静压、高压差的场合。

5.1.2　控制阀的流量特性

控制阀的流量特性是指被控介质流过阀门的相对流量与阀门的相对开度(相对位移) 间的关系，即

$$\frac{Q}{Q_{\max}}=f\left(\frac{l}{L}\right) \tag{5-1-1}$$

式中相对流量 $Q/Q_{\max}$ 是控制阀某一开度时流量 Q 与全开时流量 $Q_{\max}$ 之比。相对开度 l/L 是控制阀某一开度行程 l 与全开行程 L 之比。

一般来说，改变控制阀阀芯与阀座间的流通截面积，便可控制流量。但实际上还有多种因素影响，例如在节流面积改变的同时还发生阀前后压差的变化，而这又将引起流量变化。为了便于分析，先假定阀前后压差固定，然后再引伸到真实情况，于是有理想流量特性与工作流量特性之分。

1. 控制阀的理想流量特性

在不考虑控制阀前后压差变化时得到的流量特性称为理想流量特性。它取决于阀芯的形状如图 5-1-3 所示。主要有直线、等百分比(对数)、抛物线及快开等几种。

(1) 直线流量特性　直线流量特性是指控制阀的相对流量与相对开度成直线关系，即单位位移变化所引起的流量变化是常数。用数学式表示为

$$\frac{\mathrm{d}\left(\frac{Q}{Q_{\max}}\right)}{\mathrm{d}\left(\frac{l}{L}\right)}=K \tag{5-1-2}$$

式中　K—— 常数，即控制阀的放大系数。

将式(5-1-2)积分可得

$$\frac{Q}{Q_{\max}}=K\frac{l}{L}+C \qquad (5-1-3)$$

式中　C—— 积分常数。

边界条件为 $l=0$ 时 $Q=Q_{\min}$($Q_{\min}$ 为控制阀能控制的最小流量);$l=L$ 时 $Q=Q_{\max}$。把边界条件代入式(5-1-3),可分别得

$$C=\frac{Q_{\min}}{Q_{\max}}=\frac{1}{R},\qquad K=1-C=1-\frac{1}{R} \qquad (5-1-4)$$

式中 R 为控制阀所能控制的最大流量 $Q_{\max}$ 与最小流量 $Q_{\min}$ 的比值,称为控制阀的可调范围或可调比。

值得指出的是,$Q_{\min}$ 并不等于控制阀全关时的泄漏量,一般它是 $Q_{\max}$ 的 2% ～4%。国产控制阀理想可调范围 R 为 30(这是对于直通单座、直通双座、角形阀和阀体分离阀而言的。隔膜阀的可调范围为 10)。

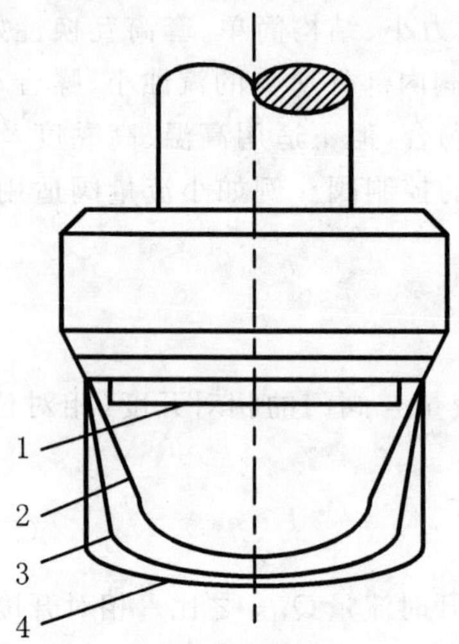

图 5-1-3　不同流量特性的阀芯形状

1— 快开;2— 直线;3— 抛物线;4— 等百分比

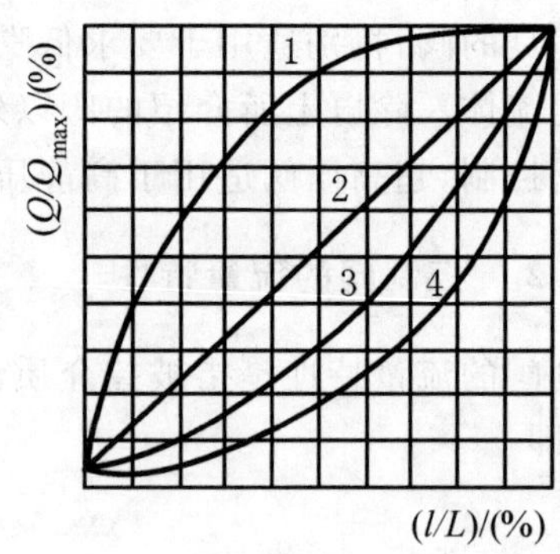

图 5-1-4　理想流量特性

1— 快开;2— 直线;3— 抛物线;4— 等百分比

将式(5-1-4)代入式(5-1-3),可得

$$\frac{Q}{Q_{\max}}=\frac{1}{R}\left[1+(R-1)\frac{l}{L}\right] \qquad (5-1-5)$$

式(5-1-5)表明 $\frac{Q}{Q_{\max}}$ 与 $\frac{l}{L}$ 之间呈线性关系,在直角坐标上是一条直线,如图 5-1-4 中直线 2 所示。要注意的是当可调比 R 不同时,特性曲线在纵坐标上的起点是不同的。当 $R=30$,$\frac{l}{L}=0$ 时,$\frac{Q}{Q_{\max}}=0.033$。为便于分析和计算,假设 $R=\infty$,即特性曲线以坐标原点为起点,这时当位移变化 10% 所引起的流量变化总是 10%。但流量变化的相对值是不同的,以行程的 10%,50% 及 80% 三点为例,若位移变化量都为 10%,则流量变化的相对值分别为

在 10% 时,　$\frac{20-10}{10}\times 100\%=100\%$

在 50% 时， $\frac{60-50}{50}\times 100\%=20\%$

在 80% 时， $\frac{90-80}{80}\times 100\%=12.5\%$

可见，在流量小时，流量变化的相对值大；在流量大时，流量变化的相对值小。也就是说，当阀门在小开度时控制作用太强；而在大开度时控制作用太弱，这是不利于控制系统的正常运行的。从控制系统来讲，当系统处于小负荷时(原始流量较小)，要克服外界干扰的影响，希望控制阀动作所引起的流量变化量不要太大，以免控制作用太强产生超调，甚至发生振荡；系统处于大负荷时，要克服外界干扰的影响，希望控制阀动作所引起的流量变化量要大一些，以免控制作用微弱而使控制不够灵敏。直线流量特性不能满足以上要求。

(2) 等百分比(对数) 流量特性　等百分比流量特性是指单位相对行程变化所引起的相对流量变化与此点的相对流量成正比关系，即控制阀的放大系数随相对流量的增加而增大。用数学式表示为

$$\frac{d\left(\frac{Q}{Q_{max}}\right)}{d\left(\frac{l}{L}\right)}=K\frac{Q}{Q_{max}} \tag{5-1-6}$$

将上式积分得

$$\ln\frac{Q}{Q_{max}}=K\frac{l}{L}+C$$

将前述边界条件代入，可得 $C=\ln\frac{Q_{min}}{Q_{max}}=\ln\frac{1}{R}=-\ln R, K=\ln R$ 最后得

$$\frac{Q}{Q_{max}}=R^{\left(\frac{l}{L}-1\right)} \tag{5-1-7}$$

相对开度与相对流量成对数关系。曲线斜率如图 5-1-4 中曲线 4 所示，即放大系数随行程的增大而增大。在同样的行程变化值下，流量小时，流量变化小，控制平稳缓和；流量大时，流量变化大，控制灵敏有效。

(3) 抛物线流量特性　$\frac{Q}{Q_{max}}$ 与 $\frac{l}{L}$ 之间成抛物线关系，在直角坐标上为一条抛物线。它介于直线特性及对数特性之间。数学表达式为

$$\frac{Q}{Q_{max}}=\frac{1}{R}\left[1+(\sqrt{R}-1)\frac{l}{L}\right]^2$$

(4) 快开特性　这种流量特性在开度较小时就有较大流量，随开度的增大，流量很快就达到最大，故称为快开特性。快开特性的阀芯形式是平板形的，适用于迅速启闭的切断阀或双位控制系统。

2. 控制阀的工作流量特性

在实际生产中，控制阀前后压差总是变化的，这时的流量特性称为工作流量特性。

(1) 串联管道的工作流量特性　以图 5-1-5 所示串联系统为例来讨论，系统总压差 Δp 等于管路系统(除控制阀外的全部设备和管道的各局部阻力之和) 的压差 Δp_2 与控制阀的压差 Δp_1 之和如图 5-1-6 所示。以 S 表示控制阀全开时阀上压差与系统总压差(即系统中最大流量时压力损失总和) 之比。以 Q_{max} 表示管道阻力等于零时控制阀的全开流量，此时阀上压差

为系统总压差。于是可得串联管道以 Q_{max} 作参比值的工作流量特性，如图 5－1－7 所示。

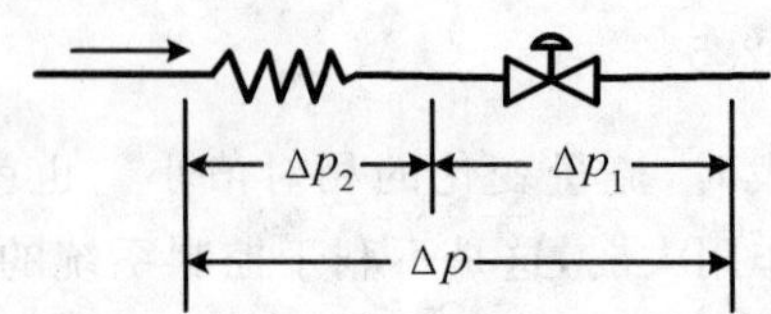

图 5－1－5　串联管道的情况

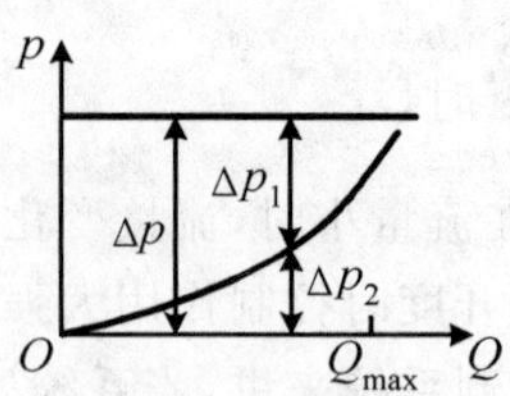

图 5－1－6　管道串联时控制阀差压变化情况

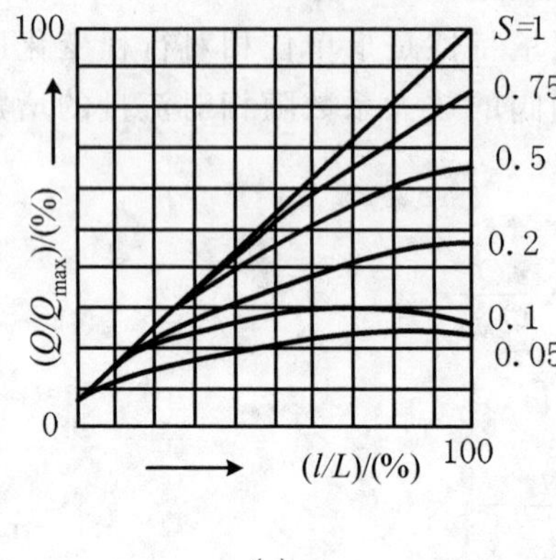

(a)

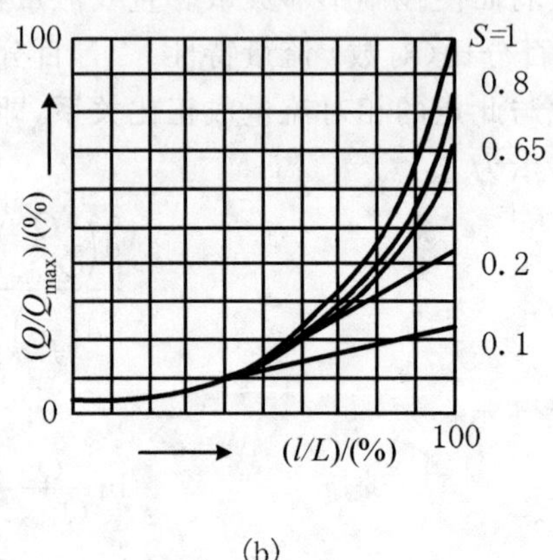

(b)

图 5－1－7　管道串联时控制阀的工作特性

(a) 理想特性为直线型；(b) 理想特性为等百分比型

图中 $S=1$ 时，管道阻力损失为零，系统总压差全降在阀上，工作特性与理想特性一致。随着 S 值的减小，直线特性渐渐趋近于快开特性，等百分比特性渐渐接近于直线特性。所以，在实际使用中，一般希望 S 值不低于 0.3 ～ 0.5。

在现场使用中，如控制阀选得过大或生产在小负荷状态，控制阀将工作在小开度。有时，为了使控制阀有一定的开度而把工艺阀门关小些以增加管道阻力，使流过控制阀的流量降低，这样，S 值下降，使流量特性畸变，控制质量恶化。

（2）并联管道的工作流量特性　控制阀一般都装有旁路，以便手动操作和维护。当生产量提高或控制阀选小了时，只好将旁路阀打开一些，此时控制阀的理想流量特性就改变成为工作特性。

并联管道时的情况如图 5－1－8 所示。显然这时管路的总流量 Q 是控制阀流量 Q_1 与旁路流量 Q_2 之和，即 $Q=Q_1+Q_2$。

图 5－1－8　并联管道的情况

若以 x 代表并联管道时控制阀全开时的流量 Q_{1max} 与总管最大流量 Q_{max} 之比，可以得到在压差 Δp 为一定，而 x 为不同数值时的工作流量特性，如图 5－1－9 所示。图中纵坐标流量以总管最大流量 Q_{max} 为参比值。

由图可见，当 $x=1$，即旁路阀关闭、$Q_2=0$ 时，控制阀的工作流量特性与它的理想流量特性相同。随着 x 值的减小，即旁路阀逐渐打开，虽然阀本身的流量特性变化不大，但可调范围大大降低了。控制阀关死，即 $\frac{l}{L}=0$ 时，流量 Q_{min} 比控制阀本身的 Q_{1min} 大得多。同时，在实际使用中总存在着串联管道阻力的影响，控制阀上的压差还会随流量的增加而降低，使可调范围下降得更多些，控制阀在工作过程中所能控制的流量变化范围更小，甚至几乎不起控制作用。所以，采用打开旁路阀的控制方案是不好的，一般认为旁路流量最多只能是总流量的百分之十几，即 x 值最小不低于 0.8。

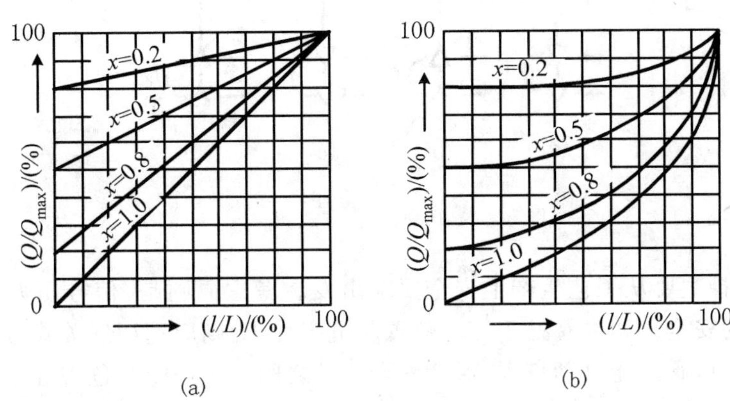

图 5-1-9　并联管道时控制阀的工作特性

(a) 理想特性为直线型；(b) 理想特性为等百分比型

综合串、并联管道的情况，可得如下结论：

1) 串、并联管道都会使阀的理想流量特性发生畸变，串联管道的影响尤为严重。

2) 串、并联管道都会使控制阀的可调范围降低，并联管道尤为严重。

3) 串联管道使系统总流量减少，并联管道使系统总流量增加。

4) 串、并联管道会使控制阀的放大系数减小，即输入信号变化引起的流量变化值减少。串联管道时控制阀若处于大开度，则 S 值降低对放大系数影响更为严重；并联管道时控制阀若处于小开度，则 x 值降低对放大系数影响更为严重。

5.1.3　控制阀的选择

气动薄膜控制阀选用得正确与否是很重要的。选用控制阀时，一般要根据被控介质的特点（温度、压力、腐蚀性、粘度等）、控制要求、安装地点等因素，参考各种类型控制阀的特点合理地选用。选用时，一般应考虑下列几个主要方面的问题。

1. 控制阀结构与特性的选择

控制阀的结构形式主要根据工艺条件，如温度、压力及介质的物理、化学特性（如腐蚀性、粘度等）来选择。例如强腐蚀介质可采用隔膜阀、高温介质可选用带翅形散热片的结构形式。

控制阀的结构型式确定以后，还需确定控制阀的流量特性（即阀芯的形状）。一般是先按控制系统的特点来选择阀的希望流量特性，然后再考虑工艺配管情况来选择相应的理想流量特性。使控制阀安装在具体的管道系统中，畸变后的工作流量特性能满足控制系统对它的要求。目前使用比较多的是等百分比流量特性。

2. 气开式与气关式的选择

气动执行器有气开式与气关式两种型式。有压力信号时阀开、无压力信号时阀关的为气开式。反之，为气关式。由于执行机构有正、反作用，控制阀(具有双导向阀芯的)也有正、反作用。因此气动执行器的气关或气开即由此组合而成。如图 5-1-10 和表 5-1-1 所示。

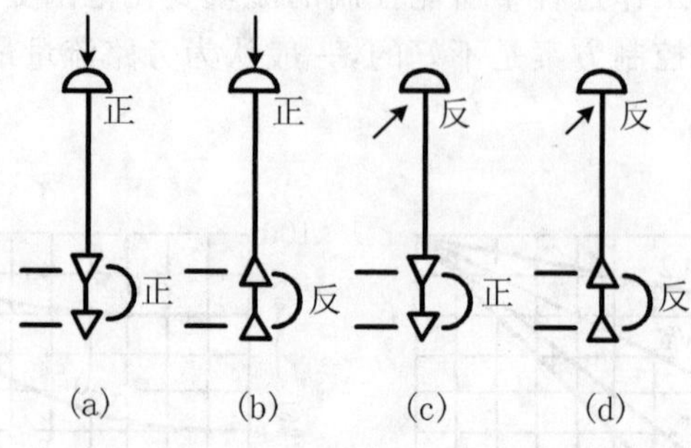

图 5-1-10　组合方式图

气开、气关的选择主要从工艺生产上安全要求出发。考虑原则是：信号压力中断时，应保证设备和操作人员的安全。如果阀处于打开位置时危害性小，则应选用气关式，以使气源系统发生故障，气源中断时，阀门能自动打开，保证安全。反之阀处于关闭时危害性小，则应选用气开阀。例如，加热炉的燃料气或燃料油应采用气开式控制阀，即当信号中断时应切断进炉燃料，以免炉温过高造成事故。又如控制进入设备易燃气体的控制阀，应选用气开式，以防爆炸，若介质为易结晶物料，则选用气关式，以防堵塞。

表 5-1-1　组合方式

序号	执行机构	控制阀	气动执行器	序号	执行机构	控制阀	气动执行器
(a)	正作用	正作用	气关(正)	(c)	反作用	正作用	气开(反)
(b)	正作用	反作用	气开(反)	(d)	反作用	反作用	气关(正)

3. 控制阀口径的选择

控制阀口径选择得合适与否将会直接影响控制效果。口径选择得过小，会使流经控制阀的介质达不到所需要的最大流量。在大的干扰情况下，系统会因介质流量(即操纵变量的数值)的不足而失控，因而使控制效果变差，此时若企图通过开大旁路阀来弥补介质流量的不足，则会使阀的流量特性产生畸变；口径选择得过大，不仅会浪费设备投资，而且会使控制阀经常处于小开度工作，控制性能也会变差，容易使控制系统变得不稳定。

控制阀的口径选择是由控制阀流量系数 C 值决定的。流量系数 C 的定义为：在给定的行程下，当阀两端压差为 100 kPa，流体密度为 1 g/cm^3 时，流经控制阀的流体流量(以 m^3/h 表示)。例如，某一控制阀在给定的行程下，当阀两端压差为 100 kPa 时，如果流经阀的水流量为 40 m^3/h，则该控制阀的流量系数 C 值为 40。

控制阀的流量系数 C 表示控制阀容量的大小，是表示控制阀流通能力的参数。因此，控制阀流量系数 C 亦可称控制阀的流通能力。

对于不可压缩的流体，且阀前后压差 $p_1 - p_2$ 不太大(即流体为非阻塞流)时，其流量系数

C 的计算公式为

$$C = 10Q\sqrt{\frac{\rho}{p_1 - p_2}} \tag{5-1-8}$$

式中 ρ—— 流体密度，g/cm^3；

$p_1 - p_2$—— 阀前后的压差，kPa；

Q—— 流经阀的流量，m^3/h。

从式(5-1-8)可以看出，如果控制阀前后压差 $p_1 - p_2$ 保持为 100 kPa，流经阀的水($\rho=1$ g/cm^3)流量 Q 即为该阀的 C 值。

控制阀全开时的流量系数 C_{100}(即行程为 100% 时的 C 值)，称为控制阀的最大流量系数 C_{max}。C_{max} 与控制阀的口径大小有着直接的关系。因此，控制阀口径的选择实质上就是根据特定的工艺条件(即给定的介质流量、阀前后的压差以及介质的物性参数等)进行 C_{max} 值的计算，然后按控制阀生产厂家的产品目录，选出相应的控制阀口径，使得通过控制阀的流量满足工艺要求的最大流量且留有一定的裕量，但裕量不宜过大。

C 值的计算与介质的特性、流动的状态等因素有关，具体计算时请参考有关计算手册或应用相应的计算机软件。

5.1.4 气动执行器的安装和维护

气动执行器的正确安装和维护，是保证它能发挥应有效用的重要一环。对气动执行器的安装和维护，一般应注意以下几个问题：

(1) 为便于维护检修，气动执行器应安装在靠近地面或楼板的地方。当装有阀门定位器或手轮机构时，更应保证观察、调整和操作的方便。手轮机构的作用是：在开停车或事故情况下，可以用它来直接人工操作控制阀，而不用气压驱动。

(2) 气动执行器应安装在环境温度不高于 +60℃ 和不低于 −40℃ 的地方，并应远离振动较大的设备。为了避免膜片受热老化，控制阀的上膜盖与载热管道或设备之间的距离应大于 200 mm。

(3) 阀的公称通径与管道公称通径不同时，两者之间应加一段异径管。

(4) 气动执行器应该是正立垂直安装于水平管道上。特殊情况下需要水平或倾斜安装时，除小口径阀外，一般应加支撑。即使正立垂直安装，当阀的自重较大和有振动场合时，也应加支撑。

(5) 通过控制阀的流体方向在阀体上有箭头标明，不能装反，正如孔板不能反装一样。

(6) 控制阀前后一般要各装一只切断阀，以便修理时拆下控制阀。考虑到控制阀发生故障或维修时，不影响工艺生产的继续进行，一般应装旁路阀，如图 5-1-11 所示。

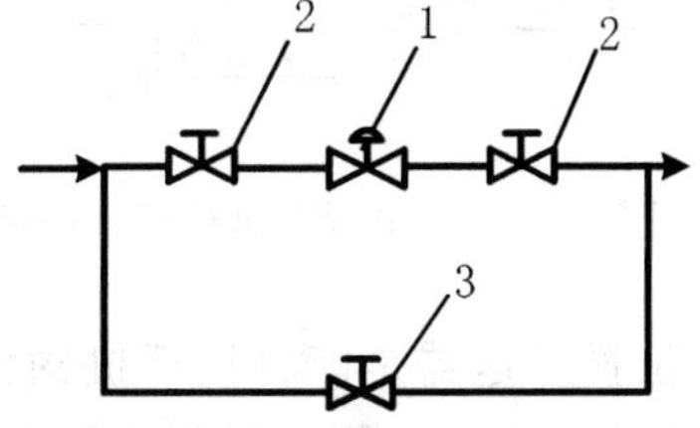

图 5-1-11 控制阀在管道中的安装
1— 调节阀；2— 切断阀；3— 旁路阀

(7) 控制阀安装前，应对管路进行清洗，排去污物和焊渣。安装后还应再次对管路和阀门进行清洗，并检查阀门与管道连接处的密封性能。当初次通入介质时，应使阀门处于全开位置以免杂质卡住。

(8) 在日常使用中，要对控制阀经常维护和定期检修。应注意填料的密封情况和阀杆上下移动的情况是否良好，气路接头及膜片有否漏气等、检修时重点检查部位有阀体内壁、阀座、阀芯、膜片及密封圈、密封填料等。

§5.2　电动执行器

电动执行器与气动执行器一样，是控制系统中的一个重要部分。它接收来自控制器的 0 ～ 10 mA 或 4 ～ 20 mA 的直流电流信号，并将其转换成相应的角位移或直行程位移，去操纵阀门、挡板等控制机构，以实现自动控制。

电动执行器有角行程、直行程和多转式等类型。角行程电动执行机构以电动机为动力元件，将输入的直流电流信号转换为相应的角位移（0° ～ 90°），这种执行机构适用于操纵蝶阀、挡板之类的旋转式控制阀。直行程执行机构接收输入的直流电流信号后，使电动机转动，然后经减速器减速并转换为直线位移输出，去操纵单座、双座、三通等各种控制阀和其他直线式控制机构。多转式电动执行机构主要用来开启和关闭闸阀、截止阀等多转式阀门，由于它的电机功率比较大，最大的有几十千瓦，一般多用作就地操作和遥控。

几种类型的电动执行机构在电气原理上基本上是相同的，只是减速器不一样。以下简单介绍一下角行程的电动执行机构。

角行程电动执行机构主要由伺服放大器、伺服电动机、减速器、位置发送器和操纵器组成，如图 5-2-1 所示。其工作过程大致如下：伺服放大器将由控制器来的输入信号与位置反馈信号进行比较，当无信号输入时，由于位置反馈信号也为零，放大器无输出，电机不转；如有信号输入，且与反馈信号比较产生偏差，使放大器有足够的输出功率，驱动伺服电动机，经减速后使减速器的输出轴转动，直到与输出轴相连的位置发送器的输出电流与输入信号相等为止。此时输出轴就稳定在与该输入信号相对应的转角位置上，实现了输入电流信号与输出转角的转换。

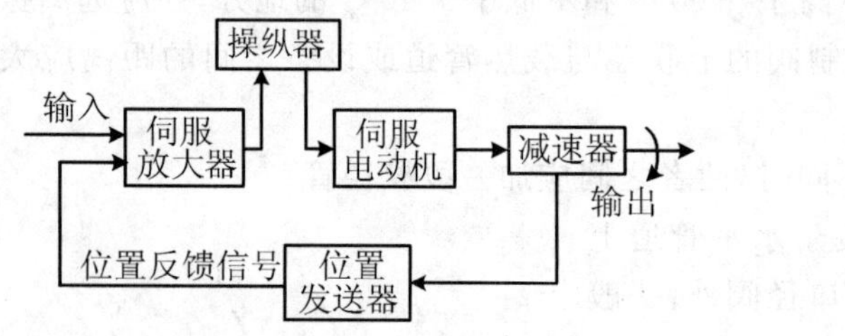

图 5-2-1　角行程执行机构的组成示意图

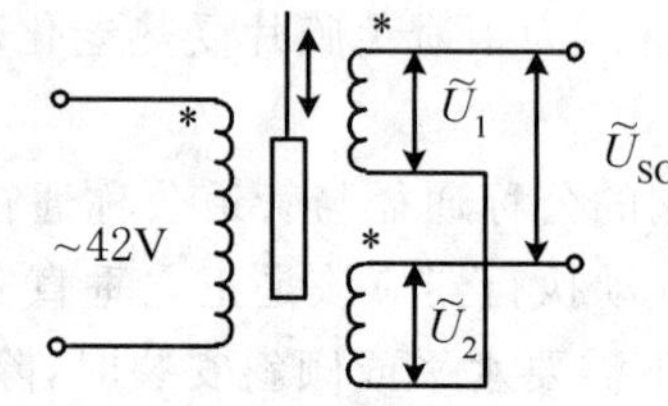

图 5-2-2　差动变压器原理图

位置发送器是能将执行机构输出轴的位移转变为 0 ～ 10 mA DC（或 4 ～ 20 mA DC）反馈信号的装置，它的主要部分是差动变压器，其原理如图 5-2-2 所示。

在差动变压器的原边加一交流稳压电源后，其副边分别会感应出交流电压 $\widetilde{U}_1$，$\widetilde{U}_2$，由于两副边绕组匝数相等，且反向串联，故感应电压 $\widetilde{U}_{SC}$ 的大小将取决于铁心的位置。

铁心的位置是与执行机构输出轴的位置相对应的。当铁心在中间位置时，因两副边绕组的磁路对称，故在任一瞬间穿过两副边绕组的磁通都相等，因而感应电压 $\widetilde{U}_1=\widetilde{U}_2$。但因两绕组反向串联，它们所产生的电压互相抵消，因而输时电压 $\widetilde{U}_{SC}$ 等于零。

当铁心自中间位置有一向上的位移时，使磁路对两绕组不对称，这时上边绕组中交变磁通的幅值将大于下面绕组中交变磁通的幅值，两绕组中的感应电压将是 $\widetilde{U}_1 > \widetilde{U}_2$，因而有输出电压 $\widetilde{U}_{SC} = \widetilde{U}_1 - \widetilde{U}_2$ 产生。

反之，当铁心下移时，两电压的关系将是 $\widetilde{U}_2 > \widetilde{U}_1$，此时输出电压的相位与上述相反，其大小为 $\widetilde{U}_{SC} = \widetilde{U}_2 - \widetilde{U}_1$。

信号 $\widetilde{U}_{SC}$ 经过整流、滤波电路可以得到 0 ～ 10 mA（或 4 ～ 20 mA）的直流电流信号，它的大小与执行机构输出位移相对应。这个信号被反馈到伺服放大器的输入端，以与输入信号相比较。

电动执行机构不仅可与控制器配合实现自动控制，还可通过操纵器实现控制系统的自动控制和手动控制的相互切换。当操纵器的切换开关置于手动操作位置时，由正、反操作按钮直接控制电机的电源，以实现执行机构输出轴的正转或反转，进行遥控手动操作。

§5.3 电-气转换器及电-气阀门定位器

在实际系统中，电与气两种信号常是混合使用的、这样可以取长补短。因而有各种电-气转换器及气-电转换器把电信号（0 ～ 10 mA DC 或 4 ～ 20 mA DC）与气信号（0.02 ～ 0.1 MPa）进行转换。电-气转换器可以把电动变送器来的电信号变为气信号，送到气动控制器或气动显示仪表；也可把电动控制器的输出信号变为气信号去驱动气动执行器，此时常用电-气 阀门定位器，它具有电-气转换器和气动阀门定位器两种作用。

5.3.1 电-气转换器

电-气转换器的结构原理如图 5-3-1 所示，它按力矩平衡原理工作。当 0 ～ 10 mA（4 ～ 20 mA）直流电流信号通入置于恒定磁场里的测量线圈中时。所产生的磁通与磁钢在空气隙中的磁通相互作用而产生一个向上的电磁力（即测量力）。由于线圈固定在杠杆上，使杠杆绕十字簧片偏转，于是装在杠杆另一端的挡板靠近喷嘴，使其背压升高，经过放大器功率放大后，一方面输出，一方面反馈到正、负两个波纹管，建立起与测量力矩相平衡的反馈力矩。于是输出信号（0.02 ～ 0.1 MPa）就与线圈电流成一一对应的关系。

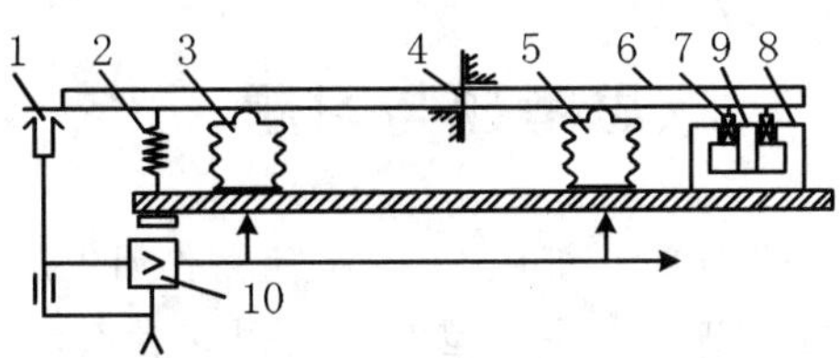

图 5-3-1 电-气转换器原理结构图

1— 喷嘴挡板；2— 调零弹簧；3— 负反馈波纹管；
4— 十字弹簧；5— 正反馈波纹管；6— 杠杆；
7— 测量线圈；8— 磁钢；9— 铁心；10— 放大器

由于负反馈力矩比线圈产生的测量力矩大得多，因而设置了正反馈波纹管，负反馈力矩减去正反馈力矩后的差就是反馈力矩。调零弹簧用来调节输出气压的初始值。如果输出气压变化的范围不对，可调永久磁钢的分磁螺钉。

5.3.2 电-气阀门定位器

电-气阀门定位器一方面具有电-气转换器的作用，可用电动控制器输出的0～10 mA DC或4～20 mA DC信号去操纵气动执行机构；另一方面还具有气动阀门定位器的作用，可以使阀门位置按控制器送来的信号准确定位（即输入信号与阀门位置呈一一对应关系）。同时，改变图5-3-2中反馈凸轮5的形状或安装位置，还可以改变控制阀的流量特性和实现正、反作用（即输出信号可以随输入信号的增加而增加，也可以随输入信号的增加而减少）。

配薄膜执行机构的电-气阀门定位器的动作原理如图5-3-2所示，它是按力矩平衡原理工作的。当信号电流通入力矩马达1的线圈时，它与永久磁钢作用后，对主杠杆产生一个力矩，于是挡板靠近喷嘴，经放大器放大后，送入薄膜气室使杠杆向下移动，并带动反馈杆绕其支点4转动，连在同一轴上的反馈凸轮也作逆时针方向转动，通过滚轮使副杠杆绕其支点偏转，拉伸反馈弹簧。当反馈弹簧对主杠杆的拉力与力矩马达作用在主杠杆上的力两者力矩平衡时，仪表达到平衡状态，此时，一定的信号电流就对应于一定的阀门位置。

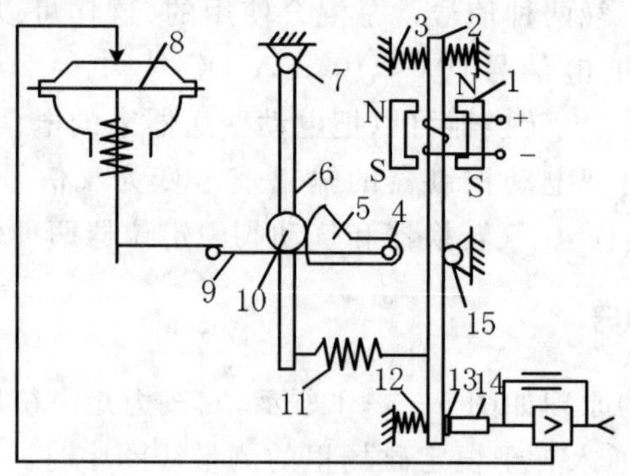

图5-3-2 电-气阀门定位器

1—力矩马达；2—主杠杆；3—平衡弹簧；4—反馈凸轮支点；5—反馈凸轮；
6—副杠杆；7—副杠杆支点；8—薄膜执行机构；9—反馈杆；10—滚轮；
11—反馈弹簧；12—调零弹簧；13—挡板；14—喷嘴；15—主杠杆支点

思考题与习题

5-1 气动执行器主要由哪两部分组成？各起什么作用？

5-2 试问控制阀的结构有哪些主要类型？各使用在什么场合？

5-3 为什么说双座阀产生的不平衡力比单座阀的小？

5-4 试分别说明什么叫控制阀的流量特性和理想流量特性？常用的控制阀理想流量特性有哪些？

5-5 为什么说等百分比特性又叫对数特性？与线性特性比较起来它有什么优点？

5-6 什么叫控制阀的工作流量特性？

5-7 什么叫控制阀的可调范围？在串、并联管道中可调范围为什么会变化？

5-8 什么是串联管道中的阻力比S？S值的变化为什么会使理想流量特性发生畸变？

5-9 什么是并联管道中的分流比x？试说明x值对控制阀流量特性的影响？

5－10　如果控制阀的旁路流量较大，会出现什么情况？

5－11　什么叫气动执行器的气开式与气关式？其选择原则是什么？

5－12　要想将一台气开阀改为气关阀，可采取什么措施？

5－13　试述电-气转换器的用途与工作原理。

5－14　试述电-气阀门定位器的基本原理与工作过程。

5－15　电-气阀门定位器有什么用途？

5－16　控制阀的安装与日常维护要注意什么？

5－17　电动执行器有哪几种类型？各使用在什么场合？

5－18　电动执行器的反馈信号是如何得到的？试简述差动变压器将位移转换为电信号的基本原理。

第6章　自动控制系统的基本概念

§6.1　工业自动化的主要内容

在各种生产过程中，许多生产参数的变化难以直接由人工检测，例如管道里液体的流量、密闭容器内物料的高度、蒸汽的温度等。必须使用各种检测方法进行自动测量，以便了解和分析生产的运行情况、制定更合理的工艺规程；统计原料和物料的消耗以及产品产量，以便核算成本。自动检测系统相当于监视生产过程的“眼睛”，是最普遍的自动化形式，是工业生产自动化不可缺少的一个环节。

6.1.1　自动检测系统

图6-1-1所示的热交换器是利用蒸汽来加热冷液的，冷液经加热后的温度是否达到要求，可用测温元件配上平衡电桥来进行测量、指示和记录；冷液的流量可以用孔板流量计进行检测；蒸汽压力可用压力表来指示，这些就是自动检测系统。

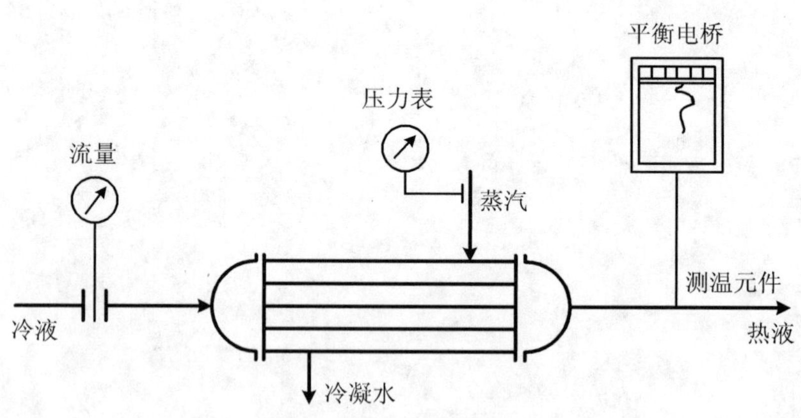

图6-1-1　热交换器自动检测系统示意图

定义：利用各种检测仪表对生产过程主要工艺参数进行测量、指示或记录的系统称为自动检测系统。它代替了操作人员对工艺参数的不断观察与记录，因此起到人的眼睛的作用。

6.1.2 自动报警和联锁保护系统

在生产过程中，尤其是在流程工业中，有时由于一些偶然因素的影响，导致工艺参数超出允许的变化范围，如不及时发现和处理，会造成产品质量和设备事故。为此，常对某些关键性参数设有自动信号报警和联锁保护系统。

定义：当工艺参数接近临界值时，信号报警系统就自动地发出声光报警信号，提醒操作人员注意。如果工艺参数进一步接近临界值、工况接近危险状态时联锁系统立即采取措施，自动打开安全阀、关闭泵或切断某些通路，甚至紧急停车，以防止事故的发生和扩大。把这样的系统称为自动报警和联锁保护系统。其组成如图 6-1-2 所示。例如某反应器的反应温度超过了允许极限值，自动信号系统就会发出声光信号，报警给工艺操作人员以及时处理生产事故。由于生产过程的复杂化，往往靠操作人员处理事故已成为不可能，因为在一个复杂的生产过程中，事故常常会在几秒钟内发生，由操作人员直接处理是根本来不及的。自动联锁保护系统可以圆满地解决这些问题，如当反应器的温度或压力进入危险界限时，联锁系统可立即采取应急措施，加大冷却剂量或关闭进料阀门，减缓或停止反应，从而可避免引起爆炸等生产事故的发生。

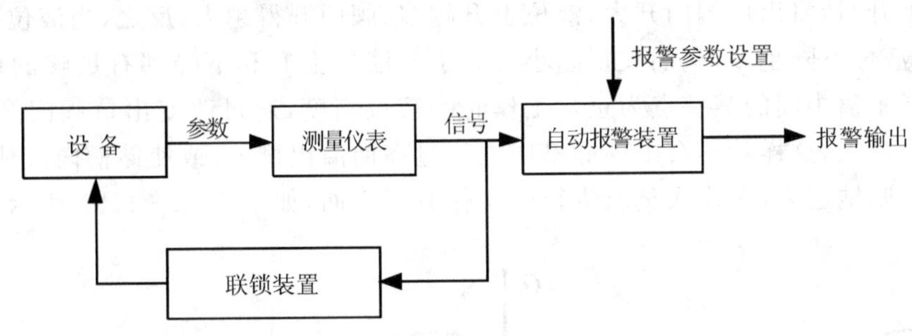

图 6-1-2　自动报警联锁保护系统的组成

6.1.3 自动操纵及自动开停车系统

自动操纵系统可以根据预先规定的操作步骤自动地对生产设备进行某种周期性操作。例如合成氨造气车间的煤气发生炉，要求按照吹风、上吹、下吹制气、吹净等步骤周期性地接通空气和水蒸气，利用自动操纵机可以代替人工自动地按照一定的时间程序扳动空气和水蒸气的阀门，使它们交替地接通煤气发生炉，从而极大地减轻了操作工人的重复性体力劳动。

自动开停车系统可以按照预先规定好的步骤，将生产过程自动地投入运行或自动停车。

6.1.4 自动控制系统

生产过程中各种工艺条件不可能是一成不变的。特别是化工生产，大多数是连续性生产，各设备相互关联，当其中某一设备的工艺条件发生变化时，都可能引起其他设备中某些参数或多或少地波动，偏离了正常的工艺条件，为此，就需要用一些自动控制装置，对生产中某些关键性参数进行自动控制，使它们在受到外界干扰（扰动）的影响而偏离正常状态时，能够被自动地调节而回到工艺所要求的数值范围内，为此目的而设置的系统就是自动控制系统，当然自动调节是指不需要人的直接参与。

由以上所述可以看出，自动检测系统只能完成"了解"生产过程进行情况的任务；信号联锁保护系统只能在工艺条件进入某种极限状态时，采取安全措施，以避免生产事故的发生；自动操纵系统只能按照预先规定好的步骤进行某种周期性操纵；只有自动控制系统才能自动地排除各种干扰因素对工艺参数的影响，使它们始终保持在预先规定的数值上，保证生产维持在正常或最佳的工艺操作状态。因此，自动控制系统是自动化生产中的核心部分，也是学习和掌握的重点内容。

§6.2 自动控制系统的组成

自动控制系统是在人工控制的基础上产生和发展起来的。所以，在开始介绍自动控制的时候，先分析人工操作，并与自动控制加以比较，对分析和了解自动控制系统是有裨益的。

图6-2-1所示是一个液体储槽，在生产中常用来作为一般的中间容器或成品罐。从前一个工序来的物料连续不断地流入槽中，而槽中的液体又送至下一工序进行加工或包装。当流入量Q_i（或流出量Q_o）波动时会引起槽内液位的波动，严重时会溢出或抽空。解决这个问题的最简单办法是以储槽液位为操作指标，以改变出口阀门开度为控制手段，如图6-2-1(a)所示。当液位上升时，将出口阀门开大，液位上升越多，阀门开得越大；反之，当液位下降时，则关小出口阀门，液位下降越多，阀门关得越小。为了使液位上升和下降都有足够的余地，选择玻璃管液位计指示值中间的某一点为正常工作时的液位高度，通过改变出口阀门开度而使液位保持在这一高度上，这样就不会出现储槽中液位过高而溢出槽外，或使储槽内液体抽空而发生事故的现象。归纳起来，操作人员所进行的工作有三方面，如图6-2-1(b)所示。

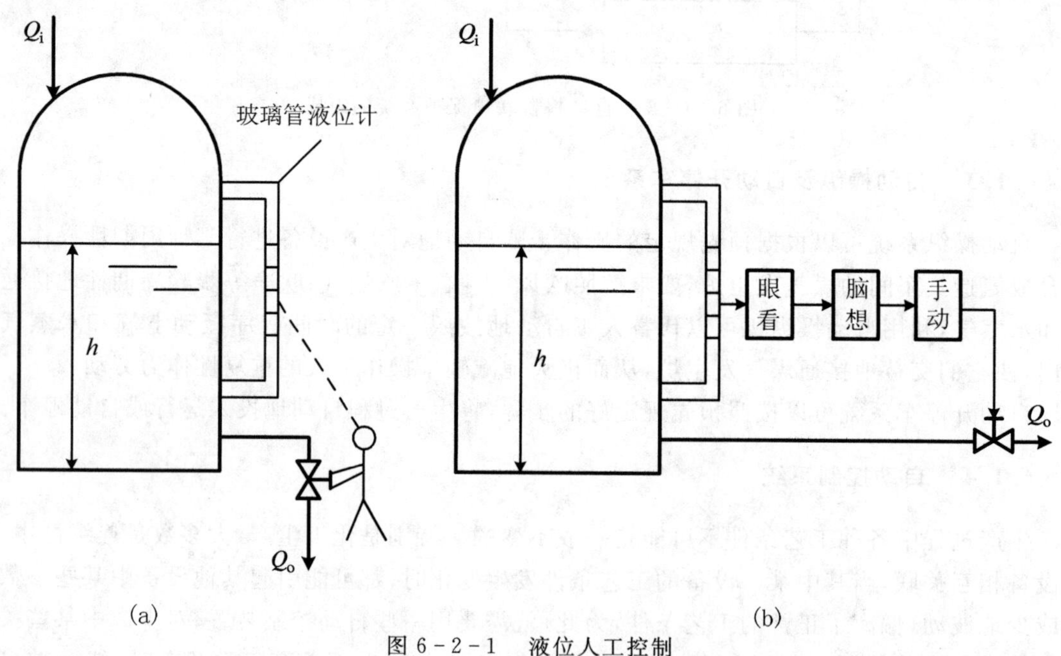

图6-2-1 液位人工控制

(1) 检测 用眼睛观察玻璃管液位计（测量元件）中液位的高低，并通过神经系统告诉大脑。

(2) 运算（思考）、命令 大脑根据眼睛看到的液位高度，加以思考并与要求的液位值进行比较，得出偏差的大小和正负，然后根据操作经验，经思考、决策后发出命令。

(3) 执行　据大脑发出的命令，通过手去改变阀门开度，以改变出口流量 Q_o，从而使液位保持在所需高度上。

眼、脑、手三个器官，分别担负了检测、运算和执行三个作用，来完成测量、求偏差、操纵阀门以纠正偏差的全过程。由于人工控制受到人的生理上的限制，因此在控制速度和精度上都满足不了大型现代化生产的需要。为了提高控制精度和减轻劳动强度，可用一套自动化装置来代替上述人工操作，这样就由人工控制变为自动控制了。液体储槽和自动化装置一起构成了一个自动控制系统，如图 6-2-2 所示。

为了完成人的眼、脑、手三个器官的任务，自动化装置一般至少也应包括三个部分，分别用来模拟人的眼、脑和手的功能，如图 6-2-2 所示。自动控制系统的主要组成部分分别是：

(1) 测量元件与变送器　它的功能是测量液位并将液位的高低转化为一种特定的、统一的输出信号（如气压信号或电压、电流信号等）。

(2) 自动控制器　它接受变送器送来的信号，与工艺需要保持的液位高度（即给定值）相比较得出偏差，并按照某种运算规律算出结果，然后将此结果用特定信号（气压或电流）发送出去。

(3) 执行器　通常指控制阀，它与普通阀门的功能一样，只不过它能自动地根据控制器送来的信号大小和方向自动地来改变阀门的开启度。

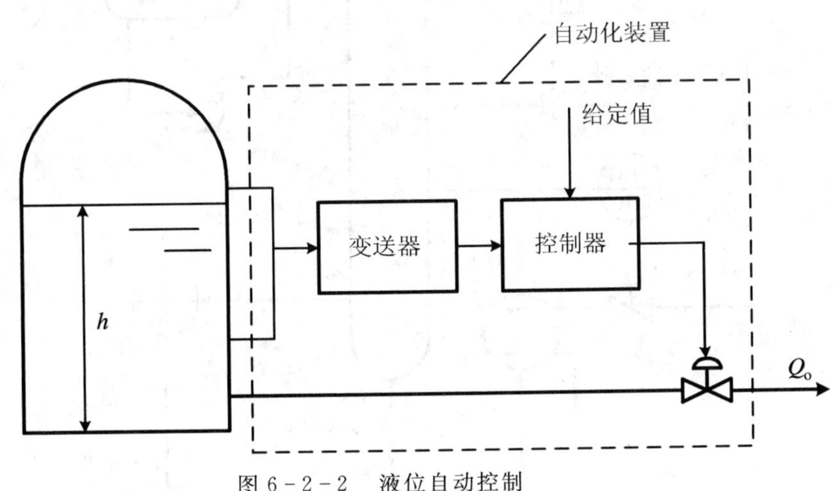

图 6-2-2　液位自动控制

显然，这套自动化装置具有人工控制中操作人员的眼、脑、手的部分功能，因此，它能完成自动控制储槽中液位高低的任务。

(4) 被控对象　在自动控制系统的组成中，除了必须具有上述的自动化装置外，还必须具有控制装置所控制和操纵的对象即生产设备。在自动控制系统中，将需要控制其工艺参数的生产设备或机器叫做被控对象，简称对象。图 6-2-2 所示的液体储槽就是这个液位控制系统的被控对象。化工生产中的各种塔器、反应器、换热器、泵和压缩机以及各种容器、储槽都是常见的被控对象，甚至一段输气管道也可以是一个被控对象。在复杂的生产设备中，如精馏塔、吸收塔等，在一个设备上可能有好几个控制系统。这时在确定被控对象时，就不一定是生产设备的整个装置。譬如说，一个精馏塔，往往塔顶需要控制温度、压力等，塔底又需要控制温度、塔釜液位等，有时中部还需要控制进料流量，在这种情况下，就只有塔的某一与控制有关的相应部分才是某一个控制系统的被控对象。例如，在讨论进料流量的控制系统时，被控对象指的仅是进料管道及阀门等，而不是整个精馏塔本身。

§6.3 工艺管道及控制流程

在工艺流程确定以后，工艺人员和自控设计人员应共同研究确定控制方案。控制方案的确定包括流程中各测量点的选择、控制系统的确定及有关自动信号、联锁保护系统的设计等。在控制方案确定以后，根据工艺设计给出的流程图，按其流程顺序标注出相应的测量点、控制点、控制系统及自动信号与联锁保护系统等，便构成了工艺管道及控制流程图(PID)。

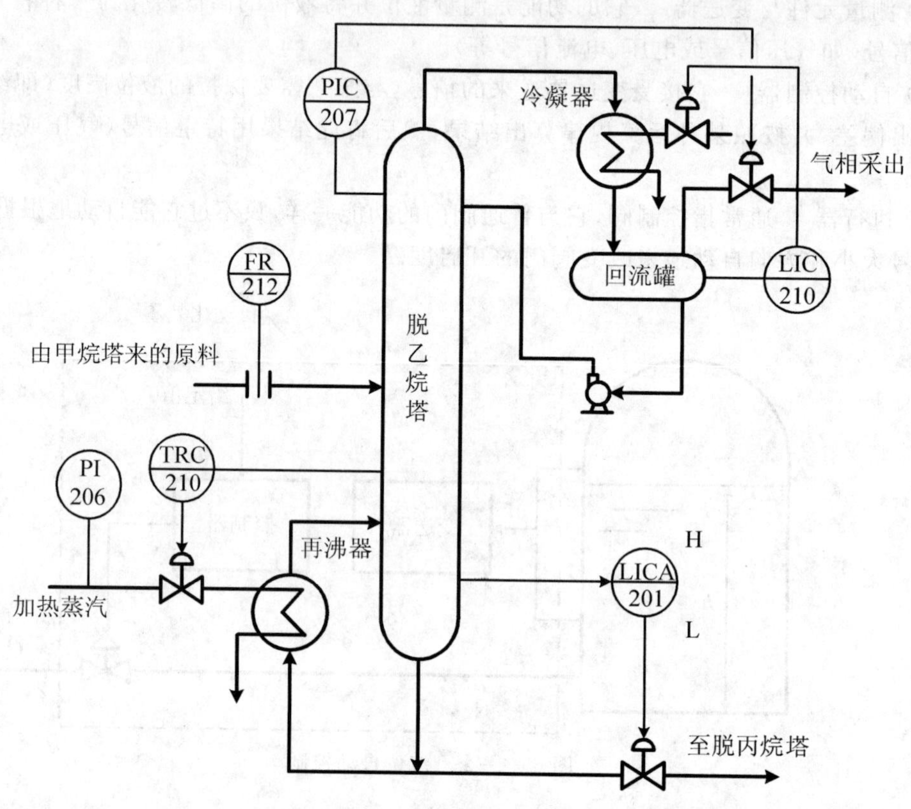

图 6-3-1 控制流程图举例

图6-3-1是乙烯生产过程中脱乙烷塔的工艺管道及控制流程图。为了说明问题方便，对实际的工艺过程及控制方案都作了部分修改。从脱甲烷塔出来的釜液进入脱乙烷塔脱除乙烷。从脱乙烷塔塔顶出来的碳二馏分经塔顶冷凝器冷凝后，部分作为回流，其余则去乙炔加氢反应器进行加氢反应。从脱乙烷塔底出来的釜液部分经再沸器后返回塔底，其余则去脱丙烷塔脱除丙烷。

在绘制控制流程图时，图中所采用的图例符号要按有关的技术规定进行，可参见化工部设计标准 HGJ7-87《化工过程检测、控制系统设计符号统一规定》。下面结合图 6-3-1 对其中一些常用的统一规定作一简要介绍。

6.3.1 图形符号

1. 测量点(包括检出元件、取样点)

是由工艺设备轮廓线或工艺管线引到仪表圆圈的连接线的起点,一般无特定的图形符号,如图 6-3-2 所示。图 6-3-1 中的塔顶取压点和加热蒸汽管线上的取压点都属于这种情形。

必要时,检测元件也可以用象形或图形符号表示。例如流量检测采用孔板时,检测点也可用图 6-3-1 中脱乙烷塔的进料管线上的符号表示。

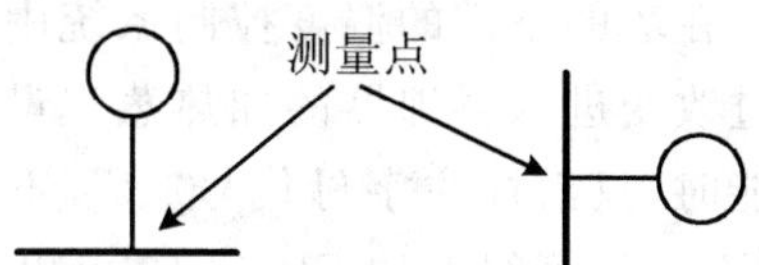

图 6-3-2 测量点的一般表示方法

2. 连接线

通用的仪表信号线均以细实线表示。连接线表示交叉及相接时,采用图 6-3-3 的形式。必要时也可用加箭头的方式表示信号的方向。在需要时,信号线也可按气信号、电信号、导压毛细管等采用不同的表示方式加以区别。

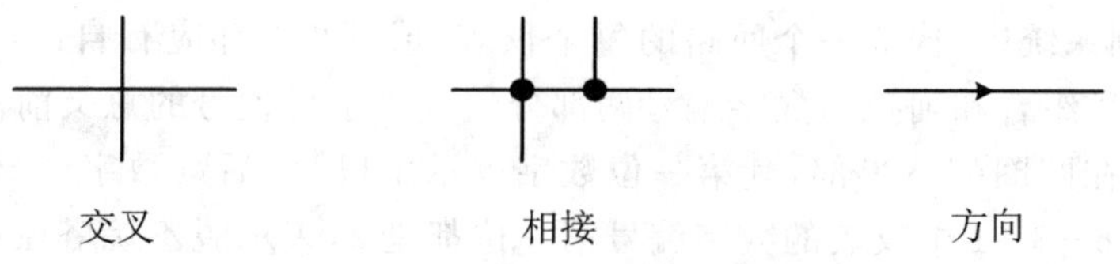

图 6-3-3 连接线的表示方法

3. 仪表(包括检测、显示、控制)的图形符号

仪表的图形符号是一个细实线圈,直径约 10 mm,对于不同的仪表安装位置的图形符号表示可参见附表 9 仪表安装位置的图形符号表示。

对于处理两个或两个以上被测量,具有相同或不同的功能的复式仪表时,可用两个相切的圆或分别用细实线圆与细虚线圆相切表示(测量点在图纸上距离较远或不在同一图纸上),如图 6-3-4 所示。

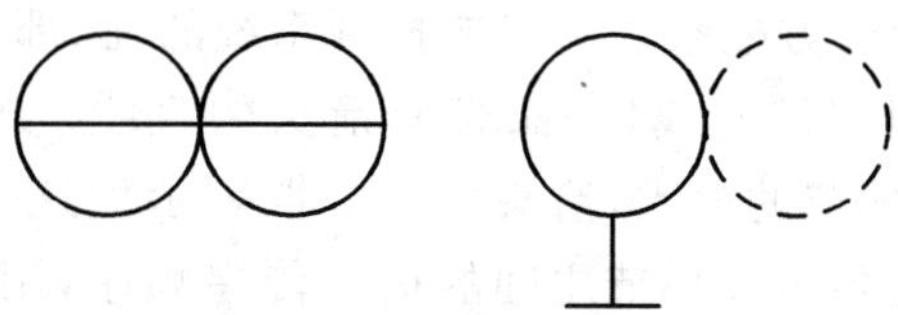
图 6-3-4 复式仪表的表示方法

6.3.2 字母代号

在控制流程图中,用来表示仪表的小圆圈的上半圆内,一般写有两位(或两位以上)字母,第一位字母表示被测变量,后继字母表示仪表的功能,常用被测变量和仪表功能的字母代号见附表 8 自控工程设计字母代码。

以图 6-3-1 的脱乙烷塔控制流程图来说明如何以字母代号的组合来表示被测变量和仪表功能的。塔顶的压力控制系统中的 PIC-207，其中第一位字母 P 表示被测变量为压力，第二位字母 I 表示具有指示功能，第三位字母 C 表示具有控制功能，因此，PIC 的组合就表示一台具有指示功能的压力控制器。该控制系统是通过改变气相采出量来维持塔压稳定的。同样，回流罐液位控制系统中的 LIC-201 是一台具有指示功能的液位控制器，它是通过改变进入冷凝器的冷剂量来维持回流罐中液位稳定的。

在塔的下部的温度控制系统中的 TRC-210 表示一台具有记录功能的温度控制器，它是通过改变进入再沸器的加热蒸汽量来维持塔底温度恒定的。当一台仪表同时具有指示、记录功能时，只需标注字母代号“R”，不标“I”，所以 TRC-210 可以同时具有指示、记录功能。同样，在进料管线上的 FR-212 可以表示同时具有指示、记录功能的流量仪表。

在塔底的液位控制系统中的 LICA-202 代表一台具有指示、报警功能的液位控制器，它是通过改变塔底采出量来维持塔釜液位稳定的。仪表圆圈外标有“H”，“L”字母，表示该仪表同时具有高、低限报警，在塔釜液位过高或过低时，会发出声、光报警信号。

6.3.3 仪表位号

在检测、控制系统中，构成一个回路的每个仪表(或元件)都应有自己的仪表位号。仪表位号是由字母代号组合和阿拉伯数字编号两部分组成。字母代号的意义前面已经解释过。阿拉伯数字编号写在圆圈的下半部，其第一位数字表示工段号，后续数字(二位或三位数字)表示仪表序号。图 6-3-1 中仪表的数字编号第一位都是 2，表示脱乙烷塔在乙烯生产中属于第二工段。通过控制流程图，可以看出其上每台仪表的测量点位置、被测变量、仪表功能、工段号、仪表序号、安装位置等。例图 6-3-1 中的 PI-206 表示测量点在加热蒸汽管线上的蒸汽压力指示仪表，该仪表为就地安装，工段号为 2，仪表序号为 06。而 TRC-210 表示同一工段的一台温度记录控制仪，其温度的测量点在塔的下部，仪表安装在集中仪表盘面上。

§6.4 自动控制系统的方框图

为了更清楚地表达自动控制系统中各组成环节之间的相互关系和信号之间的联系，一般将自动控制系统的组成用方框图来表示。图 6—2—2 所示的液位自动控制系统可以用图 6-4-1 所示的方块图来表示，图中用方框来表示组成控制系统的元、部件或环节，它表示一个或几个具体的设备。两个方框之间用信号线(一条带有箭头的直线)连接，它表示信号的传递方向，箭头指向方框表示为这个环节的输入，箭头离开方框表示为这个环节的输出。因此，画方框图的基本原则是按实际系统各组成环节之间的信号传递顺序，用信号线将各方框依次连接起来。一般在连接线上，常用某个字母表示方框间相互作用的信号。如在图 6-4-1 中 p 代表控制信号，它是控制器的输出信号，也是控制阀的输入信号。

图 6-2-2 的贮槽在图 6-4-1 中用一个“对象”方框来表示，其液位就是生产过程中所要保持恒定的变量，在自动控制系统中称为被控变量，用 y 来表示。在方框图中，被控变量 y 就是对象的输出。影响被控变量 y 的因素来自进料流量的改变，这种引起被控变量波动的外来因素，在自动控制系统中称为干扰作用(扰动作用)，用 f 表示。干扰是作用于对象的输入信号，它是随机的。在自动控制系统中，干扰无处不在，控制系统的目的就是克服各种干扰对被控量的

影响，以便保证生产安全、稳定、正常的进行。与此同时，出料流量的改变是由于控制阀动作所致，如果用一方框表示控制阀，那么，出料流量即为"控制阀"方框的输出信号。出料流量的变化也是影响液位变化的因素，所以也是作用于对象的输入信号。

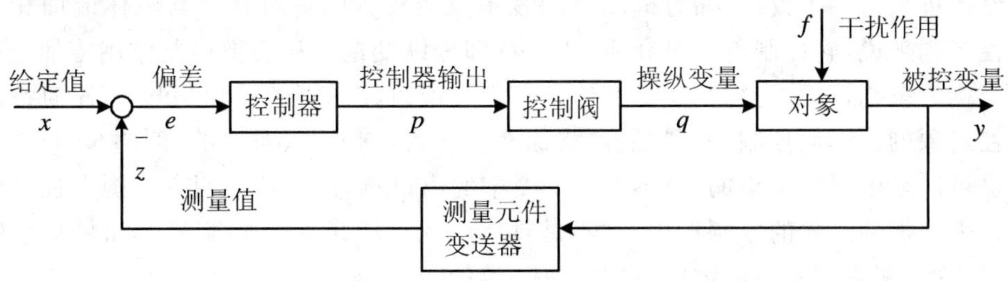

图 6-4-1　自动控制系统方框图

储槽液位信号是测量元件及变送器的输入信号，而变送器的输出信号 z 进入比较机构，与工艺上希望保持的被控变量数值，即给定值（设定值）x 进行比较，得出偏差信号 $e(e=x-z)$，并送往控制器。比较机构实际上只是控制器的一个组成部分，不是一个独立的仪表，在图中把它单独画出来（一般方框图中是以 ○ 或 ⊗ 表示），为的是能更清楚地说明其比较作用。控制器根据偏差信号的大小和方向，按一定的规律运算后，发出信号 p 送至控制阀，使控制阀的开度发生变化，从而改变出料流量以克服干扰对被控变量（液位）的影响。控制阀的开度变化起着控制作用。具体实现控制作用的变量叫做操纵变量，如图 6-2-2 中流过控制阀的出料流量就是操纵变量。用来实现控制作用的物料一般称为操纵介质或操纵剂，如上述中的流过控制阀的流体就是操纵介质。

用同一种形式的方框图可以代表不同的控制系统。例如图 6-4-2 所示的蒸汽加热器温度控制系统，当进料流量或温度变化等因素引起出口物料温度变化时，可以将该温度变化测量后送至温度控制器 TC。温度控制器的输出送至控制阀，以改变加热蒸汽量来维持出口物料的温度不变。这个控制系统同样可以用图 6-4-1 的方框图来表示。这时被控对象是加热器，被控变量 y 是出口物料的温度。干扰作用可能是进料流量、进料温度的变化、加热蒸汽压力的变化、加热器内部传热系数或环境温度的变化等。而控制阀的输出信号即操纵变量 q 是加热蒸汽量的变化，在这里，加热蒸汽是操纵介质或操纵剂。由此可见方框图与实际物理系统并不是一一对应的，同一个方框图可以表示多个物理系统，而不同的物理系统也可以用同一个方框图表示。

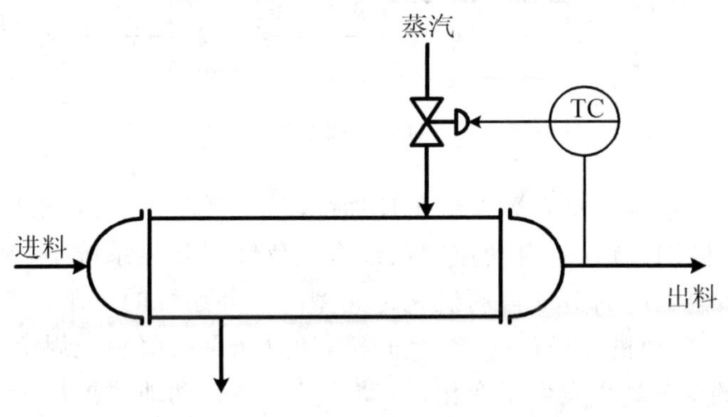

图 6-4-2　蒸汽加热器温度控制系统

必须指出，方框图中的每一个方框都代表一个具体的装置。方框与方框之间的连接线，只是代表方框之间的信号联系，并不代表方框之间的物料联系。方框之间连接线的箭头也只是代表信号作用的方向，与工艺流程图上的物料线是不同的。工艺流程图上的物料线是代表物料从一个设备进入另一个设备，而方框图上的线条及箭头方向有时并不与流体流向相一致。例如对于控制阀来说，它控制着操纵介质的流量（即操纵变量），从而把控制作用施加于被控对象去克服干扰的影响，以维持被控变量在给定值上。所以控制阀的输出信号 q，任何情况下都是指向被控对象的。然而控制阀所控制的操纵介质却可以是流入对象的（例图 6-4-2 中的加热蒸汽），也可以是由对象流出的（例图 6-2-2 中的出口流量）。这说明方框图上控制阀的引出线只是代表施加到对象的控制作用，并不是具体流入或流出对象的流体。如果这个物料确实是流入对象的，那么信号与流体的方向才是一致的。

对于任何一个简单的自动控制系统，只要按照上面的原则去作它们的方框图时，就会发现，不论它们在表面上有多大差别，它的各个组成部分在信号传递关系上都形成一个闭合的环路。其中任何一个信号，只要沿着箭头方向前进，通过若干个环节后，最终又会回到原来的起点。这样的系统我们称之为闭环系统。

再看图 6-4-1 中，系统的输出变量是被控变量，但是它经过测量元件和变送器后，又返回到系统的输入端，与给定值进行比较。把这种系统（或环节）的输出信号直接或经过一些环节重新返回到输入端的做法叫做反馈。从图 6-4-1 还可以看到，在反馈信号 z 旁有一个负号“—”，而在给定值 x 旁有一个正号“+”（正号可以省略）。这里正和负的意思是在比较时，以 x 作为正值，以 z 作为负值，也就是到控制器的偏差信号 $e=x-z$。因为图 6-4-1 中的反馈信号 z 取负值，所以叫负反馈，负反馈的信号能够使原来的信号减弱。如果反馈信号取正值，反馈信号使原来的信号加强，那么就叫做正反馈。在这种情况下，方框图中反馈信号旁则要用正号“+”，此时偏差 $e=x+z$。在自动控制系统中一般都采用负反馈。因为当被控变量 y 受到干扰的影响而升高时，只有负反馈才能使反馈信号 z 升高，经过比较到控制器去的偏差信号 e 将降低，此时控制器将发出信号而使控制阀的开度发生变化，变化的方向为负，从而使被控变量下降回到给定值，这样就达到了控制的目的。如果采用正反馈，那么控制作用不仅不能克服干扰的影响，反而是推波助澜，即当被控变量 y 受到干扰升高时，z 亦升高，控制阀的动作方向是使被控变量进一步升高，而且只要有一点微小的偏差，控制作用就会使偏差越来越大，直至被控变量超出了安全范围而破坏生产。所以控制系统绝对不能单独采用正反馈。

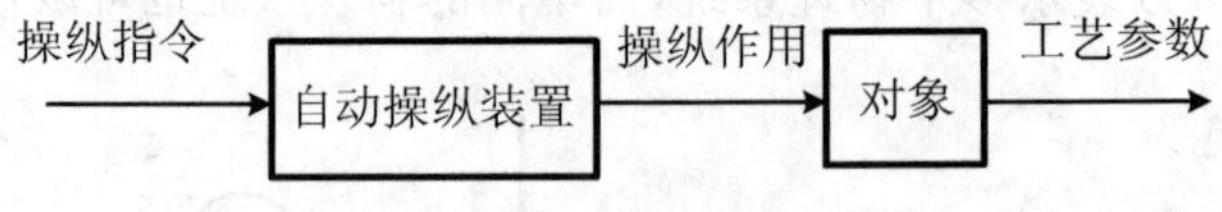

图 6-4-3　自动操纵系统方框图

综上所述，自动控制系统是具有被控量负反馈的闭环系统。它与自动检测、自动操纵等开环系统比较，最本质的区别，就在于自动控制系统有负反馈。开环系统中，被控（工艺）变量是不反馈到输入端的，如化肥厂的造气自动机就是典型的开环系统的例子。图 6-4-3 是这种自动操纵系统的方框图。自动机在操作时，一旦开机，就只能是按照预先规定好的程序周而复始地运转。这时煤气炉的工况如果发生了变化，自动机是不会自动地根据炉子的实际工况来改变自己的操作的。自动机不能随时“了解”炉子的情况并依此改变自己的操作状态，这是开环系统的缺点。也就是说开环系统不能克服任何干扰，也正因为如此，在过程控制中很少单独运用开环控制。反过来说，自动控制系统由于是具有负反馈的闭环系统，它可以随时了解被控对象的情况，有针对性地根据被控变量的变化情况来改变控制作用的大小和方向，从而使系统的工作状态始终等于或接近于所希望的状态，所以闭环系统与开环系统相比较其最大的优点是抗干扰能力强。

§6.5 自动控制系统的分类

自动控制系统有多种分类方法，可以按被控变量来分类，如温度、压力、流量、液位等控制系统。也可以按控制器具有的控制规律来分类，如比例、比例积分、比例微分、比例积分微分等控制系统。还可以按控制系统构成的复杂程度来分类，如简单控制系统和复杂控制系统等。在分析自动控制系统特性时，经常遇到的是将控制系统按照工艺过程需要控制的被控变量的给定值是否变化和如何变化来分类，这样可将自动控制系统分为三类，即定值控制系统、随动控制系统和程序控制系统。

6.5.1 定值控制系统(自动镇定系统)

所谓“定值”就是恒定给定值的简称。工艺生产中，如果要求控制系统的作用是使被控制的工艺参数保持在一个生产指标上不变，或者说要求被控变量的给定值不变，那么就需要采用定值控制系统。图6-2-2所讨论的液位控制系统就是定值控制系统的一个例子，这个控制系统的目的是使储槽内的液位保持在给定值不变。同样，图6-4-2所示的温度控制系统也属于定值控制系统，它的目的是为了使出口物料的温度保持恒定。这类控制系统的任务是克服各种内外干扰因素的影响，维持被控参数恒定不变。化工生产中要求的大都是这种类型的控制系统，因此后面所讨论的，如果未加特别说明，都是指定值控制系统。

6.5.2 随动控制系统(自动跟踪系统)

这类系统的特点是给定值不断地变化，而且这种变化不是预先规定好了的，也就是说给定值是随机变化的。随动系统的目的就是使所控制的工艺参数准确而快速地跟随给定值的变化而变化。例如航空上的导航雷达系统、电视台的天线接收系统，都是随动系统的一些例子，这类控制系统的任务是让被控参数以尽可能小的误差，以最快的速度跟随给定值的变化。

在化工生产中，有些比值控制系统就属于随动控制系统。例如要求甲流体的流量与乙流体的流量保持一定的比值，当乙流体的流量变化时，要求甲流体的流量能快速而准确地随之变化。由于乙流体的流量变化在生产中可能是随机的，所以相当于甲流体的流量给定值也是随机的，故属于随动控制系统。

6.5.3 程序控制系统(顺序控制系统)

这类系统的给定值也是变化的，但它是一个已知的时间函数，即生产技术指标需按一定的时间程序变化。在轻工业生产中，程序控制系统应用较多。许多温度控制系统都属于程序控制系统(如食品工业中的罐头杀菌温度控制、造纸工业中的制浆温度控制等)，它们要求的温度指标不是一个恒定值，而是一个按工艺规程规定好的时间函数，具有一定的升温时间、保温时间、降温时间。近年来,程序控制系统应用日益广泛,一些定型的或非定型的程控装置越来越多地被应用到生产中,微型计算机的广泛应用也为程序控制提供了良好的技术工具与有利条件。

§6.6 自动控制的过渡过程和品质指标

6.6.1 控制系统的静态与动态

在自动化领域中,通常要求被控变量稳定在某一数值。然而扰动却是客观存在的,在扰动作用下,被控变量会偏离设定值。而控制系统的作用就是调整操纵变量,使被控变量重新稳定在设定值附近。通常把被控变量不随时间而变化的平衡状态称为系统的静态,系统的静态过程是暂时的、相对的,有条件的。而把被控变量随时间变化的不平衡状态称为系统的动态,动态是绝对的、经常的,它是控制系统不断克服干扰作用的影响、使被控量不断跟踪设定值的过程。

当一个自动控制系统的输入(给定和干扰)和输出均恒定不变时,整个系统就处于一种相对稳定的平衡状态,系统的各个组成环节如变送器、控制器、控制阀都不改变其原先的状态,它们的输出信号也都处于相对静止状态,这种状态就是上述的静态。值得注意的是这里所指的静态与习惯上所讲的静止是不同的。习惯上所说的静止都是指静止不动(当然指的仍然是相对静止)。而在自动化领域中的静态是指系统中各信号的变化率为零,即信号保持在某一常数不变化,而不是指物料不流动或能量不交换。因为自动控制系统在静态时,生产还在进行,物料和能量仍然有进有出,只是平稳进行没有改变就是了。

自动控制系统的目的就是希望将被控变量保持在一个不变的给定值上,这只有当进入被控对象的物料量(或能量)和流出对象的物料量(或能量)相等时才有可能。例如图6-2-2所示的液位控制系统,只有当流入储槽的流量和流出储槽的流量相等时,液位才能恒定,系统才处于静态。图6-4-2所示的温度控制系统,只有当进入换热器的热量和由换热器出去的热量相等时,温度才能恒定,此时系统就达到了平衡状态,亦即处于静态。

假若一个系统原先处于相对平衡状态即静态,由于干扰的作用而破坏了这种平衡时,被控变量就会发生变化,从而使控制器、控制阀等自动化装置改变原来平衡时所处的状态,产生一定的控制作用来克服干扰的影响,并力图使系统恢复平衡。从干扰发生开始,经过控制,直到系统重新建立平衡,在这一段时间中,整个系统的各个环节和信号都处于变动状态之中,所以这种状态叫做动态。

在自动化工作中,了解系统的静态是必要的,但是了解系统的动态更为重要。这是因为在生产过程中,干扰是客观存在的,是不可避免的,例如生产过程中前后工序的相互影响;负荷的改变;电压、气压的波动;气候的影响等等。这些干扰是破坏系统平衡状态引起被控变量发生变化的外界因素。在一个自动控制系统投入运行时,时时刻刻都有干扰作用于控制系统,从而破坏了正常的工艺生产状态。因此,就需要通过自动化装置不断地施加控制作用去对抗或抵消干扰作用的影响,从而使被控变量保持在工艺生产所要求控制的技术指标上。所以,一个自动控制系统在正常工作时,总是处于一波未平,一波又起,波动不止,往复不息的动态过程中。显然,研究自动控制系统的重点是要研究系统的动态。

6.6.2 控制系统的过渡过程

图 6-6-1 是简单控制系统的方框图。假定系统原先处于平衡状态，系统中的各信号不随时间而变化。在某一个时刻 t_0，有一干扰作用于对象，于是系统的输出 $y(t_0)$ 就要变化，系统进入动态过程。由于自动控制系统的负反馈作用，经过一段时间以后，系统应该重新恢复平衡。系统由一个平衡状态过渡到另一个平衡状态的过程，称为系统的过渡过程。

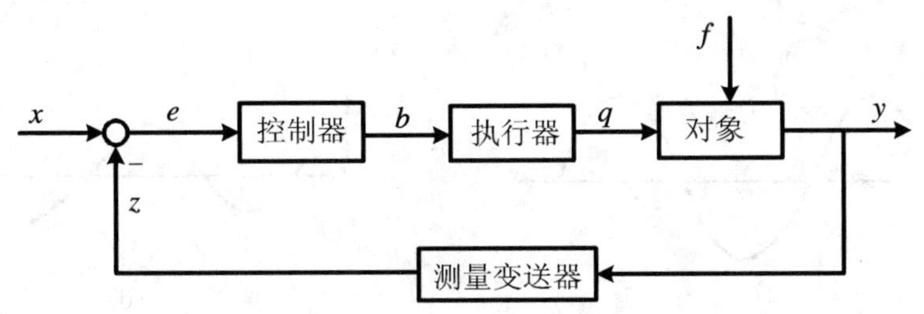

图 6-6-1 控制系统方框图

系统在过渡过程中，被控变量是随时间变化的。了解过渡过程中被控变量的变化规律对于研究自动控制系统是十分重要的。显然，被控变量随时间的变化规律首先取决于作用于系统的干扰形式。在生产中，出现的干扰是没有固定形式的，且多半属于随机性质。在分析和设计控制系统时，为了安全和方便，常选择一些定性的干扰形式，其中常用的有阶跃信号、斜坡信号、脉冲信号和正弦波信号，如图 6-6-2 所示。图中，横坐标表示时间(t)，纵坐标表示实验干扰信号(x)。一般情况下最常用的是阶跃干扰。由图 6-6-2(a) 可以看出，所谓阶跃干扰就是在某一瞬间，干扰(即输入量)突然地阶跃式地加到系统上，并继续保持在这个幅值不再变化。如果这一幅值为 1，则称为单位阶跃信号。采取阶跃干扰的形式来研究自动控制系统是因为考虑到这种形式的干扰比较突然，比较危险，它对被控变量的影响也最大。如果一个控制系统能够有效地克服这种类型的干扰，那么对于其他比较缓和的干扰也一定能很好地克服，同时，这种干扰的形式简单，容易实现，便于分析、实验和计算，因此应用较广。

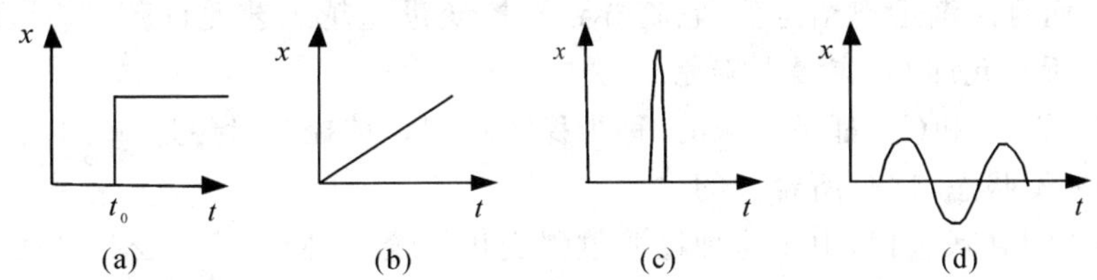

图 6-6-2 实验干扰信号

(a) 阶跃信号； (b) 斜坡信号； (c) 脉冲信号； (d) 正弦波信号

一般说来，自动控制系统在阶跃干扰作用下的过渡过程有图 6-6-3 所示的几种基本形式：

1. 非周期衰减过程

被控变量在给定值的某一侧作缓慢变化，没有来回波动，最后稳定在某一数值上，这种过渡过程形式为非周期衰减过程，如图 6-6-3(a) 所示。

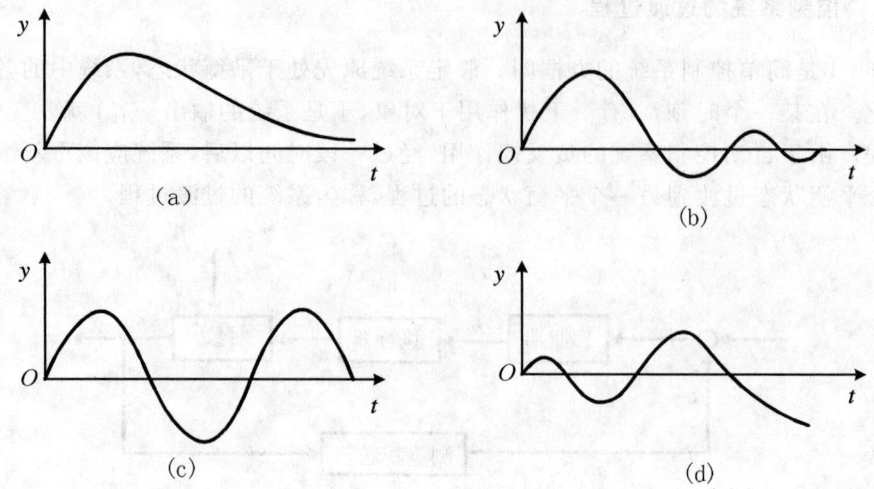

图 6-6-3　过渡过程的几种基本形式

2.衰减振荡过程

被控变量上下波动，但幅度逐渐减少，最后稳定在某一数值上，这种过渡过程形式为衰减振荡过程，如图 6-6-3(b) 所示。

3.等幅振荡过程

被控变量在给定值附近来回波动，且波动幅度保持不变，这种情况称为等幅振荡过程，如图 6-6-3(c) 所示。

4.发散振荡过程

被控变量来回波动，且波动幅度逐渐变大，即偏离给定值越来越远，这种情况称为发散振荡过程，如图 6-6-3(d) 所示。

以上过渡过程的四种形式可以归纳为三类：

(1) 过渡过程(d) 是发散的，称为不稳定的过渡过程，其被控变量在控制过程中，不但不能达到平衡状态，而且逐渐远离给定值，它将导致被控变量超越工艺允许范围，严重时会引起事故，这是生产上所不允许的，应竭力避免。

(2) 过渡过程(a) 和(b) 都是衰减的，称为稳定过程。被控变量经过一段时间后，逐渐趋向原来的或新的平衡状态，这是所希望的。

对于非周期的衰减过程，由于这种过渡过程变化较慢，被控变量在控制过程中长时间地偏离给定值，而不能很快恢复平衡状态，所以一般不采用，只是在生产上不允许被控变量有波动的情况下才采用。

对于衰减振荡过程，由于能够较快地使系统达到稳定状态，所以在多数情况下，都希望自动控制系统在阶跃输入作用下，能够得到如图 6-6-3(b) 所示的过渡过程。

(3) 过渡过程形式(c) 介于不稳定与稳定之间，一般也认为是不稳定过程，生产上不能采用。只是对于某些控制质量要求不高的场合，如果被控变量允许在工艺许可的范围内振荡(主要指在位式控制时)，那么这种过渡过程的形式是可以采用的。

6.6.3 控制系统的品质指标

控制系统的过渡过程是衡量控制系统品质的依据。由于在多数情况下，都希望得到衰减振荡过程，所以取衰减振荡的过渡过程形式来讨论控制系统的品质指标。

假定自动控制系统在阶跃输入作用下，被控量的变化曲线如图 6-6-4 所示。这是属于衰减振荡的过渡过程。图上横坐标 t 为时间，纵坐标 y 为被控量离开给定值的变化量。假定在时间 $t=0$ 之前，系统稳定，且被控量等于给定值，即 $y=0$；在 $t=0$ 瞬间，外加阶跃干扰作用，系统的被控变量开始按衰减振荡的规律变化，经过相当长时间后，y 逐渐稳定在 C 值上，即 $y(\infty)=C$。

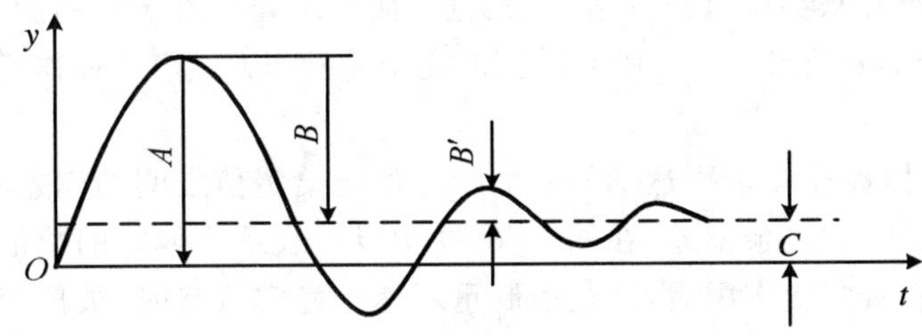

图 6-6-4 过渡过程品质指标示意图

对于如图 6-6-4 所示，如何根据这个过渡过程来评价控制系统的质量呢？习惯上采用下列几个品质指标。

1. 最大偏差或超调量

最大偏差是指在过渡过程中，被控变量偏离给定值的最大数值。在衰减振荡过程中，最大偏差就是第一个波的峰值，在图 6-6-4 中以 A 表示。最大偏差表示系统瞬间偏离给定值的最大程度。若偏离越大，偏离的时间越长，即表明系统离开规定的工艺参数指标就越远，这对稳定正常生产是不利的。因此最大偏差可以作为衡量系统质量的一个品质指标。一般来说，最大偏差当然是小一些为好，特别是对于一些有约束条件的系统，如化学反应器的化合物爆炸极限、触媒烧结温度极限等，都会对最大偏差的允许值有所限制。同时考虑到干扰会不断出现，当第一个干扰还未清除时，第二个干扰可能又出现了，偏差有可能是叠加的，这就更需要限制最大偏差的允许值。所以，在决定最大偏差允许值时，要根据工艺情况慎重选择。

有时也可以用超调量来表征被控变量偏离给定值的程度。在图 6-6-4 中超调量以 B 表示。从图中可以看出，超调量 B 是第一个峰值 A 与新稳定值 C 之差，即 $B=A-C$。如果系统的新稳定值等于给定值，那么最大偏差 A 也就与超调量 B 相等了。与最大偏差一样，从控制质量的角度考虑，希望超调量越小越好。

2. 衰减比

虽然前面已提及一般希望得到衰减振荡的过渡过程，但是衰减快慢的程度多少为适当的呢？表示衰减程度的指标是衰减比，它是指过渡过程曲线上同方向相邻两个峰值的比。在图 6-6-4 中衰减比是 $B:B'$，习惯上表示为 $n:1$。假如 n 只比 1 稍大一点，显然过渡过程的衰减程度很小，接近于等幅振荡过程，由于这种过程不易稳定、振荡过于频繁、不够安全，因此一般不采用；如果 n 很大，则又太接近于非振荡过程，过渡过程过于缓慢，通常这也是不希望的。一般取 4

～10之间为宜。因为衰减比在4∶1到10∶1之间时，过渡过程开始阶段的变化速度比较快，被控变量在同时受到干扰作用和控制作用的影响后，能比较快地达到一个峰值，然后马上下降，又较快地达到一个低峰值，而且第二个峰值远远低于第一个峰值。当操作人员看到这种现象后，心里就比较踏实，因为他知道被控变量再振荡数次后就会很快稳定下来，并且最终的稳态值必然在两峰值之间，决不会出现太高或太低的现象，更不会远离给定值以至造成事故。尤其在反应比较缓慢的情况下，衰减振荡过程的这一特点尤为重要。对于这种系统，如果过渡过程是接近于非振荡的衰减过程，操作人员很可能在较长时间内，都只看到被控变量一直上升（或下降），似乎很自然地怀疑被控变量会继续上升（或下降）不止，由于这种焦急的心情，很可能会导致去拨动给定值指针或仪表上的其他旋钮。假若一旦出现这种情况，那么就等于对系统施加了人为的干扰，有可能使被控变量离开给定值更远，使系统处于难于控制的状态。所以，选择衰减振荡过程并规定衰减比在4∶1至10∶1之间，完全是操作人员多年操作经验的总结。

3. 余差

当过渡过程终了时，被控变量所达到的新的稳态值与给定值之间的偏差叫做余差，或者说余差就是过渡过程终了时的残余偏差，在图6-6-4中以C表示。偏差的数值可正可负。它反映了当系统受到阶跃输入变量作用后，经过控制重新达到稳定状态时，被控变量偏离给定值的程度。在生产中，给定值是生产的技术指标，所以，被控变量越接近给定值越好，亦即余差越小越好。但在实际生产中，也并不是要求任何系统的余差都很小，如一般贮槽的液位调节要求就不高，这种系统往往允许液位有较大的变化范围，余差就可以大一些。又如化学反应器的温度控制，一般要求比较高，应当尽量消除余差。所以，对余差大小的要求，必须结合具体系统作具体分析，不能一概而论。只要余差的大小能满足生产工艺要求就可以了。

有余差的控制过程称为有差调节，相应的系统称为有差系统。没有余差的控制过程称为无差调节，相应的系统称为无差系统。

4. 过渡时间

从干扰作用发生的时刻起，直到系统重新建立新的平衡时止，过渡过程所经历的时间叫过渡时间。严格地讲，对于具有一定衰减比的衰减振荡过渡过程来说，要完全达到新的平衡状态需要无限长的时间。实际上，由于仪表灵敏度的限制，当被控变量接近稳态值时，指示值就基本上不再改变了。因此，一般是在稳态值的上下规定一个小的范围，当被控变量进入这一范围并不再越出时，就认为被控变量已经达到新的稳态值，或者说过渡过程已经结束。这个范围一般定为稳态值的±5%（也有的规定为±2%）。按照这个规定，过渡时间就是从干扰开始作用之时起，直至被控变量进入新稳态值的±5%（或±2%）的范围内不再越出时为止所经历的时间。过渡时间是控制系统的一个很重要的质量指标，过渡时间短，表示过渡过程进行得比较迅速，系统的抗干扰能力强，这时即使干扰频繁出现，系统也能适应，系统控制质量就高；反之，过渡时间太长，第一个干扰引起的过渡过程尚未结束，第二个干扰就已经出现，这样，几个干扰的影响叠加起来，就可能使系统满足不了生产的要求。因此希望过渡时间越短越好。

5. 振荡周期或频率

过渡过程同向两波峰（或波谷）之间的间隔时间叫振荡周期或工作周期，其倒数称为振荡频率。在衰减比相同的情况下，周期与过渡时间成正比，一般希望振荡周期短一些为好。

还有一些次要的品质指标，其中振荡次数，是指在过渡过程内被控变量振荡的次数。所谓“理想过渡过程两个波”，就是指过渡过程振荡两次就能稳定下来，它在一般情况下，可认为是较为理想的过程。此时的衰减比约相当于4∶1，图6-6-4所示的就是接近于4∶1的过渡过程曲线。上升时间也是一个品质指标，它是指干扰开始作用起至被控量达到第一个波峰时所需要的时间，显然，上升时间以短一些为宜。

综上所述，过渡过程的品质指标主要有：最大偏差、衰减比、余差、过渡时间等。这些指标在不同的系统中各有其重要性，且相互之间既有矛盾，又有联系。因此，应根据具体情况分清主次，区别轻重，对那些对生产过程有决定性意义的主要品质指标应优先予以保证。另外，对一个系统提出的品质要求和评价一个控制系统的质量，都应该从实际需要出发，不应过分偏高偏严，否则就会造成人力物力的巨大浪费，甚至根本无法实现。

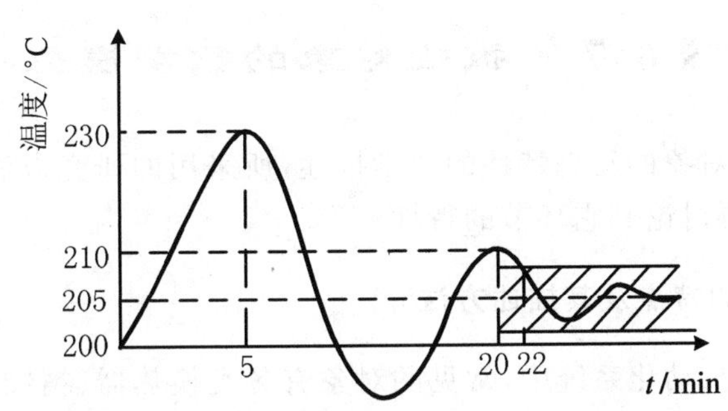

图6-6-5　温度控制系统过渡过程曲线

例1　某换热器的温度调节系统在单位阶跃干扰作用下的过渡过程曲线如图6-6-5所示。试分别求出最大偏差、余差、衰减比、振荡周期和过渡时间(给定值为200℃)。

解　最大偏差　　$A=230-200=30$℃

余差　　$C=205-200=5$℃

由图上可以看出，第一个波峰值$B=230-205=25$℃，第二个波峰值$B'=210-205=5$℃，故衰减比应为$B:B'=25:5=5:1$。

振荡周期为同向两波峰之间的时间间隔，故周期$T=20-5=15$ min

过渡时间与规定的被控变量限制范围大小有关，假定被控变量进入额定值的±2%，就可以认为过渡过程已经结束，那么限制范围为$200\times(\pm2\%)=\pm4$℃，这时，可在新稳态值(205℃)两侧以宽度为±4℃画一区域，图6-6-5中以画有阴影线的区域表示，只要被控变量进入这一区域且不再越出，过滤过程就可以认为已经结束，因此，从图上可以看出，过渡时间为22 min。

6.6.4　影响控制系统过渡过程品质的主要因素

从前面的讨论中知道，一个自动控制系统可以概括成两大部分，即工艺过程部分(被控对象)和自动化装置部分。前者并不是泛指整个工艺流程，而是指与该自动控制系统有关的部分。以图6-4-2所示的热交换器温度控制系统为例，其工艺过程部分指的是与被控变量温度T有关的工艺参数和设备结构、材质等因素，也就是前面讲的被控对象。自动化装置部分指的是为实现自动控制所必需的自动化仪表设备，通常包括测量与变送装置、控制器和执行器三部分。对于一个自动控制系统，过渡过程品质的好坏，在很大程度上决定于对象的性质。例如在前所述的温度控制系统中，属于对象性质的主要因素有：换热器的负荷大小，换热器的结构、尺寸、材质等，换热器内的换热情况、散热情况及结垢程度等。自动化装置应按对象性质加以选择和调整，两者要很好地配合。自动化装置的选择和调整不当，也会直接影响控制质量。此外，在控制系统运行过程中，自动化装置的性能一旦发生变化，如阀门失灵、测量失真，也要影响控制质量。总之，影响自动控制系统过渡过程品质的因素是很多的，在系统设计和运行过程中都应给予充分注意、为了更好地分析和设计自动控制系统，提高过渡过程的品质指标，从下一节开始，将对组成自动控制系统的各个环节，按被控对象、测量与变送装置、控制器和执行器的顺序逐个进行讨论，只有在充分了解这些环节的作用和特性后，才能进一步研究和分析设计自动控制系统，提高系统的控制质量。

§6.7 被控对象的数学模型

本节主要研究被控对象的动态特性的数学描述，所采用的研究方法对自动控制系统其它环节也同样适用，故不再讨论其它环节的特性。

6.7.1 化工对象的特点及其描述方法

在化工过程测量与自动化系统中，常见的对象有各类换热器、精馏塔、流体输送设备和化学反应器等，此外，一些辅助设备，如：气源、热源及动力设备（如空压机、辅助锅炉、电动机等）等也需要进行研究。虽然各种对象千差万别，有的操作很稳定，操作很容易；有的对象则不然，只要稍不小心就会超越正常工艺条件，甚至造成事故。有经验的操作人员，他们往往很熟悉这些对象，只有充分了解和熟悉这些对象，才能生产操作得心应手，获得高产、优质、低消耗。同样，在自动控制系统中，当采用一些自动化装置来模拟人工操作时，首先也必须深入了解对象的特性，了解它的内在规律，才能根据工艺对控制质量的要求，设计合理的控制系统，选择合适的被控变量和操纵变量，选用合适的测量元件及控制器。在控制系统投入运行时，也要根据对象特性选择合适的控制器参数（也称控制器参数的工程整定），使系统正常地运行。特别是一些比较复杂的控制方案设计，例如前馈控制、计算机最优控制等更离不开对象特性的研究。所谓研究对象的特性，就是用数学的方法来描述出对象输入量与输出量之间的关系。把这种对象特性的数学描述就称为对象的数学模型。在建立对象数学模型（建模）时，一般将被控变量看作对象的输出量，有时也叫输出变量，而将干扰作用和控制作用看作对象的输入量，有时也叫输入变量。干扰作用和控制作用都是引起被控变量变化的因素，如图 6-7-1 所示。由对象的输入变量至输出变量的信号联系称之为通道。控制作用至被控变量的信号联系称控制通道；干扰作用至被控变量的信号联系称干扰通道。在研究对象特性时，应预先指明对象的输入量是什么，输出量是什么，因为对于同一个对象，不同通道的特性可能是不同的。

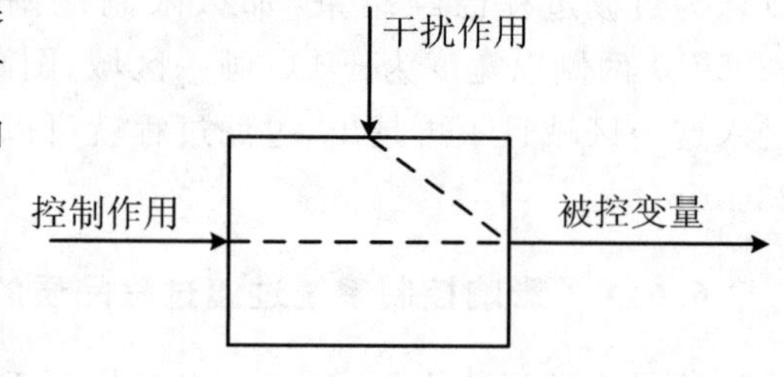

图 6-7-1 对象的输入输出量

在控制系统的分析和设计中，对象的数学模型是十分重要的基础资料。对象的数学模型可分为静态数学模型和动态数学模型。静态数学模型描述的是对象在静态时的输入量与输出量之间的关系，它可用一个代数方程来描述；动态数学模型描述的是对象在输入量改变以后输出量的变化情况，它可用一个微分方程来描述。静态与动态是事物特性的两个侧面，可以这样说，动态数学模型是在静态数学模型基础上的发展，静态数学模型是对象在达到平衡状态时的动态数学模型的一个特例。

必须指出，这里所要研究的主要是用于控制的数学模型，它与用于工艺设计与分析的数学模型是不完全相同的。尽管在建立数学模型时，用于控制的和用于工艺设计的可能都是基于同样的物理和化学规律，它们的原始方程可能都是相同的，但两者还是有差别的。

用于控制的数学模型一般是在工艺流程和设备尺寸等都已确定的情况下，研究的是对象的输入变量是如何影响输出变量的，即对象的某些工艺变量（例温度、压力、流量等）变化以后是如何影响另一些工艺变量的（一般是指被控变量），研究的目的是为了使所设计的控制系统达到更好的控制效果。用于工艺设计的数学模型（一般是静态的）是在产品规格和产量已经确定的情况下，通过模型的计算，来确定设备的结构、尺寸、工艺流程和某些工艺条件，以期达到最好的经济效益。

数学模型的表达形式主要有两大类：一类是非参量形式，称为非参量模型；另一类是参量形式，称为参量模型。

1. 非参量模型

当数学模型是采用曲线或数据表格等来表示时，称为非参量模型。非参量模型可以通过记录实验结果来得到，有时也可以通过计算来得到，它的特点是形象、清晰，比较容易看出其定性的特征。但是，由于它们缺乏数学方程的解析性质，要直接利用它们来进行系统的分析和设计往往比较困难，必要时，可以对它们进行一定的数学处理来得到参量模型的形式。

由于对象的数学模型描述的是对象在受到控制作用或干扰作用后被控变量的变化规律，因此对象的非参量模型可以用对象在一定形式的输人作用下的输出曲线或数据来表示。根据输入形式的不同，主要有阶跃响应曲线、脉冲响应曲线、矩形脉冲响应曲线、频率特性曲线等。这些曲线一般都可以通过实验直接得到。

2. 参量模型

当数学模型是采用数学方程式来描述时，称为参量模型。对象的参量模型可以用描述对象输入、输出关系的微分方程式、偏微分方程式、状态方程、差分方程等形式来表示。

对于线性的集中参数对象，通常可用常系数线性微分方程式来描述，如果以 $x(t)$ 表示输入量，$y(t)$ 表示输出量，则对象特性可用下列微分方程式来描述，即

$$a_n y^{(n)}(t)+a_{n-1}y^{(n-1)}(t)+\cdots+a_1 y'(t)+a_0 y(t)=$$
$$b_m x^{(m)}(t)+b_{m-1}x^{(m-1)}(t)+\cdots+b_1 x'(t)+b_0 x(t) \qquad (6-7-1)$$

式中 $y^{(n)}(t)$，$y^{(n-1)}(t)$，…，$y'(t)$ 分别表示 $y(t)$ 的 n 阶，$(n-1)$ 阶，…，一阶导数；$x^{(m)}(t)$，$x^{(m-1)}(t)$，…，$x'(t)$ 分别表示 $x(t)$ 的 m 阶，$(m-1)$ 阶，…，一阶导数；$a_n, a_{n-1}, \cdots, a_1, a_0$ 及 b_m，$b_{m-1}, \cdots, b_1, b_0$ 分别为方程中的各项系数。

在允许的范围内，多数化工对象动态特性可以忽略输入量的导数项，因此可表示为

$$a_n y^{(n)}(t)+a_{n-1}y^{(n-1)}(t)+\cdots+a_1 y'(t)+a_0 y(t)=x(t)$$

例如，一个对象如果可以用一个一阶微分方程式来描述其特性（通常称一阶对象），则可表示为

$$a_1 y'(t)+a_0 y(t)=x(t) \qquad (6-7-2)$$

或表示成

$$Ty'(t)+y(t)=Kx(t) \tag{6-7-3}$$

式中 $T=\frac{a_1}{a_0}$,$K=\frac{1}{a_0}$。

以上方程式中的系数 a_n,a_{n-1},…,a_0,b_m,b_{m-1},…,b_0 以及 T,K 等都可以认为是相应的参量模型中的参量,它们与对象的特性有关。一般需要通过对象的内部机理分析或大量的实验数据处理才能得到。

6.7.2 对象数学模型的建立

1.建模目的

建立被控对象的数学模型,其主要目的有:

(1) 控制系统的方案设计　对被控对象特性的全面和深入地了解,是设计控制系统的基础。例如控制系统中被控变量及检测点的选择、操纵变量的确定、控制系统结构形式的确定等都与被控对象的特性有关。

(2) 控制系统的调试和控制器参数的确定　为了使控制系统能安全投运并进行必要的调试,必须对被控对象的特性有充分的了解。另外,在控制器控制规律的选择及控制器参数的确定时,也离不开对被控对象特性的了解。

(3) 制定工业过程操作优化方案　操作优化往往可以在基本不增加投资与设备的情况下,获取可观的经济效益,这样一个命题的解决离不开对被控对象特性的了解,而且主要是依靠对象的静态数学模型。

(4) 新型控制方案及控制策略的确定　在用计算机构成一些新型控制系统时,往往离不开被控对象的数学模型,例如预测控制、推理控制、前馈动态补偿等都是在已知对象数学模型的基础上才能进行的。

(5) 计算机仿真与过程培训系统　利用开发的数学模型和系统仿真技术,使操作人员有可能在计算机上对各种控制策略进行定量的比较与评定,有可能在计算机上仿效实际的操作,从而高速、安全、低成本地培训工程技术人员和操作工人,有可能制定大型设备启动和停车的操作方案。

(6) 设计工业过程的故障检测与诊断系统　利用开发的数学模型可以及时发现工业过程中控制系统的故障及其原因,并能提供正确的解决途径。

2.机理建模方法

机理建模方法是根据对象或生产过程的内部机理,列写出各种有关的平衡方程式,如物料平衡方程、能量平衡方程、动量平衡方程、相平衡方程以及某些物性方程、设备的特性方程、化学反应定律、电路基本定律等,从而获取对象(或过程)的数学模型,这类模型通常称为机理模型。应用这种方法建立的数学模型,其最大优点是具有非常明确的物理意义,所获得的模型具有很大的适应性,模型参数容易调整。但是,由于化工对象较为复杂,某些物理、化学变化的机理还不完全了解,而且线性的并不多,加上分布参数元件又特别多(即参数同时是位置与时间的函数),所以对于某些对象,人们还难以写出它们的数学表达式,或者表达式中的某些系数还难以确定。下面通过一些简单的例子来讨论机理建模的方法。

(1) 一阶对象　当对象的动态特性可以用一阶微分方程式来描述时称为一阶对象。图 6-

7-2是一个水槽，水经过阀门1不断地流入水槽，水槽内的水又通过阀门2不断流出。工艺上要求水槽的液位 h 保持一定数值。在这里，水槽就是被控对象，液位 h 就是被控变量。如果阀门2的开度保持不变，而阀门1的开度变化是引起液位变化的干扰因素，那么，这里所指的对象特性，就是指当阀门1的开度变化时，液位 h 是如何变化的。在这种情况下，对象的输入量是流入水槽的流量 Q_1，对象的输出量是液位 h。下面推导表征 h 与 Q_1 之间关系的数学表达式。

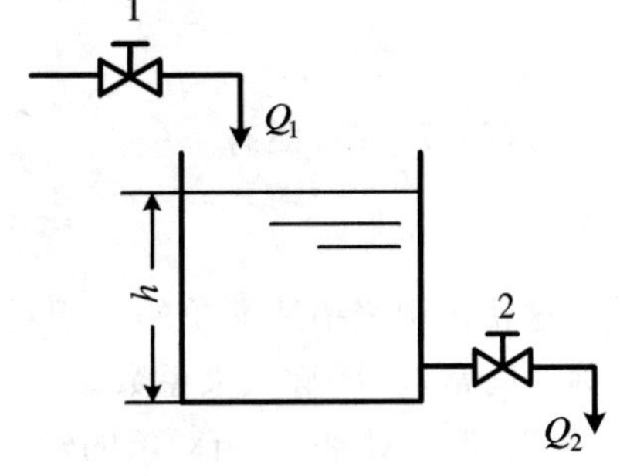

图 6-7-2　水槽对象

在生产过程中，最基本的关系是物料平衡和能量平衡。当单位时间流入对象的物料(或能量)不等于流出对象的物料(或能量)时，表征对象物料(或能量)蓄存量的参数就要随时间而变化，找出它们之间的关系，就能写出描述它们之间关系的微分方程式。因此，列写微分方程式的依据可表示为

对象物料蓄存量的变化率＝单位时间流入对象的物料－单位时间流出对象的物料

上式中的物料量也可以表示为能量。

以图6-7-2的水槽对象为例，截面积为 A 的水槽，当流入水槽的流量 Q_1 等于流出水槽的流量 Q_2 时，系统处于平衡状态，即静态，这时液位 h 保持不变。假定某一时刻 Q_1 有了变化，不再等于 Q_2，于是 h 也就变化，h 的变化与 Q_1 的变化究竟有什么关系呢？这必须从水槽的物料平衡来考虑，找出 h 与 Q_1 的关系，这是推导表征 h 与 Q_1 关系的微分方程式的根据。

在用微分方程式来描述对象特性时，往往着眼于一些量的变化，而不注重这些量的初始值。所以下面在推导方程的过程中，假定 Q_1，Q_2，h 都代表它们偏离初始平衡状态的变化值。如果在很短一段时间 $\mathrm{d}t$ 内，由于 Q_1 不等于 Q_2，引起液位变化了 $\mathrm{d}h$，此时，流入和流出水槽的水量之差 $(Q_1-Q_2)\mathrm{d}t$ 应该等于水槽内增加(或减少)的水量 $A\mathrm{d}h$，若用数学式表示，就是

$$(Q_1-Q_2)\mathrm{d}t=A\mathrm{d}h \tag{6-7-4}$$

上式就是微分方程式的一种形式。在这个式子中，还不能一目了然地看出 h 与 Q_1 的关系。因为在水槽出水阀2开度不变的情况下，随着 h 的变化，Q_2 也会变化。h 越大，静压力越大，Q_2 也会越大。也就是说，在式(6-7-4)中，Q_1，Q_2，h 都是时间的变量，如何消去中间变量 Q_2，得出 h 与 Q_1 的关系式呢？

如果考虑变化量很微小(由于在自动控制系统中，各个变量都是在它们的额定值附近作微小的波动，因此作这样的假定是允许的)，可以近似认为 Q_2 与 h 成正比，与出水阀的阻力系数 R_s 成反比，用式子表示为

$$Q_2=\frac{h}{R_s} \tag{6-7-5}$$

将此关系式代入(6-7-4)，便有

$$\left(Q_1-\frac{h}{R_s}\right)\mathrm{d}t=A\mathrm{d}h \tag{6-7-6}$$

移项整理后可得

$$AR_s\frac{\mathrm{d}h}{\mathrm{d}t}+h=R_sQ_1 \tag{6-7-7}$$

令

$$T = AR_s \tag{6-7-8}$$

$$K = R_s \tag{6-7-9}$$

代入式(6-7-7),便有

$$T\frac{\mathrm{d}h}{\mathrm{d}t} + h = KQ_1 \tag{6-7-10}$$

这就是用来描述简单的水槽对象特性的微分方程式。它是一阶常系数微分方程式,式中 T 称时间常数,K 称放大系数。

(2) 积分对象　当对象的输出参数与输入参数对时间的积分成比例关系时称为积分对象。图 6-7-3 所示的液体储槽,就具有积分特性。因为储槽中的液体由正位移泵抽出,因而从储槽中流出的液体流量 Q_2 将是常数,它的变化量为 0。因此,液位 h 的变化就只与流入量的变化有关。如果以 h,Q_1 分别表示液位和流入量的变化量,那么就有

$$\mathrm{d}h = \frac{1}{A}Q_1\mathrm{d}t \tag{6-7-11}$$

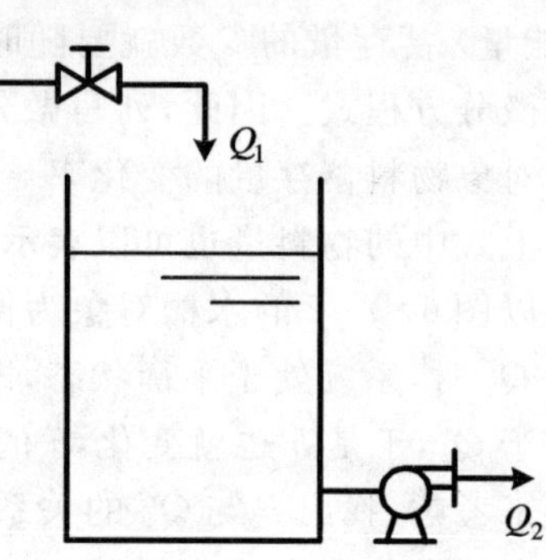

图 6-7-3　积分对象

式中　A—— 储槽横截面积。

对式(6-7-11) 积分,可得

$$h = \frac{1}{A}\int Q_1\mathrm{d}t \tag{6-7-12}$$

这说明图 6-7-3 所示储槽具有积分特性。

(3) 二阶对象　当对象的动态特性可以用二阶微分方程式来描述时称为二阶对象。图 6-7-4 所示的两储槽串联,其表征对象特性的微分方程式的建立,和一只储槽的情况类似。假定这时对象的输入量是 Q_1,输出量是 h_2,也就是研究当输入流量 Q_1 变化时第二只储槽的液位 h_2 的变化情况。同样假定输入、输出量变化很小的情况下,储槽的液位与输出流量具有线性关系。即

$$Q_{12} = \frac{h_1}{R_1} \tag{6-7-13}$$

$$Q_2 = \frac{h_2}{R_2} \tag{6-7-14}$$

式中　R_1,R_2 分别表示第一只储槽的出水阀与第二只储槽的出水阀的阻力系数。

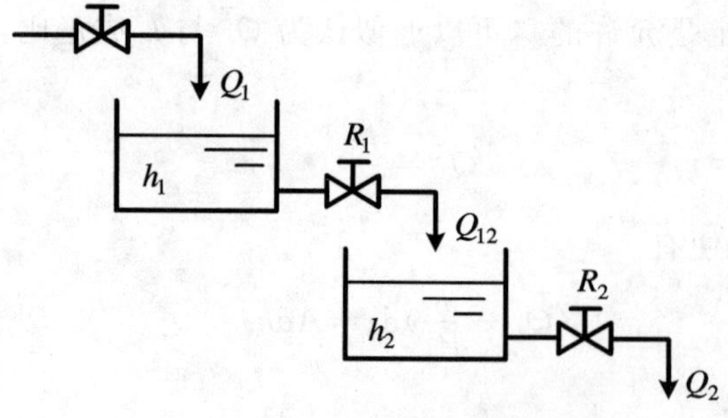

图 6-7-4　串联水槽对象

另外,假定每只储槽的截面积都为 A,则对于每只储槽,都具有与方程(6-7-4) 相同的物

料平衡关系，即

$$(Q_1 - Q_{12})\mathrm{d}t = A\mathrm{d}h_1 \tag{6-7-15}$$

$$(Q_{12} - Q_2)\mathrm{d}t = A\mathrm{d}h_2 \tag{6-7-16}$$

由以上四个方程式，经过简单的推导和整理，消去中间变量 Q_{12}，Q_2，h_1，可得输出量 h_2 与输入量 Q_1 之间的关系式。为此将式(6－7－15) 和式(6－7－16) 写成如下形式，即

$$\frac{\mathrm{d}h_1}{\mathrm{d}t} = \frac{1}{A}(Q_1 - Q_{12}) \tag{6-7-17}$$

$$\frac{\mathrm{d}h_2}{\mathrm{d}t} = \frac{1}{A}(Q_{12} - Q_2) \tag{6-7-18}$$

由式(6－7－18) 解得

$$Q_{12} = A\frac{\mathrm{d}h_2}{\mathrm{d}t} + Q_2 \tag{6-7-19}$$

将式(6－7－14) 代入式(6－7－19)，然后再代入(6－7－17) 得

$$\frac{\mathrm{d}h_1}{\mathrm{d}t} = \frac{1}{A}(Q_1 - A\frac{\mathrm{d}h_2}{\mathrm{d}t} - \frac{h_2}{R_2}) \tag{6-7-20}$$

将式(6－7－14) 与式(6－7－13) 代入式(6－7－18)，并求导，得到

$$\frac{\mathrm{d}^2 h_2}{\mathrm{d}t^2} = \frac{1}{A}(\frac{1}{R_1}\frac{\mathrm{d}h_1}{\mathrm{d}t} - \frac{1}{R_2}\frac{\mathrm{d}h_2}{\mathrm{d}t}) \tag{6-7-21}$$

将式(6－7－20) 代入式(6－7－21)，并整理得

$$AR_1AR_2\frac{\mathrm{d}^2 h_2}{\mathrm{d}t^2} + (AR_1 + AR_2)\frac{\mathrm{d}h_2}{\mathrm{d}t} + h_2 = R_2Q_1 \tag{6-7-22}$$

或写成

$$T_1T_2\frac{\mathrm{d}^2 h_2}{\mathrm{d}t^2} + (T_1 + T_2)\frac{\mathrm{d}h_2}{\mathrm{d}t} + h_2 = KQ_1 \tag{6-7-23}$$

式中　$T_1 = AR_1$—— 第一只储槽的时间常数；

$T_2 = AR_2$—— 第二只储槽的时间常数；

$K = R_2$—— 整个对象的放大系数。

这就是用来描述两只储槽串联的对象的微分方程式，它是一个二阶常系数微分方程式。

以上通过推导，可以得到描述对象特性的微分方程式。对于其他类型的简单对象，也可以用这种方法来研究。但是，对于比较复杂的对象，用这种数学方法来研究就比较困难，而且所得微分方程式也不像上述那么简单。

3. 实验建模方法

由于诸多原因，如：

(1) 对象的特性很复杂，难以通过内在机理的分析而直接得到描述对象特性的数学表达式，且这些表达式(一般是高阶微分方程式或偏微分方程式) 也较难求解；

(2) 在机理建模过程中，往往作了许多假定和假设，忽略了很多因素，但在实际中，由于条件的变化，可能某些假定与实际不完全相符，或者有些原来次要的因素上升为不能忽略的因素，这样直接利用理论推导得到的模型作为合理设计自动控制系统的依据，就不太可靠。

在实际工作中，通常用实验的方法来获得对象的特性，当然可以通过用机理分析法得到的对象特性加以验证或修改。

所谓对象特性的实验测取法，就是在所要研究的对象上，加上一个人为的输入作用（输入量），然后，用仪表测取并记录表征对象特性的物理量（输出量）随时间变化的规律，得到一系列实验数据（或曲线）。这些数据或曲线就可以用来表示对象的特性。有时，为了进一步分析对象的特性，对这些数据或曲线再加以必要的数据处理，使之转化为描述对象特性的数学模型。把这种用对象的输入输出实测数据来确定其模型结构和参数的方法称为系统辨识，它的主要特点是把被研究的对象视为一个黑匣子，完全从外部特性上来测试和描述它的动态特性，因此不需要深入了解其内部机理，特别是对于一些复杂的对象，实验建模比机理建模要简单和省力。

下面简单介绍几种对象特性的实验建模方法。

1. 阶跃响应曲线法

所谓测取对象的阶跃响应曲线，就是用实验的方法测取对象在阶跃输入作用下，输出量 y 随时间的变化规律。例如要测取图 6－7－5 所示简单水槽的动态特性，这时，表征水槽工作状况的物理量是液位 h，我们要测取输入流量 Q_1 改变时，输出 h 的反应曲线。假定在时间 t_0 之前，对象处于稳定状况，即输入流量 Q_1 等于输出流量 Q_2，液位 h 维持不变。在 t_0 时刻，突然开大进水阀，然后保持不变，Q_1 改变的幅度可以用流量仪表测得，假定为 A，这时若用液位仪表测得 h 随时间的变化规律，便是简单水槽的反应曲线，如图 6－7－6 所示。

这种方法比较简单。如果输入量是流量，只要将阀门的开度作突然改变，便可认为施加了阶跃干扰。因此不需要特殊的信号发生器，在装置上进行极为容易。输出参数的变化过程可以利用原来的仪表记录下来（若原来的仪表精度不符合要求，可改用具有高灵敏度的快速记录仪），不需要增加特殊仪器设备，测试工作量也不大。总的说来，阶跃响应曲线法是一种比较简易的动态特性测试方法。

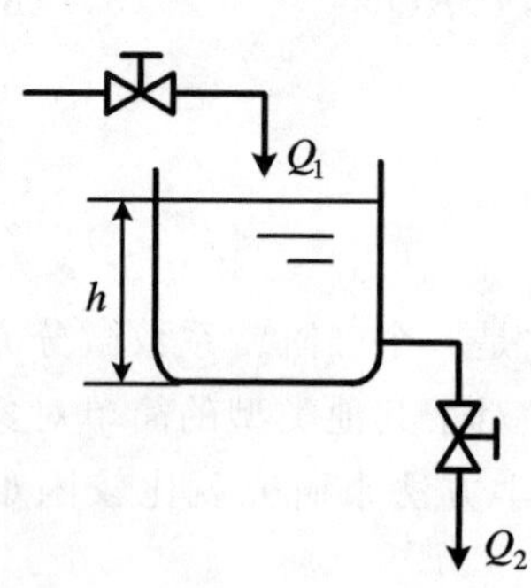

图 6－7－5　简单水槽对象

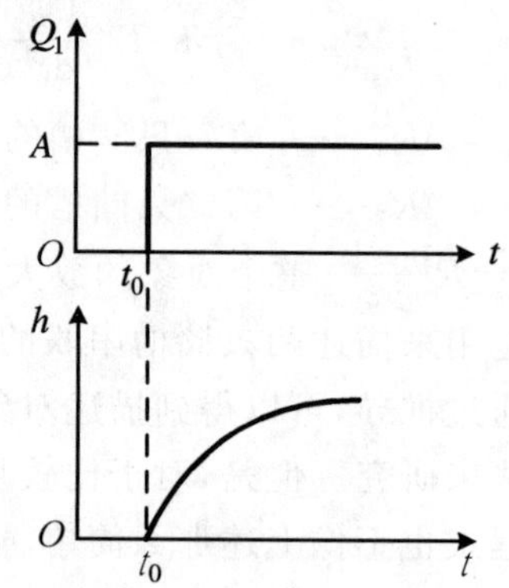

图 6－7－6　水槽的阶跃响应曲线

这种方法也存在一些缺点，主要是对象在阶跃信号作用下，从不稳定到稳定一般所需时间较长，在这样长的时间内，对象不可避免要受到许多其他干扰因素的影响，因而测试精度受到限制。为了提高精度，就必须加大所施加的输入作用幅值，可是这样做就意味着对正常生产的影响增加，工艺上往往是不允许的。一般所加输入作用的大小是取额定值的 5％～10％。因此，阶跃响应曲线法是一种简易但精度较差的对象特性测试方法。它一般适用于工艺过程比较简单、其他干扰因素较小的场合。

2. 矩形脉冲法

当对象处于稳定工况下，在时间 t_0 突然加一阶跃干扰，幅值为 A，到 t_1 时突然除去阶跃干扰，这时测得的输出量 y 随时间的变化规律，称为对象的矩形脉冲特性，而这种形式的干扰称为矩形脉冲干扰，如图 6－7－7 所示。

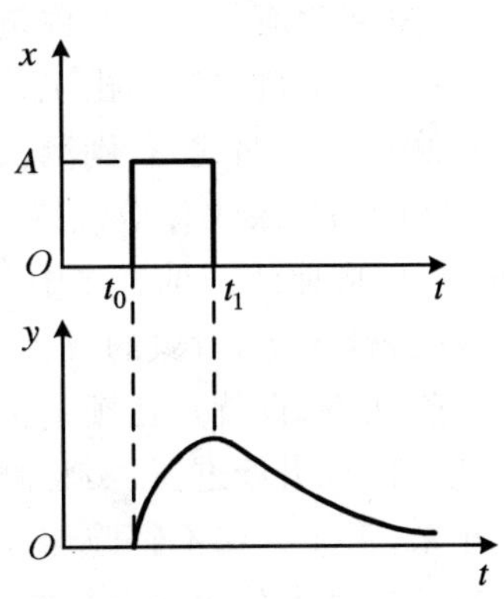

图 6－7－7　矩形脉冲特性曲线

用矩形脉冲干扰来测取对象特性时，由于加在对象上的干扰，经过一段时间后即被除去，因此干扰的幅值可取得比较大，以提高实验精度，对象的输出量又不致于长时间地偏离给定值，因而对正常生产影响较小。目前，这种方法也是测取对象动态特性的常用方法之一。

由于目前自动控制领域对对象特性的分析，多数是在阶跃输入信号作用下进行的，因此使用矩形脉冲法得到的对象输出变量的特性曲线，一般要进行数学处理，使之转换成阶跃响应曲线，再进行分析。

除了应用阶跃干扰与矩形脉冲干扰作为实验测取对象动态特性的输入信号型式外，还可以采用矩形脉冲波和正弦信号（分别见图 6－7－8 与图 6－7－9）等来测取对象的动态特性，分别称为矩形脉冲波法与频率特性法。

上述各种方法都有一个共同的特点，就是要在对象上人为地外加干扰作用（或称测试信号），这在一般的生产中是允许的，因为一般加的干扰量比较小，时间不太长，只要自动化人员与工艺人员密切配合，互相协作，根据现场的实际情况，合理地选择以上几种方法中的一种，是可以得到对象的动态特性的，从而为正确设计自动化系统创造有利的条件。由于对象动态特性对自动化工作有着非常重要的意义，因此只要有可能，就要创造条件，通过实验来获取对象的动态特性。

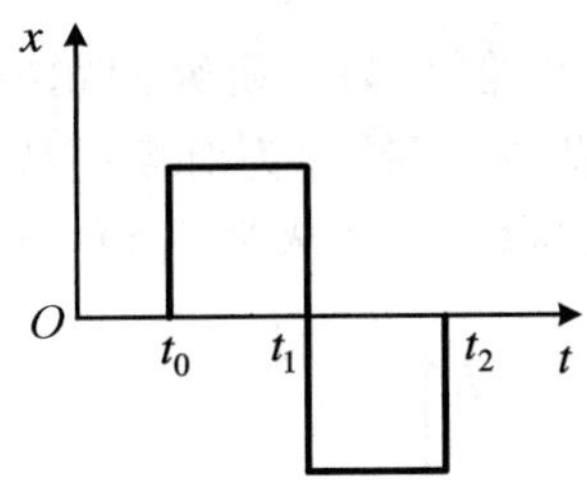

图 6－7－8　矩形脉冲波信号

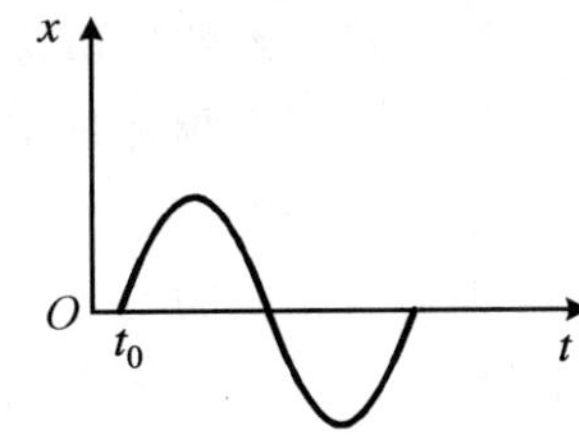

图 6－7－9　正弦信号

在测试过程中必须注意以下几点：

（1）加测试信号之前，对象的输入量和输出量应尽可能稳定一段时间，不然会影响测试结果的准确度。当然在工厂现场测试时，要求各个因素都绝对稳定是不可能的，只能是相对稳定，不超过一定的波动范围即可。

（2）在反应曲线的起始点，对象输出量未开始变化，而输入量则开始作阶跃变化。因此要在记录纸上标出开始施加输入作用的时刻，以便计算滞后时间。为准确起见，也可用秒表单独测取纯滞后时间。

(3) 为保证测试精度,排除测试过程中其他干扰的影响,测试曲线应是平滑无突变的。最好在相同条件下,重复测试 2 ～ 3 次,如几次所得曲线比较接近就认为可以了。

(4) 加测试信号后,要密切注意各干扰量与被控量的变化,尽可能把与测试无关的干扰排除,被控变量变化应在工艺允许范围内,一旦有异常现象,要及时采取措施。如在作阶跃法测试时,发现被控变量快要超出工艺允许指标,可马上撤消阶跃作用,继续记录被控变量,可得到一条矩形脉冲反应曲线,否则测试就会前功尽弃。

(5) 测试和记录工作应该持续进行到输出量达到新稳态值为止。

(6) 在反应曲线测试工作中,要特别注意工作点的选取,因为多数工业对象不是真正线性的,由于非线性关系,对象的放大系数是可变的。所以,作为测试对象特性的工作点,应该选择正常的工作状态,也就是在额定负荷、正常干扰及被控变量在给定值情况下,因为整个控制过程将在此工作点附近进行,实验测得放大系数较符合实际情况。

近年来,对于一些不宜施加人为干扰来测取特性的对象,可以根据在正常生产情况下长期积累下来的各种参数的记录数据或曲线,用随机理论进行分析和计算,来获取对象的特性。这在自动化技术及计算工具进一步发展的基础上,是一种研究对象特性的有效方法。为了提高测试精度和减少计算量,也可以利用专用的仪器,在系统中施加对正常生产基本上没有影响的一些特殊信号(例如伪随机信号),然后对系统的输入输出数据进行分析处理,可以比较准确地获得对象的动态特性。

机理建模与实验建模各有特点,目前一种比较实用的方法是将两者结合起来,称为混合建模。这种建模的途径是先由机理分析的方法提供数学模型的结构形式,然后对其中某些未知的或不确定的参数利用实测的方法给以确定。这种在已知模型结构的基础上,通过实测数据来确定其中的某些参数,称为参数估计。以换热器建模为例,可以先列写出其热量平衡方程式,而其中的换热系数 K 值等可以通过实测的试验数据来确定。

6.7.3 描述对象特性的参数

前面已经讲过,对象的特性可以通过其数学模型来描述,但是为了研究问题方便起见,在实际工作中,常用下面三个物理量来表示对象的特性。这些物理量,称为对象的特性参数。

(1) 放大系数 K　对于如图 6-7-2 所示的简单水槽对象,当流入流量 Q_1 有一定的阶跃变化后,液位 h 也会有相应的变化,但最后会稳定在某一数值上。如果我们将流量 Q_1 的变化看作对象的输入,而液位 h 的变化看作对象的输出,那么在稳定状态时,对象一定的输入就对应着一定的输出,这种特性称为对象的静态特性。

假定 Q_1 的变化量用 ΔQ_1 表示,h 的变化量用 Δh 表示。在一定的 ΔQ_1 下,h 的变化情况如图 6-7-10 所示。在重新达到稳定状态后,一定的 ΔQ_1 对应着一定的 Δh 值。令 K 等于 Δh 与 ΔQ_1 之比,用数学公式表示,即

$$K=\frac{\Delta h}{\Delta Q_1}$$

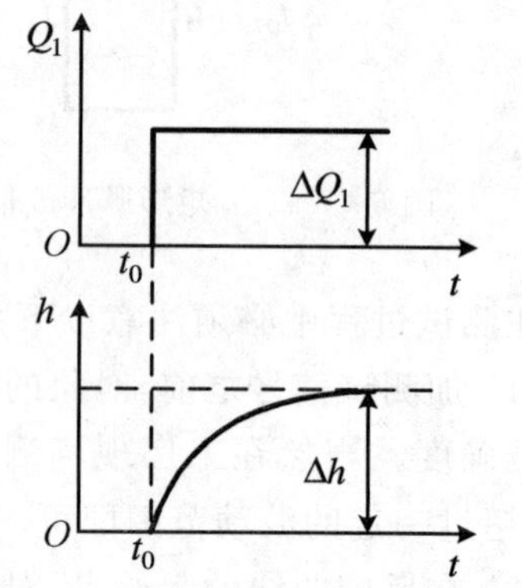

图 6-7-10　水槽液位的变化曲线

或

$$\Delta h = K \Delta Q_1 \tag{6-7-24}$$

K 在数值上等于对象重新稳定后的输出变化量与输入变化量之比。它的意义也可以这样来理解：如果有一定的输入变化量 ΔQ_1，通过对象就被放大了 K 倍变为输出变化量 Δh，则称 K 为对象的放大系数。

对象的放大系数 K 越大，就表示对象的输入量有一定变化时，对输出量的影响越大。在工艺生产中，常常会发现有的阀门对生产影响很大，开度稍微变化就会引起对象输出量大幅度的变化，甚至造成事故；有的阀门则相反，开度的变化对生产的影响很小。这说明在一个设备上，各种量的变化对被控变量的影响是不一样的。换句话说，就是各种量与被控变量之间的放大系数有大有小。放大系数越大，被控变量对这个量的变化就越灵敏，这在选择自动控制方案时是需要考虑的。

现以合成氨厂的变换炉为例，来说明各个量的变化对被控变量的放大系数是不相同的。图 6-7-11 是一氧化碳变换过程示意图。变换炉的作用，是将一氧化碳和水蒸气在触媒存在的条件下发生作用，生成氧气和二氧化碳，同时放出热量。生产过程要求一氧化碳的转化率要高，蒸汽消耗量要少，触媒寿命要长。生产上通常用变换炉一段反应温度作为被控变量，来间接地控制转换率和其他指标。

影响变换炉一段反应温度的因素是很复杂的，其中主要有冷激流量、蒸汽流量和半水煤气流量。改变阀门 1，2，3 的开度就可以分别改变冷激量、蒸汽量和半水煤气量的大小。生产上发现，改变冷激量对被控变量温度的影响最大、最灵敏；改变蒸汽量影响次之；改变半水煤气量对被控变量温度的影响最不显著。如果改变冷激量、蒸汽量和半水煤气量的百分数是相同的，那么变换炉一段反应温度的变化情况如图 6-7-12 所示。图中曲线 1，2，3 分别表示冷激量、蒸汽量、半水煤气量改变时的温度变化曲线。由该图可以看出，当冷激量、蒸汽量、半水煤气量改变的相对百分数相同时，稳定以后，曲线 1 的温度变化最大；曲线 2 次之；曲线 3 的温度变化最小。这说明冷激量对温度的相对放大系数最大；蒸汽量对温度的相对放大系数次之；半水煤气量对温度的相对放大系数最小。

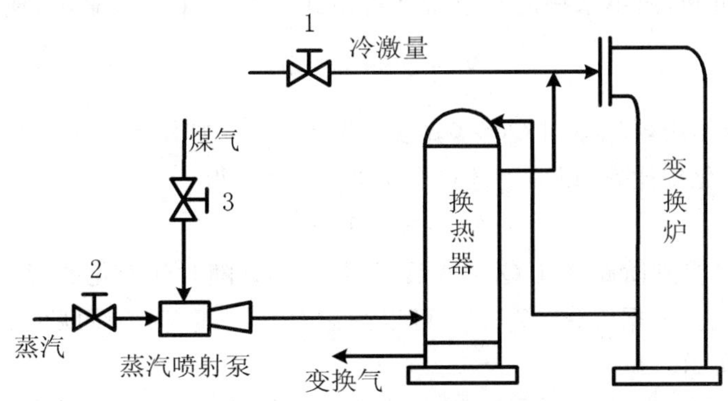

图 6-7-11　一氧化碳变化过程示意图

当然，究竟通过控制什么参数来改变被控变量为最好的控制方案，除了要考虑放大系数的大小之外，还要考虑许多其他因素，要具体问题具体分析。

(2) 时间常数 T　从大量的生产实践中发现，有的对象受到干扰后，被控变量变化很快，较迅速地达到了稳定值；有的对象在受到干扰后，惯性很大，被控变量要经过很长时间才能达到新的稳态值。从图 6-7-13(a)，(b) 中可以看到，截面积很大的水槽与截面积很小的水槽相比，当进口流量改变同样一个数值时，截面积小的水槽液位变化很快，并迅速趋向新的稳态值。而截面积大的水槽惰性大，液位变化慢，须经过很长时间才能稳定。同样道理，夹套蒸汽加热的反应器与直接蒸汽加热的反应器相比，当蒸汽流量变化时，直接蒸汽加热的反应器内反应物的温度变化就比夹套加热的反应器来很快(见图 6-7-13(c)，(d))。如何定量地表示对象的这种特性呢？在自动化领域中，往往用时间常数 T 来表示。时间常数越大，表示对象受到干扰作用后，被控变量变化得越慢，到达新的稳定值所需的时间越长。

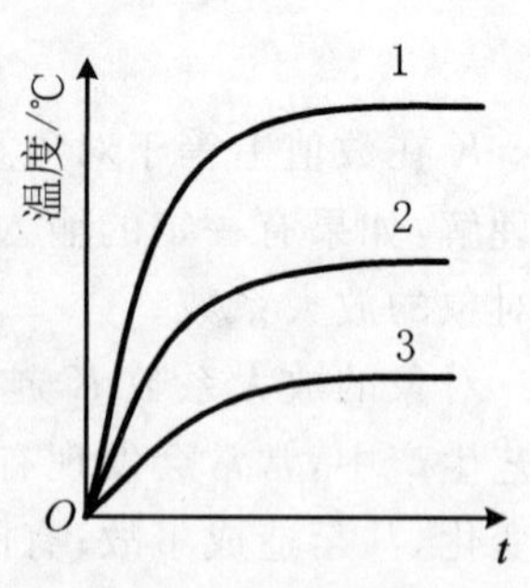

图 6-7-12　不同输入作用时的被控量变化曲线

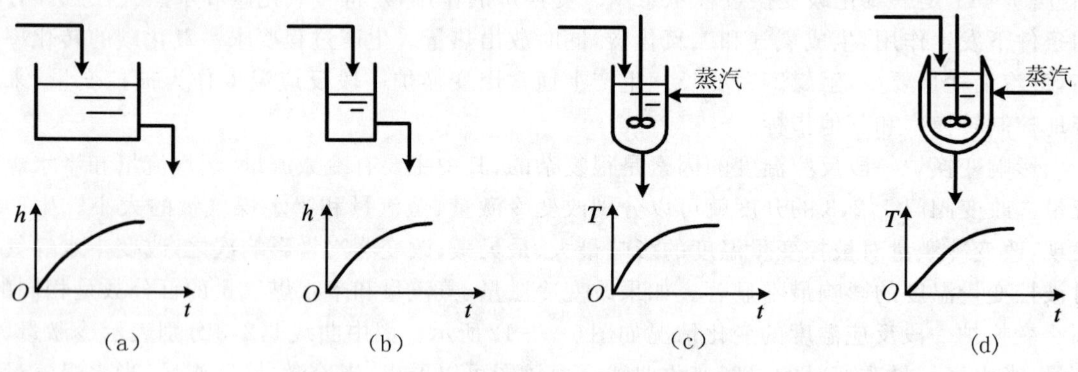

图 6-7-13　不同时间常数对象的响应曲线

为了进一步理解放大系数 K 与时间常数 T 的物理意义，下面结合图 6-7-2 所示的水槽例子，来进一步加以说明。

由前面的推导可知，简单水槽的对象特性可由式(6-7-10) 来表示，现重新写出

$$T\frac{\mathrm{d}h}{\mathrm{d}t}+h=KQ_1$$

假定 Q_1 为阶跃作用，$t<0$ 时 $Q_1=0$；$t\geqslant 0$ 时 $Q_1=A$，如图 6-7-14(a) 所示。为了求得在 Q_1 作用下 h 的变化规律，可以对上述微分方程式求解，得

$$h(t)=KA(1-\mathrm{e}^{-t/T}) \tag{6-7-25}$$

上式就是对象在受到阶跃作用 $Q_1=A$ 后，被控变量 h 随时间变化的规律，称为被控变量过渡过程的函数表达式。根据式(6-7-25) 可以画出 h-t 曲线，称为阶跃反应曲线或飞升曲线，如图 6-7-14(b) 所示。

从图 6-7-14 反应曲线可以看出，对象受到阶跃作用后，被控变量就发生变化，当 $t\to\infty$ 时被控变量不再变化而达到了新的稳态值 $h(\infty)$，这时由式(6-7-25) 可得

$$h(\infty)=KA \quad 或 \quad K=\frac{h(\infty)}{A} \tag{6-7-26}$$

这就是说，K 是对象受到阶跃输入作用后，被控变量新的稳定值与所加的输入量之比，故

是对象的放大系数。它表示对象受到输入作用后,重新达到平衡状态时的性能,是不随时间而变的,所以是对象的静态性能。

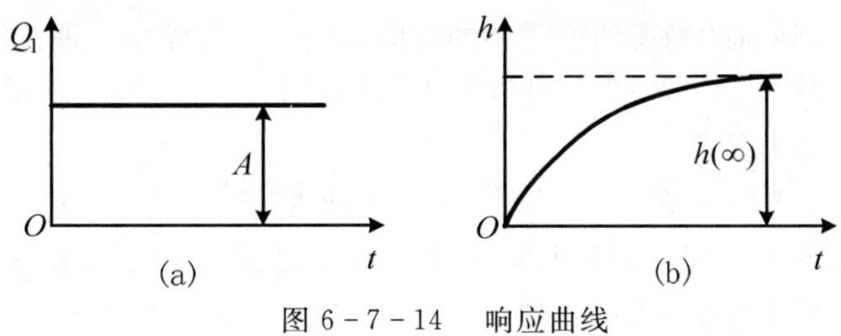

图 6-7-14　响应曲线

对于简单水槽对象,由式(6-7-9)可知,$K=R_0$,即放大系数只与出水阀的阻力有关,当阀的开度一定时,放大系数就是一个常数。

下面再来讨论时间常数 T 的物理意义。将 $t=T$ 代入式(6-7-25),就可以求得

$$h(T)=KA(1-\mathrm{e}^{-1})=0.632KA \tag{6-7-27}$$

将式(6-7-26)代入式(6-7-27)得

$$h(T)=0.632h(\infty) \tag{6-7-28}$$

这就是说,当对象受到阶跃输入后,被控变量达到新的稳态值的 63.2% 所需的时间,就是时间常数 T,实际工作中,常用这种方法求取时间常数。显然,时间常数越大,被控变量的变化也越慢,达到新的稳定值所需的时间也越大。在图 6-7-15 中,四条曲线分别表示对象的时间常数为 T_1,T_2,T_3,T_4 时,在相同的阶跃输入作用下被控变量的反应曲线。假定它们的稳态输出值均是相同的(图中为 100)。显然,由图可以看出,$T_1<T_2<T_3<T_4$。时间常数大的对象(例 T_4 所表示的对象),对输入的反应比较慢,一般也可以认为它的惯性要大一些。

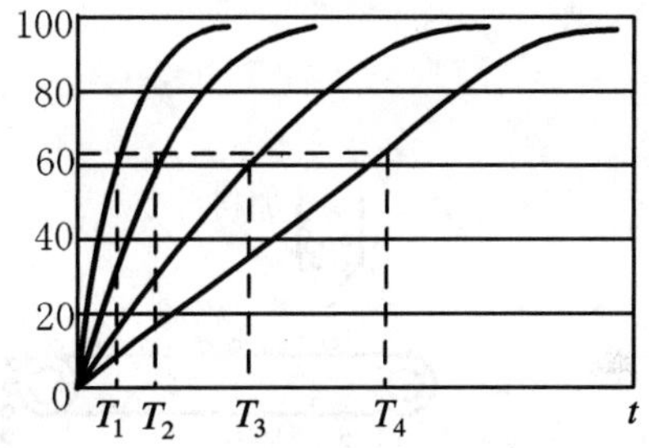

图 6-7-15　不同时间常数下的反应曲线

在输入作用加入的瞬间,液位 h 的变化速度是多大呢?将式(6-7-25)对时间 t 求导得

$$\frac{\mathrm{d}h}{\mathrm{d}t}=\frac{KA}{T}\mathrm{e}^{-t/T} \tag{6-7-29}$$

由上式可以看出,在过渡过程中,被控变量变化速度是越来越慢的,当 $t=0$ 时,有

$$\left.\frac{\mathrm{d}h}{\mathrm{d}t}\right|_{t=0}=\frac{KA}{T}=\frac{h(\infty)}{T} \tag{6-7-30}$$

当 $t\to\infty$ 时,由式(6-7-29)可得

$$\left.\frac{\mathrm{d}h}{\mathrm{d}t}\right|_{t\to\infty}=0 \tag{6-7-31}$$

式(6-7-30)所表示的是 $t=0$ 时液位变化的初始速度。从图 6-7-16 所示的反应曲线来看,$\left.\frac{\mathrm{d}h}{\mathrm{d}t}\right|_{t=0}$ 就等于曲线在起始点时切线的斜率。由于切线的斜率为$\frac{h(\infty)}{T}$,从图

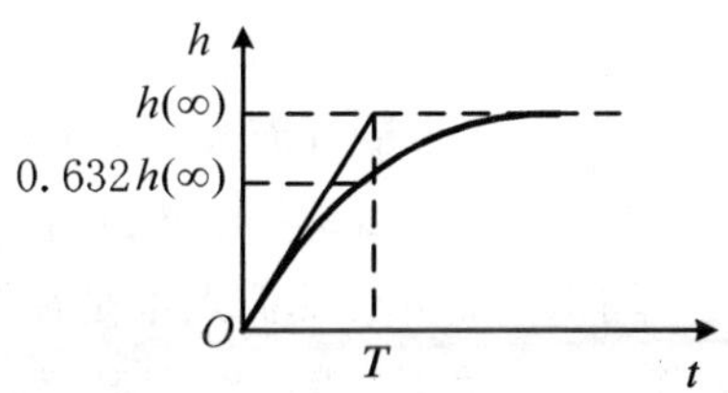

图 6-7-16　时间常数 T 的求法

6-7-16可以看出，这条切线在新的稳定值$h(\infty)$上截得的一段时间正好等于T。因此，时间常数T的物理意义可以这样来理解：当对象受到阶跃输入作用后，被控变量如果保持初始速度变化，达到新的稳态值所需的时间就是时间常数。可是实际上被控变量的变化速度是越来越小的。所以，被控变量变化到新的稳态值所需要的时间，要比T长得多。理论上说，需要无限长的时间才能达到稳态值。从式(6-7-25)可以看出，只有当$t=\infty$时，才有$h=KA$。但是当$t=3T$时，代入式(6-7-25)，便得

$$h(3T)=KA(1-e^{-3})\approx 0.95KA\approx 0.95h(\infty) \qquad (6-7-32)$$

这就是说，从加入输入作用后，经过$3T$时间，液位已经变化了全部变化范围的95%，这时，可以近似地认为动态过程基本结束。所以，时间常数T是表示在输入作用下，被控变量完成其变化过程所需要的时间的一个重要参数。

(3) 滞后时间τ　有些过程对象，在受到输入作用后，被控变量却不能立即而迅速地变化，这种现象称为滞后现象，根据滞后性质的不同，可分为两类，即传递滞后和容量滞后。

1) 传递滞后　传递滞后又叫纯滞后，一般用τ_o表示。τ_o的产生一般是由于介质的输送需要一段时间而引起的。例如图6-7-17(a)所示的溶解槽，料斗中的固体用皮带输送机送至加料口，在料斗加大送料量后，固体溶质需等输送机将其送到加料口并落入槽中后，才会影响溶液浓度。当以料斗的加料量作为对象的输入，溶液浓度作为输出时，其反应曲线如图6-7-17(b)所示。图中所示的τ_o为皮带输送机将固体溶质由加料斗输送到溶解槽所需要的时间，称为纯滞后时间。显然，纯滞后时间τ_o与皮带输送机的传送速度v和传送距离L有如下关系。

$$\tau_o=\frac{L}{v} \qquad (6-7-33)$$

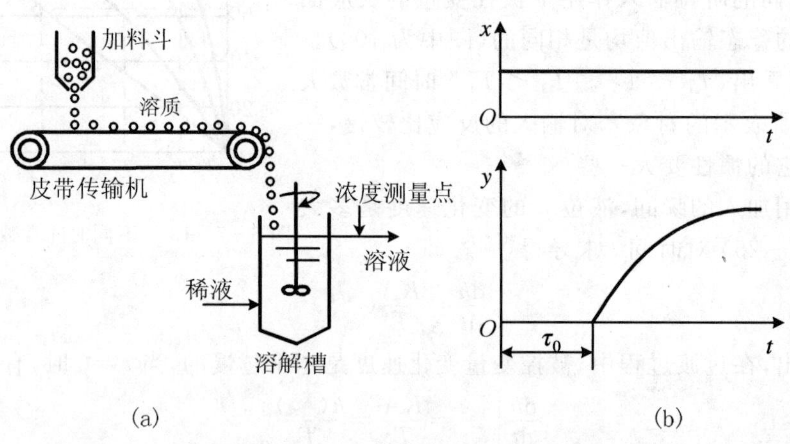

图6-7-17　溶解槽及其反应曲线

另外，从测量方面来说，由于测量点选择不当、测量元件安装不合适等原因也会造成传递滞后。图6-7-18是一个蒸汽直接加热器。如果以进入的蒸汽量Q为输入量，实际测得的溶液温度为输出量。并且测温点不是在槽内，而是在出口管道上，测温点离槽的距离为L。那么，当加热蒸汽量增大时，槽内温度升高，然而槽内溶液流到管道测温点处还要经过一段时间τ_o。所以，相对于蒸汽流量变化的时刻，实际测得的溶液温度T要经过时间τ_o后才开始变化。这段时间τ_o亦为纯滞后时间。由于测量元件或测量点选择不当引起纯滞后的现象在成分分析过程中

尤为常见。安装成分分析仪器时，取样管线太长，取样点安装离设备太远，都会引起较大的纯滞后时间，这是在实际工作中要尽量避免的。

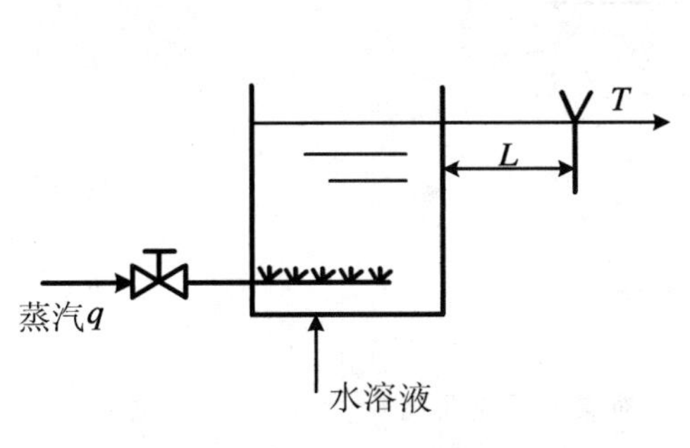

图 6-7-18　蒸汽直接加热器

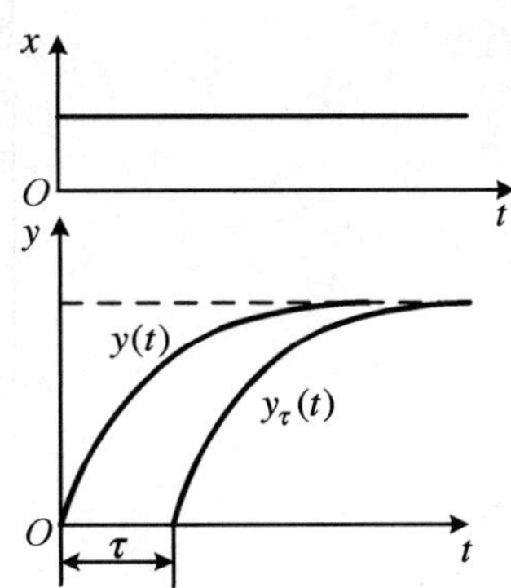

图 6-7-19　有、无纯滞后的一阶阶跃响应曲线

图 6-7-19 所示为有、无纯滞后的一阶阶跃响应曲线。x 为输入量，$y(t)$ 为无纯滞后时的输出量，$y_\tau(t)$ 为有纯滞后时的输出量。比较两条响应曲线，它们除了在时间轴上前后相差一个 τ 的时间外，其他形状完全相同。也就是说纯滞后对象的特性是当输入量发生变化时，其输出量不是立即反映输入量的变化，而是要经过一段纯滞后时间 τ 以后，才开始等量地反映原无滞后时的输出量的变化。表示成数学关系式为

$$y_\tau(t)=\begin{cases}y(t-\tau), & t>\tau\\0, & t\leqslant\tau\end{cases} \tag{6-7-34}$$

或

$$y(t)=\begin{cases}y_\tau(t+\tau), & t>0\\y_\tau(t+\tau)=0, & t\leqslant 0\end{cases} \tag{6-7-35}$$

因此对于有、无纯滞后特性的对象其数学模型具有类似的形式。如果上述例子中都是可以用一阶微分方程式来描述的一阶对象，而且它们的时间常数和放大系数亦相等，仅在自变量 t 上相差一个 τ 的时间，那么，若无纯滞后的对象特性可以用下述方程式描述

$$T\frac{\mathrm{d}y(t)}{\mathrm{d}t}+y(t)=Kx(t) \tag{6-7-36}$$

则有纯滞后的对象特性可以用下述方程式描述

$$T\frac{\mathrm{d}y_\tau(t+\tau)}{\mathrm{d}t}+y_\tau(t+\tau)=Kx(t) \tag{6-7-37}$$

2）容量滞后　有些对象在受到阶跃输入作用 x 后，被控变量 y 开始变化很慢，后来才逐渐加快，最后又变慢直至逐渐接近稳定值，这种现象叫容量滞后或过渡滞后，其反应曲线如图 6-7-20 所示。

容量滞后一般是由于物料或能量的传递需要克服一定的阻力而引起的。如前面介绍过的两个水槽串联的二阶对象，其特性可用式(6-7-27)的微分方程式描述，为了方便起见，将输出量 h_2 用 y 表示，输入量 Q_1 用 x 表示，则方程式可写为

$$T_1T_2\frac{\mathrm{d}^2y}{\mathrm{d}t^2}+(T_1+T_2)\frac{\mathrm{d}y}{\mathrm{d}t}+y=Kx \tag{6-7-38}$$

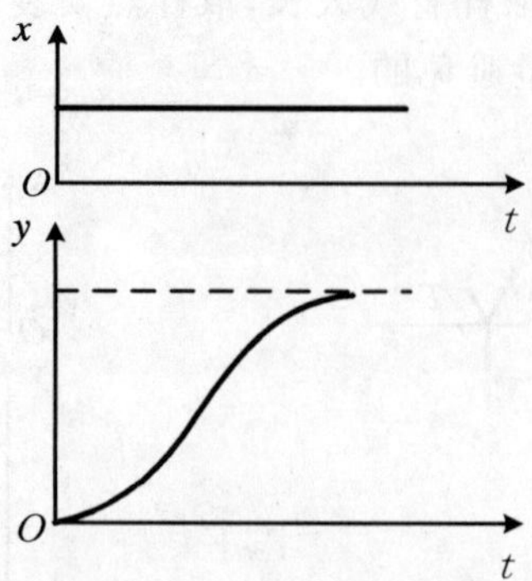

图 6-7-20　具有容积滞后对象的反应曲线

假定输入作用为阶跃函数，其幅值为 A。为了得到该二阶对象在阶跃作用下输出 y 随时间 t 的变化规律，需要求解上述二阶微分方程式。已知，二阶常系数微分方程式的解是

$$y(t) = y_{tr}(t) + y_{ss}(t) \tag{6-7-39}$$

其中 $y_{tr}(t)$ 为对应的齐次方程式的通解，$y_{ss}(t)$ 为非齐次方程的一个特解。

由于对应的齐次方程式为

$$T_1 T_2 \frac{d^2 y}{dt^2} + (T_1 + T_2)\frac{dy}{dt} + y = 0 \tag{6-7-40}$$

其特征方程为

$$T_1 T_2 S^2 + (T_1 + T_2)S + 1 = 0 \tag{6-7-41}$$

求得特征根为　$S_1 = -\dfrac{1}{T}$，　$S_2 = -\dfrac{1}{T_2}$

故齐次方程式的通解为

$$y_{tr}(t) = C_1 e^{-t/T_1} + C_2 e^{-t/T_2} \tag{6-7-42}$$

式中 C_1，C_2 为决定于初始条件的待定系数。

式(6-7-38)的一个特解可以认为是稳定解，由于输入 $x = A$，稳定时

$$y_{ss}(t) = KA \tag{6-7-43}$$

将式(6-7-43)及式(6-7-42)代入式(6-7-39)，可得

$$y(t) = C_1 e^{-t/T_1} + C_2 e^{-t/T_2} + KA \tag{6-7-44}$$

用初始条件 $y(0) = 0$，$\dot{y}(0) = 0$ 代入式(6-7-44)，可分别解得

$$C_1 = \frac{T_1}{T_2 - T_1}KA \tag{6-7-45}$$

$$C_2 = \frac{-T_2}{T_2 - T_1}KA \tag{6-7-46}$$

将上述两式代入式(6-7-44)，可得

$$y(t) = (\frac{T_1}{T_2 - T_1}e^{-t/T_1} - \frac{T_2}{T_2 - T_1}e^{-t/T_2} + 1)KA =$$

$$\frac{KA}{T_2 - T_1}(T_1 e^{-t/T_1} - T_2 e^{-t/T_2}) + KA \tag{6-7-47}$$

上式便是串联水槽对象的阶跃反应函数。由此式可知，在 $t=0$ 时 $y(t)=0$；在 $t=\infty$ 时，$y(t)=KA$。$y(t)$ 是稳态值 KA 与两项衰减指数函数的代数和。因而把这个解画成曲线，就有如图 6-7-20 所示的形状。这说明输入量在作阶跃变化的瞬间，输出量变化的速度等于零，以后随着 t 的增加，变化速度慢慢增大，但当 t 大于某一个 t_1 值后，变化速度又慢慢减小，直至 $t\rightarrow\infty$ 时，变化速度减少为零。

对于这种对象，要想用前面所讲的描述对象的三个参数 K, T, τ 来描述的话，必须作近似处理，即用一阶对象的特性（是有滞后）来近似上述二阶对象。方法如下：在图 6-7-21 所示的二阶对象阶跃反应曲线上，过反应曲线的拐点 G 作一切线，与时间轴相交，交点与被控变量开始变化的起点之间的时间间隔 τ_h 就为容量滞后时间。由切线与时间轴的交点到切线与稳定值 KA 线的交点之间的时间间隔为 T。这样，二阶对象就被近似为是有滞后时间 $\tau=\tau_h$，时间常数为 T 的一阶对象了。

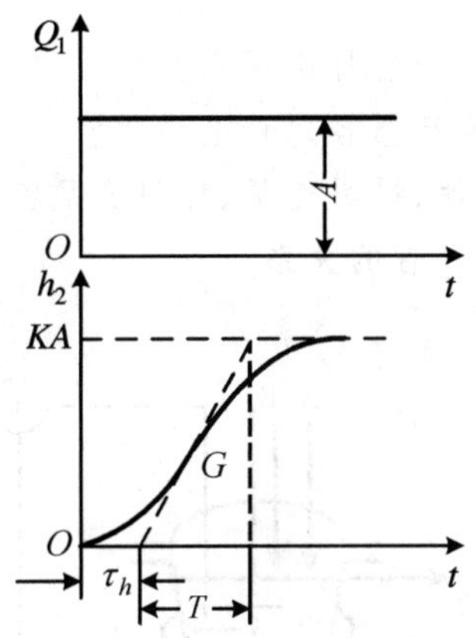

图 6-7-21　串联水槽的反应曲线

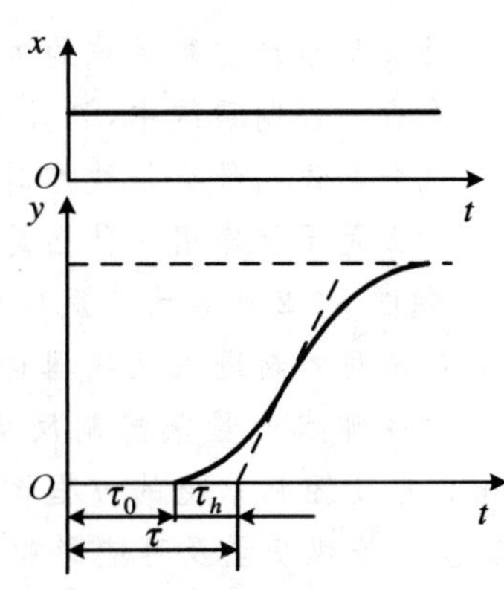

图 6-7-22　滞后时间 τ 示意图

纯滞后和容量滞后尽管本质上不同，但实际上很难严格区分，在容量滞后与纯滞后同时存在时，常常把两者合起来统称滞后时间 τ，即 $\tau=\tau_o+\tau_h$，如图 6-7-22 所示。

不难看出，自动控制系统中，滞后的存在是不利于控制的。也就是说，系统受到干扰作用后，由于存在滞后，被控变量不能立即反映出来，于是就不能及时产生控制作用，整个系统的控制质量就会受到严重的影响。当然，如果对象的控制通道存在滞后，那么所产生的控制作用不能及时克服干扰作用对被控变量的影响，也是要影响控制质量的。所以，在设计和安装控制系统时，都应当尽量把滞后时间减到最小。例如，在选择控制阀与检测点的安装位置时，应选取靠近控制对象的有利位置。从工艺角度来说，应通过工艺改进，尽量减少或缩短那些不必要的管线及阻力，以利于减少滞后时间。

思考题与习题

6-1　自动控制系统主要由哪些环节组成？

6-2　什么是工艺管道与控制流程图？

6-3　题图 6-1 为某列管式蒸汽加热器控制流程图。试分别说明图中 PI-307，TRC-

303,FRC－305 所代表的意义。

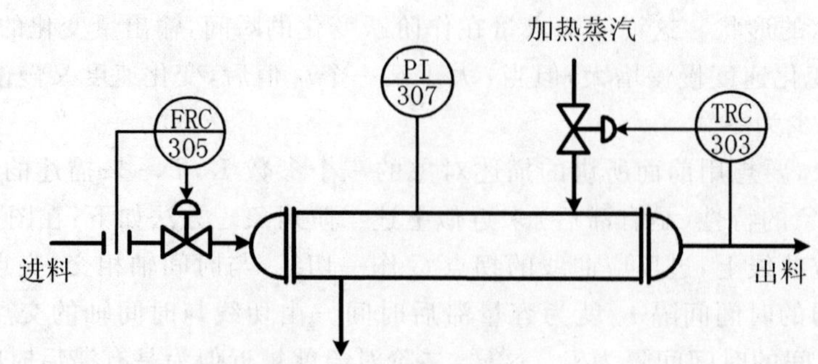

题图 6－1　加热器控制流程图

6－4　什么是自动控制系统的方框图，它与控制流程图有什么区别？

6－5　在自动控制系统中，测量变送装置、控制器、执行器各起什么作用？

6－6　试分别说明什么是被控对象、被控变量、给定值、操纵变量、操纵介质？

6－7　什么是干扰作用？什么是控制作用？试说明两者的关系。

6－8　题图 6－2 所示为一反应器温度控制系统示意图。A,B 两种物料进入反应器进行反应，通过改变进入夹套的冷却水流量来控制反应器内的温度不变。试画出该温度控制系统的方框图，并指出该被控对象、被控变量、操纵变量及可能影响被控变量的干扰是什么？

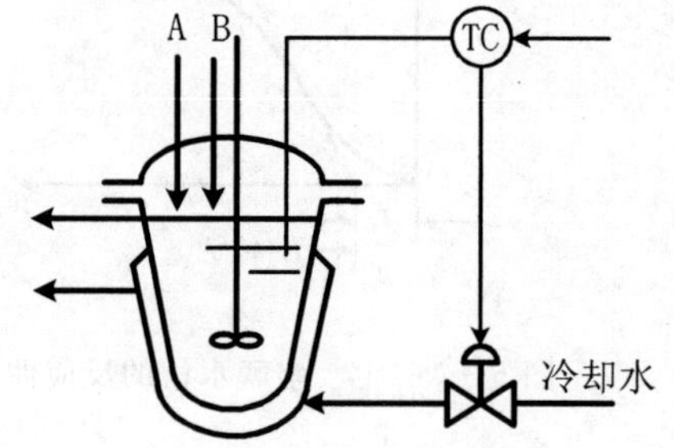

题图 6－2　反应器温度控制系统

6－9　什么是负反馈？负反馈在自动控制系统中有什么重要意义？

6－10　题图 6－2 所示的温度控制系统中，如果由于进料温度升高使反应器内的温度超过给定值，试说明此时该控制系统的工作情况，此时系统是如何通过控制作用来克服干扰作用对被控变量影响的？

6－11　按给定值形式不同，自动控制系统可分为哪几类？

6－12　什么是控制系统的静态与动态？为什么说研究控制系统的动态比研究其静态更为重要？

6－13　何为阶跃干扰作用？为什么经常采用阶跃干扰作用作为系统的输入作用形式？

6－14　什么是自动控制系统的过渡过程？它有哪几种基本形式？

6－15　为什么生产上经常要求控制系统的过渡过程具有衰减振荡形式？

6－16　自动控制系统衰减振荡过渡过程的品质指标有哪些？影响这些品质指标的因素是什么？

6－17　某化学反应器工艺规定操作温度为(900±10)℃。考虑安全因素，控制过程中温度偏离给定值最大不得超过 80℃。现设计的温度定值控制系统，在最大阶跃干扰作用下的过渡过程曲线如题图 6－3 所示。试求该系统的过渡过程品质指标：最大偏差、超调量、衰减比和振荡周期，并回答该控制系统能否满足题中所给的工艺要求？

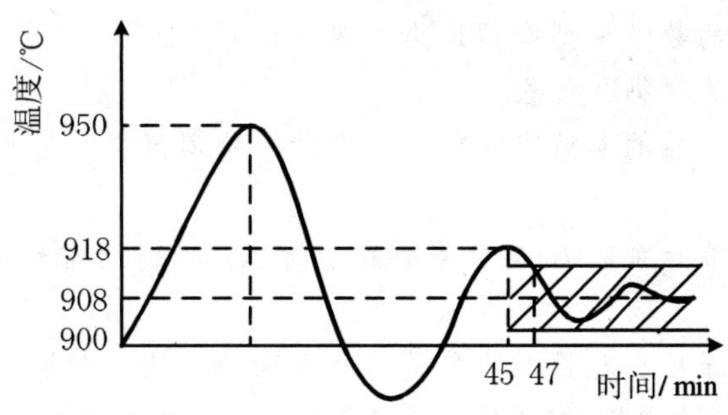

题图 6－3　过渡过程曲线

6－18　题图 6－4(a) 是蒸汽加热器的温度控制原理图。试画出该系统的方框图，并指出被控对象、被控变量、操纵变量和可能存在的干扰是什么？现因生产需要，要求出口物料温度从 80℃ 提高到 81℃，当仪表给定值阶跃变化后，被控变量的变化曲线如题图 6-4(b) 所示。试求该系统的过渡过程品质指标；最大偏差、衰减比和余差（提示该系统为随动控制系统，新的给定值 81℃）。

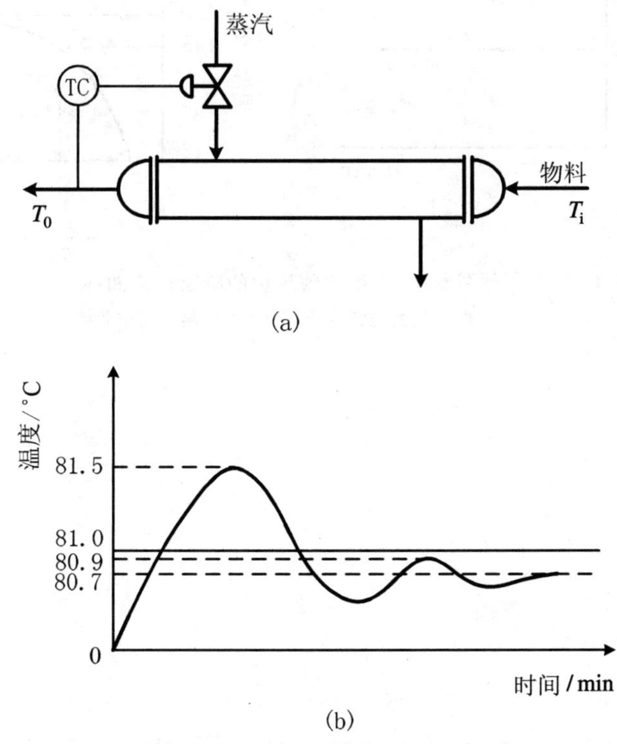

题图 6－4　蒸汽加热器温度控制

6－19　什么是对象特性？为什么要研究对象特性？

6-20　何为对象的数学模型？静态数学模型与动态数学模型有什么区别？

6-21　建立对象的数学模型有什么重要意义？

6-22　建立对象的数学模型有哪两类主要方法？

6-23　机理建模的根据是什么？

6-24　反映对象特性的参数有哪些？各有什么物理意义？它们对自动控制系统有什么影响？

6-25　为什么说放大系数 K 是对象的静态特性？而时间常数 T 和滞后时间 τ 是对象的动态特性？

6-26　对象的纯滞后和容量滞后各是什么原因造成的？对控制过程有什么影响？

6-27　已知一个简单水槽，其截面积为0.5 m^2，水槽中的液体由正位移泵抽出，即流出流量是恒定的。如果在稳定的情况下，输入流量突然在原来的基础上增加了0.1 m^3/h。试画出水槽液位 Δh 的变化曲线。

6-28　为了测定某重油预热炉的对象特性，在某瞬间（假定为 $t_0=0$）突然将燃料气量从2.5 t/h增加到3.0 t/h，重油出口温度记录仪得到的阶跃反应曲线如题图6-5所示。假定该对象为一阶对象，试写出描述该重油预热炉特性的微分方程式（分别以温度变化量与燃料量变化量为输入量与输出量），并解出燃料量变化量为单位阶跃变化量时温度变化量的函数表达式。

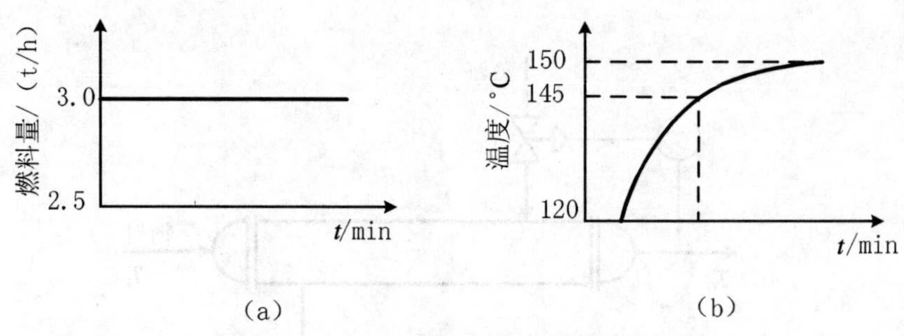

题图6-5　重油预热炉的阶跃反应曲线

(a) 燃料气的阶跃变化；(b) 出口温度反应曲线

第 7 章　简单过程控制系统

本章所研究的简单控制系统是使用最普遍、结构最简单的一种自动控制系统，是研究复杂控制系统的基础。

§7.1　简单控制系统的结构与组成

所谓简单控制系统，通常是指由一个测量元件（或变送器）一个控制器、一个控制阀和一个对象所构成的单闭环控制系统，因此也称为单回路控制系统。

图 7-1-1 的液位控制系统与图 7-1-2 的温度控制系统都是简单控制系统的例子。

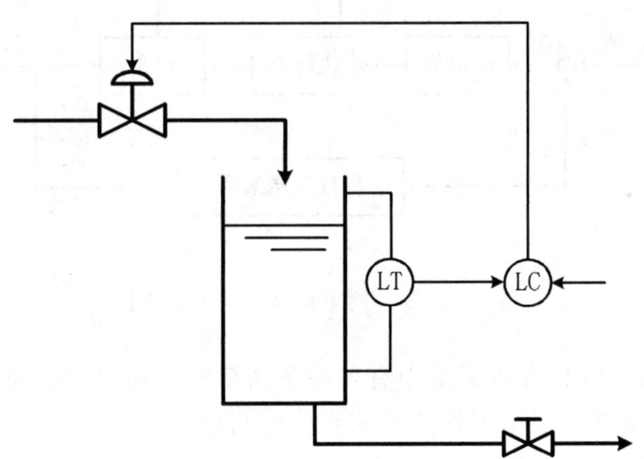

图 7-1-1　液位控制系统

图 7-1-1 的液位控制系统中，储槽是被控对象，液位是被控变量，变送器 LT 将反映液位高低的信号送往液位控制器 LC。控制器的输出信号送往执行器，改变控制阀开度使储槽输出流量发生变化以维持液位稳定。

图 7-1-2 所示的温度控制系统，是通过改变进入换热器的载热体流量，以维持换热器出口物料的温度在工艺规定的数值上。

需要说明的是在这些系统中绘出了变送器 LT 及 TT 这个环节，根据第六章中所介绍的控制流程图，按自控设计规范，测量变送环节是被省略不画的，所以在本书以后的控制系统图中，也将不再画出测量、变送环节，但要注意在实际的系统中总是存在这一环节，只是在画图时被省略罢了。

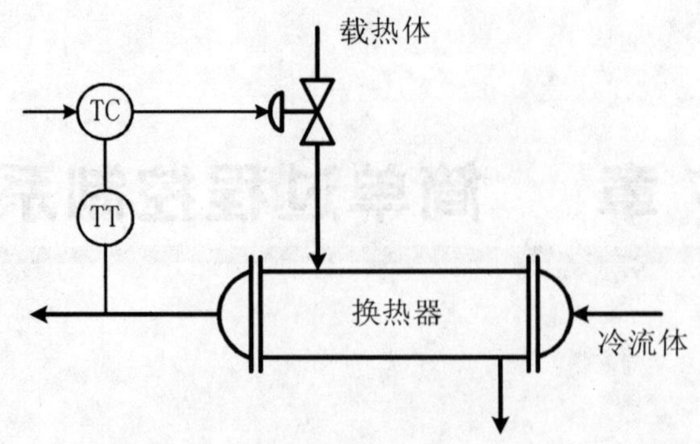

图 7-1-2　温度控制系统

图 7-1-3 是简单控制系统的典型方框图。由图可知，简单控制系统由四个基本环节组成，即被控对象（简称对象）、测量变送装置、控制器和执行器。对于不同对象的简单控制系统（例如图 7-1-1 和图 7-1-2 所示的系统），尽管其具体装置与变量不相同，但都可以用相同的方框图来表示，这就便于对它们的共性进行研究。

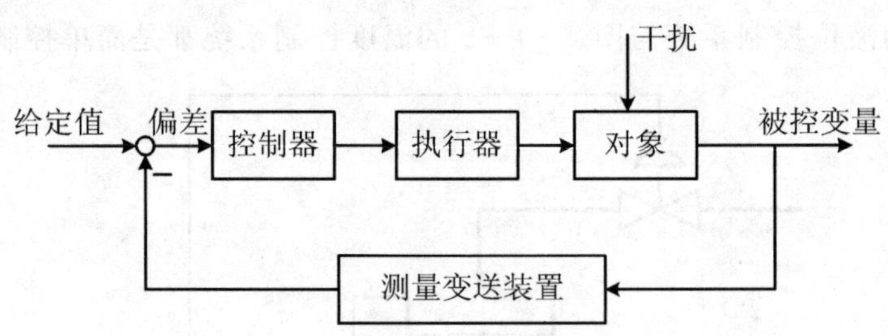

图 7-1-3　简单控制系统的方框图

图 7-1-3 还可以看出，在该系统中有着一条从系统的输出端引向输入端的反馈路线，也就是说该系统中的控制器是根据被控变量的测量值与给定值的偏差来进行控制的，这是简单反馈控制系统的又一特点。

简单控制系统的结构比较简单，所需的自动化装置数量少，投资低，操作维护也比较方便，而且在一般情况下，都能满足控制质量的要求。因此，这种控制系统在工业生产过程中得到了广泛的应用。据某大型化肥厂统计，简单控制系统约占控制系统总数的 85% 左右。

由于简单控制系统是最基本的、应用最广泛的系统，因此，学习和研究简单控制系统的结构、原理及使用是十分必要的。同时，简单控制系统是复杂控制系统的基础，学会了简单控制系统的分析，将会给复杂控制系统的分析和研究提供很大的方便。

前面几章已经分别介绍了组成简单控制系统的各个组成部分，包括被控对象、测量变送装置、控制器、执行器等。本章将介绍组成简单控制系统的基本原则；被控变量及操纵变量的选择；控制器控制规律的选择及控制器参数的工程整定等。

§7.2 被控变量的选择

被控变量的选择是与生产工艺密切相关的，而影响一个生产过程正常操作的因素是很多的，但并非所有影响因素都要加以自动控制。所以，必须深入实际，调查研究，分析工艺，找出影响生产的关键变量作为被控变量。所谓"关键"变量，是指这样一些变量：它们对产品的产量、质量以及安全具有决定性的作用，而人工操作又难以满足要求的；或者人工操作虽然可以满足要求，但是，这种操作是既紧张而又频繁的。

根据被控变量与生产过程的关系，可分为两种类型的控制型式：直接指标控制与间接指标控制。如果被控变量本身就是需要控制的工艺指标（温度、压力、流量、液位、成分等），则称为直接指标控制；如果工艺是按质量指标进行操作的，照理应以产品质量作为被控变量进行控制，但有时缺乏各种合适的获取质量信号的检测手段，或虽能检测，但信号很微弱或滞后很大，这时可选取与直接质量指标有单值对应关系而反应又快的另一变量，如温度、压力等作为间接控制指标，进行间接指标控制。例如生产上要求对一些成分量进行控制（像粘度、浓度等等），然而由于目前成分量的在线测量仪表较少、测量滞后较大，灵敏度也较差，因此一般采用与成分量有单值函数关系的温度、流量等间接参数作为被控量，进行间接指标控制。

被控变量的选择，有时是一件十分复杂的工作，除了前面所说的要找出关键变量外，还要考虑许多其它因素，一般要遵循下列原则：

(1) 被控变量应能代表一定的工艺操作指标或能反映工艺操作状态，一般都是工艺过程中比较重要的变量；

(2) 被控变量在工艺操作过程中经常要受到一些干扰影响而变化。为维持被控变量的恒定，需要较频繁的调节；

(3) 尽量采用直接指标作为被控变量。当无法获得直接指标信号，或其测量和变送信号滞后很大时，可选择与直接指标有单值对应关系的间接指标作为被控变量；

(4) 被控变量应能被测量出来，并具有足够大的灵敏度；

(5) 选择被控变量时，必须考虑工艺合理性和国内仪表产品现状；

(6) 被控变量应是独立可控的。

下面通过一个例子来说明被控变量的选择方法。

图 7-2-1 是精馏过程的示意图。它的工作原理是利用被分离物各组分的挥发度不同，把混合物中的各组分进行分离。假定该精馏塔的操作是要使塔顶（或塔底）馏出物达到规定的纯度，那么塔顶（或塔底）馏出物的组分 x_D（或 x_W）应作为被控变量，因为它就是工艺上的质量指标。

如果检测塔顶馏出物的组分 x_D（或 x_W）尚有困难，或滞后太大，那么就不能直接以 x_D（或 x_W）作为被控变量进行直接指标控制。这时可以在与 x_D（或 x_W）有关的参数中找出合适的变量作为被控变量，进行间接指标控制。

在二元系统的精馏中，当气液两相并存时，塔顶易挥发组分的浓度 x_D、塔顶温度 T_D、压力 p 三者之间有一定的关系。当压力恒定时，组分 x_D 和温度 T_D 之间存在有单值对应的关系。图7-2-2 所示为苯、甲苯二元系统中易挥发组分苯的质量分数与温度之间的关系。易挥发组分的浓度越高，对应的温度越低；相反，易挥发组分的浓度越低，对应的温度越高。

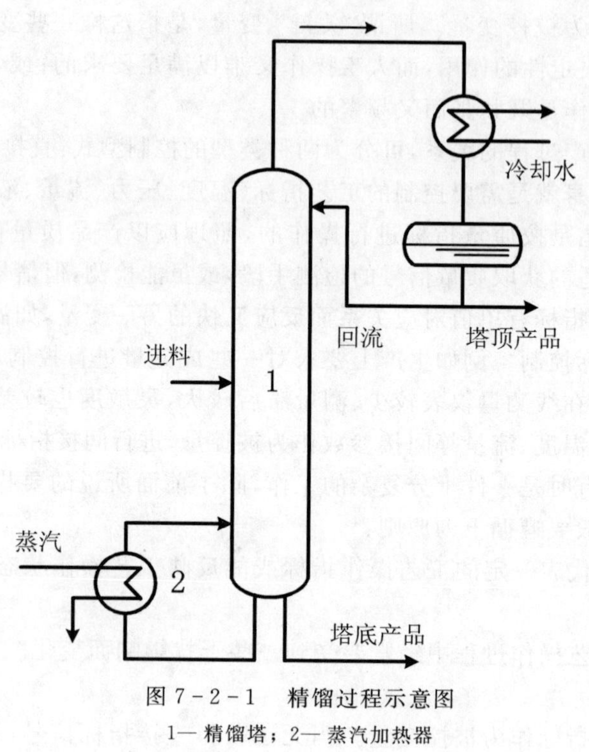

图 7-2-1　精馏过程示意图

1— 精馏塔；2— 蒸汽加热器

当温度 T_D 恒定时，组分 x_D 和压力 p 之间也存在着单值对应关系，如图 7-2-3 所示。易挥发组分浓度越高，对应的压力也越高；反之，易挥发组分的浓度越低，对应的压力也越低。由此可见，在组分、温度、压力三个变量中，只要固定温度或压力中的一个，另一个变量就可以代替 x_D 作为被控变量。在温度和压力中，究竟应选哪一个参数作为被控变量呢？

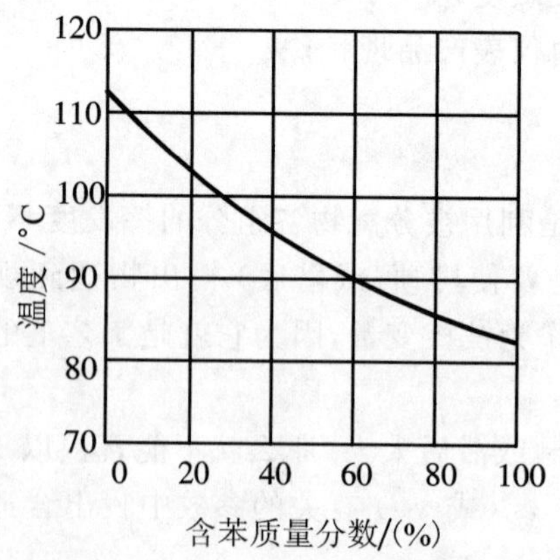

图 7-2-2　苯-甲苯溶液的 $T-x$ 图

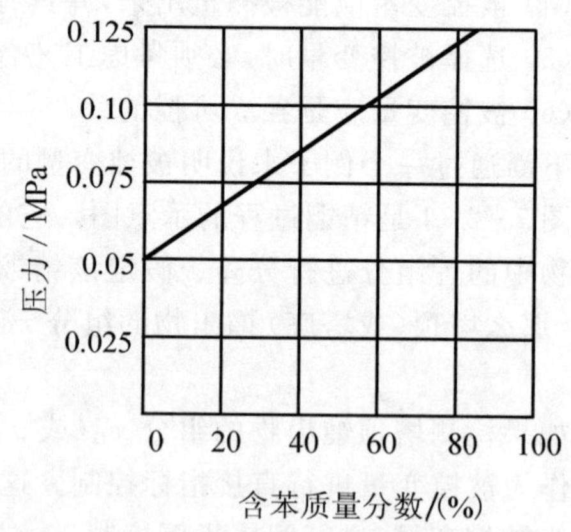

图 7-2-3　苯-甲苯溶液的 $p-x$ 图

从工艺合理性考虑，常常选择温度作为被控变量。这是因为：第一，在精馏塔操作中，压力往往需要固定。只有将塔操作在规定的压力下，才易于保证塔的分离纯度，保证塔的效率和经济性。如塔压波动，就会破坏原来的汽液平衡，影响相对挥发度，使塔处于不良工况。同时，随着塔压的变化，往往还会引起与之相关的其他物料量的变化，影响塔的物料平衡，引起负荷的波动。第二，在塔压固定的情况下，精馏塔各层塔板上的压力基本上是不变的，这样各层塔板上的温度与组分之间就有一定的单值对应关系。由此可见，固定压力，选择温度作为被控变量是可能的，也是合理的。

在选择被控变量时，还必须使所选变量有足够的灵敏度。在上例中，当 x_D 变化时，温度 T_D 的变化必须灵敏，有足够大的变化，容易被测量元件所感受，且使相应的测量仪表比较简单、便宜。

此外，还要考虑简单控制系统被控变量间的独立性。假如在精馏操作中，塔顶和塔底的产品纯度都需要控制在规定的数值，据以上分析，可在固定塔压的情况下，塔顶与塔底分别设置温度控制系统。但这样一来，由于精馏塔各塔板上物料温度相互之间有一定联系，塔底温度提高，上升蒸汽温度升高，塔顶温度相应亦会提高；同样，塔顶温度提高，回流液温度升高，会使塔底温度相应提高。也就是说，塔顶的温度与塔底的温度之间存在关联问题。因此，以两个简单控制系统分别控制塔顶温度与塔底温度，势必造成相互干扰。使两个系统都不能正常工作。所以采用简单控制系统时，通常只能保证塔顶或塔底一端的产品质量。工艺要求保证塔顶产品质量，则选塔顶温度为被控变量；若工艺要求保证塔底产品质量，则选塔底温度为被控变量。如果工艺要求塔顶和塔底产品纯度都要保证，则通常需要组成复杂控制系统，增加解耦装置，解决相互关联问题。

从上面举例中可以看出，要正确地选择被控变量，必须了解工艺过程和工艺特点对控制的要求，仔细分析各变量之间的相互关系，才能正确的选择被控变量。

§7.3　操纵变量的选择

7.3.1　操纵变量

在自动控制系统中，把用来克服干扰对被控变量的影响，实现控制作用的变量称为操纵变量。最常见的操纵变量是介质的流量。此外，也有以转速、电压等作为操纵变量的。在本章第一节的例子中，图 7－1－1 所示的液位控制系统，其操纵变量是出口流体的流量；图 7－1－2 所示的温度控制系统，其操纵变量是载热体的流量。

当被控变量选定以后，接下去应对工艺进行分析，找出有哪些因素会影响被控变量发生变化。一般来说，影响被控变量的外部输入往往有若干个而不是一个，在这些输入中，有些是可控(可以调节)的，有些是不可控的。原则上，是在诸多影响被控变量的输入中选择一个对被控变量影响显著而且可控性良好的输入，作为操纵变量，而其它未被选中的所有输入量则视为系统的干扰，下面举一实例加以说明。

图 7－3－1 是炼油和化工厂中常见的精馏设备。如果根据工艺要求，选择提馏段某块塔板(一般为温度变化最灵敏的板，称为灵敏板)的温度作为被控变量。那么，自动控制系统的任务就是通过维持灵敏板上温度恒定，来保证塔底产品的成分满足工艺要求。

从工艺分析可知，影响提馏段灵敏板温度 $T_{灵}$ 的因素主要有：进料的流量 $Q_{入}$，成分 $x_{入}$，温度 $T_{入}$，回流的流量 $Q_{回}$，回流液温度 $T_{回}$，加热蒸汽流量 $Q_{蒸}$，冷凝器冷却温度及塔压等等。这些因素都会影响被控变量 $T_{灵}$ 的变化，如图 7-3-2 所示。现在的问题是选择哪个变量作为操纵变量。为此，可先将这些影响因素分为两大类，即可控的和不可控的。从工艺角度看，本例中只有回流量和蒸汽流量为可控因素，其他一般为不可控因素。当然，在不可控因素中，有些也是可以调节的。例如 $Q_{入}$，塔压等，只是工艺上一般不允许用这些变量去控制塔的温度(因为 $Q_{入}$ 的波动意味着生产负荷的波动；塔压的波动意味着塔的工况不稳定，并会破坏温度与成分的单值对应关系，这些都是不允许的。因此，将这些影响因素也看成是不可控因素)。在两个可控因素中，蒸汽流量对提馏段温度影响比起回流量对提馏段温度影响来说更及时、更显著。同时，从节能角度来讲，控制蒸汽流量比控制回流量消耗的能量要小，所以通常应选择蒸汽流量作为操纵变量。

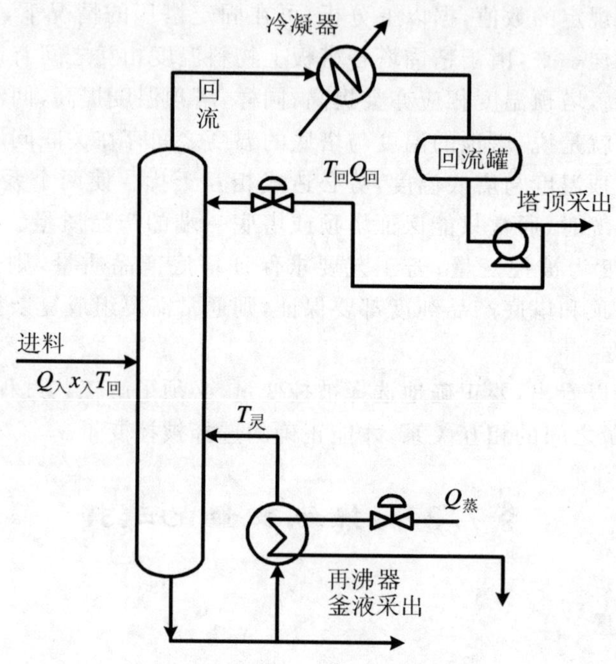

图 7-3-1　精馏塔流程图

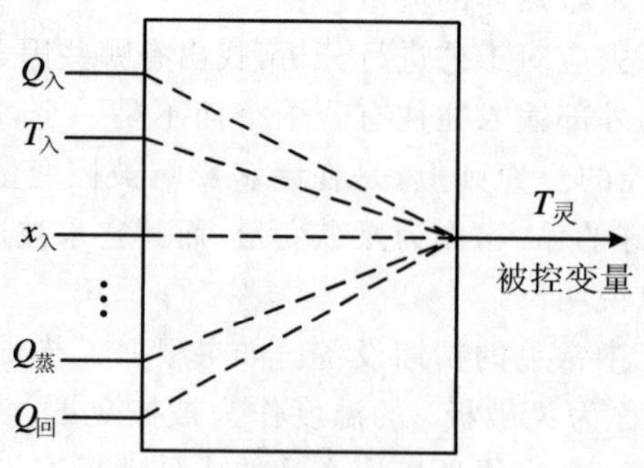

图 7-3-2　影响提馏段温度的各种因素示意图

7.3.2 对象特性对选择操纵变量的影响

前面已经说过，在诸多影响被控变量的因素中，一旦选择了其中一个作为操纵变量，那么其余的影响因素都成了干扰变量。操纵变量与干扰变量作用在对象上，都是会引起被控变量变化的。图 7-3-3 是其示意图。干扰变量由干扰通道施加在对象上，起着破坏作用，使被控变量偏离给定值；操纵变量由控制通道施加到对象上，使被操纵变量回复到给定值，起着校正作用。这是一对相互矛盾的变量，它们对被控变量的影响都与对象特性有密切的关系。因此在选择操纵变量时，要认真分析对象特性，以提高控制系统的控制质量。

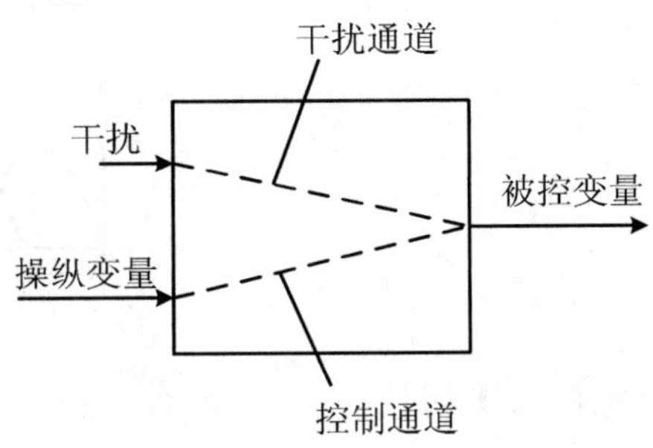

图 7-3-3 干扰通道与控制通道的关系

1. 对象静态特性的影响

在选择操纵变量构成自动控制系统时，一般希望控制通道的放大系数 K_0 要大些，这是因为 K_0 的大小表征了操纵变量对被控变量的影响程度。K_0 越大，表示控制作用对被控变量影响越显著，使控制作用更为有效。所以从控制的有效性来考虑，K_0 越大越好。当然，有时 K_0 过大，会引起过于灵敏，使控制系统不稳定，这也是要引起注意的。

另一方面，对象干扰通道的放大系数 K_f，则越小越好。K_f 小，表示干扰对被控变量的影响不大，过渡过程的超调量不大，故确定控制系统时，也要考虑干扰通道的静态特性。

总之，在诸多变量都要影响被控变量时，从静态特性考虑，应该选择其中放大系数大的可控变量作为操纵变量。

2. 对象动态特性的影响

(1) 控制通道时间常数的影响　控制器的控制作用，是通过控制通道施加于对象去影响被控变量的。所以控制通道的时间常数不能过大，否则会使操纵变量的校正作用迟缓、超调量大、过渡时间长。要求对象控制通道的时间常数 T 小一些，使之反应灵敏、控制及时，从而获得良好的控制质量。例如在前面列举的精馏塔提馏段温度控制中，由于回流量对提馏段温度影响的通道长，时间常数大，而加热蒸汽量对提馏段温度影响的通道短，时间常数小，因此选择蒸汽量作为操纵变量是合理的。

(2) 控制通道纯滞后 τ_0 的影响　控制通道的物料输送或能量传递都需要一定的时间。这样造成的纯滞后 τ_0 对控制质量是有影响的。图 7-3-4 所示为纯滞后对控制质量影响的示意图。

图中 C 表示被控变量在干扰作用下的变化曲线（这时无校正作用）；A 和 B 分别表示无纯滞后和有纯滞后时操纵变量对被控变量的校正作用；D 和 E 分别表示无纯滞后和有纯滞后情

况下被控变量在干扰作用与校正作用同时作用下的变化曲线。

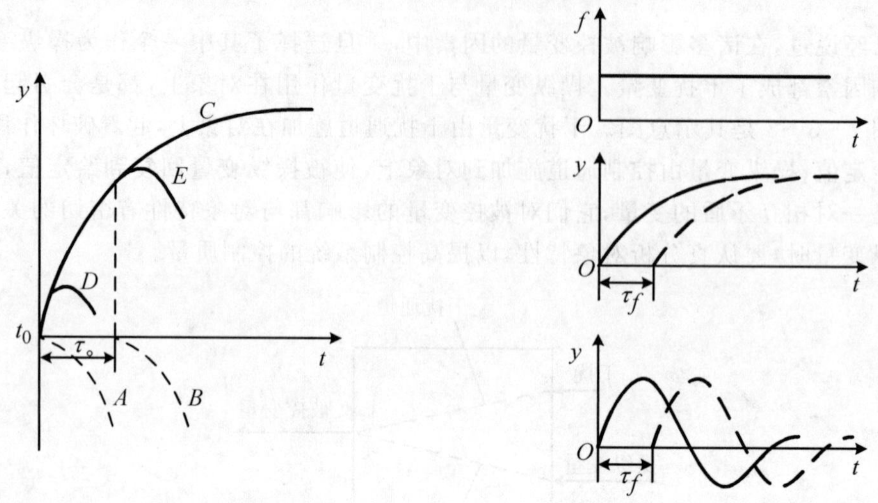

图 7-3-4　纯滞后 τ_o 对控制质量的影响　　图 7-3-5　干扰通道纯滞后 τ_f 的影响

对象控制通道无纯滞后时，当控制器在 t_0 时间接收正偏差信号而产生校正作用 A，使被控变量从 t_0 以后沿曲线 D 变化；当对象有纯滞后 τ_o 时，控制器虽在 t_0 时间后发出了校正作用，但由于纯滞后的存在，使之对被控变量的影响推迟了 τ_o 时间，即对被控变量的实际校正作用是沿曲线 B 变化的。因此被控变量则是沿曲线 E 变化的。比较 E，D 曲线，可见纯滞后使超量增加；反之，当控制器接收负偏差时所产生的校正作用，由于存在纯滞后，使被控变量继续下降，可能造成过渡过程的振荡加剧，以致时间变长，稳定性变差。所以，在选择操纵变量构成控制系统时，应使对象控制通道的纯滞后时间 τ_o 尽量小。

(3) 干扰通道时间常数的影响　干扰通道时间常数 T_f 越大，表示干扰对被控变量的影响越缓慢，这是有利于控制的。所以，在确定控制方案时，应设法使干扰被控变量的通道长些，即时间常数要长些。

(4) 干扰通道纯滞后 τ_f 的影响　如果干扰通道存在纯滞后 τ_f，即干扰对被控变量的影响推迟了时间 τ_f，因而，控制作用也推迟了时间 τ_f，使整个过渡过程曲线推迟了时间 τ_f，只要控制通道不存在纯滞后，通常是不会影响控制质量的，如图 7-3-5 所示。

7.3.3　操纵变量的选择原则

根据以上分析，概括来说，操纵变量的选择原则主要有以下几条：

(1) 操纵变量应是可控的，即工艺上允许调节的变量，而且在控制过程中该变量变化的极限范围也是生产允许的。除了物料平衡的控制之外，不应该因设置控制系统而改变了原有的生产能力。

(2) 操纵变量一般应比其他干扰对被控变量的影响更加灵敏。为此，应通过合理选择操纵变量，使控制通道的放大系数适当大、时间常数适当小(但不宜过小，否则易引起振荡)、纯滞后时间尽量小。为使其他干扰对被控变量的影响减小，应使干扰通道的放大系数尽可能小、时间常数尽可能大。

(3) 在选择操纵变量时，除了从自动化角度考虑外，还要考虑工艺的合理性与生产的经济性。一般说来，不宜选择生产负荷作为操纵变量，因为生产负荷直接关系到产品的产量，是不宜经常波动的。另外，从经济性考虑，应尽可能地降低物料与能量的消耗。

§7.4 测量元件特性的影响

测量、变送装置是控制系统中获取信息的装置，也是系统进行控制的依据。所以，要求它能正确地、及时地反映被控变量的状况。假如测量不准确，使操作人员把不正常工况误认为是正常的，或把正常工误况认为不正常，形成混乱，甚至会处理错误造成事故。测量不准确或不及时，会产生失调或误调，影响之大不容忽视。

7.4.1 测量元件的时间常数

测量元件，特别是测温元件，由于存在热阻和热容，它本身具有一定的时间常数，因而造成测量滞后。

测量元件时间常数对测量的影响，如图 7－4－1 所示。若被控变量 y 作阶跃变化时，测量值 z 慢慢靠近 y，如(a) 所示，显然，前一段两者差距很大；若 y 作递增变化，而 z 则一直跟不上去，总存在着偏差，如(b) 所示；若 y 作周期性变化，z 的振荡幅值将比 y 减小，而且落后一个相位，如(c) 所示。

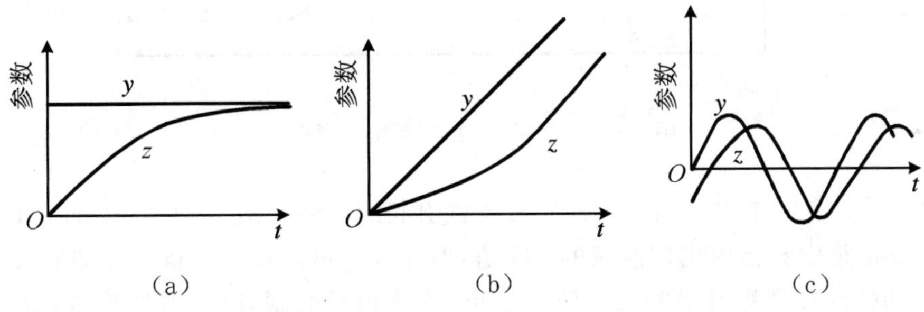

图 7－4－1 测量元件时间常数的影响

测量元件的时间常数越大，以上现象愈加显著。假如将一个时间常数大的测量元件用于控制系统，那么，当被控变量变化的时候，由于测量值不等于被控变量的真实值，所以控制器接收到的是一个失真信号，它不能发挥正确的校正作用，控制质量无法达到要求。因此，控制系统中的测量元件时间常数不能太大，最好选用惰性小的快速测量元件，例如用快速热电偶代替工业用普通热电偶或温包。必要时也可以在测量元件之后引入微分作用，当测量元件的时间常数较大时，在调节器中加入微分作用，使调节器在偏差产生的初期，根据偏差的变化趋势发出相应的控制信号。采用这种预先的超前控制作用来克服测量滞后，就相当于调节器有一个预测性能，如果应用适当，会大大改善控制质量。

当测量元件的时间常数 T_m 小于对象时间常数的 1/10 时，对系统的控制质量影响不大。这时就没有必要盲目追求小时间常数的测量元件。

有时，测量元件安装是否正确，维护是否得当，也会影响测量与控制。特别是流量测量元件和温度测量元件，例如工业用的孔板、热电偶和热电阻元件等。如安装不正确，往往会影响测量精度，不能正确地反映被控变量的变化情况，这种测量失真的情况当然会影响控制质量。同时，在使用过程中要经常注意维护、检查，特别是在使用条件比较恶劣的情况（如介质腐蚀性强、易结晶、易结焦等）下，更应该经常检查，必要时进行清理、维修或更换。例如当用热电偶测量温度时，有时会因使用一段时间后，热电偶表面结晶或结焦，使时间常数大大增加，以致严重地影响控制质量。

7.4.2 测量元件的纯滞后

当测量存在纯滞后时，也和对象控制通道存在纯滞后一样，会严重地影响控制质量。

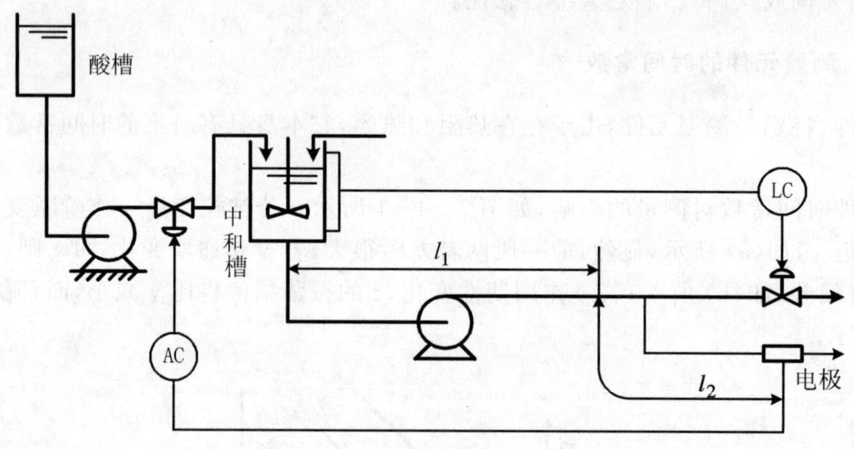

图 7-4-2 pH 值控制系统示意图

测量的纯滞后有时是由于测量元件安装位置引起的。例如图 7-4-2 中的 pH 值控制系统，如果被控变量是中和槽内出口溶液的 pH 值，但作为测量元件的测量电极却安装在远离中和槽的出口管道处，并且将电极安装在流量较小、流速很慢的副管道（取样管道）上。这样一来，电极所测得的信号与中和槽内溶液的 pH 值在时间上就延迟了一段时间 τ_o，其大小为

$$\tau_o = \frac{l_1}{v_1} + \frac{l_2}{v_2}$$

式中 l_1, l_2—— 分别为电极离中和槽的主、副管道的长度；

v_1, v_2—— 分别为主、副管道内流体的流速。

这一纯滞后使测量信号不能及时反映中和槽内溶液 pH 值的变化，因而降低了控制质量。目前，以物性作为被控变量时往往都有类似问题，这时引入微分作用是徒劳的，加得不好，反而会导致系统不稳定。所以在测量元件的安装上，一定要注意尽量减小纯滞后。对于大纯滞后的系统，简单控制系统往往是无法满足控制要求的，须采用复杂控制系统。

7.4.3 信号的传送滞后

信号传送滞后通常包括测量信号传送滞后和控制信号传送滞后两部分。

测量信号传送滞后是指由现场测量变送装置的信号传送到控制室的控制器所引起的滞

后。对于电信号来说，可以忽略不计，但对于气信号来说，由于气动信号管线具有一定的容量，所以，会存在一定的传送滞后。

控制信号传送滞后是指由控制室内控制器的输出控制信号传送到现场执行器所引起的滞后。对于气动薄膜控制阀来说，由于膜头空间具有较大的容量，所以控制器的输出变化到引起控制阀开度变化，往往具有较大的容量滞后，这样就会使得控制不及时，控制效果变差。

信号的传送滞后对控制系统的影响基本上与对象控制通道的滞后相同，应尽量减小。所以，一般气压信号管路不能超过 300 m，直径不能于 6 mm，或者用阀门定位器、气动继动器增大输出功率，以减小传送滞后。在可能的情况下，现场与控制室之间的信号尽量采用电信号传递，必要时可用气 — 电转换器将气信号转换为电信号，以减小传送滞后。

§7.5　控制器控制规律的选择

在选择控制器时，不仅要确定控制器的控制规律，而且要确定控制器的正、反作用。

7.5.1　控制器控制规律的确定

前面已经讲过，简单控制系统是由被控对象、控制器、执行器和测量变送装置四大基本部分组成的。在现场控制系统安装完毕或控制系统投运前，往往是被控对象、测量变送装置和执行器这三部分的特性就完全确定了，不能任意改变。这时可将对象、测量变送装置和执行器合在一起，称之为广义对象。于是控制系统可看成由控制器与广义对象两部分组成，如图 7-5-1 所示。在广义对象特性已经确定的情况下，如何通过控制器控制规律的选择与控制器参数的工程整定，来提高控制系统的稳定性和控制质量，这就是本节与下一节所要讨论的主要问题。

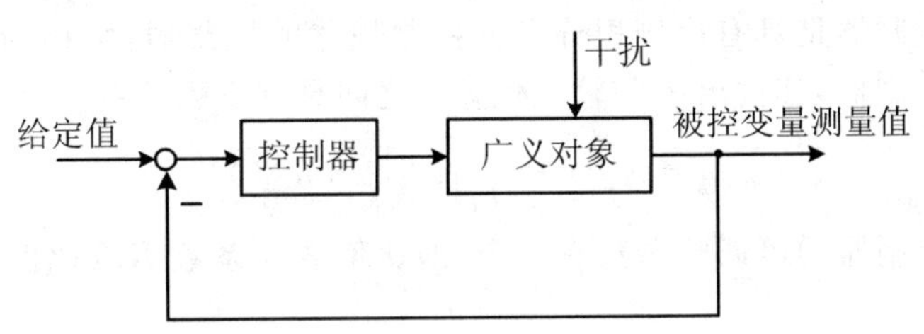

图 7-5-1　简单控制系统简化方框图

目前工业上常用的控制器主要有三种控制规律：比例控制规律、比例积分控制规律和比例积分微分控制规律，分别简写为 P，PI 和 PID。

选择哪种控制规律主要是根据广义对象的特性和工艺要求来决定的。下面分别说明各种控制规律的特点及应用场合。

1. 比例控制器

比例控制器是具有比例控制规律的控制器，它的输出 p 与输入偏差 e（实际上是指它们的变化量）之间的关系为

$$p = K_P e$$

比例控制器的可调整参数是比例放大系数 K_P 或比例度 δ，对于单元组合仪表来说，它们的关系为

$$\delta=\frac{1}{K_P}\times 100\%$$

比例控制器的特点是:控制器的输出与偏差成比例,即控制阀门位置与偏差之间具有一一对应关系。当负荷变化时,比例控制器克服干扰能力强、控制及时、过渡时间短。在常用控制规律中,比例作用是最基本的控制规律,不加比例作用的控制规律是很少采用的。但是,纯比例控制系统在过渡过程终了时存在余差。负荷变化越大,余差就越大。

比例控制器适用于控制通道滞后较小、负荷变化不大、工艺上没有提出无差要求的系统,例如中间储槽的液位、精馏塔塔釜液位以及不太重要的蒸汽压力控制系统等。

2.比例积分控制器

比例积分控制器是具有比例积分控制规律的控制器。它的输出 p 与输入偏差 e 的关系为

$$p=K_P(e+\frac{1}{T_I}\int e\mathrm{d}t)$$

比例积分控制器的可调整参数是比例放大系数 K_P(或比例度 δ) 和积分时间 T_I。

比例积分控制器的特点是:由于在比例作用的基础上加上积分作用,而积分作用的输出是与偏差的积分成比例,只要偏差存在,控制器的输出就会不断变化,直至消除偏差为止。所以采用比例积分控制器,在过渡过程结束时是无余差的,这是它的显著优点。但是,加上积分作用,会使稳定性降低,虽然在加积分作用的同时,可以通过加大比例度,使稳定性基本保持不变,但超调量和振荡周期都相应增大,过渡过程的时间也加长。

比例积分控制器是使用最普遍的控制器。它适用于控制通道滞后较小、负荷变化不大、工艺参数不允许有余差的系统。例如流量、压力和要求严格的液位控制系统,常采用比例积分控制器。

3.比例积分微分控制器

比例积分微分控制器是具有比例积分微分控制规律的控制器,常称为三作用(PID) 控制器。理想的三作用控制器,其输出 p 与输入偏差 e 之间具有下列关系

$$p=K_P(e+\frac{1}{T_I}\int e\mathrm{d}t+T_D\frac{\mathrm{d}e}{\mathrm{d}t})$$

比例积分微分控制器的可调整参数有三个:即比例放大系数 K_P(比例度 δ)、积分时间 T_I 和微分时间 T_D。

比例积分微分控制器的特点是:微分作用使控制器的输出与输入偏差的变化速度成比例,它对克服对象的滞后有显著的效果。在比例的基础上加上微分作用能提高稳定性,再加上积分作用可以消除余差。所以,适当调整 δ,T_I,T_D 三个参数,可以使控制系统获得较高的控制质量。

比例积分微分控制器适用于容量滞后较大、负荷变化大、控制质量要求较高的系统,应用最普遍的是温度控制系统与成分控制系统。对于滞后很小或噪声严重的系统,应避免引入微分作用,否则会由于被控变量的快速变化引起控制作用的大幅度变化,严重时会导致控制系统不稳定。

关于控制规律的选择可归纳为如下几点:

(1) 在一般的连续控制系统中,比例控制是必不可少的。如果控制通道滞后较小,负荷变化较小,而工艺要求又不高,可选用单纯的比例控制规律。

(2) 如果控制系统需要消除余差,就要选用积分控制规律,即选择比例积分控制规律或比

例积分微分控制规律。

(3) 如果控制系统需要克服容量滞后或较大的惯性,就要选用微分控制规律,即选择比例微分控制规律或比例积分微分控制规律。

值得指出的是,目前生产的模拟式控制器一般都同时具有比例、积分、微分三种作用。只要将其中的微分时间 T_D 置于 0,就成了比例积分控制器,如果同时将积分时间 T_I 置于无穷大,便成了比例控制器。

7.5.2 控制器正、反作用的确定

前面已经讲到自动控制系统是具有被控变量负反馈的闭环系统。也就是说,如果被控变量值偏高,则控制作用应使之降低;相反,如果被控变量值偏低,则控制作用应使之升高。控制作用对被控变量的影响应与干扰作用对被控变量的影响相反,才能使被控变量值回复到给定值。这里,就有一个作用方向的问题。控制器的正反作用是关系到控制系统能否正常运行与安全操作的重要问题。

在控制系统中,不仅是控制器,而且被控对象、测量元件及变送器和执行器都有各自的作用方向。它们如果组合不当,使总的作用方向构成正反馈,则控制系统不但不能起控制作用,反而破坏了生产过程的稳定。所以,在系统投运前必须注意检查各环节的作用方向,其目的是通过改变控制器的正、反作用,以保证整个控制系统是一个具有负反馈的闭环系统。

所谓作用方向,就是指输入变化后,输出的变化方向。当某个环节的输入增加时,其输出也增加,则称该环节为"正作用"方向;反之,当环节的输入增加时,输出减少的称"反作用"方向。

对于测量元件及变送器,其作用方向一般都是"正"的,因为当被控变量增加时,其输出量一般也是增加的,所以在考虑整个控制系统的作用方向时,可不考虑测量元件及变送器的作用方向(因为它总是"正"的),只需要考虑控制器、执行器和被控对象三个环节的作用方向,使它们组合后能起到负反馈的作用。

对于执行器,它的作用方向取决于是气开阀还是气关阀(注意不要与执行机构和控制阀的"正作用"及"反作用"混淆)。当控制器输出信号(即执行器的输入信号)增加时,气开阀的开度增加,因而流过阀的流体流量也增加,故气开阀是"正"方向。反之,由于当气关阀接收的信号增加时,流过阀的流体流量反而减少,所以是"反"方向。执行器的气开或气关型式主要应从工艺安全角度来确定。

对于被控对象的作用方向,则随具体对象的不同而各不相同。当操纵变量增加时,被控变量也增加的对象属于"正作用"的。反之,被控变量随操纵变量的增加而降低的对象属于"反作用"的。

由于控制器的输出决定于被控变量的测量值与给定值之差,所以被控变量的测量值与给定值变化时,对输出的作用方向是相反的。对于控制器的作用方向是这样规定的:当给定值不变,被控变量测量值增加时,控制器的输出也增加,称为"正作用"方向,或者当测量值不变,给定值减小时,控制器的输出增加的称为"正作用"方向。反之,如果测量值增加(或给定值减小)时,控制器的输出减小的称为"反作用"方向。

在一个安装好的控制系统中,对象的作用方向由工艺机理可以确定,执行器的作用方向由工艺安全条件可以选定,而控制器的作用方向要根据对象及执行器的作用方向来确定,以使整个控制系统构成负反馈的闭环系统。下面举两个例子加以说明。

图 7－5－2 是一个简单的加热炉出口温度控制系统。在这个系统中，加热炉是对象，燃料气流量是操纵变量，被加热的原料油出口温度是被控变量。由此可知，当操纵变量燃料气流量增加时，被控变量是增加的，故对象是“正”作用方向。如果从工艺安全条件出发选定执行器是气开阀(停气时关闭)，以免当气源突然断气时，控制阀大开而烧坏炉子。那么这时执行器便是“正”作用方向。为了保证由对象、执行器与控制器所组成的系统是负反馈的，控制器就应该选为“反”作用。这样才能当炉温升高时，控制器 TC 的输出减小，因而关小燃料气的阀门(因为是气开阀，当输入信号减小时，阀门是关小的)，使炉温降下来。

图 7－5－3 是一个简单的液位控制系统。执行器采用气开阀，在一旦停止供气时，阀门自动关闭，以免物料全部流走，故执行器是“正”方向。当控制阀开度增加时，液位是下降的，所以对象的作用方向是“反”的。这时控制器的作用方向必须为“正”，才能使当液位升高时，LC 输出增加，从而打开出口阀，使液位降下来。

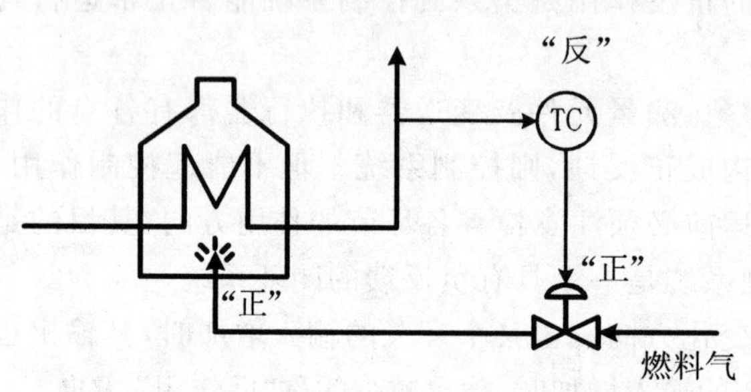

图 7－5－2　加热炉出口温度控制

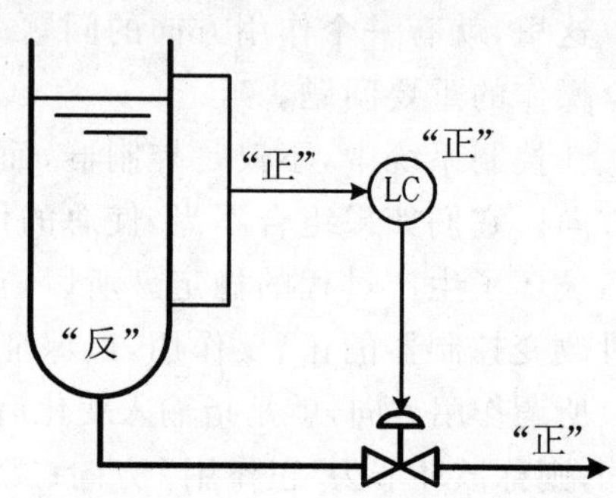

图 7－5－3　液位控制

控制器的正、反作用可以通过改变控制器上的正、反作用开关自行选择，一台正作用的控制器，只要将其测量值与给定值的输入线互换一下，就成了反作用的控制器，其原理如图 7－5－4 所示。

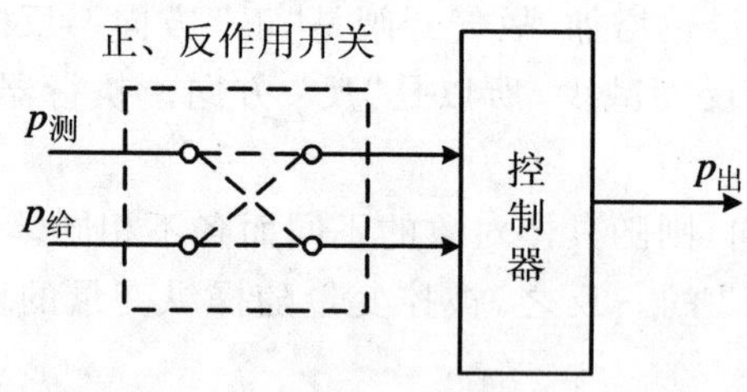

图 7－5－4　控制器正、反作用开关示意图

§7.6　控制器参数的工程整定

一个自动控制系统的过渡过程或者控制质量，与被控对象、干扰形式与大小、控制方案的确定及控制器参数整定有着密切的关系。在控制方案、广义对象的特性、控制规律都已确定的情况下，控制质量主要就取决于控制器参数的整定。所谓控制器参数的整定，就是按照已定的

控制方案，求取使控制质量最好的控制器参数值。具体来说，就是确定最合适的控制器比例度δ、积分时间 T_I 和微分时间 T_D。当然，这里所谓最好的控制质量不是绝对的，是根据工艺生产的要求而提出的所期望的控制质量。例如，对于单回路的简单控制系统，一般希望过渡过程是4∶1(或10∶1)的衰减振荡过程。

控制器参数整定的方法很多，主要有两大类，一类是理论计算的方法，另一类是工程整定法。

理论计算的方法是根据已知的广义对象特性及控制质量的要求，通过理论计算出控制器的最佳参数。这种方法由于比较繁琐、工作量大，计算结果有时与实际情况不甚符合，故在工程实践中长期没有得到推广和应用。

工程整定法是在已经投运的实际控制系统中，通过试验或探索，来确定控制器的最佳参数。这种方法是工艺技术人员在现场经常遇到的。下面介绍其中的几种常用工程整定法。

7.6.1 临界比例度法

这是目前使用较多的一种方法。它是先通过试验得到临界比例度 δ_K 和临界周期 T_K，然后根据经验总结出来的关系求出控制器各参数值。具体作法如下：在闭环的控制系统中，先将控制器变为纯比例作用，即将 T_I 放在∞”位置上，T_D 放在“0”位置上，在干扰作用下，从大到小地逐渐改变控制器的比例度，直至系统产生等幅振荡(即临界振荡)，如图7-6-1所示。这时的比例度叫临界比例度 δ_K，周期为临界振荡周期 T_K。记下 δ_K 和 T_K，然后按表7-6-1中的经验公式计算出控制器的各参数整定数值。入积分作用时，应先将比例度放在比计算值稍大的数值上，再加入积分；然后，如有微分作用，再设置微分时间。最后，将比例度减小到计算值上。当然，如果整定后的过渡过程曲线不够理想，还可作适当调整。

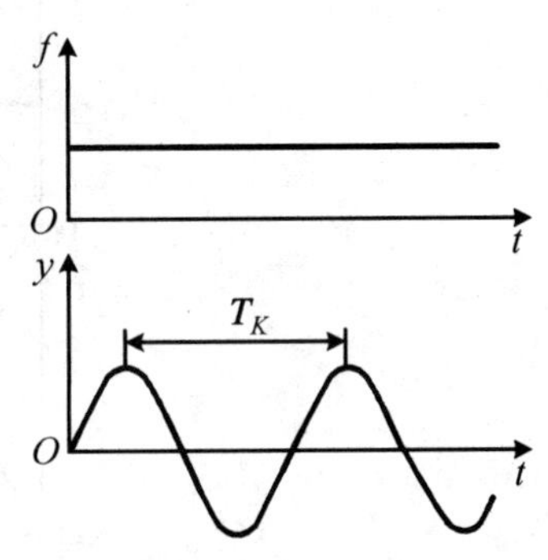

图7-6-1　临界振荡过程

表7-6-1　临界比例度法参数计算公式表

控制作用	比例度/(%)	积分时间 T_I/min	微分时间 T_D/min	控制作用	比例度/(%)	积分时间 T_I/min	微分时间 T_D/min
比例	$2\delta_K$			比例＋微分	$1.8\delta_K$		$0.1T_K$
比例＋积分	$2.2\delta_K$	$0.85T_K$		比例＋积分＋微分	$1.7\delta_K$	$0.5T_K$	$0.125T_K$

临界比例度法比较简单方便，容易掌握和判断，适用于一般的控制系统。但是对于临界比例度很小的系统不适用。因为临界比例度很小，则控制器输出的变化一定很大，被调参数容易超出允许范围，影响生产的正常进行。

临界比例度法是要使系统达到等幅振荡后，才能找出 δ_K 与 T_K，对于工艺上不允许产生等幅振荡的系统本方法亦不适用。

7.6.2　衰减曲线法

衰减曲线法是通过使系统产生衰减振荡来整定控制器的参数值的，具体作法如下：

在闭环的控制系统中，先将控制器变为纯比例作用，并将比例度预置在较大的数值上。在达到稳定后，用改变给定值的办法加入阶跃干扰，观察被控变量记录曲线的衰减比，然后从大到小改变比例度，直至出现 4∶1 衰减比为止，见图 7-6-2(a) 记下此时的比例度 δ_s(叫 4∶1 衰减比例度)，从曲线上得到衰减周期 T_s。然后根据表 7-6-2 中的经验公式，求出控制器的参数整定值。

有的过程，4∶1 衰减仍嫌振荡过强，可采用 10∶1 衰减曲线法。方法同上，得到 10∶1 衰减曲线(见图 7-6-2(b))后，记下此时的比例度 δ_s' 和最大偏差时间 $T_{升}$(又称上升时间)，然后根据表 7-6-3 中的经验公式，求出相应的 δ, T_I, T_D 值。

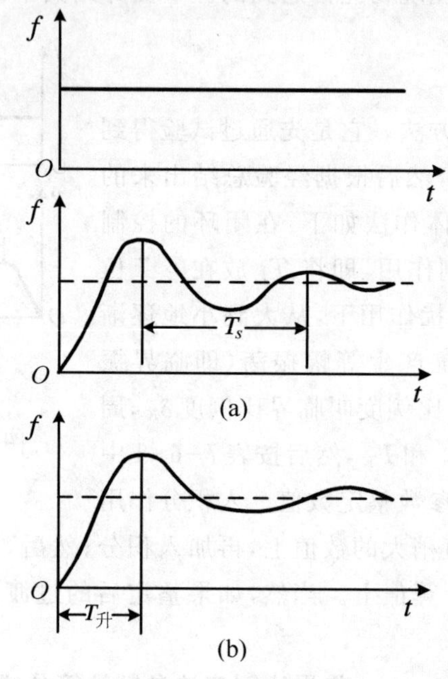

图 7-6-2　4∶1 和 10∶1 衰减振荡过程

表 7-6-2　4∶1 衰减曲线法控制器参数计算表

控制作用	δ/(%)	T_I/min	T_D/min
比例	δ_s		
比例＋微分	$1.2\delta_s$	$0.5T_s$	
比例＋积分＋微分	$0.8\delta_s$	$0.3T_s$	$0.1T_s$

表 7-6-3　10∶1 衰减曲线法控制器参数计算表

控制作用	$\delta/(\%)$	T_I/min	T_D/min
比例	δ_s'		
比例＋微分	$1.2\delta_s'$	$2T_{升}$	
比例＋积分＋微分	$0.8\delta_s'$	$1.2T_{升}$	$0.4T_{升}$

采用衰减曲线法必须注意以下几点：

(1) 加的干扰幅值不能太大，要根据生产操作要求来定，一般为额定值的5%左右，也有例外的情况。

(2) 必须在工艺参数稳定情况下才能施加干扰，否则得不到正确的 δ_s，T_s 或 δ_s' 和 $T_{升}$ 值。

(3) 对于反应快的系统，如流量、管道压力和小容量的液位控制等，要在记录曲线上严格得到 4∶1 衰减曲线比较困难。一般以被控变量来回波动两次达到稳定，就可以近似地认为达到 4∶1 衰减过程了。

衰减曲线法比校简便，适用于一般情况下的各种参数的控制系统。但对于干扰频繁，记录曲线不规则，不断有小摆动的情况，由于不易得到准确的衰减比例度 δ_s 和衰减周期 T_s，使得这种方法难于应用。

7.6.3　经验凑试法

经验凑试法是在长期的生产实践中总结出来的一种整定方法。它是根据经验先将控制器参数放在一个数值上，直接在闭环的控制系统中，通过改变给定值施加干扰，在记录仪上观察过渡过程曲线，运用 δ，T_I，T_D 对过渡过程的影响为指导，按照规定顺序，对比例度 δ，积分时间 T_I 和微分时间 T_D 逐个整定，直到获得满意的过渡过程为止。

各类控制系统中控制器参数的经验数据，列于表 7-6-4 中，供整定时参考选择。

表 7-6-4　控制器参数的经验数据表

控制对象	对象特征	$\delta/(\%)$	T_I/min	T_D/min
流量	对象时间常数小，参数有波动，δ 要大；T_I 要短；不用微分	40 ～ 100	0.3 ～ 1	
温度	对象容量滞后大，即参数受干扰后变化迟缓，δ 应小；T_I 要长；一般需加微分	20 ～ 60	3 ～ 10	0.5 ～ 3
压力	对象的容量滞后一般，不算大，一般不加微分	30 ～ 70	0.4 ～ 3	
液位	对象时间常数范围大，要求不高时，δ 可在一定范围内选取，一般不用微分	20 ～ 80		

表中给出的只是一个大体范围，有时变动较大。例如，流量控制系统的 δ 值有时需在 200% 以上；有的温度控制系统，由于容量滞后大，T_I 往往要在 15 min 以上。另外，选取 δ 值时应注意

测量部分的量程和控制阀的尺寸，如果量程小（相当于测量变送器的放大系数 K_m 大）或控制阀的尺寸选大了（相当于控制阀的放大系数 K_v 大）时，δ 应适当选大一些，即 K_c 小一些，这样可以适当补偿 K_m 大或 K_v 大带来的影响，使整个回路的放大系数保持在一定范围内。

整定的步骤有以下两种：

(1) 先用纯比例作用进行凑试，待过渡过程已基本稳定并符合要求后，再加积分作用消除余差，最后加入微分作用是为了提高控制质量。按此顺序观察过渡过程曲线进行整定工作。具体作法如下：

根据经验并参考表 7-6-4 的数据，选定一个合适的 δ 值作为起始值，把积分时间放在"∞"，微分时间置于"0"，将系统投入自动运行状态。改变给定值，观察被控变量记录曲线形状。如曲线不是4∶1衰减（这里假定要求过渡过程是4∶1衰减振荡的），例如衰减比大于4∶1，说明选的δ偏大，适当减小δ值再看记录曲线，直到呈4∶1衰减为止。注意，当把控制器比例度改变以后，如无干扰就看不出衰减振荡曲线，一般都要稳定以后再改变一下给定值才能看到。若工艺上不允许反复改变给定值，那只好等候工艺本身出现较大干扰时再看记录曲线。δ 值调整好后，如要求消除余差，则要引入积分作用。一般积分时间可先取为衰减周期的一半值，并在积分作用引入的同时，将比例度增加 10% ～ 20%，看记录曲线的衰减比和消除余差的情况，如不符合要求，再适当改变 δ 和 T_I 值，直到记录曲线满足要求为止。如果是三作用控制器，则在已调整好 δ 和 T_I 的基础上再引入微分作用，而在引入微分作用后，允许把 δ 值缩小一点，把 T_I 值也再缩小一点。微分时间 T_D 也要在表 7-6-4 给出的范围内凑试，以使过渡过程时间短，超调量小，控制质量满足生产要求。

经验凑试法的关键是"看曲线，调参数"。因此，必须弄清楚控制器参数变化对过渡过程曲线的影响关系。一般来说，在整定中，观察到曲线振荡很频繁，须把比例度增大以减少振荡；当曲线最大偏差大且趋于非周期过程时，须把比例度减小。当曲线波动较大时，应增大积分时间；而在曲线偏离给定值后，长时间回不来，则须减小积分时间，以加快消除余差的过程。如果曲线振荡得厉害，须把微分时间减到最小，或者暂时不加微分作用，以免更加剧振荡；在曲线最大偏差大而衰减缓慢时，须增加微分时间。经过反复凑试，一直调到过渡过程振荡两个周期后基本达到稳定，品质指标达到工艺要求为止。

在一般情况下，比例度过小、积分时间过小或微分时间过大，都会产生周期性的激烈振荡。但是，积分时间过小引起的振荡，周期较长；比例度过小引起的振荡，周期较短；微分时间过大引起的振荡周期最短，如图 7-6-3 所示，曲线 a 的振荡是积分时间过小引起的，曲线 b 是比例度过小引起的，曲线 c 的振荡则是由于微分时间过大引起的。

比例度过小、积分时间过小和微分时间过大引起的振荡，还可以这样进行判别：从给定值指针动作之后，一直到测量值指针发生动作，如果这段时间短，应把比例度增加；如果这段时间长，应把积分时间增大；如果时间最短，应把微分时间减小。

如果比例度过大或积分时间过大，都会使过渡过程变化缓慢，如何判别这两种情况呢？一般地说，比例度过大，曲线波动较剧烈，不规则地较大地偏离给定值，而且，形状像波浪般的起伏变化，如图 7-6-4 曲线 a 所示。如果曲线通过非周期的不正常路径，慢慢地回复到给定值，这说明积分时间过大，如图 7-6-4 曲线 b 所示。应当注意，积分时间过大或微分时间过大，超出允许的范围时，不管如何改变比例度，都是无法补救的。

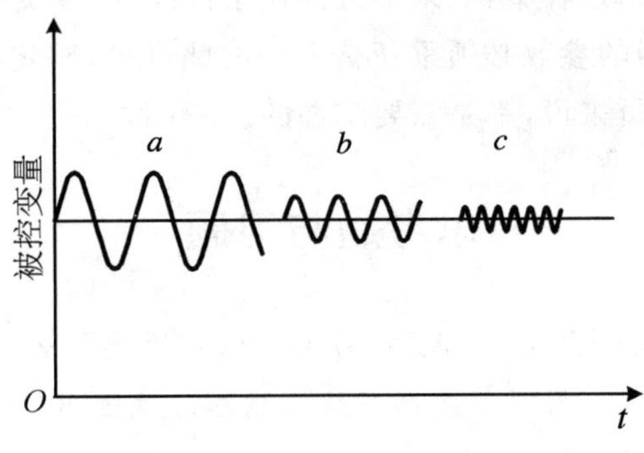

图 7-6-3　三种振荡曲线比较图

(2) 经验凑试法还可以按下列步骤进行：先按表 7-6-4 中给出的范围把 T_I 定下来，如要引入微分作用，可取 $T_D=(\frac{1}{3}\sim\frac{1}{4})T_I$。然后对 δ 进行凑试，凑试步骤与前一种方法相同。

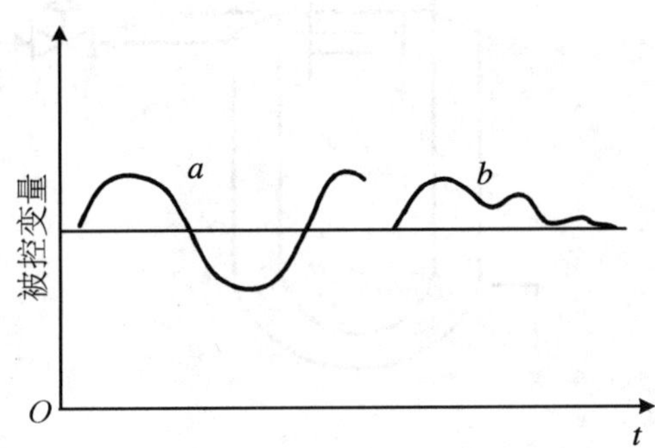

图 7-6-4　比例度过大、积分时间过大时两种曲线比较图

一般来说，这样凑试可较快地找到合适的参数值。但是，如果开始 T_I 和 T_D 设置得不合适，则可能得不到所要求的记录曲线。这时应将 T_D 和 T_I 作适当调整，重新凑试，直至记录曲线合乎要求为止。

经验凑试法的特点是方法简单，适用于各种控制系统，因此应用非常广泛。特别是外界干扰作用频繁，记录曲线不规则的控制系统，采用此法最为合适。但是此法主要是靠经验，在缺乏实际经验或过渡过程本身较慢时，往往较为费时。为了缩短整定时间，可以运用优选法，使每次参数改变的大小和方向都有一定的目的性。值得注意的是，对于同一个系统，不同的人采用经验凑试法整定，可能得出不同的参数值，这是由于对每一条曲线的看法，有时会因人而异，没有一个很明确的判断标准，而且不同的参数匹配有时会使所得过渡过程衰减情况极为相近。例如某初馏塔塔顶温度控制系统，如采用如下两组参数时，

$$\delta=15\%,\qquad T_I=7.5\ \text{min}$$

$$\delta=35\%,\qquad T_D=3\ \text{min}$$

系统都得到 10∶1 的衰减曲线，超调量和过渡时间基本相同。

最后必须指出，在一个自动控制系统投运时，控制器的参数必须整定，才能获得满意的控制质量。同时，在生产进行的过程中，如果工艺操作条件改变，或负荷有很大变化，被控对象的特性就要改变，因此，控制器的参数必须重新整定。由此可见，整定控制器参数是经常要做的工作，对工艺人员与仪表人员来说，都是需要掌握的。

思考题与习题

7-1 简单控制系统由哪几部分组成？各部分的作用是什么？

7-2 题图7-1是一反应器温度控制系统示意图。试画出这一系统的方框图，并说明各方框的含义，指出它们具体代表什么？

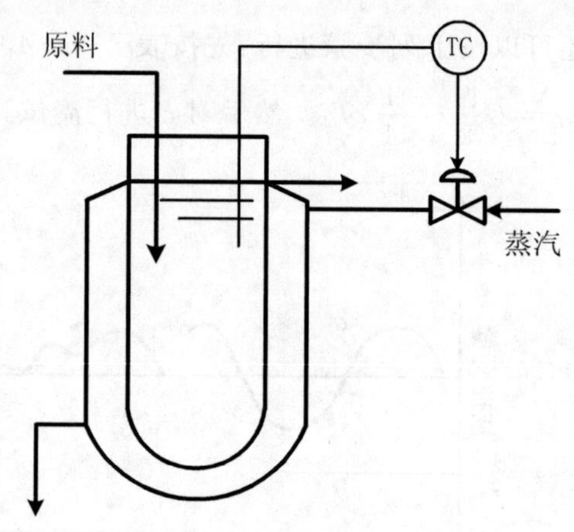

题图7-1 反应器温度控制系统

7-3 试简述家用电冰箱的工作过程，画出其控制系统的方框图。

7-4 什么叫直接指标控制和间接指标控制？各使用在什么场合？

7-5 被控变量的选择原则是什么？

7-6 什么叫可控因素(变量)与不可控因素？当存在着若干个可控因素时，应如何选择操纵变量才是比较合理的控制方案？

7-7 操纵变量的选择原则是什么？

7-8 一个系统的对象有容量滞后，另一个系统由于测量点位置造成纯滞后，如分别采用微分作用克服滞后，效果如何？

7-9 控制器控制规律选择的原则是什么？

7-10 比例控制器、比例积分控制器、比例积分微分控制器的特点分别是什么？各使用在什么场合？

7-11 为什么说比例控制作用是最基本的控制作用？

7-12 为什么要考虑控制器的作用方向？如何选择？

7-13 被控对象、执行器、控制器的正、反作用各是怎样规定的？

7-14　假定在题图7-1所示的反应器温度控制系统中，反应器内需维持一定温度，以利反应进行，但温度不允许过高，否则有爆炸危险。试确定执行器的气开、气关型式和控制器的正、反作用。

7-15　试确定题图7-2所示两个系统中执行器的正、反作用及控制器的正、反作用。题图7-2(a)为一加热器出口物料温度控制系统，要求物料温度不能过高，否则容易分解。题图7-2(b)为一冷却器出口物料温度控制系统，要求物料温度不能太低，否则容易结晶。

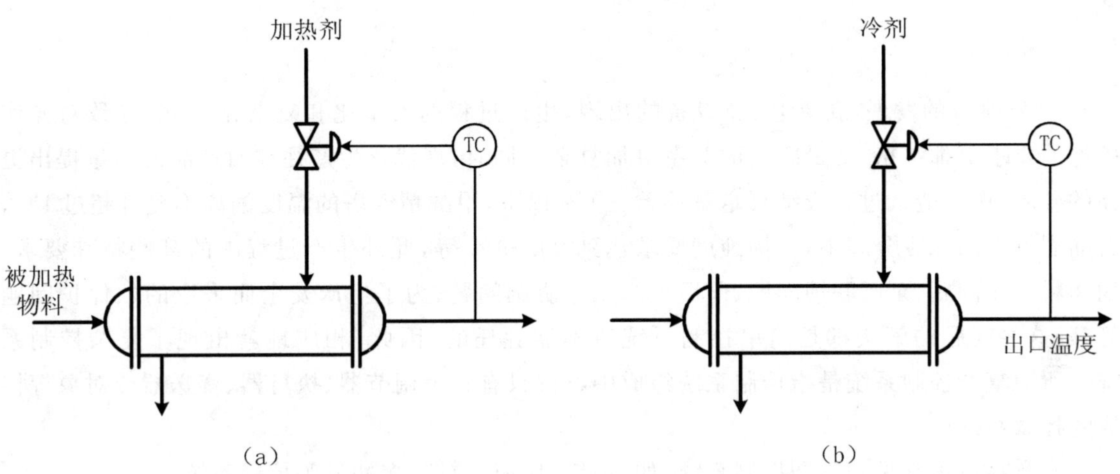

题图　7-2

7-16　题图7-3为储槽液位控制系统，为安全起见，储槽内液体严格禁止溢出，试在下述两种情况下，分别确定执行器的气开、气关型式及控制器的正、反作用。

(1) 选择流入量 Q_i 为操纵变量；

(2) 选择流出量 Q_o 为操纵变量。

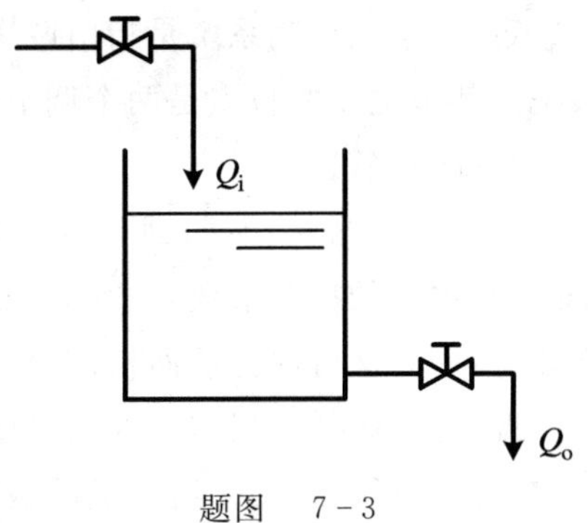

题图　7-3

7-17　控制器参数整定的任务是什么？工程上常用的控制器参数整定有哪几种方法？

7-18　某控制系统采用DDZ-Ⅲ型控制器，用临界比例度法整定参数。已测得 $\delta_K=30\%$，$T_K=3$ min。试确定PI作用和PID作用时控制器的参数。

7-19　某控制系统用4∶1衰减曲线法整定控制器的参数。已测得 $\delta_s=50\%$，$T_s=5$ min。试确定PI作用和PID作用时控制器的参数。

7-20　临界比例度的意义是什么？为什么工程上控制器所采用的比例度要大于临界比例度？

7-21　试述用衰减曲线法整定控制器参数的步骤及注意事项。

7-22　如何区分由于比例度过小、积分时间过小或微分时间过大所引起的振荡过渡过程？

7-23　经验凑试法整定控制器参数的关键是什么？

第 8 章 复杂过程控制系统

随着科技的发展，新工艺、新设备的出现，生产过程的大型化和复杂化，必然导致对操作条件的要求更加严格，变量之间的关系更加复杂。同时，现代化生产往往对产品的质量提出更高的要求，例如造纸过程成纸页定量偏差±1%以下，甲醇精馏塔的温度偏离不允许超过1℃，石油裂解气的深冷分离中，乙烯纯度要求达到99.99%等，此外生产过程中的某些特殊要求，如物料配比问题、泵阀联锁问题、前后生产工序协调问题、为了生产安全而采取的软保护问题等等，这些问题的解决都是简单控制系统所不能胜任的，因此，相应地就出现了复杂控制系统。所谓复杂控制系统是指控制系统组成中不仅只有一个调节器、执行器、变送器或对象等构成的控制系统。

本章将讨论常见的复杂控制系统，如：串级、比值、前馈、多冲量等控制系统。

§8.1 串级控制系统

8.1.1 概述

定义：串级控制系统是指由两个调节器、一个调节阀、两个变送器和两个对象组成的控制系统。其最主要的特点是两个调节器控制一个调节阀，适用于当对象的滞后较大，干扰比较剧烈、频繁的对象。

下面通过图 8-1-1 所示管式加热炉温度控制系统说明串级控制系统的工作原理。在这个系统，主要的控制参数是加热炉出口温度，将温度控制好，一方面可延长炉子寿命，防止炉管烧坏；另一方面可保证后面精馏分离的质量。为了控制原油出口温度，可以设置图 8-1-1 所示的温度控制系统，根据原油出口温度的变化来控制燃料阀门的开度，即改变燃料量来维持原油出口温度保持在工艺所规定的数值上，这是一个简单控制系统。

初看起来，上述控制方案是可行的、合理的。但是在实际生产过程中，特别是当加热炉的燃料压力或燃料本身的热值有较大波动时，上述简单控制系统的控制质量往往很差，原料油的出口温度波动较大，难以满足生产上的要求。

为什么会产生上述情况呢？这是因为当燃料压力或燃料本身的热值变化后，先影响炉膛的温度，然后通过传热过程才能逐渐影响原料油的出口温度，这个通道容量滞后很大，时间常数约15 min左右，反应缓慢，而温度控制器TC是根据原料油的出口温度与给定值的偏差工作的。所以当干扰作用在对象上后，并不能较快地产生控制作用以克服干扰被控变量的影响。由于控制不及时，所以控制质量很差。当工艺上要求原料油的出口温度非常严格时，上述简单控制系统是难以满足要求的。为了解决容量滞后问题，还需对加热炉的工艺作进一步分析。

管式加热炉内是一根很长的受热管道，它的热负荷很大。燃料在炉膛燃烧后，是通过炉膛与原料油的温差将热量传给原料油的。因此，燃料量的变化或燃料热值的变化，首先是会使炉膛温度发生变化的，那么是否能以炉膛温度作为被控变量组成单回路控制系统呢？当然这样做会使控制通道容量滞后减少，时间常数约为 3 min。控制作用比较及时，但是炉膛温度毕竟不能真正代表原料油的出口温度。虽然炉膛温度控制好了，但原料油的出口温度并不一定就能满足生产的要求，这是因为即使炉膛温度恒定的话，原料油本身的流量或入口温度变化仍会影响其出口温度。

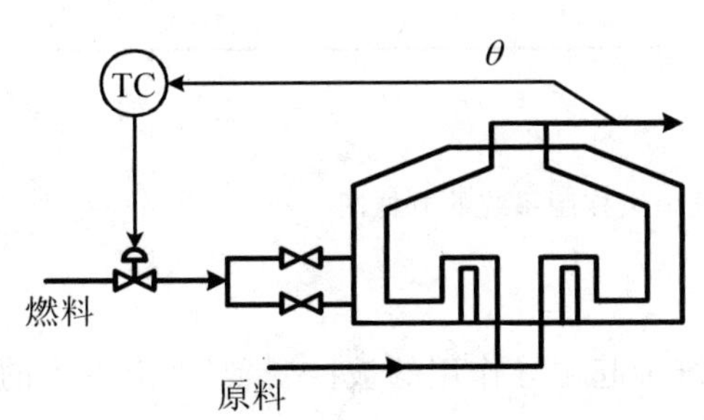

图 8-1-1　管式加热炉出口温度控制系统

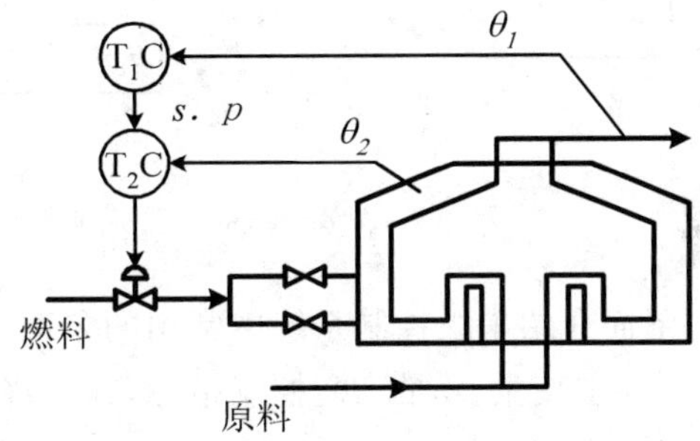

图 8-1-2　管式加热炉出口温度控制系统

为了解决管式加热炉的原料油出口温度的控制问题，人们在生产实践中，往往根据炉膛温度的变化，先改变燃料量，然后再根据原料油出口温度与其给定值之差，进一步改变燃料量，以保持原料油出口温度的恒定。模仿这样的人工操作程序就构成了以原料油出口温度为主要被控变量的炉出口温度与炉膛温度的串级控制系统，图 8-1-2 是这种系统的示意图。在稳定工况下，原料油出口温度和炉膛温度都处于相对稳定状态，控制燃料油的阀门保持在一定的开度。假定在某一时刻，燃料油的压力和或热值（与组分有关）发生变化，这个干扰首先使炉膛温度 θ_2 发生变化，它的变化促使控制器 T_2C 进行工作，改变燃料的加入量，从而使炉膛温度的偏差随之减少。与此同时，由于炉膛温度的变化，或由于原料油本身的进口流量或温度发生变化，会使原料油出口温度 θ_1 发生变化。θ_1 的变化通过控制器 T_1C 不断地去改变控制器 T_2C 的给定值。这样，两个控制器协同工作，直到原料油出口温度重新稳定在给定值时，控制过程才告结束。

图 8-1-3 是以上系统的方框图。根据信号传递的关系，图中将管式加热炉对象分为两部分。一部分为受热管道，图上标为温度对象 1，它的输出变量为原料油出口温度 θ_1。另一部分为炉膛及燃烧装置，图上标为温度对象 2，它的输出变量为炉膛温度 θ_2。干扰 F_2 表示燃料油压力、组分等的变化，它通过温度对象 2 首先影响炉膛温度 θ_2，然后再通过温度对象 1 影响原料油出口温度 θ_1。干扰 F_1 表示原料油本身的流量、进口温度等的变化，它通过温度对象 1 直接影响原料油出口温度 θ_1。

从图 8-1-2 或图 8-1-3 可以看出，在这个控制系统中，有两个控制器 T_1C 和 T_2C，分别接收来自对象不同部位的测量信号 θ_1 和 θ_2。其中一个控制器 T_1C 的输出作为另一个控制器 T_2C 的给定值，而后者的输出去控制执行器以改变操纵变量。从系统的结构来看，这两个控制器是串接工作的，因此，这样的系统称为串级控制系统。

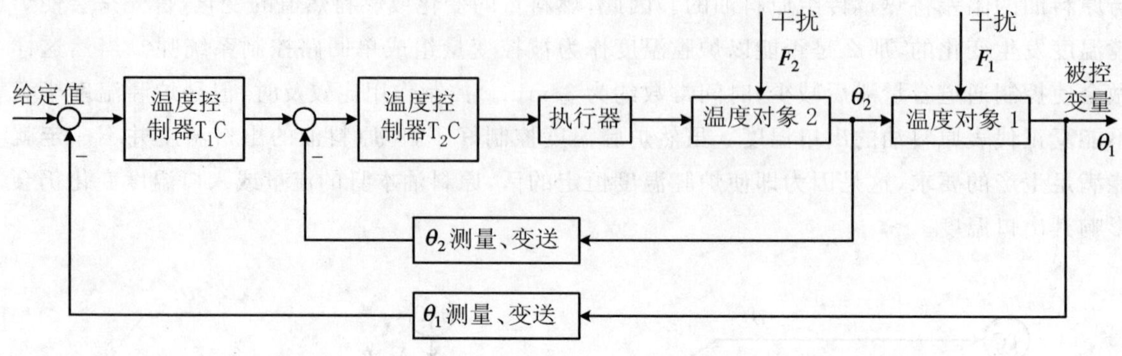

图 8-1-3　管式加热炉出口温度串级控制系统的方框图

下面介绍串级控制系统中常用的名词。

(1) 主变量　是工艺控制指标，在串级控制系统中起主导作用的被控变量，如上例中的原料油出口温度 θ_1。

(2) 副变量　串级控制系统中为了稳定主变量或因某种需要而引入的辅助变量，如上例中的炉膛温度 θ_2。

(3) 主对象　为主变量表征其特性的生产设备，如上例中从炉膛温度检测点到炉出口温度检测点间的工艺生产设备，主要是指炉内原料油的受热管道，图 8-1-3 中标为温度对象 1。

(4) 副对象　为副变量表征其特性的工艺生产设备，如上例中执行器至炉膛温度检测点间的工艺生产设备，主要指燃料油燃烧装置及炉膛部分，图 8-1-3 中标为温度对象 2。

(5) 主控制器　按主变量的测量值与给定值而工作，其输出作为副变量给定值的那个控制器，称为主控制器（又名主导控制器），如上例中的温度控制器 T_1C。

(6) 副控制器　其结定值来自主控制器的输出，并按副变量的测量值与给定值的偏差而工作的那个控制器称为副控制器（又名随动控制器），如上例中的温度控制器 T_2C。

(7) 主回路　是由主变量的测量变送装置，主、副控制器，执行器和主、副对象构成的外回路，亦称外环或主环。

(8) 副回路　是由副变量的测量变送装置，副控制器执行器和副对象所构成的内回路，亦称内环或副环。

根据前面所介绍的串级控制系统的专用名词，各种具体对象的串级控制系统都可以画成典型形式的方框图，如图 8-1-4 所示。图中的主测量、变送和副测量、变送分别表示主变量和副变量的测量、变送装置。

从图 8-1-4 可清楚地看出，该系统中有两个闭合回路，副回路是包含在主回路中的一个小回路，两个回路都是具有负反馈的闭环系统。

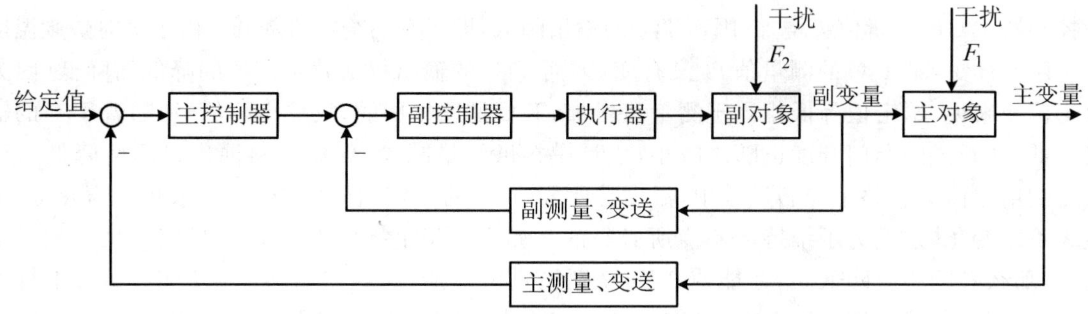

图 8-1-4　串级控制控制系统典型方框图

8.1.2　串级控制系统的工作过程

下面以管式加热炉为例，来说明串级控制系统是如何有效地克服滞后提高控制质量的。考虑图 8-1-2 所示的温度-温度串级控制系统，为了便于分析问题起见，先假定执行器采用气开型式，断气时关闭控制阀，以防止炉管烧坏而酿成事故(执行器气开、气关的选择原则与简单控制系统时相同)，温度控制器 T_1C 和 T_2C 都采用反作用方向(串级控制系统中主、副控制器的正、反作用的选择原则留待下面再介绍)。下面针对不同情况来分析该系统的工作过程。

1. 干扰进入副回路

当系统的干扰只是燃料油的压力或组分波动时，亦即在图 8-1-3 所示的方框图中，干扰 F_1 不存在，只有 F_2 作用在温度对象 2 上，这时干扰进入副回路。若采用简单控制系统(见图 8-1-1)，干扰 F_2 先引起炉膛温度 θ_2 变化，然后通过管壁传热才能引起原料油出口温度 θ_1 变化。只有当 θ_1 变化以后，控制作用才能开始，因此控制迟缓、滞后大。设置了副回路后，干扰 F_2 引起 θ_2 变化，温度控制器 T_2C 及时进行控制，使其很快稳定下来，如果干扰量小，经过副回路控制后，此干扰一般影响不到原料油出口温度 θ_1；在大幅度的干扰下，其大部分影响为副回路所克服，波及到原料油出口温度 θ_1 已经非常小了，再由主回路进一步控制，基本可消除干扰的影响，使被控变量回复到给定值。

假定燃料油压力增加(从而使流量亦增加)或热值增加，使炉膛温度升高。显然，这时温度控制器 T_2C 的测量值是增加的。另外，由于炉膛温度 θ_2 升高，会使原料油出口温度 θ_1 也升高。因为温度控制器 T_1C 是反作用的，其输出降低，送至温度控制器 T_2C，因而使 T_2C 的给定值降低。由于温度控制器 T_2C 也是反作用的，给定值降低与测量值 θ_2 升高，都同时使输出值降低，它们的作用都是使气开式阀门关小。因此，控制作用不仅加快，而且加强了。由于燃料量的减少，从而克服了燃料油压力增加或热值增加的影响，使原料油的出口温度波动减小，并能尽快地回复到给定值。

由于副回路控制通道短，时间常数小，所以当干扰进入回路时，可以获得比单回路控制系统超前的控制作用，有效地克服燃料油压力或热值变化对原料油出口温度的影响，从而大大提高了控制质量。

2. 干扰作用于主对象

假如在某一时刻，由于原料油的进口流量或温度变化，亦即在图 8-1-3 所示的方框图中，

F_2 不存在，只有 F_1 作用于温度对象1上。若 F_1 的作用结果使原料油出口温度 θ_1 升高。这时温度控制器 T_1C 的测量值 θ_1 增加，因而 T_1C 的输出降低，即 T_2C 的给定值降低。由于这时炉膛温度暂时还没有变，即 T_2C 的测量值 θ_2 没有变，因而 T_2C 的输出将随着给定值的降低而降低(因为对于偏差来说，给定值降低相当于测量值增加，T_2C 是反作用的，故输出降低)。随着 T_2C 的输出降低，气开式的阀门开度也随之减小，于是燃料供给量减少，促使原料油出口温度降低直至恢复到给定值。在整个控制过程中，温度控制器 T_2C 的给定值不断变化，要求炉膛温度 θ_2 也随之不断变化，这是为了维持 θ_1 不变所必需的。如果由于干扰作用 F_1 的结果使 θ_1 增加超过给定值，那么必须相应降低 θ_2，才能使 θ_1 回复到给定值。所以，在串级控制系统中，如果干扰作用于主对象，由于副回路的存在，可以及时改变副变量的数值，以达到稳定主变量的目的。

3. 干扰同时作用于副回路和主对象

如果除了进入副回路的干扰外，还有其他干扰作用在主对象上。亦即在图8-1-3所示的方框图中，F_1，F_2 同时存在，分别作用在主、副对象上。这时可以根据干扰作用下主、副变量变化的方向，分下列两种情况进行讨论。

一种是在干扰作用下，主、副变量的变化方向相同，即同时增加或同时减小。譬如在图8-1-2所示的温度-温度串级控制系统中，一方面由于燃料油压力增加(或热值增加)使炉膛温度 θ_2 增加，同时由于原料油进口温度增加(或流量减少)而使原料油出口温度 θ_1 增加。这时主控制器的输出由于 θ_1 增加而减小。副控制器由于测量值 θ_2 增加，给定值(即 T_1C 输出)减小，这时给定值和炉膛温度 θ_2 之间的差值更大，所以副控制器的输出也就大大减小，以使控制阀关得更小些，大大减少了燃料供给量，直至主变量 θ_1 回复到给定值为止。由于此时主、副控制器的工作都是使阀门关小的，所以加强了控制作用，加快了控制过程。

另一种情况是主、副变量的变化方向相反，一个增加，另一个减小。譬如在上例中，假定一方面由于燃料油压力升高(或热值增加)而使炉膛温度 θ_2 增加，另一方面由于原料油进口温度降低(或流量增加)而使原料油出口温度 θ_1 降低。这时主控制器的测量值 θ_1 降低，其输出增大，这就使副控制器的给定值也随之增大，而这时副控制器的测量值 θ_2 也在增大，如果两者增加量恰好相等，则偏差为零，这时副控制器输出不变，阀门不需动作；如果两者增加量虽不相等，由于能互相抵消掉一部分，因而偏差也不大，只要控制阀稍稍动作一点，即可使系统达到稳定。

通过以上分析可以看出，在串级控制系统中，由于引入一个闭合的副回路，不仅能迅速克服作用于副回路的干扰，而且对作用于主对象上的干扰也能加速克服过程。副回路具有先调、粗调、快调的特点；主回路具有后调、细调、慢调的特点，并对于副回路没有完全克服掉的干扰影响能彻底加以克服。因此，在串级控制系统中，由于主、副回路相互配合、相互补充，充分发挥了控制作用，大大提高了控制质量。

8.1.3 串级控制系统的特点

基于上面分析，我们可总结出串级控制系统有以下几个特点：

(1) 在系统结构上，串级控制系统有两个闭合回路：主回路和副回路；有两个控制器：主控制器和副控制器；有两个测量变送器，分别测量主变量和副变量。

串级控制系统中，主、副控制器是串联工作的。主控制器的输出作为副控制器的给定值，系统通过副控制器的输出去操纵执行器动作，实现对主变量的定值控制。所以在单级控制系统中，主回路是个定值控制系统，而副回路是个随动控制系统。

后。对于电信号来说，可以忽略不计，但对于气信号来说，由于气动信号管线具有一定的容量，所以，会存在一定的传送滞后。

控制信号传送滞后是指由控制室内控制器的输出控制信号传送到现场执行器所引起的滞后。对于气动薄膜控制阀来说，由于膜头空间具有较大的容量，所以控制器的输出变化到引起控制阀开度变化，往往具有较大的容量滞后，这样就会使得控制不及时，控制效果变差。

信号的传送滞后对控制系统的影响基本上与对象控制通道的滞后相同，应尽量减小。所以，一般气压信号管路不能超过 300 m，直径不能于 6 mm，或者用阀门定位器、气动继动器增大输出功率，以减小传送滞后。在可能的情况下，现场与控制室之间的信号尽量采用电信号传递，必要时可用气—电转换器将气信号转换为电信号，以减小传送滞后。

§7.5　控制器控制规律的选择

在选择控制器时，不仅要确定控制器的控制规律，而且要确定控制器的正、反作用。

7.5.1　控制器控制规律的确定

前面已经讲过，简单控制系统是由被控对象、控制器、执行器和测量变送装置四大基本部分组成的。在现场控制系统安装完毕或控制系统投运前，往往是被控对象、测量变送装置和执行器这三部分的特性就完全确定了，不能任意改变。这时可将对象、测量变送装置和执行器合在一起，称之为广义对象。于是控制系统可看成由控制器与广义对象两部分组成，如图 7－5－1 所示。在广义对象特性已经确定的情况下，如何通过控制器控制规律的选择与控制器参数的工程整定，来提高控制系统的稳定性和控制质量，这就是本节与下一节所要讨论的主要问题。

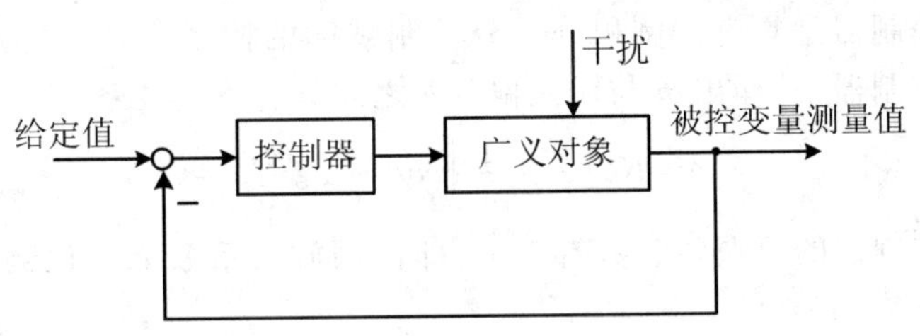

图 7－5－1　简单控制系统简化方框图

目前工业上常用的控制器主要有三种控制规律：比例控制规律、比例积分控制规律和比例积分微分控制规律，分别简写为 P，PI 和 PID。

选择哪种控制规律主要是根据广义对象的特性和工艺要求来决定的。下面分别说明各种控制规律的特点及应用场合。

1. 比例控制器

比例控制器是具有比例控制规律的控制器，它的输出 p 与输入偏差 e（实际上是指它们的变化量）之间的关系为

$$p = K_P e$$

比例控制器的可调整参数是比例放大系数 K_P 或比例度 δ，对于单元组合仪表来说，它们的关系为

图 7-5-2 是一个简单的加热炉出口温度控制系统。在这个系统中，加热炉是对象，燃料气流量是操纵变量，被加热的原料油出口温度是被控变量。由此可知，当操纵变量燃料气流量增加时，被控变量是增加的，故对象是"正"作用方向。如果从工艺安全条件出发选定执行器是气开阀（停气时关闭），以免当气源突然断气时，控制阀大开而烧坏炉子。那么这时执行器便是"正"作用方向。为了保证由对象、执行器与控制器所组成的系统是负反馈的，控制器就应该选为"反"作用。这样才能当炉温升高时，控制器 TC 的输出减小，因而关小燃料气的阀门（因为是气开阀，当输入信号减小时，阀门是关小的），使炉温降下来。

图 7-5-3 是一个简单的液位控制系统。执行器采用气开阀，在一旦停止供气时，阀门自动关闭，以免物料全部流走，故执行器是"正"方向。当控制阀开度增加时，液位是下降的，所以对象的作用方向是"反"的。这时控制器的作用方向必须为"正"，才能使当液位升高时，LC 输出增加，从而打开出口阀，使液位降下来。

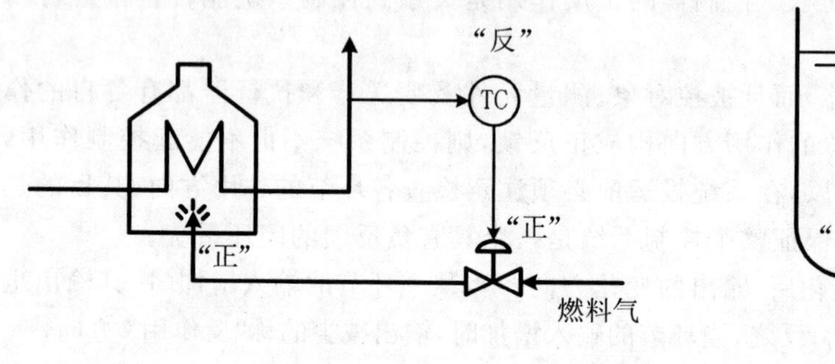

图 7-5-2 加热炉出口温度控制

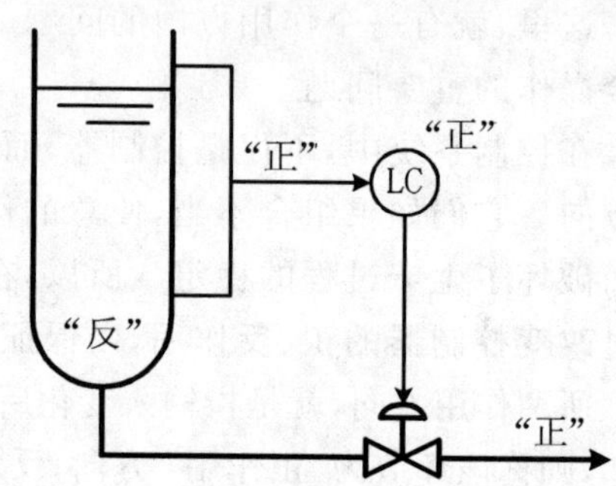

图 7-5-3 液位控制

控制器的正、反作用可以通过改变控制器上的正、反作用开关自行选择，一台正作用的控制器，只要将其测量值与给定值的输入线互换一下，就成了反作用的控制器，其原理如图 7-5-4 所示。

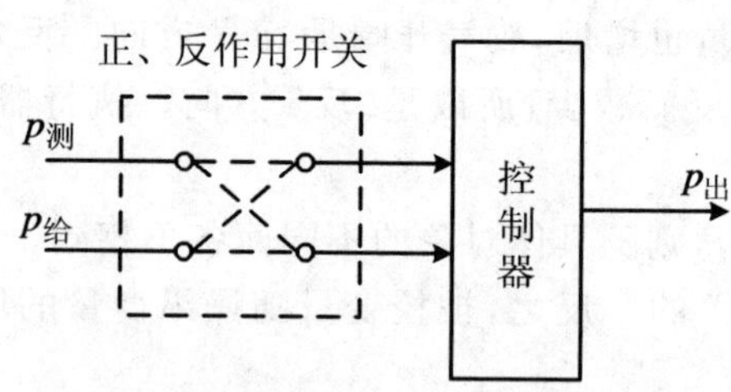

图 7-5-4 控制器正、反作用开关示意图

§7.6 控制器参数的工程整定

一个自动控制系统的过渡过程或者控制质量，与被控对象、干扰形式与大小、控制方案的确定及控制器参数整定有着密切的关系。在控制方案、广义对象的特性、控制规律都已确定的情况下，控制质量主要就取决于控制器参数的整定。所谓控制器参数的整定，就是按照已定的

7.6.2 衰减曲线法

衰减曲线法是通过使系统产生衰减振荡来整定控制器的参数值的，具体作法如下：

在闭环的控制系统中，先将控制器变为纯比例作用，并将比例度预置在较大的数值上。在达到稳定后，用改变给定值的办法加入阶跃干扰，观察被控变量记录曲线的衰减比，然后从大到小改变比例度，直至出现 4∶1 衰减比为止，见图 7－6－2(a) 记下此时的比例度 δ_s（叫 4∶1 衰减比例度），从曲线上得到衰减周期 T_s。然后根据表 7－6－2 中的经验公式，求出控制器的参数整定值。

有的过程，4∶1 衰减仍嫌振荡过强，可采用 10∶1 衰减曲线法。方法同上，得到 10∶1 衰减曲线（见图 7－6－2(b)）后，记下此时的比例度 δ_s' 和最大偏差时间 $T_{升}$（又称上升时间），然后根据表 7－6－3 中的经验公式，求出相应的 δ, T_I, T_D 值。

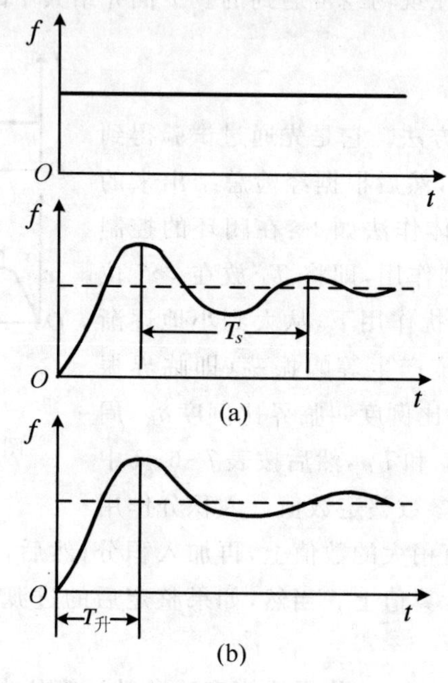

图 7－6－2　4∶1 和 10∶1 衰减振荡过程

表 7－6－2　4∶1 衰减曲线法控制器参数计算表

控制作用	δ/(%)	T_I/min	T_D/min
比例	δ_s		
比例＋微分	$1.2\delta_s$	$0.5T_s$	
比例＋积分＋微分	$0.8\delta_s$	$0.3T_s$	$0.1T_s$

(2) 在串级控制系统中，有两个变量：主变量和副变量。

一般来说，主变量是反映产品质量或生产过程运行情况的主要工艺变量。控制系统设置的目的就在于稳定这一变量，使它等于工艺规定的给定值。所以，主变量的选择原则与简单控制系统中介绍的被控变量选择原则是一样的。关于副变量的选择原则后面再详细讨论。

(3) 在系统特性上，串级控制系统由于副回路的引入，改善了对象的特性，使控制过程加快，具有超前控制的作用，从而有效地克服滞后，提高了控制质量。

(4) 串级控制系统由于增加了副回路，因此具有一定的自适应能力，可用于负荷和操作条件有较大变化的场合。

前面已经讲过，对于一个控制系统来说，控制器参数是在一定的负荷，一定的操作条件下，按一定的质量指标整定得到的。因此，一组控制器参数只能适应一定的负荷和操作条件。如果对象具有非线性，那么，随着负荷和操作条件的改变，对象特性就会发生变化。这样，原先的控制器参数就不再适应了，需要重新整定。如果仍用原先的参数，控制质量就会下降。这一问题，在单回路控制系统中是难于解决的。在单级控制系统中，主回路是一个定值系统，副回路却是一个随动系统。当负荷或操作条件发生变化时，主控制器能够适应这一变化及时地改变副控制器的给定值，使系统运行在新的工作点上，从而保证在新的负荷和操作条件下，控制系统仍然具有较好的控制质量。

由于串级控制系统具有上述特点，所以当对象的滞后和时间常数很大，干扰作用强而频繁，负荷变化大，简单控制系统满足不了控制质量的要求时，采用串级控制系统是适宜的。

8.1.4 串级控制系统中副回路的确定

由于串级系统比单回路系统多了一个副回路，因此与单回路系统相比，串级系统具有一些单回路系统所没有的优点。然而，要发挥串级系统的优势，副回路的设计则是一个至关重要的问题。副回路设计得合理，串级系统的优势会得到充分发挥，串级系统的控制质量将比单回路控制系统的有明显的提高；副回路设计不合适，串级系统的优势将得不到发挥，控制质量的提高将不明显，甚至弄巧成拙，这就失去设计串级控制系统的意义了。

所谓副回路的确定，实际上就是根据生产工艺的具体情况，选择一个合适的副变量，从而构成一个以副变量为被控变量的副回路。

副回路的确定应考虑如下一些原则：

1. 主、副变量间应有一定的内在联系

在串级控制系统中，副变量的引入往往是为了提高主变量的控制质量。因此，在主变量确定以后，选择的副变量应与主变量间有一定的内在联系。换句话说，在串级系统中，副变量的变化应在很大程度上能影响主变量的变化。

选择串级控制系统的副变量一般有两类情况。一类情况是选择与主变量有一定关系的某一中间变量作为副变量，例如前面所讲的管式加热炉的温度串级控制系统中，选择的副变量是燃料进入量至原料油出口温度通道中间的一个变量，即炉膛温度。由于它的滞后小、反应快，可以提前预报主变量 的变化。因此控制炉膛温度 对平稳原料油出口温度 波动有着显著的作用；另一类情况是选择的副变量就是操纵变量本身，这样能及时克服它的波动，减少对主变量的影响。下面举一个例子来说明这种情况。

图 8-1-5 是精馏塔塔釜温度与蒸汽流量串级控制系统的示意图。精馏塔塔釜温度是保证

产品分离纯度(主要指塔底产品的纯度)的重要间接控制指标,一般要求它保持在一定的数值。通常采用改变进入再沸器的加热蒸汽量来克服干扰(如精馏塔的进料流量、温度及组分的变化等)对塔釜温度的影响,从而保持塔釜温度的恒定。但是,由于温度对象滞后比较大,由加热蒸汽量到塔釜温度的通道比较长。当蒸汽压力波动比较厉害时,控制不及时,使控制质量不够理想。为解决这个问题,可以构成如图 8-1-5 所示的塔釜温度与加热蒸汽流量的串级控制系统。温度控制器 TC 的输出作为蒸汽流量控制器 FC 的给定值,亦即流量控制器的给定值应该由温度控制的需要来决定它应该"变"或"不变",以及变化的"大"或"小"。通过这套串级控制系统,能够在塔釜温度稳定不变时,蒸汽流量能保持恒定值,而当温度在外来干扰作用下偏离给定值时,又要求蒸汽流量能作相应的变化,以使能量的需要与供给之间得到平衡,从而保持釜温在要求的数值上。在这个例子中,选择的副变量就是操纵变量(加热蒸汽量)本身。这样,当干扰来自蒸汽压力或流量的波动时,副回路能及时加以克服,以大大减少这种干扰对主变量的影响,使塔釜温度的控制质量得以提高。

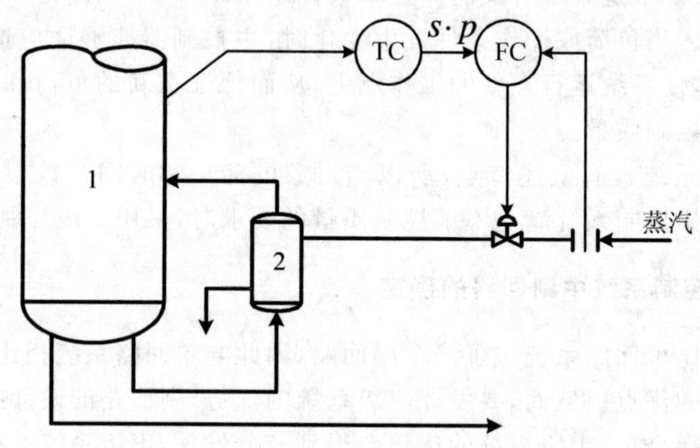

图 8-1-5　精馏塔塔釜温度串级控制系统

1— 精馏塔; 2— 再沸器

2. 使系统的主要干扰被包围在副回路内

因串级控制系统的副回路具有反应速度快、抗干扰能力强(主要指进入副回路的干扰)的特点,所以在确定副变量时,一方面能将对主变量影响最严重、变化最剧烈的干扰包围在副回路内,另一方面又使副对象的时间常数很小,这样就能充分利用副环的快速抗干扰性能,将干扰的影响抑制在最低限度。这样,主要干扰对主变量的影响就会大大减小,从而提高了控制质量。

例如在管式加热炉中,如果主要干扰来自燃料油的压力波动时,可以设置图 8-1-6 所示的加热炉原料油出口温度与燃料油压力串级控制系统。在这个系统中,由于选择了燃料油压力作为副变量,副对象的控制通道很短,时间常数很小,因此控制作用非常及时,比起图 8-1-2 所示的控制方案,能更及时有效地克服由于燃料油压力波动对原料油出口温度的影响,从而大大提高了控制质量。

但是还必须指出,如果管式加热炉的主要干扰来自燃料油组分(或热值)波动时,就不宜采用图 8-1-6 所示的控制方案,因为这时主要干扰并没有被包围在副环内,所以不能充分发挥副环抗干扰能力强的这一优点。此时仍宜采用图 8-1-2 所示的温度-温度串级控制系统，选择炉膛温度作为副变量，这样，燃料油组分(或热值)波动的这一主要干扰也就被包围在副环内了。

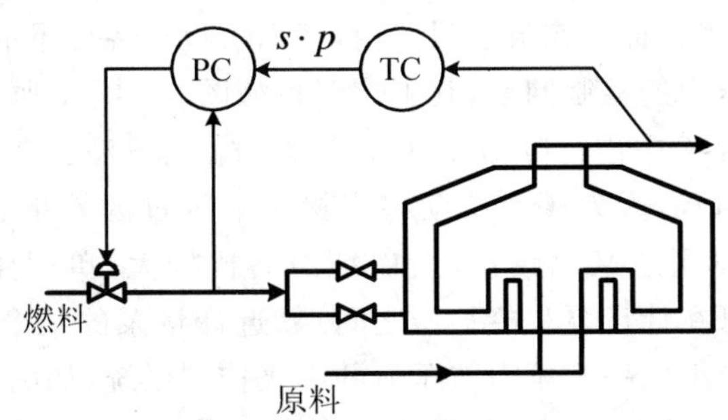

图 8-1-6　加热炉出口温度与燃料油压力串级控制系统

3. 使副环尽可能包围更多的次要干扰

在生产过程中，除了主要干扰外，若还有较多的次要干扰，或者系统的干扰较多且难于分出主要干扰与次要干扰，当然，选择副变量应考虑使副环尽量多包围一些干扰，这样可以充分发挥副环的快速抗干扰能力，以提高串级控制系统的控制质量。

比较图 8-1-2 与图 8-1-6 所示的控制方案，显然图 8-1-2 所示的控制方案中，其副环包围的干扰更多一些，凡是能影响炉膛温度的干扰都能在副环中加以克服，从这一点上来看，图 8-1-2 所示的串级控制方案似乎更理想一些。

需要说明的是，在考虑到使副环包围更多干扰时，也应同时考虑到副环的灵敏度，因为这两者经常是相互矛盾的、随着副回路包围干扰的增多，副环将随之扩大，副变量离主变量也就越近。这样一来，副对象的控制通道就变长，滞后也就增大，从而会削弱副回路的快速、有力控制的特性。例如对于管式加热炉，如采用图 8-1-2 所示的控制方案，当主要干扰来自燃料油的压力波动时，必须通过燃烧过程影响炉膛温度后，副回路方能施加控制作用来克服这一扰动的影响。而对于图 8-1-6 所示的控制方案，只要燃料油压力一波动，在尚未影响到炉膛温度时，控制作用就已经开始。这对抑制扰动来说，就显得更为迅速、有力。

因此，在选择副变量时，既要考虑到使副环包围较多的干扰，又要考虑到使副变量不要离主变量太近，否则一旦干扰影响到副变量，很快也就会影响到主变量，这样副环的作用也就不大了。当主要干扰来自控制阀方面时，选择控制介质的流量或压力作为副变量来构成串级控制系统(如图 8-1-5 或图 8-1-6 所示)是很适宜的。

4. 副变量的选择应考虑到主、副对象时间常数的匹配，以防“共振”的发生

在单级控制系统中，主、副对象的时间常数不能太接近。这一方面是为了保证副回路具有快速的抗干扰性能，另一方面是由于串级系统中主、副回路之间是密切相关的，副变量的变化会影响到主变量，而主变量的变化通过反馈回路又会影响到副变量。如果主、副对象的时间常数比较接近，那么主、副回路的工作频率也就比较接近，这样一旦系统受到干扰，就有可能产生“共振”。而一旦系统发生“共振”，轻则会使控制质量下降，重则会导致系统的发散而无法工作。因此，必须设法避免共振的发生。所以，在选择副变量时，应注意使主、副对象的时间常数之比

为3～10，以减少主、副回路的动态联系，避免“共振”。当然，也不能盲目追求减小副对象的时间常数，否则可能使副回路包围的干扰太少，使系统抗干扰能力反而减弱了。

5.使副环尽量少包含纯滞后或不包含纯滞后

对于含有大纯滞后的对象，往往由于控制不及时而使控制质量很差，这时可采用串级控制系统，并通过合理选择副变量将纯滞后部分放到主对象中去，以提高副回路的快速抗干扰功能，及时克服干扰的影响，将其抑制在最小限度内，从而可以使主变量的控制质量得到提高。

例如，某化纤厂胶液压力的控制问题，其工艺流程如图8-1-7所示。图中纺丝胶液由计量泵1输送至板式热交换器2中进行冷却，随后被送往过滤器3滤去杂质。工艺上要求过滤前的胶液压力稳定在0.25 MPa，因为压力波动将直接影响到过滤效果和后面喷丝头的正常工作。由于胶液粘度大，控制通道又比较长，所以纯滞后比较大，单回路压力控制方案效果不好。为了提高控制质量，可在计量泵和冷却器之间，靠近计量泵的某个适当位置，选择一个压力测量点，并以它为副变量组成一个压力与压力的串级控制系统，如图8-1-7所示。

图中主控制器 P_1C 的输出作为副控制器 P_2C 的给定值，由副控制器的输出来改变计量泵的转速，从而控制纺丝胶液的压力。采用上述方案后，当纺丝胶液粘度发生变化或因计量泵前的混合器有污染而引起压力变化时，副变量可及时反映出来，并通过副回路进行克服，从而稳定了过滤器前的胶液压力。

应当指出，这种方法有很大局限性，即只有当纯滞后环节能够大部分乃至全部都可以被划入到主对象中去时，这种方法才能有效地提高系统的控制质量，否则将不会获得很好的效果。

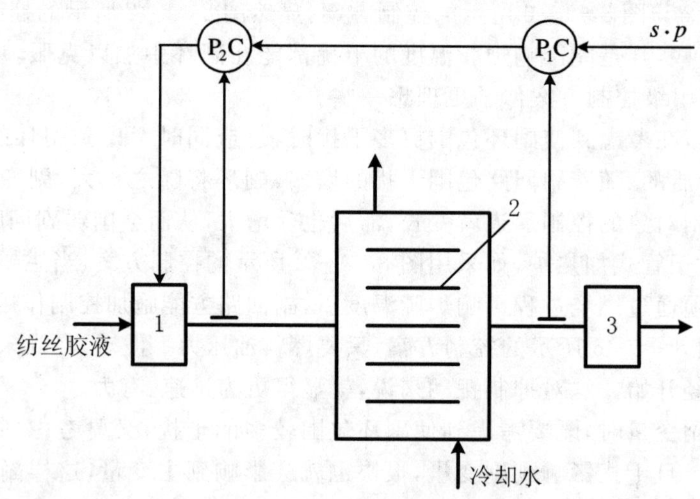

图8-1-7　压力与压力串级控制系统

1—计量泵；2—板式热交换器；3—过滤器

8.1.5　主、副控制器控制规律及正、反作用的选择

1.控制规律的选择

串级控制系统中主、副控制器的控制规律的选择原则是不同的。

(1) 主控制器通常都选用比例积分控制规律　串级控制系统的目的是为了高精度地稳定

主变量。主变量是生产工艺的主要控制指标，它直接关系到产品的质量或生产的正常进行，工艺上对它的要求比较严格。一般来说，主变量不允许有余差。所以，主控制器通常都选用比例积分控制规律，以实现主变量的无差控制。有时，对象控制通道容量滞后比较大，例如温度对象或成分对象等，为了克服容量滞后，可以选择比例积分微分控制规律。

(2) 副控制器一般采用比例控制规律　在串级控制系统中，稳定副变量并不是目的，设置副变量的目的就在于保证和提高主变量的控制质量。在干扰作用下，为了维持主变量的不变，副变量就要变。副变量的给定值是随主控制器的输出变化而变化的。所以，在控制过程中，对副变量的要求一般都不很严格，允许它有波动。因此，副控制器一般采用比例控制规律。为了能够快速跟踪，最好不带积分作用，因为积分作用会使跟踪变得缓慢。副控制器的微分作用也是不需要的，因为当副控制器有微分作用时，一旦主控制器输出稍有变化，就容易引起控制阀大幅度地变化，这对系统的稳定是不利的。

2. 控制器正、反作用的选择

根据各种不同情况，主、副控制器的作用方向选择方法如下：

(1) 串级控制系统中的副控制器作用方向的选择，是根据工艺安全等要求，选定执行器的气开、气关型式后，按照使副控制回路成为一个负反馈系统的原则来确定的。因此，副控制器的作用方向与副对象特性、执行器的气开、气关型式有关，其选择方法与简单控制系统中控制器正、反作用的选择方法相同，这时可不考虑主控制器的作用方向，只是将主控制器的输出作为副控制器的给定就行了。

例如图 8-1-2 所示的管式加热炉温度-温度串级控制系统中的副回路，如果为了在气源中断时，停止供给燃料油，以防烧坏炉子，那么执行器应该选气开阀，是“正”方向。当燃料量加大时，炉膛温度 θ_2(副变量) 是增加的，因此副对象是“正”方向。为了使副回路构成一个负反馈系统，副控制器 T_2C 应选择“反”作用方向。只有这样，才能当炉膛温度受到干扰作用上升时，T_2C 的输出降低，从而使气开阀关小，减少燃料量，促使炉膛温度下降。

又如图 8-1-5 所示的精馏塔塔釜温度与蒸汽流量的串级控制系统中，如果基于工艺上的考虑，选择执行器为气关阀。那么，为了使副回路是一个负反馈控制系统，副控制器 FC 的作用方向应选择为“正”作用。这时，当由于蒸汽压力波动而使蒸汽流量增加时，副控制器的输出就将增加，以使控制阀关小(因是气关阀)，保证进入再沸器的加热蒸汽量不受或少受蒸汽压力波动的影响。这样，就充分发挥了副回路克服蒸汽压力波动这一干扰的快速作用，提高了主变量的控制质量。

(2) 串级控制系统中主控制器作用方向的选择可按下述方法进行：当主、副变量在增加(或减小) 时，如果由工艺分析得出，为使主、副变量减小(或增加)，要求控制阀的动作方向是一致的时候，主控制器应选“反”作用；反之，则应选“正”作用。

从上述方法可以看出，串级控制系统中主控制器作用方向的选择完全由工艺情况确定，与执行器的气开、气关型式及副控制器的作用方向完全无关。因此，串级控制系统中主、副控制器的选择可以按先副后主的顺序，即先确定执行器的开、关型式及副控制器的正、反作用，然后确定主控制器的作用方向；也可以按先主后副的顺序，即先按工艺过程特性的要求确定主控制器的作用方向，然后按一般单回路控制系统的方法再选定执行器的开、关型式及副控制器的作用方向。

例如图 8-1-2 所示的管式加热炉串级控制系统，不论是主变量 θ_1 或副变量 θ_2 增加时，对控制阀动作方向的要求是一致的，都要求关小控制阀，减少供给的燃料量，才能使 θ_1 或 θ_2 降下来，所以此时主控制器 T_2C 应确定为反作用方向。图 8-1-5 所示的精馏塔塔釜温度串级控制系统，由于蒸汽流量（副变量）增加时，需要关小控制阀，培釜温度（主变量）增加时，也需要关小控制阀，因此它们对控制阀的动作方向要求是一致的，所以主控制器 TC 也应为反作用方向。

图 8-1-8 是冷却器温度串级控制系统的示意图。为了保证被冷却物料出口温度的恒定，并及时克服冷剂压力波动对控制质量的影响，设计了以被冷却物料出口温度为主变量，冷剂流量为副变量的串级控制系统。分析冷却部的特性可以知道，当主变量即被冷却物料出口温度增加时，需要开大控制阀，而当副变量即冷剂流量增加时，需要关小控制阀，它们对控制阀动作方向的要求是不一致的，因此主控制器 TC 的作用方向应选用正作用。

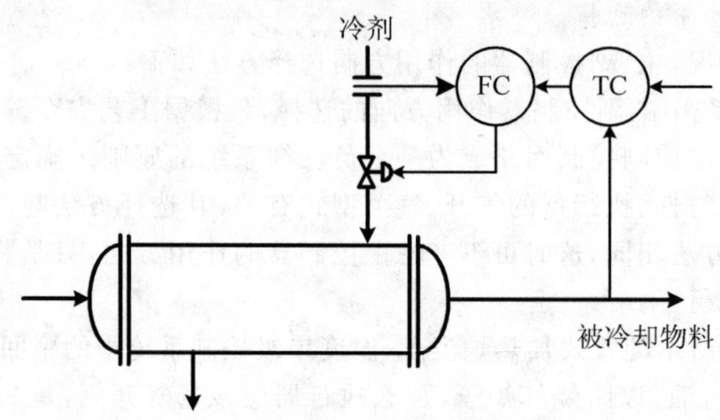

图 8-1-8　冷却器温度串级控制系统

(3) 当由于工艺过程的需要，控制阀由气开改为气关；或由气关改为气开时，只要改变副控制器的正反作用而不需改变主控制器的正反作用。

但是必须指出，在有些生产过程中，要求控制系统既可以进行串级控制，又可以实现主控制器单独工作，即切除副控制器，由主控制器的输出直接控制执行器（称为主控）。这就是说，若系统由串级切换为主控时，是用主控制器的输出代替原先副控制器的输出去控制执行器，而若系统由主控切换为串级时，是用副控制器的输出代替主控制器的输出去控制执行器。无论哪一种切换，都必需保证当主变量变化时，去控制阀的信号完全一致。以图 8-1-2 所示的管式加热炉出口温度串级控制系统为例，当执行器为气开阀时，T_1C 和 T_2C 均为反作用。主变量 θ_1 增加时，去执行器的气压信号是要求减小的。这样才能关小阀门，减少燃料供给量，以使温度 θ_1 下降，当系统由串级切换为主控时，若 θ_1 增加，要求主控制器的输出也减小，因此这时主控制器仍为反作用的，不需改变方向。相反，如果工艺要求执行器改为气关阀，那么 T_1C 为反作用，T_2C 为正作用。这时若系统为串级控制时，θ_1 增加，T_2C 的输出即去执行器的信号是增加的，这样才能关小阀门，减少燃料供给量。若这时系统由串级切换为主控，为了保证在 θ_1 增加时，主控制器的输出，即去执行器的信号仍是增加的，正控制器就必须是正作用，这样才能保证由串级改为主控后，控制系统（这时实际上是单回路的）是一个具有负反馈的闭环系统。

总之，系统串级与主控切换的条件是：当主变量变化时，串级时副控制器的输出与主控时主控制器的输出信号方向完全一致。根据这一条件可以断定：只有当副控制器为“反”作用时，才能在串级与主控之间直接进行切换，如果副控制器为“正”作用，则在串级与主控之间进行切换的同时，要改变主控制器的正反作用。为了能使串级系统在串级与主控之间方便地切换，在执行器气开、气关型式的选择不受工艺条件限制，可以任选的情况下，应选择能使副控制器为反作用的那种执行器类型，这样就可免除在串级与主控切换时来回改变主控制器的正、反作用。

8.1.6　控制器参数的工程整定

串级控制系统从整体上来看是个定值控制系统，要求主变量有较高的控制精度。但从副回路来看是个随动系统，要求副变量能准确、快速地跟随主控制器输出的变化而变化。只有明确了主、副回路的不同作用和对主、副变量的不同要求后，才能正确地通过参数整定，确定主、副控制器的不同参数，来改善控制系统的特性，获取最佳的控制过程。

串级控制系统主、副控制器的参数整定方法主要有下列两种。

1. 两步整定法

控照串级控制系统主、副回路的情况，先整定副控制器，后整定主控制器的方法叫做两步整定法，整定过程是：

(1) 在工况稳定，主、副控制器都在纯比例作用运行的条件下，将主控制器的比例度先固定在100％的刻度上，逐渐减小副控制器的比例度，求取副回路在满足某种衰减比(如4∶1)过渡过程下的副控制器比例度和操作周期，分别用δ_{2s}和T_{2s}表示。

(2) 在副控制器比例度等于δ_{2s}的条件下，逐步减小主控制器的比例度，直至得到同样衰减比下的过渡过程，记下此时主控制器的比例度δ_{1s}和操作周期T_{1s}。

(3) 根据上面得到的δ_{1s}，T_{1s}，δ_{2s}，T_{2s}，按表7-6-2(或表7-6-3)的规定关系计算主、副控制器的比例度、积分时间和微分时间。

(4) 按“先副后主”、“先比例次积分后微分”的整定规律，将计算出的控制器参数加到控制器上。

(5) 观察控制过程，适当调整，直到获得满意的过渡过程。

如果主、副对象时间常数相差不大，动态联系密切，可能会出现“共振”现象，主、副变量长时间地处于大幅度波动情况，控制质量严重恶化。这时可适当减小副控制器比例度或积分时间，以达到减小副回路操作周期的目的。同理，可以加大主控制器的比例度或积分时间，以期增大主回路操作周期，使主、副回路的操作周期之比加大，避免“共振”。这样做的结果会在一定程度上降低原先期望的控制质量。如果主、副对象特性太接近，则说明确定的控制方案欠妥当，副变量的选择不合适，这时就不能完全靠控制器参数的改变来避免“共振”了。

2. 一步整定法

两步整定法虽能满足主、副变量的要求，但要分两步进行，需寻求两个4∶1的衰减振荡过程，比较繁琐。为了简化步骤，串级控制系统中主、副控制器的参数整定可以采用一步整定法。

所谓一步整定法，就是根据经验先将副控制器一次放好，不再变动，然后按一般单回路控制系统的整定方法直接整定主控制器参数。

一步整定法的依据是：在串级控制系统中，一般来说，主变量是工艺的主要操作指标，直接关系到产品的质量或生产过程的正常运行，因此，对它的要求比较严格。而副变量的设置主要是为了提高主变量的控制质量，对副变量本身没有很高的要求，允许它在一定范围内变化。因此，在整定时不必把过多的精力花在副环上。只要把副控制器的参数置于一定数值后，集中精力整定主环，使主变量达到规定的质量指标就行了。虽然按照经验一次设置的副控制器参数不一定合适，但是这没有关系，因为副控制器的放大倍数不合适，可以通过调整主控制器的放大倍数来进行补偿，结果仍然可以使主变量呈现 4∶1(或 10∶1) 衰减振荡过程。

经验证明，这种整定方法，对于对主变量要求较高，而对副变量没有什么要求或要求不严，允许它在一定范围内变化的串级控制系统，是很有效的。

人们经过长期的实践，大量的经验积累，总结得出对于在不同的副变量情况下，副控制器参数可按表 8-1-1 所给出的数据进行设置。

表 8-1-1　采用一步整定法时控制器参数选择范围

副变量类型	副控制器比例度 δ_2/(%)	副控制器比例放大倍数 K_{P_2}
温度	20 ～ 60	5.0 ～ 1.7
压力	30 ～ 70	3.0 ～ 1.4
流量	40 ～ 80	2.5 ～ 1.25
液位	20 ～ 80	5.0 ～ 1.25

一步整定法的整定步骤如下：

(1) 在生产正常，系统为纯比例运行的条件下，按照表 8-1-1 所列的数据，将副控制器比例度调到某一适当的数值。

(2) 利用简单控制系统中任一种参数整定方法整定主控制器的参数。

(3) 如果出现“共振”现象，可加大主控制器或减小副控制器的参数整定值，一般即能消除。

§8.2　比值控制系统

8.2.1　比值控制的基本概念

在化工、炼油及其他工业生产过程中，工艺上常需要将两种或两种以上的物料保持一定的比例关系，如比例一旦失调，将影响生产或造成事故。

例如，在造纸生产过程中，必须使浓纸浆和水以一定比例混合，才能制造出一定浓度的纸浆，显然这个流量比对于产品质量有密切关系。在重油气化的造气生产过程中，进入气化炉的氧气和重油流量应保持一定的比例，若氧油比过高，因炉温过高使喷嘴和耐火砖烧坏，严重时甚至会引起炉子爆炸；如果氧量过低，则生成的炭黑增多，还会发生堵塞现象。所以保持合理的氧油比，不仅为了使生产能正常进行，且对安全生产来说具有重要意义。再如在锅炉燃烧过程中，需要保持燃料量和空气按一定的比例进入炉膛，才能提高燃烧过程的经济性。这样类似的例子在各种工业生产中是大量存在的。

定义：实现两个或两个以上参数符合一定比例关系的控制系统，称为比值控制系统。

在需要保持比值关系的两种物料中，必有一种物料处于主导地位，这种物料称之为主物料，表征这种物料的参数称之为主动量，用 Q_1 表示。由于在生产过程控制中主要是流量比值控制系统，所以主动量也称为主流量；而另一种物料按主物料进行配比，在控制过程中随主物料而变化，因此称为从物料，表征其特性的参数称为从动量或副流量，用 Q_2 表示。一般情况下，总以生产中主要物料定为主物料，如上例中的浓纸浆、重油和燃料油均为主物料，而相应跟随变化的水、氧和空气则为从物料。在有些场合，以不可控物料作为主物料，用改变可控物料即从物料的量来实现它们之间的比值关系。比值控制系统就是要实现副流量 Q_2 与主流量 Q_1 成一定比值关系，满足如下关系式

$$K = Q_2 / Q_1 \tag{8-2-1}$$

式中　K—— 副流量与主流量的流量比值。

8.2.2　比值控制系统的类型

比值控制系统主要有以下几种类型：

1. 开环比值控制系统

开环比值控制系统是最简单的比值控制方案，图 8-2-1 是其原理图。图中 Q_1 是主流量，Q_2 是副流量。当 Q_2 变化时，通过控制器 FC 及安装在从物料管道上的执行器，来控制 Q_2，以满足 $Q_2 = KQ_1$ 的要求。

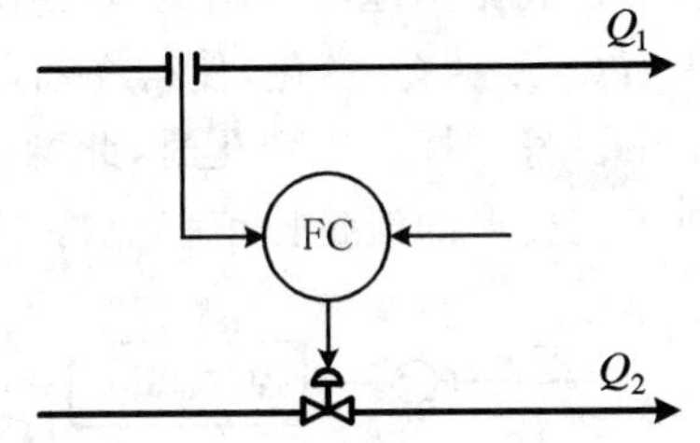

图 8-2-1　开环比值控制

图 8-2-2 是该系统的方框图。从图中可以看到，该系统的测量信号取自主物料 Q_1，但控制器的输出却去控制从物料的流量 Q_2，整个系统没有构成闭环，所以是一个开环系统。

这种方案的优点是结构简单，只需一台纯比例控制器，其比例度可以根据比值要求来设定。但是如果仔细分析一下这种开环比值系统，其实质只能保持执行器的阀门开度与 Q_1 之间成一定比例关系。因此，当 Q_2 因阀门两侧压力差发生变化而波动时，系统不起控制作用，此时就保证不了 Q_2 与 Q_1 的比值关系了。也就是说，这种比值控制方案对副流量 Q_2 本身无抗干扰能力。所以这种系统只能适用于副流量较平稳且比值要求不高的场合。实际生产过程中，Q_2 本身常常要受到干扰，因此生产上很少采用开环比值控制方案。

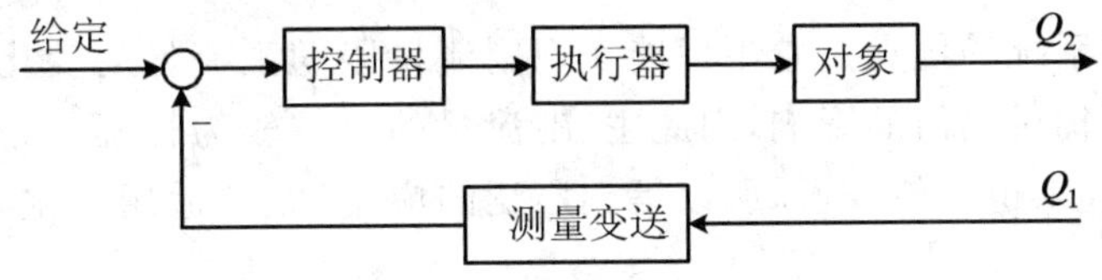

图 8-2-2　开环比值控制方框图

2. 单闭环比值控制系统

单闭环比值控制系统是为了克服开环比值控制方案的不足，在开环比值控制系统的基础上，通过增加一个副流量的闭环控制系统而组成的，如图 8-2-3 所示。图 8-2-4 是该系统的方框图。

从图中可以看出，单闭环比值控制系统与串级控制系统具有相类似的结构形式，但两者是不同的。单闭环比值控制系统的主流量 Q_1 相似于单级控制系统中的主变量，但主流量并没有

构成闭环系统，Q_2 的变化并不影响到 Q_1 尽管它亦有两个控制器，但只有一个闭合回路，这就是两者的根本区别。

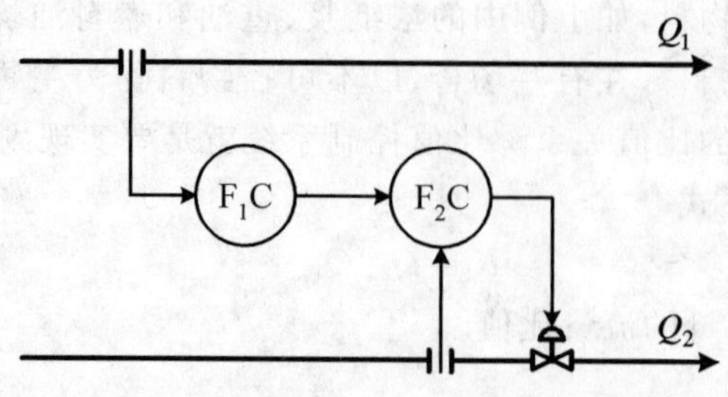

图 8-2-3 单闭环比值控制

在稳定情况下，主、副流量满足工艺要求的比值，$Q_2/Q_1=K$。当主流量 Q_1 变化时，经变送器送至主控制器 F_1C（或其他计算装置）。F_1C 按预先设置好的比值使输出成比例地变化，也就是成比例地改变副流量控制器 F_2C 的给定值，此时副流量闭环系统为一个随动控制系统，从而 Q_2 跟随 Q_1 变化，使得在新的工况下，流量比值 K 保持不变。当主流量没有变化而副流量由于自身干扰发生变化时，此副流量闭环系统相当于一个定值控制系统，通过控制克服干扰，使工艺要求的流量比值仍保持不变。

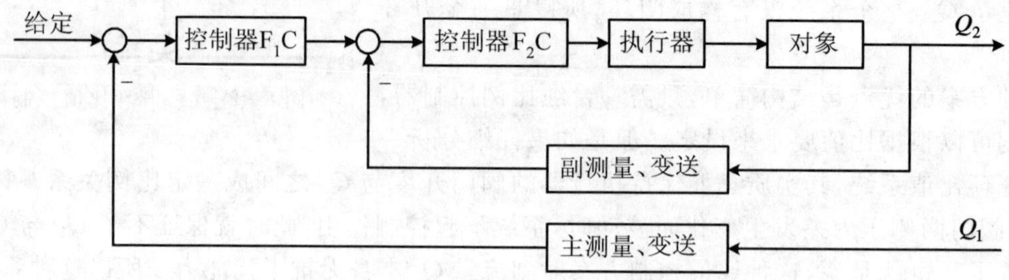

图 8-2-4 单闭环比值控制系统方框图

单闭环比值控制系统的优点是它不但能实现副流量跟随主流量的变化而变化，而且还可以克服副流量本身干扰对比值的影响，因此主、副流量的比值较为精确。另外，这种方案的结构形式较简单，实施起来也比较方便，所以得到广泛的应用，尤其适用于主物料在工艺上不允许进行控制的场合。

单闭环比值控制系统，虽然能保持两物料量比值一定，但由于主流量是不受控制的，当主流量变化时，总的物料量就会跟着变化。

3. 双闭环比值控制系统

双闭环比值控制系统是为了克服单闭环比值控制系统主流量不受控制，生产负荷（与总物料量有关）在较大范围内波动的不足而设计的。它是在单闭环比值控制的基础上，增加了主流量控制回路而构成的。图 8-2-5 是它的原理图。从图可以看出，当主流量 Q_1 变化时，一方面通过主流量控制器 F_1C 对它进行控制，另一方面通过比值控制器 K（可以是乘法器）乘以适当的系数后作为副流量控制器的给定值，使副流量跟随主流量的变化而变化。

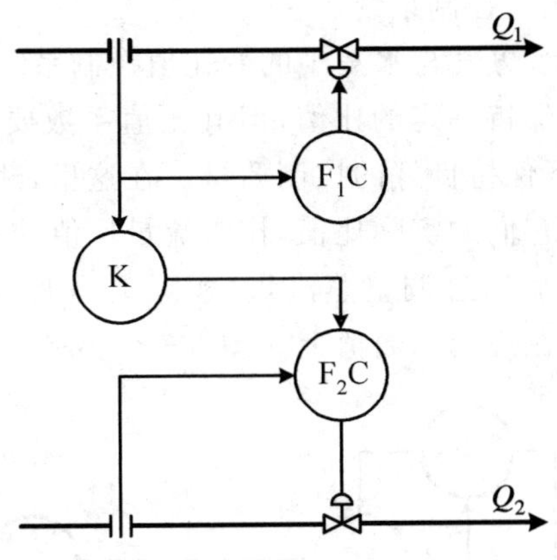

图 8-2-5　双闭环比值控制

图 8-2-6 是双闭环比值控制系统的方框图。由图可以看出，该系统具有两个闭合回路，分别对主、副流量进行定值控制。同时，由于比值控制器 K 的存在，使得主流量由受到干扰作用开始到重新稳定在给定值这段时间内，副流量能跟随主流量的变化而变化。这样不仅实现了比较精确的流量比值，而且也确保了两物料总量基本不变，这是它的一个主要优点。

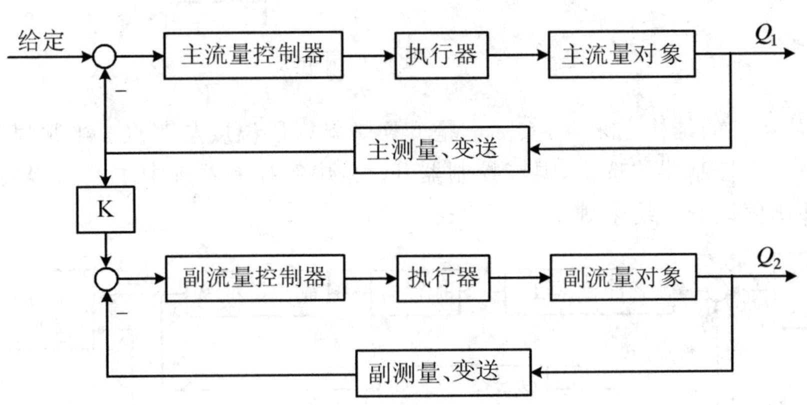

图 8-2-6　双闭环比值控制系统方框图

双闭环比值控制系统的另一个优点是提降负荷比较方便，只要缓慢地改变主流量控制器的给定值，就可以提降主流量，同时副流量也就自动跟踪提降，并保持两者比值不变。

这种比值控制方案的缺点是结构比较复杂，使用的仪表较多，投资较大，系统调整比较麻烦。

双闭环比值控制系统主要适用于主流量干扰频繁、工艺上不允许负荷有较大波动或工艺上经常需要提降负荷的场合。

4. 变比值控制系统

以上介绍的几种控制方案都是属于定比值控制系统。控制过程的目的是要保持主、从物料的比值关系为定值。但有些化学反应过程，要求两种物料的比值能灵活地随第三变量的需要而加以调整，这样就出现一种变比值控制系统。

图 8-2-7 是变换炉的半水煤气与水蒸气的变比值控制系统的示意图。在变换炉生产过程中半水煤气与水蒸气的量需保持一定的比值，但其比值系数要能随一段触媒层的温度变化而变化，才能在较大负荷变化下保持良好的控制质量。在这里，蒸汽与半水煤气的流量经测量变送后，送往除法器，计算得到它们的实际比值，作为流量比值控制器 FC 的测量值。而 FC 的给定值来自温度控制器 TC，最后通过调整蒸汽量（实际上是调整了蒸汽与半水煤气的比值）来使变换炉触媒层的温度恒定在规定的数值上。图 8-2-8 是该变比值控制系统的方框图。

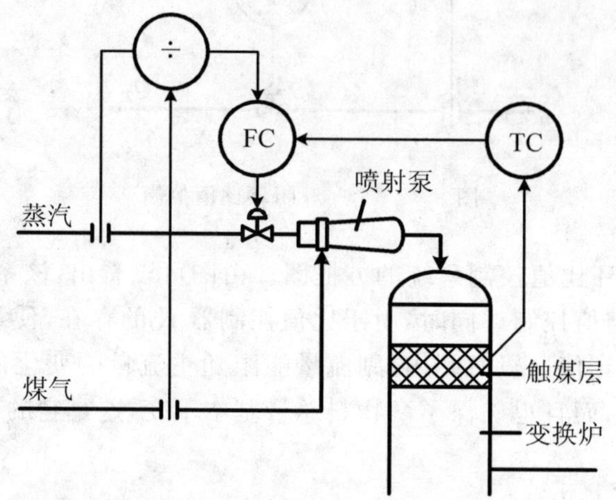

图 8-2-7　变比值控制系统

由图可见，从系统的结构上来看，实际上是变换炉触媒层温度与蒸汽 / 半水煤气的比值串级控制系统。系统中控制器的选择，温度控制器 TC 按串级控制系统中主控制器要求选择，比值系统按单闭环比值控制系统来确定。

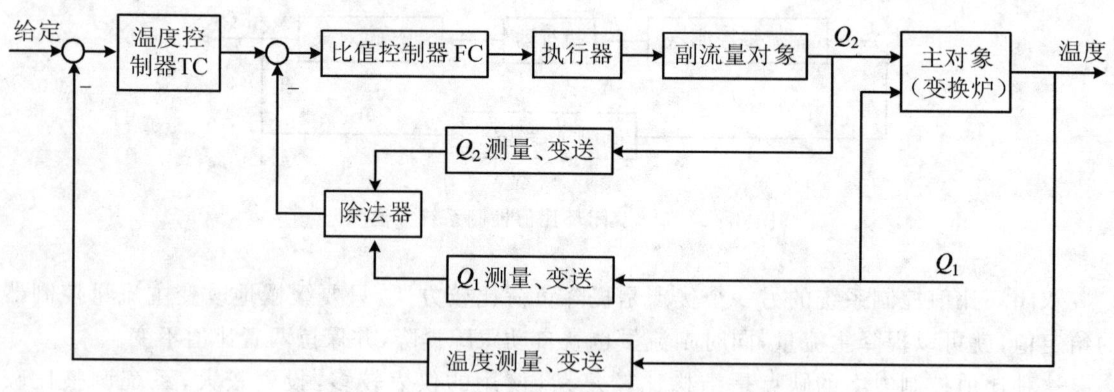

图 8-2-8　变比值控制系统方框图

§8.3　前馈控制系统

前馈及前馈控制的概念很早就已被人们认识，直至新型仪表和电子计算机的出现及广泛应用，才为前馈控制普遍应用创造了有利条件。目前前馈控制已在锅炉、精馏塔、换热器和化学反应器等设备上获得成功的应用。

8.3.1　前馈控制系统及其特点

在反馈控制系统中，控制器是按照被控变量相对于给定值的偏差而进行工作的。控制作用影响被控变量，而被控变量的变化又返回来影响控制器的输入，使控制作用发生变化。不论什么干扰，只要引起被控变量变化，都可以进行控制，这是反馈控制的优点。例如在图8-3-1所示的换热器出口温度的反馈控制中，所有影响被控变量θ的因素，如进料流量、温度的变化，蒸汽压力的变化等，它们对出口物料温度θ的影响都可以通过反馈控制来克服。然而，在这样的系统中，控制信号总是要在干扰已经造成影响，被控变量偏离给定值以后才能产生，控制作用总是不及时的。特别是在干扰频繁，对象有较大滞后时，使控制质量的提高受到很大的限制。

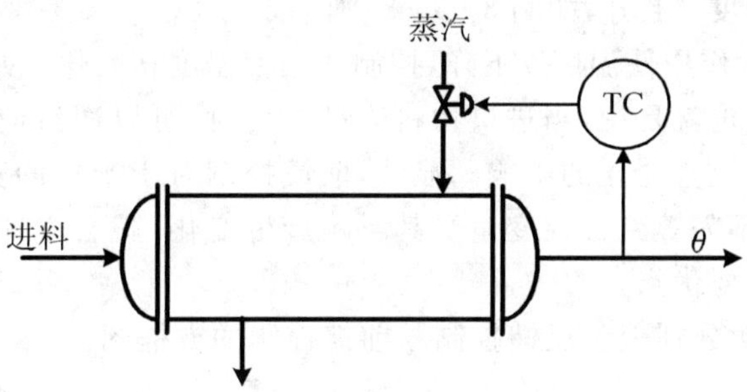

图8-3-1　换热器的反馈控制

图8-3-2是换热器的前馈控制系统示意图。在这个系统中，影响换热器出口物料温度变化的主要干扰是进口物料流量的变化，为了及时克服这一干扰对被控变量θ的影响，可以测量进料流量，根据进料流量大小的变化直接去改变加热蒸汽量的大小，这就是所谓的“前馈”控制。当进料流量变化时，通过前馈控制器FC去开大或关小加热蒸汽阀，以克服进料流量变化对出口物料温度的影响。

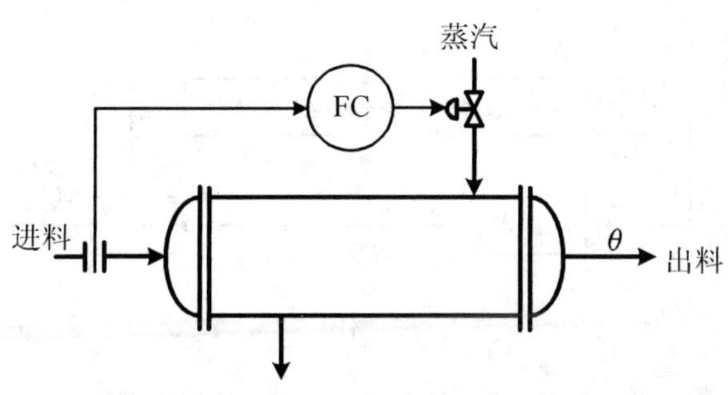

图8-3-2　换热器的前馈控制

定义　通过测量干扰的变化并经控制器的控制作用直接克服干扰对被控变量的影响，即使被控变量不受干扰或少受干扰的影响的控制方式组成的控制系统称为前馈控制系统。

通过与反馈控制比较，我们可以得出前馈控制具有以下的特点：

(1) 前馈控制是基于不变性原理工作的，比反馈控制及时、有效 前馈控制是根据干扰的变化产生控制作用的。如果能使干扰作用对被控变量的影响与控制作用对被控变量的影响在大小上相等、方向上相反的话，就能完全克服干扰对被控变量的影响。图 8-3-3 就可以充分说明这一点。

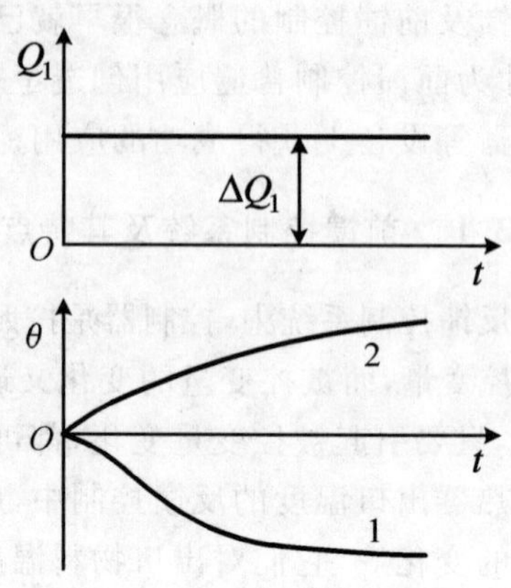

图 8-3-3　前馈控制系统的补偿过程

在图 8-3-2 所示的换热器前馈控制系统中，当进料流量突然阶跃增加 $\Delta\theta_1$ 后，就会通过干扰通道使换热器出口物料温度 θ 下降，其变化曲线如图 8-3-3 中曲线 1 所示。与此同时，进料流量的变化经检测变送后，送入前馈控制器 FC，按一定的规律运算后输出去开大蒸汽阀。由于加热蒸汽量增加，通过加热器的控制通道会使出口物料温度 θ 上升，如图 8-3-3 中曲线 2 所示。由图可知，干扰作用使温度 θ 下降，控制作用使温度 θ 上升。如果控制规律选择合适，可以得到完全的补偿。也就是说，当进口物料流量变化时，可以通过前馈控制，使出口物料的温度完全不受进口物料流量变化的影响。显然，前馈控制对于干扰的克服要比反馈控制及时得多。干扰一旦出现，不需等到被控变量受其影响产生变化，就会立即产生控制作用，这个特点是前馈控制的一个主要优点。

图 8-3-4(a)，(b) 分别表示反馈控制与前馈控制的方框图。

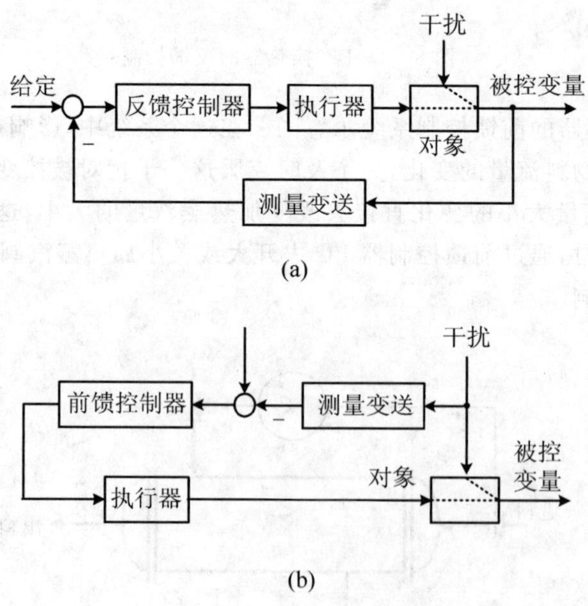

图 8-3-4　反馈控制与前馈控制方框图

由图 8－3－4 可以看出，反馈控制与前馈控制的检测信号与控制信号有如下不同的特点。

反馈控制的依据是被控变量与给定值的偏差，检测的信号是被控变量，控制作用发生时间是在偏差出现以后。

前馈控制的依据是干扰的变化，检测的信号是干扰量的大小，控制作用的发生时间是在干扰作用的瞬间而不需等到偏差出现之后。

(2) 前馈控制属于“开环”控制系统 反馈控制系统是一个闭环控制系统，而前馈控制是一个“开环”控制系统，这也是它们两者的基本区别。由图 8－3－4(b) 可以看出，在前馈控制系统中，被控变量根本没有被检测。当前馈控制器按扰动量产生控制作用后，对被控变量的影响并不返回来影响控制器的输入信号 —— 扰动量，所以整个系统是一个开环系统。

前馈控制系统是一个开环系统，这一点从某种意义上来说是前馈控制的不足之处。反馈控制由于是闭环系统，控制结果能够通过反馈获得检验，而前馈控制其控制效果并不通过反馈来加以检验。如上例中，根据进口物料流量变化这一干扰施加前馈控制作用后，出口物料的温度(被控变量) 是否达到所希望的温度是不得而知的。因此，要想综合一个合适的前馈控制作用，必须对被控对象的特性作深入的研究和彻底的了解。

(3) 前馈控制使用的是视对象特性而设计的“专用” 控制器 一般的反馈控制系统均采用通用类型的 PID 控制器，而前馈控制要采用专用前馈控制器(或前馈补偿装置)。对于不同的对象特性，前馈控制器的控制规律将是不同的。为了使干扰得到完全克服，干扰通过对象的干扰通道对被控变量的影响，应该与控制作用(也与干扰有关) 通过控制通道对被控变量的影响大小相等、方向相反。所以，前馈控制器的控制规律取决于干扰通道的特性与控制通道的特性。对于不同的对象特性，就应该设计具有不同控制规律的控制器。

(4) 一种前馈作用只能克服一种干扰 由于前馈控制作用是按干扰进行工作的，而且整个系统是开环的，因此根据一种干扰设置的前馈控制就只能克服这一干扰对被控变量的影响，而对于其他干扰，由于这个前债控制器无法感受到，也就无能为力了。而反馈控制只用一个控制回路就可克服多个干扰，所以说这一点也是前馈控制系统的一个弱点。

8.3.2 前馈控制的主要形式

1. 单纯的前馈控制

前面列举的图 8－3－2 所示的换热器出口物料温度控制就属于单纯的前馈控制系统，它是按照干扰的大小来进行控制的。根据对干扰补偿的特点，可分为静态前馈控制和动态前馈控制。

(1) 静态前馈控制系统 在图 8－3－2 中，前馈控制器的输出信号是按干扰大小随时间变化的，它是干扰量和时间的函数。而当干扰通道和控制通道动态特性相同时，便可以不考虑时间函数，只按静态关系确定前馈控制作用。静态前馈是前馈控制中的一种特殊形式。如当干扰阶跃变化时，前馈控制器的输出也为一个阶跃变化。图 8－3－2 中，如果主要干扰是进料流量的波动 ΔQ_1，那么前馈控制器的输出 Δm_f 为

$$\Delta m_f = K_f \Delta Q_1 \qquad (8-3-1)$$

式中 K_f —— 前馈控制器的比例系数。

这种静态前馈实施起来十分方便，用常规仪表中的比值器或比例控制器即可作为前馈控制器使用，K_f 为其比值或比例系数。

在有条件列写各参数的静态方程时，可按静态方程式来实现静态前馈。图8-3-5是蒸汽加热的换热器，拎料进入量为Q_1，进口温度为θ_1，出口温度θ_2是被控变量。

分析影响出口温度θ_2的因素，进料Q_1增加，使θ_2降低；入口温度θ_1提高，使θ_2升高；蒸汽压力下降，使θ_2降低。假若这些干扰当中，进料量Q_1变化幅度大而且频繁，现在只考虑对干扰Q_1进行静态补偿的话，可利用热平衡原理来分析，近似的平衡关系是蒸汽冷凝放出的热量等于进料流体获得的热量。

$$Q_2 L = Q_1 c_p(\theta_2 - \theta_1) \tag{8-3-2}$$

式中 L—— 蒸汽冷凝热；

c_p—— 被加热物料的比热容；

Q_1—— 进料流量；

Q_2—— 蒸汽流量。

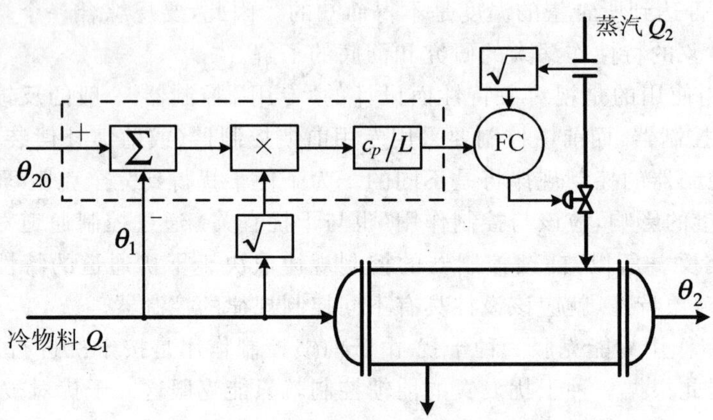

图8-3-5 静态前馈控制实施方案

当进料增加后为$Q_1+\Delta Q_1$，为保持出口温度θ_2不变，θ_2需要相应地变化到$Q_2+\Delta Q_2$，列出这时的静态方程为

$$(Q_2+\Delta Q_2)L = (Q_1+\Delta Q_1)c_p(\theta_2-\theta_1) \tag{8-3-3}$$

式(8-3-3)减去式(8-3-2)，可得

$$\Delta Q_2 L = \Delta Q_1 c_p(\theta_2-\theta_1)$$

即

$$\Delta Q_2 = \frac{c_p(\theta_2-\theta_1)}{L}\Delta Q_1 = K\Delta Q_1 \tag{8-3-4}$$

因此，若能使Q_2与Q_1的变化量保持

$$\frac{\Delta Q_2}{\Delta Q_1} = K \tag{8-3-5}$$

的关系，就可以实现静态补偿。根据静态控制方程式(8-3-4)，构成换热器静态前馈控制实施方案如图8-3-5所示。

此方案将主、次干扰θ_1,Q_1,Q_2等都引入系统，控制质量大有提高。热交换器是应用前馈控制较多的场合，换热器有滞后大、时间常数大、反应慢的特性，前馈控制就是针对这种对象特性设计的，故能很好地发挥作用。图 8-3-5 中虚线框内的环节，就是前馈控制所应该起的作用，可用前馈控制器，也可用单元组合仪表来实现。

（2）动态前馈控制系统　静态前馈控制只能保证被控变量的静态偏差接近或等于零，并不能保证动态偏差达到这个要求。故必须考虑对象的动态特性，从而确定前馈控制器的规律，才能获得动态前馈补偿。现在图 8-3-5 的静态前馈控制基础上加个动态前馈补偿环节，便构成了图 8-3-6 的动态前馈控制实施方案。

图中的动态补偿环节的特性，应该是图 8-3-6 动态前馈控制实施方案针对对象的动态特性来确定的。但是考虑到工业对象的特性千差万别，如果按对象特性来设计前馈控制器的话，将会花样繁多，一般都比较复杂，实现起来比较困难。因此，可在静态前馈控制的基础上，加上延迟环节或微分环节，以达到干扰作用的近似补偿。按此原理设计的一种前馈控制器，有三个可以调整的参数 K，T_1，T_2。K 为放大倍数，是为了静态补偿用的。T_1，T_2 是时间常数，都有可调范围，分别表示延迟作用和微分作用的强弱。相对于干扰通道而言，控制通道反应快的给它加强延迟作用，反应慢的给它加强微分作用。根据两通道的特性适当调整 T_1，T_2 的数值，使两通道反应合拍便可以实现动态补偿，消除动态偏差。

2. 前馈-反馈控制

前面已经谈到，前馈与反馈控制的优缺点是相对应的。若把其组合起来，取长补短，使前馈控制用来克服主要干扰，反馈控制用来克服其他的多种干扰，两者协同工作，一定能提高控制质量。

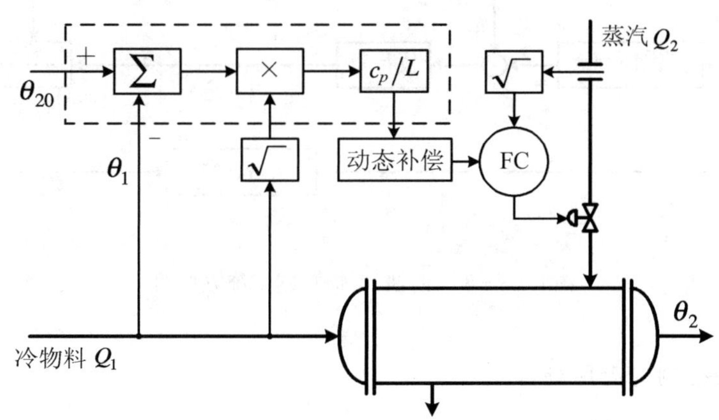

图 8-3-6　动态前馈控制实施方案

图 8-3-2 所示的换热器前馈控制系统，仅能克服由于进料量变化对被控变量 θ 的影响。如果还同时存在其他干扰，例如进料温度、蒸汽压力的变化等，它们对被控变量 θ 的影响，通过这种单纯的前馈控制系统是得不到克服的。因此，往往用“前馈”来克服主要干扰，再用“反馈”来克服其他干扰，组成如图 8-3-7 所示的前馈-反馈控制系统。

图中的控制器 FC 起前馈作用，用来克服由于进料量波动对被控变量 的影响，而温度控制器 TC 起反馈作用，用来克服其他干扰对被控变量 θ 的影响，前馈和反馈控制作用相加，共同改变加热蒸汽量，以使出料温度 θ 维持在给定值上。

图 8-3-8 是前馈-反馈控制系统的方框图。从图可以看出，前馈-反馈控制系统虽然也有

两个控制器，但在结构上与串级控制系统是完全不同的。串级控制系统是由内、外(或主、副)两个反馈回路所组成；而前馈-反馈控制系统是由一个反馈回路和另一个开环的补偿回路叠加而成。

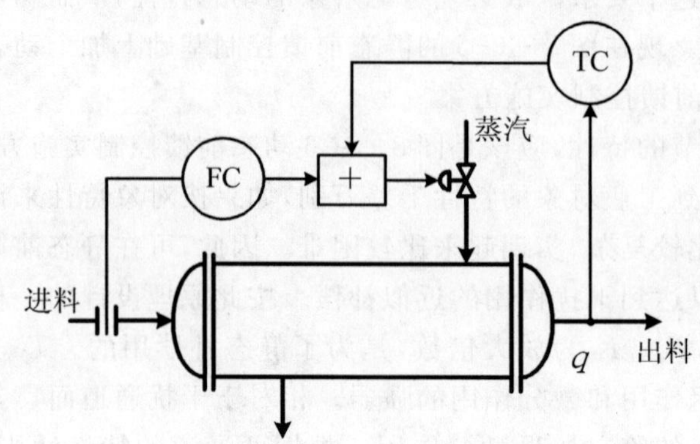

图 8-3-7　换热器的前馈-反馈控制

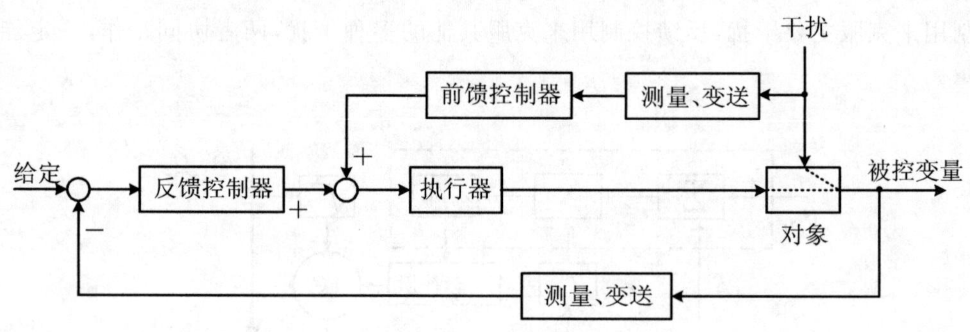

图 8-3-8　前馈-反馈控制系统方框图

8.3.3　前馈控制的应用场合

前馈控制主要的应用场合有下面几种：

(1) 干扰幅值大而频繁，对被控变量影响剧烈，仅采用反馈控制达不到要求的对象。

(2) 主要干扰是可测而不可控的变量。所谓可测，是指干扰量可以运用检测变送装置将其在线转化为标准的电或气的信号。但目前对某些变量，特别是某些成分量还无法实现上述转换，也就无法设计相应的前馈控制系统。所谓不可控，主要是指这些干扰难以通过设置单独的控制系统予以稳定，这类干扰在连续生产过程中是经常遇到的，其中也包括一些虽能控制但生产上不允许控制的变量，例负荷量等。

(3) 当对象的控制通道滞后大，反馈控制不及时，控制质量差，可采用前馈或前馈-反馈控制系统，以提高控制质量。

§8.4 多冲量控制系统

所谓多冲量控制系统，是指在控制系统中，有多个变量信号，经过一定的运算后，共同控制一台执行器，以使某个被控的工艺变量有较高的控制质量。在这里，冲量就是变量的意思。然而冲量本身的含义应为作用时间短暂的不连续的量，而且多变量信号系统也不只是这种类型。因此，多冲量控制系统的名称本身并不确切，但考虑到在锅炉液位控制中已习惯使用这一名称，所以就沿用了。

多冲量控制系统在锅炉给水系统控制中应用比较广泛。下面以锅炉液位控制为例，来说明多冲量控制系统的工作原理。在锅炉的正常运行中，汽包水位是重要的操作指标，给水控制系统就是用来自动控制锅炉的给水量，使其适应蒸发量的变化，维持汽包水位在允许的范围内，以使锅炉运行平稳可靠，并减轻操作人员的繁重劳动。锅炉液位的控制方案有下列几种。

8.4.1 单冲量液位控制系统

图 8-4-1 是锅炉液位的单冲量控制系统的示意图。它实际上是根据汽包液位的信号来控制给水量的，属于简单的单回路控制系统。其优点是结构简单、使用仪表少。主要用于蒸汽负荷变化不剧烈，用户对蒸汽品质要求不十分严格的小型锅炉。它的缺点是不能适应蒸汽负荷的剧烈变化。在燃料量不变的情况下，倘若蒸汽负荷突然有较大幅度的增加，由于汽包内蒸汽压力瞬时下降，汽包内的沸腾状况突然加剧，水中的汽泡迅速增多，将水位抬高，形成了虚假的水位上升现象。因为这种升高的液位并不反映汽包中贮水量的真实变化情况，所以称之为“假液位”。但单冲量液位控制系统却不但不开大给水控制阀，以增加给水量维持锅炉的物位平衡，补充由于蒸汽负荷量增加而引起的汽包内贮水量的减少；反而却根据“假液位”的信号去关小控制阀，减少给水流量。显然，这时单冲量液位控制系统帮了倒忙，引起锅炉汽包水位大幅度的波动。严重的甚至会使汽包水位降到危险的地步，以致发生事故。为了克服这种由于“假液位”而引起的控制系统的误动作，引入了双冲量控制系统。

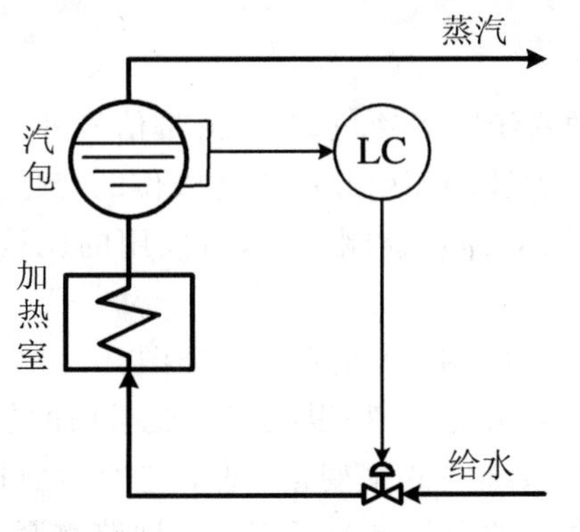

图 8-4-1 单冲量控制系统

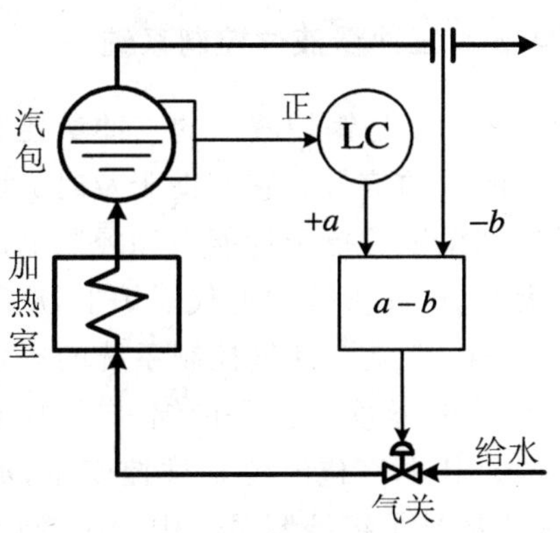

图 8-4-2 双冲量控制系统

8.4.2 双冲量液位控制系统

图 8-4-2 时锅炉液位的双冲量控制系统示意图。这里的双冲量是指液位信号和蒸汽流量信号。当控制阀选为气关型，液位控制器选 LC 为正作用时，其运算器中的液位信号应为正，以使液位增加时关小控制阀；蒸汽流量信号运算符号应为负，以使蒸汽流量增加时开大控制阀，满足由于蒸汽负荷增加时对增大给水量的要求。图 8-4-3 是双冲量控制系统的方框图。

由图可见，从结构上来说，双冲量控制系统实际上是一个前馈-反馈控制系统。当蒸汽负荷的变化引起液位大幅度波动时，蒸汽流量信号的引入起着超前的作用（即前馈作用）。它可以在液位还未出现波动时提前使控制阀动作，从而减少因蒸汽负荷量的变化而引起的液位波动，改善了控制品质。

影响锅炉汽包液位的因素还包括供水压力的变化。当供水压力变化时，会引起供水流量变化，进而引起汽包液位变化。双冲量控制系统对这种干扰的克服是比较迟缓的。它要等到汽包液位变化以后再由液位控制器来调整，使进水阀开大或关小。所以，当供水压力扰动比较频繁时，双冲量液位控制系统的控制质量较差，这时可采用三冲量液位控制系统。

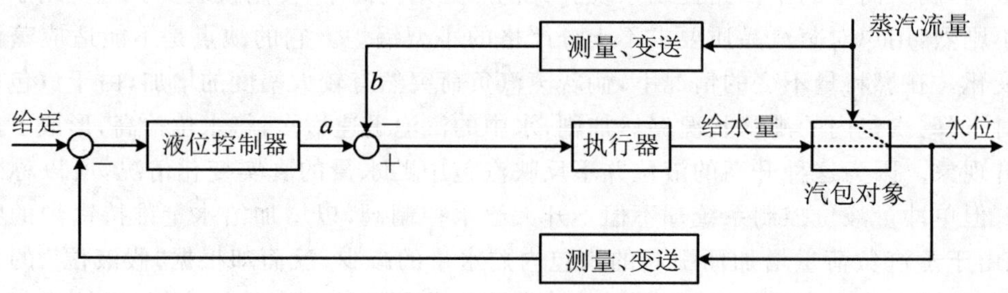

图 8-4-3 双冲量控制系统方框图

8.4.3 三冲量液位控制系统

图 8-4-4 是锅炉液位的三冲量控制系统。这种系统除了液位、蒸汽流量信号外，再增加一个供水流量的信号。它有助于及时克服由于供水压力波动而引起的汽包液位的变化。由于三冲量控制系统的抗干扰能力和控制品质都比单冲量、双冲量控制要好，所以用的比较多，特别是在大容量、高参数的近代锅炉上，应用更为广泛。

图 8-4-5 是三冲量控制系统的一种实施方案。图 8-4-6 是它的方框图。

由图可见，这实质上是前馈-串级控制系统。在这个系统中，是根据三个变量（冲量）来进行控制的。其中汽包液位是被控变量，亦是串级控制系统中的主变量，是工艺的主要控制指标；给水流量是串级控制系统中的副变量，引入这一变量的目的是为了利用副回路克服干扰的快速性来及时克服给水压力变化对汽包液位的影响；蒸汽流量是作为前馈信号引入的，其目的是为了及时克服蒸汽负荷变化对汽包液位的影响。

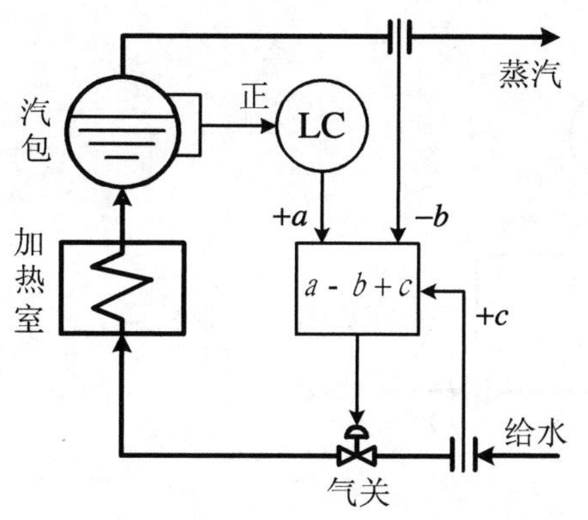

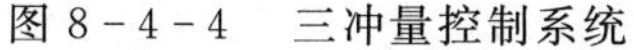
图 8-4-4　三冲量控制系统

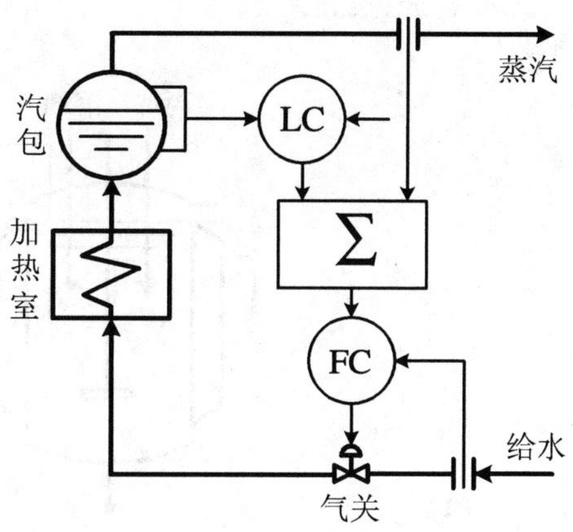

图 8-4-5　三冲量控制系统的一种实施方案

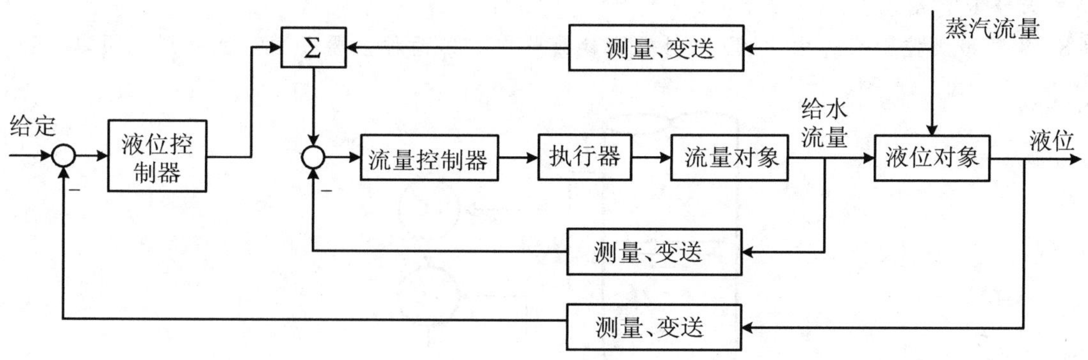

图 8-4-6　三冲量控制系统方框图

思考题与习题

8-1　什么叫串级控制？画出一般串级控制系统的典型方框图。

8-2　串级控制系统有哪些特点？主要使用在什么场合？

8-3　串级控制系统中的主、副变量应如何选择？

8-4　为什么说串级控制系统中的主回路是定值控制系统，而副回路是随动控制系统？

8-5　题图 8-1 所示为聚合塔温度控制系统。试问：

(1) 这是一个什么类型的控制系统？试画出它的方框图；

(2) 如果聚合塔的温度不允许过高，否则易发生事故，试确定控制阀的气开、气关型式；

(3) 确定主、副控制器的正、反作用；

(4) 简述当冷却水压力变化时的控制过程；

(5) 如果冷却水的温度是经常波动的，上述系统应如何改进？

(6) 如果选择夹套内的水温作为副变量构成串级控制系统，试画出它的方框图，并确定主、副控制器的正、反作用。

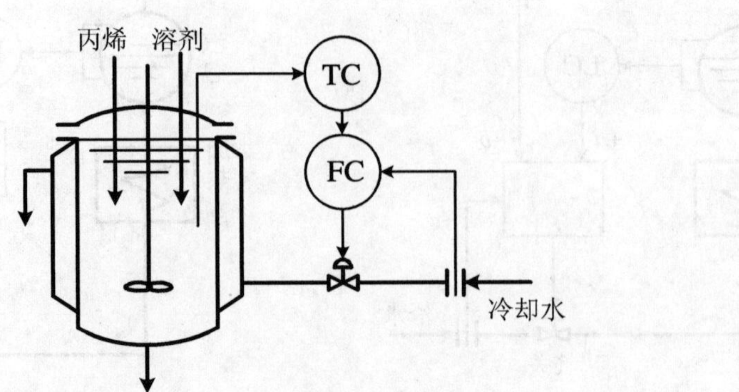

题图 8-1　聚合塔温度控制系统

8-6　为什么在一般情况下，串级控制系统中的主控制器应选择 PI 或 PID 作用的，而副控制器选择 P 作用的？

8-7　串级控制系统中主、副控制器的参数整定有哪两种主要方法？试分别说明之。

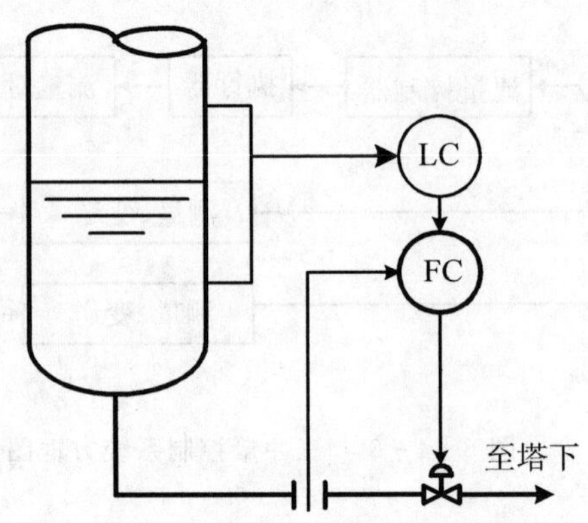

题图 8-2　串级均匀控制系统

8-8　什么叫比值控制系统？

8-9　画出单闭环比值控制系统的方框图，并分析为什么说单闭环比值控制系统的主回路是不闭合的？

8-10　与开环比值控制系统相比，单闭环比值控制系统有什么优点？

8-11　试画出双闭环比值控制系统的方框图。与单闭环比值控制系统相比．它有什么特点？使用在什么场合？

8-12　什么是变比值控制系统？

8-13　前馈控制系统有什么特点？应用在什么场合？

8-14　在什么情况下要采用前馈-反馈控制系统，试画出它的方框图，并指出在该系统中，前馈和反馈作用各起什么作用？

8-15　什么是多冲量控制系统？

8-16　试说明在双冲量控制系统中，引入蒸汽流量这个冲量的目的是什么？

8-17　试说明在三冲量控制系统中，为什么要引入供水流量这个冲量？

8-18　试结合图8-4-4所示的锅炉液位的三冲量控制系统，分别分析当汽包液位、蒸汽流量、供水压力增加时，控制阀是怎么动作的？

第 9 章　典型工业生产过程控制系统

§9.1　传热设备的控制

9.1.1　概述

在许多工业生产过程中，例如蒸馏、干燥、蒸发、结晶、反应和冶金等，均需要根据具体的工艺要求，对物料进行加热或冷却来维持一定的温度。对于化学反应来讲，为了使反应能达到预定要求，更需要严格控制一定的反应温度，这也要靠冷却或加热才能实现。传热过程是工业生产过程中极其重要的组成部分，因此对传热设备的控制也就显得格外重要。

1. 传热设备的结构类型

工业上用以实现冷热两流体换热的设备称为传热设备。换热有直接或间接换热两种方式。直接换热是指冷热两流体直接混合以达到加热或冷却的目的，而间接换热是指冷热两流体有间壁隔开的换热。热量首先从温度较高的热流体传给间壁，间壁再传向温度较低的冷流体。在石油化工等工业过程中，一般以间接换热较为常见。因此，本节主要讨论的是间壁传热设备的控制问题，其结构型式有列管式、蛇管式、夹套式和套管式等，如图 9-1-1 所示。此外，本节也将对工业过程中常用的加热炉设备作以介绍。

2. 热量传递的三种方式

热量的传递方向是由高温物体传向低温物体，两物体之间的温度差是传热的推动力，温度差越大，传热速率（单位时间内传递的热量）也就越大。

(1) 热传导　傅里叶于 1822 年在大量实验的基础上提出了稳定导热（导热量不随时间而变化）的基本定律，其数学表达式为

$$q = -\lambda F \frac{\partial T}{\partial n} \tag{9-1-1}$$

式中　q—— 传热速率（单位时间内所传导的热量），W；

λ—— 导热系数，W/(m · ℃)；

F—— 垂直于热流方向的截面积，m^2；

$\partial T/\partial n$—— 温度梯度，℃/m。

式(9-1-1) 称为傅里叶定律。它表明单位时间内传导的热量与温度梯度和垂直于热流方向的截面积成正比。式中负号表示热流方向总是与温度梯度的方向（即温度上升的方向）相反。

对于单层平壁的稳态导热，对应的传热速率为

$$q=\frac{\lambda}{b}F\Delta t \tag{9-1-2}$$

式中　b—— 单层平壁的厚度，m；

Δt—— 平壁两侧壁面上的温度差，℃。

由此式可知，在单位时间内通过单层平壁传导的热量与导热系数、传导面积和平壁两侧的温差成正比，而与平壁的厚度成反比。上式又可改写成

$$q=\frac{\Delta t}{R} \tag{9-1-3}$$

式(9-1-3)为传热过程速率与其过程推动力及阻力之间关系的一般表达形式(即传热过程中的欧姆定理)，Δt 为导热的温差推动力，$R=b/\lambda F$ 称为导热的热阻。

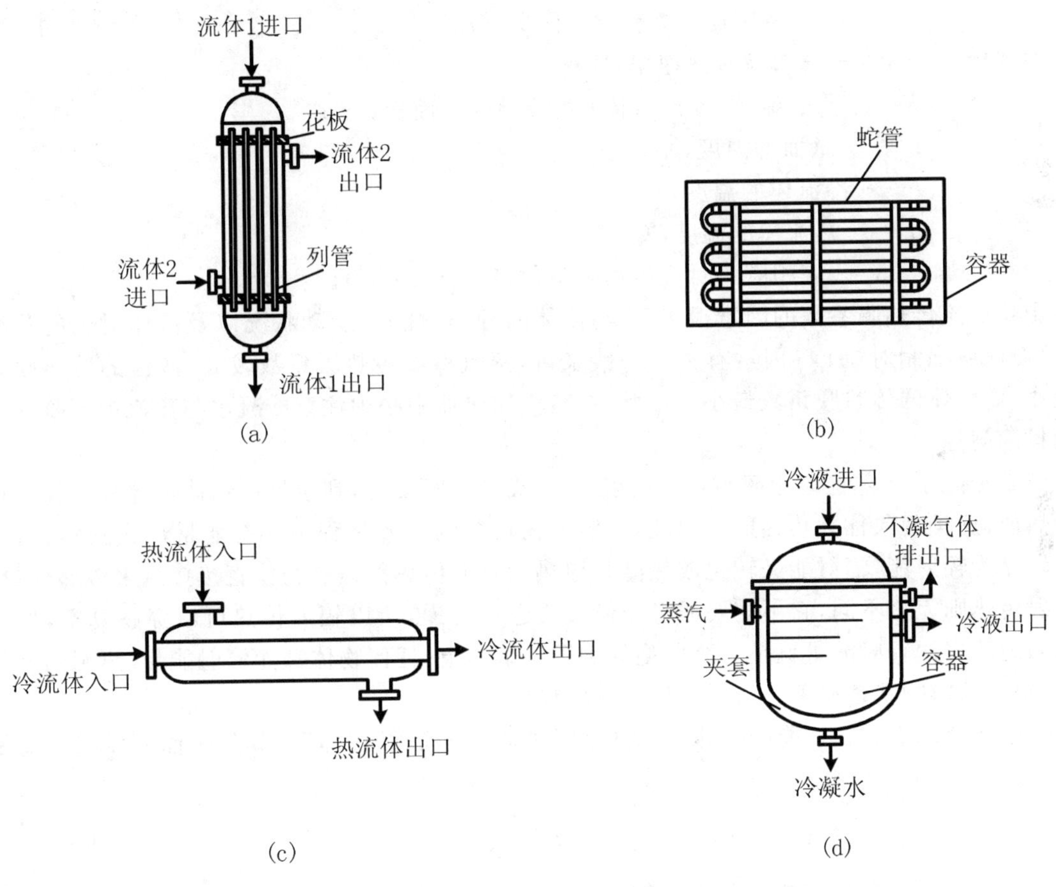

图 9-1-1　传热设备的结构类型

(a) 列管式换热器；(b) 蛇管式换热器；(c) 套管式换热器；(d) 夹套式换热器

对于由不同厚度、不同导热系数的材料所组成的多层平壁，假设每层的热阻分别为 R_1，R_2，…，R_m，最内侧与最外侧的表面温度分别为 t_1，t_{m+1}，则通过各层的传热速率为

$$q=\frac{t_1-t_{m+1}}{R_1+R_2+\cdots+R_m} \tag{9-1-4}$$

(2) 对流传热　对流传热在工业生产中多见于流体与固体壁之间的传热，其传热速率与流体性质及流动边界的状况密切相关。为便于分析和计算，牛顿首先提出了壁面与流体间对流传热速率的表达式

$$q=\alpha F\Delta t \tag{9-1-5}$$

式中　q—— 对流传热速率，W；

α—— 传热膜系数，W/(m^2·℃)；

F—— 传热面积，m^2；

Δt—— 壁面温度与壁面法线方向上流体平均温度之差，℃。

根据式(9-1-5)，冷流体与壁面之间的对流传热速率为

$$q_1=\alpha_1 F(t_w-t) \tag{9-1-6}$$

同样，热流体与壁面之间的对流传热速率为

$$q_2=\alpha_2 F(T-t_w) \tag{9-1-7}$$

以上两式中　q_1，q_2—— 对流传热速率，W；

F—— 与热流体(或冷流体)相接触的壁面积，m^2；

t_w—— 壁面的温度，℃；

t—— 冷流体的温度，℃；

T—— 热流体的温度，℃；

α_1，α_2—— 相应的对流传热膜系数，W/(m^2·℃)。

影响对流传热膜系数的因素很多，它与流体的种类、性质、运动状况以及流体对流的状况(自然对流或强制对流)等因素有关。一般来讲，蒸汽冷凝传热膜系数较大，液体的传热膜系数较小，而气体的传热膜系数最小。因此，在蒸汽加热器中必须注意冷凝水与蒸汽中不凝性气体的排除问题。

(3) 热辐射　热能以电磁波(辐射能)的形式向空间发射，到达另一物体被部分吸收又转变为热能，这类现象称为热辐射。因此，热辐射在热量的传递过程中伴有能量形式的转化，即热能转化为辐射能，辐射能又转化成热能。导热和对流传热都是靠物体直接接触来传递热量，而辐射传热则完全不同，它不需要通过任何介质进行传递，所以辐射传热可以穿越真空，例如太阳向地球表面辐射能量就是一个典型的例子。事实上，任何物体都能辐射能量，热源温度越高，热辐射的影响就越显著，而在低温时可以忽略。

对于能全部吸收辐射能的物体(称为“绝对黑体”或简称“黑体”)，其外表面所发射的能量可表示为

$$q=C_0 F(\frac{T}{100})^4 \tag{9-1-8}$$

式中　q—— 单位时间内黑体的发射能量，W；

C_0—— 绝对黑体的发射系数，其值为 5.669 W/(m^2·K^4)；

F—— 发射面积，m^2；

T—— 该黑体的绝对温度，K。

自然界中绝对黑体是不存在的，工业上遇到的多数物体均可按灰体处理。所谓“灰体”是指能以相同的吸收率吸收全部波长辐射能的物体，即对辐射能的吸收无选择性，但只能部分吸收周围的辐射能。灰体在单位时间内的发射能量经实验证明可表示为

$$q=\varepsilon C_0\left(\frac{T}{100}\right)^4 \tag{9-1-9}$$

式中　ε——灰体的黑度(或发射率),在数值上等同于灰体的吸收率。

工业上常遇到两固体间的相互热辐射。当一个物体发射出的辐射能被另一物体部分或全部拦截,所拦截的辐射能只能部分被吸收,其余部分则被反射。所反射的辐射能也只能被原物体部分或全部地拦截,并为原物体部分吸收和反射。这样,在两物体之间多次反射和吸收的传热过程中,其热流方向则由高温物体传向低温物体,其净传热量与两物体的温度、形状、相对位置以及物体本身的性质有关。

对于面积均为 F 的两平行壁面之间的辐射传热,其传热速率为

$$q=C_{1-2}\varphi F\left[\left(\frac{T_1}{100}\right)^4-\left(\frac{T_2}{100}\right)^4\right] \tag{9-1-10}$$

式中　q——单位时间内由高温物体传向低温物体的辐射传热速率,W;

C_{1-2}——两物体净的发射系数,单位为 $W/(m^2\cdot K^4)$,其值为

$$C_{1-2}=\frac{C_0}{\frac{1}{\varepsilon_1}+\frac{1}{\varepsilon_2}-1} \tag{9-1-11}$$

式中　$\varepsilon_1,\varepsilon_2$——分别为高温物体与低温物体的黑度;

φ——角系数,其数值与物体的形状、大小、相对位置以及距离有关,表示从一个高温物体表面辐射的总能量被低温物体表面所拦截的比例系数;

T_1——高温物体表面的绝对温度,K;

T_2——低温物体表面的绝对温度,K。

前面简单叙述了热量传递三种方式的主要机理。在此必须指出的是,在实际进行的传热过程中,很少是以一种传热方式单独进行,而是由两种或三种方式综合而成的。例如:在工业过程中常用的间壁式热交换器,一般温度不太高,这时候就可忽略热辐射的影响,则传热过程就是对流和热传导的组合。而在管式加热炉的辐射室中,由于温度很高,这时就以热辐射为主,辐射室的有效传热量大致为全炉总热负荷的70%～80%,但在管式加热炉的对流室中,传热方式却又以对流传热为主。总之,在管式加热炉中其传热过程是传导、对流及热辐射的组合。

3.传热设备的动态特点

(1)传热设备的分布参数特性　　分布参数是指对象的输出(即被控变量)不仅与时间有关,而且是物理位置的函数。传热设备大致可以分为以下几种情况。

1)传热壁面两侧流体都无相变地进行热交换,且两侧流体都没有轴向混合时,两侧的温度都将是距离和时间的函数,也就是说两侧都是分布参数对象,一般列管式换热器、套管式换热器都属于此类。

2)传热壁面两侧流体都发生相变时,例如精馏塔的再沸器,两侧的温度皆可近似为集中参数。相变化(汽化或冷凝)的特点是流体温度取决于所处压力,而不是取决于传热量。

3)当传热壁面两侧流体中有一侧发生相变时,例如列管式蒸汽加热器、氨冷器等,发生相变化的一侧是集中参数,另一侧需视具体情况而定。

由上所述,不少传热对象具有分布参数特性,遇到分布参数时须用偏微分方程式来表示,然后求解获得其特性。这样做比较精确,但是比较复杂、麻烦。有时亦可用集中参数特性来近似,例如把进出口温度的平均值作为流体温度看待,这样较简单,但精度差。

(2) 纯滞后及滞后(时间常数) 较大　在炼油化工生产过程中,许多工艺不允许冷热两流体直接接触,不允许在传热过程中伴有物质交换。因此,为达到传热目的,常采用间壁式换热器。在间壁式换热器中,热流体的热量通过对流传热传给间壁,经间壁热传导后,再由间壁将热量以对流方式传给冷流体。因此,间壁式传热设备属典型的多容对象,并带有较大的滞后。通常传热设备可以近似地认为是具有纯滞后的多容对象。

传热设备的自动控制系统中被控变量大多数是温度,而测温元件的测量滞后是比较显著的。常用热电偶、热电阻等测温元件,为了保护其不致损坏或被介质腐蚀,一般均加有保护套管,这样就增加了测温元件的测量滞后,因此测温元件的测量滞后也给传热设备的自动控制系统增加了滞后时间。

9.1.2　换热器的控制

在炼油化工生产中,换热设备应用极其广泛。进行换热的目的主要有下列 4 种:

(1) 使工艺介质达到规定的温度,以使化学反应或其他工艺过程能很好地进行。例如合成氨生产中的脱硫或变换等过程的气体入口温度,都有最适宜的条件。

(2) 在生产过程中加入吸收的热量或除去放出的热量,使工艺过程能在规定的温度范围内进行。例如合成氨生产中转化反应是一个强烈的吸热反应,必须加入热量,以维持转化反应。聚氯乙烯的聚合反应是一个放热反应,要用冷却水除去放出的热量,才能使反应按要求进行下去。

(3) 某些工艺过程需要改变物料的相态。例如汽化需要加热,冷凝会放热,将氨气冷凝成液氨便是一例。

(4) 回收热量。由于换热目的的不同,其被控变量也不完全一样。在大多数情况下,被控变量是温度,例如图 9-1-2(a) 中所示的蒸汽加热器自动控制系统。为了使被加热的工艺介质达到规定的温度,常常取出口温度为被控变量,调节加热蒸汽量使工艺介质出口温度恒定。对于不同的工艺要求,被控变量也可以是流量、压力、液位等。当被加热的工艺介质流量比较平稳且对出口温度要求一般时,可取加热蒸汽流量(或压力) 作为被控变量,组成如图 9-1-2(b) 所示的流量(或压力) 单回路定值控制系统。绝大多数的温度控制系统都是为上述(1)、(2) 两个目的服务的。而目的(3) 实际上所需的变量是热量,一般可取载热体的流量作为被控变量。对于一般热量回收系统,往往是不需要加以自动控制的。

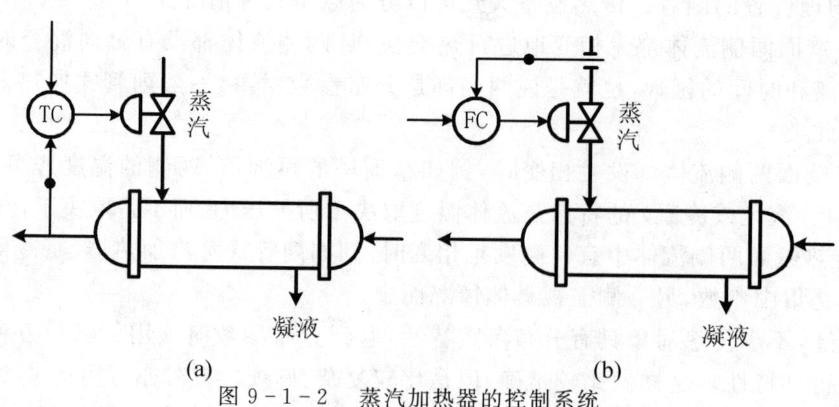

图 9-1-2　蒸汽加热器的控制系统

从传热过程的基本方程式可知，为保证出口温度平稳，满足工艺生产的要求，必须对传热量进行调节。调节传热量有以下几条途径：

(1) 调节载热体的流量，如图 9-1-3 所示。调节载热体流量大小，其实质是改变传热速率方程中的传热系数 K 和平均温差 ΔT_m。对于载热体在加热过程中不发生相变的情况，主要是改变传热速率方程中传热系数 K；而对载热体在传热过程中发生相变的情况，主要是改变传热速率方程中的 ΔT_m。这种传热设备自动控制方案是最常用的。

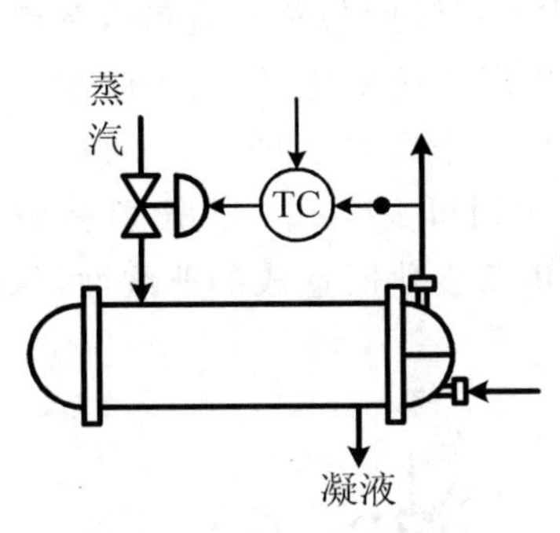

图 9-1-3　调节载热体流量的方案

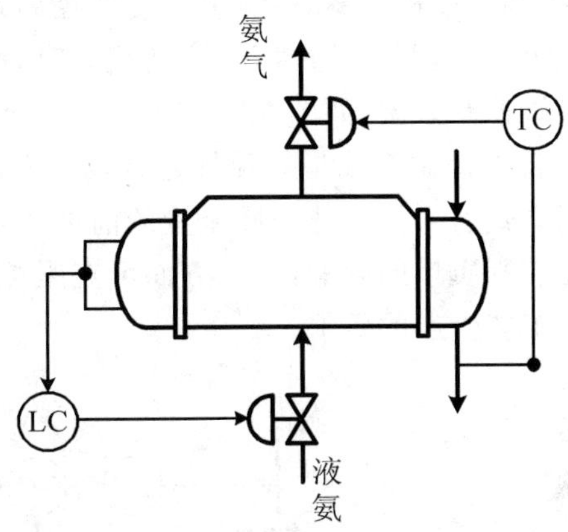

图 9-1-4　调节传热平均温差的方案

(2) 调节传热平均温差 ΔT_m，如图 9-1-4 所示。这种控制方案滞后较小，反应迅速，应用亦较广泛。本例中，通过调节氨气量以改变液氨压力与对应的平衡温度，进而改变间壁两侧流体的平均温差达到控制工艺介质出口温度的目的。

(3) 调节传热面积 F，如图 9-1-5 所示。这种方案滞后较大，只有在某些必要的场合才采用。

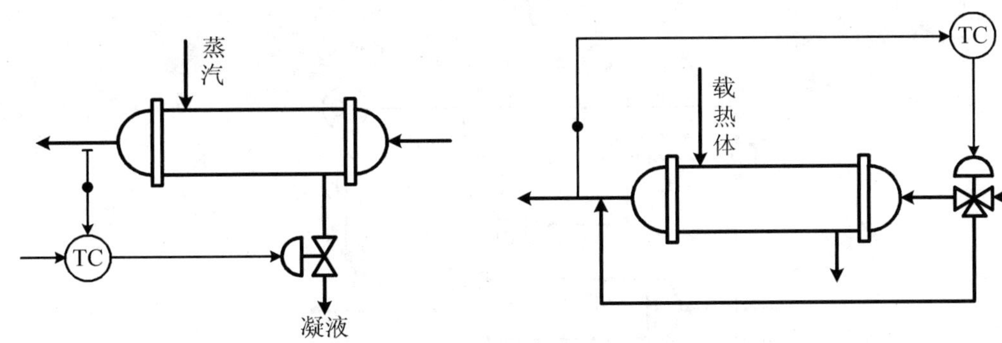

图 9-1-5　调节传热面积的方案

图 9-1-6　将工艺介质部分旁路的方案

(4) 将工艺介质分路，如图 9-1-6 所示。该方案是一部分工艺介质经换热，另一部分走旁路。该方案实际上是一个混合过程，所以反应迅速及时，但载热体流量一直处于高负荷下，这在采用专门的热剂或冷剂时是不经济的。然而对于某些热量回收系统，载热体是某种工艺介质，总流量本来不好调节，这时便不成为缺点了。

在设计传热设备自动控制方案时，要视具体传热设备的特点和工艺条件而定。例如大部分蒸汽加热器的操纵变量是采用载热体即加热蒸汽。而在某些场合，当被加热工艺介质的出口温度较低，采用低压蒸汽作载热体，传热面积裕量又较大时，为了保证温度控制平稳及冷凝液排除畅通，往往以冷凝液流量作为操纵变量，调节传热面积，以保持出口温度恒定。在采用单回路控制系统时，根据传热设备滞后较大的特点，控制器选型中引入微分作用是有益的，而且有时也是必要的，这样相对地可以改善控制品质。

大多数情况下，当工艺介质较稳定时，采用单回路控制就能满足要求，若还满足不了工艺要求，则可以从方案着手，引入复杂控制系统，如串级、前馈等。以图 9－1－3 所示的蒸气加热系统为例，当蒸汽阀前压力波动较大时，可采用工艺介质出口温度与蒸汽流量或蒸汽压力组成的串级控制系统，如图 9－1－7 所示。而当主要扰动是生产负荷变化时，引入前馈信号组成前馈－反馈控制系统是一种行之有效的方案，可获得更好的控制品质。图 9－1－8 以变比值串级控制方式引入了工艺介质流量的前馈信息，一方面前馈作用可大大减少生产负荷变化对出口温度控制质量的影响，另一方面可克服控制通道增益随负荷变化所造成的非线性，从而更好地满足工艺生产的要求。

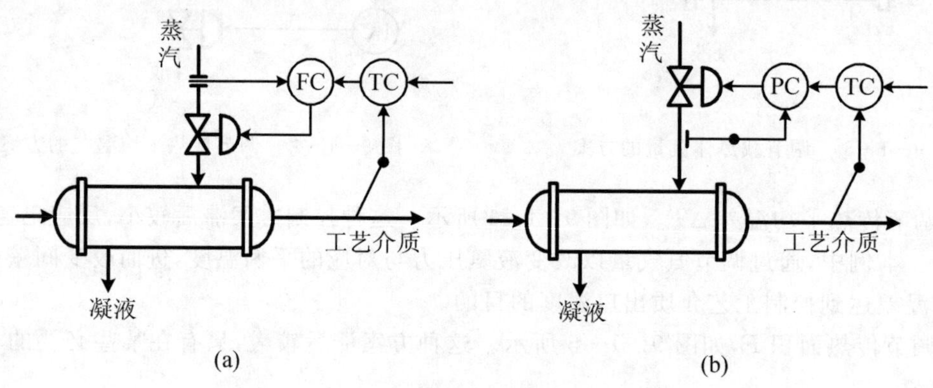

图 9－1－7　换热器出口温度的串级控制方案

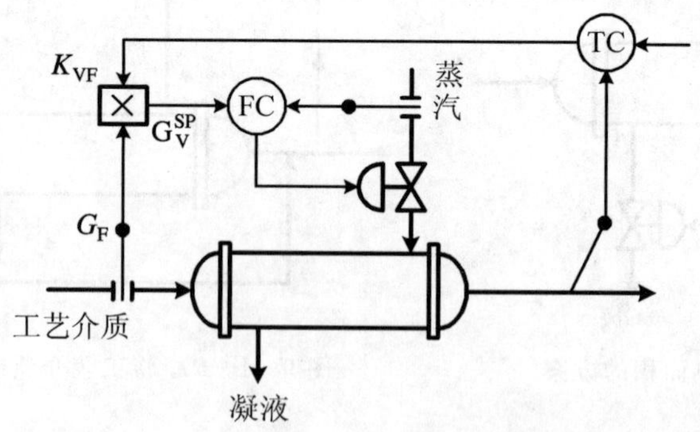

图 9－1－8　换热器出口温度的变比值串级控制方案

9.1.3　加热炉的控制

在炼油化工生产中常见的加热炉是管式加热炉。其形式可分为箱式、立式和圆筒炉三大类。对于加热炉，工艺介质受热升温或同时进行汽化，其温度的高低会直接影响后一工序的操作工况和产品质量。当炉子温度过高时，会使物料在加热炉内分解，甚至造成结焦而烧坏炉管。加热炉的平稳操作可以延长炉管使用寿命。因此，加热炉出口温度必须严加控制。

加热炉是传热设备的一种，同样具有热量传递过程。热量通过金属管壁传给工艺介质，因此它们同样符合导热与对流传热的基本规律。但加热炉属于火力加热设备，首先由燃料的燃烧产生炽热的火焰和高温的气流，主要通过辐射传热将热量传给管壁，然后由管壁传给工艺介质，工艺介质在辐射室获得的热量约占总热负荷的 70% ～ 80%，而在对流段获得的热量约占热负荷 20% ～ 30%。因此加热炉的传热过程比较复杂，想从理论上获得对象特性是很困难的。

加热炉的对象特性一般基于定性分析和实验测试获得。从定性角度出发，可以看出其传热过程为：炉膛炽热火焰辐射给炉管，经热传导、对流传热给工艺介质。所以与一般传热对象一样，具有较大的时间常数和纯滞后时间。特别是炉膛，它具有较大的热容量，故滞后更为显著，因此加热炉属于一种多容量的被控对象。根据若干实验测试，并做了一些简化，可以用一阶环节加纯滞后来近似，其时间常数和纯滞后时间与炉膛容量大小及工艺介质停留时间有关。炉膛容量大，停留时间长，则时间常数和纯滞后时间大，反之亦然。

1. 加热炉的单回路控制方案

(1) 扰动分析　加热炉的最主要控制指标往往是工艺介质的出口温度，此温度为控制系统的被控变量，而操纵变量为燃料油或燃料气的流量。对于不少加热炉来说，温度控制指标要求相当严格，例如允许波动范围 ±(1 ～ 2)℃。影响炉出口温度的扰动因素有：工艺介质进料的流量、温度、组分，燃料方面有燃料油(或气)的压力、成分(或热值)、燃料油的雾化情况，空气过量情况，喷嘴的阻力，烟囱抽力等。在这些扰动因素中有的是可控的，有的是不可控的。为了保证炉出口稳定，对扰动应采取必要的措施。

(2) 单回路控制系统的分析　图 9-1-9 为某一燃油加热炉控制系统示意图，其主要控制系统是以炉出口温度为被控变量、燃料油流量为操纵变量组成的单回路控制系统。其他辅助控制系统有：

1) 进入加热炉工艺介质的流量控制系统，如图中 FC 控制系统；

2) 燃料油总压控制，总压控制一般调回油量，如图中 P_1C 控制系统；

3) 采用燃料油时，还需加入雾化蒸汽(或空气)，为此设有雾化蒸汽压力控制系统，如图中 P_2C 控制系统，以保证燃料油的良好雾化。

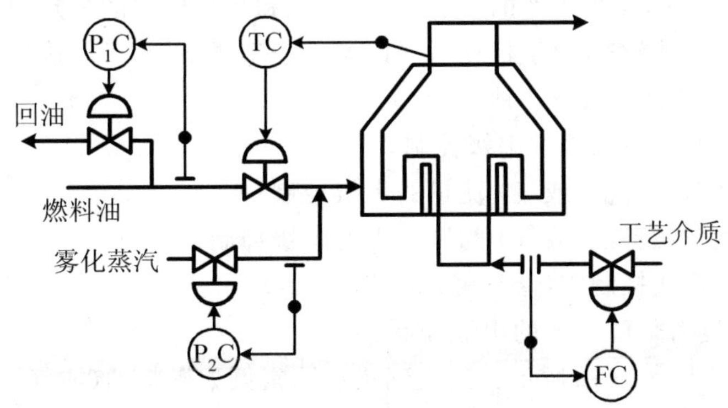

图 9-1-9　加热炉控制系统示意图

采用雾化蒸汽压力控制系统后，在燃油压力变化不大的情况下是可以满足雾化要求的，目前炼厂中大多数采用这种方案。假如燃料油压变化较大时，单采用雾化蒸汽压力控制就不能保证燃料油得到良好的雾化，可以采用如下控制方案：

1）根据燃料油阀后压力与雾化蒸汽压力之差来调节雾化蒸汽，即采用压差控制，如图9-1-10所示。

2）采用燃料油阀后压力与雾化蒸汽压力比值控制，如图9-1-11所示。

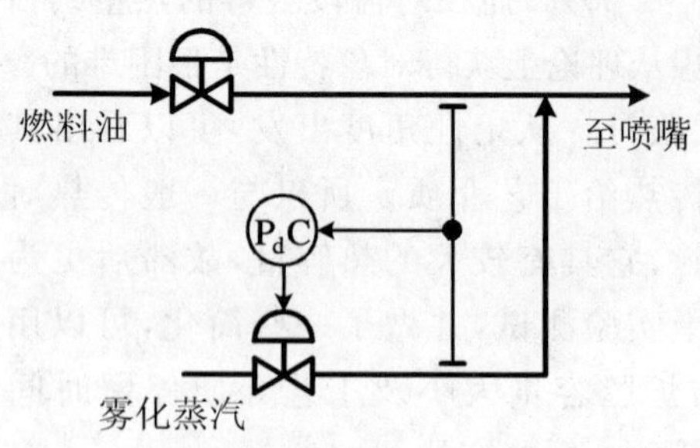

图9-1-10　燃料油与雾化蒸汽压差控制系统

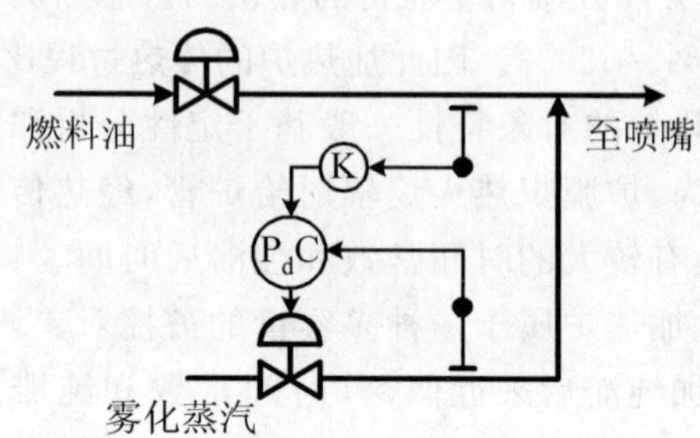

图9-1-11　燃料油与雾化蒸汽压力比值控制系统

采用上述两种方案时，只能保持近似的流量比，还应注意经常保持喷嘴、管道、节流件等通道的畅通，以免喷嘴堵塞及管道局部阻力发生变化，引起控制系统的误动作。此外，也可采用二者流量的比值控制，则能克服上述缺点，但所用仪表多且重油流量测量困难。

采用单回路控制系统往往很难满足工艺要求，因为加热炉需要将工艺介质（物料）从几十度升温到数百度，其热负荷很大。当燃料油（或气）的压力或热值（组分）有波动时，就会引起炉出口温度的显著变化。采用单回路控制时，当加热量改变后，由于传递滞后和测量滞后较大，控制作用不及时，而使炉出口温度波动较大，满足不了工艺生产要求。因此单回路控制系统仅适用于下列情况：

1）对炉出口温度要求不十分严格；

2）外来扰动缓慢而较小，且不频繁；

3）炉膛容量较小，即滞后不大。

2.加热炉的串级控制方案

为了改善控制品质，满足生产的需要，石油化工和炼油厂中的加热炉大多采用串级控制系统。加热炉的串级控制方案，由于扰动因素以及炉子型式不同，可以选择不同的副变量。加热炉串级控制的形式，主要有以下几种：

1）炉出口温度对炉膛温度的串级控制；

2）炉出口温度对燃料油（或气）流量的串级控制；

3）炉出口温度对燃料油（或气）阀后压力的串级控制；

4）采用压力平衡式控制阀（浮动阀）的控制。

（1）炉出口温度对炉膛温度的串级控制。

该控制方案如图9-1-12所示。当受到扰动因素例如燃料油（或气）的压力、热值、烟囱抽力等作用后，首先将反映炉膛温度的变化，以后再影响到炉出口温度，而前者滞后远较后者小。根据某厂测试，前者仅为3 min，而后者长达15 min。采用炉出口温度对炉膛温度串级后，就把原来滞后的对象一分为二，副回路起超前作用，能使这些扰动因素一影响到炉膛温度时，就迅速采取控制手段，这将显著改善控制质量。

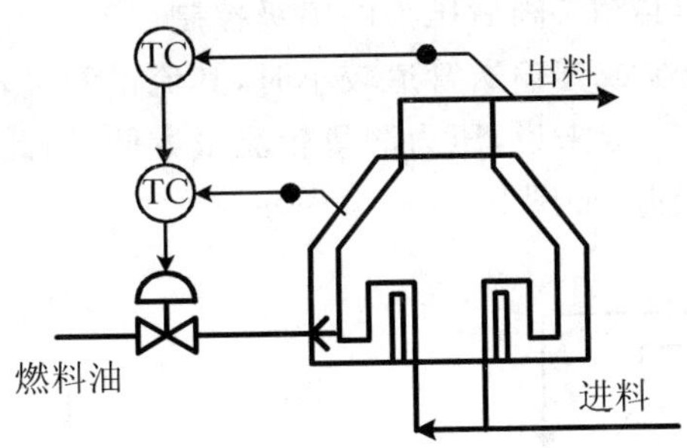

图 9－1－12　炉出口温度对炉膛温度的串级控制

这种串级控制方案对下述情况更为有效。

1）热负荷较大，而热强度较小。即不允许炉膛温度有较大波动，以免影响设备。

2）当主要扰动是燃料油或气的热值变化（即组分变化）时，其他串级控制方案的内环无法感受。

3）在同一个炉膛内有两组炉管，同时加热两种物料。此时虽然仅控制一组温度，但另一组亦较平稳。

由于把炉膛温度作为副变量，因此采用这种方案时还应注意下述几个方面：

1）应选择有代表性的炉膛温度检测点，而且要反应快。但选择时较困难，特别对圆筒炉。

2）为了保护设备，炉膛温度不应有较大波动，所以在参数整定时，对于副控制器不应整定得过于灵敏，且不加微分作用。

3）由于炉膛温度较高，测温元件及其保护套管材料必须耐高温。

（2）炉出口温度对燃料油（或气）流量的串级控制。

一般情况下虽然对燃料油压力进行了控制；但在操作过程中，发现燃料流量的较小波动成为外来主要扰动因素时，则可以考虑采用炉子出口温度对燃料油（或气）流量的串级控制，如图 9－1－13 所示。这种方案的优点是当燃料油流量发生变化后，还未影响到炉出口温度之前，其内环即先进行调节，以减小甚至消除燃料油（或气）流量的扰动，从而改善了控制质量。

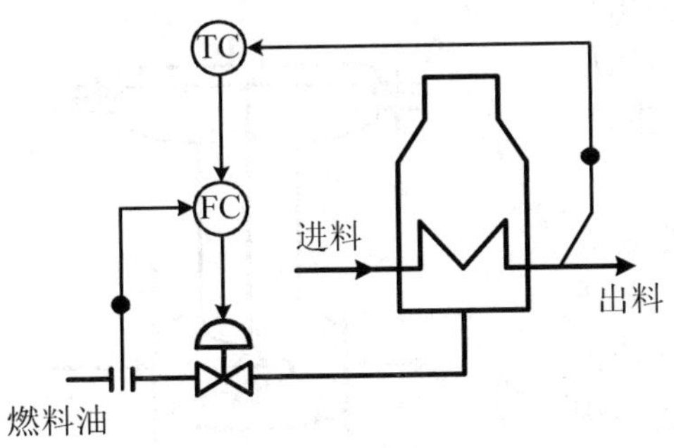

图 9－1－13　炉出口温度对燃料油的串级控制

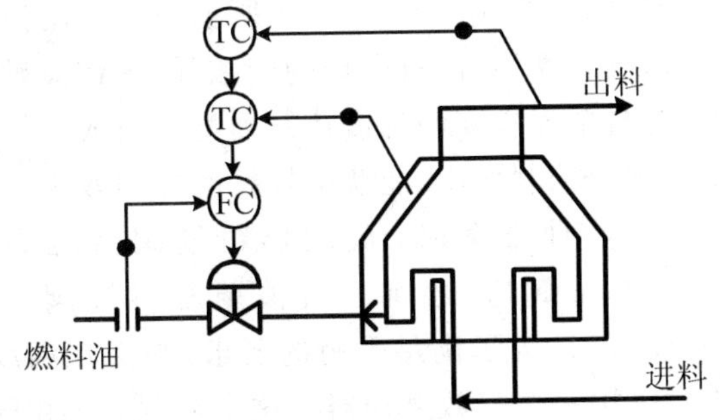

图 9－1－14　炉出口温度对炉膛温度及燃料油流量的串级控制

在某些特殊情况下，可组成炉出口温度、炉膛温度、燃料油流量的三个参数的串级控制系统，如图 9-1-14 所示。但该方案使用仪表多，且整定困难。

(3) 炉出口温度对燃料油(或气) 阀后压力的串级控制。

若加热炉所需燃料油量较少或其输送管道较小时，其流量测量较困难，特别是应用粘度较大的重质燃料油时更难测量。一般来说，压力测量较流量方便，因此可以采用炉出口温度对燃料油(或气) 阀后压力的串级控制，如图 9-1-15 所示。

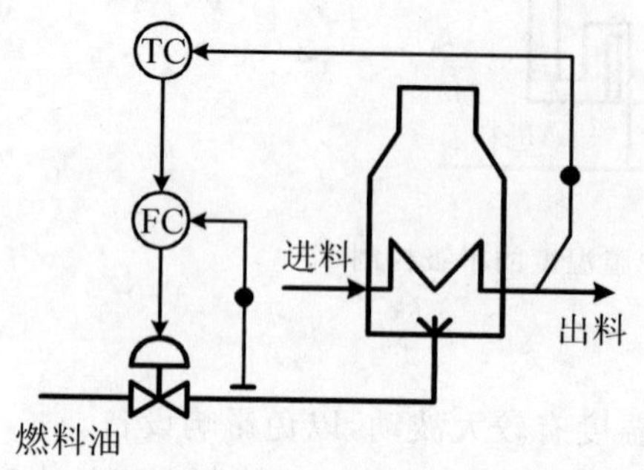

图 9-1-15　炉出口温度对燃料油压力的串级控制

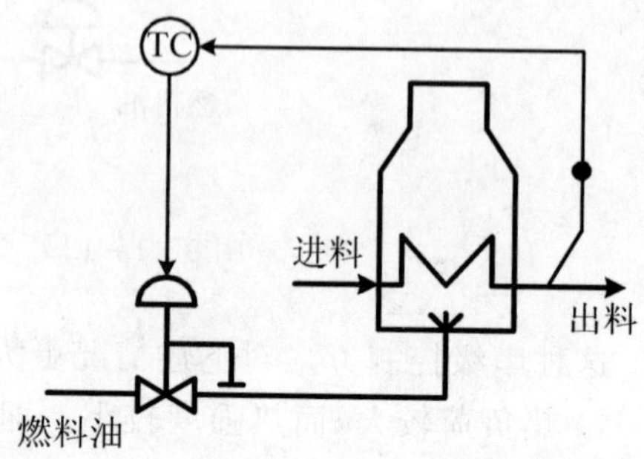

图 9-1-16　采用浮动阀的控制方案

该方案应用较广。采用该方案时，需要注意的是，如果燃料喷嘴部分堵塞，也会使阀后压力升高，此时副控制器的动作使阀门关小，这是不适宜的。因此，在运行时必须防止这种现象发生。特别是采用重质燃料油或燃料气中夹带着液体时更要注意。

(4) 采用压力平衡式控制阀(浮动阀) 的控制。

当燃料是气态时，采用压力平衡式控制阀(浮动阀) 的方案颇有特色，如图 9-1-16 所示。这里用浮动阀代替了一般控制阀，节省了压力变送器，且浮动阀本身兼起压力控制器功能，实现了串级控制。

浮动阀是如何起压力控制器作用呢？因为这种阀膜片上部来自温度控制器的输出压力 p_1，而膜片下部接火燃料气阀后压力 p_2，只有当 $p_1 = p_2$ 时，阀杆才不动，处于平衡状态。当由于温度变化而使控制器输出压力改变为 p_3 时，此时 $p_2 \neq p_3$，则阀杆动作，改变阀门开度，最终使 $p_4 = p_3$，重新达到平衡。若由于燃料气流量变化，使燃料气压改变，此时阀杆动作，改变阀门开度，最终使阀后压力回到平衡状态。

浮动阀结构如图 9-1-17 所示。它不用弹簧、不用填料，所以没有摩擦，没有机械的间隙，故工作灵敏度高，反应迅速，它与精度较高的温度控制器配套组成的控制回路，实际上起串级控制作用，能获得较好的控制效果。

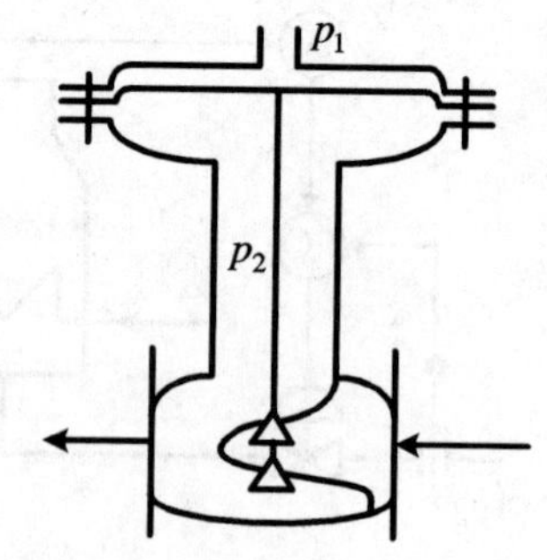

图 9-1-17　浮动阀示意图

采用这种方案时，被调燃料气阀后压力一般应在 0.04 ～ 0.08 MPa 之间。若被调燃料气阀后压力大于 0.08 MPa 时，为了满足平衡的要求，则需在温度控制器的输出端串接一个倍数继动器。这个控制方案由于下述原因而受到一定限制：

1) 由于倍数继动器的限制，一般情况下适用于 0.04 ～ 0.4 MPa 的气体燃料；

2）一般的膜片不适用于液体燃料及温度较高的气体燃料；

3）当膜片上下压差较大时，膜片容易损坏。

下面举例说明加热炉控制系统的应用。

在催化裂化装置中，为了保证催化裂化反应的进行，需将原料油加热至400℃，送至反应器，在催化剂作用下，使油品裂化生成汽油和气体。工业上常采用圆筒炉将原料油加热至400℃，其控制系统如图9-1-18所示。

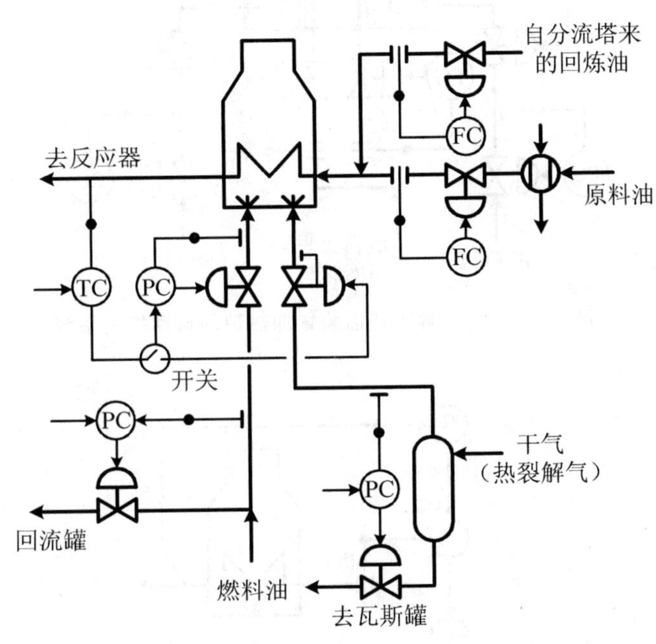

图9-1-18　催化裂化装置加热炉的自动控制系统

刚开工生产时，该装置设有产生燃料油，因而采用热裂化来的干气作燃料。这里采用浮动阀，由炉出口温度控制器输出直接去控制浮动阀。当生产正常时，本装置自产重质燃料油，此时炉出口温度与燃料油阀后压力组成串级控制，保证炉出口温度满足工艺要求（在这里温度控制器输出加入了一个转换开关，以选择燃油还是燃气）。其余扰动因素采用单回路控制系统予以克服。

石炼油厂常压蒸馏装置中，管式加热炉是重要设备之一，它的任务是把原油加热至一定温度，然后去常压塔分馏，分离出各种产品。加热炉出口温度是否平稳，直接影响后续工序的分馏效果。加热炉的平稳操作，可以延长炉管的寿命。因此，炉子出口温度要求严格控制。其控制系统如图9-1-19所示。这里是一个方箱炉，采用两组炉管进行加热，为保证出口温度的稳定，用了两组炉出口温度对炉膛温度的串级控制系统。其余一些扰动因素采用单回路控制系统来克服。

在加热炉的自动控制系统中，有时遇到生产负荷即进料流量、温度变化频繁，扰动幅度又较大，此时采用串级控制仍难以满足生产要求，而采用如图9-1-20所示的前馈一反馈控制系统，往往是行之有效的。前馈控制部分克服进料流量（或温度）的扰动作用，而反馈控制克服其余扰动作用。

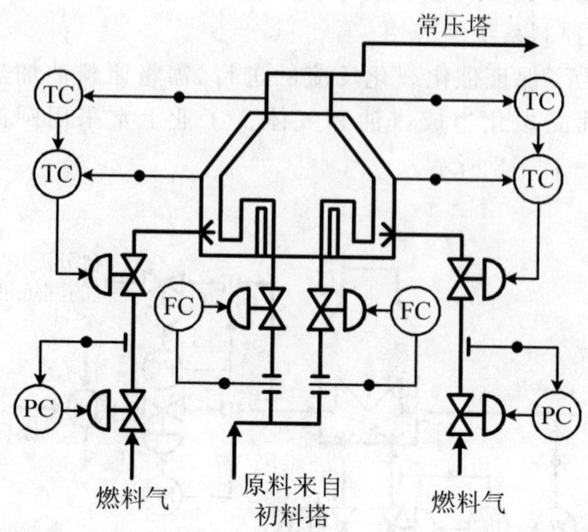

图 9-1-19　常压蒸馏装置加热炉的自动控制系统

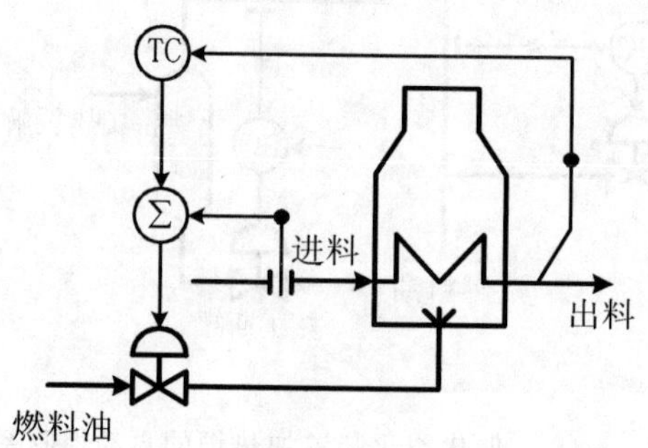

图 9-1-20　加热炉的前馈-反馈控制系统

3. 安全连锁保护系统

为了保证加热炉的安全生产，防止事故的发生，应有必要设置安全连锁保护系统。至于采用哪些安全连锁保护系统，应视具体情况而定。

(1) 以燃料气为燃料的加热炉安全联锁保护系统。

在以燃料气为燃料的加热炉中，主要危险包括：

1) 被加热工艺介质流量过少或中断，此时必须采取安全措施，切断燃料气控制阀，停止燃烧，否则会将加热炉管子烧坏，使其破裂造成严重的生产事故；

2) 当火焰熄灭时，会在燃烧室里形成危险的燃料－空气混合物；

3) 当燃料气压过低即流量过小时，会出现回火现象，故要保证最小燃料气流量；

4) 当燃料气压力过高，喷嘴会出现脱火现象，以至造成熄火，甚至会在燃烧室里形成大量燃料气-空气混合物，造成爆炸事故。

作为例子，可设置如图 9-1-21 所示的安全联锁保护系统，它包括以下几部分：

1) 炉出口温度与控制阀阀后压力的选择性控制系统。正常生产时，由温度控制器工作。当由于某种扰动作用，使控制阀阀后压力过高，达到安全极限时，压力控制器 PC 通过低值选择器 LS 取代温度控制器工作；关小控制阀以防止脱火。一旦正常后，仍由温度控制器工作。

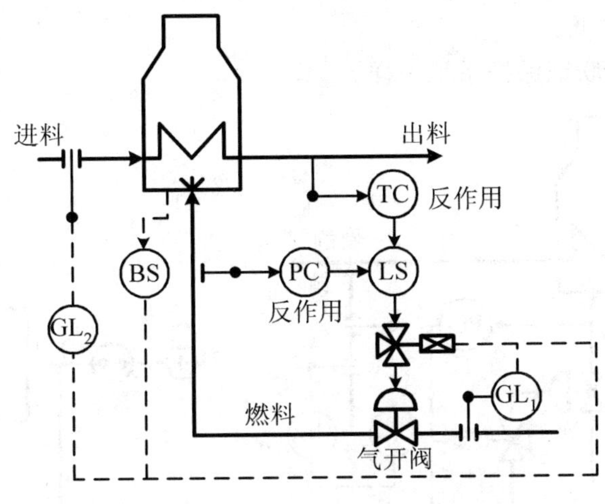

图 9－1－21　加热炉的安全连锁保护系统

2) 燃料气流量过低联锁报警系统 GL_1。当燃料气流量低到一定极限时，则 GL_1 联锁动作，使三通电磁阀线圈失电，这样来自控制器的气压信号放空，结果切断燃料气阀，以防止回火造成事故。

3) 工艺介质低流量联锁报警系统 GL_2，当工艺介质流量过低或中断时，GL_2 动作切断燃料气控制阀，停止燃烧。

4) 火焰检测器开关 BS。当火焰熄灭时，BS 动作，切断燃料气控制阀，停止供气，以阻止燃烧室内形成燃料气－空气混合物造成爆炸事故。

上述三个联锁系统动作以后，不能自动复位，恢复正常后，需人工复位重新投入运行。

(2) 以燃料油为燃料的加热炉安全联锁保护系统。

在这类加热炉中主要危险包括：进料流量过小或中断；燃料油压力过高会脱火，过低会回火；雾化蒸汽压力过低或中断，会使燃料油得不到良好雾化，甚至无法燃烧。因此在这里设置联锁保护系统，基本上与以燃料气为燃料的加热炉相似，仅是将原来的火焰检测器 BS，换成雾化蒸汽压力过低联锁保护系统。

(3) 应用示例。

某加热炉需将工艺介质加热至 407℃，然后送往下一工序进行反应，进料包括循环气及新鲜气两部分，而循环气占主导地位。整个加热炉的控制系统及安全联锁保护系统如图 9－1－22(a) 所示。

加热炉的主要控制系统是炉出口温度与燃料油阀后压力的串级控制系统，燃料油阀后压力与雾化蒸汽压力之差即压差控制系统，以保证燃料油雾化良好。

安全联锁保护系统可同时参见图 9－1－22(b)。对炼厂气的供给，只有当引火喷嘴在炼厂气压力过低时，联锁报警，切断供给。其动作原理如下：当引火喷嘴在炼厂气压力过低时，其 PL_1 的常闭触点断开，使三通电磁阀线圈失电，这样由气源供给炼厂气控制阀的气压信号放空，结果切断了炼厂气，防止事故发生。而对燃料油的供给，只要符合以下三个条件中任一个，均要切断燃料油的供给。

1）引火喷嘴用炼厂气压力过低；

2）循环气流量过低（为确保动作可靠采用了双套仪表）；

3）雾化蒸汽压力过低。

其动作原理与上述联锁保护系统一样。

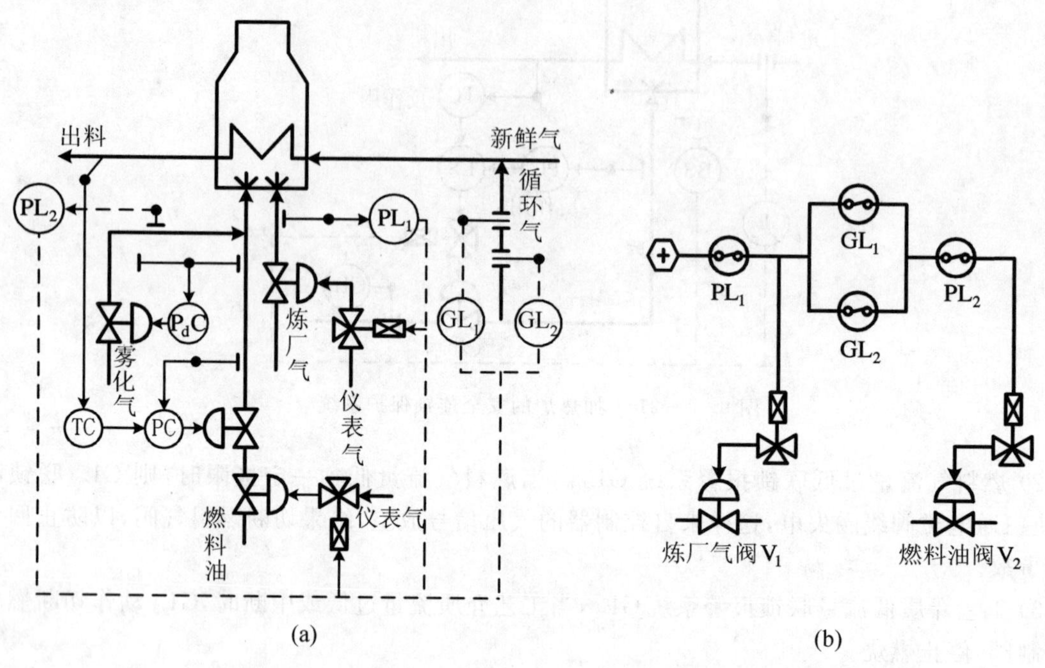

图 9-1-22　加热炉自动控制系统及联锁保护系统

§9.2　精馏过程的控制

本节将首先分析精馏过程的操作要求和特性，在此基础上，讨论精馏塔自动控制的基本方案。这些基本控制方案，是目前工业生产中最常用的控制方案，它们也是构成复杂控制和最优控制系统的基础。最后简单介绍先进控制技术在精馏塔中的应用。

9.2.1　精馏塔的控制目标

精馏就是将一定浓度的溶液送入精馏装置，使其反复地进行部分汽化和部分冷凝，从而得到预期的塔顶与塔底产品的操作。完成这一操作过程的相应设备除精馏塔外，还有再沸器、冷凝器、回流罐和回流泵等辅助设备。目前，工业上一般所采用的连续精馏装置的流程如图 9-2-1 所示。

精馏塔的控制目标，应该在满足产品质量合格的前提下，使总的收益最大或总的成本最小。因此，精馏塔的控制要求，应该从质量指标（产品纯度）、产品产量和能量消耗三个方面进行综合考虑。

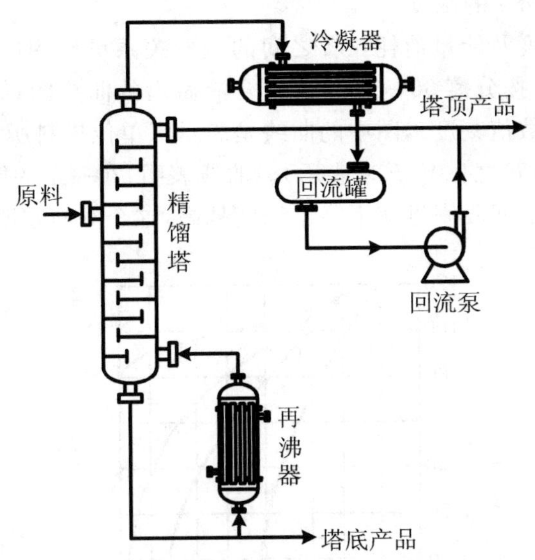

图 9-2-1　连续精馏装置的工艺流程

1. 质量指标

精馏操作的目的是将混合液中各组分分离为产品，因此产品的质量指标必须符合规定的要求。也就是说，塔顶或塔底产品之一应该保证达到规定的纯度，而另一产品也应保证在规定的范围内。

在二元组分精馏中，情况较简单，质量指标就是使塔顶产品中轻组分纯度符合技术要求或塔底产品中重组分纯度符合技术要求。

在多元组分精馏中，情况较复杂，一般仅控制关键组分。所谓关键组分，是指对产品质量影响较大的组分。从塔顶分离出挥发度较大的关键组分称为轻关键组分，从塔底分离出挥发度较小的关键组分称为重关键组分。有时，对多元组分的分离可简化为对二元关键组分的分离，也相应地简化了精馏操作。

应当指出，产品质量最好控制到刚好能满足规格要求上，即处于“卡边”生产。超过规格的产品是一种浪费，因为它的售价不会更高，只会增大能耗、降低产量而已。

2. 产品产量和能量消耗

精馏塔的其他两个重要控制目标是产品的产量和能量消耗。精馏塔的任务，不仅要保证产品质量，还要有一定的产量。另外，分离混合液也需要消耗一定的能量，这主要是再沸器的加热量和冷凝器的冷却量消耗。此外，塔的附属设备及管线也要散失一部分热量和冷量。从定性的分析可知，要使分离所得的产品纯度越高，产品产量越大，则所消耗的能量越多。

产品的产量通常用该产品的回收率来表示。回收率的定义是：进料中每单位产品组分所能得到的可售产品的数量。数学上，组分 i 的回收率定义为

$$R_i = \frac{P}{Fz_i}$$

式中　P—— 产品产量；

　　　F—— 进料流量；

z_i—— 进料中组分 i 的浓度。

产品回收率、产品纯度及能量消耗三者之间的定量关系可以用图 9-2-2 中的曲线来说明。这是对于某一精馏塔按分离 50% 两组分混合液做出的曲线图，纵坐标是回收率，横坐标是产品纯度（按纯度的对数值刻度），图中的曲线是表示每单位进料所消耗能量的等值线（用塔内上升蒸气量 V 与进料量 F 之比 V/F 来表示）。曲线表明，在一定的能耗 V/F 情况下，随着产品纯度的提高，会使产品的回收率迅速下降。纯度越高，这个倾向越明显。

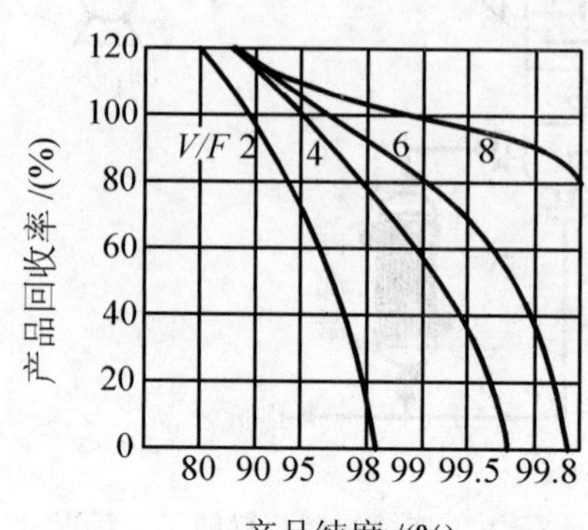

图 9-2-2 产品纯度、产品回收率和能量消耗的关系

此外，从图 9-2-2 可知，在一定的产品纯度要求下，随着 V/F 从小到大逐步增加；刚开始可以显著提高产品的回收率。然而，当 V/F 增加到一定程度以后，再进一步增加 V/F 所得的效果就不显著了。例如，由图 9-2-2 可以看出，在 98% 的纯度下，当 V/F 从 2 增至 4 时，产品回收率从 14% 增到 88%，增加了 74%；当 V/F 再从 4 增加到 6 时，则产品回收率仅从 88% 增加到 96.5%，只增加了 8.5%。

以上讨论说明，在精馏操作中，质量指标、产品回收率和能量消耗均是要控制的目标。其中质量指标是必要条件，在质量指标一定的前提下，控制过程中应使产品产量尽量高一些；同时能量消耗尽可能低一些。至于在质量指标一定的前提下，使单位产品产量的能量消耗最低或使单位产品量的成本最低以及使综合经济效益最大等，均是属于不同目标函数的最优控制问题。

9.2.2 精馏塔的静态特性和动态特性

精馏塔是在一定的物料平衡和能量平衡的基础上进行操作的生产，一切影响因素均通过物料平衡和能量平衡影响塔的正常操作。影响物料平衡的因素是进料量和进料组分的变化、塔顶采出量或塔底采出量的变化。影响能量平衡的因素主要是进料温度（单相进料时）或热熔（两相进料时）的变化、再沸器加热量和冷凝器冷却量的变化以及环境温度的变化等。同时物料平衡和能量平衡之间又是相互影响的。因此要了解这些因素对精馏过程的影响，必须分析精馏塔的静态特性与动态特性。所谓静态特性就是以物料平衡和能量平衡为基础来确定稳态下精馏塔各参数之间的定量关系；而动态特性反映了精馏塔各参数之间的动态影响关系。下面仅以二元精馏塔为例，分析其静态特性与动态特性。

1. 精馏塔的静态特性

(1) 全塔物料平衡 稳态时，进塔的物料必须等于出塔的物料，所以总的物料平衡关系为

$$F = D + B \qquad (9-2-1)$$

轻组分的物料平衡关系为

$$Fx_F = Dx_D + Bx_B \tag{9-2-2}$$

式中　F,D,B—— 分别为进料量、塔顶采出量和塔底采出量；

x_F,x_D,x_B—— 分别为进料、塔顶采出物和塔底采出物中轻组分的浓度。

联立方程式(9-2-1)、式(9-2-2)可得

$$\frac{D}{F}=\frac{x_F-x_B}{x_D-x_B}\text{ 或 }\frac{B}{F}=\frac{x_D-x_F}{x_D-x_B} \tag{9-2-3}$$

从上述关系式中，可以明显看出进料 F 在产品中的分配量(D/F 或 B/F)是决定塔顶和塔底产品中轻组分浓度 x_D 和 x_B 的主要因素。D/F 改变了，x_D 和 x_B 都可以改变。另外，进料组分浓度，也是一个影响 x_D 和 x_B 的重要因素。

然而，单是物料平衡关系，还不能完全确定 x_D 和 x_B，只能确定 x_D 和 x_B 之间的关系。要确定 x_D 和 x_B 的值还必须建立另一个关系式，这个关系式可以由塔的能量平衡关系得出。

(2) 能量平衡　在稳态时，通过传热和进料带入精馏塔的所有能量必然与通过传热和产品带出的离开塔的能量相平衡。这种平衡可以用数学形式表示成

$$Q_H + FH_F = Q_C + DH_D + BH_B \tag{9-2-4}$$

式中　Q_H—— 再沸器加热量；

Q_C—— 冷凝器冷却量；

H_F,H_D,H_B—— 分别为进料、塔顶和塔底产品的热熔。

在式(9-2-4)中，假定热损失可以忽略不计。

式(9-2-4)并未表示出塔内的能量关系对产品纯度的直接影响，然而式(9-2-4)中的每一项都将影响塔内上升蒸汽量 V，而 V 与产品纯度的关系可以通过下面的讨论得出。

在二元精馏中，全回流时的芬斯克(Fenske)方程为

$$\frac{x_D(1-x_B)}{x_B(1-x_D)}=\alpha^n \tag{9-2-5}$$

式中　α—— 平均相对挥发度；

n—— 理论塔板数。

由式(9-2-5)可知，在全回流时，二元精馏塔两端产品纯度间的分离关系取决于 α 和 n。为了使式(9-2-5)也能推广到全回流以外的情况，定义分离度 S 为

$$S=\frac{x_D(1-x_B)}{x_B(1-x_D)} \tag{9-2-6}$$

在部分回流时，影响塔分离度 S 的因素很多，可以表示为如下的函数关系

$$S=f(\alpha,n,V/F,x_F,E,n_F)$$

式中　E—— 为塔板效率；

n_F—— 进料板位置；

其他符号同前。

对于一个确定的塔，α,n,E,n_F 是一定的或变化不大，同时进料浓度 x_F 的变化对 S 的影响与 V/F 对 S 的影响相比要小得多，可以忽略。于是上式可简化为

$$S=f(V/F)$$

该式表明若 V/F 一定，则分离度 S 就被确定。上式可进一步近似表示为

$$\frac{V}{F}=\beta\ln S \tag{9-2-7}$$

式中　β—— 塔的特性因子;对任意给定的塔,β可以用V/F除以分离度S的自然对数求得。

把式(9-2-6)代入式(9-2-7),可得

$$\frac{V}{F}=\beta\ln\left[\frac{x_D(1-x_B)}{x_B(1-x_D)}\right] \tag{9-2-8}$$

上式表示了精馏塔的能量关系,反映了V/F对塔分离结果的影响。因而由式(9-2-3)和式(9-2-8)可知,只要保持D/F和V/F一定(或者F一定时,保持D及V一定),这个塔的分离结果x_D,x_B就完全确定。

(3) 内部物料平衡　为简化起见,以二元精馏塔及塔顶和塔底产品均是液相为例,在恒分子流假设的前提下,分析塔内各项物料平衡关系。对于如图9-2-3所示的二元精馏塔,假定:

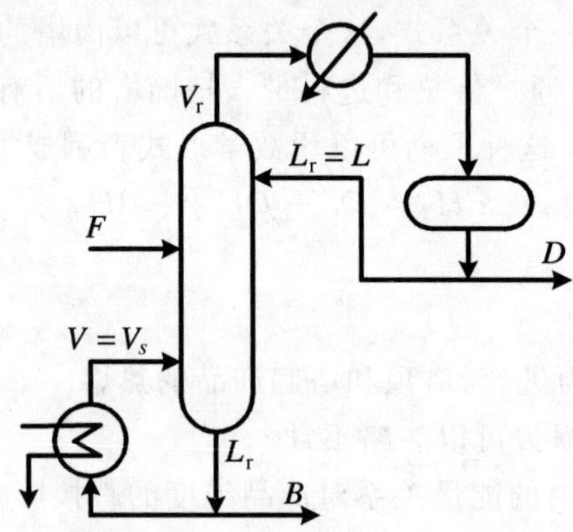

图9-2-3　二元精馏塔各项物料情况

1) 在精馏段内,通过各层塔板的上升蒸汽流量V_r均相等;

2) 在提馏段内、通过各层塔板的上升蒸汽流量V_s均相等;$V_s=V$(V为再沸器内蒸汽量);

3) 在精馏段内,通过各层塔板的下流液体流量L_r均相等;L_r称为内回流,当回流温度等于塔顶温度时,内回流L_r等于外回流L;

4) 在提馏段内,通过各层塔板的下流液体流量L_s均相等;

5) 回流罐和塔底液位不变;

6) 塔压也保持不变。

在以上这些条件下,有下述平衡关系:

1) 加料板的物料平衡

$$F+L+V=L_s+V_r \tag{9-2-9}$$

对于液相泡点进料

$$L_s=F+L,\quad V=V_r$$

对于汽相露点进料

$$V_r=F+V,\quad L=L_s$$

对于其他情况下的进料,则需依据热量平衡关系作相应的考虑。

2) 精馏段的物料平衡　精馏段的物料平衡关系如图9-2-4所示。对精馏段内任一塔板

i 以上作物料平衡计算，轻组分的物料平衡关系式为

$$V_r y_{i+1} = L_r x_i + D x_D \qquad (9-2-10)$$

式中　y_{i+1}—— 来自下方第 i＋1 层塔板的汽相中的轻组分浓度；

x_i—— 塔板 i 上液相中的轻组分浓度。

式(9－2－10) 可改写为

$$y_{i+1} = \frac{L_r}{V_r} x_i + \frac{D}{V_r} x_D \qquad (9-2-11)$$

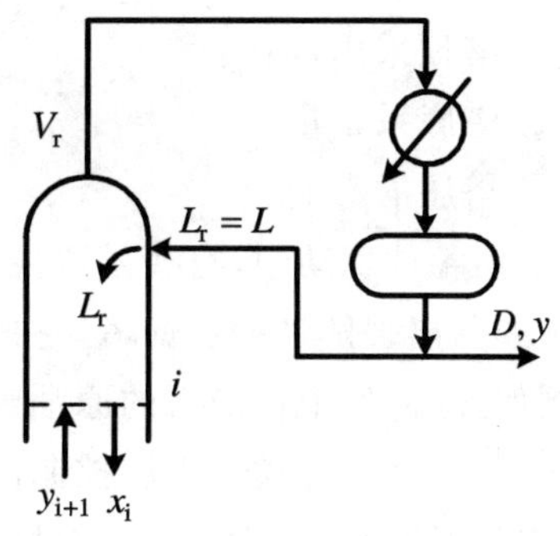

图 9－2－4　精馏段的物料平衡关系

式(9－2－11) 表明了精馏段内任一塔板的汽相浓度与汽液比 L_r/V_r 和 D/V_r 之间的关系。改变汽液比必将使塔板上浓度发生变化。然而，汽液比除了决定于再沸器上升蒸汽量 V_r 以外，还决定于回流量 L_r 与塔顶采出量 D。通常将回流量与采出量之比称为回流比 R，即

$$R = \frac{L}{D} \qquad (9-2-12)$$

当 $D=0$ 时称为全回流。由此可知，要改变精馏塔的操作工艺，应操作精馏塔的回流比和再沸器上升蒸汽量，通过内部平衡关系，使每块塔板上的浓度改变，从而导致最终产品纯度的变化。

塔顶和冷凝器的物料平衡关系为

$$D = V_r - L \qquad (9-2-13)$$

3) 提馏段的物料平衡　提馏段的物料平衡关系如图 9-2-5 所示。对提馏段内任一塔板 j 以下作物料平衡计算，轻组分的物料平衡关系式

$$V_s y_j = L_s x_{j-1} - B x_B \qquad (9-2-14)$$

式中　y_j—— 塔板 j 上气相中的轻组分浓度；x_{j-1} 是从第 j－1 块塔板流下的液相中的轻组分浓度。

式(9－2－14) 亦可改写为

$$y_j = \frac{L_s}{V_s} x_{j-1} - \frac{B}{V_s} x_B \qquad (9-2-15)$$

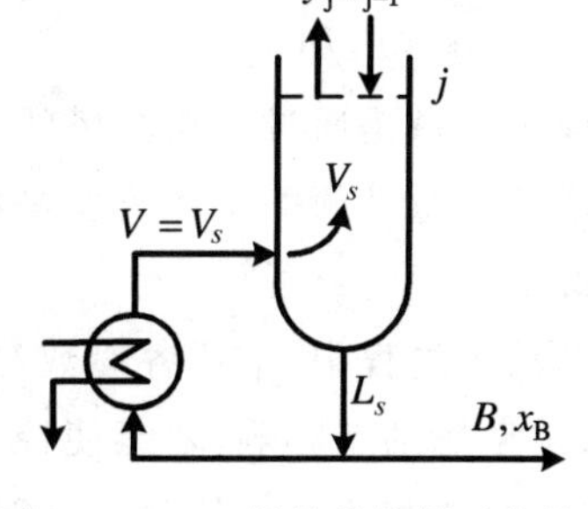

图 9－2－5　提馏段物料平衡关系

式(9－2－15) 表明了在提馏段内任一塔板上的汽相浓度与汽液比的关系。同样，要使塔的操作工况改变，应操作塔的回流比和再沸器上升蒸汽量，从而通过内部平衡关系最终改变产品的纯度。

塔底和再沸器的物料平衡关系为

$$B = L_s - V \qquad (9-2-16)$$

通过以上分析，影响精馏过程的主要因素可概括如下：

① 进料量；

② 进料浓度；

③ 进料温度和进料状态；

④ 再沸器的加热量；

⑤ 冷凝器的冷却量；

⑥ 回流量；

⑦ 塔顶采出量；

⑧ 塔底采出量；

⑨ 塔压的影响。

上述各种扰动中，有些是可控制的，有些是不可控制的。一般情况下，进料量是不可控制的，例如分离裂解气的乙烯塔，它的进料量受前一工序的影响。有些情况下进料流量也可以控制，例如，炼油厂中初馏塔的原油流量可以进行定值控制。

进料浓度的变动是无法控制的，它由上一工序所决定，但一般说来变化是缓慢的。

进料温度和状态的变化，对塔的操作影响较大。为了维持塔操作的能量平衡和稳定运行，在单相进料时，可以采用进料温度控制，以便克服这种扰动。在两相进料时，则可设法控制热焓恒定以克服扰动。对于冷凝器的冷却量和再沸器的加热量，一般都用定值控制系统来加以稳定。

总之，从前面对塔的静态特性和内部平衡关系的分析，不难看到，为了克服塔的主要扰动，可采用以下控制手段：

① 塔顶采出量；

② 塔底采出量；

③ 回流罐排气量；

④ 回流量；

⑤ 再沸器加热量；

⑥ 冷凝器冷却量。

前三个量是通过影响全塔的物料平衡与塔的内部平衡，从而起到控制作用；后三个量直接改变塔的能量平衡关系和改变塔内汽液比，从而起到控制产品质量的作用。

2. 动态影响分析

在动态过程中，上述各参数对塔操作的影响是有快有慢各不相同的；因此在设计控制方案时，必须考虑动态影响，才能使控制系统及时克服各参数对塔操作的影响。由于精馏塔是一个多变量、时变和非线性的对象，各变量之间又存在相互关联，因此定量分析动态影响，建立其数学模型已成为一项相当复杂的专门课题。下面仅从定性的角度从几个侧面分析塔的动态影响。

(1) 上升蒸汽和回流的影响　在精馏塔内，上升蒸汽流量变化的响应是相当快的。由于上升蒸汽只需克服塔板上极薄覆盖的液相阻力，而塔内汽相蓄存量的变化在塔压控制一定时可忽略不计，因此上升蒸汽量的变化几秒钟内就可影响到塔顶。

然而，从塔板下流的液相却有相当大的滞后。这是因为回流量增加时，首先要使积存在塔板上的液相蓄存量增加，然后在这增加的液体静压头的作用下，才使离开塔板的液相速度增加，因此时回流量变化的响应存在着滞后。

由此可见，除顶部塔板外，要使塔的任何一点的汽液比发生变化，用再沸器的加热量作为控制手段比用回流量的响应要快。

(2) 组分滞后的影响　无论是改变再沸器加热量引起上升蒸汽变化还是由于回流的变化，均是通过对每块塔板上组分之间的平衡施加影响，最终才引起顶部产品或底部产品组分浓度的变化。由于组分要达到静态平衡需要较长时间，因此尽管上升蒸汽量变化可以很快影响到塔顶组分浓度，但要使塔顶组分浓度变化并达到一个新的平衡仍需花费相当长的时间。回流变化情况也是类似的，只是花费的时间更多。这就是说，塔板上的组分平衡要等到影响组分的液相或汽相流量稳定相当时间后才能建立。

组分滞后随着塔板上液相蓄存量的增加而增加，因而随塔板数的增加而增加，也随着回流比的增加而增加，因为回流比的增加，意味着塔板上蓄液量的增加。由于再沸器加热量的增加引起上升蒸汽量增加，将会改善汽、液接触，从而使组分滞后减少。

(3) 回流罐蓄液量和塔釜蓄液量引起的滞后影响　由式(9-2-13)可知，回流量 L 总是等于塔顶汽相流量 V_r 和塔顶采出量 D 之差。因此，恒定 V_r 时，控制 D 实质上就是改变了回流量 L。

然而，回流罐有一定的蓄液量，从 D 的变化到 L 的变化会产生滞后。液位变化引起蓄液量变化，也会严重影响 L 和 D 之间的关系。为此要使 V_r，L 和 D 的关系式成立，回流罐液位必须严格保持一定，这样在采用改变 D(或 D/F) 来控制塔顶产品质量的方案中，才能在 V_r 不变时使回流量 L 及时跟踪采出量 D 的变化，否则将引起滞后，影响控制品质。

塔釜也有与回流罐类似的蓄液量引起的滞后影响，塔釜液位变化引起蓄液量变化，从而引起 V 和 B 的变化。要使 L_s，V 和 B 间的关系式(9-2-16)成立，塔签液位必须严格保持一定。这样在采用改变 B 来控制塔底产品质量的方案中，才能在 L_s 不变时使再沸器加热量所引起的上升蒸汽量 V 及时跟踪塔底采出量 B 的变化，否则将引起滞后，影响控制品质。

总之，在设计或选择精馏塔控制方案时，应当考虑上述动态影响的因素。

9.2.3　精馏塔质量指标的选取

精馏塔最直接的质量指标是产品纯度。过去由于检测上的困难，难以直接按产品纯度进行控制。现在随着分析仪表的发展，特别是工业色谱仪的在线应用，已逐渐出现直接按产品纯度来控制的方案。然而；这种方案目前仍受到两方面条件的制约，一是测量过程滞后很大，反应缓慢，二是分析仪表的可靠性较差，因此，它们的应用仍然是很有限的。

最常用的间接质量指标是温度。因为对于一个二元组分精馏塔来说，在一定压力下，温度与产品纯度间存在着单值的函数关系。因此，如果压力恒定，则塔板温度就间接反映了浓度。对于多元精馏塔来说，虽然情况比较复杂，但仍然是可以看作在压力恒定条件下，塔板温度改变能间接反映浓度的变化。

采用温度作为被控的质量指标时，选择塔内哪一点的温度或几点温度作为质量指标，这是颇为关键的事。常用的有如下几种方案。

1. 灵敏板的温度控制

一般认为塔顶或塔底的温度似乎最能代表塔顶或塔底的产品质量。其实，当分离的产品较纯时，在邻近塔顶或塔底的各板之间，温度差已经很小，这时，塔顶或塔底温度变化 0.5℃，可能已超出产品质量的允许范围。因而，对温度检测仪表的灵敏度和控制精度都提出了很高的要求，但实际上却很难满足。解决这一问题的方法是在塔顶或塔底与进料板之间选择灵敏板的温度作为间接质量指标。

当塔的操作经受扰动或承受控制作用时，塔内各板的浓度都将发生变化，各塔板的温度也将同时变化，但变化程度各不相同，当达到新的稳态后，温度变化最大的那块塔板即称为灵敏板。

灵敏板位置可以通过逐板计算或静态模型仿真计算，依据不同操作工况下各塔板温度分布曲线比较得出。但是，塔板效率不易估准，所以最后还须根据实际情况，予以确定。

2. 温差控制

在精密精馏时，产品纯度要求很高，而且塔顶、塔底产品的沸点差又不大时；可采用温差控制。

采用温差作为衡量质量指标的参数，是为了消除压力波动对产品质量的影响。因为，在精馏塔控制系统中虽设置了压力定值控制，但压力也总是会有些微小波动而引起浓度变化，这对一般产品纯度要求不太高的精馏塔是可以忽略不计的。但如果是精密精馏，产品纯度要求很高，微小的压力波动足以影响质量，就不能再忽略了。也就是说，精密精馏时若用温度作质量指标就不能很好地代表产品的质量，温度的变化可能是产品纯度和压力都变化的结果，为此应该考虑补偿或消除压力做小波动的影响。

在选择温差信号时，如果塔顶采出量为主要产品，宜将一个检测点放在塔顶(或稍下一些)，即温度变化较小的位置；另一个检测点放在灵敏板附近，即浓度和温度变化较大的位置，然后取上述两测点的温度差 ΔT 作为被控变量。这里，塔顶温度实际上起参比作用，压力变化对两点温度都有相同影响，相减之后其压力波动的影响就几乎相抵消。

在石油化工和炼油生产中，温差控制已应用于苯-甲苯、甲苯-二甲苯、乙烯-乙烷和丙烯-丙烷等精密精馏塔。要应用得好，关键在于选点正确、温差设定值合理(不能过大)以及操作工况稳定。

3. 双温差控制

当精密精馏塔的塔板数、回流比、进料组分和进料塔板位置确定之后，那么该塔塔顶和塔底组分之间的关系就被固定下来，典型的操作曲线如图 9-2-6 所示。

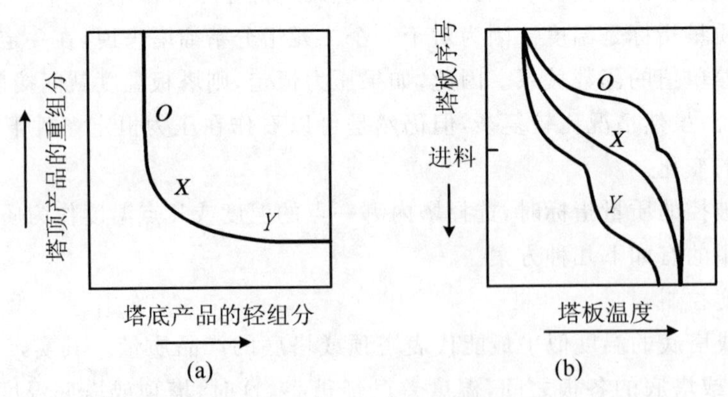

图 9-2-6　精馏塔操作曲线

从图 9-2-6 可以看出，如果塔底轻关键组分越多，则塔顶纯度就越高，反之亦然。当一端产品的纯度固定时，另一端产品的纯度也就固定。图中的“O”，“X”，“Y”为不同的操作点。对于操作点“X”所对应的操作条件，精馏塔两端的产品都达到较好的分离，显然“X”是期望的操作点。

与操作特性曲线相对应的塔板温度分布曲线如图 9-2-6(b) 所示，图中曲线为不同操作条件所对应的温度分布。从 X 曲线可以看出，由塔顶向下，塔板间的温度变化较小，曲线急剧下降，到接近进料塔板时，温度变化速度增加，直至接近塔底时，温度变化速度又减慢。然而，曲线 O 所代表的操作点“O”的情况就不同，由于塔顶含有较多的重组分，使全塔温度偏高，而精馏段的温度增大更为明显，其中又有一块塔板温度增加最快，称此块塔板为精馏段的灵敏板，而从进料板以下的温度变化较小，并趋近于塔底温度，因此它比 X 线操作可得到更纯的塔底产品。曲线 Y 与曲线 O 的情况正好相反，灵敏板在提馏段，它可得到更纯的塔顶产品。

以上分析表明，如果塔顶重组分增加，会引起精馏段灵敏板温度较大变化；反之，如果塔底轻组分增加，则会引起提馏段灵敏板温度较大的变化。相对地，在靠近塔底或塔顶处的温度变化较小。将温度变化最小的塔板相应地分别称为精馏段参照板和提馏段参照板。如果能分别将塔顶、塔底两个参照板与两个灵敏板之间的温度梯度控制稳定，就能达到质量控制的目的，这就是双温差控制方法的基础。

双温差控制方案如图 9-2-7 所示，设 T_{11}，T_{12} 分别为精馏段参照板和灵敏板的温度；T_{21}，T_{22} 分别为提馏段灵敏板和参照板的温度，构成精馏段温差 $\Delta T_1 = T_{12} - T_{11}$ 与提馏段温差 $\Delta T_2 = T_{22} - T_{21}$，将这两个温差的差值 $\Delta T_d = \Delta T_1 - \Delta T_2$ 作为控制指标。从实际应用情况来看，只要合理选择灵敏板和参照板位置，可使塔两端达到最大分离度。

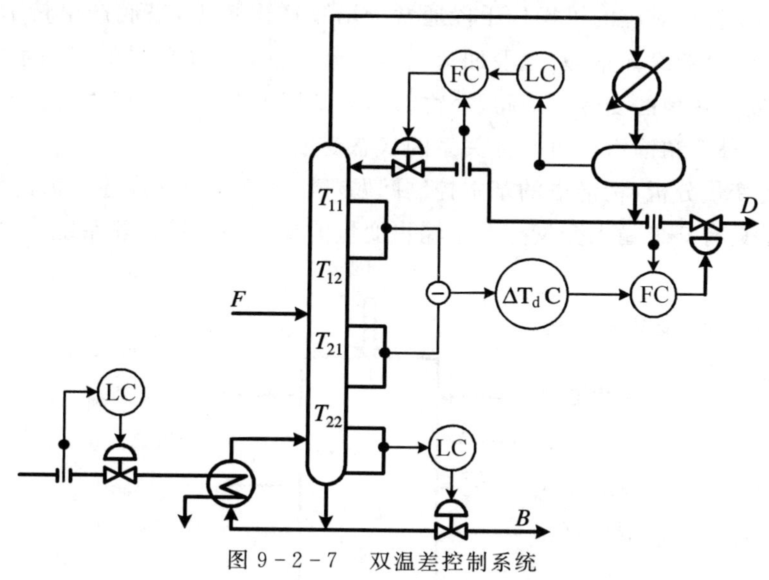

图 9-2-7 双温差控制系统

9.2.4 精馏塔的基本控制方案

精馏塔的控制目标是使塔顶和塔底的产品满足规定的质量要求。为使问题简化，这里仅讨论塔顶和塔底产品均为液相时的基本控制问题。

对于图 9-2-8 所示的简单精馏塔，为了稳定塔的操作，通常需要对塔顶压力 p、回流罐液位 L_D、塔底液位 L_B 以及塔顶塔底产品质量 x_D，x_B 进行有效的控制。由于 x_D，x_B 大都无法在线连续测量，由前一节的分析，当塔压 p 恒定时，可用精馏段与提馏段的灵敏板温度 T_R 与 T_S 近似反映塔顶塔底产品质量的变化。当然，对于精密精馏塔，可用精馏段与提馏段的温差来反映塔顶与塔底产品纯度的变化。

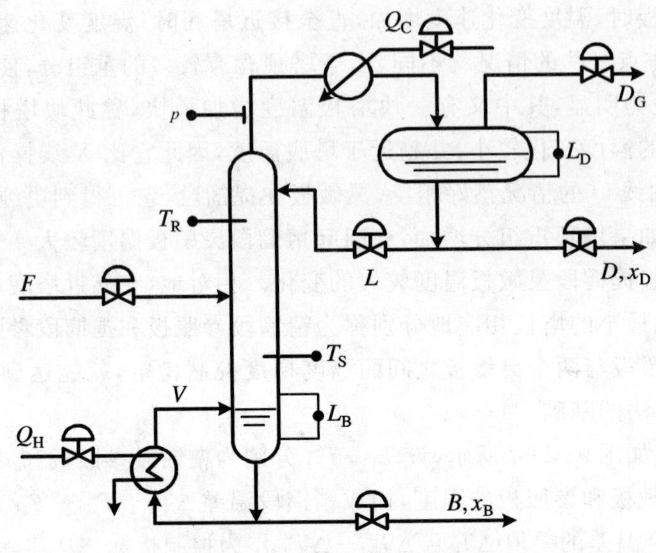

图 9-2-8　精馏塔的变量分析

与上述被控变量相对应的可操作手段通常为塔顶产出量 D，塔底产出量 B，回流量 L，再沸器加热量 Q_H，冷凝器冷却量 Q_C 以及回流罐排气量 D_G；而系统所受的扰动主要为进料量、进料浓度、进料温度与热熔的变化。值得注意的是，再沸器上升蒸汽量 V 本身并不是一个操纵变量，而是一个反映整个精馏塔能量平衡关系的状态变量。

综合前面的变量分析，精馏塔的基本控制问题可用图 9-2-9 描述。由此可见，整个精馏塔可看成是一个具有 6 个输入变量与 5 个输出变量的复杂多变量关联系统。

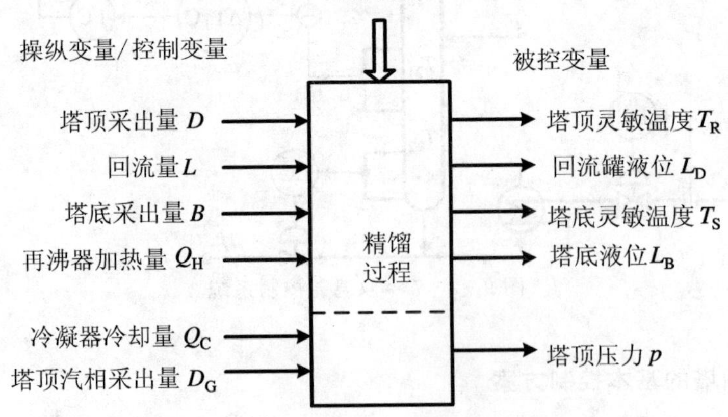

图 9-2-9　精馏塔的基本控制问题

在讨论基本控制方案前，首先说明塔压 p 的控制问题。与其他被控变量相比，塔压对外部扰动与操纵变量的响应最为迅速。因此为维持塔压的恒定，同样要求所选择的操纵变量对塔压控制灵敏。在所有的操纵变量中，只有再沸器加热量 Q_H，冷凝器冷却量 Q_C 与回流罐排气量 D_G 对塔压 p 控制迅速，控制作用强。其中 Q_H 的改变除了影响塔压外还将影响其他被控变量，因而，不宜作为塔压 p 的操纵变量；而排气量 D_G 对于塔压的影响最为直接迅速，而对其他被控变量的影响可忽略不计，因而是塔压最适宜的操纵变量。只有当排气量 D_G 不可控制或过小时，才考虑选用冷凝器冷却量 Q_C 作为操纵变量。常用的塔压控制方案如图 9－2－10 所示。

对于图 9－2－10(a) 所示的塔压控制系统，有时将取压点放置在回流罐汽相段。由于塔压 p 与回流罐汽相压力 p_L 仅相差一段汽相管线阻力压差，当管线压差与塔压 p 相比可忽略不计时，回流罐汽相压力的平稳必然使塔压同样平稳。而对于图 9－2－10(b) 所示的塔压控制系统，当冷却剂为液相时，可通过控制冷却剂流量达到控制塔压的目标；当冷凝器为空冷设备时，可通过变频调速机构控制风机的转速以达到塔压控制的目的。

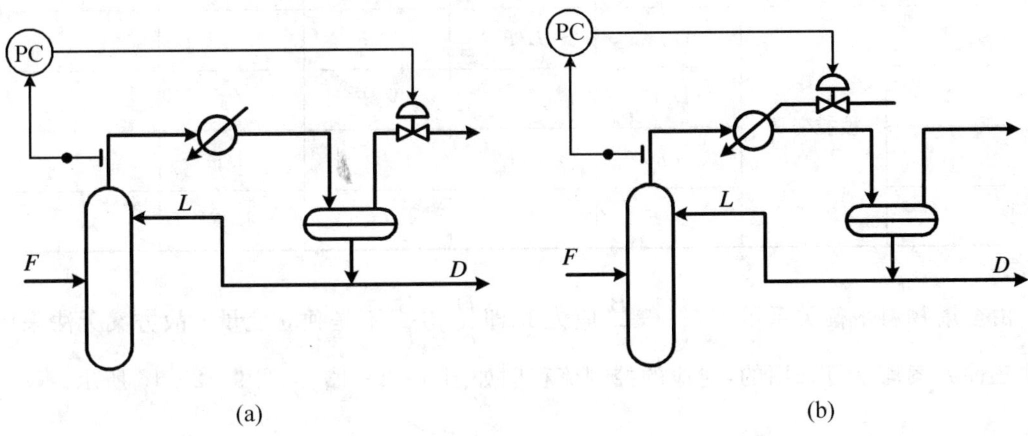

图 9－2－10　精馏塔的压力控制系统

将塔压控制问题分离后，精馏塔的基本控制问题可进一步描述成图 9－2－11 所示的简化控制问题。下面针对精馏产品质量不同的控制要求，探讨相应的控制方案。

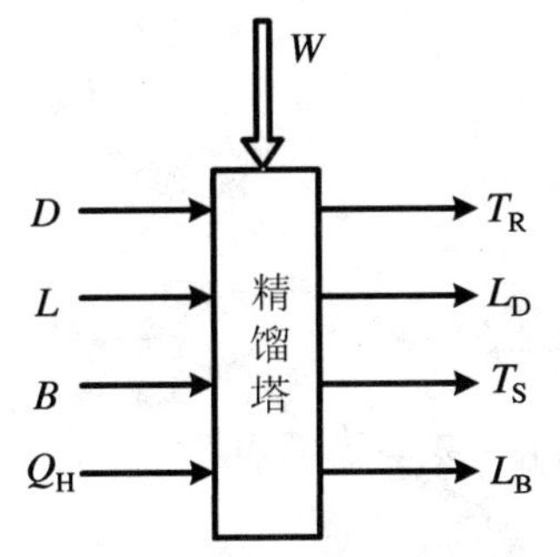

图 9－2－11　精馏塔简化控制问题

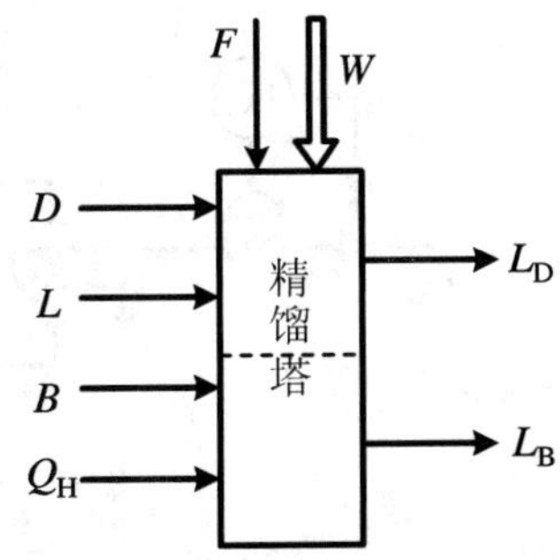

图 9－2－12　物料平衡控制问题

1. 物料平衡控制

物料平衡控制方式并不对塔顶或塔底产品质量进行直接的控制，而依据精馏塔的物料平衡及能量平衡关系进行间接控制。其基本原理是，对于图 9-2-8 所示的精馏塔，当进料成分不变和进料温度（单相进料时）或热焓（两相进料）一定时，在维持全塔物料平衡的前提下，保持进料量 F，再沸器加热量 Q_H（或塔底上升蒸汽量 V）、塔顶产品量 D 一定；或者说保持 D/F 和 V/F 一定，由式（9-2-3）和式（9-2-8）可知，就可保证塔顶、塔底产品的质量指标一定。

为了维持全塔的物料平衡，就需要对塔底液位 L_B 与回流罐液位 L_D 进行有效的控制。对照图 9-2-11 所示的简化控制问题，物料平衡控制方式等效于图 9-2-12 所示的 4×2（四个操纵变量，两个被控变量）控制命题。图 9-2-12 中 W 为除进料量以外的其他扰动因素，如进料组成、进料温度与状态的变化。对于上述物料平衡控制问题，从理论上来说存在 $4\times3=12$ 种控制方案。考虑过程动态特性的影响，并结合变量间的相对增益分析，可将上述问题分解成塔顶、塔底两个子系统，由此可考虑的控制方案共有 4 种，如表 9-2-1 所示。

表 9-2-1　精馏塔的物料平衡控制方案

方案	操纵变量	D	L	Q_H	B	备注
1	被控变量	L_D	L/F	V/F	L_B	
2		D/F	L_D	V/F	L_B	
3		L_D	L/F	L_B	B/F	
4		D/F	L_D	L_B	B/F	

由全塔物料平衡关系可知，$\frac{D}{F}+\frac{B}{F}$ 应为 1，即 $\frac{D}{F}$ 与 $\frac{B}{F}$ 不是独立变量。故方案无法采用，而其他三种方案均是可采用的，对应的控制流程图如图 9-2-13 ～ 图 9-2-15 所示。

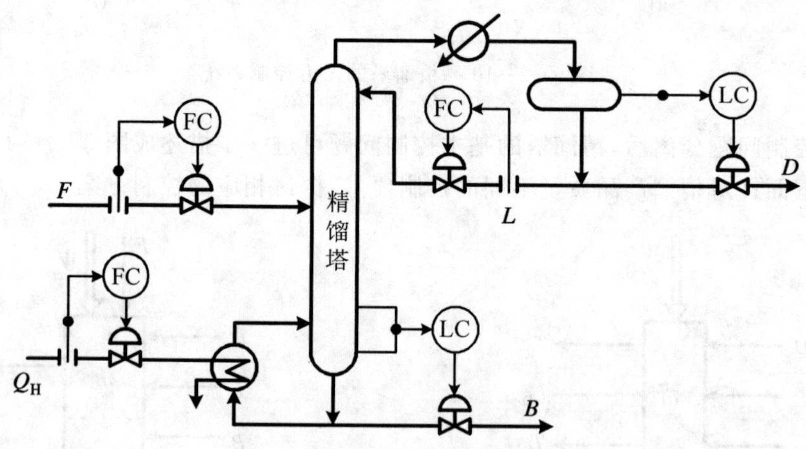

图 9-2-13　精馏塔物料平衡控制方案之一

对这三种方案的选取原则为：当某一产品为下一个塔的进料时，则通常希望这一产品处于流量或流量比值控制之下，以减少对下一塔的进料扰动。当 $D\leqslant B$ 时，由于 $D=F-B$，如果采用方案 3，则对 F 和 B 进行测量控制所引起的小误差，必然会引起 D 的相当大的误差，而且由于 D 的可调范围窄，对回流罐液位的控制能力弱；因而，此时最可取的方案为方案 2。反之，当 B

$\leqslant D$ 时，最可取的方案为方案 3。

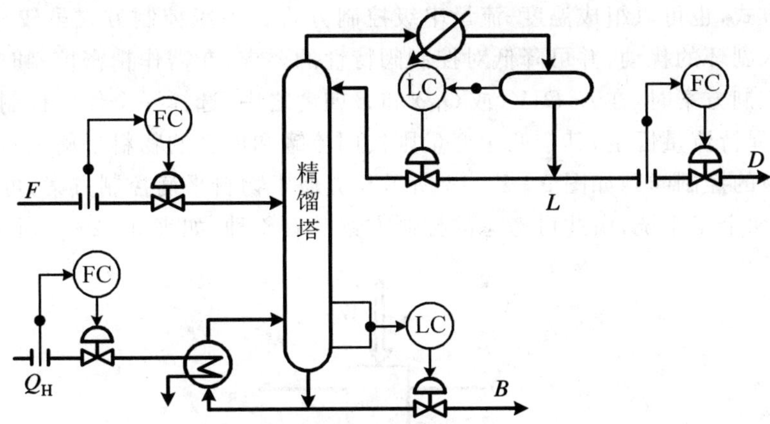

图 9－2－14　精馏塔物料平衡控制方案之二

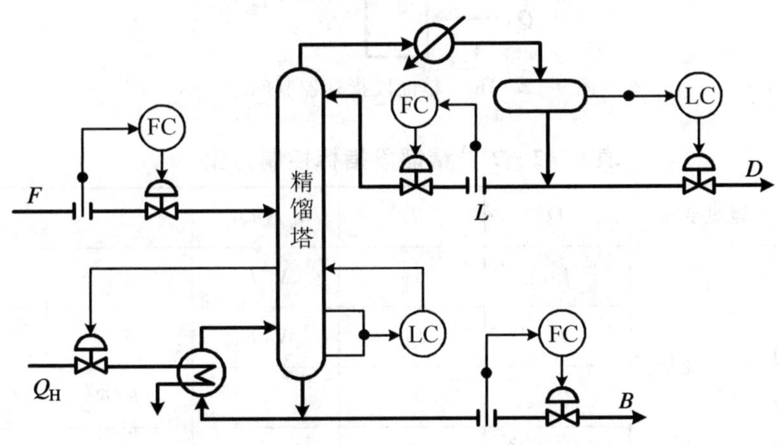

图 9－2－15　精馏塔物料平衡控制方案之三

而当 D，B 接近并且对 D，B 的波动要求宽松时，可考虑选用方案 1。与方案 2，3 相比，由于 L 与 V（或 Q_H）均在流量控制下，精馏塔本身与回流罐或塔底液位对象之间几乎不存在关联，系统的稳定性最强。当然，这种方案对塔顶冷凝器或塔底再沸器的操作波动无自动补偿作用，即对产品质量的控制能力较弱。

显然，上述物料平衡控制适用于进料成分恒定或变化不大时塔的控制，同时，要求进料温度或热焓变化不大。当进料温度或热焓的变化足以影响塔的产品质量时，则需要设置相应的温度或热焓控制系统；而当进料成分波动较大时，则需要对产品的质量进行直接控制。

2. 控制一端产品质量

（1）按精馏段指标控制　对于具有两个液相产品的精馏塔，可采用严格控制一端产品质量，而让另一端产品质量浮动（即不加以控制）的办法。当扰动不很大时，若固定塔顶产品的纯度 x_D，塔底产品纯度 x_B 的变动也不会太大；反之亦然。未加以严格控制一端的产品质量变化范围可用静态特性关系来加以估计。

当塔顶采出液为主要产品时，往往按精馏段指标进行控制。这时，可取精馏段某灵敏板温度作为被控变量，而以回流量L、塔顶采出量D或再沸器上升蒸汽量V作为操纵变量。可以组成单回路控制方式，也可以组成温度-流量串级控制方式。串级控制方式虽较复杂，但可迅速有效地克服进入副环的扰动，并可降低对控制阀特性的要求，在需作精密控制时采用。

采用这类控制方案时，在L，D，V（或Q_H）和B四者之中，选择一个作为控制产品质量的手段，选择另一个保持流量恒定，其余两个变量则按回流罐和塔底的物料平衡关系由液位控制器加以控制。对应的控制问题如图 9-2-16 所示。类似于物料平衡控制方案，可将上述问题分解成塔顶、塔底两个子系统，由此可考虑的控制方案共有 4 种，如表 9-2-2 所示。

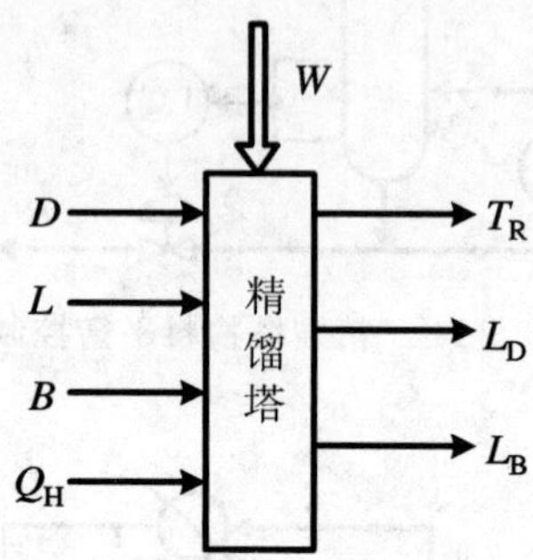

图 9-2-16　精馏段指标控制问题

表 9-2-2　精馏段指标控制方案

方案	操纵变量	D	L	V或Q_H	B	备 注
5	被控变量	L_D	T_R	V/F	L_B	
6		T_R	L_D	V/F	L_B	
7		L_D	T_R	L_B	B/F	不推荐
8		T_R	L_D	L_B	B/F	不可取

由全塔物料平衡关系可知，$D+B=F$，即当塔底采出量B一定时，D完全由F决定，而不是独立变量，因而不能成为塔顶灵敏板温度的操纵变量。故方案 8 无法采用，而其他三种方案均是可考虑的，对应的控制流程图如图 9-2-17 至图 9-2-19 所示。

方案 5 的特点是控制作用滞后小，反应迅速，所以对克服进入精馏段的扰动和保证塔顶产品是有利的，这是精馏塔控制中最常用的方案，如图 9-2-17 所示。此方案通过直接控制塔内能量平衡关系以实现对分离精度的控制，故称为“精馏段能量平衡控制方案”。在该方案中，L受温度控制器控制，回流量的波动对于精馏塔平稳操作是不利的。所以在控制器参数整定时，采用比例加积分的控制规律即可，不必加微分。此外，再沸器加热量需要维持一定而且应足够大，以便塔在最大负荷时仍能保证产品的质量指标。

方案 6 如图 9-2-18 所示，因该方案通过直接调整全塔物料平衡关系以控制塔顶产品的纯度，常常被称为“精馏段物料平衡控制方案”。该方案的优点是有利于精馏塔的平稳操作，对于回流比较大的情况下，控制D要比控制L灵敏。此外还有一个优点，当塔顶产品质量不合格时，如采用有积分作用的控制器，则塔顶采出量 D 会自动暂时中断，进行全回流，这样可保证得到的产品是合格的。

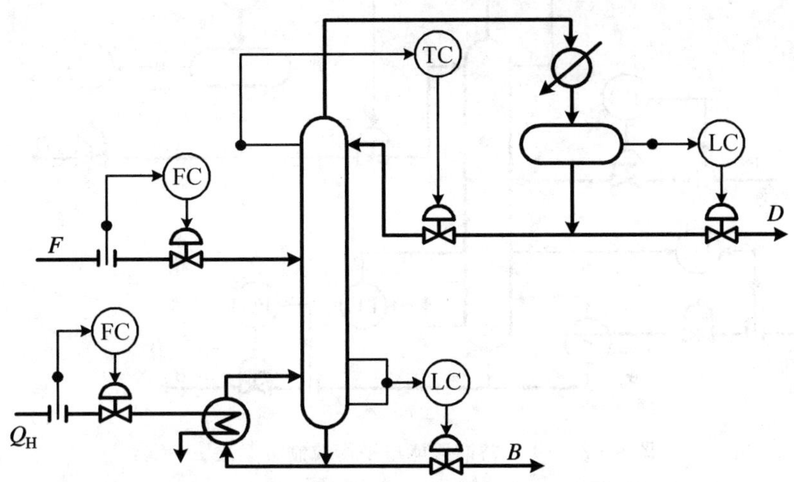

图 9-2-17　精馏段能量平衡控制方案之一

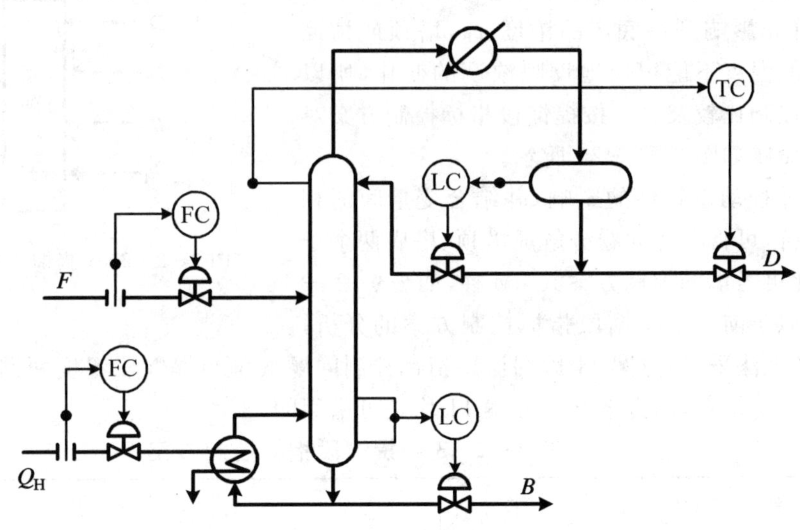

图 9-2-18　精馏段物料平衡控制方案

然而该方案温度控制回路滞后较大，反应较慢，从采出量 D 的改变到温度变化，要间接地通过回流罐液位控制回路来实现，特别是回流罐容积较大时，反应更慢，给控制质量的提高带来了困难。此外，同样要求再沸器加热量足够大，以使塔在最大负荷时仍能保证产品的质量指标。

控制方案 7 如图 9-2-19 所示。该方案的主要问题是温度与塔底液位两回路之间存在着较严重的耦合，而且属“负相关”条件稳定系统。这样的控制方案应当避免。

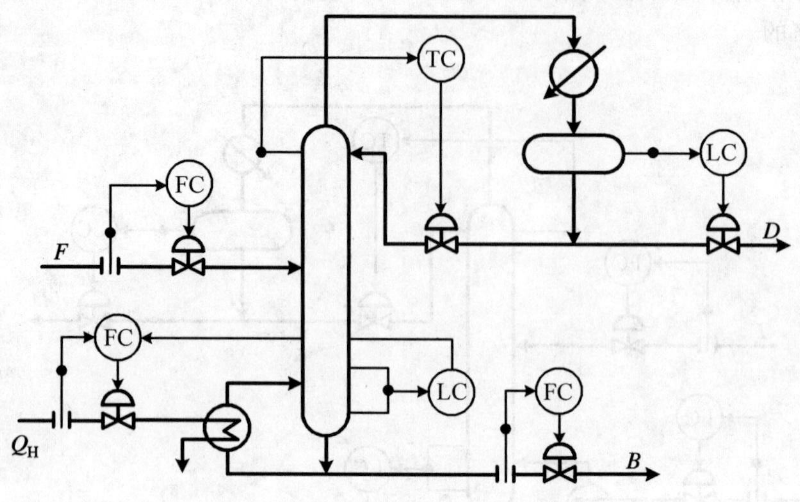

图 9-2-19　精馏段能量平衡控制方案之二

(2) 按提馏段指标控制　当塔底液为主要产品时，常常按提馏段指标控制。如果是液相进料，也常采用这类方案。这是因为在液相进料时，进料量 F 的变化，首先影响到塔底产品浓度 x_B，塔顶或精馏段塔板上的温度不能很快地反映浓度的变化，所以用提馏段控制比较及时。按提馏段指标控制方案对应的控制命题如图 9-2-20 所示。

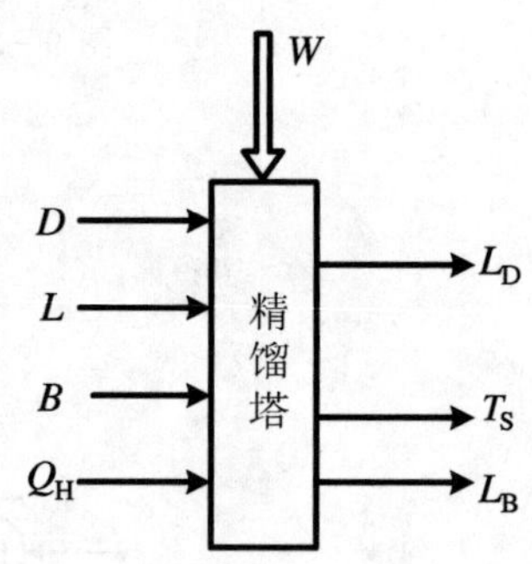

图 9-2-20　提馏段指标控制问题

考虑过程动态特性的影响，并结合变量间的相对增益分析，可将上述问题分解成塔顶、塔底两个子系统，由此可考虑的控制方案共有 4 种，如表 9-2-3 所示。类似于前一节精馏段指标控制方案的分析，故方案 12 无法采用，方案 11 因回流罐指标控制问题液位与提馏段温度两回路间存在较严重的关联通常不推荐，而方案 9 与方案 11 均是可采用的。

表 9-2-3　提馏段指标控制方案

方案	操纵变量	D	L	Q_H	B	备注
9	被控变量	L_D	L/F	T_S	L_B	
10		L_D	L/F	L_B	T_S	
11		D/F	L_D	T_S	L_B	不推荐
12		D/F	L_D	L_B	T_S	不可取

方案 9 按提馏段指标控制再沸器加热量，从而控制塔内上升蒸汽量 V，同时保持回流量 L 为定值。此时，D 和 B 都是按物料平衡关系，由液位控制器控制，如图 9-2-21 所示。

对于提馏段灵敏板温度而言，该方案采用再沸器加热量 Q_H 作为操纵变量，在动态响应上要比回流量 L 控制的滞后小，反应迅速，所以对克服进入提馏段的扰动和保证塔底产品质量有利。所以该方案是目前应用最广的精馏塔控制方案。可是在该方案中，回流量采用定值控制，而且回流量应足够大，以便当塔的负荷最大时仍能保证产品的质量指标。当回流量不足时，容易引起液泛，造成塔的操作异常。

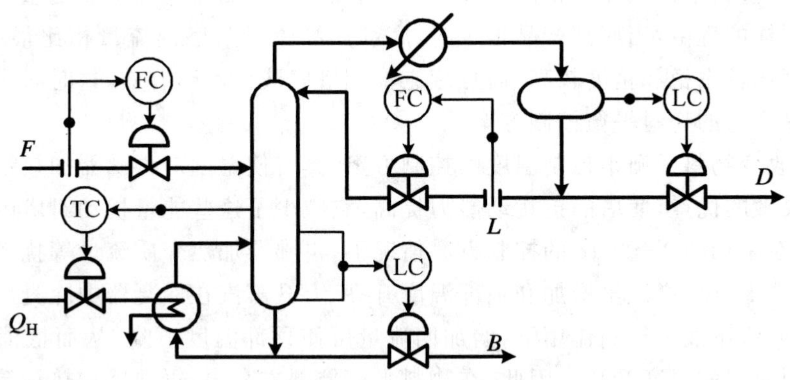

图 9-2-21 提馏段能量平衡控制方案

方案10按提馏段指标控制塔底采出量 B，同时保持回流量 L 为定值。此时，D 是按回流罐的液位来控制，再沸器蒸汽量由塔釜液位来控制，如图 9-2-22 所示。

该控制方案正像前面所述的按精馏段温度来控制 D 的方案那样，有其独特的优点和一定的弱点。优点是当塔底采出量 B 较少时，操作比较平稳；当采出量 B 不符合质量要求时，会自行暂停出料。缺点是滞后较大且液位控制回路存在反向特性。此外，同样要求回流量应足够大，以保证在最大负荷时的产品质量。

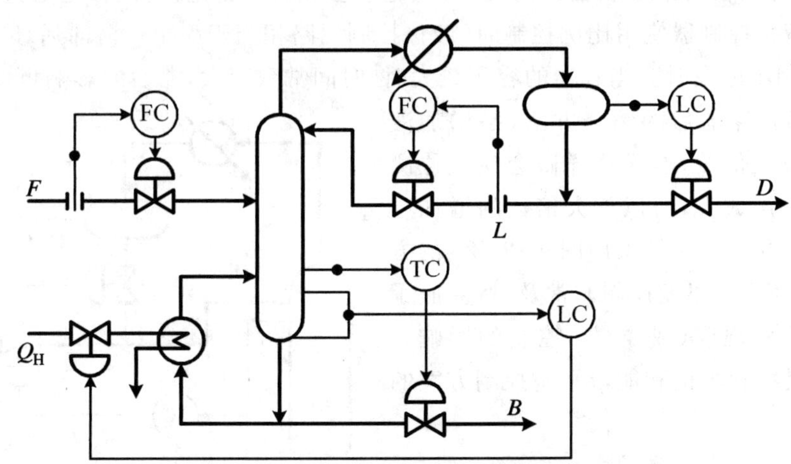

图 9-2-22 提馏段物料平衡控制方案

无论对于精馏段指标还是提馏段指标控制问题，虽然采用改变物料平衡关系（方案6，10）

和能量平衡关系(方案5,9)最终都可以达到控制灵敏板温度的目的,但由于它们有各自的特点,因此应用的场合也有所不同。

首先,回流比较高时,顶部产品量与塔内部的气相和液相流量相比较小,若采用能量平衡控制系统,则再沸器加热量或回流量的微小波动,亦将引起顶部采出量很大变化(百分数),严重影响产品质量。再者,用很小的顶部产品流量也不可能使回流罐液位得到有效的控制。可见,当顶部产品流量很小或回流比很高时,应当采用以顶部产品流量为操纵变量的物料平衡控制方案。根据同样的理由,当底部产品很少时,底部产品流量与塔内流量相比很小,用底部产品流量控制温度比较平稳和精度较高,而且用它控制塔底液位不够有效,这时必须采用以底部产品流量为操纵变量的物料平衡控制方案。

其次,采用改变物料平衡来控制温度的控制方案,具有使温度对再沸器加热量和进料热焓等能量扰动不灵敏的优点,使塔的抗扰动能力提高,它减少了这些能量扰动对塔内部能量关系的影响。例如,在采用图9-2-18的控制方案情况下,再沸器加热介质流量等扰动使加热量增加时,必然使塔内上升蒸汽流量增加和顶部温度升高,上升蒸汽在冷凝器中冷凝后最终使回流罐液位增高,在回流罐液位控制作用下,增加回流量可使顶部温度下降,从而抵消了因塔内上升蒸汽量增加而引起的温度升高。因此,在物料平衡控制方案中,再沸器加热量等扰动所引起的内部能量变化对产品质量的影响,远小于采用能量平衡控制方案。

在对进料流量等扰动设置前馈控制系统时,采用物料平衡控制的方案,可以方便地按塔的物料平衡和能量关系式建立静态前馈模型。

最后,用改变物料平衡来控制温度的方案,类似于传统的物料平衡控制方案。两者的区别是前者用温度控制器来改变物料量,后者是保持该物料量一定。因此,从温度控制切换到传统的物料平衡控制非常方便。这在实际生产中可以根据需要比较灵活地改变方案。

然而,与能量平衡控制方案相比,物料平衡控制方案也有其弱点。

首先,用改变物料平衡来控制温度(或其他质量指标)要比用改变能量平衡控制温度来得缓慢、这是因为从物料平衡改变到温度(或其他质量指标)变化,要间接地通过液位控制回路来实现。当液位控制器使用比例控制时,液位控制回路相当于一个一阶滞后环节,从而使温度(或质量)控制不够及时。当容器的容积较大时,时间常数变大,滞后的影响也就更严重。

减少液位回路滞后的一个方法,是增加液位控制器的放大倍数,然而这样做会使液位测量中带来的噪声放大,所以放大倍数的增加有一定限度。更好的方法是采用图9-2-23的方案。在这个方案中,温度控制非常及时,克服了液位回路滞后对温度(或质量)控制的影响。它也可看做是物料平衡和能量平衡控制方案的结合。

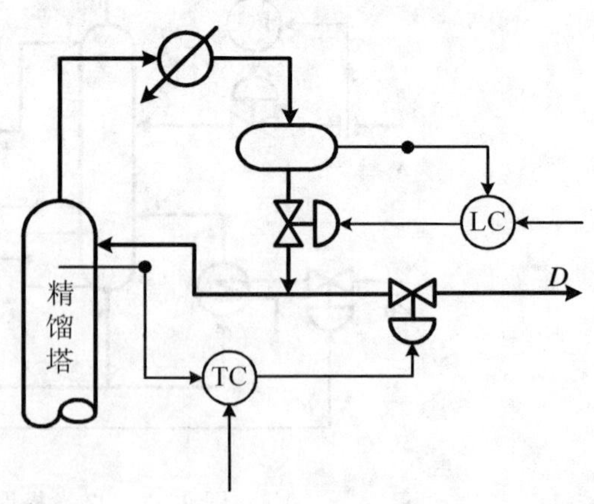

图9-2-23　克服回流罐滞后的控制方案

3. 按塔顶塔底两端质量指标控制

当顶部和底部产品均需符合质量规格时,可以采用两个质量控制系统分别对两个产品质量指标加以控制。采用两个质量控制系统的主要原因，是使操作接近规格极限，从而使操作成本特别是能量消耗减少。如果不考虑操作成本和能量消耗的话，使用一个产品质量控制的方案，也可使另一个产品质量符合规格，只是回流比（或再沸比 V/B）更大一些，能量消耗要多一些。

两端质量控制问题如表 9-2-4 所示。为减少主要控制通道的滞后，可将上述问题分解成塔顶、塔底两个子问题，由此可考虑的控制方案共有 4 种，如表 9-2-4 所示。

表 9-2-4　精馏段的物料平衡控制方案

方案	操纵变量	D	L	Q_H	B	备 注
13	被控变量	L_D	T_R	T_S	L_B	
14		T_R	L_D	T_S	L_B	
15		L_D	T_R	L_B	T_S	
16		T_R	L_D	L_B	T_S	不可取

与物料平衡控制中的方案4相似，两个质量指标均采用塔顶、塔底产出量 D，B 来控制的方案16是不能采用的。这是由于当精馏搭进料一定时，按全塔物料平衡的要求产出量 D，B 中只有一个是独立变量，因而两个质量控制器必然与全塔物料平衡关系相矛盾。而其他三种方案均可考虑选用，对应的控制流程图如图 9-2-24 至图 9-2-26 所示。

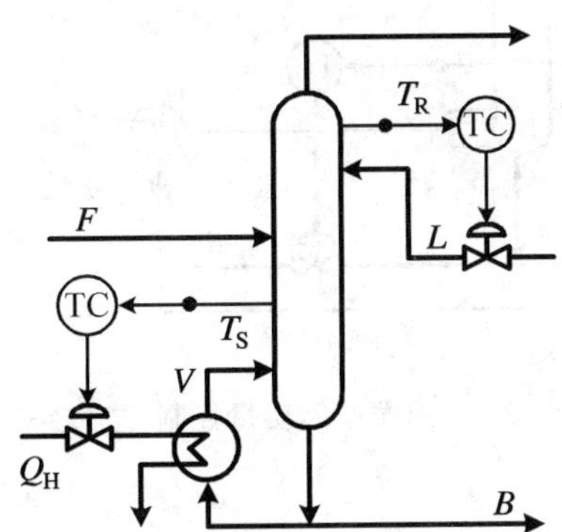

图 9-2-24　两端产品质量控制方案之一

在图 9-2-24 所示的控制方案中，塔顶、塔底产品质量均采用能量平衡加以控制。由精馏操作的内在机理可知，当改变回流量时，不仅影响塔顶温度，同时也引起塔底温度的变化。同样，控制塔底再沸器加热量时，也将影响到塔顶温度的变化。所以塔顶和塔底两个温度控制系统之间存在着明显的关联。在另外两种质量控制方案中，质量控制回路之间同样会存在明显的耦合。

当相关不严重时，可以通过控制器参数整定使耦合回路的工作频率拉开，以减少关联。如关联严重，则必须采用解耦控制系统。然而，精馏塔是一个非线性严重的多变量过程，精确求取动态特性相当困难，有时甚至是不可能的，而求取静态特性则相对容易些。因此可对精馏塔实施静态解耦，在此基础上进行必要的动态补偿。

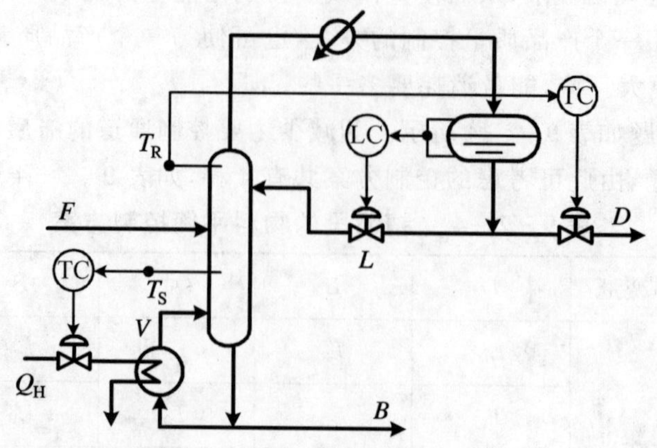

图 9-2-25　两端产品质量控制方案之二

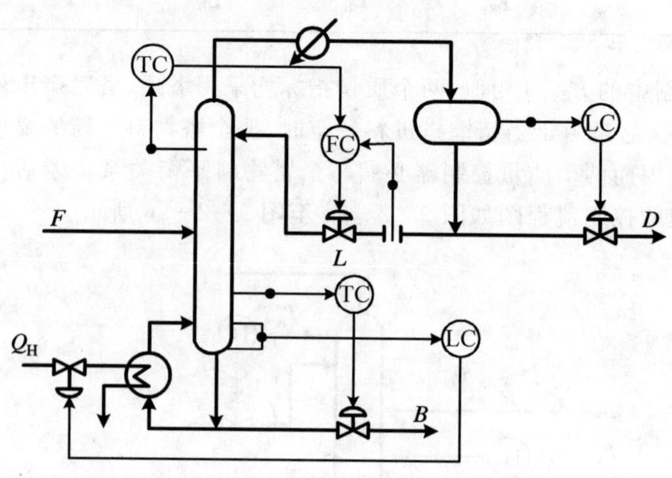

图 9-2-26　两端产品质量控制方案之三

§9.3　制浆造纸过程的控制

造纸工业生产要经过备木、制浆、抄纸等工序。其中抄纸工序最重要，包括纸料制备、抄纸、完成整理等过程，它不仅是造纸生产的关键，决定着纸页的产量、质量，而且还是能耗最多的部分。对于大多数纸种来说，为了提高纸页的强度、表面粗糙度等质量，纸浆厂生产的漂白浆一般不直接用来抄纸，而是按一定比例加入染料、化学添加剂和填料，用打浆机和磨浆机对纤维进行机械处理，使纸浆能适合于造纸。本节简单介绍制浆造纸过程中一些控制系统。

9.3.1　纸浆浓度的控制

纸料制备过程中必须控制纸浆的浓度。这里的"浓度"是指绝干纤物料在纸浆和水的混合物中的重量百分数。人工测量浓度的方法包括取样、称重、除去试样中的水分、再称出剩余试样的重量等步骤。这种方法适合于抽样检查，但不适合于连续控制。连续控制时要求对浓度的变化进行实时的、在线的检测。工艺上一般要在高浓下储存纸浆，以减小储浆池的容积。但是用管路输送高浓纸浆不但比较困难，而且效率低下。因此通常采用浓度控制系统向储浆池出口的纸浆中加入稀释水。

1. 单稀释控制系统

图 9-3-1 是一个典型的单稀释控制系统，通常这种系统使纸浆浓度降低 0.5% ～ 1%。该系统由浓度检测单元 CE-1、浓度变送器 CT-1、辅助记录仪 VPR-1、浓度记录控制器 CRC-1，以及安装在稀释水管上的控制阀 CV-1 所组成。

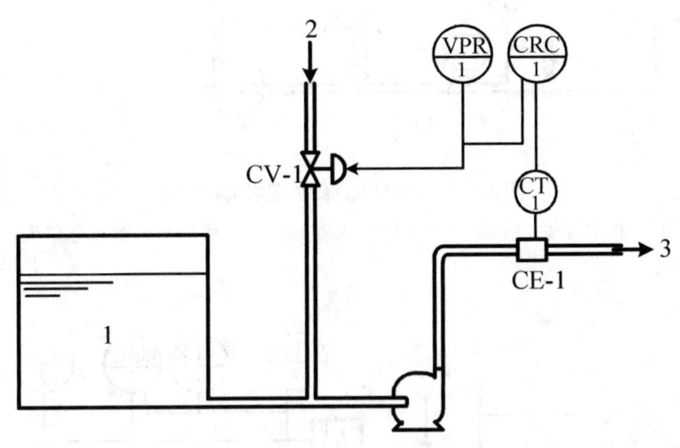

图 9-3-1　典型的单稀释浓度控制系统

1— 储浆池；2— 稀释水；3— 浆流

2. 双稀释控制系统

当要求纸浆浓度的稀释量超过 0.5% ～ 1% 时，通常使用图 9-3-2 所示的双稀释控制系统，通过两步加水来实现。在浓度大于 6% 的高浓浆池上普遍使用该方案。为了便于泵输送纸料，在储浆池底部即稀释区加水，把纸料浓度稀释到 4% 左右，再用类似于图 9-3-1 所示的浓度控制系统进行二次浓度控制。一次稀释是通过控制器 CIC-1A 和控制阀 CV-1A 加入大部分水来完成的。这个一次浓度控制器一般可使用标准比例控制器，或位式控制器。该控制器的输入信号来自二次回路中的控制器 CRC-1 向控制阀 CV-1 输出的信号。

3. 流量补偿

双稀释浓度控制系统在大多数工厂能满足生产要求。但是当储浆池的通过量或浆的流速有较大变化时，必须对控制方案进行改进。在图 9-3-3 中，双稀释系统又补充了一个取自于电磁流量计 FE-2 的流量信号来实现浓度控制。该流量信号在计算继动器中与副控制器 CIC-1A 的输出信号汇合，计算继动器在这里充当了一个带有正偏差的 1：1 中继器，其偏值由流量变送器 FT-2 提供，并且可以通过人工进行调整。这样当浆料的通过量发生较大的变化时，可以重调一次稀释水控制阀 CV-1A，从而改变加水量，使浆料的浓度维持在理想的数值上。

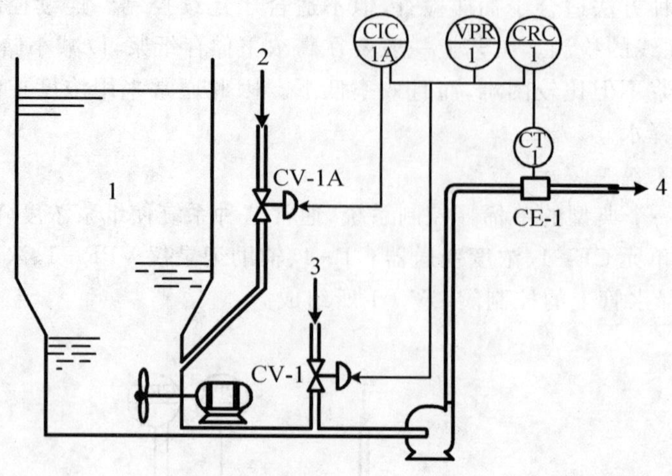

图 9-3-2 双稀释浓度控制系统

1— 高浓储浆池；2— 一次稀释水；3— 二次稀释水；4— 一浆流

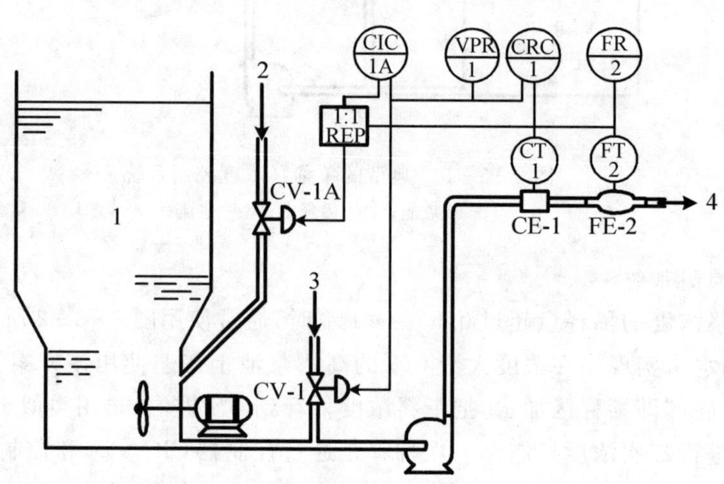

图 9-3-3 具有流量补偿的双稀释浓度控制系统

1— 高浓储浆池；2— 一次稀释水；3— 二次稀释水；4— 一浆流

9.3.2 纸料配浆的比值控制

不同性质的浆料要按一定比例进行混合。另外在混合池里还要按比例加入一些化学添加剂和染料。

图 9-3-4 为一种典型的连续管道计量配浆系统。安装在混合池上的液位控制器的输出信号对各组分流量控制器施加作用，改变流入混合池的各组分量。液位记录控制器 LRC-9 驱动从混合池到纸机抄前纸料管线上的控制阀 LV-9，来补偿纸机需求量的变化，从而维持抄前池的液位。而此处的流量根据电磁流量计 FT-8 的信号由记录仪 FR-8 记录下来。液位记录控制

器 LRC－1 根据 LRC－9 动作所引起的混合池出料量变化的情况而动作，从而维持混合池内的液位。因此混合池的液位也将反应出纸机需求量的变化。当混合池液位随着纸机需求量的变化而变化时，液位控制器 LRC－1 将改变其输出，即改变向装在各流量比值控制器 FrRC－2，FrRC－3，FrRC－4，FrRC－5，FrRC－6，FrRC－7 中的比例机构传送的信号。比例装置根据各组分相对于总流量所要求的合理流量来调整每个控制器的设定值，而这个合理流量是预先确定并输入到比例装置中的。所配用的各种浆的流量用电磁流量计 FT－2，FT－3，FT－4 来测量，染料、添加剂和淀粉的流量用电磁流量计 FT－5，FT－6，FT－7 来测量。混合池上的液位变送器 LT－1 和纸机抄前池上的液位变送器 LT－9 虽然可用吹气式的，但通常多采用膜片式的。

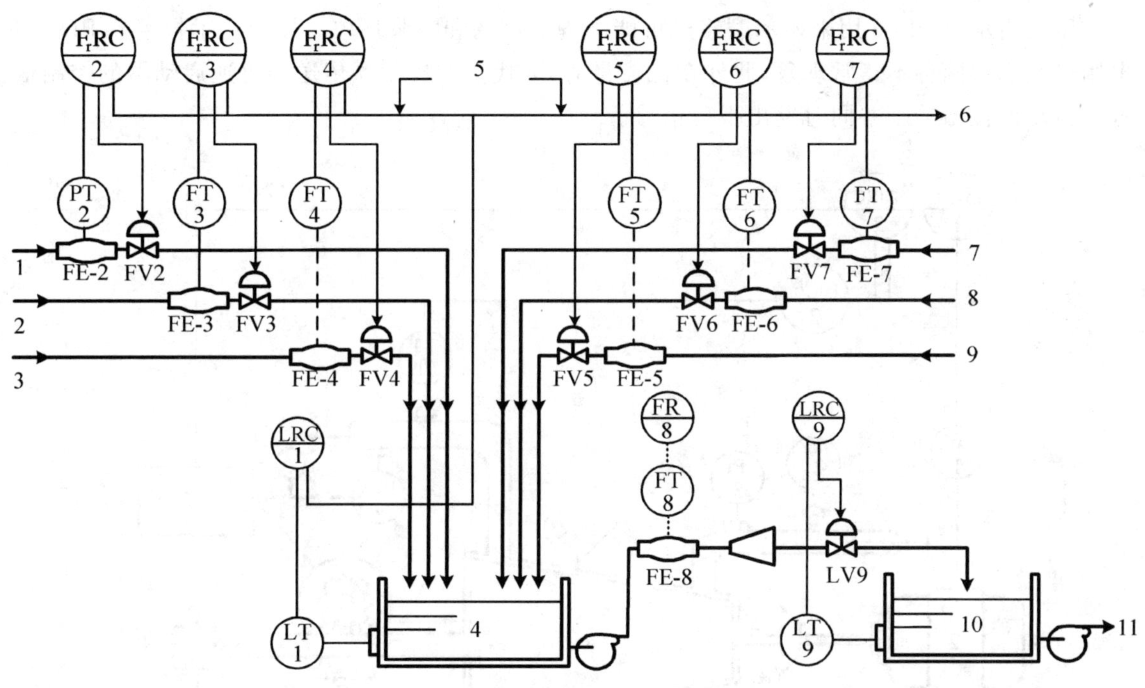

图 9－3－4　纸料配浆控制系统

1— 松木浆；2— 硬木浆；3— 损纸浆；4— 混合池；
5— 需求量信号；6— 根据需要其他添加剂或染料的流量比控制器；7— 来自染料储槽；
8— 来自添加剂储槽；9— 来自淀粉储槽；10— 抄前池；11— 去纸机

9.3.3　磨浆机的控制

为了改善纸浆的纤维交织性能，必须对纸浆进行机械处理。磨浆机是现代连续磨浆设备，其自动操作，是利用磨浆机的传动负荷、转子的压力、伏辊真空度、纸料通过磨浆机的温差、打浆度的测量结果，或者几个因素的综合情况去控制传动机构的自动移动部件来实现的。图 9－3－5 是一种典型的把驱动电机的功率和通过锥形磨浆机纸料的温差结合起来控制转子位置的系统，其根本目的是通过对转子位置的调整来控制作用于纸浆的机械功的量。

温度检测元件 TT－2a，TT－2b 分别安装在磨浆机的进出口，测量信号送给温差变送器

TdCon－2；TdCon－2 则用纸料出口温度减去纸料进口温度，并把与通过磨浆机后纸料所升高的温度成比例的信号传送给温差记录控制器 TdRC－2。这个控制器是一个脉冲持续型控制器，它发出脉冲信号来触发转子位移电机的可逆启动器用的继电器，由此便可按要求向里或向外移动转子，以维持转子具有适度的机械作用（做功）。

主传动电机的负荷功率由变送器 EwT－1 测量并传送给记录器 EwRC－1，同时也把这个信号传送给温差记录控制器 TdRC－2，以此来补偿它的控制作用。当出现扰动时，将存在一个时间滞后，直到该扰动作用被温差测量仪表检测出来，才能重新调节转子的位置。电机负荷功率测量仪表越敏感，检测这种扰动作用就越迅速，从而给温差控制器发出相应信号，以此来补偿它的控制作用。也可以用手轮来人工操纵。

压力指示仪 PI－3 用来显示磨浆机可能出现的堵塞和断浆现象。压力指示报警器 PIA－4 也用来显示这两种不正常现象，此外在低流量时，取代温差控制器传送到可逆启动器的控制信号而自动地拉出转子并同时发出报警信号。

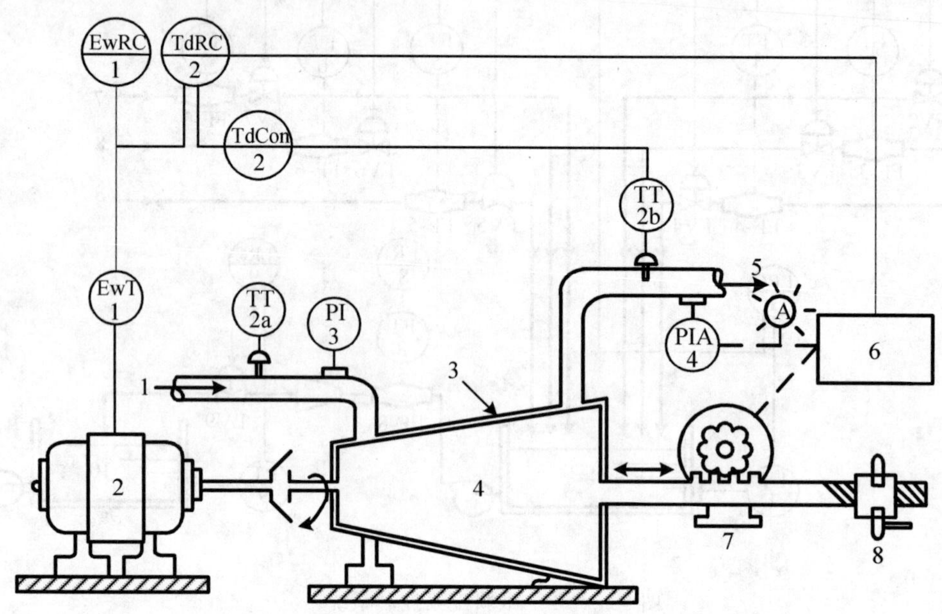

图 9－3－5　磨浆机控制

1— 未磨纸料进口；2— 主驱动电机；3— 磨浆机外壳；4— 可移动转子；
5— 磨后纸料出口；6— 可逆启动器；7— 转子位移用齿轮电机机构；8— 手轮

9.3.4　白水回收控制

白水回收装置通常用来从纸机白水中回收纤维和填料，回收的纤维和填料重新用来抄纸，而排水可作为纸料制备的稀释水和洗涤水，或用在其他制浆和抄纸车间。

图 9－3－6 是转鼓式及真空四转式白水回收机的控制系统。流入白水回收机的白水流量由 FRC－1 所在流量控制回路控制。用液位控制器 LIC－2 维持网槽内的适当液位，以保证白水回收机的有效操作，通过 LIC－2 控制转鼓的转速，增加或减小转鼓的过滤速度，达到液位控制要

求。用远传的手动机构 HIC－3 向白水回收机的卸料口加温水，以达到稀释目的，并有助于过滤。纸料的浓度用浓度控制器 CRC－4 控制加到白水回收机卸料口的回水量来控制。

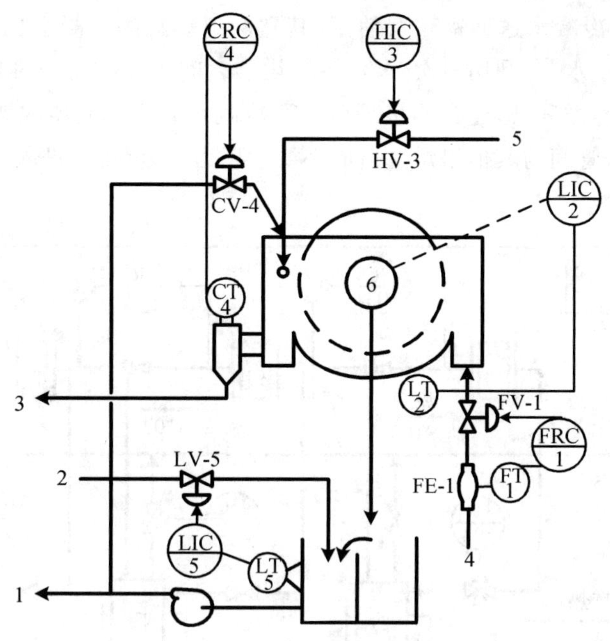

图 9－3－6　白水回收控制

1— 白水回收返回生产系统；2— 补充白水；3— 纸料回收返回生产系统；4— 来自纸机的白水；5— 温水；6— 传动电机

9.3.5　多段通汽智能优化控制

多段通汽是目前大中型纸机干燥部广泛采用的系统，它的设计思想是利用多级闪蒸，合理使用不同质级的能量，达到节能和改善工艺的目的。然而，目前我国采用多段通汽系统的抄纸机普遍存在着烘缸内凝结水排出不畅、纸机干燥部蒸汽消耗量仍然较高的问题，尤其是烘缸内积水，对干燥质量、纸产量、纸机工作安全性等有较大负面影响。一些造纸厂为了克服上述问题，不得不将通汽段数减少。在干燥部多段通汽系统中引入喷射式热泵是解决上述问题的一个有效方法。以三段通汽系统为例，图 9－3－7 给出了纸机烘缸通汽和冷凝水自动调节方案图。按照图中设置，进入二段的蒸汽压力不再是一段闪蒸罐内蒸汽压力，闪蒸汽经热泵压缩后与减压后的热泵工作蒸汽一道供二段使用。这样，闪蒸罐内的压力可以进一步降低，二段和三段的供汽压力可以提高，各段前后压差即烘缸内凝结水排出能力大大增加，从而消除了多段通汽系统烘缸内积水的弊端，提高了纸机干燥效果，且由于闪蒸汽的增加，使纸机干燥耗汽量降低。

1. 控制系统方案

在生产能力较大的多烘缸纸机上，多采用三段或四段供汽方式。

三段通汽是指根据干燥温度要求，把整个干燥部的烘缸分为三段(三群) 各段间进汽总管与乏汽总管用阀门隔开。通汽方式是首先将新鲜蒸汽通入要求较高温度的一组烘缸中，然后将这些烘缸排出的冷凝水和乏汽(尚未冷凝的蒸汽)导至水汽分离器,析出二次蒸汽,送入要求温度稍低的一组烘缸中,再将这一段烘缸排出的冷凝水和乏汽送至水汽分离器,再析出二次蒸汽,供最后一组烘缸使用,最后一组烘缸要求温度最低,由最后一组烘缸排出的冷凝水和蒸汽,也必须送至水汽分离器,冷凝水送回锅炉房使用(其它两组烘缸的冷凝水也同样送回锅炉房使用)。为了有效地排出冷凝水,并利用二次蒸汽,各段烘缸之间必须维持 30 kPa 以上的差压。在这个系统中,除了蒸汽自然循环外,还有连接最后一段冷凝水管上的真空泵来加强循环,真空泵使最后一组烘缸和冷凝水管间与其他组烘缸造成必要的压力差,可排出进入烘缸的空气。

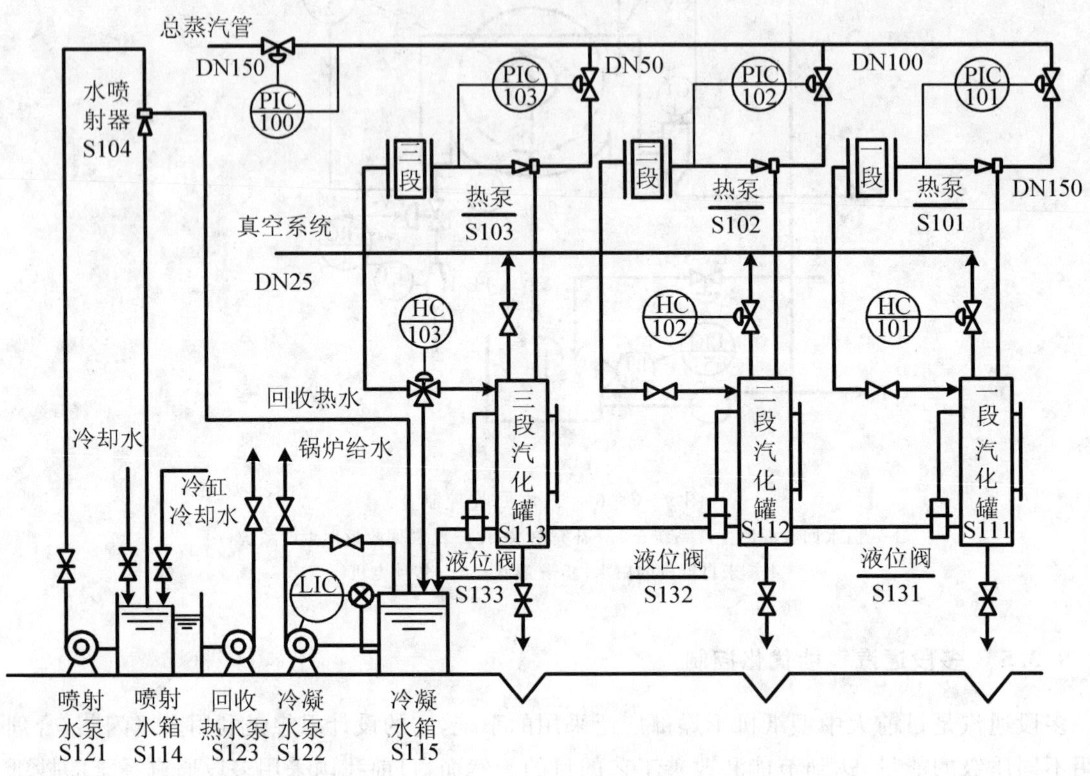

图 9-3-7 纸机烘缸通汽和冷凝水自动调节方案

多段通汽的效果在很大程度上取决于水汽分离器的操作情况,各段的压力差是个关键,务必使冷凝水排出畅通。多段通汽是一汽多用,充分利用热量能的有效措施,每吨纸汽耗大约可降低 10%～15%,并能与干燥温度曲线相配合,有利纸的质量和提高干燥效率,烘缸数量甚多时可以分三段以上,数量少时也可以分二段。

2.烘缸温度曲线优化

在多烘缸纸机上,按各个烘缸表面温度变化顺序联接起来所画的曲线,称为烘缸温度曲线,烘缸温度曲线与纸的品种有关。应根据具体情况设计。

(1) 传热过程分析与温度曲线的构成　一般干燥温度曲线的形状开始逐渐上升,中间平直,最后稍有下降。最初几个烘缸的温度,根据纸种不同,温度应逐渐从 40～60℃ 升高道 80～100℃。对于大多数纸种来说,烘缸表面温度最高为 110～115℃,至于高级纸和技术用纸,温度应稍低一些，为 80 ～ 100℃。干燥部末尾二、三个烘缸的温度，可比中间温度低 10 ～ 30℃ 左右。因为纸的水分已经很低，烘缸温度高反而损害纸的质量。

干燥初期如升温过快、过高，纸中产生大量蒸汽，致使纸质疏松，气孔率高，收缩加大，并降低纸质的强度和施胶度。

生产不施胶纸或施胶而又打浆度低的纸，烘缸温度可以升高快一些；反之，生产重施胶而又紧密的纸，则温度宜缓慢上升。施胶干燥时，当纸的干度还未提高到 50% 以前，烘缸温度不宜超过 85 ～ 95℃，以免影响施胶效果。含大量机木浆的纸(新闻纸、2＃ 印刷纸、烟嘴纸）和游离状的化学浆生产的轻施胶纸，升温速度次之。而高级书写纸、透明纸、尤其是薄型的电容器纸，升温比较缓慢。升温后即可达到干燥部中段，这是蒸发水分的主要阶段，而此时纸页干度和温度也已逐渐提高，为了加强热传导，必须保持最高温度，以提高干燥效率。但在高温下，纸页易过干燥，使纸页脆化，表面发毛，强度降低。另外，干燥越剧烈，也容易发生翘曲、起皱等纸病，甚至造成断纸。尤其对薄页纸，影响更甚。因此，对于质量要求较高的纸，只要干燥能力够，应适当缓和干燥强度。

纸板的厚度大，横向收缩也较严重，因此在干燥过程中，必须控制好干燥的温度曲线。在纸板进入多缸干燥部时，水分含量大，因此，开始与烘缸接触的缸温不应超过 95℃，使纸板内部的水分能通过扩散作用转移到纸表面而被蒸发。接着，可逐步提高干燥温度，直到达到 125℃ 左右。如果开始温度过高，使纸板骤然受热，则纸板内水分很快转化为水蒸汽而又不能及时从纸板表面逸出，将造成纸板“起泡” 和“分层”。

干燥 1 kg 纸张所消耗的蒸汽量，对各种纸张来说，由于设备和生产条件不同，差别往往是很大的，变动范围 0 ～ 25 kg 之间。其影响因素主要有：

1) 纸页进出烘缸的水分　湿纸页在压榨部除去的水分愈多，则进干燥部的水分愈少，在烘缸上蒸发的水分也少，因而蒸汽消耗量低。如果纸页离开烘缸时的水分均为 7%，当湿纸页进烘缸的水分 70%，则生产 1 kg 的纸需要蒸发水 2.1 kg；湿纸进烘缸水分为 65% 时，则生产 1 kg 纸只需要蒸发 1.67 kg 水，即少蒸发 0.43 kg。另外，纸页离开烘缸时水分稍高一点蒸发水量也会少一些。

2) 蒸汽管路和烘缸的热损失　蒸汽管路短，保温工作做得好，则蒸汽管路散失的热量少。管路接头和阀门不漏汽，冷凝水排出系统中汽水分离器使用正常，烘缸的有效面积利用系数大，热效率高(在多烘缸有干燥帆布的纸机上，要比单烘缸纸机多消耗一些热量)。所以，一般造纸机的热效率在 0.65 ～ 0.75，而纸板机和单面光纸机的热效率可达 0.8 ～ 0.9。

3) 湿纸进入烘缸的温度高和干纸离开温度低时，蒸汽的消耗量低；反之，则增加蒸汽消耗量。

4) 进入烘缸的蒸汽温度和热含量高，则蒸汽消耗量低。

5) 烘缸气压高，排出冷凝水的温度高，则会增加蒸汽消耗。

(2) 干燥 1 kg 纸所需要的蒸汽量的计算方法。

生产 1 kg 纸理论上需要消耗的热量(Q') 应为

$$Q' = Q_1 + Q_2 + Q_3$$

式中　Q_1—— 生产 1 kg 纸蒸发其中水分所需要的热量，kJ；

Q_2—— 生产 1 kg 纸加热其中绝干纸料所需要的热量，kJ；

Q_3—— 生产 1 kg 纸加热其中残留水分所需要的热量，kJ。

其中

$$Q_1 = \frac{T_e - T_a}{T_a}(i'' - i')$$

式中 i''—— 在平均蒸发温度时，从纸页中排出蒸汽的热含量 kJ/kg，纸的平均温度一般在 60 ～ 95℃；

i'—— 进入干燥部的湿纸中的水热含量，kJ/kg；

$\frac{T_e - T_a}{T_a}$—— 表示生产 1 kg 风干纸所蒸发的水量，kg。

又

$$Q_2 = \frac{T_e}{100}C_p(t_2 - t_1)$$

式中 C_p—— 绝干纸料的比热；

t_1—— 湿纸幅进入干燥部的温度，℃；

t_2—— 干纸幅离开干燥部的温度，℃。

又

$$Q_3 = (1 - \frac{T_e}{100})C(t_2 - t_1)$$

式中 C—— 水的比热，kJ/(kg·℃)。

所以

$$Q' = \frac{T_e - T_a}{T_a}(i'' - i') + \frac{T_e}{100}C_p(t_2 - t_1) + (1 - \frac{T_e}{100})C(t_2 - t_1)$$

生产 1 kg 纸实际需要消耗的热量(Q)。在干燥过程中，除了上面三方面消耗的热量外，还有一部分热量损失(Q'')，如纸幅向外界散失的热量，烘缸未与纸接触部分散失的热量，管路和汽水分离器散失的热量和漏汽等。所以实际消耗的热量为

$$Q = Q' + Q''$$

理论上需要用热量与实际上所消耗热量之比，称为干燥部的热效率 η，因而有

$$\eta = \frac{Q'}{Q}$$

生产 1 kg 纸实际需要消耗的蒸汽量(D)，所以有

$$D = \frac{Q}{i_2 - i_1}$$

式中 i_1—— 当冷凝水从烘缸排出时，冷凝水的热含量，kJ/kg；

i_2—— 蒸汽进入干燥部时的热含量，kJ/kg。

(3) 温度曲线　实际温度曲线应根据品种和车速不同而定，下面给出 60 g 施胶纸车速在 342 m 情况下的温度曲线，见表 9－3－1：

表 9－3－1　60 g 施胶纸车速在 342 m 情况下的温度曲线

缸号	1	2	3	4	5	6	7	8	9
温度 ℃	50	59	60	57	91	87	97	65	96
缸号	10	11	12	13	14	15	16	17	18
温度 ℃	71	90	99	102	99	104	101	101	100
缸号	19	20	21	22	23	24	25	26	27
温度 ℃	105	95	102	102	102	102	106	106	110
缸号	28	29	30	31	32	33	34	35	36
温度 ℃	103	80	106	70	61	90	94	110	99
缸号	37	38	39	40	41	42			
温度 ℃	108	82	107	104	70	70			

§9.4　流体输送设备的控制

在生产过程中，用于输送流体和提高流体压头的机械设备，通称为流体输送设备。其中输送液体、提高压力的机械称为泵；输送气体并提高压力的机械称为风机和压缩机。

在工艺生产过程中，要求平稳生产，往往希望流体的输送量保持为定值，这时如系统中有显著的扰动，或对流量的平稳有严格的要求，就需要采用流量定值控制系统。在另一些过程中，要求各种物料保持合适的比例，保证物料平衡，就需要采用比值控制系统。此外，有时要求物料的流量与其他变量保持一定的函数关系，就采用以流量控制系统为副环的串级控制系统。

流量控制系统的主要扰动是压力和阻力的变化，特别是同一台泵分送几支并联管道的场合，控制阀上游压力的变动更为显著，有时必须采用适当的稳压措施。至于阻力的变化，例如管道积垢的效应等等，往往是比较迟缓的。

9.4.1　泵的控制

1. 离心泵的控制

离心泵是使用最广的液体输送机械。泵的压头 H 和流量 Q 及转速 n 间的关系，称为泵的特性，大体如图 9－5－1 所示，亦可由下列经验公式来近似

$$H = k_1 n^2 - k_2 Q^2 \tag{9-4-1}$$

式中　k_1，k_2——比例系数。

当离心泵装在管路系统时，实际的排出量与压头是多少呢？那就需要与管路特性结合起来考虑。管路特性就是管路系统中流体的流量和管路系统阻力的相互关系，如图 9－4－2 所示。图中 h_L 表示液体提升一定高度所需的压头，即升扬高度，这项是恒定的；h_P 表示克服管路两端静

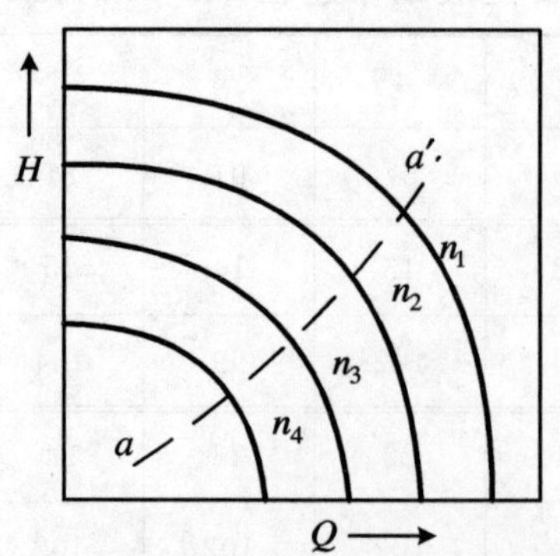

图 9-4-1　离心泵的特性曲线

aa'—相应于最高效率的工作点轨迹，$n_1 > n_2 > n_3 > n_4$

压差的压头，即为$(p_2 - p_1)/\gamma$这项也是比较平稳的；h_f 表示克服管路摩擦损耗的压头，这项与流量的平方几乎成比例；h_V 是控制阀两端的压头，在阀门的开启度一定时，也与流量的平方值成比例。同时，h_V 还取决于阀门的开启度。

设

$$H_L = h_L + h_P + h_f + h_V \tag{9-4-2}$$

则 H_L 和流量 Q 的关系称为管路特性，图 9-4-2 所示为一例。

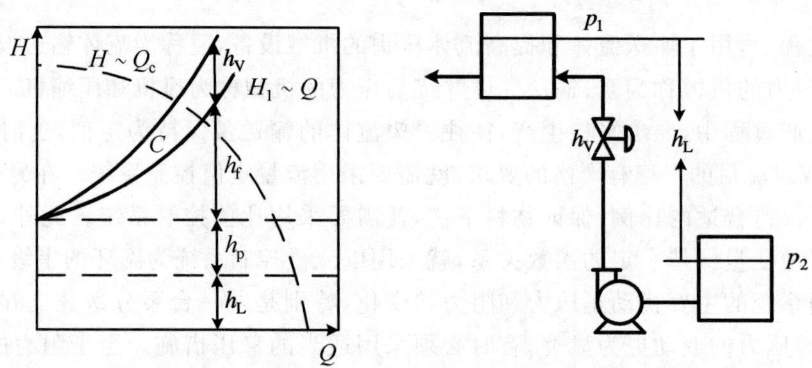

图 9-4-2　管路特性

当系统达到平稳状态时，泵的压头 H 必然等于 H_L，这是建立平衡的条件。从特性曲线上看，工作点 C 必然是泵的特性曲线与管路特性曲线的交点。

工作点 C 的流量应符合预定要求，它可以通过以下方案来控制。

(1) 改变控制阀开启度，直接节流　改变控制阀的开启度，即改变了管路阻力特性，图 9-4-3(a) 所示表明了工作点变动情况。图 9-4-3(b) 所示直接节流的控制方案是用得很广泛的。

这种方案的优点是简便易行，缺点是在流量小的情况下，总的机械效率较低。所以这种方案不宜使用在排出量低于正常值 30% 的场合。

(2) 改变泵的转速 泵的转速有了变化，就改变了特性曲线形状，图 9-4-4 就表明了工作点的变动情况，泵的排出量随着转速的增加而增加。

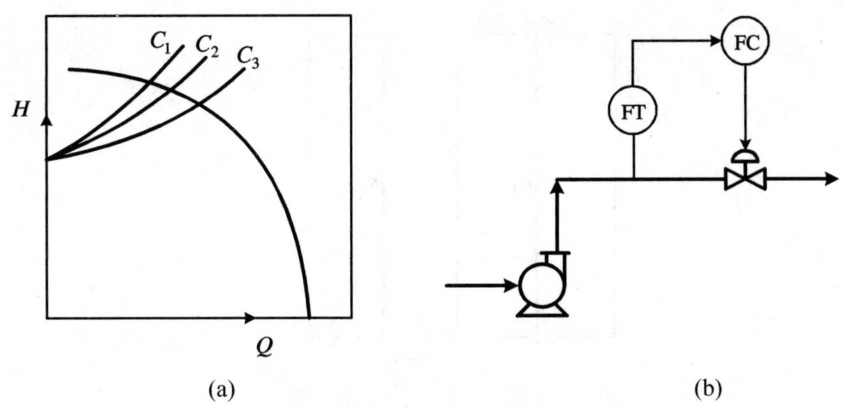

图 9-4-3　直接节流以控制流量

(a) 流量特性；(b) 控制方案

改变泵的转速以控制流量的方法有：用电动机作原动机时，采用电动调速装置；用汽轮机作原动机时，可控制导向叶片角度或蒸汽流量；采用变频调速器；也可利用在原动机与泵之间的联轴变速器，设法改变转速比。

采用这种控制方案时，在液体输送管线上不需装设控制阀，因此不存在 hv 项的阻力损耗，相对说机械效率较高，所以在大功率的重要泵装置中，有逐渐扩大采用的趋势。但要具体实现这种方案，都比较复杂，所需设备费用亦高一些。

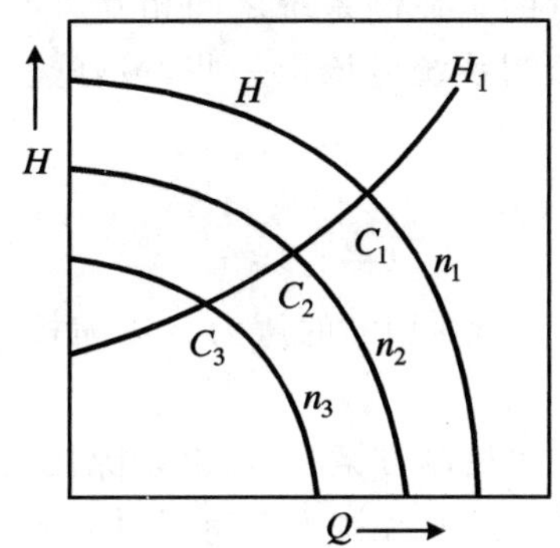

图 9-4-4　改变泵的速以控制流量

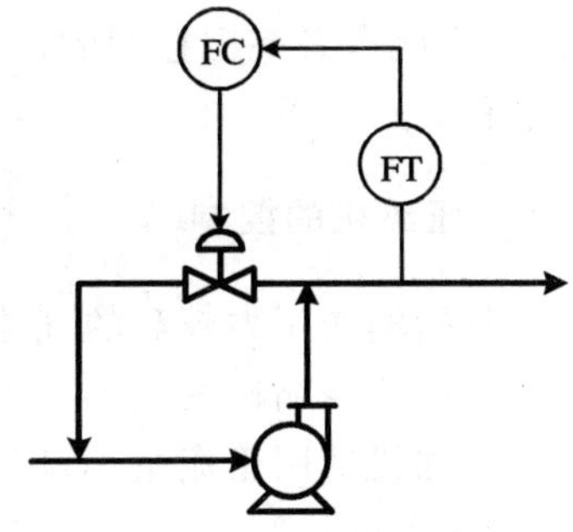

图 9-4-5　采用旁路以控制流量

(3) 通过旁路控制 旁路阀控制方案如图 9-4-5 所示，可用改变旁路阀开启度的方法，来控制实际排出量。

这种方案颇简单，而且控制阀口径较小。但亦不难看出，对旁路的那部分液体来说，由泵供给的能量完全消耗于控制阀，因此总的机械效率较低。

2. 容积式泵的控制

容积式泵有两类：一类是往复泵，包括活塞式、柱塞式等；另一类是直接位移旋转式，包括椭圆齿轮泵、螺杆式等。由于这类泵的共同特点是泵的运动部件与机壳之间的空隙很小，液体不能在缝隙中流动,所以泵的排出量与管路系统无关。往复泵只取决于单位时间内的往复次数及冲程的大小,而旋转泵仅取决于转速。它们的流量特性大体如图 9-4-6 所示。

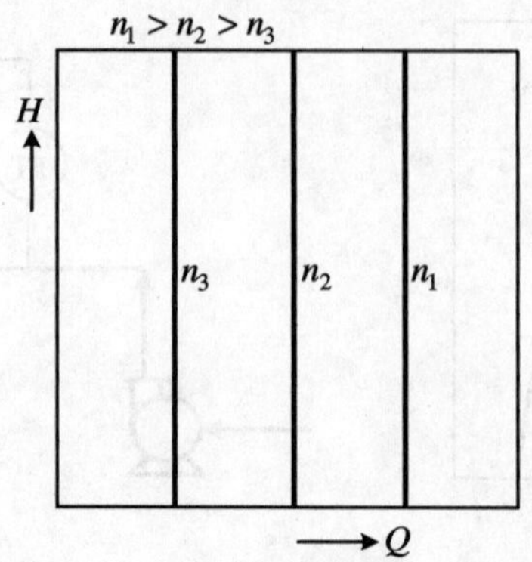

图 9-4-6　往复泵的特性曲线

既然它们的排出量与压头 H 的关系很小。因此不能在出口管线上用节流的方法控制流量,一旦将出口阀关死,将产生泵损、机毁的危险。

往复泵的控制方案有以下几种:

(1) 改变原动机的转速。此法与离心泵的调转速相同。

(2) 改变往复泵的冲程。在多数情况下,这种控制冲程方法机构复杂,且有一定难度,只有在一些计量泵等特殊往复泵上才考虑采用。

(3) 通过旁路控制。其方案与离心泵相同,是最简单易行的控制方式。

(4) 利用旁路阀控制,稳定压力,再利用节流阀来控制流量(如图 9-4-7 所示),压力控制器可选用自立式压力控制器。这种方案由于压力和流量两个控制系统之间相互关联,动态上有交互影响,为此有必要把它们的振荡周期错开,压力控制系统应该慢一些,最好整定成非周期的控制过程。

9.4.2　压缩机的控制

压缩机是指输送压力较高的气体机械,一般产生高于 300 kPa 的压力。压缩机分为往复式压缩机和离心式压缩机两大类。

往复式压缩机适用于流量小,压缩比高的场合,其常用控制方案有:汽缸余隙控制;顶开阀控制(吸入管线上的控制);旁路回流量控制;转速控制等。这些控制方案有时是同时使用的。例如图 9-4-8 所示是氮压缩机汽缸余隙及旁路控制的流程图,这套控制系统允许负荷波动的范围为 100% ～ 60%,是个分程控制系统,即当控制器输出信号在 20 ～ 60 kPa 时,余隙阀动作。当余隙阀全部打开,压力还下不来时,旁路阀动作,即输出信号在 60% ～ 100% 时,“三回一”旁路阀动作,以保持压力恒定。

近年来由于造纸、石油及化学工业向大型化发展,离心式压缩机急剧地向高压、高速、大容量、自动化方向发展。离心式压缩机与往复式压缩机比较有下述优点:体积小、流量大、重量轻、运行效率高、易损件少、维护方便、气缸内无油气污染、供气均匀、运转平稳、经济性较好等,因此离心式压缩机得到了很广泛的应用。

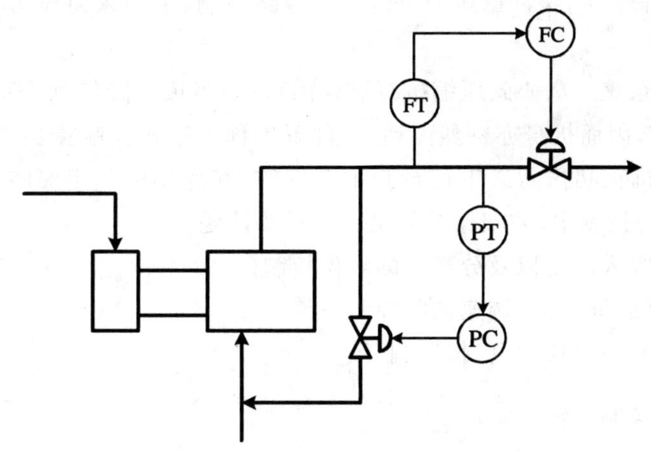

图 9-4-7　往复泵出口压力和流量控制

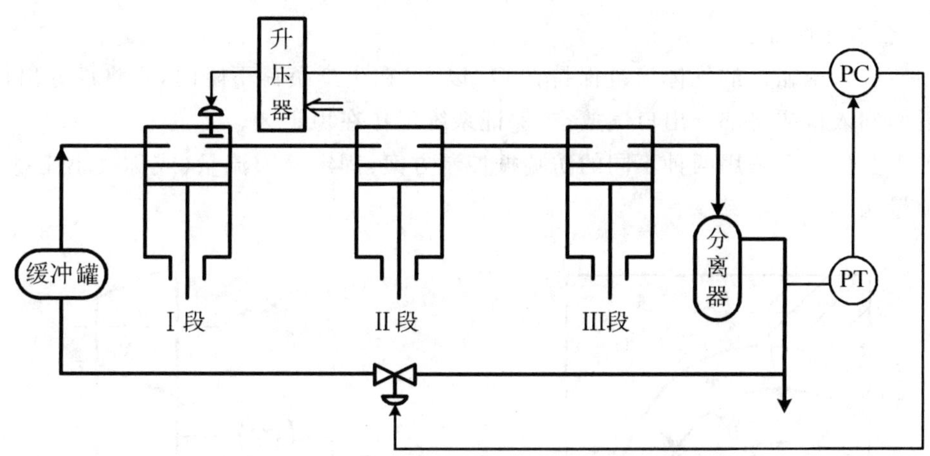

图 9-4-8　氮压缩机汽缸余隙及旁路阀控制流程图

离心式压缩机虽然有很多优点，但在大容量机组中，有许多技术问题必须很好地解决：例如喘振、轴向推力等，微小的偏差很可能造成严重事故，而且事故的出现又往往迅速、猛烈，单靠操作人员处理，常常措手不及。因此，为保证压缩机能够在工艺所要求的工况下安全运行，必须配备一系列的自控系统和安全联锁系统。一台大型离心式压缩机通常有下列控制系统。

(1) 气量控制系统(即负荷控制系统)　常用气量控制方法有：出口节流法；改变进口导向叶片的角度，主要是改变进口气流的角度来改变流量，它比进口节流法节省能量，但要求压缩机设有导向叶片装置，这样机组在结构上就要复杂一些；改变压缩机转速的控制方法，这种方法最节能，特别是大型压缩机现在一般都采用蒸汽透平作为原动机，实现调速较为简单，应用较为广泛。除此之外，在压缩机入口管线上设置控制模板，改变阻力亦能实现气量控制，但这种方法过于灵敏，并且压缩机入口压力不能保持恒定，所以较少采用。压缩机的负荷控制可以用流量控制来实现，有时也可以采用压缩机出口压力控制来实现。

(2) 压缩机入口压力控制　入口压力控制方法有：采用吸入管压力控制转速来稳定入口

压力；设有缓冲罐的压缩机，缓冲罐压力可以采用旁路控制；采用入口压力与出口流量的选择控制。

(3) 防喘振控制系统。离心式压缩机有这样的特性：当负荷降低到一定程度时，气体的排送会出现强烈的震荡，因而机身亦剧烈振动，这种现象称为喘振。喘振会严重损坏机体，进而产生严重后果，压缩机在喘振状态下运行是不允许的，在操作中一定要防止喘振的产生。因此，在离心式压缩机的控制中，防喘振控制是一个重要课题。

(4) 压缩机各段吸入温度以及分离器的液位控制。

(5) 压缩机密封油、润滑油、调速油的控制系统。

(6) 压缩机振动和轴位移检测、报警、联锁。

9.4.3 防喘振控制系统

离心式压缩机的特性曲线如图 9-4-9 所示。

由图 9-4-9 所示可知，只要保证压缩机吸入流量大于临界吸入力量 Q_P，系统就会工作在稳定区，不会发生喘振。

为了使进入压缩机的气体流量保持在 Q_P 以上，在生产负荷下降时，须将部分出口气从出口旁路返回到入口或将部分出口气放空，保证系统工作在稳定区。

目前工业生产上采用两种不同的防喘振控制方案：固定极限流量（或称最小流量）法与可变极限流量法。

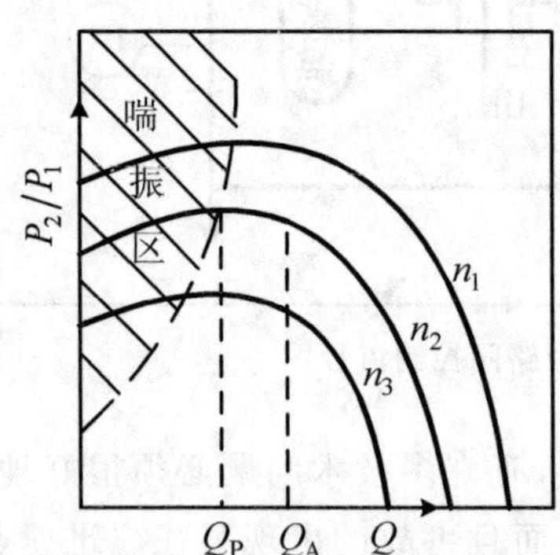

图 9-4-9 离心式压缩机的特性曲线

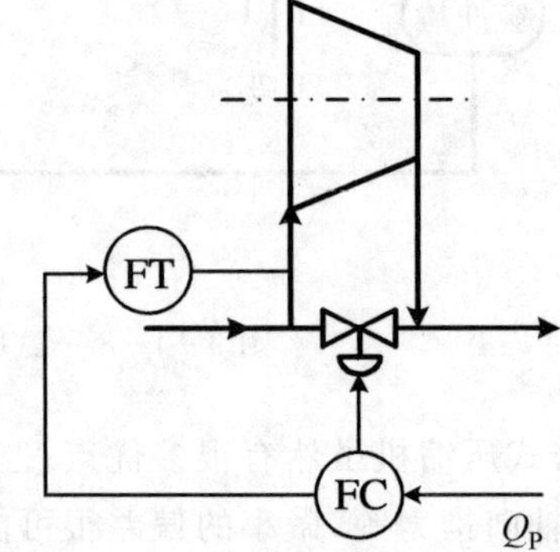

图 9-4-10 固定极限流量防喘振控制系统图

1. 固定极限流量防喘振控制

这种防喘振控制方案是使压缩机的流量始终保持大于某一固定值即正常可以达到最高转速下的临界流量 Q_P，从而避免进入喘振区运行。显然压缩机不论运行在哪一种转速下，只要满足压缩机流量大于 Q_P 的条件，压缩机就不会产生喘振，其控制方案如图 9-4-10 所示。压缩机正常运行时，测量值大于设定值 Q_P，则旁路阀完全关闭。如果测量值小于 Q_P，则旁路阀打开，使一部分气体返回，直到压缩机的流量达到 Q_P 为止，这样压缩机向外供气量减少了，但可以防止发生喘振。

固定极限防喘振控制系统应与一般控制中采用的旁路控制法区别开来。主要差别在于检测点位置不一样，防喘振控制回路测量的是进压缩机流量，而一般流量控制回路测量的是从管网送来或是通往管网的流量。

固定极限流量防喘振控制方案简单，系统可靠性高，投资少，适用于固定转速场合。在变转速时，如果转速低到 n_2, n_3 时，流量的裕量过大，能量浪费很大。

2. 可变极限流量防喘振控制

为了减少压缩机的能量消耗，在压缩机负荷有可能经常波动的场合，采用可变极限流量防喘振控制方案。

假如在压缩机吸入口测量流量，只要满足下式即可防止喘振产生

$$\frac{p_2}{p_1} \leqslant a + \frac{bK_1^2 p_{1d}}{\gamma p_1} \quad \text{或} \quad p_{1d} \geqslant \frac{\gamma}{bK_1^2}(p_2 - ap_1) \tag{9-4-3}$$

式中 p_1—— 压缩机吸入口压力，绝对压力；

p_2—— 压缩机出口压力，绝对压力；

p_{1d}—— 入口流量 Q_1 的压差；

$\gamma = M/ZR$—— 常数（M 为气体分子量；Z 为压缩系数；R 为气体常数）；

K_1—— 孔板的流量系数；

a, b—— 常数。

按上式可构成如图 9-4-11 所示防喘振控制系统，这是可变极限流量防喘振控制系统。该方案取 p_{1d} 作为测量值，而 $\frac{\gamma}{bK_1^2}(p_2 - ap_1)$ 为设定值，此是一个随动控制系统。当 p_{1d} 大于设定值时，旁路阀关闭；当小于设定值时，将旁路阀打开一部分，保证压缩机始终工作在稳定区，这样防止了喘振的产生。

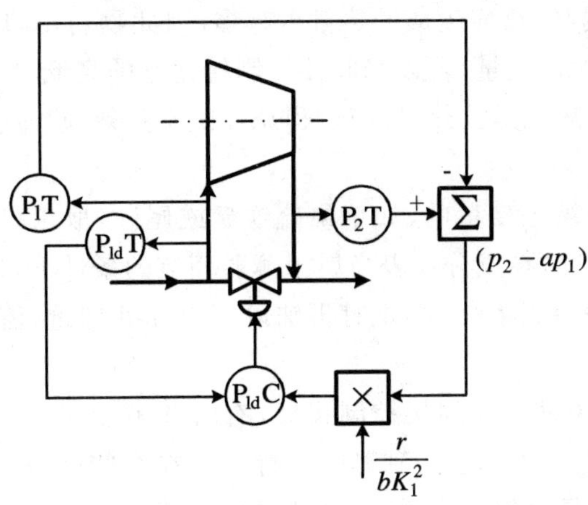

图 9-4-11 可变极限流量防踹振控制系统

§9.5 化学反应器的控制

化学反应器是化工生产中重要的设备之一。而化学反应过程伴有化学物理现象，涉及能量、物料平衡，以及物料动量、热量和物质传递等过程，因此化学反应器的操作一般比较复杂。

反应器的自动控制，直接关系到产品的质量、产量和安全生产。

由于反应器在结构、物料流程、反应机理和传热传质情况等方面的差异，自控的难易程度相差很大，自控方案也相差很大。

9.5.1 反应器的控制要求和被控变量的选择

化学反应器自动控制的基本要求，是使化学反应在符合预定要求的条件下自动进行。设计化学反应器的自控方案，一般要从质量指标、物料平衡、约束条件三方面加以考虑。

(1) 质量指标　化学反应器的质量指标一般指反应的转化率或反应生成物的规定浓度。显然，转化率应当是被控变量。如果转化率不能直接测量，就只能选取几个与它相关的参数，经过运算去间接控制转化率。如聚合釜出口温差控制与转化率的关系为

$$y=\frac{\rho g c(\theta_0-\theta_i)}{x_i H} \tag{9-5-1}$$

式中　y—— 转化率；

θ_i,θ_0—— 分别为进料与出料温度；

ρ—— 进料密度；

g—— 重力加速度；

c—— 物料的比热容；

x_i—— 进料浓度；

H—— 每摩尔进料的反应热。

上式表明，对于绝热反应器来说，当进料温度一定时，转化率与温度差成正比，即 $y=K(\theta_0-\theta_i)$。这是由于转化率越高，反应生成的热量也越多，因此物料出口的温度也越高。所以，以温差 $\Delta\theta=(\theta_0-\theta_i)$ 作为被控变量，可以来间接控制转化率的高低。

因为化学反应不是吸热就是放热，反应过程总伴随有热效应。所以，温度是最能够表征质量的间接控制指标。

也有用出料浓度作为被控变量的，如焙烧硫铁矿或尾砂，取出口气体中的 SO_2 含量作为被控变量。但是就目前情况，在成分仪表尚属于薄弱环节的条件下，通常是采用温度作为质量的间接控制指标构成各种控制系统，必要时再辅以压力和处理量（流量）等控制系统，即可保证反应器的正常操作。

以温度、压力等工艺变量作为间接控制指标，有时并不能保证质量稳定。当在扰动作用时，转化率和反应生成物组分等仍会受到影响。特别是在有些反应中，温度、压力等工艺变量和生成物组分之间不完全是单值对应关系，这就需要不断地根据工况变化去改变温度控制系统中的设定值。在有催化剂的反应器中，由于催化剂的活性变化，温度设定值也要随之改变。

(2) 物料平衡　为使反应正常，转化率高，要求维持进入反应器的各种物料量恒定，配比符合要求。为此，在进入反应器前，往往采用流量定值控制或比值控制。另外，在有一部分物料循环的反应系统中，为保持原料的浓度和物料平衡，需另设辅助控制系统。如氨合成过程中的惰性气体自动排放系统。

(3) 约束条件　对于反应器，要防止工艺变量进入危险区或不正常工况。例如，在不少催化接触反应中，温度过高或进料中某些杂质含量过高，将会损坏催化剂；在流化床反应器中，流

体速度过高，会将固相吹走，而流速过低，又会让固相沉降等。为此，应当配备一些报警、联锁装置或设备取代控制系统。

9.5.2 釜式反应器的控制

釜式反应器在化学工业中应用十分普遍，除广泛用作聚合反应外，在有机染料、农药等行业中还经常采用釜式反应器来进行碳化、硝化、卤化等反应。

反应温度的测量与控制是实现釜式反应器最佳操作的关键问题，下面主要针对温度控制进行讨论。

(1) 控制进料温度　图 9-5-1 是这类方案的示意图。物料经过预热器(或冷却器) 进入反应釜。通过改变进入预热器(或冷却器) 的热剂量(或冷却量)，可以改变进入反应釜的物料温度，从而达到维持釜内温度恒定的目的。

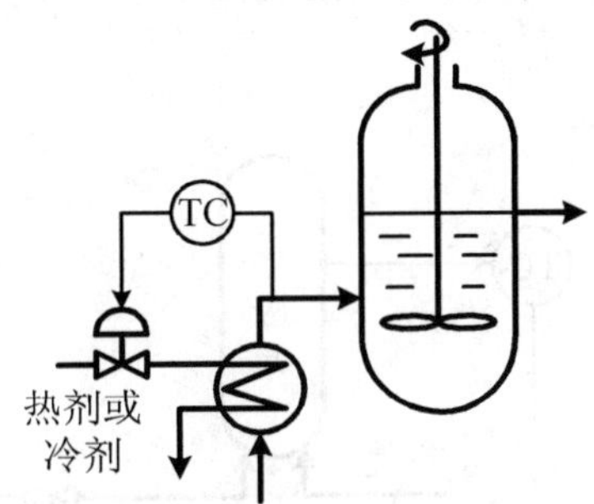

图 9-5-1　控制进料温度方案

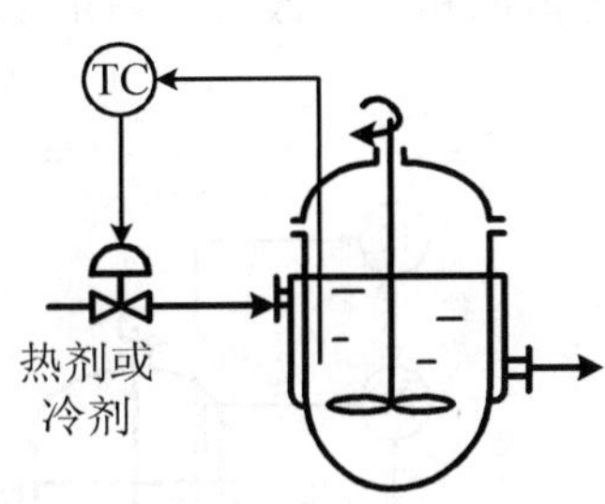

图 9-5-2 改变传热量控制方案

(2) 改变传热量　由于大多数反应釜均有传热面，以引入或移去反应热，所以用改变传热量多少的方法就能实现温度控制。图 9-5-2 为一带夹套的反应釜。当釜内温度改变时，可用改变加热剂(或冷却剂) 流量的方法来控制釜内温度。这种方案的结构比较简单，使用仪表少，但由于反应釜容量大，温度滞后严重，特别是当反应釜用来进行聚合反应时，釜内物料粘度大，热传递较差，混合又不易均匀，就很难使温度控制达到严格要求。

(3) 串级控制　为了针对反应釜滞后较大的特点，可采用串级控制方案。根据进入反应釜的主要扰动的不同情况，可以采用釜温与热剂(或冷剂) 流量串级控制(见图 9-5-3)、釜温与夹套温度串级控制(见图 9-5-4) 及釜温与釜压串级控制(见图 9-5-5) 等。

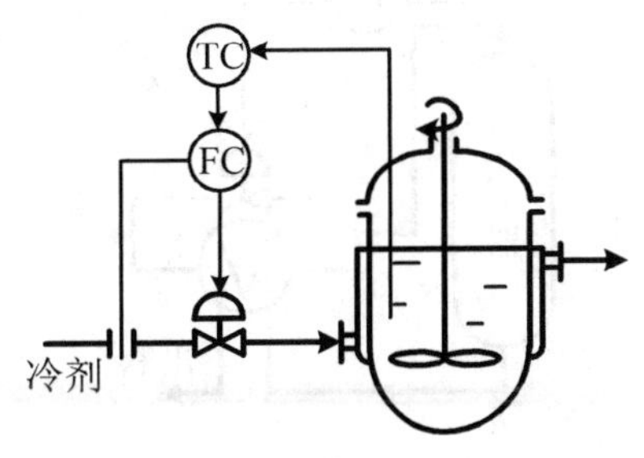

图 9-5-3　反应釜串级控制方案之一

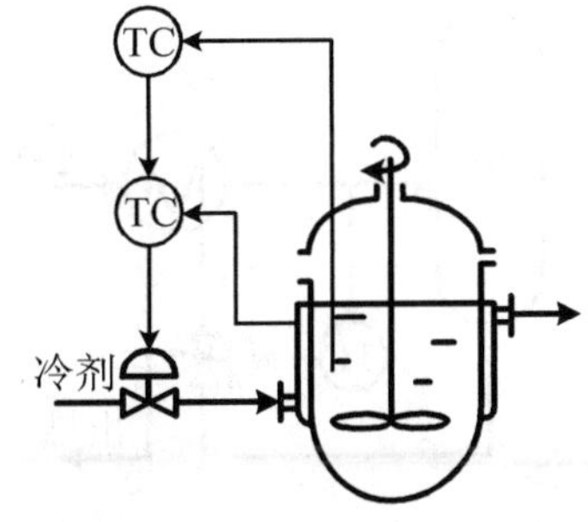

图 9-5-4　反应釜串级控制方案之二

9.5.3 固定床反应器的控制

固定床反应器是指催化剂床层固定于设备中不动的反应器，流体原料在催化剂作用下进行化学反应以生成所需反应物。固定床反应器的温度控制十分重要。任何一个化学反应都有自己的最适宜温度。最适宜温度综合考虑了化学反应速度、化学平衡和催化剂活性等因素。最适宜温度通常是转化率的函数。

温度控制首要的是要正确选择敏点位置，把感温元件安装在敏点处，以便及时反映整个催化剂床层温度的变化。多段的催化剂床层往往要求分段进行温度控制，这样可使操作更趋合理。常见的温度控制方案有下列几种。

(1) 改变进料浓度　对放热反应来说，原料浓度越高，化学反应放热量越大，反应后温度也越高。以硝酸生产为例，当氨浓度在 9% ～ 11% 范围内时，氨含量每增加 1% 可使反应温度提高的 60 ～ 70℃。图 9－5－6 是通过改变进料浓度以保证反应温度恒定的一个实例，改变氮和空气比值就相当于改变进料的氨浓度。

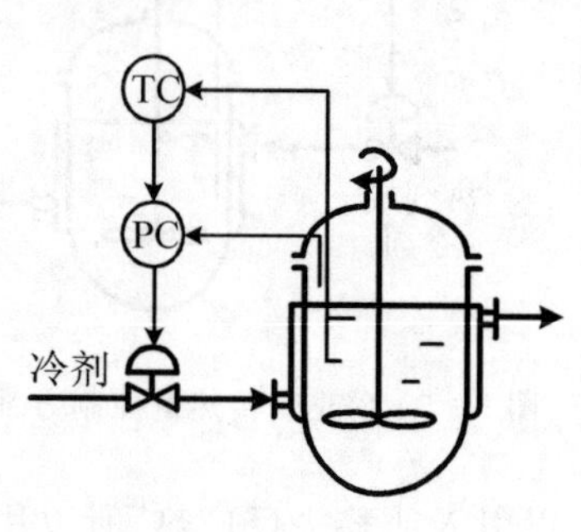

图 9－5－5　反应釜串级控制方案之三

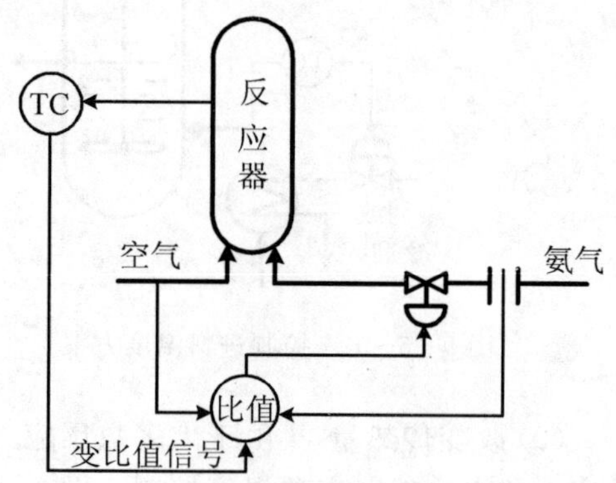

图 9－5－6　改变进料浓度控制方案

(2) 改变进料温度　改变进料温度，整个床层温度就会变化，这是由于进入反应器的总热量随进料温度变化而改变的缘故。若原料进反应器前需预热，可通过改变进入换热器的载热体流量，以控制反应床上的温度，如图 9－5－7 所示，也有按图 9－5－8 所示方案用改变旁路流量大小来控制床层温度的。

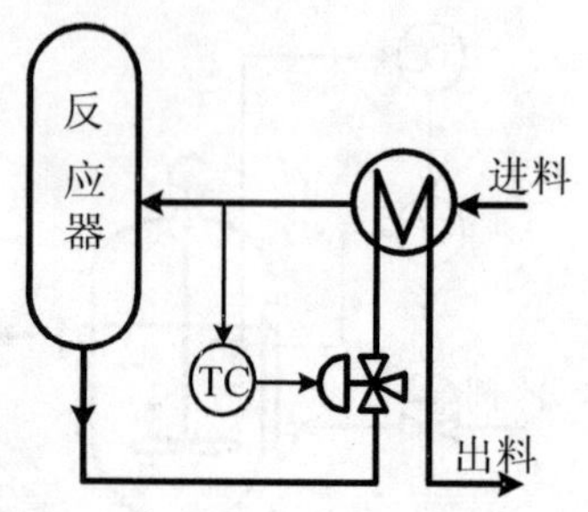

图 9－5－7　改变旁路流量控制方案之一

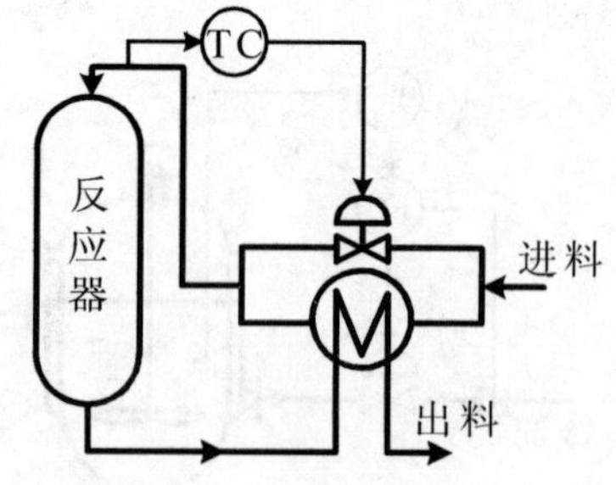

图 9－5－8　改变旁路流量控制方案之二

(3) 改变段间进入的冷气量　在多段反应器中，可将部分冷的原料气不经预热直接进入段间，与上一段反应后的热气体混合，从而降低了下一段入口气体的温度。图 9-5-9 所示为硫酸生产中用 SO_2 氧化成 SO_3 的固定床反应器温度控制方案。这种控制方案由于冷的那一部分原料气少经过一段催化剂层，所以原料气总的转化率有所降低。另外一种情况，如在合成氨生产工艺中，当用水蒸气与一氧化碳变换成氢气时，为了使反应完全，进入变换炉的水蒸气往往是过量很多的，这时段间冷气采用水蒸气则不会降低一氧化碳的转化率，图 9-5-10 所示为这种方案的原理图。

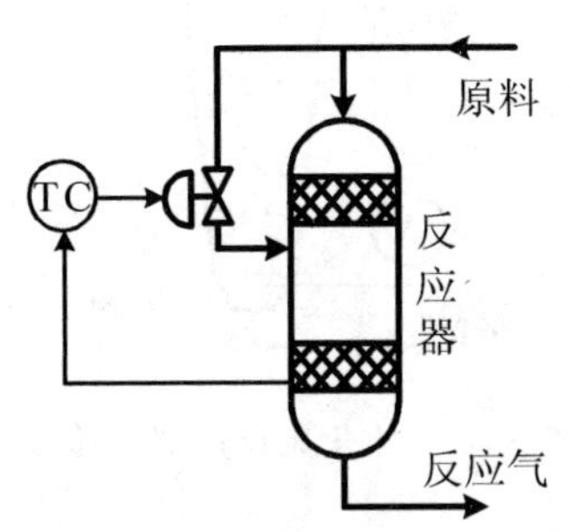

图 9-5-9　改变段间进入的冷气量控制方之一

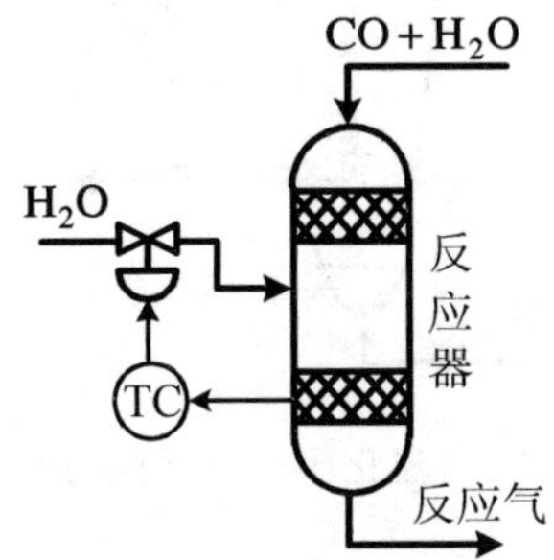

图 9-5-10　改变段间进入的冷气量控制方案之二

9.5.4　硫化床反应器的控制

图 9-5-11 是流化床反应器的原理示意图。反应器底部装有多孔筛板，催化剂呈粉末状，放在筛板上，当从底部进入的原料气流速达到一定值时，催化剂开始上升呈沸腾状，这种现象称为固体流态化。催化剂沸腾后，由于搅动剧烈，因而传质、传热和反应强度都高，并且有利于连续化和自动化生产。

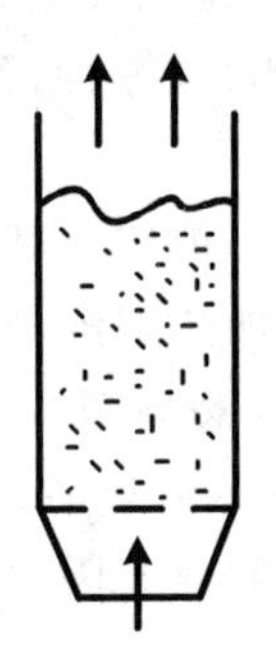

图 9-5-11　流化床反应器的原理图

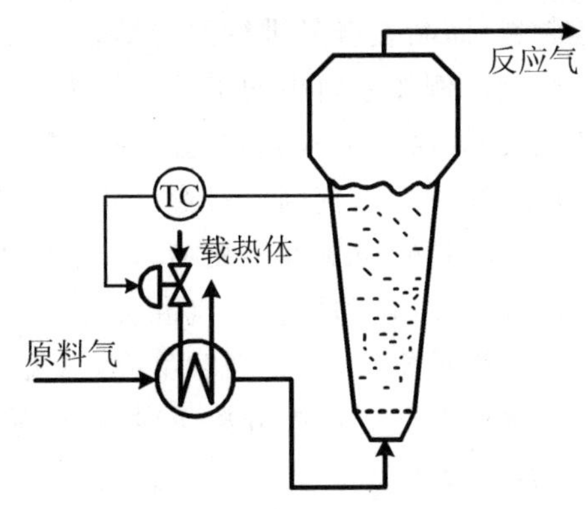

图 9-5-12　流化床反应器控制方案之一

与固定床反应器的自动控制相似，流化床反应器的温度控制是十分重要的。为了自动控制流化床的温度，可以通过改变原料入口温度(见图 9-5-12)，也可以通过改变进入流化床的冷却剂流量(见图 9-5-13)，以控制流化床反应器内的温度。

在流化床反应器内，为了了解催化剂的沸腾状态，常设置差压指示系统，如图 9－5－14 所示。在正常情况下，差压不能太小或太大，以防止催化剂下沉或冲跑的现象。当反应器中有结块、结焦和堵塞现象时，也可以通过差压仪表显示出来。

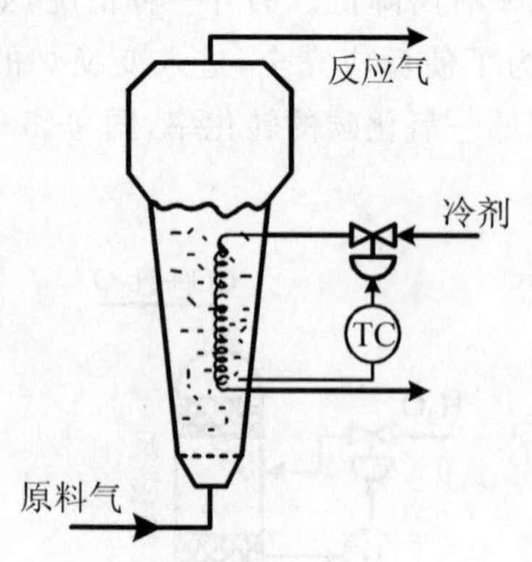

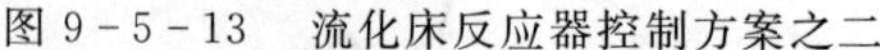

图 9－5－13　流化床反应器控制方案之二

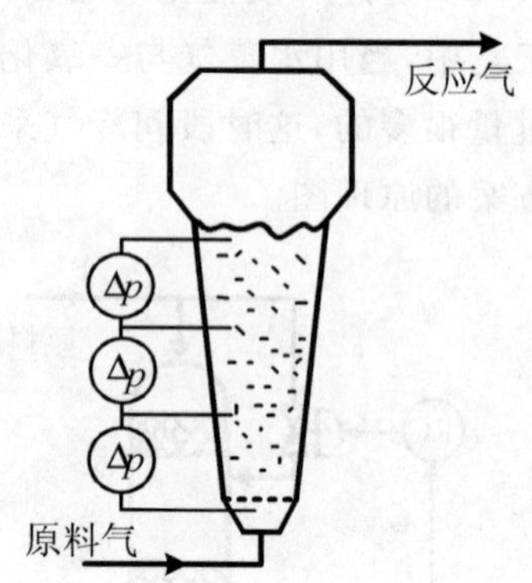

图 9－5－14　流化床反应器差压指示系统

9.5.5　管式热裂解反应器的控制

管式反应器广泛应用在气相或液相的连续反应，它能承受较高的压力，也便于热量的交换，结构类似于列管式换热器。根据化学反应的热交换性质可分为吸热和放热两大类。石油工业中的管式反应器。多称管式炉，用于吸热反应居多。管内进行反应，管外利用燃料燃烧加热。在控制的特点方面，此类吸热反应对象是开环稳定的；由于反应器内部存在热量、动量、质量的传递过程，其扰动因素较多。下面以乙烯裂解炉为例简单介绍一下管式裂解反应器的自动控制。

1. 乙烯裂解炉工艺特点

裂解反应必须由外界不断供给大量热量，在高温下进行。其本质是用外界能量使原料中的碳链断裂，而断裂链又进行聚合缩合等反应，所以裂解过程中伴随着错综复杂的反应，并有众多的产物。例如原料中的丁烷裂解为丙烯、甲烷、乙烯、乙烷、碳、氢等，而乙烷又可以裂解为乙烯和氢，乙烯又可以脱氧成为乙炔和氢或转变为丁二烯等。

乙烯裂解炉为垂直倒梯台形。几十根裂解管在炉中垂直排列，炉体上部为辐射段，下部为对流段；炉顶、炉侧设置许多喷嘴，燃烧油和燃烧气由此喷出燃烧加热裂解管；原料油进入对流段预热部分预热，再和稀释蒸汽混合加热后，在裂解管通过并发生裂解反应，反应后的裂解气立即进急冷锅炉急冷，停止裂解反应，以免生成的乙烯、丙烯等进一步裂解。此后裂解气再经油淬冷器水冷等送到压缩分离工段，把产品分离出来。影响裂解的主要因素是反应温度、反应时间、水蒸气量。

2. 控制方案

图 9－5－15 为裂解炉的控制图，主要包括三个控制回路：原料油流量控制，稀释蒸汽流量控制和出口裂解气温度控制。

(1) 原料油流量控制　原料油流量的变化使得进入反应器的反应物变化，既影响反应温度也影响反应的时间，所以必须设置流量控制回路，采用定值控制。

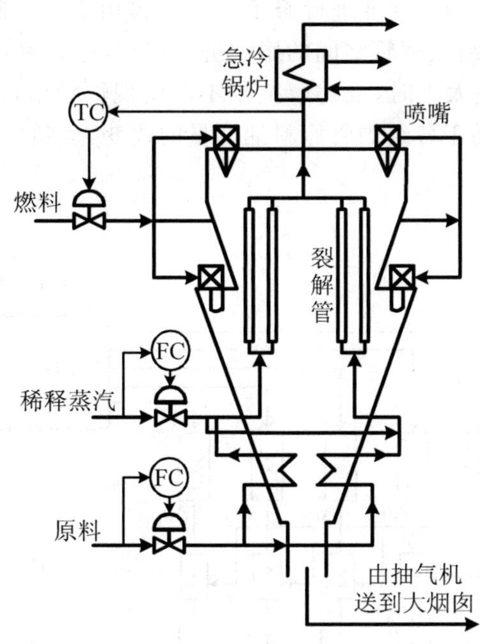

图 9-5-15　裂解炉的控制图

(2) 蒸汽流量控制　为提高乙烯收率以及防止裂解管结焦,可以一定比例的蒸汽混入原料油。采用蒸汽流量控制回路后保证了蒸汽量的恒定。由于原料油流量采用定值控制,所以实际上是保证原料油和蒸汽量的比值控制。

(3) 裂解管出口温度控制　当原料油流量和蒸汽流量稳定后,裂解质量主要由反应温度决定。由于反应温度在裂解管不同位置是不一样的,且同一位置不同管子结焦情况不一,反应温度也有所区别。一般选定裂解管出口温度作为被控变量,操纵变量为燃烧气或燃烧油的量。

该控制方案比较简单,在工况稳定的情况下可以满足要求。由于燃烧油要通过燃烧加热炉膛,再加热裂解管才影响到出口温度,因此,控制通道较长,时间常数较大。当工况经常变化时,就难以满足控制要求,此时可采用出口温度对燃烧油流量的串级控制加以解决。

3. 乙烯裂解炉的平稳控制

反应温度控制是控制裂解炉正常生产的关键。上述控制方案并不能保证炉内各管子的正常生产。裂解炉中有许多裂解管,通常按裂解管的排列情况分为若干组,每组对应若干喷嘴。裂解管总管出口温度是各裂解管出口温度的平均温度。由于安装、制造、结焦情况不同,各组裂解管的加热、反应情况都不同(严格讲,每根管子的情况也不一样)。这就形成裂解管出口温度的不均匀性,温度高的容易结焦。因此工艺上要求各组炉管之间的温差不能太大。而上述方案显然满足不了这种要求。

对应每组裂解管设置一个温度控制回路,被控变量取自多组管的出口温度,操纵变量为每组对应的喷嘴的燃烧油流量,通过控制阀门加以控制。此时就存在各组之间的相互关联的影响。由于裂解炉的结构非常紧凑,裂解管排列的很近,其中任意一个控制阀的变化,对其他组的炉管也有影响。

为了尽量减少各组炉管之间的温度差别,使它们出口温度相一致。在每个控制阀前配置一个偏差设定器称为 TXC,对控制阀开度进行修正。此时作用于控制阀的是控制回路信号和修正信号之和。修正信号对各组裂解管之间的影响进行修正,达到解耦控制的目的。如图 9-5-16 所示。当炉出口温度相差太大时,上述解控制不能实现炉管出口温度一致时,可采用在总负荷保持不变的前提下,借助于各组炉管原料油流量的改变,达到炉管温度的一致。这就叫做裂解炉的温度控制。

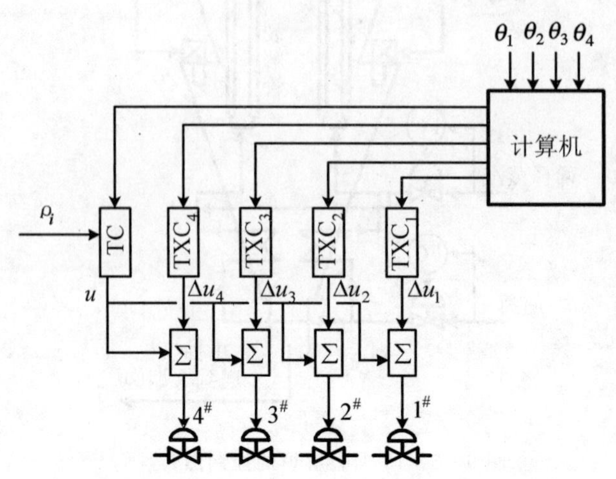

图 9-5-16　裂解炉炉管出口温度解耦控制原理框图

裂解炉的解耦控制和温度控制都是以保持同一裂解炉各组炉管的出口温度一致,且使负荷保持平衡为目的的。它使整个生产得以平稳运行。因而统称为裂解炉的“平稳控制”。

9.5.6　鼓泡床反应器的控制

当进行气液相反应时常用鼓泡床反应器。这在石油化工、无机化工、生物化工和制药工业等方面有许多应用。由于气液反应的特点,鼓泡床操作的基本要求一是控制好气相和液相量;二是保持一定的液位,以免因液位过高使气体带液严重,或者液位太低气体停留时间太短而影响反应;三是维持保证反应质量的温度。因此,鼓泡床的控制方案主要根据这些要求来设置。

(1) 保证反应物料稳定的流量控制　流量控制回路如图 9-5-17 所示,包括气相进料流量控制回路和液相进料流量控制回路。可以采用单回路定值控制和比值控制等方式。这样保证反应物料量稳定,减少其变化对反应的影响。在使用催化剂的鼓泡床反应器中,催化剂量一般也应有流量控制。但当其流量太小,难以测量时,可用定量泵、高位槽加入等方式尽量使其稳定。

(2) 温度控制　在反应物料稳定、流量稳定的情况下,温度一般是衡量反应情况好坏的标志。即使在质量控制情况下,温度变化往往是反应变化的先导,要比质量指标灵敏,而且也是监视反应不致超温达到危险程度的标志之一。因此,鼓泡床反应器均设置温度控制回路。操纵变量多为冷却剂量,可以是总冷却剂量,也可以是上冷却器水量遥控,单独控制下冷却器水量。图 9-5-17 中给出后者的温度控制。

(3) 液位控制　当鼓泡床不是采用溢流方式时,要有液位控制,以保证反应的正常进行。

图 9-5-18 是液位控制的最常见最简单的控制方案。其缺点是不管反应是否合格，只要有进料就必须有出料。

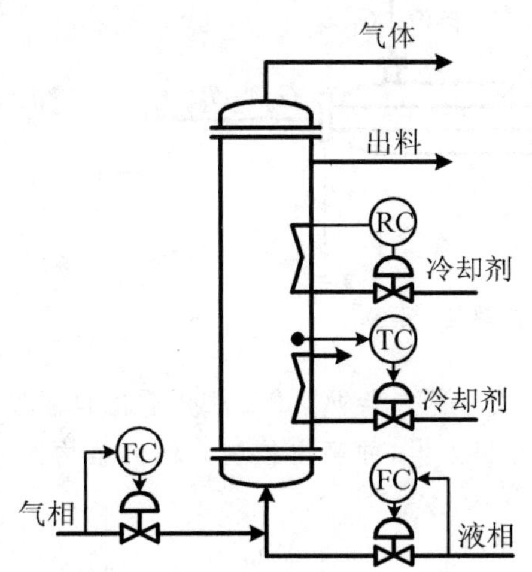

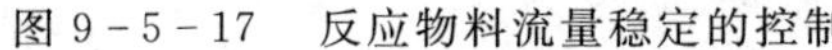

图 9-5-17 反应物料流量稳定的控制

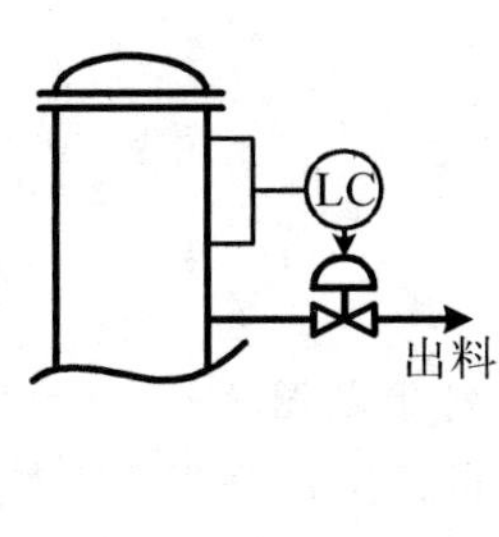

图 9-5-18 液位控制

液位控制的另一方案是用液位控制液相进料，而用反应温度控制出料。其中比值控制为保证气、液相进料之间的比例。反应温度仍然由控制冷却剂量来实现。这一方案，可以克服上一方案的不足。放热反应为例，当流量增加使反应温度上升时，通过温度控制回路的控制，一方面加大冷却剂量；另一方面关小出口阀门，通过液位控制减少进料量，加速温度下降。两个温度控制回路用同一测量元件和变送，是为了避免两个回路用两套测量系统带来误差。用两个控制器，是为了满足不同对象对控制器参数的不同要求。

液位测量，采用差压法或外沉筒式比较合适。但在安装和校验时要注意到液位静止体积与反应在鼓泡时体积膨胀的区别。内浮筒式测量，波动较大，不宜用作液位控制的输入。

(4) 压力控制　压力波动对进料的影响一般要比液位波动时对进料影响大而且也影响到温度。为了充分利用反应器的体积，增加气液接触时间，控制的液位较高，液位的上部的空间也较小，对于强放热反应会产生骤爆的反应，设置压力控制和报警等紧急措施就更显得重要。压力控制可装在本设备上，也可装在后继设备上；可采用单回路控制，也可采用分程控制，正常情况下控制小阀，不正常时控制大阀。

思考题与习题

9-1　对于题图 9-1 所示的套管式换热器，假设：

(1) 间壁的热容可忽略；

(2) 工艺介质为液相，属层流流动，而且同一横截面上的各点温度相同；

(3) 传热系数 K 和工艺介质的比热容 c_2 为常数；

(4) 加热蒸汽在套管内的温度可用集中参数 $T_1(t)$ 来表示，并为蒸汽阀后压力的函数。

设蒸汽与工艺介质的质量流量分别为 G_1，G_2，套管换热器的总长度为 L，内套管的圆周长为 A，工艺介质单位长度的流体质量为 M_2，而工艺介质的进出口温度可用 T_{2i}，T_{2o} 来表示。试建立该套管式换热器以分布参数形式表示的动态数学模型。

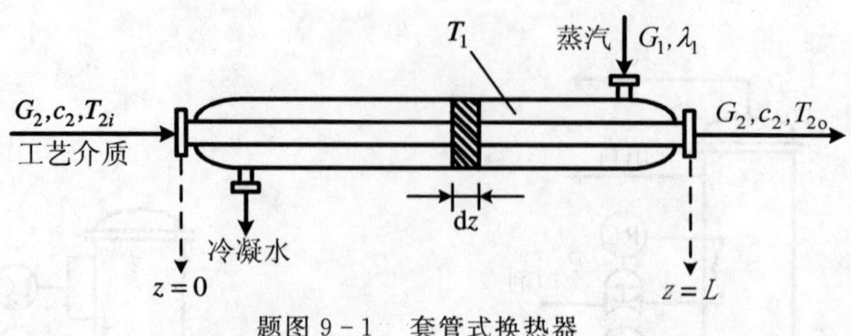

题图 9-1　套管式换热器

9-2　对于题图 9-2 所示的换热器系统工艺介质与蒸汽换热，并要求介质出口温度达到规定的控制指标。试分析下列情况下应选择哪一种控制方案，并画出控制系统的结构图（或称带控制点的流程图）与方框图。

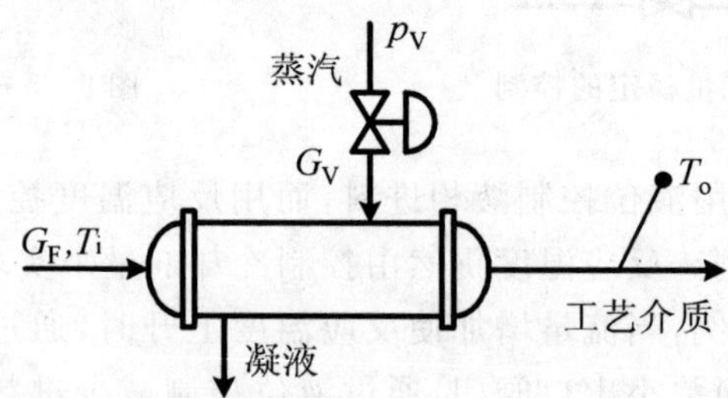

题图 9-2　蒸汽换热器系统

（1）工艺介质流量 G_F 与蒸汽压力 p_V（p_V 为蒸汽阀前压力）均比较稳定；

（2）工艺介质流量 G_F 比较稳定，但蒸汽压力 p_V 波动较大；

（3）蒸汽压力 p_V 比较稳定，但工艺介质流量 G_F 波动较大；

（4）工艺介质流量 G_F 比较稳定，但工艺介质入口温度 T_i 及蒸汽压力 p_V 波动较大。

9-3　题图 9-3 表示工业过程中最为常用的两种加热炉出口温度串级控制方案。试画出这两种单级控制系统的方框图，并确定控制器的正反作用（假设控制阀均为气开阀）；同时，对这两种方案的优劣进行比较。

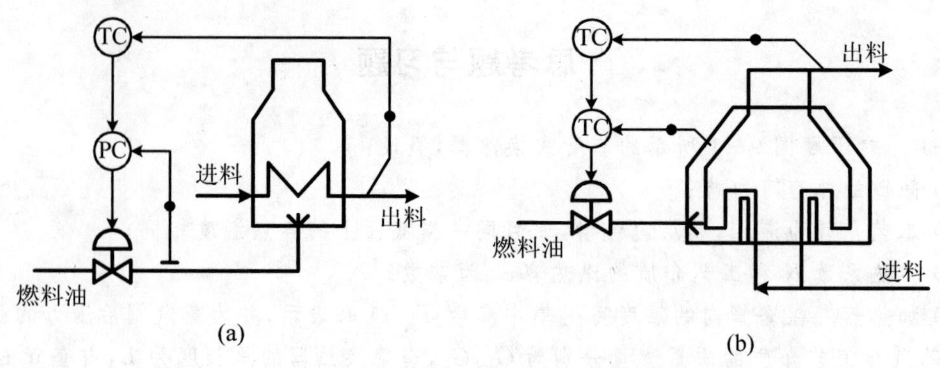

题图 9-3　加热炉出口温度的串级控制方案

9－4　某简单精馏塔如题图9－4所示，要求控制精馏段灵敏板温度T_R，回流罐液位L_D，精馏塔底液位L_B，而可操纵变量为回流量L，塔顶产品采出量D，塔底产品采出量B，塔底再沸器加热量Q_H。该精馏塔的主要扰动为进料量F与进料浓度x_F，其中F为可测但不可控扰动。试针对下列情况为该设备设计一个多回路控制系统并尽可能减少各回路之间的关联。

(1) 回流比L/D大于3；

(2) 塔顶产率D/F大于0.3而回流比小于1。

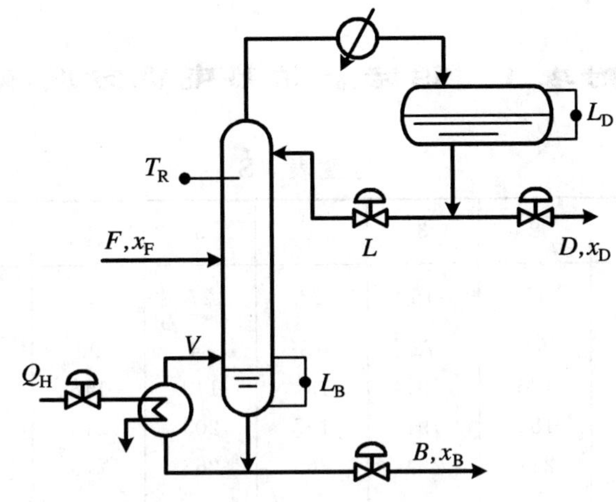

题图9－4　控制系统的设计

9－5　比较纸浆浓度控制中单稀释和双稀释控制的异同点。

9－6　简述纸料配浆比值控制方案。

9－7　离心泵的流量控制方案有哪几种形式？

9－8　离心泵与往复泵流量控制方案有哪些相同点与不同点？

9－9　何谓离心式压缩机的喘振？产生喘振条件是什么？

9－10　离心式压缩机防喘振控制方案有哪几种？简述适用场合。

9－11　试述一般传热设备的控制方案，并举例说明。

9－12　简述加热炉的控制方案。

9－13　化学反应器对自动控制的基本要求是什么？

9－14　为什么对大多数化学反应器来说，其主要的被控变量都是温度？

9－15　如何实现釜式、固定床和流化床反应器的温度自动控制？

附录I

附表1 铂铑$_{10}$-铂热电偶分度表

分度表 S　　　　单位:μV

t/℃	0	1	2	3	4	5	6	7	8	9
0	0	5	11	16	22	27	33	38	44	50
10	55	61	67	72	78	84	90	95	101	107
20	113	119	125	131	137	142	148	154	161	167
30	173	179	185	191	197	203	210	216	222	228
40	235	241	247	254	260	266	273	279	286	292
50	299	305	312	318	325	331	338	345	351	358
60	365	371	378	385	391	398	405	412	419	425
70	432	439	446	453	460	467	474	481	488	495
80	502	509	516	523	530	537	544	551	558	566
90	573	580	587	594	602	609	616	623	631	638
100	645	653	660	667	675	682	690	697	704	712
110	719	727	734	742	749	757	764	772	780	787
120	795	802	810	818	825	833	841	848	856	864
130	872	879	887	895	903	910	918	926	934	942
140	950	957	965	973	981	989	997	1 005	1 013	1 021
150	1 029	1 037	1 045	1 053	1 061	1 069	1 077	1 085	1 093	1 101
160	1 109	1 117	1 125	1 133	1 141	1 149	1 158	1 166	1 174	1 182
170	1 190	1 198	1 207	1 215	1 223	1 231	1 240	1 248	1 256	1 264
180	1 273	1 281	1 289	1 297	1 306	1 314	1 322	1 331	1 339	1 347
190	1 356	1 364	1 373	1 381	1 389	1 398	1 406	1 415	1 423	1 432
200	1 440	1 448	1 457	1 465	1 474	1 482	1 491	1 499	1 508	1 516
210	1 525	1 534	1 542	1 551	1 559	1 568	1 576	1 585	1 594	1 602
220	1 611	1 620	1 628	1 637	1 645	1 654	1 663	1 671	1 680	1 689
230	1 698	1 706	1 715	1 724	1 732	1 741	1 750	1 759	1 767	1 776
240	1 785	1 794	1 802	1 811	1 820	1 829	1 838	1 846	1 855	1 864

续 表

t/℃	0	1	2	3	4	5	6	7	8	9
250	1 837	1 882	1 891	1 899	1 908	1 917	1 962	1 935	1 944	1 953
260	1 962	1 971	1 979	1 988	1 997	2 006	2 015	2 024	2 033	2 042
270	2 051	2 060	2 069	2 078	2 087	2 096	2 105	2 114	2 123	2 132
280	2 141	2 150	2 159	2 168	2 177	2 186	2 195	2 204	2 213	2 222
290	2 232	2 241	2 250	2 259	2 268	2 277	2 286	2 295	2 304	2 314
300	2 323	2 332	2 341	2 350	2 359	2 368	2 378	2 387	2 396	2 405
310	2 414	2 424	2 433	2 442	2 451	2 460	2 470	2 479	2 488	2 497
320	2 506	2 516	2 525	2 534	2 543	2 553	2 562	2 571	2 581	2 590
330	2 599	2 608	2 618	2 627	2 636	2 646	2 655	2 664	2 674	2 683
340	2 692	2 702	2 711	2 720	2 730	2 739	2 748	2 758	2 767	2 776
350	2 786	2 795	2 805	2 814	2 823	2 833	2 842	2 852	2 861	2 870
360	2 880	2 889	2 899	2 908	2 917	2 927	2 936	2 946	2 955	2 965
370	2 974	2 984	2 993	3 003	3 012	3 022	3 031	3 041	3 050	3 059
380	3 069	3 078	3 088	3 097	3 107	3 117	3 126	3 136	3 145	3 155
390	3 164	2 174	3 183	3 193	3 202	3 212	3 221	3 231	3 241	3 250
400	3 260	3 269	3 279	3 288	3 298	3 308	3 317	3 327	3 336	3 346
410	3 356	3 365	3 375	3 384	3 394	3 404	3 413	3 423	3 433	3 442
420	3 452	3 462	3 471	3 481	3 491	3 500	3 510	3 520	3 529	3 539
430	3 549	3 558	3 568	3 578	3 587	3 597	3 607	3 617	3 626	3 636
440	3 645	3 655	3 665	3 675	3 684	3 694	3 704	3 714	3 723	3 733
450	3 743	3 752	3 762	3 772	3 782	3 791	3 081	3 811	3 821	3 831
460	3 840	3 850	3 860	3 870	3 879	3 889	3 899	3 909	3 919	3 928
470	3 938	3 948	3 958	3 968	3 977	3 987	3 997	4 007	4 017	4 027
480	4 036	4 046	4 056	4 066	4 076	4 086	4 095	4 105	4 115	4 125
490	4 135	4 145	4 155	4 146	4 174	4 184	4 194	4 204	4 214	4 224
500	4 234	4 243	4 253	4 263	4 273	4 283	4 293	4 303	4 313	4 323
510	4 333	4 343	4 352	4 362	4 372	4 382	4 392	4 402	4 412	4 422
520	4 432	4 442	4 452	4 462	4 472	4 482	4 492	4 502	4 512	4 522
530	4 532	4 542	4 552	4 562	4 572	4 582	4 592	4 602	4 612	4 622
540	4 632	4 642	4 652	4 662	4 672	4 682	4 692	4 702	4 712	4 722
550	4 732	4 742	4 752	4 762	4 772	4 782	4 792	4 802	4 812	4 822
560	4 832	4 842	4 852	4 862	4 873	4 883	4 893	4 903	4 913	4 923
570	4 933	4 943	4 953	4 963	4 973	4 984	4 994	5 004	5 014	5 024
580	5 034	5 044	5 054	5 056	5 075	5 085	5 095	5 105	5 115	5 125
590	5 136	5 146	5 156	5 166	5 176	5 186	5 197	5 207	5 217	5 227

续 表

t/℃	0	1	2	3	4	5	6	7	8	9
600	5 237	5 247	5 258	5 268	5 278	5 288	5 298	5 309	5 319	5 329
610	5 339	5 350	5 360	5 370	5 380	5 391	5 401	5 411	5 421	5 431
620	5 442	5 452	5 462	5 473	5 483	5 493	5 503	5 514	5 524	5 534
630	5 544	5 555	5 565	5 575	5 586	5 596	5 506	5 617	5 627	5 637
640	5 648	5 658	5 668	5 679	5 689	5 700	5 710	5 720	5 731	5 741
650	5 751	5 762	5 772	5 782	5 793	5 803	5 814	5 824	5 834	5 845
660	5 855	5 866	5 876	5 887	5 897	5 907	5 918	5 928	5 939	5 949
670	5 960	5 970	5 980	5 991	6 001	6 012	6 022	6 038	6 043	6 054
680	6 064	6 075	6 085	6 096	6 106	6 117	6 127	6 138	6 148	6 195
690	6 169	6 180	6 190	6 201	6 211	6 222	6 232	6 243	6 253	6 264
700	6 274	6 285	6 295	6 306	6 316	6 327	6 338	6 348	6 359	6 369
710	6 380	6 390	6 401	6 412	6 422	6 433	6 443	6 454	6 465	6 475
720	6 486	6 496	6 507	6 518	6 528	6 539	6 549	6 560	6 571	6 581
730	6 592	6 603	6 613	6 624	6 635	6 645	6 656	6 667	6 677	6 688
740	6 699	6 709	6 720	6 731	6 741	6 752	6 763	6 773	6 784	6 795
750	6 805	6 816	6 827	6 838	6 848	6 859	6 870	6 880	6 891	6 902
760	6 913	6 923	6 934	6 945	6 956	6 966	6 977	6 988	6 999	7 009
770	7 020	7 031	7 042	7 053	7 063	7 074	7 085	7 096	7 107	7 117
780	7 128	7 139	7 150	7 161	7 171	7 182	7 193	7 204	7 215	7 225
790	7 236	7 247	7 258	7 269	7 280	7 291	7 301	7 312	7 323	7 334
800	7 345	7 356	7 367	7 377	7 388	7 399	7 410	7 421	7 432	7 443
810	7 454	7 465	7 476	7 486	7 497	7 508	7 519	7 530	7 541	7 552
820	7 563	7 574	7 585	7 596	7 607	7 618	7 629	7 640	7 651	7 661
830	7 672	7 683	7 694	7 705	7 716	7 727	7 738	7 749	7 760	7 771
840	7 782	7 793	7 804	7 815	7 826	7 837	7 848	7 859	7 870	7 881
850	7 892	7 904	7 935	7 926	7 937	7 948	7 959	7 970	7 981	7 992
860	8 003	8 014	8 025	8 036	8 047	8 058	8 069	8 081	8 092	8 103
870	8 114	8 125	8 136	8 147	8 158	8 169	8 180	8 192	8 203	8 214
880	8 225	8 236	8 247	8 258	8 270	8 281	8 292	8 303	8 314	8 325
890	8 336	8 348	8 359	8 370	8 381	8 392	8 404	8 415	8 426	8 437
900	8 448	8 460	8 471	8 482	8 493	8 504	8 516	8 527	8 538	8 549
910	8 560	8 572	8 583	8 594	8 605	8 617	8 628	8 639	8 650	8 662
920	8 673	8 684	8 695	8 707	8 718	8 729	8 741	8 752	8 763	8 774
930	8 786	8 797	8 808	8 820	8 831	8 842	8 854	8 865	8 876	8 888
940	8 899	8 910	8 922	8 933	8 944	8 956	8 967	8 978	8 990	9 001

续 表

t/℃	0	1	2	3	4	5	6	7	8	9
950	9 012	9 024	9 035	9 047	9 058	9 069	9 081	9 092	9 103	9 115
960	9 126	9 138	9 149	9 160	9 127	9 183	9 195	9 206	9 217	9 229
970	9 240	9 252	9 263	9 275	9 286	9 298	9 309	9 320	9 332	9 343
980	0 936	9 366	9 378	9 389	9 401	9 412	9 424	9 435	9 447	9 458
990	9 470	9 481	9 493	9 504	9 516	9 527	9 539	9 550	9 562	9 573
1 000	9 585	9 596	9 608	9 619	9 631	9 642	9 654	9 665	9 677	9 689
1 010	9 700	9 712	9 723	9 735	9 746	9 758	9 770	9 781	9 793	9 804
1 020	9 816	9 828	9 839	9 851	9 862	9 874	9 886	9 897	9 909	9 920
1 030	9 932	9 944	9 955	9 967	9 979	9 990	10 002	10 013	10 025	10 037
1 040	10 048	10 060	10 072	10 083	10 095	10 107	10 118	10 130	10 142	10 154
1 050	10 165	10 177	10 189	10 200	10 212	10 224	10 235	10 247	10 259	10 271
1 060	10 282	10 294	10 306	10 318	10 329	10 341	10 353	10 364	10 376	10 388
1 070	10 400	10 411	10 423	10 435	10 447	10 459	10 470	10 482	10 494	10 506
1 080	10 517	10 529	10 541	40 553	10 565	10 576	10 588	10 600	10 612	10 624
1 090	10 635	10 647	10 659	10 671	10 683	10 694	10 706	10 718	10 730	10 742
1 100	10 754	10 765	10 777	10 789	10 801	10 813	10 825	10 836	10 848	10 860
1 110	10 872	10 884	10 896	10 908	10 919	10 931	10 943	10 955	10 967	10 979
1 120	10 991	11 003	11 014	11 026	11 038	11 050	11 062	11 074	11 086	11 098
1 130	11 110	11 121	11 133	11 145	11 157	11 169	11 181	11 193	11 205	11 217
1 140	11 229	11 241	11 252	11 264	11 276	11 288	11 300	11 312	11 324	11 336
1 150	11 348	11 360	11 372	11 384	11 396	11 408	11 420	11 432	11 443	11 455
1 160	11 467	11 479	11 491	11 503	11 515	11 527	11 539	11 551	11 563	11 575
1 170	11 587	11 599	11 611	11 623	11 635	11 647	11 659	11 671	11 683	11 695
1 180	11 707	11 719	11 731	11 743	11 755	11 767	11 779	11 791	11 803	11 815
1 190	11 827	11 839	11 851	11 863	11 875	11 887	11 899	11 911	11 923	11 935
1 200	11 947	11 959	11 971	11 983	11 995	12 007	12 019	12 031	12 043	12 055
1 210	12 067	12 079	12 091	12 103	12 116	12 128	12 140	12 152	12 164	12 176
1 220	12 188	12 200	12 212	12 224	12 236	12 248	12 260	12 272	12 284	12 296
1 230	12 308	12 320	12 332	12 345	12 357	12 369	12 381	12 393	12 405	12 417
1 240	12 429	12 441	12 453	12 465	12 477	12 489	12 501	12 514	12 526	12 538
1 250	12 550	12 562	12 574	12 586	12 598	12 610	12 622	12 634	12 647	12 659
1 260	12 671	12 683	12 695	12 707	12 719	12 731	12 743	12 755	12 767	12 780
1 270	12 792	12 804	12 816	12 828	12 840	12 852	12 864	12 876	12 888	12 901
1 280	12 913	12 925	12 937	12 949	12 961	12 973	12 985	12 997	13 010	13 022
1 290	13 034	13 046	13 058	13 070	13 082	13 094	13 107	13 119	13 131	13 143

续 表

t/℃	0	1	2	3	4	5	6	7	8	9
1 300	13 155	13 167	13 179	13 191	13 203	13 216	13 228	13 240	13 252	13 264
1 310	13 276	13 288	13 300	13 313	13 325	13 337	13 349	13 361	13 373	13 385
1 320	13 397	13 410	13 422	13 434	13 446	13 458	13 470	13 482	13 495	13 507
1 330	13 519	13 531	13 543	13 555	13 567	13 579	13 592	13 604	13 616	13 628
1 340	13 640	13 652	13 664	13 677	13 689	13 701	13 713	13 725	13 737	13 749
1 350	13 761	13 774	13 786	13 798	13 810	13 822	13 834	13 846	13 859	13 871
1 360	13 883	13 895	13 907	13 919	13 931	13 943	13 956	13 968	13 980	13 992
1 370	14 004	14 016	14 028	14 040	14 053	14 065	14 077	14 089	14 101	14 113
1 380	14 125	14 138	14 150	14 162	14 174	14 186	14 198	14 210	14 222	14 235
1 390	14 247	14 259	14 271	14 283	14 295	14 307	14 319	14 332	14 344	14 356
1 400	14 368	14 380	14 392	14 404	14 416	14 429	14 441	14 453	14 465	14 477
1 410	14 489	14 501	14 513	14 526	14 538	14 550	14 562	14 574	14 586	14 598
1 420	14 610	14 622	14 635	14 647	14 659	14 671	14 683	14 695	14 707	14 719
1 430	14 731	14 744	14 756	14 768	14 780	14 792	14 804	14 816	14 828	14 840
1 440	14 852	14 865	14 877	14 889	14 901	14 913	14 925	14 937	14 949	14 961
1 450	14 973	14 985	14 998	15 010	15 022	15 034	15 046	15 058	15 070	15 082
1 460	15 094	15 106	15 118	15 130	15 143	15 155	15 167	15 179	15 191	15 203
1 470	15 215	15 227	15 239	15 251	15 263	15 275	15 287	15 299	15 311	15 324
1 480	15 336	15 348	15 360	15 372	15 384	15 396	15 408	15 420	15 432	15 444
1 490	15 456	15 468	15 480	15 492	15 504	15 516	15 528	15 540	15 552	15 564
1 500	15 576	15 589	15 601	15 613	15 625	15 637	15 649	15 661	15 673	15 685
1 510	15 697	15 709	15 721	15 733	15 745	15 757	15 769	15 781	15 793	15 805
1 520	15 817	15 829	15 841	15 853	15 865	15 877	15 889	15 901	15 913	15 925
1 530	15 937	15 949	15 961	15 973	15 985	15 997	16 009	16 021	16 033	16 045
1 540	16 057	16 069	16 080	16 092	16 104	16 116	16 128	18 140	16 152	16 164
1 550	16 176	16 188	16 200	16 212	16 224	16 236	16 248	16 266	16 272	16 284
1 560	16 296	16 308	16 319	16 331	16 343	16 355	16 367	16 379	16 391	16 403
1 570	16 415	16 427	16 439	16 451	16 462	16 474	16 486	16 498	16 510	16 522
1 580	16 534	16 546	16 558	16 569	16 581	16 593	16 605	16 617	16 629	16 641
1 590	16 653	16 664	16 676	16 688	16 800	16 712	16 724	16 736	16 747	16 759
1 600	16 771	16 783	16 795	16 807	16 819	16 830	16 842	16 854	16 866	16 878
1 610	16 890	16 901	16 913	16 925	16 937	16 949	16 960	16 972	16 984	16 996
1 620	17 008	17 019	17 031	17 034	17 055	17 067	17 078	17 090	17 102	17 114
1 630	17 125	17 137	17 149	17 161	17 173	17 184	17 196	17 208	17 220	17 231
1 640	17 245	17 255	17 267	17 278	17 290	17 302	17 313	17 325	17 337	17 349

续　表

t/℃	0	1	2	3	4	5	6	7	8	9
1 650	17 360	17 372	17 384	17 396	17 407	17 419	17 451	17 442	17 454	17 466
1 660	17 477	17 489	17 501	17 512	17 524	17 536	17 548	17 559	17 571	17 583
1 670	17 594	17 606	17 617	17 629	17 641	17 652	17 664	17 676	17 687	17 699
1 680	17 711	17 722	17 734	17 745	17 757	17 769	17 780	17 792	17 830	17 815
1 690	17 826	17 838	17 850	17 861	17 873	17 884	17 896	17 907	17 919	17 930
1 700	17 924	17 953	17 965	17 976	17 988	17 999	18 010	18 022	18 033	18 045
1 710	18 056	18 068	18 079	18 090	18 102	18 113	18 124	18 136	18 147	18 158
1 720	18 170	18 181	18 192	18 204	18 215	18 226	18 237	18 249	18 260	18 271
1 730	18 282	18 293	18 305	18 316	18 327	18 338	18 349	18 360	18 372	18 383
1 740	18 394	18 405	18 416	18 427	18 438	18 449	18 460	18 471	18 482	18 493
1 750	18 504	18 515	18 526	18 536	18 547	18 558	18 569	18 580	18 591	18 602
1 760	18 612	18 632	18 634	18 645	18 655	18 666	18 677	18 687	18 698	18 709

附表 2　镍铬-康铜(铜镍)热电偶分度表

分度表　E　　　　单位:μV

t/℃	0	10	20	30	40	50	60	70	80	90
0	0	591	1 192	1 801	2 419	3 047	3 683	4 329	4 983	5 646
100	6 317	6 996	7 683	8 377	9 078	9 787	10 501	11 222	11 949	12 681
200	13 419	14 161	14 909	15 661	16 417	17 178	17 942	18 710	19 481	20 256
300	21 033	21 814	22 597	23 383	24 171	24 961	25 754	26 549	27 345	28 143
400	28 943	29 744	30 546	31 350	32 155	32 960	33 767	34 574	35 382	36 190
500	36 999	37 808	38 617	39 426	40 236	41 045	41 853	42 662	43 470	44 278
600	45 085	45 891	46 697	47 502	48 306	49 109	49 911	50 713	51 513	52 312
700	53 110	53 907	54 703	55 498	56 291	57 083	57 873	58 663	59 451	60 237
800	61 022	61 806	62 588	63 368	64 147	64 924	65 700	66 473	67 245	68 015
900	68 783	69 549	70 313	71 075	71 835	72 593	73 350	74 104	74 857	75 608
1 000	76 358									

附表 3　镍铬-镍硅热电偶分度表

分度表　K　　　　单位:μV

t/℃	0	1	2	3	4	5	6	7	8	9
0	0	39	79	119	158	198	238	277	317	357
10	397	437	477	517	557	597	637	677	718	758
20	798	838	879	919	960	1 000	1 041	1 081	1 122	1 162
30	1 203	1 244	1 285	1 325	1 366	1 407	1 448	1 489	1 529	1 570
40	1 611	1 652	1 693	1 734	1 776	1 817	1 858	1 899	1 940	1 981
50	2 022	2 064	2 105	2 146	2 188	2 229	2 270	2 312	2 353	2 394
60	2 436	2 477	2 519	2 560	2 601	2 643	2 684	2 726	2 767	2 809
70	2 850	2 892	2 939	2 975	3 016	3 058	3 100	3 141	3 183	3 224
80	3 266	3 307	3 349	3 390	3 432	3 473	3 515	3 556	3 598	3 639
90	3 681	3 722	3 764	3 805	3 847	3 888	3 930	3 971	4 012	4 054
100	4 095	4 137	4 178	4 219	4 261	4 302	4 343	4 384	4 426	4 467
110	4 508	4 549	4 590	4 632	4 673	4 714	4 755	4 796	4 837	4 878
120	4 919	4 960	5 001	5 042	5 083	5 124	5 164	5 205	5 246	5 287
130	5 327	5 368	5 409	5 450	5 490	5 531	5 571	5 612	5 652	5 693
140	5 733	5 774	5 814	5 855	5 895	5 936	5 976	6 016	6 057	6 097
150	6 137	6 177	6 218	6 258	6 298	6 338	6 378	6 419	6 459	6 499
160	6 539	6 579	6 619	6 659	6 699	6 739	6 779	6 819	6 859	6 899
170	6 939	6 979	7 019	7 059	7 099	7 139	7 179	7 219	7 259	7 299
180	7 338	7 378	7 418	7 458	7 498	7 538	7 578	7 618	7 658	7 697
190	7 737	7 777	7 817	7 857	7 897	7 937	7 977	8 017	8 057	8 097
200	8 137	8 177	8 216	8 256	8 296	8 336	8 376	8 416	8 456	8 497
210	8 537	8 577	8 617	8 657	8 697	8 737	8 777	8 817	8 857	8 898
220	8 938	8 978	9 018	9 058	9 099	9 139	8 179	9 220	9 260	9 300
230	9 341	9 381	8 421	9 462	9 502	9 543	9 583	9 624	9 664	9 705
240	9 745	9 786	9 826	9 867	9 907	9 948	9 989	10 029	10 070	10 111
250	10 151	10 192	10 233	10 274	10 315	10 355	10 396	10 437	10 478	10 519
260	10 560	10 600	10 641	10 682	10 723	10 764	10 805	10 846	10 887	10 928
270	10 969	11 010	11 051	11 093	11 134	11 175	11 216	11 257	11 298	11 339
280	11 381	11 422	11 463	11 504	11 546	11 587	11 628	11 669	11 711	11 752
290	11 793	11 853	11 976	11 918	11 959	12 000	12 042	12 083	12 125	12 166

续 表

t/℃	0	1	2	3	4	5	6	7	8	9
300	12 270	12 249	12 290	12 332	12 373	12 415	12 456	12 498	12 539	12 581
310	12 623	12 664	12 706	12 747	12 789	12 831	12 872	12 914	12 955	12 997
320	13 039	13 080	13 122	13 164	13 205	13 247	13 289	13 331	13 372	13 414
330	13 456	13 497	13 539	13 581	13 623	13 665	13 706	13 748	13 790	13 832
340	13 874	13 915	13 957	13 999	14 041	14 083	14 125	14 167	14 208	14 250
350	14 292	14 334	14 376	14 418	14 460	14 502	14 544	14 586	14 628	14 670
360	14 712	14 754	14 796	14 838	14 880	14 922	14 964	15 006	15 048	15 090
370	15 132	15 174	15 216	15 258	15 300	15 342	15 384	15 426	15 468	15 510
380	15 552	15 594	15 636	15 679	15 721	15 763	15 805	15 847	15 889	15 931
390	15 974	16 016	16 058	16 100	16 142	16 184	16 227	16 269	16 311	16 353
400	16 395	16 438	16 480	16 522	16 564	16 607	16 649	16 691	16 733	16 776
410	16 818	16 860	18 902	16 945	16 987	17 029	17 072	17 114	17 156	17 199
420	17 241	17 283	17 326	17 368	17 410	17 453	17 495	17 537	17 580	17 622
430	17 664	17 707	17 749	17 792	17 834	17 876	17 919	17 961	18 004	18 046
440	18 088	18 131	18 173	18 216	18 258	18 301	18 343	18 385	18 428	18 470
450	18 513	18 555	18 598	18 640	18 683	18 725	18 768	18 810	18 853	18 895
460	18 938	18 980	19 023	19 065	19 108	19 150	19 193	19 235	19 278	19 320
470	19 363	19 405	19 448	19 490	19 533	19 576	19 618	19 661	19 703	19 746
480	19 788	19 831	19 873	19 916	19 959	20 001	20 044	20 086	20 129	20 172
490	20 214	20 257	20 299	20 342	20 385	20 427	20 470	20 512	20 555	20 598
500	20 640	20 683	20 725	20 768	20 811	20 853	20 896	20 938	20 981	21 024
510	21 066	21 109	21 152	21 194	21 237	21 280	21 322	21 365	21 407	21 450
520	21 493	21 535	21 578	21 621	21 663	21 706	21 749	21 791	21 834	21 876
530	21 919	21 962	22 004	22 047	22 090	22 132	22 175	22 218	22 260	22 303
540	22 346	22 388	22 431	22 473	22 516	22 559	22 601	22 644	22 687	22 729
550	22 772	22 815	22 857	22 900	22 942	22 985	23 028	23 070	23 113	23 156
560	23 198	23 241	23 284	23 326	23 369	23 411	23 454	23 497	23 539	23 582
570	23 624	23 667	23 710	23 752	23 795	23 837	23 880	23 923	23 965	24 008
580	24 050	24 093	24 136	24 178	24 221	24 263	24 306	24 348	24 391	24 434
590	24 476	24 519	24 561	24 604	24 646	24 689	24 731	24 774	24 817	24 859
600	24 902	24 944	24 987	25 029	25 072	25 114	25 157	25 199	25 242	25 284
610	25 327	25 369	25 412	25 454	25 497	25 539	25 582	25 624	25 666	25 709
620	25 751	25 794	25 836	25 879	25 921	25 964	26 006	26 048	26 091	26 133
630	26 176	26 218	26 260	26 303	26 345	26 387	26 430	26 472	26 515	26 557
640	26 599	26 642	26 684	26 726	26 769	26 811	26 853	26 896	26 938	26 980

续 表

t/℃	0	1	2	3	4	5	6	7	8	9
650	27 022	27 065	27 107	27 149	27 192	27 234	27 276	27 318	27 361	27 403
660	27 445	27 487	27 529	27 572	27 614	27 656	27 698	27 740	27 783	27 825
670	27 867	27 909	27 951	27 993	28 035	28 078	28 120	28 162	28 204	28 246
680	28 288	28 330	28 372	28 414	28 456	28 498	28 540	28 583	28 625	28 667
690	28 709	28 751	28 793	28 835	28 877	28 919	28 961	29 002	29 004	29 086
700	29 128	29 170	29 212	29 254	29 296	29 338	29 380	29 422	29 464	29 505
710	29 547	29 589	29 631	29 673	29 715	29 756	29 798	29 840	29 882	29 942
720	29 965	30 007	30 049	30 091	30 132	30 174	30 216	30 257	30 299	30 341
730	30 383	30 424	30 466	30 508	30 549	30 591	30 632	30 674	30 716	30 757
740	30 799	30 840	30 882	30 924	30 965	31 007	31 048	31 090	31 131	31 173
750	31 214	31 256	31 297	31 339	31 380	31 422	31 463	31 504	31 546	31 587
760	31 629	31 670	31 712	31 753	31 794	31 836	31 877	31 918	31 960	32 001
770	32 042	32 084	32 125	32 166	32 207	32 249	32 290	32 331	32 372	32 414
780	32 455	32 496	32 537	32 578	32 619	32 661	32 702	32 743	32 784	32 825
790	32 866	32 907	32 948	32 990	33 031	33 072	33 113	33 154	33 195	33 236
800	33 277	33 318	33 359	33 400	33 441	33 482	33 523	33 564	33 604	33 645
810	33 686	33 727	33 768	33 809	33 850	33 891	33 931	33 972	34 013	34 054
820	34 095	34 136	34 176	34 217	34 258	34 299	34 339	34 380	34 421	34 461
830	34 502	34 543	34 583	34 624	34 665	34 705	34 746	34 787	34 827	34 868
840	34 909	34 949	34 990	35 030	35 071	35 111	35 152	35 192	35 233	35 273
850	35 314	35 354	35 395	35 436	35 476	35 516	35 557	35 597	35 637	35 678
860	35 718	35 758	35 799	35 839	35 880	35 920	35 960	36 000	36 041	36 081
870	36 121	36 162	36 202	36 242	36 282	36 323	36 363	36 403	36 443	36 483
880	365 24	36 564	35 604	36 644	36 684	36 724	36 764	36 804	36 844	36 885
890	36 925	36 965	37 005	37 045	37 085	37 125	37 165	37 205	37 245	37 285
900	37 325	37 365	37 405	37 445	37 484	37 524	37 564	37 604	37 644	37 684
910	37 724	37 764	37 803	37 843	37 883	37 932	37 963	38 002	38 042	38 082
920	38 122	38 162	38 201	38 241	38 281	38 320	38 360	38 400	38 439	38 479
930	38 519	38 558	38 598	38 638	38 677	38 717	38 756	38 796	38 836	38 875
940	38 915	38 954	38 994	39 033	39 073	39 112	39 152	39 191	39 231	39 270
950	39 310	39 349	39 388	39 428	39 487	39 507	39 546	39 585	39 625	39 644
960	39 763	39 743	39 782	39 821	39 881	39 900	39 939	39 979	40 018	40 057
970	40 096	40 136	40 175	40 214	40 253	40 292	40 332	40 371	40 410	40 449
980	40 488	40 527	40 566	40 605	40 645	40 684	40 723	40 762	40 801	40 840
990	40 879	40 918	40 957	40 996	41 035	41 074	41 113	41 152	41 191	41 230

续 表

t/℃	0	1	2	3	4	5	6	7	8	9
1 000	41 269	41 308	41 347	41 385	41 424	41 463	41 502	41 541	41 580	41 619
1 010	41 657	41 696	41 735	41 774	41 813	41 851	41 890	41 929	41 968	42 006
1 020	42 045	42 084	42 123	42 161	42 200	42 239	42 277	42 316	42 355	42 393
1 030	42 432	42 470	42 509	42 548	42 586	42 625	42 663	42 702	42 740	42 779
1 040	42 817	42 856	42 894	42 933	42 971	43 010	43 048	43 087	43 125	43 164
1 050	43 202	43 240	43 279	43 317	43 356	43 394	43 482	43 471	43 509	43 547
1 060	43 585	43 624	43 662	43 700	43 739	43 777	43 815	43 853	43 891	43 930
1 070	43 968	44 006	44 044	44 082	44 121	44 159	44 197	44 235	44 273	44 311
1 080	44 349	44 387	44 425	44 463	44 501	44 539	44 577	44 615	44 653	44 691
1 090	44 729	44 767	44 805	44 843	44 881	44 919	44 957	44 995	45 033	45 070
1 100	45 108	45 146	45 184	45 222	45 260	45 297	45 335	45 373	45 411	45 448
1 110	45 486	45 524	45 561	45 599	45 637	45 675	45 712	45 750	45 787	45 825
1 120	45 863	46 900	45 938	45 975	46 013	46 051	46 088	46 126	46 163	46 201
1 130	46 238	48 275	46 313	46 350	46 388	46 425	46 463	46 500	46 537	46 575
1 140	46 612	46 649	46 637	46 724	46 761	46 799	46 336	46 873	46 910	46 948
1 150	46 985	47 022	47 059	47 097	47 134	47 171	47 208	47 245	47 282	47 319
1 160	47 356	47 393	47 430	47 468	47 505	47 542	47 579	47 616	47 653	47 689
1 170	47 726	47 763	47 800	47 837	47 874	47 911	47 943	47 985	48 021	48 058
1 180	48 059	48 132	48 169	48 205	48 242	48 279	48 316	48 352	48 289	48 426
1 190	48 462	48 499	48 536	48 572	48 609	48 645	48 682	48 718	48 755	48 792
1 200	48 828	48 865	48 901	48 937	48 974	49 010	49 047	49 083	49 120	49 156

附表 4 铂电阻分度表

分度号 Pt100 R_0=100.00 Ω,单位:Ω

t/℃	0	1	2	3	4	5	6	7	8	9
−200	18.49									
−190	22.8	22.37	21.94	21.51	21.08	20.65	20.22	19.79	19.36	18.93
−180	27.08	26.65	26.23	25.8	25.37	24.94	24.52	24.09	23.66	23.23
−170	31.32	30.9	30.47	30.05	29.63	29.2	28.78	28.35	27.93	27.5
−160	35.53	35.11	34.69	34.27	33.85	33.43	33.01	32.59	32.16	31.74

续 表

t/℃	0	1	2	3	4	5	6	7	8	9
—150	39.71	39.3	38.88	38.46	38.04	37.63	37.21	36.79	36.37	35.95
—140	43.87	43.45	43.04	42.63	42.21	41.79	41.38	40.96	40.55	40.13
—130	48	47.59	47.18	46.76	46.35	45.94	45.52	45.11	44.7	44.28
—120	52.11	51.7	51.29	50.88	50.47	50.06	49.64	49.23	48.82	48.41
—110	56.19	55.78	55.38	54.97	54.56	54.15	53.74	53.33	52.92	52.52
—100	60.25	59.85	59.44	59.04	58.63	58.22	57.82	57.41	57	56.6
—90	64.3	63.9	63.49	63.09	62.68	62.28	61.87	61.47	61.06	60.66
—80	68.33	67.92	67.52	67.12	66.72	66.31	65.91	65.51	65.11	64.7
—70	72.33	71.93	71.53	71.13	70.73	70.33	69.93	69.53	69.13	68.73
—60	76.33	75.93	75.53	75.13	74.73	74.33	73.93	73.53	73.13	72.73
—50	80.31	79.91	79.51	79.11	78.72	78.32	77.92	77.52	77.13	76.73
—40	84.27	83.88	83.48	83.08	82.69	82.29	81.89	81.5	81.1	80.7
—30	88.22	87.83	87.43	87.04	86.64	86.25	85.85	85.46	85.06	74.67
—20	92.16	91.77	91.37	90.98	90.59	90.19	89.8	89.4	89.01	88.62
—10	96.09	95.69	95.3	94.91	94.52	94.12	93.73	93.34	92.95	92.55
0	100	99.61	99.22	98.83	98.44	98.04	97.65	97.26	96.87	96.48
0	100	100.39	100.78	101.17	101.56	101.95	102.34	102.73	103.13	103.51
10	103.9	104.29	104.68	105.07	105.46	105.85	106.24	106.63	107.02	107.4
20	107.79	108.18	108.57	108.96	109.35	109.73	110.12	110.51	110.9	111.28
30	111.67	112.06	112.45	112.83	113.22	113.61	113.99	114.38	114.77	115.15
40	115.54	115.93	116.31	116.7	117.08	117.47	117.85	118.24	118.62	119.01
50	119.4	119.78	120.16	120.55	120.93	121.32	121.7	122.09	122.47	122.86
60	123.24	123.62	124.01	124.39	124.77	125.16	125.54	125.92	126.31	126.69
70	127.07	127.45	127.84	128.22	128.6	128.98	129.37	129.75	130.13	130.51
80	130.89	131.27	131.66	132.04	132.42	132.8	133.18	133.56	133.94	134.32
90	134.7	135.08	135.46	135.84	136.22	136.6	136.98	137.36	137.74	138.12
100	138.5	138.88	139.26	139.64	140.02	140.39	140.77	141.15	141.53	141.91
110	142.29	142.66	143.04	143.42	143.8	144.17	144.55	144.93	145.31	145.68
120	146.06	146.44	146.81	147.19	147.57	147.94	148.32	148.7	149.07	149.45
130	149.82	150.2	150.57	150.95	151.33	151.7	152.08	152.45	152.83	153.2
140	153.58	153.95	154.32	154.7	155.03	155.45	155.82	156.19	156.57	156.94
150	157.31	157.69	158.06	158.43	158.81	159.18	159.55	159.93	160.3	160.67
160	161.04	161.42	161.79	162.16	162.53	162.9	163.27	163.65	164.02	164.39
170	164.76	165.13	165.5	165.87	166.24	1666.6	166.98	167.35	167.72	168.09
180	168.46	168.83	169.2	169.57	169.94	170.31	170.68	171.05	171.42	171.79

续 表

t/℃	0	1	2	3	4	5	6	7	8	9
190	172.16	172.53	172.9	173.26	173.63	174	174.37	174.74	175.1	175.47
200	175.84	176.21	176.57	176.94	177.31	177.68	178.04	178.41	178.78	179.14
210	179.51	179.88	180.24	180.61	180.97	181.34	181.71	182.07	182.44	182.8
220	183.17	183.53	183.9	184.26	184.63	184.99	185.36	185.72	186.09	186.45
230	186.82	187.18	187.54	187.91	188.27	188.63	189	189.36	189.72	190.09
240	190.45	190.81	191.18	191.54	191.9	192.26	192.36	192.99	193.35	193.71
250	194.07	194.44	194.8	195.16	195.52	195.88	196.24	196.6	196.96	197.33
260	197.69	198.05	198.41	198.77	199.13	199.49	199.85	200.21	200.57	200.93
270	201.29	201.65	202.01	202.36	202.72	203.08	203.44	203.8	204.16	204.54
280	204.88	205.23	205.59	205.95	206.31	206.67	207.02	207.38	207.74	208.1
290	208.45	208.81	209.17	209.52	209.88	210.24	210.59	210.95	211.31	211.66
300	212.02	212.37	212.73	213.09	213.44	213.8	214.15	214.51	214.86	215.22
310	215.57	215.93	216.28	216.64	216.99	217.35	217.7	218.05	218.41	218.76
320	219.12	219.47	219.82	220.18	220.53	220.88	221.24	221.59	221.94	222.29
330	222.65	223	223.35	223.7	224.06	224.41	224.76	225.11	225.46	225.81
340	226.17	226.52	226.87	227.22	227.57	227.92	228.27	228.62	228.97	229.32
350	229.67	230.02	230.37	230.72	231.07	231.42	231.77	232.12	232.47	232.82
360	233.17	233.52	233.87	234.22	234.56	234.91	235.26	235.61	235.96	236.31
370	236.65	237	237.35	237.7	238.04	238.39	238.74	239.09	239.43	239.78
380	240.13	240.47	240.82	241.17	241.51	241.86	242.2	242.55	242.9	243.24
390	243.59	243.93	244.28	244.62	244.97	245.31	245.66	246	246.35	246.69
400	247.04	247.38	247.73	248.07	248.41	248.76	249.1	249.45	249.79	250.13
410	250.48	250.82	251.16	251.5	251.85	252.19	252.53	252.88	253.22	253.56
420	253.9	254.24	254.59	254.93	25.27	255.61	255.95	265.29	256.64	256.98
430	257.32	257.66	258	258.34	258.68	259.62	259.36	259.7	260.04	260.38
440	260.72	261.06	261.4	261.74	262.08	262.42	262.76	263.1	263.43	263.77
450	264.11	264.45	264.79	265.13	265.47	265.8	266.14	266.48	266.82	267.15
460	267.49	267.83	268.17	268.5	268.84	269.18	269.51	269.85	270.19	270.52
470	270.86	271.2	271.53	271.87	272.2	272.54	272.88	273.21	273.35	273.88
480	274.22	274.55	274.89	275.22	275.56	275.89	276.23	276.56	276.89	277.23
490	277.56	277.9	278.23	278.56	278.9	279.23	279.56	279.9	280.23	280.56
500	280.9	281.23	281.56	281.89	282.23	282.56	282.89	283.22	283.55	283.89
510	284.22	284.55	284.88	285.21	285.54	285.87	286.21	286.54	286.87	287.2
520	287.53	287.86	288.19	288.52	288.85	289.18	289.51	289.84	290.17	290.5
530	290.83	291.16	291.49	291.81	292.14.	292.47	292.8	293.13	293.46	293.79

续 表

t/℃	0	1	2	3	4	5	6	7	8	9
540	294.11	294.44	294.77	295.1	295.43	295.75	296.08	296.41	296.74	297.06
550	297.39	297.72	298.04	298.37	298.7	299.02	299.35	299.68	300	300.33
560	300.65	300.98	301.31	301.63	301.96	302.28	302.61	302.93	303.26	303.58
570	30.3.91	304.23	304.56	304.88	305.2	305.53	305.85	306.18	306.5	306.82
580	307.15	307.47	307.79	308.12	308.44	308.76	309.09	309.41	309.73	310.05
590	310.38	310.7	311.02	311.34	311.67	311.99	312.31	312.63	312.95	313.27
600	313.59	313.92	314.24	314.56	314.88	315.2	315.52	315.84	316.16	316.48
610	316.8	317.12	317.44	317.76	318.08	318.4	318.72	319.04	319.36	319.68
620	319.99	320.31	320.63	320.95	321.27	321.59	321.91	322.22	322.54	322.86
630	323.18	323.49	323.81	324.13	324.45	324.76	325.08	325.4	325.72	326.03
640	326.35	326.66	326.98	327.3	327.61	327.93	328.25	328.56	328.88	329.19
650	329.51	329.82	330.14	330.45	330.77	331.08	331.4	331.71	332.03	332.34

附表 5 铜电阻 Cu50 分度表

分度号 Cu50 $R_0=50\Omega, \alpha=0.004\ 280$

温度/℃	0	1	2	3	4	5	6	7	8	9
	电阻值/Ω									
−50	39.29	—	—	—	—	—	—	—	—	—
−40	41.4	41.18	40.97	40.75	40.54	40.32	40.1	39.89	39.67	39.46
−30	43.55	43.34	43.12	42.91	42.69	42.28	42.27	42.05	41.83	41.61
−20	45.7	45.49	45.27	45.06	44.34	44.63	44.41	44.2	43.98	43.77
−10	47.85	47.64	47.42	47.21	46.99	46.78	46.56	46.35	46.13	45.92
0	50	49.78	49.57	49.35	49.14	48.92	48.71	48.5	48.28	48.07
0	50	50.21	50.43	50.64	50.86	51.07	51.28	51.5	51.71	51.93
10	52.14	52.36	52.57	52.78	53	53.21	53.43	53.64	53.86	54.07
20	54.28	54.5	54.71	54.92	55.14	55.35	55.57	55.78	56	56.21
30	56.42	46.64	56.85	57.07	57.28	57.49	57.71	57.92	58.14	58.35
40	58.56	58.78	58.99	59.2	59.42	59.63	59.85	60.06	60.27	60.49
50	60.7	60.92	61.13	61.34	61.56	61.77	61.98	62.2	62.41	62.63
60	62.84	63.05	63.27	63.48	63.7	63.91	64.12	64.34	64.55	64.76
70	64.98	65.19	65.41	65.62	65.83	66.05	66.26	66.48	66.69	66.9
80	67.12	67.33	67.54	67.76	67.97	68.19	68.4	68.62	68.83	69.04
90	69.26	69.47	69.68	69.9	70.11	70.33	70.54	70.76	70.97	71.18
100	71.4	71.61	71.83	72.04	72.25	72.47	72.68	72.9	73.11	73.33
110	73.54	73.75	73.97	74.18	74.4	74.61	74.83	75.04	75.26	75.47
120	75.68	75.9	76.11	76.33	76.54	76.76	76.97	7.19	77.4	77.62
130	77.83	78.05	78.26	78.48	78.69	78.91	79.12	79.34	79.55	79.77
140	79.98	80.2	80.41	80.63	80.84	81.06	81.27	81.49	81.7	81.92
150	82.13	—	—	—	—	—	—	—	—	—

附表6 铜电阻Cu100分度表

分度号 Cu100 $R_0=50\Omega,\alpha=0.004\ 280$

温度/℃	0	1	2	3	4	5	6	7	8	9
	电阻值/Ω									
−50	78.49	—	—	—	—	—	—	—	—	—
−40	82.8	82.36	81.94	81.5	81.08	80.64	80.2	79.78	79.34	78.92
−30	87.1	88.68	86.24	85.82	85.38	84.95	84.54	84.1	83.66	83.22
−20	91.4	90.98	90.54	90.12	89.68	86.26	88.82	88.4	87.96	87.54
−10	95.7	95.28	94.84	94.42	93.98	93.56	93.12	92.7	92.26	91.84
0	100	99.56	99.14	98.7	98.28	97.84	97.42	97	96.56	96.14
0	100	100.42	100.86	101.28	101.72	102.14	102.56	103	103.43	103.86
10	104.28	104.72	105.14	105.56	106	106.42	106.86	107.28	107.72	108.14
20	108.56	109	109.42	109.84	110.28	110.7	111.14	111.56	112	114.42
30	112.84	113.28	113.7	114.14	114.56	114.98	115.42	115.84	116.28	116.7
40	117.12	117.56	117.98	118.4	118.84	119.26	119.7	120.12	120.54	120.98
50	121.4	121.84	122.26	122.68	123.12	123.54	123.96	124.4	124.82	125.26
60	125.68	126.1	126.54	126.96	127.4	127.82	128.24	128.68	129.1	129.52
70	129.96	130.38	130.82	131.24	131.66	132.1	132.52	132.96	133.38	133.8
80	134.24	134.66	135.08	135.52	135.94	136.33	136.8	137.24	137.66	138.08
90	138.52	138.94	139.36	139.8	140.22	140.66	141.08	141.52	141.94	142.36
100	142.8	143.22	143.66	144.08	144.5	144.94	145.36	145.8	146.22	146.66
120	151.36	151.8	152.22	152.66	135.08	153.52	153.94	154.38	154.8	155.24
130	155.66	156.1	156.52	156.96	157.38	157.82	158.24	158.68	159.1	159.54
140	159.96	160.4	160.82	161.28	161.68	162.12	162.54	162.98	163.4	163.84
150	164.27	—	—	—	—	—	—	—	—	—

附表7　常见压力表规格及型号

名称	型 号	结 构	测量范围/MPa	精度等级
弹簧管压力表	Y－60	径向	－0.1～0,0～0.1,0～0.16, 0～0.25,0～0.4,0～0.6,0～1, 0～1.6,0～0.25,0～4,0～6	2.5
	Y－60T	径向带后边		
	Y－60Z	轴向无边		
	Y－60ZQ	轴向带前边		
	Y－100	径向	－0.1～0,－0.1～0.06,－0.1～0.15, －0.1～0.3,－0.1～0.5,－0.1～0.9, －0.1～1.5,－0.1～2.4,0～0.1,0～0.16,0～0.25, 0～0.4,0～0.6, 0～1,0～1.6,0～2.5,0～4,0～6	1.5
	Y－100T	径向带后边		
	Y－100TQ	径向带前边		
	Y－150	径向		
	Y－150T	径向带后边	同上	1.5
	Y－150TQ	径向带前边		
	Y－100	径向	0～10,0～16,0～25, 0～40,0～60	
	Y－100T	径向带后边		
	Y－100TQ	径向带前边		
	Y－150	径向		
	Y－150T	径向带后边		
	Y－150TQ	径向带前边		
电接点压力表	YX－150	径向	－0.1～0.1,－0.1～0.15,－0.1～0.3, －0.1～0.5,－0.1～0.9,－0.1～1.5, －0.1～2.4,0～0.1,0～0.16,0～0.25, 0～0.4,0～0.6, 0～1,0～1.6,0～2.5,0～4,0～6	1.5
	YX－150TQ	径向带前边		
	YX－150A	径向	0～10,0～16,0～25, 0～40,0～60	
	YX－150TQ	径向带前边		
	YX－150	径向	－0.1～0	
活塞式压力计	YS－2.5	台式	－0.1～0.25	0.02 0.05
	YS－6	台式	0.04～0.6	
	YS－60	台式	0.1～6	
	YS－600	台式	1～60	

附表 8　自控工程设计字母代码

字母	第一位字母		后继字母
	被测变量或初始变量	修饰词	功能
A	分析		报警
B	喷嘴火焰		供选用
C	电导率、浓度		控制(调节)
D	密度	差	
E	电压(电动势)		检测元件
F	流量	比(分数)	
G	尺度(尺寸)		玻璃
H	手动(人工触发)		
I	电流		指示
J	功率	扫描	
K	时间或时间程序		自动一手动操作器
L	物位		
M	水分或湿度		
N	供选用		供选用
O	供选用		供选用
P	压力或真空		试验点(接头)
Q	数量或件数	积分、累积	积分、累积
R	放射性		记录或打印
S	速度或频率	安全	开关、联锁
T	温度		传送
U	多变量		多功能
V	黏度		阀、挡板、百叶窗
W	重量或力		套管
X	未分类		未分类
Y	供选用		继动器或计算器
Z	位置		驱动、执行或未分类的终端执行机构

注　后继字母的确切含意,应根据实际情况做出不同的解释,例如,“R”可理解为“记录仪”、“记录”或“记录用”;“T”可理解为“变送器”、“传送”或“传送的”等。又如,“G”表示功能为“玻璃”,指用于对过程检测直接

观察而无标度的仪表;"L"表示单独设置的指示灯,用于显示正常的工作状态。

表示被测变量的任何第一位字母与修饰字母"d"(差)、"f"(比)、"q"(积分、积算)等组合起来使用时,应把它们看做一个具有新的含意的组合体。修饰字母一般用小写,但是在不至于产生混淆的情况下,也可以用大写,并注意同一设计项目中用字的统一。例如,"PdI"表示压差指示,"PI"表示压力指示"Pd"和"P"为两个不同的变量。"S"表示安全,仅用于检测仪表或检测元件及终端控制元件的紧急保护,如"PSV"表示非正常状态下联锁动作的压力泄放阀或切断阀。

"A"作为分析变量时,应在图形符号圆圈外标明分析的具体内容。如 CO_2 含量分析,可在圆圈外标注 CO_2。

"H"、"M"和"L"可以分别表示被测变量的"高"、"中"和"低"值,将它们标注在仪表图形符号圆圈的外边。"H"和"L"还可以分别表示阀门或其他通断设备的"开"和"关"位置。

"供选用"的字母,可由设计人员自行定义,如"N"可定义为"应力"变量。

"X"具有"未分类"含意,当"X"和其他字母一起使用时,除了具有明确意义的符号之外,应在图形符号圆圈外标明"X"的具体含意。

"U"表示"多变量"时,可代替两个以上第一位字母的含意。当它表示"多功能"时,则表示两个以上功能字母的组合。后继字母"Y"表示继动器、计算器功能时,应在图形符号圆圈外标注它的具体功能。其功能符号和代号也有统一的规定。

附表9 仪表安装位置的图形符号表示

序号	安装位置	图形符号	备注	序号	安装位置	图形符号	备注
1	就地安装仪表	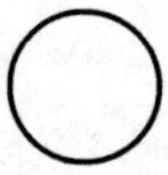		5	复式仪表	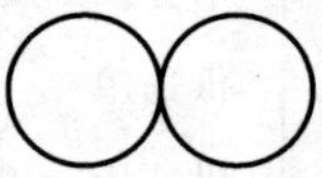	
		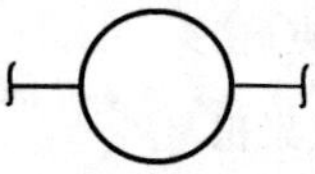	嵌在管道中			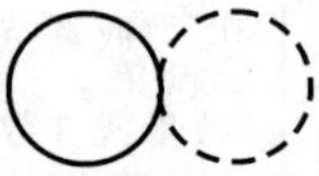	安装位置较远
2	集中仪表盘面安装仪表	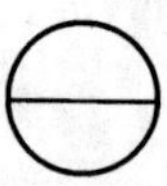		6	就地仪表盘后安装仪表	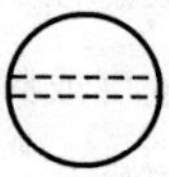	
3	就地仪表盘面安装仪表	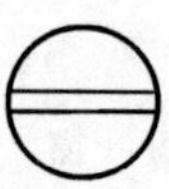		7	DCS系统仪表	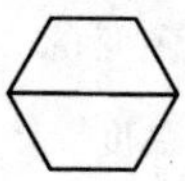	
4	集中仪表盘后安装仪表	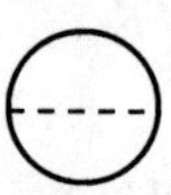					

附录Ⅱ 参考实验

实验一 数字调节器的基本操作

一、实验目的

(1) 了解数字调节器使用方法、工作方式和参数设置功能。
(2) 学会如何根据传感器来选择测量代码和量程。
(3) 掌握数字调节器各子窗口参数的含义和调节方法。
(4) 了解调节器外部基本接口功能。

二、仪器简介

(1) 液位温度系统控制仪 该仪器主要是由数字调节器、变送器、温压电源和固态继电器等构成的实验系统，主要完成液位、温度的测量与控制功能。实验中使用的仪器外观如图 1-1 所示。

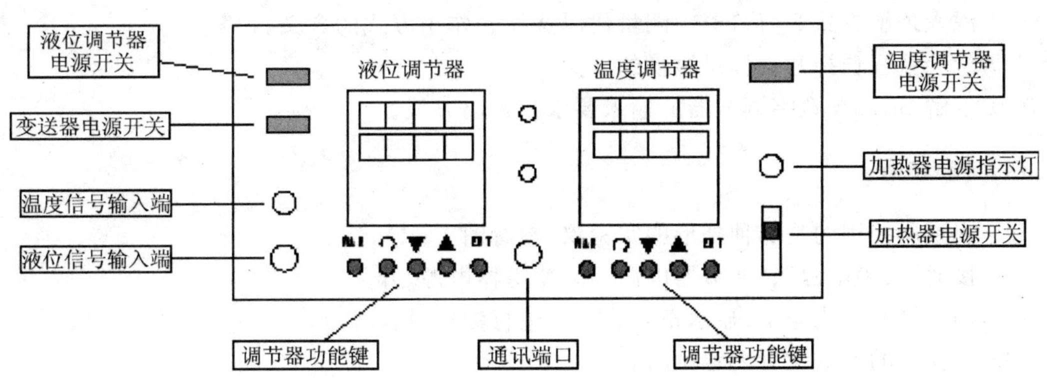

图 1-1 液位温度系统控制仪面板

使用该仪器之前，应仔细观察和了解各开关、按键、端口和指示灯的作用和含义，避免误操作。

(2) SR73A 数字调节器 SR73A 数字调节器是一种带有测量、通讯(可选)和 PID 控制的小型、智能化仪表。根据用户的选择，可对温度、电流、电压以及多种其他物理量进行测量、控制和报警。其内部结构和基本功能如图 1-2 所示。

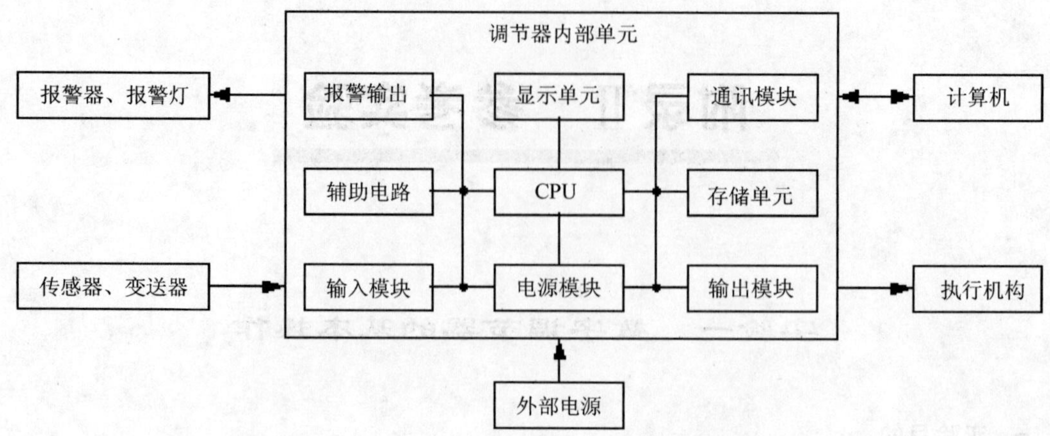

图 1-2　SR73A 数字调节器内部结构和基本功能

三、实验内容

(1) 熟悉 SR73A 调节器面板上各数码管、指示灯的含义和按钮的功能。

(2) 学会手动调节与自动调节之间的切换。

(3) 学会如何进行自整定并了解其含义。

(4) 了解报警类型的含义,学会如何设定上下限报警。

(5) 学会调节器各窗口群之间的转换。

(6) 了解参数锁定的含义。掌握上下限输出限定的设定方法。

(7) 深入理解方式 2 窗口群中测量代码选择和作用方式的含义。

(8) 学会量程选择和工程量转换的含义。

(9) 了解 SR73A 数字调节器的输入要求和输出方式。

四、实验步骤

(1) 观察所使用的是那种外形的实验仪(参看图 1-1)。

(2) 接通"仪表电源"、"调节器电源"和"变送器电源"开关。

(3) 调节器初始化完毕、显示正常后方可进行参数设置练习。

(4) 各窗口的参数设置内容见附表。

五、注意事项

(1) 实验中不要动液位信号和温度信号输入插头,以免接触不良。

(2) "加热器电源"、"电动阀电源"等开关先不要接通。

六、SR73A 数字调节器面板说明

该仪表的全部可操作窗口按功能可分为 3 种模式:

(1) 方式 0 窗口群(含有 6～7 个子窗口)。

(2) 方式 1 窗口群(含有 13～18 个子窗口)。

(3) 方式 2 窗口群(含有 2 个子窗口)。

每一个窗口群中又根据不同的要求含有若干个子窗口,共计约有 28 个子窗口,具体面板各器件定义如下(参看图 1-3)。

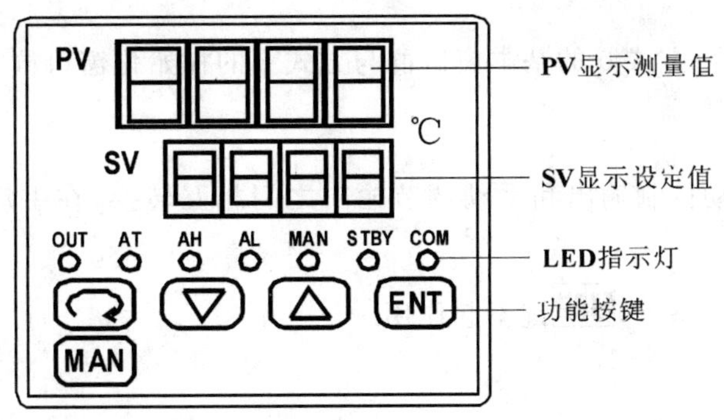

图 1-3 SR73A 数字调节器面板图

1. PV 显示测量值(绿色)

在方式 0 的基本窗口中显示当前测量值。在每一个参数屏上显示参数类型。

2. SV 显示设定值(红色)

在方式 0 的基本窗口中显示设定值。在每一个参数屏上显示相应的栏目和设定值。

3. 发光二极管(LED)

(1) OUT 输出指示 LED(绿色) 接触器或 SSR(固态继电器)驱动输出。灯亮时输出为 ON,灯灭时输出为 OFF。对于电流或电压输出,指示灯的亮度与其相应的输出量成正比。

(2) AT 自整定指示 LED(绿色) 在自整定过程中,此指示灯闪烁。

(3) AH 报警输出指示 LED(红色) 上限报警指示。

(4) AL/HB 报警输出指示 LED(红色) 下限或加热器断线时报警指示。

(5) MAN 手动调节输出 LED(绿色) 当调节输出选择在手动调节状态下时,此指示灯闪烁。

(6) STBY 停止调节输出 LED(绿色) 当调节输出选择在停止状态时,此指示灯闪烁。

(7) COM 通讯状态 LED(绿色) 当仪表处于通讯状态下时,此指示灯发光。

4. 功能键按钮

(1) 循环键 [⟲] 循环转换到下一个子窗口。按住此键 3 s 后,则进入到方式 0 基本窗口群与方式 1 参数窗口群之间的相互切换功能。

(2) 下减键 [▽] 减小数字型或改变字符型参数,按下此键后会使得末位数码的小数点闪烁。

(3) 上增键 [△] 增加数字型或改变字符型参数,按下此键后会使得末位数码的小数点闪烁。

(4) 确认键 [ENT]:

1) 在方式 0 的基本窗口群和方式 1 的参数窗口群里,可以确认[△] [▽]键所引起的参数改变,同时熄灭末位数码后闪烁的小数点。

2）在方式 2 的初始化窗口群中，确认小数点闪烁处的数码，同时移动小数点到下一位数码。

3）在方式 2 的量程选择窗口中，确认数字或者改变量程（最右列的两个小数点会同时闪烁）。

4）按住此键 5 s 后，方式 0 的基本窗口群与方式 2 的初始化窗口群之间可以相互转换。

(5) 手动键 MAN：

1）此键可以使自动控制输出和手动调节输出之间相互转换，在手动调节输出时，MAN指示灯闪烁。

2）在无调节输出状态下，MAN键不起作用。

七、窗口操作说明

1. 调节器上电和初始化

调节器通电后大约在 1.5 s 内，会对各个数码进行上电初始化，然后转入方式 0 基本窗口群。

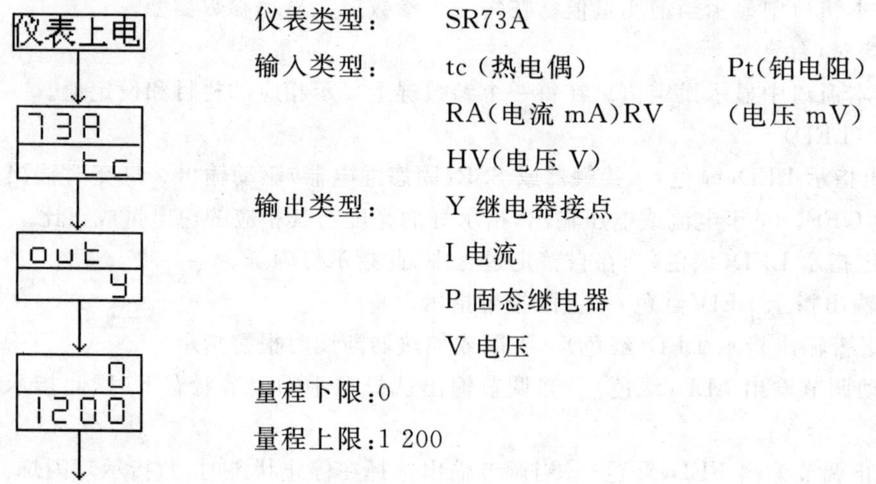

2. 窗口之间的切换

方式 0 窗口群与方式 1 窗口群间的转换　在方式 0 的基本子窗口中，按住键 3 s 后，就会从方式 0 窗口群转换到方式 1 窗口群的直接选择子窗口。反之，用同样的方法也可以从方式 1 窗口群转换到方式 0 窗口群。

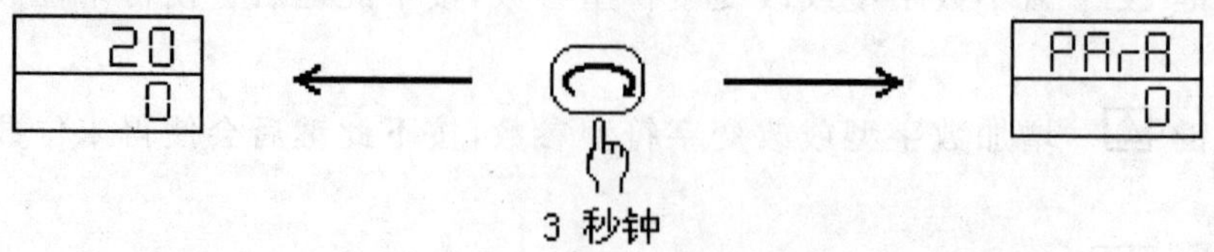

(2) 方式 0 窗口群与方式 2 窗口群间的转换　在方式 0 的基本子窗口中，按住ENT键 5 s 后，就会从方式 0 窗口群的基本子窗口转换到方式 2 窗口群的功能选择子窗口。反之，用同样

的方法也可以从方式 2 窗口群转换到方式 0 窗口群。

(3) 方式 0 窗口群中子窗口之间的转换　按↻键，可以实现子窗口的顺序、循环转换。

(4) 方式 1 窗口群中子窗口的转换　有两种方法：一种与上述方式 0 窗口群的操作方法相同；另一种是在第一屏的子窗口选择中，直接输入子窗口的数码。

例如：直接转到第 8 号的 PV 偏差补偿设定子窗口方法如下：

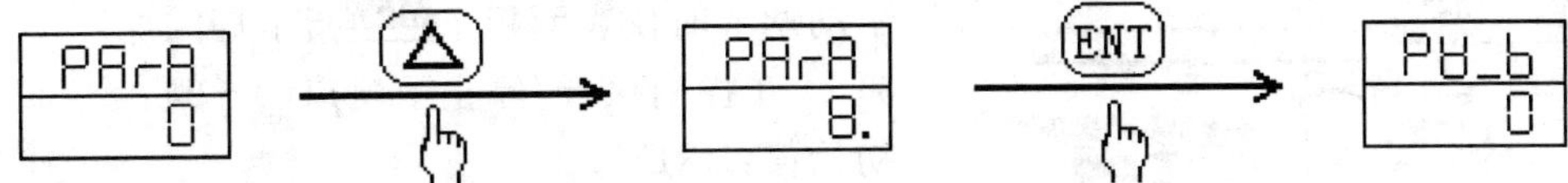

(5) 方式 2 窗口群中的功能选择子窗口：

1) 当功能选择子窗口显示时，被选中数码的小数点就会闪烁。

2) 按**ENT**键，被选中数码的小数点就会依次移动。

3) 如果要改变某一参数设置，按**ENT**键使其数码下的小数点闪烁，然后按△或▽键选择参数，之后再按**ENT**键来确认输入，同时使小数点移动到下一位。

例如：改变控制输出极性，从 r(加热方式)到 d(制冷方式)

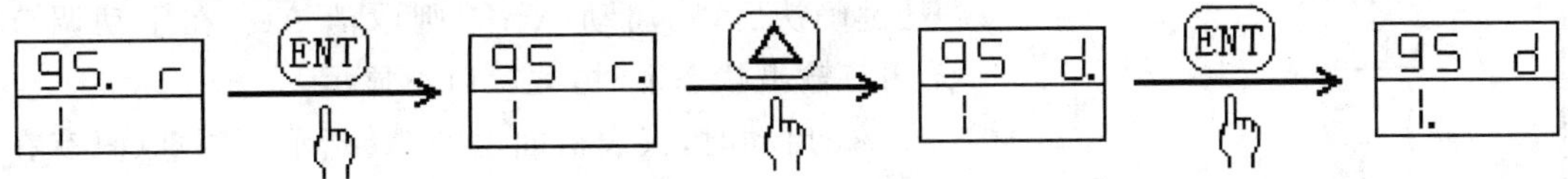

(6) 方式 2 窗口群中的量程输入子窗口　在功能选择子窗口中按↻键，就会转换到量程输入子窗口，此时上窗口数码最右端的小数点会闪烁。按△或▽键来改变下限量程，并按**ENT**键给予确认。

1) 下限量程确认之后，下窗口数码最右端的小数点就会闪烁，通过按动△或▽键可以改变上限量程，并按**ENT**键给予确认。

2) 上限量程确认之后，上窗口和下窗口数码最右端的小数点会同时闪烁，按动△或▽键可以同时改变小数点的位置，并按**ENT**键给予确认。

3) 每次按动**ENT**键后，最右端闪烁的小数点就会按如下的方式循环移动：

上窗口→下窗口→上窗口和下窗口→上窗口→……

4) 如果输入的上、下限量程之差小于 100 或大于 5 000 时，上限量程值将会被限制到＋100 或＋5 000，上限值只能设置在下限值的＋100～＋5000 之间。

3. 窗口与子窗口的变换

1) 基本子窗口(0－0)：

测量值 PV 显示：上窗口（绿色）。

设定值 SV 显示：下窗口（红色）。

按△ ▽键可以改变设定值 SV。

2）调节输出子窗口（0－1）：

测量值 PV 显示：上窗口。

调节输出显示：下窗口。

按MAN键，可进行自动/手动调节之间的切换；在手动调节状态时，

按△ ▽键可改变输出值（0～100％）。

手动调节时仪表面板上MAN指示灯闪烁。

3）cont 控制执行/停止子窗口（0－2）：

初始值：EXEC。

设定范围：EXEC，STBY。

EXEC：有调节输出；STBY：无调节输出在无调节输出状态下时，仪表面板上的 STBY 指示灯闪烁。

4）At 自整定子窗口（0－3）：

初始值：OFF。

设定范围：OFF，ON。

在此窗口按△ ▽键进行选择，如果选择 ON，且按ENT键确认后，则启动 At；否则取消 At。在手动调节或无调节输出状态下时，此窗口不显示。

At 启动时，仪表板面上的 At 指示灯闪烁（只有在自动调节状态下，此窗口才出现）。

5）AH 上限报警设定子窗口（0－4）：

设定范围：

绝对报警：在测量范围内。偏差报警：0～2 000。

报警类型：在方式 2 窗口中设定。

产生报警时仪表面板上有指示灯 AH 闪烁。

6）AL 下限报警设定子窗口（0－5）：

设定范围：

绝对报警：在测量范围内。偏差报警：－1 999～0。

报警类型：在方式 2 窗口中设定。产生报警时仪表面板上有指示灯 AL 闪烁。

7）PArA 直接选择子窗口（1－0）：

初始值：0。

选择范围：0～18。

当选定所需子窗口序号后，按ENT键可直接进入相与

的子窗口。

8) P 比例带设定子窗口(1-1):

初始值: 3.0%。

设定范围: OFF,0.1~999.9%。

当 P=OFF 时,为位式调节方式,以下的三个子窗口(1—3)(1—4)(1—5)将不显示。

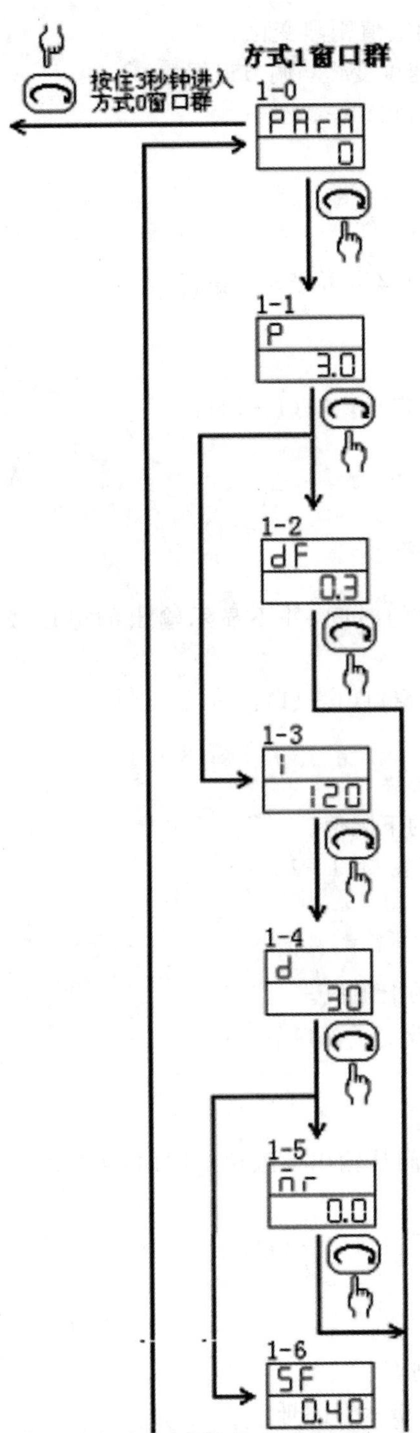

9) dF 灵敏度设定子窗口(1-2):

初始值:3 或 0.3。

设定范围: 1~999。

用于位式调节方式下,调整调节动作的幅度。

只有当 P=OFF 时,该窗口才会显示。

10) I 积分时间设定子窗口(1-3):

初始值: 120 s。

设定范围: OFF,1~6 000 s。

当 I=OFF 时,为 P 或者 PD 控制方式。在位式调节方式下,此窗口不显示。

11) d 微分时间设定子窗口(1-4):

初始值:30 s。

设定范围: OFF,0~3 600 s。

D=OFF 时,为 P 或者 PI 控制方式。

在位式调节方式下,此窗口不显示。

12) Ar 手动调节补偿子窗口(1-5):

初始值:0.0%。

调节范围:-50.0%~+50.0%。

当 I=OFF 时,用于 P,PD 调节时替代积分项消除系统的静态误差。

当 I=OFF 时,该子窗口才出现。

13) SF 设定超调拟制系数子窗口(1-6):

初始值: 0.40(经验值)。

设定范围:OFF,0.00~1.00。

用于克服 PID 控制时的超调或欠调。

SF=0 时,为纯 PID 控制。 SF=1 时,拟制作用最强。当 P=OFF 或 I=OFF 时,此窗口不显示。

14) PV-b 偏差补偿设定子窗口(1-7):

初始值: 0 或 0.0。

设定范围: -200~200。

用于传感器输入偏差补偿。

请勿乱设,以免引起测量偏差。

15) PV-F 滤波时间设定子窗口(1-8):

1-7 PH_b 0
1-8 PH_F 0
1-9 LocK oFF
1-10 o_C 30
1-11 o_L 0
1-12 o_H 100

初始值:0 s。

设定范围：0～100 s。

用于工业现场滤波，避免测量值剧烈变化。

请勿乱设，以免引起测量速度变慢，调节迟缓。

16)Lock 参数锁定设置子窗口(1-9)：

初始值：OFF。

设定范围：OFF,1,2,3。

OFF:不锁定或解除锁定。

1—仅设定值、调节输出和自整定可修改或执行。

2—仅设定值可修改。

3—所有参数被锁定。

17) O—C 输出比例周期设定子窗口(1-10)：

初始值：

接触器输出:30 s。

SSR 输出：3 s。

设定范围:1～120 s。

此窗口用于设定比例周期的时间，并不显示输出的电压或电流。

18) O—L 下限输出设定子窗口(1-11)：

初始值:0%。

设定范围:0～99%。

此窗口用于设定调节输出的下限值。

19) O—H 上限输出设定子窗口(1-12)：

初始值:100%。

设定范围：1～100%。

此窗口用于设定调节输出的上限值。

20) SoFt 上电缓启动时间设定子窗口(1-13)：

初始值：OFF。

设定范围：OFF,1～100%。

上电后，调节输出将按此时间从输出下限逐渐增加，达到缓慢起动的目的。

21) C—Ad 通讯方式设定子窗口(1-14)：

初始值:Locl(本机方式)。

设定范围:Locl,Remt。

通讯方式只能由上位机控制。

在通讯方式下，面板上 com 指示灯闪烁。

具有通讯功能的调节器才会出现此窗口。

22) Addr 通讯地址选择子窗口(1-15)：

初始值:0。

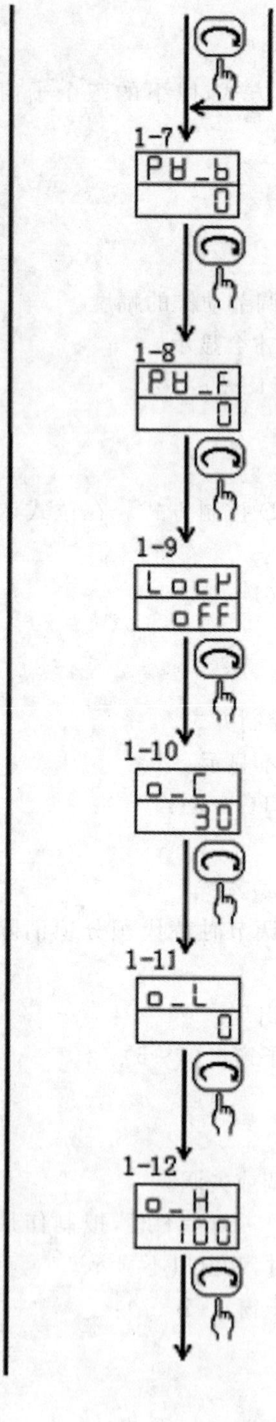

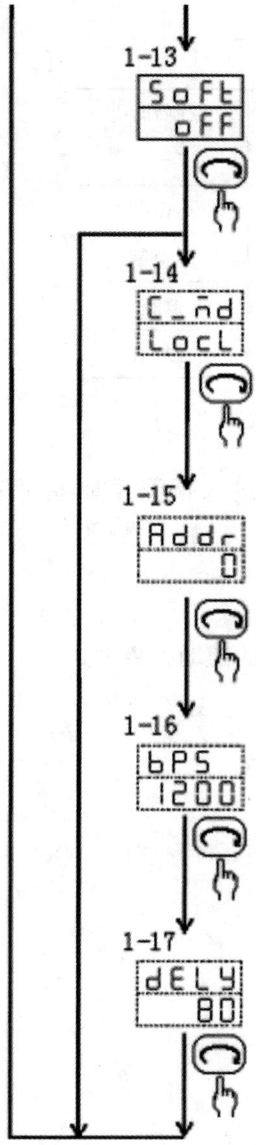

设定范围:0～99。

同一通讯端口的仪表地址不能相同。

具有通讯功能的调节器才会出现此窗口。

23) bPS 通讯波特率选择子窗口(1-16):

初始值:1200 bps。

选择范围:1 200,2 400,4 800,9 600 bps。

这是仪表向上位机传输数据的速率。具有通讯功能的调节器才会出现此窗口。

24) Dely 通讯延时设定子窗口(1-17):

初始值:80。

设定范围: 0～255。

RS485 通讯方式时所用延迟时间。

延迟时间(毫秒)＝0.1× 设定值。

具有通讯功能的调节器才会出现此窗口。

25) 功能选择子窗口(2—0):

按ENT键循环选择①～⑤,相应数码被选中时,其右下角的小数点会闪烁。

③⑥⑦⑧ 无显示或无定义。

①② 测量范围代码选择,01～95(参看测量范围代码表)。

④ 调节输出极性选择:

r 反作用(加热特性)。

d 正作用(制冷特性)。

⑤ 报警类型选择: 0～8(参看报警类型代码表)。

警告:重新设定测量,将清除与其有关的所有参数!

26) 量程输入子窗口(2—1):

初始值:

下限量程(上窗口):0.0。

上限量程(下窗口):100.0。

小数点位置:0.0。

设定范围:

下限值:－1 999～9 899。

上限值:－1 899～9 999。

量程＝上限值－下限值 ＝100～5 000。

直流输入类型时(mV,V,mA),在该子窗口可分别设定上下限量程及小数点位置。其他传感器输入类型时,在该子窗口仅显示上下限量程分度,不能进行设定。

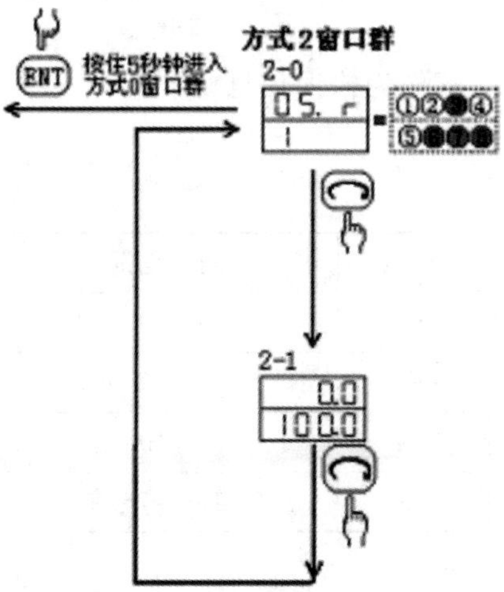

八、报警类型代码表

报警代码	上限报警配置	拟制作用	下限报警配置	拟制作用
0	未分配	—	未分配	—
1	上限偏差值	不拟制	下限偏差值	不拟制
2	上限绝对值	不拟制	下限绝对值	不拟制
3	上限偏差值	拟制	下限偏差值	拟制
4	上限绝对值	拟制	下限绝对值	拟制

说明：

(1) 拟制：当仪表通电时，测量值首次进入报警区，不报警；再次进入报警区时，才产生报警。

(2) 不拟制：只要测量值进入报警区内就会产生报警。

(3) 绝对值报警：动作点是测量范围内的固定值，不随设定值改变。

(4) 偏差值报警：动作点是测量值和设定值的偏差，是跟踪设定值的随动报警方式。

九、仪表故障信息显示及故障原因

HHHH　热电偶断线，铂电阻输入 A 端断线。

　　直流输入测量值超出量程上限 10%。

LLLL　直流输入测量值低于量程下限 10%。

CJHH　热电偶冷端超出＋80℃。

CJLL　热电偶冷端低于－20℃。

b－－－　铂电阻输入 B 端断线，或 A 和 B 端都断线。

HbHH　加热器检测电流值超过量程上限 10%。

HbLL　加热器检测电流值低于量程下限 10%。

－－－　断线报警监测设置窗口，设置为 OFF 时出现，不作为错误信息。

十、测量范围代码表

输入类型			代 码	测量范围	代 码	测量范围
多项输入	热电偶	B	01	0～1 800℃	12	0～3 300℉
		R	02	0～1 700℃	13	0～3 100℉
		S	03	0～1 700℃	14	0～3 100℉
		K	04	－100～400℃	15	－150～750℉

续表

输入类型			代码	测量范围	代码	测量范围
多项输入	热电偶	K	05	0～1 200℃	16	0～2 200℉
		E	06	0～700℃	17	0～1 300℉
		J	07	0～600℃	18	0～1 100℉
		T	08	－199.9～200.0℃	19	－300～400℉
		N	09	0～1 300℃	20	0～2 300℉
		*2U	10	－199.9～200.0℃	21	－300～400℉
		*2L	11	0～600℃	22	0～1 100℉
	热电偶 R.T.D	Pt100	31	－200～600℃	39	－300～1 100℉
			32	－100.0～100.0℃	40	－150.0～200.0℉
			33	－50.0～50.0℃	41	－50.0～120.0℉
			34	0.0～200.0℃	42	0～400℉
		JPt100	35	－200～600℃	43	－300～1 100℉
			36	－100.0～100.0℃	44	－150.0～200.0℉
			37	－50.0～50.0℃	45	－50.0～120.0℉
			38	0.0～200.0℃	46	0～400℉
	电压(mV)	0～10	71			
		10～50	72			
		0～100	73			
电压(mV)		0～1				
		0～5	82			
		0～10	83			
电流(mA)		4～20	95			

SR73A-8P1-150　调节器序列号代码与描述

- 序列　SR73A
- 输入　8：热电偶、热电阻、电压(mV)　4：电流（mA）　6：电压(V)
- 输出　Y1：接触器　I1：电流　P1：SSR驱动电压　V1：电压
- 功能　0：无　1：报警　2：报警+加热器断线报警
- 通讯　5：RS-485A方式　6:RS-422方式

实验二　系统温度的测量过程

一、实验目的

(1) 学会数字调节器的具体使用与设置。

(2) 掌握调节器通过铂电阻直接测量温度的方法。

(3) 掌握调节器通过铂电阻和变送器测量温度的方法。

(4) 了解脉宽调制技术(PWM)控制温度的原理。

二、实验内容

(1) 水箱温度测量与调节的基本关系框图见图 2-1。

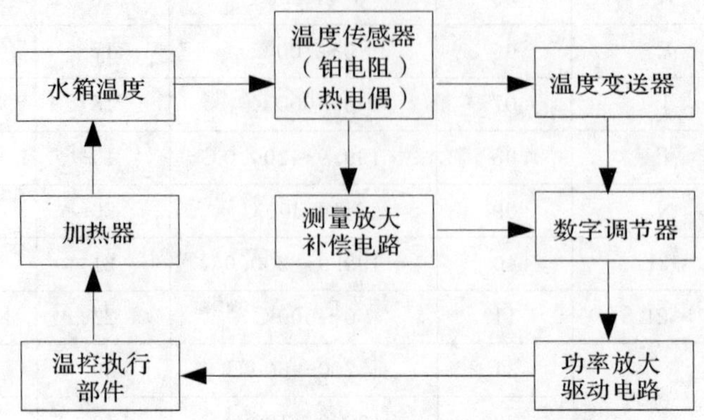

图 2-1　水箱温度测量与控制的基本框图

(2) 铂电阻(Pt100)传感器与带有温度测量电路的数字调节器、功率模块 SSR 所构成的温度测量和控制系统接线见图 2-2,基本功能见框图见 2-3。

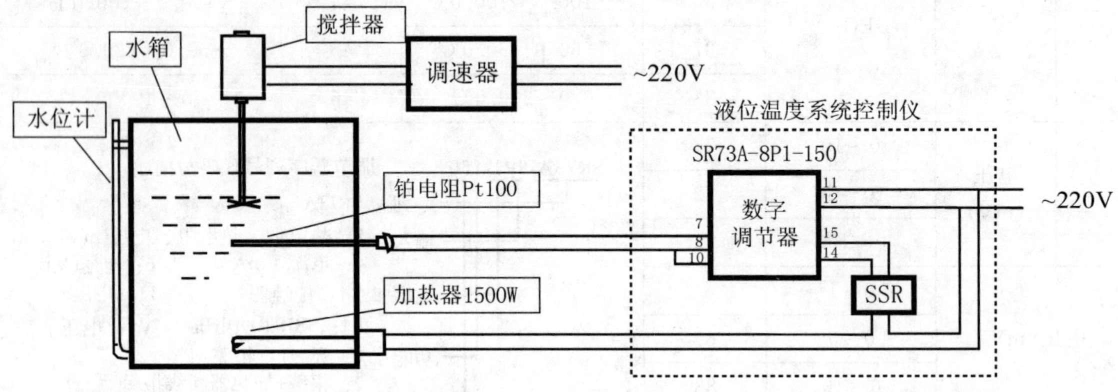

图 2-2　铂电阻与调节器直接相联的测温电路

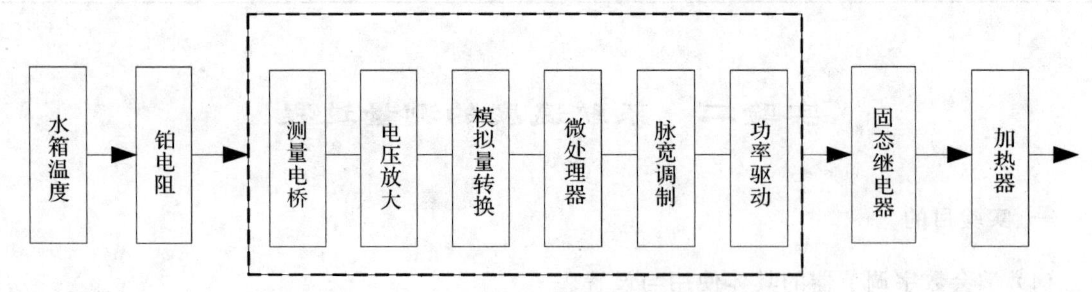

图 2-3　温度测量与控制功能系统框图

(3) 铂电阻(Pt100)温度传感器与热电阻温度变送器、数字调节器、功率模块 SSR 所构成的温度测量和控制系统基本功能见框图 2-4,接线图见 2-5。

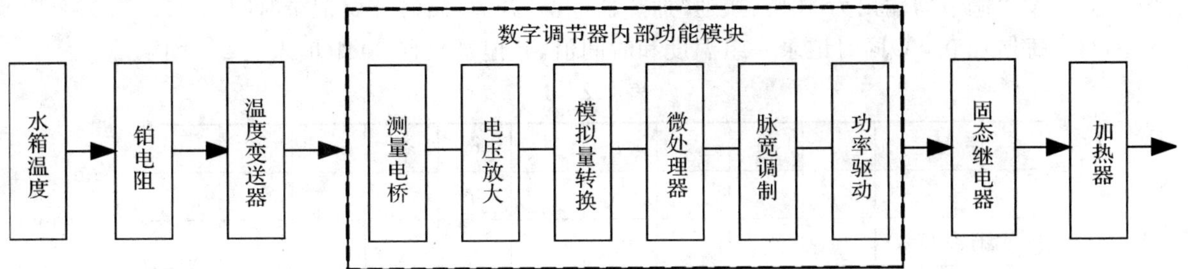

图 2-4　带有温度变送器的温度测量与控制系统框图

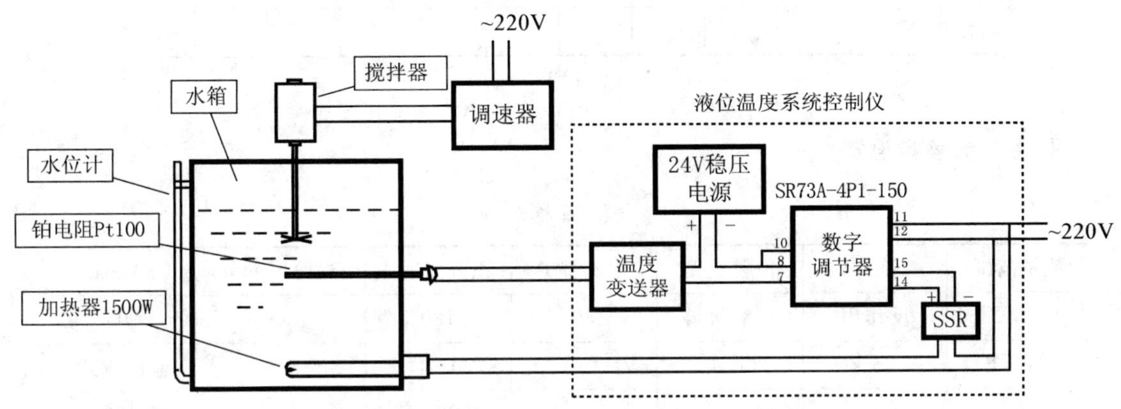

图 2-5　铂电阻通过温度变送器与调节器相联电路

(4) 调节器脉宽调制 PWM 输出　数字调节器的脉宽调制输出，是以改变输出比例周期内的通电时间百分比来达到控制温度的(见图 2-6)，调节器的百分比输出表示其在比例周期内通电时间的占空比，输出比例周期须在参数设置中预先设定，其大小与控制温度的精度有关(范围 1～120 s)，周期越小精度越高(通常固态继电器最小为 3 s，接触器最小为 30 s)。

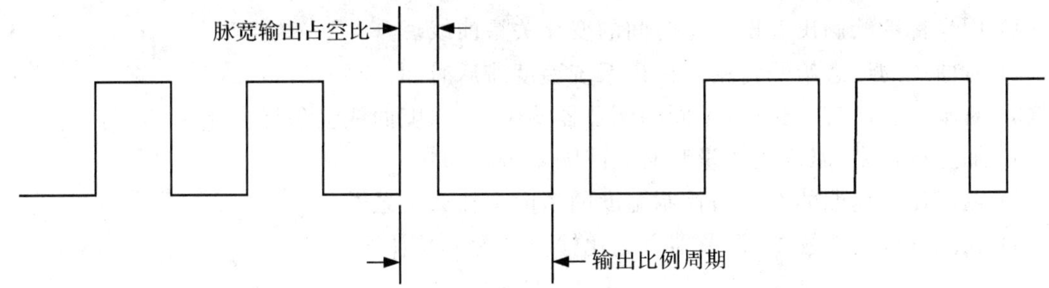

图 2-6　调节器输出比例周期与输出百分比的关系

三、实验步骤

(1) 并保持水箱水位约为 60%。对参看实验一学会调节器的使用方法。

(2) 检查温度测量系统，以及传感器、加热器的安装位置和连线状况。

(3) 通电后观察 PV 测量窗口是否有温度显示。按表 2 对调节器进行参数设置。

(4) 调节搅拌器使其缓慢搅拌，记录水箱初使温度。

(5) 设置调节器输出为40%，接通“加热器电源”开关，同时开始记录时间。

(6) 每增加0.4℃同时记录一组温度和时间值，共记录数据20组填入表2-1内。

表 2-1

序 号	1	2	3	4	5	6	7	8	9	10
时间/s										
温度/℃										
序 号	11	12	13	14	15	16	17	18	19	20
时间/s										
温度/℃										

四、调节器参数设置

表 2-2

测量范围	控制方式	报警类型	比例带P	积分时间I	微分时间d	PV-b
0～60℃	反作用	绝对报警	30	120	0	0
PV-F	Lock	O-C	O-L	O-H	Soft	输出方式
0	OFF	5	0	100	0	手动输出

测量范围参看量程代码表，自己确定量程代码。报警类型参看报警类型代码表。其他未涉及到的子窗口，保持原参数不变。

五、实验要求与思考

(1) 用坐标纸绘制出温度——时间的变化关系曲线。

(2) 对曲线的形态给予讨论。标出系统温度滞后时间。

(3) 对本系统而言，当设定不同的调节器输出时，温度曲线会怎样变化？

(4) 加热过程中，温度变化量和时间间隔是否均匀？

(5) 输出比例周期的选择与控制温度的精度有什么关系？

(6) 在温度调节系统中，调节器百分比输出的含义是什么？

实验三　系统液位的测量过程

一、实验目的

(1) 了解整个液位实验系统和检测回路，学习信号转换和处理的方法。

(2) 学会通过压力传感器、变送器和数字调节器测量液位的方法。

(3) 学会校验信号转换的线性度、回差、灵敏度和消除信号零点偏置的问题。

二、实验内容及步骤

(1) 了解水箱实验系统液位测量原理和调节过程(如图 3-1,图 3-2 所示)。

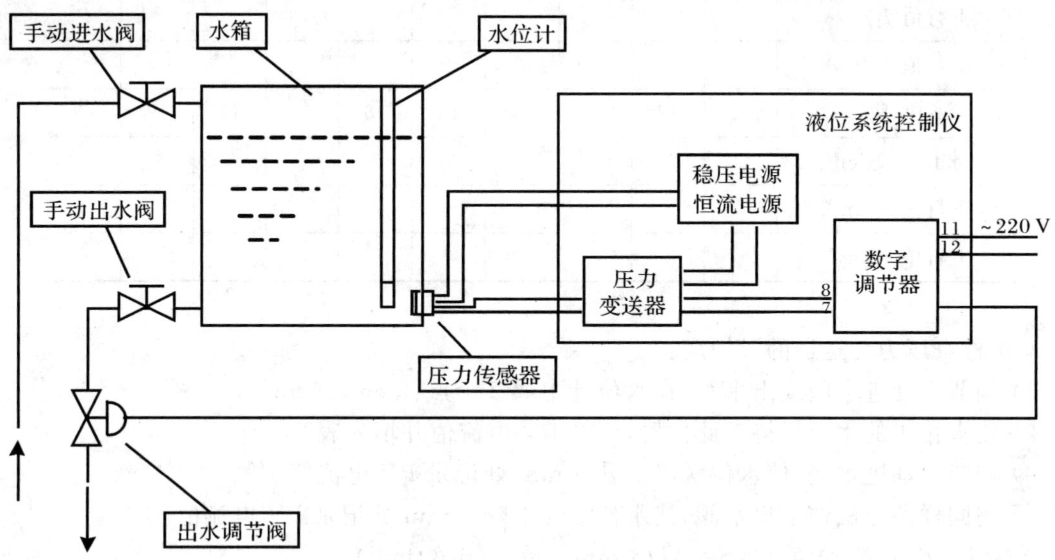

图 3-1 水箱实验系统及检测电路

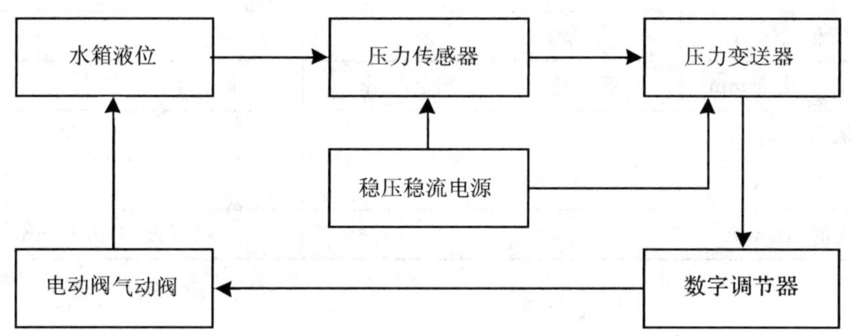

图 3-2 水箱实验系统液位测量及调节原理框图

(2) 检查压力传感器、调节阀的联接状况是否正常。

(3) 接通仪表电源、液位调节器电源、液位变送器电源开关。

(4) 参考实验一和调节器参数设置表,对调节器各子窗口进行初始化设置。

(5) 检查压力传感器、变送器的线性情况和回差:

1) 打开手动进水阀,使调节器 PV 指示在 20 mA 左右关闭进水阀。

2) 列表记录此时的水位计刻度值和调节器 PV 测量值。

3) 适当开启手动出水调节阀,使水箱中的水位缓慢下降。

4) 水位每下降 1 cm 同时记录 PV 电流值和水位计刻度值,直至水位计示数为零。

5) 关闭出水手动阀,打开进水阀,使水箱水位缓慢上升,重复以上步骤。

表 3-1

序　　号	1	2	3	4	5	6	7	8	9	10
水位刻度/cm										
下行值 I_1/mA										
上行值 I_2/mA										
序　号	11	12	13	14	15	16	17	18	19	20
水位刻度/cm										
下行值 I_1/mA										
上行值 I_2/mA										

(6) 检查压力变送器的灵敏度：

1）调节手动进水阀或出水阀，在水位计中取 2 个点：5 cm，15cm。

2）使水箱中的水位保持在此位置，记录 PV 电流值并填入表 2。

3）调节手动进水阀，使水位缓慢上升 5 mm 处记录 PV 电流值 I'。

5）用同样的办法调节出水阀，使水位缓慢下降 5 mm 处记录 PV 电流值。

$\Delta I=I-I'$，取平均值 $\Delta\bar{I}$，$S=\Delta\bar{I}/5$ mm　单位(mA/mm)

表 3-2

水位计刻度/cm	5		15	
电流值 I/mA				
水位计变化 5 mm	下　降	上　升	下　降	上　升
电流值 I'/mA				
$\|\Delta I\|$/mA				
平均值 $\Delta\bar{I}$/mA			灵敏度 S/mA/mm	

三、调节器参数设置

方式 2 窗口群	功能选择子窗口	测量范围代码		
		调节输出极性	95	
		报警类型	d	
	量程输入子窗口	下限量程	4.00	
		上限量程	20.00	
方式 1 窗口群	偏差补偿子窗口	PV－b	0	
	滤波时间子窗口	PV－F	0	
	参数锁定设置子窗口	Lock	OFF	

续表

方式 0 窗口群	下限输出设定子窗口	O-L	0	
	上限输出设定子窗口	O-H	100	
	上电缓启动子窗口	SOFT	OFF	
	设定值	SV	4	
	调节输出子窗口	调节输出	0	手动方式
	执行/停止子窗口	cont	EXEC	有调节输出
	上限报警设定子窗口	AH	20.0	
	下限报警设定子窗口	AL	4.0	
其他未涉及到的子窗口，保持原参数不变				

四、实验要求

(1) 用坐标纸绘制调节器电流值 I 与水位计读数 L 之间的关系曲线(上升和下降曲线)。

(2) 对以上关系曲线的形态给予讨论。

(3) 求出液位测量系统的灵敏度。

五、实验思考

(1) 如何将数字调节器的测量值 PV 通过工程量转换表示为实际的水箱测量水位?

(2) 在实验过程中，调节进出口手阀为何要让水位缓慢上升或下降?

(3) 当水箱液位为零，而变送器输出不为零时，如何通过调节器的偏差补偿使其液位指示为零?

实验四　温度变送器的校验

一、实验目的

(1) 学会使用铂电阻分度表校验温度变送器方法。

(2) 掌握变送器的零点、量程调整方法。学会检测变差、灵敏度和精度。

(3) 学会绘制偏差曲线并分析测量偏差。

二、实验原理

温度变送器是将热电偶、热电阻所检测的温度信号线性地转换成 4～20 mA(DC)的标准电流信号输出，温度变送器又分为热电阻、热电偶温度变送器两种。常用的热电阻有铂电阻和铜电阻，因此就有铂电阻和铜电阻温度变送器两种。

校验铂电阻温度变送器的方法是：将对应于不同温度下的铂电阻的电阻值，用精密电阻箱代替，通过对照铂电阻分度表，调节对应温度下的电阻箱来实现电阻值的输入，由此可以设定量程、调整零点，精度、灵敏度的检验，线性度检查和变差检验。

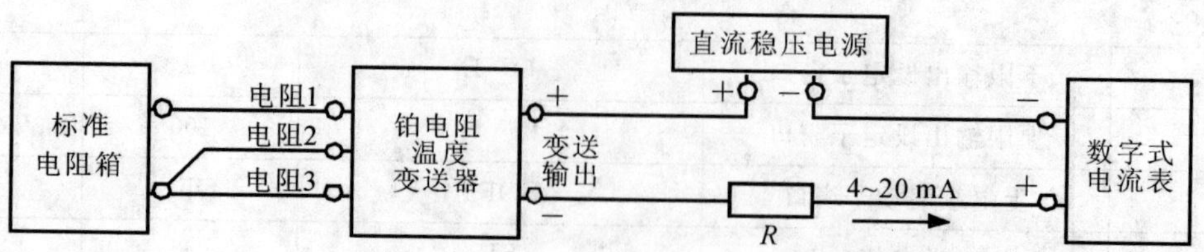

图 4-1 铂电阻温度变送器校验原理图

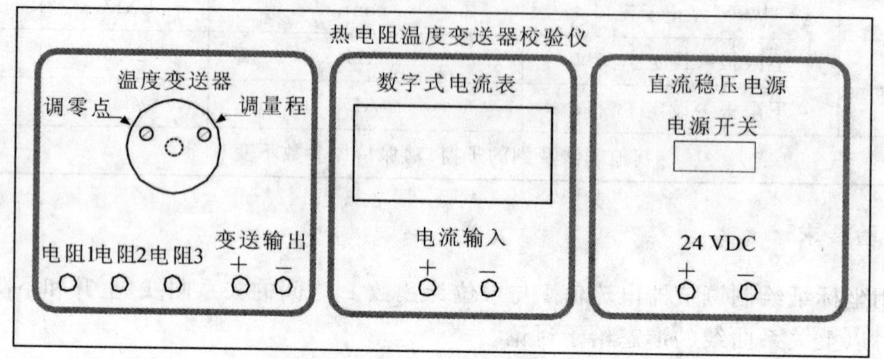

图 4-2 热电阻温度变送器校验仪面板图

三、实验内容

(1) 调整变送器的零点和量程。

(2) 检查热电阻温度变送器的输出线性度。

(3) 检测热电阻温度变送器输出的重复性。

(4) 确定热电阻温度变送器的精度和灵敏度。

(5) 绘制热电阻温度变送器的偏差曲线。

四、实验步骤

表 4-1

温度传感器名称	温度范围/℃	输出范围/mA	电源电源/V	精度/%FS

(1) 对照并熟悉铂电阻温度变送器校验原理图(图 4-1 所示)和校验仪面板图(图 4-2 所示)。连接并检查接线状况。

(2) 接通稳压电源、数字显示电流表电源,预热约 3 min 左右。

(3) 记录温度变送器有关信息并填入表 1。

(4) 检查和调整零点、量程:

1) 对照附录中的铂电阻分度表,调节电阻箱使其为 0℃所对应的电阻值。

2) 检查数显电流表读数是否为 4 mA。

3) 否则可用小螺丝刀调节变送器上的零点调节螺丝。

4）对照铂电阻分度表，调节电阻箱使其为300℃所对应的电阻值。

5）查看数显电流表读数是否为20 mA（零点、量程调节位置见示图4－3）。

6）否则可用小螺丝刀调节变送器上的量程调节螺丝。

7）重复以上步骤1）～4）反复调节，直到零点、量程满足要求为止。

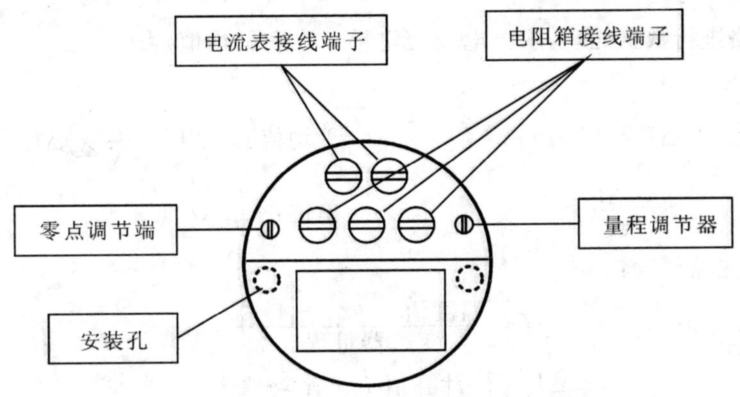

图4－3　铂电阻温变模块端子图

（5）检验线性关系和重复性：

1）对照铂电阻分度表（见附录），查找不同温度对应下的标准电阻值。

2）从0℃开始，每增加20℃，调节一次电阻箱，记录一次电流值I_1，直至300℃，并将记录的电阻值、电流值填入表4－3。

3）按照以上方法，再重复一次，其对应值为I_2。

表　4－2

温度/℃	0	20	40	60	80	100	120	140
标准阻值 R/Ω								
标准电流 I/mA								
测量电流 I_1/mA								
测量电流 I_2/mA								
平均值 I_3/mA								
误差 ΔI/mA								
温度差 ΔT/℃								
温度/℃	160	180	200	220	240	260	280	300
标准阻值/Ω								
标准电流 I/mA								
测量电流 I_1/mA								
测量电流 I_2/mA								
平均值 I_3/mA								
误差 ΔI/mA								
温度差 ΔT/℃								

(6) 检测变送器灵敏度：

1) 取两个温度点：50℃，250℃，查分度表记录此温度点下的电阻值 R。

2) 调节电阻箱为此温度点下的电阻值并记录对应的测量电流 I。

3) 在对应温度点上，改变电阻箱阻值为增加 1℃或减小 1℃时的电阻值，记录此时的电流变化值 I′ 于表 4－3 内。

4) 通过表格进行数据处理，求出电流变化量 $\Delta I'$ 和平均值。

计算公式：

电流变化量： $\Delta I' = | I - I' |$　　　平均值： $\Delta \bar{I}' = \frac{1}{N}\sum \Delta I_i$

灵敏度： $S = \frac{\Delta \bar{I}}{\Delta C}$　　　单位：(mA/℃)

(7) 确定变送器精度：

1) 计算标准电流： $I = \frac{温度值 \times (20-4)}{变送器量程} + 4$

2) 误差： $\Delta I = |\ 计算值\ I - 平均值\ I_3\ |$

3) 变送器精度： $\zeta = \frac{最大测量误差}{变送器输出量程} \times 100\% = \frac{\Delta I_{\max}}{20-4} \times 100\%$

(8) 绘制温度偏差曲线：

1) 求出理想变送器输出比例系数：

$$K = \frac{变送器输出范围}{温度测量范围} = \frac{20-4}{300-0} \quad 单位：(mA/℃)$$

2) 以各温度点的电流误差 ΔI_i 作为计算值，求出偏差温度：$\Delta T_i = \frac{\Delta I_i}{K}$。

3) 将计算结果填入表内。

4) 以 ΔT_i 为纵坐标、T 为横坐标，在坐标纸上绘出温度偏差曲线。

表　4－3

温度点/℃	50		250	
标准阻值 R/Ω				
测量电流 I/mA				
改变电阻值 ΔR	增加 1℃	减小 1℃	增加 1℃	减小 1℃
变化值 I'/mA				
变化量 $\Delta I'$/mA				
校验结果	最大误差 %： 重复性误差：		精度 %： 灵敏度：	

五、实验要求

(1) 用坐标纸绘制温度与变送器输出电流的关系曲线($T-I$)。

(2) 对以上关系曲线的变化形态、线性度和重复性给予讨论。

(3) 求出温度变送器的灵敏度和精度。

(4) 用坐标纸绘制变送器的温度偏差曲线($\Delta T - T$)。

(5) 对整个实验结果作出结论。

实验五　弹簧管压力表的校验

一、实验目的

(1) 熟悉弹簧管压力表的结构和工作原理。

(2) 掌握校验弹簧管压力表的方法。

(3) 掌握确定仪表的精度级。

(4) 了解电接点压力表的使用方法。

二、实验原理

弹簧管压力表随着使用时间的增长,其弹性元件的弹性特性将会发生变化,从而产生残余变形;仪表中的传动机件也会随着使用时间的增长而产生磨损,这些因素都将使仪表的准确度逐渐降低。为此,必须定期对仪表进行校验和调整。弹簧管压力表的校验,一般采用"标准表比较法"。即使标准表与被校表受到相同压力的作用,比较它们的指示值,鉴定被校表的主要技术指标,看它是否符合制造厂的规定。

1. 校验的主要技术要求

(1) 仪表示值的基本误差不应超过仪表精度等级所允许的误差值。

(2) 仪表的变差不应超过基本允许误差的绝对值。

(3) 在指示范围内,指针应平稳偏转在任何位置上,指针与分度盘间的距离不得小于 1 mm。

(4) 用手轻敲表壳时,指针的示值变动不应超过基本允许误差的 50%。

(5) 当仪表处于垂直位置,且弹簧管内无压力作用时,有零位限制钉的仪表应紧靠在限制钉上。

2. 通常规定所选标准压力表应满足两点

(1) 选取的测量上限应超过被校表测量上限的 1/3 最近系列值,通常选取大一级的系列表。

(2) 允许绝对误差应小于被校表允许绝对误差的 1/3。

校验工业弹簧管压力表时,通常所用的设备有压力表校验器(或称压力泵),及活塞式压力计。本次实验使用的是压力表校验器,其外形结构图和结构原理图见图 5-1、图 5-2。

3. 电接点压力表介绍

电接点压力表的测量部分是基于弹簧管压力表工作原理,由固定在齿轮上的指针(触头)与给定针上的触头(上限 P1 或下限 P2)相接触时,致使控制系统中的电路得以断开和接通,以达到自动控制或发出报警信号的目的。图 5-3 是一电接点压力表上下限报警指示电路。

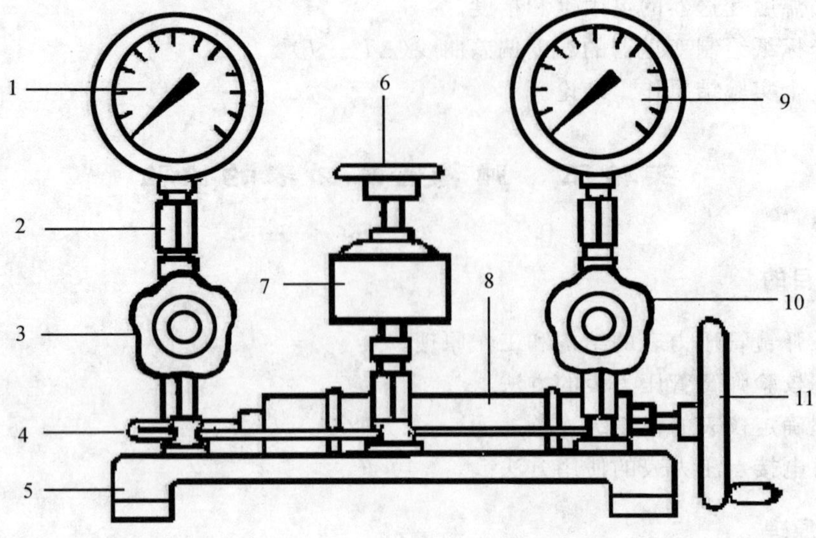

图 5-1 弹簧管压力表校验连接图

1—电接点表；2—表接头；3—针形阀；4—导压管；5—底座；6—油杯阀；7—油杯；8—工作活塞；9—标准表；10—针形阀；11—手轮

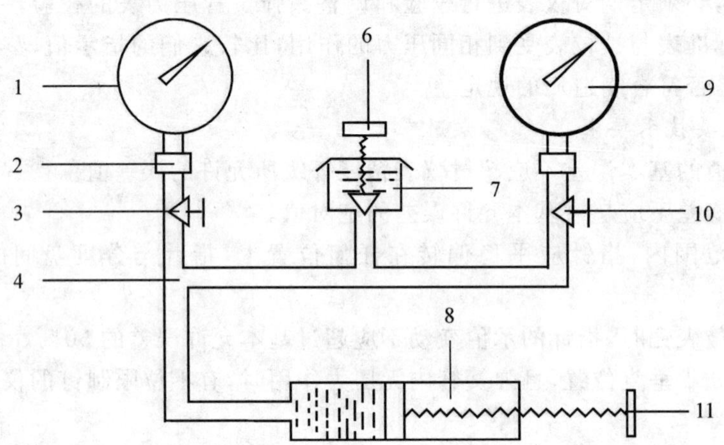

图 5-2 弹簧管压力表校验结构原理图

三、实验步骤

(1) 记录压力仪表有关数据并填入表 5-1。

表 5-1

仪表设备	仪表设备名称	出厂编号	测量范围	精度等级
被校表				
标准表				
校验仪				

(2) 把压力表校验器放稳在便于操作的工作台上，参照图 1、图 2 进行校仪表验。

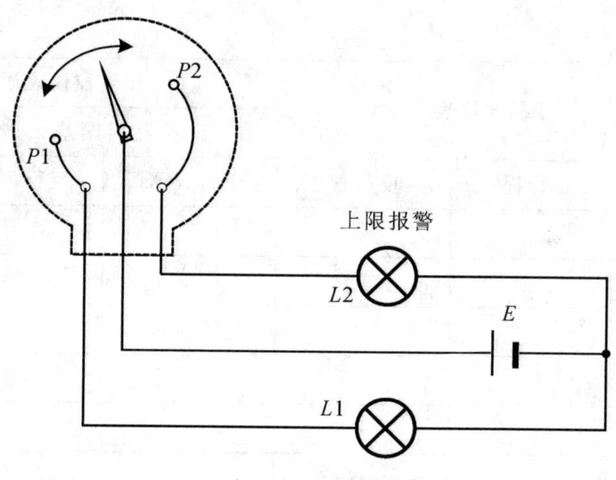

图 5-3　电接点压力表报警指示图

(3) 校验前，先检查零位偏差，如果合格则可校验其他各点。

(4) 旋开油杯阀 6，打开油杯盖并检查油杯内工作液是否符合要求(油杯内的工作液大约占油杯的 2/3)。

(5) 逆时针缓缓转动手轮 11 将工作液吸入活塞内(注意：向外转动手轮前一定要确认油杯阀已打开！否则会损坏压力仪表!)。

(6) 待丝杠露出加压泵筒体约 4/5 长度时，旋紧油杯阀 6(此时油杯内应该还存有少量的工作液)。

(7) 顺时针旋转手轮增加活塞体内压力，依次使被校压力表指针对准表 3 所列的各点(注意不要使被校压力表指针超过对应值)。记录对应的标准表数值，做正行程校验。

(8) 正行程校验完成之后，以同样的方法进行反行程校验。

(9) 校验结束后，转动手轮 11 减小压力，打开油杯阀 6 使活塞体内压力为零。

(10) 参照图 5-2，并进行连线。接通 24 V 稳压电源，调节电接点压力表上限、下限两个指针触头 P2，P1 在表中所示的压力点上，轻轻转动校验仪手轮使压力表指针接触触头，当有报警灯指示时，检查并记录标准表和被校表的指示值于表 5-3。

表　5-2

被校仪表(MPa)	标准仪表/MPa		被校仪表误差/MPa		
			绝对误差		变　差
	正行程	反行程	正行程 X_1	反行程 X_2	
0					
0.05					
0.10					
0.15					
0.20					

续 表

被校仪表(MPa)	标准仪表/MPa		被校仪表误差/MPa		
			绝对误差		变 差
	正行程	反行程	正行程 X_1	反行程 X_2	
0.25					
0.30					
0.35					
0.40					
0.45					
0.50					
0.55					
0.60					

表 5-3

	下限 1	下限 2	上限 1	上限 2
设定值/MPa	0.05	0.1	0.5	0.55
被校表值/MPa				
标准表值/MPa				
偏差 Δ/MPa				
动作状况				

四、实验要求

(1) 记录标准表、被校验表有关信息。
(2) 用标准表比较法,对普通电接点压力表进行校验,并确定其等级。
(3) 检查被校表的回差和零位偏差。
(4) 检查在转动过程中的平稳性、轻敲表壳时的偏移量。
(5) 检查电接点压力表的报警功能。
(6) 计算被校压力表的相对百分误差、变差。
(7) 画出压力表的校正曲线,判断被校表是否合格并给出结论。

检验结果:	零位偏差:	轻敲表壳时的偏移量:
	最大误差:	精度等级:
	最大回差%:	检验结论:

误差计算公式:

$$绝对误差 A=被校表示值-标准表示值$$

$$变差 W=|X_1-X_2|$$

$$最大误差 Y=\frac{A_{max}}{上限刻度-下限刻度}\times 100\%$$

$$最大变差 W\%=\frac{W_{max}}{上限刻度-下限刻度}\times 100\%$$

确定精度等级：

根据上面得出的最大误差，从下列系数中选取最接近的合适数值作为精确度等级，即：0.02；0.05；0.1；0.2；0.5；1；1.5；2.5；4.0。

五、注意事项

(1) 压力表校验仪上的各阀均为针形阀，开、闭时不宜用力过度，以免损坏针阀。

(2) 在各校验点上读数时，要注意保持压力稳定，读数要正确。

(3) 摇动手轮时，不要使丝杠受径向力作用，以免丝杠变形。

(4) 实验结束，先转动手轮减小活塞内压力，再打开油杯阀，转动手轮回到初始位置。

实验六　压力变送器的校验

一、实验目的

(1) 熟悉活塞式压力计的结构和工作原理。

(2) 掌握活塞式压力计校验压力变送器和精密压力表的方法。

(3) 学会如何确定仪表的精度级。

(4) 学会压力变送器零点、量程的调节方法。

二、实验原理

活塞式压力计的工作原理是基于活塞本身重量和加在活塞上的专用砝码重量，作用在活塞面积上所产生的压力与液压容器内所产生的压力相平衡。

如图 6-1 所示，压力计主要由检验泵和测量系统两部分组成。检验泵部分包括手摇泵、油杯及针阀。在针阀上装有锁母，用以连接被检验的压力变送器和精密压力表。测量系统主要由一个经过精密研磨后具有精确截面的活塞，活塞直接承受底盘上的砝码重量。

压力变送器的校验原理如图 6-2 所示，通过活塞压力计向压力变送器输出标准压力，并经过高精度电流表检测变送器的输出，由此便可以对变送器进行校验。

三、实验内容

(1) 记录标准压力表、压力变送器有关数据。

(2) 检查压力变送器的线性输出。

(3) 检查压力变送器的零点和量程。

(4) 确定压力变送器的变差、灵敏度和精度等级。

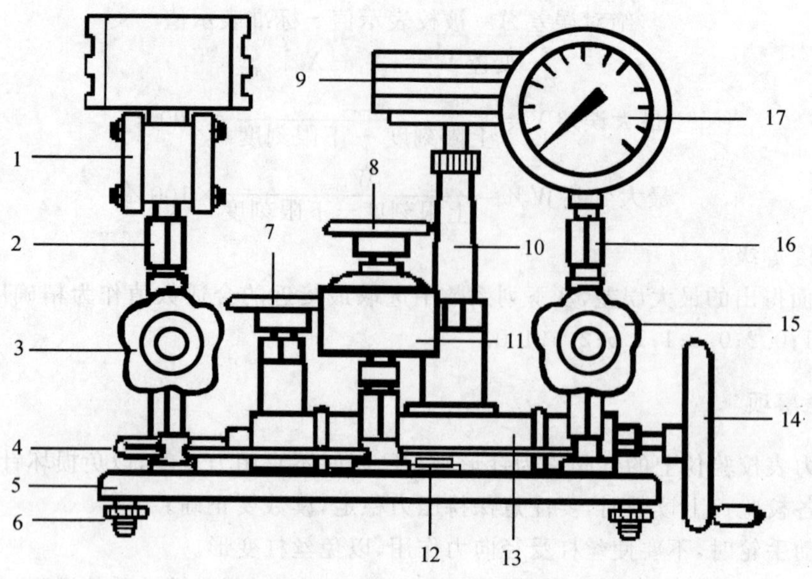

图 6－1　活塞式压力计校验压力变送器外形结构图

1—变送器；2—锁母；3—针阀；4—油管；5—底盘；6—调整螺丝；7—针阀；8—油杯阀；9—砝码；10—测量活塞；11—油杯；12—水平仪；13—手摇泵；14—手轮；15—针阀；16—锁母；17—标准表

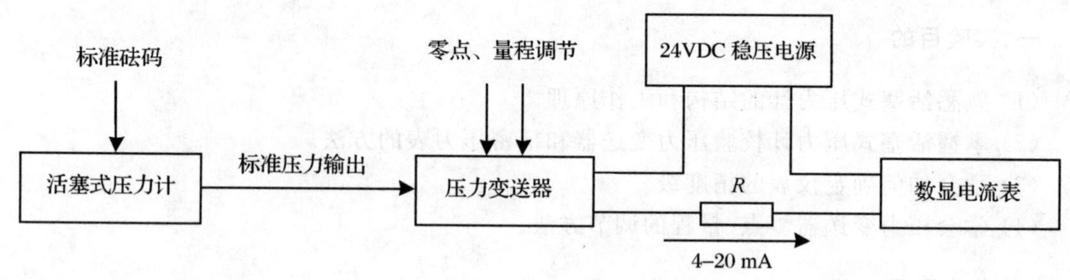

图 6－2　校验压力变送器电路原理图

四、实验步骤和要求

1. 记录压力变送器有关信息并填入表 6－1 内

表　6－1

类　型	型　号	精　度	最小量程	最大量程
1 151		0.25％		
输出信号	电源电压	最大工作压力	仪器编号	出厂量程

2. 记录活塞压力计、精密压力表有关信息并填入表 6－2 内

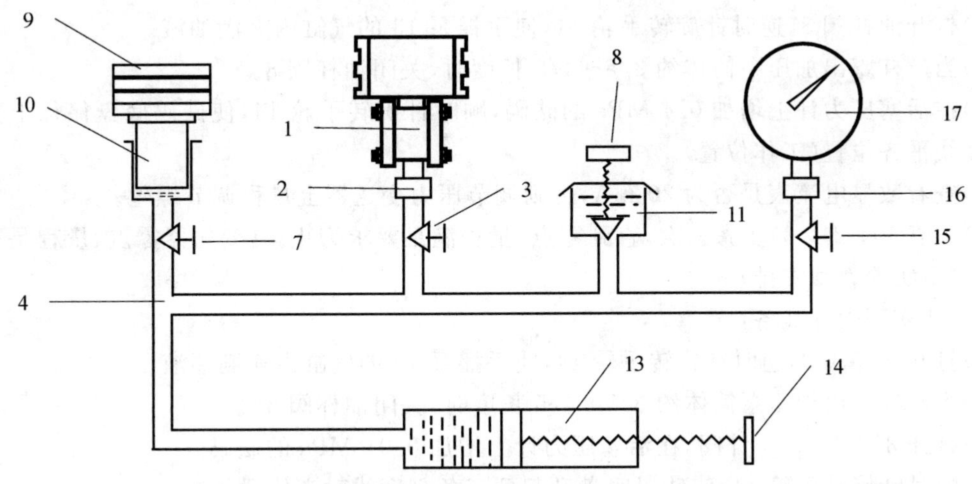

图 6-3　活塞式压力计校验压力变送器原理图

表　6-2

仪器名称	型　　号	精　　度	测量范围	仪器编号
活塞压力计				
标准压力表				

3. 标准压力表核对数字电流表有关信息填入表 6-3 内

表　6-3

型　　号	满量程	分辨率	最大输入	精　　度
MB4204	±199.99 mA	10 μA	±500 mA	±0.07%+5 字

4. 校验前的准备

(1)检查活塞压力计,应使其放在稳定的、便于操作的工作台上。

(2)使用前要检查活塞压力计上的水平仪,并利用调整螺丝 6 来调校标准水平,必须使水平仪的气泡位于中间位置。

(3)使用前先用汽油清洗压力计各部分,然后在手摇泵和测量系统的内腔注满变压器油(变压器油不允许有杂质和污物),并将内腔中的空气排除。

(4)旋转手摇泵手轮,检查油路是否畅通;若无问题则可安装被检测的精密仪表和传感器。(注:具体操作中(3)、(4)步骤已在实验前完成,此时可以省略)

5. 操作步骤

(1)检查变送器零点和量程:

1)打开油杯阀 8,使活塞压力计油缸内的压力为零。

2)接通 DC24V 电源,查看数字电流表是否为 4 mA ,否则调节压力变送器上零点调节螺丝。

3)打开油杯阀 8,逆时针旋转手轮 14,使手摇泵 13 的气缸内充满油液。

4)当丝杠露出加压泵筒体约 3/5～4/5 长度时,关闭油杯阀 8。

5)在活塞压力计上增加 0.4 MPa 的砝码,顺时针旋转手轮 14,使砝码底盘徐徐上升到三条刻度线平齐位置(工作位置)。

6)查看数显电流表是否为 20 mA,否则调节压力变送器上量程调节螺丝。

7)重复 1),2),3)步骤三次,直到零点、量程满足要求为止。(变送器零点、量程是否需要校验,可由实验教师安排)

(2)活塞压力计准备:

1)打开油杯阀 8,逆时针旋转手轮 14,使手摇泵 13 的气缸内充满油液。

2)当丝杠露出加压泵筒体约 3/5～4/5 长度时,关闭油杯阀 8。

3)打开 3,7,15 三个针阀,在活塞压力计上增加 0.01 MPa 的砝码。

4)顺时针旋转手轮 14,使砝码底盘升起到三条刻度线对齐位置。

5)准备工作完成,压力计内产生初压,此时压力计内的初压为 0.05 MP。

(3)校验变送器的回差和精度。

1)按下列表格示数每次增加砝码(正行程)后,顺时针旋转手轮,使砝码底盘徐徐上升到刻度线平齐位置(工作位置)。记录数显电流表读数。

2)依次逐步增加砝码,完成正行程数据记录为止。

3)按表格示数每次减少砝码(反行程)后,逆时针旋转手轮,使砝码底盘徐徐下降达到刻度线平齐时。记录电流表和压力表读数。

4)依次逐步减少砝码,完成反行程数据记录为止。

表 6-4

砝码值 P/MPa	理论输出 I/mA	实际输出 I'/mA		绝对误差 ΔI/mA		变差/mA
		正行程	反行程	正行程	反行程	
0.00						
0.05						
0.10						
0.15						
0.20						
0.25						
0.30						
0.35						
0.40						

6. 检测压力变送器的灵敏度

(1)取三个压力测量点 P(0.1,0.2,0.3 MPa)。

(2)按上述方法,在测量点处将活塞压力计刻度线调平齐后,记录压力变送器输出电流值 I_1。

(3)加上 $\Delta P=0.01$ MPa 的砝码,记录此时的压力变送器输出电流值 I_2,并将记录数据填入表内。

(4)实验完毕后,逆时针旋旋手轮,逐步卸去砝码;最后打开油杯阀,卸去全部砝码。

表 6-5

测量点 P/MPa	I_1/mA	I_2/mA	$\Delta I'=I_2-I_1$	平均值 $\Delta\bar{I}$
0.1				
0.2				
0.3				

7. 数据处理

将计算、测量结果填入表内,并用坐标纸作出压力变送器输出曲线,讨论其线性度情况。

表 6-6

最大绝对误差 ΔI_{max}/mA	基本误差 ΔI_N/%	最大变差 δ/%	灵敏度 s/mA/MPa	精度等级

8. 计算公式:

绝对误差: $\Delta I=|I-I'|$　　最大绝对误差:ΔI_{max}

基本误差: $\Delta I_N\dfrac{\Delta I_{max}}{L}\times 100\%$　　输出量程:$L=20-4=16$ (mA)

变差: $\delta=|I'_{正}-I'_{反}|$　　最大变差: $\delta\%=\dfrac{\Delta\delta_{max}}{K}\times 100\%$

灵敏度: $S=\dfrac{\Delta\bar{I}}{\Delta P}$　　单位:(mA/MPa)

9. 确定精度等级

根据上面得出的基本误差,从下列系数中选取最接近的合适数值作为精确度等级,即:0.02;0.05;0.1;0.2;0.5;1;1.5;2.0;2.5;4.0。

五、注意事项

(1) 活塞压力计上的各阀均为针形阀,开、闭时不宜用力过度,以免损坏针阀。

(2) 向外转动手轮前一定要确认油杯阀已打开。

(3) 在各校验点上读数时,要注意保持压力稳定,读数要正确。

(4) 摇动手轮时,不要使丝杠受径向力作用,以免丝杠变形。

(5) 实验结束时,先转动手轮减小活塞内压力,再打开油杯阀,之后再转动手轮回到初始位置。

实验七　气动调节阀实验测量

一、实验目的

(1) 了解气动调节阀、阀门定位器主要结构和工作方式。

(2) 了解气动调节阀、阀门定位器主要工作参数。

(3) 掌握气动调节阀、阀门定位器一般的调校方法。

(4) 学会调节阀实际流量特性的测量方法。

二、实验原理

阀门定位器与气动调节阀配套使用。阀门定位器与气动调节阀构成闭路系统,调节器送来的信号传给阀门定位器作为输入,气动调节阀的气缸活塞杆位移作为输出。利用反馈原理来改善阀门精度和提高灵敏度,并能以较大的功率克服活塞杆的摩擦力、介质的不平衡力及被调介质压力变化等影响。从而使调节阀位置能够按调节信号来实现准确定位(见图 7-1)。

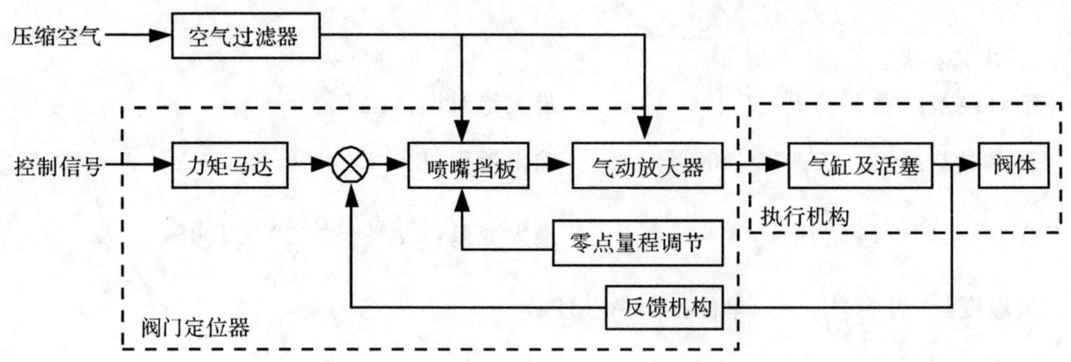

图 7-1　阀门定位器和气动执行机构方框图

在不考虑调节阀前后压差时得到的流量特性称为理想流量特性(见图 7-2),它取决于阀芯的形状,主要有直线、等百分比、抛物线和快开特性等几种。而在实际中由于调节阀的安装位置的不同,其流量特性差异很大。

在图 7-3 所示的实验系统中,如果我们想更好的控制水箱水位,首先就应该了解调节阀实际的流量特性。在没有安装流量计的情况下,我们可以采用如下简易方法来测量:测量水箱的截面积 S 和不同阀开度 Vi 下 $L1$ 和 $L2$ 之间的水位下降时间 Ti, 由此计算出对应阀开度 Vi 下的流量: $Qi=S(L1-L2)Ti$,通过一组(Qi, Vi)便可绘出 $Q-V$ 的特性曲线。

三、实验内容

(1) 观察并记录阀门定位器、气动调节阀有关工作参数。

(2) 阀门定位器、气动调节阀行程校验。

(3) 测量并绘制气动调节阀实际的流量特性曲线。

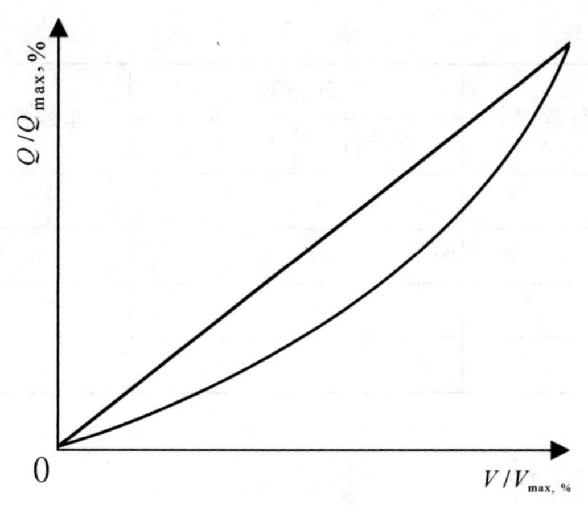

图 7-2 调节阀理想流量特性

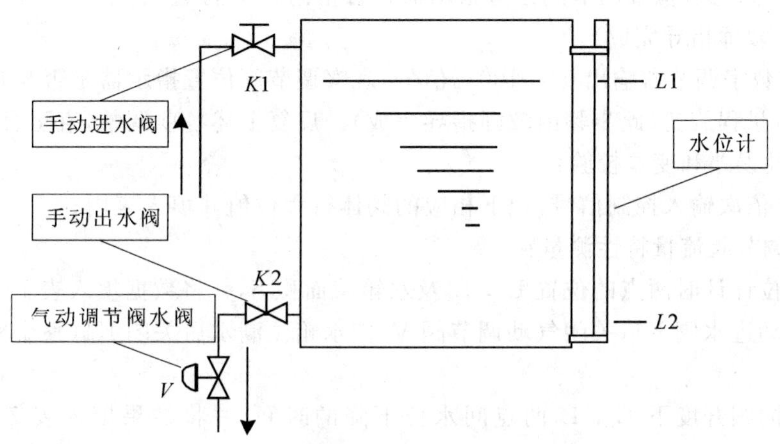

图 7-3 测量调节阀流量特性实验系统

四、实验步骤

(1) 观察阀门定位器、气动调节阀的安装形式和工作方式。

(2) 记录阀门定位器、气动调节阀的工作参数并填入表 7-1 和表 7-2 内。

表 7-1

作用形式	气源压力	输入信号	输入阻抗	输出特性	线性度%
					±1.5%

表 7-2

工作温度	公称压力	动作形式	额定行程	公称直径	安装形式

表 7-3

输入信号/mA	理论行程/%	实际行程%		非线性偏差	正反行程偏差
		上 行	下 行		

(3) 检查和调整零点、量程：

1) 接通数字调节器电源，设置为手动状态，输出 50%信号。

2) 接通气源开关，检查调节阀位置指示器是否指向 50%位置，若不满足条件，可调节零点旋钮(此步骤由教师指导完成)。

3) 输入置数字调节器输出 0%、100%信号，观察调节阀位置指示器是否与其对应，若不满足条件，可调节量程旋钮(此步骤由教师指导完成)。反复上述各项调整，直至合格为止。

(4) 非线性误差和变差校验：

按表 7-3 依次输入控制信号，记下相应的阀体行程位值并填入表内；

(5) 气动调节阀流量特性测量：

1)记录水位计计时两点的位置 L_1，L_2及水箱截面积 S，并将数据填入表 7-4 内。

2)打开手动进水阀 K1，关闭气动调节阀 V，使水箱注满水后关闭 K1(整个实验过程中 K2 为开启状态)。

3)记录不同阀开度下 L_1，L_2两点间水位下降的时间，并将结果填入表 7-4(阀开度在 25%时，如果水位下降很慢，可认为流量为零)。

表 7-4

阀开度%	5	10	15	20	25	30	35	40	45	50
时间/s										
流量 Q/mm^3/s										
Q/Q_{max}										
阀开度%	55	60	65	70	75	80	85	90	95	100
时间/s										
流量 Q/mm^3/s										
Q/Q_{max}										
L_1/%		L_2/%			S/mm^2			水箱 V/mm^3		

五、实验要求

(1) 记录阀门定位器、气动调节阀有关工作参数。

(2) 根据公式计算非线性误差和变差。

$$非线性误差=\frac{(实际行程-理论行程)}{全行程}\times 100\%$$

$$变差=\frac{(同一控制信号下的正反行程之差)_{max}}{全行程}\times 100\%$$

(3) 处理数据,绘制调节阀实际流量特性曲线。

(4) 对整个实验结果进行讨论并作出结论。

实验八　对象特性实验测量

一、实验目的

(1) 掌握对象静态和动态特性的测量方法。

(2) 掌握阶跃干扰法测试对象特性的数据处理方法。

(3) 通过实验了解对象的非线性情况。

二、实验原理

(1) 任何自动控制系统都是由对象、调节单元、调节阀及测量变送器件等基本环节组成(见图 8-1)。要对已有的控制系统分析研究,都应先掌握构成系统的基本环节,特别是对象的特性,才能得出系统的特性。

(2) 系统(环节)特性包括静态特性和动态特性两部分。所谓静态特性是指在稳定状态下,其输出参数与输入参数之间的关系;而动态特性是指在输入参数作用下,其输出参数随时间变化的特性。

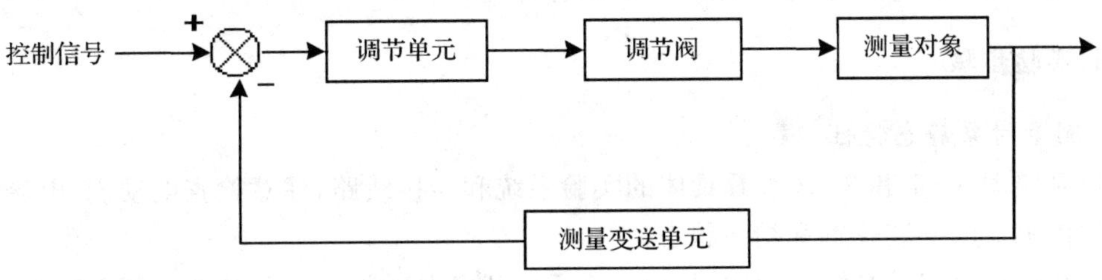

图 8-1　液位测量与控制系统框图

(3) 获取对象特性有两种方法,即理论分析法和实验测定法。前者是根据基本的物理、化学规律,在物料平衡或能量平衡的理论基础上,用数学分析的方法得到的。通常这种方法只适用于比较简单的对象,对于复杂的测控系统,则往往由于数学工具和模型的限制,会使理论推导比较困难。在这种情况下,实验测定法获得对象特性是一种既简便又可行的方法。

(4) 常用的实验测试方法有阶跃干扰法和矩形脉冲干扰法,本实验是应用阶跃干扰实验法来测取对象的静态特性和动态特性。

(5) 测试对象静态特性的方法是:依次改变输入参数,记录稳态时对应的输出参数值,从而求得对象的静态特性。

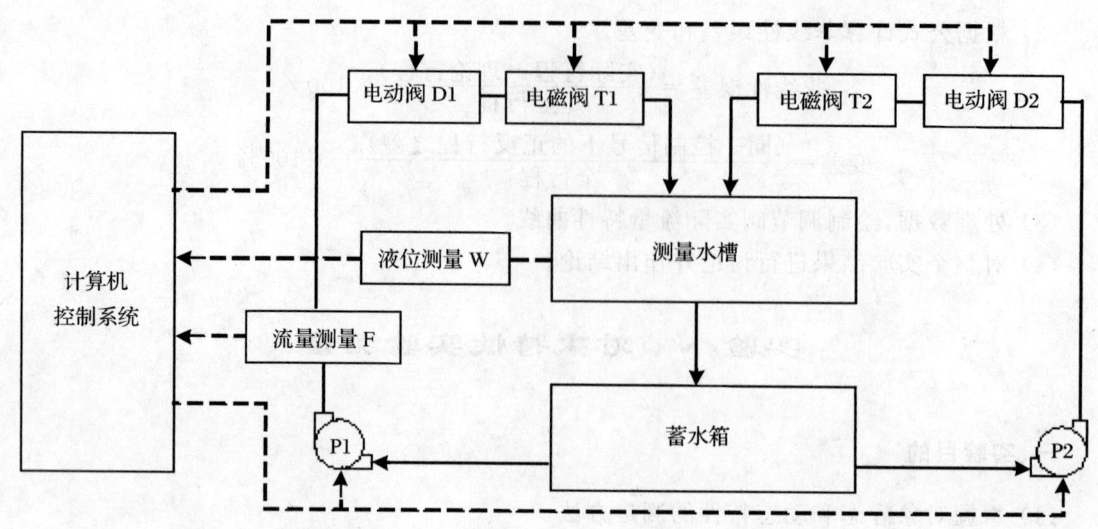

图 8-2　液位测量与控制实验系统

(6) 测试对象动态特性的方法是:将对象的输入参数突然作一阶跃变化,同时记录对象输出参数随时间变化的过渡过程曲线,即阶跃响应曲线。如果对象是一阶系统,并包含多个环节时,由此方法所得到的对象特性是包括测量变送器件、调节阀在内的广义对象特性。当只需要知道对象本身的特性时,需从广义对象特性中扣除测量变送器件和调节阀的特性。

三、实验内容

(1) 用阶跃干扰法测取液位对象的静态特性。

(2) 应用阶跃干扰法测取液位对象的动态特性。

四、实验步骤

1. 测量对象静态特性

(1)对照图 8-1 和 8-2 查看具体的实验系统和连接线路,注意检查电动阀、电磁阀、流量计、液位传感器的安装位置和初始状态。

(2)在计算机实验系统画面中,启动水泵 P1,开启电磁阀 T1,调节电动阀 D1 开度为 0,此时流量计 F 示值为零。

表　8-1

电动阀门开度 V/%	0	10	20	30	40	50	60	70	80	90	100
流量值 $F/\mathrm{m^3/h}$											
稳态液位值 L/%											

(3)依次增加电动阀 D1 的开度为 10%,记录在稳定状态下的水槽液位值和流量值并填入表 1(通过计算机显示屏的历史曲线和实时曲线画面,可直接观察到液位趋于稳定状态的过程)。

2. 测量对象动态特性

(1)调节电动阀 D1,使水槽液位保持约在 60%左右,等待液位趋于稳定。

(2)启动水泵 P2,调节电动阀 D2 开度约为 15%,然后开启电磁阀 T2,对液位系统施加一阶跃扰动信号,记录其流量值。

(3)通过计算机中的历史曲线画面来观察液位值的变化过程,使用“时间幅值记录器”记录下液位变化值和对应的时间,并填入表 8-2,一直达到新的稳态为止。

表 8-2

序　号	1	2	3	4	5	6	7	8	9	10
时间 t/min										
液位 L/%										
序　号	11	12	13	14	15	16	17	18	19	20
时间 t/min										
液位 L/%										

五、注意事项

(1) 实验前检查所有实验仪器工作是否正常,电气接线是否正确,管路应无泄漏。

(2) 实验时应严肃认真、相互配合,对实验数据应一丝不苟准确记录。

(3) 注意观察并记录实验中所发生的现象,若发现仪器设备出故障时应及时报告。

六. 实验要求

(1) 以电动阀门开度为横坐标,稳定液位值为纵坐标,绘出广义对象特性曲线。

(2) 以电动阀门开度为横坐标,流量为纵坐标,绘出电动调节阀的静态特性曲线。

(3) 以流量为横坐标,稳定液位值为纵坐标,绘出液位对象的静态特性曲线。

(4) 求出广义对象的静态放大倍数和液位对象的放大倍数。注意:如果特性曲线呈非线性时,静态放大倍数各处都不相。

(5) 以时间为纵坐标,液位值为纵坐标,绘出对象的阶跃响应曲线。

(6) 由阶跃响应曲线求出对象的放大倍数 K、时间常数 T。

(7) 根据求得的 K、T,写出对象的传递函数。

参考文献

[1] 俞金寿主编.过程自动化及仪表.北京:化学工业出版社,2003.

[2] 王树青等编著.工业过程控制过程.北京:化学工业出版社,2003.

[3] 厉玉鸣主编.化工仪表及自动化.北京:化学工业出版社,1999.

[4] 王家桢主编.电动显示调节仪表.北京:清华大学出版社,1987.

[5] 曹润生等编著.工程控制仪表.杭州:浙江大学出版社,1987.

[6] 唐明辉等编.热工自动控制仪表.北京:水利电力出版社,1990.

[7] 王家桢等编著.传感器与变送器.北京:清华大学出版社,1996.

[8] 王家桢编著.调节器与执行器.北京:清华大学出版社,2001.

[9] 钱承茂,刘焕彬编.制浆造纸过程测量与控制.北京:中国轻工业出版社,1991.

[10] (美)拉维格纳 JR 著.制浆造纸厂的仪表配置与自动控制.张运展等译.北京:中国轻工业出版社,1992.

[11] 蒋慰孙,俞金寿编著.过程控制过程.第2版.北京:中国石化出版社,1999.

[12] 金以慧主编.过程控制.北京:清华大学出版社,1993.

[13] 舒迪前编著.预测控制系统及其应用.北京:机械工业出版社,1996.

[14] 王永骥等编著.神经元网络控制.北京:机械工业出版社,1998.

[15] 诸静等著.模糊控制原理与应用.北京:机械工业出版社,1995.

[16] 孙增圻等编著.智能控制理论与技术.北京:清华大学出版社,1993.

[17] 周春辉主编.过程控制工程手册.北京:化学工业出版社,1992.

[18] 孙优贤等著.造纸过程建模与控制.杭州:浙江大学出版社,1993.

[19] 张宝芬等编著.自动检测技术及仪表控制系统.北京:化学工业出版社,2000.

[20] 袁男儿等编著.计算机新型控制策略及其应用.北京:清华大学出版社,1998.

[21] 焦李成著.神经网络系统理论.西安:西安电子科技大学出版社,1990.

[22] 王红卫编著.建模与仿真.北京:科学技术出版社,2002.

[23] 王桂增等编著.高等过程控制.北京:清华大学出版社,2002.

[24] 吴勤勤主编.控制仪表及装置.北京:化学工业出版社,2002.

[25] 李军主编.检测技术及仪表.第2版.北京:中国轻工业出版社,2000.

[26] 周培森等编著.自动检测与仪表.北京:清华大学出版社,1987.

[27] 赵玉珠编.测量仪表与自动化.东营:石油大学出版社,1997.

[28] 盛炳乾,李军主编.工业过程测量与控制.东营:国轻工业出版社,1994.

[29] 张鑫,陈会军,刘德军编.检测技术及微机化仪器.北京:化学工业出版社,1999.

[30] 杜效荣主编.化工仪表及自动化.第2版.北京:化学工业出版社,1994.

[31] 孙自强编.生产过程自动化及仪表.北京:清华大学出版社,1999.

[32] 陈德民编.石油化工自动控制设计手册.第3版.北京:化学工业出版社,2000.

[33] 张毅等编著．自动检测技术及仪表控制系统．第2版．北京:化学工业出版社,2004.
[34] Curtis D. Johnson 著．过程控制仪表技术．第6版．北京:科学出版社,2002.
[35] 孙瑜,张根宝编．工业自动化仪表与过程控制．第1版．西安:西北工业大学出版社,2003.